集成电路科学与工程前沿

自旋电子
科学与技术

精装版

赵巍胜 张博宇 彭守仲◎编著

SPINTRONICS
SCIENCE AND TECHNOLOGY

人民邮电出版社
北 京

图书在版编目（ＣＩＰ）数据

自旋电子科学与技术 / 赵巍胜，张博宇，彭守仲编
著. -- 北京：人民邮电出版社，2023.12
（集成电路科学与工程前沿）
ISBN 978-7-115-62099-6

Ⅰ. ①自… Ⅱ. ①赵… ②张… ③彭… Ⅲ. ①自旋－
电子学－研究 Ⅳ. ①TN01

中国国家版本馆CIP数据核字(2023)第247721号

内 容 提 要

自旋电子学是凝聚态物理学、物理电子学、微电子学、固体电子学等多学科交叉形成的一门新兴学科，目前已经成为信息科学与技术领域的重要组成部分。利用对电子自旋属性的控制以及电子自旋的诸多效应可以设计电子器件。例如，基于巨磁阻效应的自旋电子器件在硬盘上作为磁头的广泛使用，使硬盘容量在过去20年增长超过10万倍，巨磁阻效应的发现者——法国科学家阿尔贝·费尔（Albert Fert）和德国科学家彼得·格林贝格（Peter Grünberg）也因此于2007年被授予诺贝尔物理学奖。

本书基于自旋电子学领域近15年快速发展所取得的重要研究成果编写而成，力求具有前瞻性、系统性和实用性，内容涵盖从物理机理到电子器件、从特种设备到加工工艺、从芯片设计到应用场景的相关知识。全书共14章，主要包括自旋电子的起源与发展历程、巨磁阻效应及器件、隧穿磁阻效应及器件、自旋转移矩效应及器件、自旋轨道矩效应及器件、自旋纳米振荡器、斯格明子、自旋芯片电路设计及仿真、自旋芯片特种设备及工艺、自旋芯片测试与表征技术、磁传感芯片及应用、大容量磁记录技术、磁随机存储芯片及应用，以及自旋计算器件与芯片等内容。

本书可作为高等学校自旋电子学相关专业研究生和高年级本科生的教材，也可作为自旋电子学相关领域科研工作者和工程技术人员的重要参考资料。

◆ 编　　著　赵巍胜　张博宇　彭守仲
　　责任编辑　贺瑞君
　　责任印制　焦志炜

◆ 人民邮电出版社出版发行　　北京市丰台区成寿寺路 11 号
　　邮编　100164　电子邮件　315@ptpress.com.cn
　　网址　https://www.ptpress.com.cn
　　北京捷迅佳彩印刷有限公司印刷

◆ 开本：787×1092　1/16
　　印张：29　　　　　　　　　　2023 年 12 月第 1 版
　　字数：670 千字　　　　　　　2024 年 8 月北京第 2 次印刷

定价：218.00 元

读者服务热线：**(010)81055410**　印装质量热线：**(010)81055316**
反盗版热线：**(010)81055315**
广告经营许可证：京东市监广登字 20170147 号

序　言

"20 世纪也许可称为'电荷'的世纪，人们充分调控电子'电荷'这一自由度，从而创造出了从二极管直到超大规模的集成电路，奠定了信息社会的基础。21 世纪也许是属于'自旋'的新世纪，人们正在充分地利用、调控电子的另一个本征自由度——自旋，推动社会发展迈向新的阶段。'电子学就像是一头大象，而自旋电子学就像是一头小象。'自旋电子学虽然现在小，但它是未来发展的方向，自旋电子学元器件是具有战略性的新兴产业。"

都有为

中国科学院院士，磁学与自旋电子学专家，南京大学物理系教授，获何梁何利基金科学与技术进步奖。曾任中国物理学会磁学专业委员会副主任、中国电子学会应用磁学专业委员会委员、中国颗粒学会超微颗粒专业委员会副主任、中国仪器仪表学会仪表功能材料分会副理事长等职。

这是我大约 10 年前在一次学术报告上说过的一段话。10 年过去了，自旋电子学的发展究竟如何？未来 10 年，自旋电子学又将去向何方？自旋电子的相关科学与技术将会取得怎样的进步？我想这正是本书想要与读者探讨交流的重点。

其实，很多人并不了解自旋电子学，甚至时至今日未曾有所耳闻；但是，绝大多数人应该都听说过"硬盘"，应该都听过计算机硬盘启动时发出的"嗡嗡"声。正是基于巨磁阻效应的自旋电子器件在硬盘上作为磁头的广泛应用，使得硬盘容量在过去 20 年中增长超过 10 万倍，也让硬盘成本大幅降低，使得硬盘走进了千家万户。不要小看这种容量的提升，它带来的是信息"爆炸式"的增长，推动了现代信息技术"飞跃式"的前进。2007 年的诺贝尔物理学奖授予巨磁阻效应的发现者——法国科学家阿尔贝·费尔和德国科学家彼得·格林贝格，就是对自旋电子学之于人类社会发展的莫大贡献的最佳褒奖。

当前，集成电路产业正面临着难以突破的功耗及速度等瓶颈，半个多世纪以来"运行良好"的摩尔定律已经开始失效。自旋芯片被广泛认为是有望突破"后摩尔时代"功耗及速度等瓶颈的关键技术之一，学术界和产业界无不对它寄予厚望。最近两年，随着三星、台积电和格罗方德等半导体领军企业同时宣布量产嵌入式磁随机存储器，自旋电子学的发展又迎来一个新的篇章。

　　本书围绕自旋电子科学与技术展开介绍，从学科的起源和发展历程出发，深入阐释与该学科相关的物理效应及器件，并着重介绍自旋芯片的设计、工艺、测试及应用等内容，期望对读者掌握自旋电子学的基础理论知识、解决关键科学技术问题以及从事相关领域的研究等有所帮助。

　　本书的第一作者赵巍胜教授长期从事自旋电子学、新型信息器件和非易失性存储器等领域的交叉研究，本书的出版也是他多年努力的结果。希望本书能够推动自旋电子学概念和基础知识的普及，从而吸引更多的优秀人才参与自旋电子学相关的工作。

前　言

电子自旋的概念最早由美籍奥地利物理学家沃尔夫冈·泡利（Wolfgang Pauli）于1924 年提出。随后，英国物理学家保罗·狄拉克（Paul Dirac）于 1928 年在相对论量子力学中进一步诠释了电子的自旋属性，该属性已成为量子力学的重要内容，并成功用于解释超导现象和铁磁学的基本原理。然而，由于电子的自旋相关效应在微米尺度下十分微弱，因此在此后的半个多世纪里，电子的自旋属性并未在电子器件中被充分利用。进入 20 世纪 80 年代后，随着微纳加工技术的进步，人们逐渐实现了对电子自旋属性的调控，观测到了诸多新奇的自旋相关效应并开始对其加以利用。1988 年，法国科学家阿尔贝·费尔和德国科学家彼得·格林贝格分别独立发现了巨磁阻效应，利用电子的自旋相关效应显著改变了电子器件中的电阻，大幅提升了对电子自旋的探测与调控手段，从而可以利用电子自旋属性与电子电荷属性的强关联性来构建新型电子器件，这被认为是自旋电子学诞生的里程碑。

自旋电子学诞生后便迅速引发了从物理学、材料科学到微电子技术，乃至计算体系架构等各个领域的变革性与颠覆性的研究和创新浪潮，自身也逐渐成为一门具有前沿性和交叉性的新兴学科。自旋电子学的研究成果得到了极快的转化和应用，这体现了自旋电子学的旺盛生命力。巨磁阻效应在发现后短短的 10 年里就引发了信息存储革命，开辟了大数据、云计算和高速搜索引擎的新型信息时代，两位发现者也因此获得2007 年诺贝尔物理学奖。今天我们广泛使用的微信、京东、支付宝等互联网平台都离不开基于自旋电子技术制造的大容量硬盘在云端的支撑，社会的信息化与智能化水平也得以大幅提升。近年来，集成电路各大领军企业纷纷开展了非易失性磁随机存储器的研发，该存储器已经在航空航天（如空中客车 A350 大飞机和"毅力号"火星探测器）和先进电子产品（如华为 GT2 智能手表）等领域得到了应用。自旋电子技术已成为"后摩尔时代"的关键技术之一，在不远的将来，方兴未艾的自旋电子学必将孵化出更多的创新性成果，造福人类社会。

本书共 14 章。其中，第 1 章介绍自旋电子的起源与发展历程，阐述了电子和电子自旋属性的发现、物质磁性本质以及自旋电子的应用与自旋芯片的新近发展。

第 2 ~ 5 章介绍自旋电子的基本效应和核心器件。第 2 章介绍自旋电子学领域的首个重要发现——巨磁阻效应，包括其发现过程、理论模型及器件结构等内容。第 3 章介绍隧穿磁阻效应的原理和理论模型，系统介绍基于该效应制造的磁隧道结器件的材料、结构和性能优化等知识。第 4 章从自旋转移矩效应的基本机理出发，分析基于该效应的自旋电子器件的基本结构和效应调控。第 5 章从自旋轨道矩效应和材料分析入手，重点介绍自旋轨道矩器件的调控方法。

第 6 章和第 7 章介绍两种具有颠覆性应用前景的自旋电子技术。其中，第 6 章介绍自旋纳米振荡器的原理、结构、性能和应用等知识。第 7 章介绍斯格明子的物理机理、发展历程、材料体系和器件应用等知识，重点阐述了斯格明子的产生、输运和检测，该器件有望成为一种原子尺度的、可实现超高密度存储的新型信息载体。

第 8 章介绍自旋电子学与传统半导体电路的集成，包括自旋电子器件建模、工艺设计包及电路设计与仿真等知识。

第 9 章介绍制造自旋芯片所需的特种设备及工艺，包括膜堆制备设备、图形转移设备和器件片上集成工艺。

第 10 章介绍自旋芯片测试与表征技术，涉及常用的测试设备、测试原理和分析方法等知识。

第 11 ～ 14 章主要介绍自旋电子的四种典型应用场景——磁传感芯片、大容量磁记录技术、磁随机存储芯片及自旋计算器件与芯片。其中，第 11 章介绍具有超高灵敏度与极低功耗的磁传感芯片，主要从其原理、结构、噪声分析及应用前景等方面进行阐述。第 12 章围绕未来大容量磁记录技术展开，着重介绍微波辅助磁记录和热辅助磁记录两种具有良好应用前景的技术。第 13 章介绍磁随机存储器的基础知识，首先阐述了磁随机存储器的发展及现状，然后以数据写入技术的发展路线为依据，依次介绍基于磁场写入技术、自旋转移矩技术和自旋轨道矩技术的三代磁随机存储芯片。第 14 章介绍自旋计算器件与芯片的相关知识，涉及自旋存算一体技术、自旋类脑器件和磁旋逻辑器件等内容。

本书各章组织逻辑关系如下页图所示。在第 1 章介绍自旋电子的起源与发展历程之后，分别在第 2 ～ 7 章介绍巨磁阻效应、隧穿磁阻效应、自旋转移矩效应、自旋轨道矩效应等基础效应以及磁隧道结、自旋纳米振荡器和斯格明子等核心器件，两者互相协同；作为关键技术，自旋芯片的电路设计及仿真、特种设备及工艺、测试与表征技术将在第 8 ～ 10 章进行介绍；第 11 ～ 14 章分别介绍自旋电子在磁传感、磁记录、磁随机存储和自旋计算中的应用。

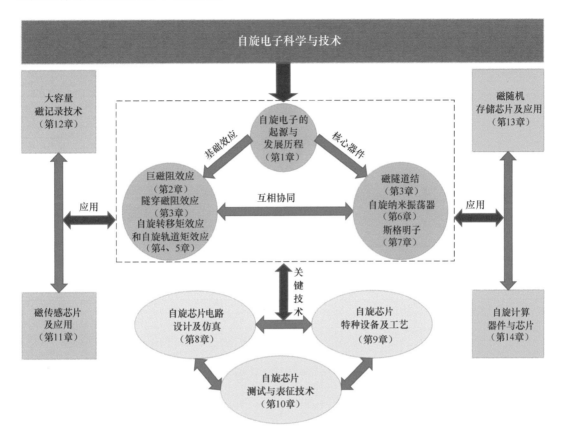

本书的编写得到了南京大学都有为院士、北京航空航天大学集成电路科学与工程学院老师的大力支持，他们就编写理念、书稿内容等方面提出了宝贵意见，在此对他们表示衷心感谢。

本书的构思、统稿和审核工作由赵巍胜主持，初审和校订工作由张博宇和彭守仲完成。本书第1章由蒋宇昊、张博宇和张悦完成，第2章和第11章由闫韶华和周子童完成，第3章由周航宇和郭宗夏完成，第4章由殷加亮和彭守仲完成，第5章由郭宗夏、朱道乾、彭守仲和王昭昊完成，第6章由魏家琦和史可文完成，第7章由李赛和王馨苒完成，第8章由张德明、王佑、张凯丽和王贤完成，第9章由曹凯华、程厚义和张洪超完成，第10章由张学莹、张博宇、王馨苒和蔡文龙完成，第12章由魏家琦和柳洋完成，第13章由王昭昊、殷加亮、李月婷和王朝完成，第14章由张德明、张昆、王雪岩和张凯丽完成。

由于作者水平所限，书中难免存在疏漏和不足之处，敬请读者指正。

作者

2021年9月

目　　录

第1章 自旋电子的起源与发展历程

随着科学技术的不断发展，人们逐渐认识到电子在材料磁性、电性等物理性质方面的重要作用。本章从电子入手，介绍电子的自旋属性，讲述自旋电子的起源，并着重阐述自旋电子的发展历程。

本章重点

知识要点	能力要求
自旋电子的起源	（1）了解电子的发现过程； （2）掌握电子自旋的概念； （3）掌握磁性的分类和每种磁性的特点与代表材料
自旋电子的发展历程	（1）了解自旋电子学的重大发现； （2）掌握磁芯存储器的原理

1.1 自旋电子的起源

司南是我国古代四大发明之一，是人类历史上最早出现的指南针，早在两千多年前就开始用于方向的判定。战国时期韩非子在《韩非子·有度》中写道："夫人臣之侵其主也，如地形焉，即渐以往，使人主失端，东西易面而不自知。故先王立司南以端朝夕。"这是早期关于司南的描述，东汉哲学家王充在其《论衡》中更是明确指出"司南之杓，投之于地，其柢指南"，描述了司南作为指南针的用法。

现在我们都知道，指南针的工作原理是利用磁铁与地球磁场相互作用，使磁铁磁化方向与地球磁场方向相互平行，从而指示方向。然而，磁铁中磁性的来源是什么？磁铁为什么能长久保持自己的磁性？除了铁、钴、镍等少数金属，大部分金属为什么都没有明显磁性？为了回答这些问题，我们必须了解物质磁性的一个重要来源——电子的自旋。下面就让我们跨越时间的长河，看看科学家们是如何一步步发现电子和自旋，剖析其中的物理机理，并用这些知识改变我们的生活的。

1.1.1 电子的发现

人类与电子的故事早在公元前就开始了。古希腊时期，人们就发现被摩擦后的琥珀能吸引轻小物体，但当时的人们并不清楚这种静电现象的原理。直到 1600 年，英国物理学家威廉·吉尔伯特（William Gilbert）在他的著作《论磁》中首先指出静电现象与磁现象之间有本质的区别，并称这种静电吸引为一种"电力"。对于电的本质，他提出了"电液体"一说，即电的本质是一种液体，带电物体吸引轻小物体时，"电液体"就从带电物体流向被吸引物体；他还用"电液体受热蒸发"来解释带电物体受热后电力消失的现象。虽然这种解释与实际大相径庭，但他成功认识到了电是由实际物质携带的。在 18 世纪，美国科学家本杰明·富兰克林（Benjamin Franklin）在研究了更多静电现象后，提出电是一种没有质量的流体，广泛存在于各种物质中，并提出了"正电""负电"的概念，虽然这仍与电子的物理图像相去甚远，但依然是对电的认识的一大进步。

直到 19 世纪，英国科学家约翰·道尔顿（John Dalton）提出了现代原子论后，人们才开始慢慢建立起电子的清晰物理图像。1859 年，德国物理学家尤利乌斯·普吕克（Julius Plücker）发现，将一个装有两个电极的玻璃管内的空气抽至极稀薄后，在电极两端加上强电压，阴极对面的玻璃壁上会出现绿色辉光，并称之为阴极射线。随着实验技术的发展与实验条件的提升，英国物理学家约瑟夫·汤姆逊（Joseph Thomson）在 1897 年利用图 1.1 所示的阴极射线实验装置成功测得了这种阴极射线的荷质比，即带电粒子的电荷量与其质量的比值[1]，这个值约为氢离子的 1700 倍。因此，他提出阴极射线其实是带电粒子流，这种粒子所带电荷量与氢离子相同，质量约为氢离子的1/1700，称为"电子"——这一命名自此沿用至今。随后，汤姆逊团队在光电效应与热离子发射实验中也发现了与阴极射线的荷质比相同的带电粒子，因此他提出电子是一种构成原子的基本粒子。德国科学家埃米尔·维舍特（Emil Wiechert）和沃尔特·考夫曼（Walter Kaufmann）随后在放射实验中发现 β 射线的荷质比与电子相同，1909 年的密立根油滴实验则精确测量了油滴带电量，发现带电量为电子电荷量的整数倍，这些实验无不印证了电子是构成原子的基本粒子之一。基于以上实验结论，汤姆逊提出了名为"葡萄干面包"模型的原子模型：电子均匀镶嵌在原子中，就如同葡萄干镶嵌在面包中一样。

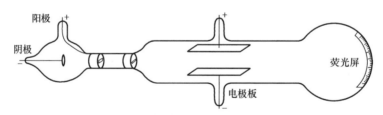

图 1.1　阴极射线实验装置

但英国物理学家欧内斯特·卢瑟福（Ernest Rutherford）在 1909 年的 α 粒子散射实验[2]中发现，α 粒子轰击金箔时，大部分 α 粒子几乎直线通过，只有少部分 α 粒子被散射或反射，如图 1.2 所示。因此，他提出了卢瑟福原子模型：原子中心是一个集中了几乎整个原子质量的带正电的原子核，带负电的电子分散在原子周围的空间中。基于这个模型，他提出了散射公式，其预测结果与实验基本符合[3]。

虽然卢瑟福原子模型对原子核与电子间的相

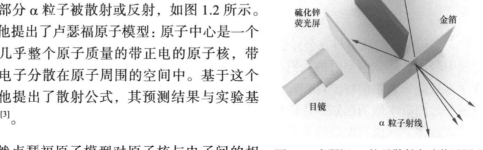

图 1.2　卢瑟福 α 粒子散射实验装置原理

对运动关系的描述并不明确，也不能用来解释原子光谱等实验现象，但这依然是对原子结构认识的重大提高。1913 年，丹麦物理学家尼尔斯·玻尔（Niels Bohr）结合朴素的量子力学观念，提出了原子结构的玻尔模型[4]。在这个模型中，所有电子都如同行星围绕恒星运动一般围绕原子核运动，不同轨道对应不同能级，仅在有限的、分立的能级上可以存在电子，电子从较低能级向较高能级跃迁时需要吸收能量，从较高能级跃迁至较低能级时会释放能量。凭借这个模型，玻尔成功地解释了氢原子光谱现象，并极大地推动了量子力学的发展。然而，玻尔模型对于更复杂的原子的适用性并不好，这是因为玻尔的原子模型仍然建立在半经典物理模型上。1924 年，法国物理学家路易斯·德布罗意（Louis de Broglie）提出了物质的波粒二象性，为此后用波函数描述粒子状态提供了基础。

　　1926 年，奥地利物理学家埃尔温·薛定谔（Erwin Schrödinger）提出了薛定谔方程并用于描述粒子状态，标志着现代量子力学理论基本成型。在量子力学框架下，用于描述微观粒子状态的不再是确定性的位置坐标、运动速度等，取而代之的是描述粒子出现概率的波函数。基于现代的量子力学工具，人们构建了一个电子的全新物理图像。在此前的原子模型中，电子均被视为一个位置确定的实物粒子。但在现代原子模型中，某一时刻电子的确切位置无法确定，人们只能基于波函数给出电子出现在某一位置的概率；将电子的分布可视化后发现，电子就像云一样分布在原子核附近，因此这个模型也被称为电子云模型。图 1.3 所示为几种常见的电子云。借助电子云模型，人们能够从电子波函数出发预测物质的性质，理解电子得以在特定轨道稳定运行的原因。自此，人们对于电子行为的研究进入了高速发展阶段。

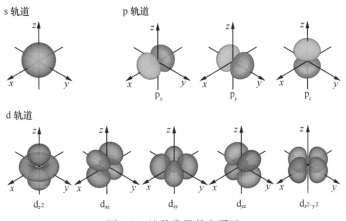

图 1.3　几种常见的电子云

　　值得一提的是，对电子的认识过程中做出重要贡献的汤姆逊、卢瑟福和玻尔三人是师生关系。汤姆逊自 1884 年起担任剑桥大学卡文迪许实验室主任；卢瑟福在 1895 年进入剑桥大学卡文迪许实验室攻读博士学位时曾接受汤姆逊的指导；玻尔则是先在 1911 年进入卡文迪许实验室跟随汤姆逊从事博士后研究工作，随后转入曼彻斯特维多利亚大学跟随当时在该校任职的卢瑟福从事研究工作。从最初的"葡萄干面包"模型，到基于量子力学的电子云模型，人们对电子的认识是曲折发展的，但每一步都是站在巨人的肩膀上向前推进的。

1.1.2 电子自旋的发现

随着光谱实验精度的不断提升，人们对于光谱实验的探索也变得越来越深入，陆续观测到的反常塞曼效应和碱金属原子光谱双线结构与当时的电子模型发生了矛盾。

在量子力学中，电子所具有的角动量不再是连续变化的，即角动量是量子化的，角量子数 l 表示电子所在轨道角动量的大小。将光源原子放置于磁场下时，由于电子轨道角动量与外界磁场相互作用，原来某条单一光谱会分裂成 $2l+1$ 条，这一效应被称作塞曼效应。但随着实验精度的提升，德国物理学家弗里德里希·帕邢（Friedrich Paschen）和恩斯特·巴克（Ernst Back）在1912年发现，弱磁场下的原子光谱会发生更为复杂的分裂现象，并且会分裂成偶数条，这个现象被称为反常塞曼效应。

以钠为例，通过一般的光谱实验能观察到一条很亮的黄线（波长 $\lambda \approx 589.3$ nm），但随着观测手段的进步，当使用分辨能力更高的光谱仪进行观测时就能发现这条谱线其实是由靠得非常近的两条谱线（$\lambda=589.0$ nm，$\lambda=589.6$ nm）组成的。

除了光谱实验之外，德国物理学家奥托·斯特恩（Otto Stern）与瓦尔特·格拉赫（Walther Gerlach）在1922年进行的斯特恩-格拉赫实验也给了经典电子理论沉重一击[5]。图1.4（a）所示为斯特恩-格拉赫实验所使用的装置，他们让一束高温银原子形成原子射线束，并使其通过不均匀磁场区。银原子自身磁矩 m 会与外界磁场 B 相互作用，斯特恩-格拉赫实验中磁场产生装置可以产生 z 方向的均匀梯度磁场，这将使通过该装置的银原子射线束受力方向主要在 z 方向且受力大小正比于银原子自身磁矩在 z 方向的分量 m_z 的大小。

斯特恩与格拉赫改变磁场条件进行了多次实验。当不施加磁场时，粒子束在接收屏上留下了 z 方向连续的图案，如图1.4（b）所示；当存在外磁场时，粒子束由于自身磁矩与外磁场的相互作用被分为离散的两束[5]，如图1.4（c）所示。实验充分证明了原子角动量投影取值是离散的。

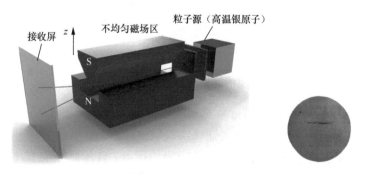

（a）实验装置   （b）不施加磁场的结果 （c）施加了不均匀磁场的结果

图1.4 斯特恩-格拉赫实验

然而根据薛定谔方程与经典电子理论，此时屏幕上应留下 $2l+1$ 条黑斑，这意味着此时反推得到的银原子角量子数 $l=1/2$，与经典电子理论相矛盾。此后他们又对许多元素的原子进行了实验，均得到了与经典电子理论相左的结果，因此他们提出在原子中可能存在除了电子轨道角动量之外的其他形式的角动量。

针对这些问题，美籍奥地利物理学家沃尔夫冈·泡利在 1924 年提出了"经典电子理论无法描述的二值性"（Two-Valuedness Not Describable Classically）理论，认为电子存在一个不能被经典电子理论解释的自由度，并以此来解释碱金属的异常光谱现象[6]。但泡利的"自由度"理论是相对模糊的概念，因为他并没有给出这个自由度的物理意义。1925 年，为了解释为什么电子拥有这个额外的自由度，两位美籍荷兰物理学家乔治·乌伦贝克（George Uhlenbeck）与塞缪尔·古德斯密特（Samuel Goudsmit）提出了最初的电子"自旋"概念。他们认为电子除了在原子核周围运动之外，还会自转产生磁矩，即存在一个自转角动量 $s=\hbar/2$。其中，$\hbar=h/(2\pi)$，表示约化普朗克常数。这个自转产生的角动量在空间任意方向投影仅能取值为 $\pm\hbar/2$。自旋产生的磁矩和电子轨道磁矩间存在相互作用，这部分相互作用被称作自旋轨道耦合（Spin-Orbit Coupling，SOC）。对于碱金属（以钠为例）来说，它的 11 个电子中 10 个电子组态为 $1s^2 2s^2 2p^6$，占据了内层能量较低的两个壳层。如图 1.5 所示，价电子处于 3s 能级，最低激发态对应从 3s 轨道被激发至 3p 轨道的电子。因此，钠原子光谱中的主要谱线为从 3p 轨道跃迁至 3s 轨道的电子所发出的，如图 1.5（a）所示。但在未考虑自旋轨道耦合时，3s 轨道原本的角量子数为 0，即 3s 轨道的角动量为 0，在考虑自旋所带来的角动量后，s 轨道总角动量为 $\hbar/2$，因此将 3s 轨道记作 $3s_{1/2}$。3p 轨道的角量子数为 1，即轨道自身带有大小为 $\hbar$ 的角动量，考虑不同自旋方向电子后，3p 轨道劈裂为 $3p_{1/2}$ 与 $3p_{3/2}$ 两条，如图 1.5（b）所示。其中，自旋磁矩与轨道角动量磁矩方向相同的 $3p_{3/2}$ 轨道对应电子的能量略大于 $3p_{1/2}$。由于自旋轨道耦合作用相对于整体电子能量来说较小，故钠原子光谱中两条谱线对应的波长较为接近，因此当光谱仪分辨率不高时钠原子双谱线结构被认为只有一条谱线。当对光源原子施加磁场时，外加磁场与总角动量在磁场方向上的分量之间的相互作用也会影响电子能量，而磁场方向的角动量分量也是量子化的，即磁场方向自旋和轨道的总磁矩只能取几个分立的值。$3s_{1/2}$ 轨道在磁场方向的角动量在量子力学允许范围内可以取值为 $\hbar/2$ 与 $-\hbar/2$，这种情况下轨道对应的能量将会一分为二。同理，3p 轨道的两种总角动量不同的电子也发生了能级劈裂，因此产生了反常塞曼效应的偶数条的复杂谱线。

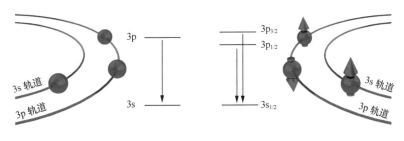

（a）忽略自旋，产生单谱线　　　　　（b）考虑自旋，产生双谱线

图 1.5　碱金属的双谱线现象产生原理

虽然泡利并不支持这种机械的自旋理论，但由于这个解释在当时得到了广泛的支持，并解释了许多经典电子理论难以解释的实验现象，因而，1927 年，泡利结合薛定谔与德国物理学家维尔纳·海森堡（Werner Heisenberg）创立的现代量子力学，提出了形式化的自旋理论。由于自转角动量仅能取±ℏ/2两个离散值，故他将经典的波函数理论中的波函数分为二元旋量波函数，即将波函数分为自旋相反的两部分函数来考虑，并引入了泡利矩阵作为自旋算符来处理二分化后的波函数。

由于薛定谔方程是非相对论的，因此泡利的自旋理论也是非相对论的。为了描述相对论下的电子，1928 年，英国物理学家保罗·狄拉克（Paul Dirac）通过矩阵理论，成功地将薛定谔方程与相对论结合，提出了狄拉克方程 [7]。狄拉克方程使用的是一个四元旋量波函数，虽然引入了自旋理论，但仅有两个量子态的自旋并不足以填充四元旋量波的四个基态，因此他预言了与电子质量相同、电性相反的"正电子"的存在。1930 年，我国物理学家赵忠尧首先在实验中观测到正负电子间发生湮灭时产生反常吸收与辐射的现象。1932 年，美国物理学家卡尔·安德森（Carl Anderson）成功地在云室内观测到了正电子的轨迹。

量子力学的发展带来了电子自旋的发现，对电子自旋的研究也进一步推动了量子力学的发展。图 1.6 所示的海森堡、狄拉克与泡利都在量子力学的发展和电子自旋的发现中做出了重要贡献，他们也因为在量子力学与电子自旋方面的突出贡献获得了诺贝尔物理学奖。

（a）维尔纳·海森堡　　　　　（b）保罗·狄拉克　　　　　（c）沃尔夫冈·泡利

图 1.6　在量子力学的发展和电子自旋的发现中做出突出贡献的科学家

无数实验表明，除了坐标空间的 3 个自由度之外，电子还存在 1 个内禀自由度——自旋。自旋并不是机械的自转，而是代表了一个不能与经典电子理论对应的独立自由度。后续研究发现，自旋并非电子独有，各种粒子都具有自旋属性，且根据自旋是半奇数或是整数，粒子的统计规律分别符合费米统计或玻色统计，因此粒子也可以根据自旋的不同而被分为费米子和玻色子。

人类对于电子认识的提升使电子技术在几十年间蓬勃发展，并且逐渐发展出了现在的集成电路技术；难以想象，离开了电子技术，人们的生活会倒退到什么水平。另外，电子自旋属性的发现也大大促进了磁学的发展，1988 年巨磁阻效应的发现标志着自旋电子学的真正诞生，我们将在第 2 章中就此展开讨论。常规电子器件往往通过操控电子电荷来设计器件功能，忽略了电子的自旋属性。但随着集成电路技术的发展，晶体管的特征尺寸逐步缩小，导致单位面积芯片内集成了越来越多的晶体管，从而给基于冯·诺依曼体系的电路结构带来了极大的功耗问题；相比之下，自旋器件的低功耗和非易失性等特点，能非常有效地解决当前集成电路遇到的瓶颈问题。因此，如何利用好自旋这一自由度，并将自旋器件与传统集成电路有效结合，甚至设计新的体系结构，逐渐成为当下研究的热点。本章接下来的内容将更详细地阐述自旋电子学的发展历程。

1.1.3　磁性与自旋

从古时候指南针为远航的人们指明方向，到现代高性能磁盘和磁传感器为人们的生活带来便利，磁作为一种物质的基本属性，在人们生活中扮演着越来越重要的角色。北宋时期，曾公亮在《武经总要》中描述了"指南鱼"的制作方法："鱼法以薄铁叶剪裁，长二寸、阔五分，首尾锐如鱼形，置炭火中烧之，候通赤，以铁钤钤鱼首出火，以尾正对子位，蘸水盆中，没尾数分则止，以密器收之"，大致意思是将铁块裁剪为鱼的形状，在灼烧至高温后，将鱼尾朝正北方放置并在水盆中冷却。这体现了古代劳动人民的智慧，在生产实践中通过归纳整理，总结得到了一系列磁学规律，但在电子自旋发现前，人们一直无法明确解释这些规律的物理机理。

法国物理学家保罗·朗之万（Paul Langevin）假设电子环流形成的磁偶极矩是原子磁矩的来源，并借助这个模型成功推导了抗磁性与顺磁性的公式。在经典物理模型下，任何热扰动或电子的碰撞均有可能使环形电流消失，但在该模型下，为了解释永磁体（Permanent Magnet，PM）又要求必须存在恒定的环形电流。因此，这个模型与经典物理不自洽。直到 20 世纪电子自旋被发现后，磁性的来源才被真正解释清楚。现在普遍认为材料磁性主要来自电子自旋磁矩、电子轨道磁矩以及外磁场带来的电子轨道改变[8]。

虽然磁性与电子自旋息息相关，是一种量子效应，但在量子力学出现之前，人们已经总结出了一些关于磁性的经验规律，并能基于当时的理论体系对磁现象作出解释。磁化率 $\chi=M/H$ 可以用来描述材料在磁场中的反应。其中，M 为单位体积内磁矩的大小，H 为外加磁场的大小。根据不同材料在磁场下的不同反应，材料的常见磁性可以分为抗磁性、顺磁性以及铁磁性。在加强对材料内部磁矩的观测能力后，人们发现还存在反铁磁性与亚铁磁性等磁有序的常见磁性，除此之外还存在螺旋磁性等特殊的磁性。

1. 抗磁性

在外加磁场作用下，有的材料中会产生微弱的、与外加磁场方向相反的磁场，即存在着 $\chi<0$ 的情况，且这部分磁场在撤去外磁场时不会保留。这种磁效应称为材料的抗磁性。具有抗磁性的材料称为抗磁性材料。抗磁性材料中电子轨道均被填满，自旋方向不同的电子成对，电子轨道和自旋都不表现出外磁矩。材料抗磁性的来源主要是外加磁场感生出的电子轨道的改变。许多日常使用的金属材料都是抗磁性材料，如铜、银、金等。

除此之外，稀有气体、不含过渡元素的离子晶体、共价化合物和绝大部分有机物都是抗磁性的。

2. 顺磁性

与抗磁性材料对应，在外加磁场作用下，另一些材料中会产生微弱的与外加磁场方向相同的磁场，即出现 $\chi>0$ 的情况，且这部分磁场在撤去外磁场后也不会保留。这种磁效应就称为材料的顺磁性。具有顺磁性的材料则称为顺磁性材料。顺磁性材料中一般存在着非成对的电子，即单个原子的总磁矩不为 0。材料的顺磁性主要来源于这些不成对电子的自旋以及外加磁场引起的电子轨道改变。顺磁性材料主要包括碱土金属、部分过渡族金属和稀土金属（如锂、镁和钽）等。

3. 铁磁性

铁磁材料在外磁场作用下具有较大的正磁化率 χ，并且在去除外磁场后，只要不高于一定的温度就能够保持其磁性，铁磁材料能保持铁磁性的临界温度是居里温度。当温度低于居里温度时，铁磁材料显示出铁磁性，在没有外加磁场的情况下依然能保持自身磁化；当温度高于居里温度时，铁磁材料无法自发磁化，只显示出顺磁性材料的性质。材料铁磁性的来源主要是电子的自旋，轨道磁矩和外加磁场感生出的电子轨道变化对材料铁磁性的影响较小。铁磁材料中的原子具有一些不成对的电子，因此原子本身具有净磁矩。当铁磁材料处于未磁化状态时，原子磁矩矢量的方向几乎是随机的，此时，铁磁材料作为一个整体，总的净磁矩为 0。而当施加外磁场时，原子磁矩会趋向于外磁场方向，并在材料内产生强磁场。铁、钴和镍是最常见的铁磁材料。

为了解释铁磁性的来源，法国物理学家皮埃尔·外斯（Pierre Weiss）提出了分子场理论，他认为磁性原子之间存在一个相互作用，这个相互作用可以等效为一个与自身磁化强度成正比的磁场，这个场被称为分子场。每个磁性原子除了受到外磁场作用外，还会受到分子场的作用，从而解释了为什么在撤去外磁场后铁磁材料依然可以保持自身磁化。随后，分子场理论成功解释了居里温度并被用于推导铁磁材料磁化率和温度的关系。然而，虽然分子场理论看起来成功解释了材料的铁磁性，但这个建立在经典物理体系下的理论自身有着重大缺陷。根据分子场理论，若要使铁磁材料保持磁化，材料内部的等效磁场需要达到 10^4 kOe［Oersted，奥斯特，是厘米 - 克 - 秒制里的磁场强度、磁化强度的单位；转换至国际单位制，1 Oe = 1000/(4π) A/m］数量级，这比实际铁磁材料的磁场大四个数量级。因此，分子场的存在并不是使铁磁材料能在撤去外加磁场后保持磁化的原因。1928 年，海森堡根据量子力学以及自旋理论提出了海森堡模型[9]，即电子可以与附近的电子发生交换相互作用（Exchange Interaction）。此前外斯提出的分子场的本质正是海森堡所说的这种交换场。对于电子 i 和电子 j，其交换相互作用能可以表示为：

$$E_{\text{ex}} = -\sum_{i\neq j} J_{ij} S_i S_j \tag{1.1}$$

式中，S_i、S_j 分别为电子 i 和电子 j 的自旋磁矩，J_{ij} 为交换常数（Exchange Constant），表示交换相互作用的强度。根据能量最低原理，当 $J_{ij}<0$ 时，参与交换相互作用的电子倾向于与自旋方向相反的排列；而 $J_{ij}>0$ 时，电子趋向于与自旋方向同向的排列。

在铁磁材料中，磁矩几乎都是由电子的自旋提供的。以铁原子为例，其原子序数为 26，最外层电子分布为 $3d^64s^2$，即除了内层稳定电子之外，一个铁原子在最稳定状态下分别在 3d 轨道和 4s 轨道上分布了 6 个电子和 2 个电子。但是，4s 轨道上的电子非常容易脱离原子核的束缚成为自由电子，因此铁的 3d 轨道是暴露在最外层的，很容易受到周围铁离子的影响。暴露在外层的 3d 轨道的电子更易与周围原子发生相互作用。由图 1.3 所示可知，d 轨道具有明显方向性，不同朝向的轨道与周围原子相互作用，导致原本相同的轨道能量产生变化，打破了原本 3d 轨道的简并性，使轨道角动量在各个方向的分量不再是波函数的本征值。此时电子轨道角动量产生的磁矩的期望值会变为 0，轨道不再提供磁矩，因此铁磁材料的磁矩几乎都来自电子自旋。

由于铁磁材料在被外磁场磁化后，在撤去外磁场的情况下依然能保持一定的自身磁化，因此铁磁材料的磁化强度与外磁场强度并不是简单的线性关系，磁化强度 M 的变化相较于外磁场 H 会产生一定的滞后性，M-H 的变化关系如图 1.7 所示。

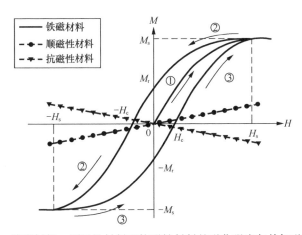

图 1.7　铁磁材料、顺磁性材料和抗磁性材料的磁化强度与外加磁场关系

在图 1.7 中，实线对应的是铁磁材料的磁滞回线，其中过程①描述的是向初始总磁化强度为 0 的铁磁材料施加一个逐渐增大的正向磁场的过程，此时磁化强度随着外磁场的增大而逐渐增大；当外磁场增大至 H_s 后，铁磁材料的磁化强度到达饱和磁化强度 M_s，此时的 H_s 称为饱和场。过程②表示将铁磁材料通过施加一个外加磁场达到其饱和磁化状态后，将外磁场减小并反向时，铁磁材料磁化强度的变化，其中当外磁场减小为 0 时，铁磁材料依然存在磁化强度为 M_r 的剩磁；直到外加磁场反向并且大小达到 $-H_c$ 时，铁磁材料的磁化强度才变为 0，此时的外磁场大小 H_c 称为矫顽力；当外磁场大小为 $-H_s$ 后，铁磁材料被反向磁化至饱和磁化强度 $-M_s$。过程③与过程②类似，只不过外磁场变化方向相反。顺磁性材料和抗磁性材料内部磁化强度也会随外界磁场变化而变化，磁化强度

与外界磁场成正比，分别如图 1.7 所示的圆点虚线和三角虚线。一般而言，顺磁性材料和抗磁性材料的磁化强度往往弱于铁磁材料。

另外需要注意的是，电子间的交换相互作用即使在铁磁材料未被磁化的状态下依然存在。在大块的铁磁材料内部，当没有外界磁场作用时，自发磁化常常会形成若干磁化方向相同的区域，这些区域被称为磁畴。在磁畴内，各原子磁化方向基本一致，但当铁磁材料未被磁化时，材料内部磁畴没有固定的朝向，是随机排列的，因此整体也不表现出磁性。

4. 反铁磁性与亚铁磁性

与铁磁材料一样，反铁磁材料与亚铁磁材料内部磁化方向取向存在规律性，如图 1.8 所示。在反铁磁材料中，相邻的磁性原子的磁化方向趋向于反平行排列，因此整体不表现出明显磁性，但材料内部磁畴之间却有着非常强的相互作用。亚铁磁材料与反铁磁材料类似，但亚铁磁材料中沿某个方向磁化的原子的磁化强度略小于磁化方向与其相反的原子的磁化强度，因此亚铁磁材料整体表现出磁性，可以作为永磁体存在。

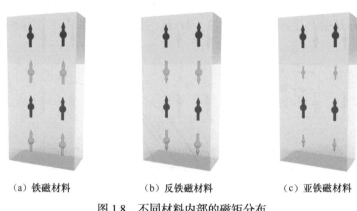

（a）铁磁材料　　　　　（b）反铁磁材料　　　　　（c）亚铁磁材料

图 1.8　不同材料内部的磁矩分布

电子不但是电荷的载体，同时也是自旋的载体。对于通常的导体而言，参与导电的电子通常是非自旋极化的，即自旋向上与自旋向下的电子数量基本一致，而且对于大多数导体来说，极化的自旋流经过数纳米的传导后，自旋极化也会消失。但随着微电子学科的发展，当器件尺寸不断缩小到纳米级时，电子的自旋便成为不可忽略的一个属性，控制电子的自旋也可以用于改变器件的工作状态。于是，学术界和工业界利用铁磁材料与电子自旋之间的紧密关系，设计了大量由铁磁材料构成的自旋电子器件。此外，反铁磁材料与亚铁磁材料也在自旋电子领域得到了愈发充分的应用。

1.2　自旋电子的发展历程

自旋电子的发展历程可以通过图 1.9 所示的自旋电子学重大发现与应用来进行串联。接下来，我们将沿着时间轴对自旋电子的发展进行梳理。同时，读者也可以在后续对应的章节中对每一个重大发现与应用进行深入了解。

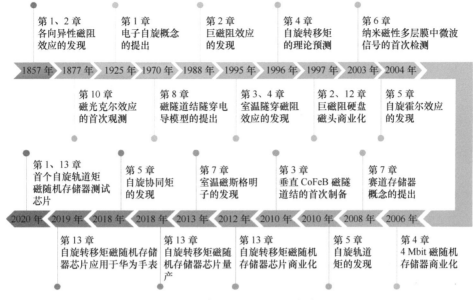

图 1.9　自旋电子学重大发现与应用

1.2.1　自旋电子的早期应用

随着自旋电子技术的发展，利用电子自旋属性设计的存储器推动了计算机技术的进步。自旋电子的早期应用主要有磁芯存储器和基于各向异性磁阻的存储器等。

1. 磁芯存储器

磁芯存储器（Magnetic-Core Memory）是一种非易失性存储器，由美国华裔物理学家王安于 1948 年发明[10]。如图 1.10（a）所示，磁芯存储器的存储单元为具有磁滞效应的铁氧体环形铁心，"0" 和 "1" 代表环形铁心的两个磁化方向（顺时针或逆时针）；磁芯存储器的结构如图 1.10（b）所示，x 方向和 y 方向的导线穿过每一个环形铁心，每个方向的导线电流 I_x 和 I_y 均在环形铁心产生电流磁场 $H_{current}$。铁氧体环形铁心磁化翻转的矫顽力 H_c 满足 $H_{current} < H_c < 2H_{current}$，故只有当 x 方向和 y 方向的导线同时通过电流时，环形铁心的磁化才可以翻转，从而通过 x 方向和 y 方向的导线进行存储单元的寻址和数据写入。磁芯存储器的读出线穿过 xy 平面内的所有环形铁心。对于特定位置环形铁心的读取，通过向经过该环形铁心的 x 方向和 y 方向导线施加写入 "0" 的电流，如果该环形铁心的数据为 "0"，则磁化方向不变，读出线的感应电压较小；如果该环形铁心的数据为 "1"，则环形铁心发生磁化翻转，读出线的感应电压较大。需要注意的是，此时原先存储着数据 "1" 的环形铁心已被改写为 "0"，需要再将其重写为 "1" 才能满足非易失性存储的要求。

磁芯存储器的存储密度较小，价格昂贵；利用电流产生足够磁场来写入数据，功耗较高；利用读出线进行数据读取具有破坏性，且读取速度慢。但是，作为计算机的第一代随机存储器，磁芯存储器奠定了商业计算机的计算构架，使冯·诺依曼计算机架构得以实现。图1.11（a）所示为32×32核心的1 kbit磁芯存储器[11]，图1.11（b）所示为阿波罗飞船导航计算机（Apollo Guidance Computer，AGC），是阿波罗登月计划中的指令舱和登月舱所使用的数字计算机，其中的随机存储器（Random-Access Memory，RAM）使用的是磁芯存储器。

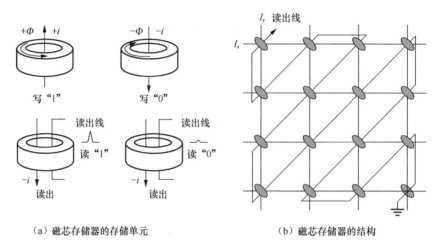

（a）磁芯存储器的存储单元　　　　　　　（b）磁芯存储器的结构

图1.10　磁芯存储器读写操作

（a）32×32核心的1 kbit磁芯存储器　　　　（b）阿波罗飞船导航计算机

图1.11　磁芯存储器的应用

随着晶体管的发明，IBM公司的罗伯特·丹纳德（Robert Dennard）于1967年发明的动态随机存储器（Dynamic Random Access Memory，DRAM），彻底打破了磁芯存储器在计算机中近20年的技术垄断[12]。随后，人们继续寻找用电信号读取磁性信息的方法，从而改进利用电子自旋属性设计的电子器件[13-14]。

2. 基于各向异性磁阻的存储器

各向异性磁阻（Anisotropic Magnetoresistance，AMR）于1857年由汤姆逊在金属镍（Ni）中发现，这一效应是指材料的电阻大小与材料磁化方向和探测电流方向的夹角有关[15-16]。当探测电流方向平行于材料磁化方向时，材料呈现高阻态；当两者垂直时，材料呈现低阻态。该效应来源于材料的磁化特性与自旋轨道耦合的共同作用，例如，对金属镍而言，其s-d电子散射在磁化方向上具有更大的概率，从而在不同方向探测电流的作用下使该材料呈现不同的阻态。1971年，基于各向异性磁阻的磁头开始应用于磁记录技术，从而实现了各向异性磁阻的产业化[17]。随后，针对其对角度敏感的特性，基于各向异性磁阻的磁传感器也相继出现[18]。1984 年，霍尼韦尔公司的詹姆斯·道顿（James Daughton）[19]利用磁性薄膜的各向异性磁阻效应设计了磁随机存储器（Magnetic Random Access Memory，MRAM），并于 20 世纪 90 年代先后推出了基于各向异性磁阻的 16 kbit 和 256 kbit 的磁随机存储器芯片。

　　基于各向异性磁阻的磁随机存储器存储单元如图 1.12 所示[20]，两层具有单轴各向异性的铁磁薄膜与中间的高电阻率薄膜形成三明治结构的长方形存储单元，该存储单元作为感应线施加感应电流，铁磁层的磁化方向与感应电流方向垂直；字线位于存储单元上方，字线电流与铁磁层的磁化方向平行。同时施加字线电流和不同极性的感应电流，其中字线电流为较大的写入电流值，感应电流在不同极性下产生顺时针或逆时针磁场，使上下两个铁磁层处磁场方向相反，从而在字线电流和感应电流的合成磁场作用下，两个铁磁层的磁矩反平行，形成顺时针和逆时针两种排列状态，即为存储单元的数据"1"和"0"，来完成数据写入。图 1.12（a）所示为数据"0"到数据"1"的写入过程。由于单独施加字线电流或感应电流不会影响铁磁层的磁化方向，通过调整施加电流的字线和感应线位置，可以实现特定存储单元的数据写入。数据的读取可以通过在感应线和字线上分别施加一定极性的感应电流和较小的字线电流来实现，字线电流的读取电流值小于写入电流值。如图 1.12（b）、（c）所示，感应电流为写入数据"1"时的极性时，对于数据"0"来说，感应电流磁场与铁磁层磁化方向相反，字线电流与感应电流的合成磁场使铁磁层的磁矩向垂直方向产生较大转动，而对于数据"1"来说，感应电流磁场与铁磁层磁化方向相同，字线电流与感应电流产生的磁场使铁磁层的磁矩向垂直方向产生较小转动。基于各向异性磁阻效应，数据"0"和"1"对应的电阻不同，因而感应线的输出电压也不同，从而完成特定存储单元的数据读取。数据读取后，停止施加字线电流和感应电流后，铁磁层的磁化方向回到初始状态，从而使基于各向异性磁阻的磁随机存储器具有非破坏读取的特性。总之，该存储器的数据写入基于单轴各向异性的铁磁薄膜的两个方向相反的易磁化方向，并利用各向异性磁阻进行数据读取，相较于电磁感应的读取模式，可以提高读取信号的强度。然而，各向异性磁阻的磁阻率 $\Delta\rho/\rho$ 仅为 1% ～ 5%，并且由于退磁场作用，存储单元边缘的磁矩方向会偏离铁磁层的磁化方向，从而使存储单元的临界宽度需要大于 1 μm，这限制了基于各向异性磁阻的磁随机存储器的存储密度和读写速度等性能。

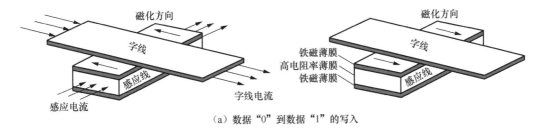

（a）数据"0"到数据"1"的写入

图 1.12　基于各向异性磁阻的磁随机存储器存储单元

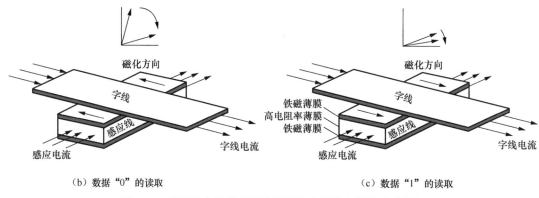

（b）数据"0"的读取　　　　　　　　　　　　　　　（c）数据"1"的读取

图 1.12　基于各向异性磁阻的磁随机存储器存储单元（续）

1.2.2　自旋电子的大规模应用

1988 年，巴黎萨克雷大学的阿尔贝·费尔教授等[21]和德国于利希研究中心的彼得·格林贝格教授等[22]分别独立观测到了铁磁金属/非磁性金属多层膜结构中的巨磁阻（Giant Magnetoresistance，GMR）效应，成为自旋电子学诞生的里程碑。区别于传统的电子学，自旋电子学通过探索电子的自旋属性来为电子的操纵提供新的自由度，这一自由度的增加有利于器件的高度集成、功耗的降低及运算速度的提高，从而指导一系列创新设计，服务于一系列前沿应用。利用自旋电子学的原理和效应设计出的非易失性存储器和磁性传感器等器件，展现出超过人们预期的性能优势，引起了人们的广泛关注。自旋电子学是由凝聚态物理学、物理电子学、微电子学、固体电子学等多学科交叉的新兴学科，经过 30 多年的快速发展，逐渐成为信息科学与技术领域的重要组成部分。

超大规模集成电路是电子信息领域的基石，直接推动消费类电子和计算机等相关产业的发展。但是先进的集成电路制造工艺（如 7 nm 制程工艺）势必受到量子效应的限制，相应器件和结构中难免会产生功耗大、可靠性低等问题，因此"摩尔定律"的预测也将会无法延续[23-24]。开展从新材料、新器件到新型集成电路及系统的交叉研究，探究降低功耗的关键技术，对信息产业在"后摩尔时代"的进一步发展具有重大意义。随着自旋电子相关材料及器件制备工艺的不断成熟，自旋电子器件将有可能替代传统的半导体器件，成为下一代超低功耗存储及计算电路的关键组成部分，是未来微电子技术的主要发展方向之一。

巨磁阻效应存在于铁磁金属/非磁性金属超薄多层薄膜组成的自旋阀结构中，这种自旋阀结构的两个铁磁层被一个非磁层分开，两个铁磁层处于平行和反平行磁化状态下时，通过自旋阀的电阻将呈现出较大的差异。1991 年，IBM 公司的 Dieny 等[25]利用磁性多层膜的巨磁阻效应设计了基于自旋阀结构的磁头，四年后该公司发布了基于这一设计的大容量商用硬盘。巨磁阻效应的应用引发了硬盘技术的革命，使 1997—2007 年间硬盘的存储容量增长了超过 1000 倍[26]，创造了巨大的市场效益，促使整个硬盘产业快速发展，年产值超过 380 亿美元，并且孕育了希捷、西部数据等世界级企业。高运行速度、超大容量及低功耗数据存储也促进了各种各样的新兴信息技术产业的兴起和发展，比如互联网搜索引擎的广泛普及、移动计算设备的流行、网络存储及云计算等新兴市场的蓬勃发展等。快速搜索引擎及大容量网络存储的实现，为"大数据""云计算""物联网"时代的开启奠定了基础，对信息产业的发展具有不可替代的推动作用[27]。因此，2007年的诺贝尔物理学奖授予费尔[28]和格林贝格[29]，以表彰他们在巨磁阻效应的发现和发展过程中做出的杰出贡献。评选委员会指出："巨磁阻效应的发现打开了一扇通向新技术世界的大门[30]。"费尔教授于 2014 年与北京航空航天大学（以下简称"北航"）和北京市科学技术委员会共建费尔北京研究院，作为北航的兼职教授，推动了我国自旋电子学科的发展。图 1.13 所示为费尔北京研究院的成立仪式和费尔教授与北航学生面对面交流的场景。

（a）费尔北京研究院的成立仪式　　　（b）费尔教授与北航学生面对面交流的场景

图 1.13　费尔教授推动我国自旋电子学科的发展

1.2.3　自旋芯片的新近发展

在全金属的自旋阀结构中，巨磁阻效应的磁阻率在室温下大约仅为 5%[31]。得益于 1995 年在磁性金属 / 绝缘体 / 磁性金属三层结构的磁隧道结（Magnetic Tunnel Junction，MTJ）中的室温隧穿磁阻（Tunnel Magnetoresistance，TMR）效应的发现[32-33]，器件的磁阻率得以显著提高。这一效应的物理本质在于电子能够以量子隧穿的方式通过超薄绝缘体层[34-35]。大于 230% 的隧穿磁阻效应的磁阻率在 CoFeB/MgO 磁隧道结结构中的实现[36]，推动了磁随机存储器的发展。采用这种磁隧道结构作为存储单元，以每一个磁隧道结结构两个磁层的平行或反平行磁化状态来存储"0"和"1"信息的磁随机存储器在读写速度、可微缩性和可重复擦写次数等方面都具有显著优势[37]，是有望取代现有半导体存储器的新兴非易失性存储器之一。此外，磁随机存储器主要由铁磁金属构成，区别于电子电荷，电子的自旋属性不受辐射空间中的重离子或中子、质子等的影响，用铁磁金属的磁化状态存储信息，具有天然抗辐射、抗干扰特性，对航空航天系统的信息化有非常重要的意义[23]。

1.　自旋存储器件

磁随机存储器的信息写入操作是目前自旋电子学领域的研究热点，对磁随机存储器的性能具有决定性影响。第一代磁随机存储器采用磁场驱动磁化翻转（Field-Induced Magnetic Switching，FIMS）写入数据的方式，并由飞思卡尔公司于 2006 年投入商用[38]。

然而，磁化翻转所需的磁场是利用微电磁线圈生成的，外加电流过高，致使存储单元数据写入功耗过大，并且磁场的产生需要较大的面积，限制了存储密度。因而，磁场驱动磁化翻转方法的研究和产业化受到了很大限制[39]。1996 年，IBM 公司的约翰·斯隆乔斯基（John Slonczewski）和卡内基梅隆大学的卢克·伯格（Luc Berger）预测了自旋转移矩（Spin-Transfer Torque，STT）的存在[40-41]。当自旋极化电流通过磁隧道结时，自旋极化电流与铁磁薄膜磁矩之间角动量的相互转换可以实现自由层的磁化翻转。这是自旋电子学领域继巨磁阻效应之后的又一个伟大发现。这一效应可以利用电流控制磁性材料的磁矩，大大提高了自旋电子器件的集成密度。自旋转移矩效应的发现推动了基于互补金属氧化物半导体（Complementary Metal Oxide Semiconductor，CMOS）工艺的第二代磁随机存储器——自旋转移矩磁随机存储器的发展，使这种存储器同时具有更低的翻转电流、更低的写入功耗和更小的单元架构[42-43]。2012 年，Everspin 公司实现了自旋转移矩磁随机存储器的商业化，推出了 64 Mbit 容量的自旋转移矩磁随机存储器[44]。

2010 年，日本东北大学及美国 IBM 公司成功研制出基于 CoFeB/MgO 界面垂直磁各向异性（Perpendicular Magnetic Anisotropy，PMA）的磁隧道结[45-46]，由于其热稳定性由磁晶各向异性决定，这种磁隧道结无需较大的长宽比即可具有较高的热稳定性，并可以被制备成圆柱形，使自旋电子器件的工艺节点进一步拓展到 20 nm 及以下，为制造更小尺寸和更快读写速度的自旋电子器件奠定了基础，对超低功耗存储及计算具有重要意义。基于垂直磁各向异性的自旋转移矩磁随机存储器在功耗、读写速度及存储容量等方面更具优势，被认为是动态随机存储器的有力竞争者。

磁随机存储器的应用前景广泛。Everspin 公司存储容量为 4 Mbit 和 16 Mbit 的磁随机存储器用于搭建空中客车公司最新 A350 飞机的飞行控制计算系统，可以降低功耗并提高数据稳定性[47]。其他一些公司，如三星、格罗方德、台积电和英特尔等，也都正在生产磁随机存储器，这表明磁随机存储器在非易失性存储器市场中的需求在不断增加。当前集成电路产业遇到难以逾越的功耗及读写速度等瓶颈，摩尔定律因此开始失效。以自旋转移矩磁随机存储器、阻变存储器及相变存储器等为代表的新型信息存储器被广泛认为是"后摩尔时代"有望突破功耗瓶颈的关键技术，有望应用于低功耗、非易失存储及存算一体芯片，在工业自动化、嵌入式计算、网络和数据存储、汽车、卫星和航空航天等重要的民生和国防领域具有巨大的应用价值。

目前，基于自旋转移矩的磁随机存储器信息写入技术受到工业界和学术界的广泛关注。然而该类器件尚有诸多科学问题亟需解决。例如，为长时间保存信息，需要在 CoFeB/MgO 多层膜结构中实现较强的垂直磁各向异性，然而目前仍难以对其进行有效的调控；由于自旋转移矩磁随机存储器的信息写入电流密度相对半导体器件较高，直接影响了存储单元的功耗及寿命。例如，英特尔在 2019 年 ISSCC 会议发布的自旋转移矩磁随机存储器样片的擦写次数仅为 100 万次[48]。这些技术瓶颈使自旋转移矩磁随机存储器难以取代传统的静态随机存储器（Static Random Access Memory，SRAM）。与此同时，自旋转移矩磁随机存储器的信息写入技术面临着亟待克服的性能瓶颈，这直接影响了自旋转移矩磁随机存储器在功耗、读写速度及存储容量等性能方面的提升。例如，自旋转移矩的激发依靠的是随机热效应，会产生内禀时延（Incubation Time），从而导致数据写入速度低；自旋转移矩的效率在相反的写入方向之间存在非对称性，使电路的写入电流过高，功耗和位元面积过大。

近年来，为解决自旋转移矩所面临的上述问题，学术界提出了自旋轨道矩（Spin-Orbit Torque，SOT）写入方式[49-50]。采用自旋轨道矩可以实现亚纳秒级别的写入速度，且写入路径与读取路径相互分离，便于读写性能的独立优化。此外，自旋轨道矩磁随机存储器的存储单元具有三个端口，需要连接两个访问控制晶体管，导致了较大的面积开销，因此自旋存储的写入方式仍亟需改善和突破。探索具有低阈值电流、高速和高集成密度的新型信息写入机制成为当前学术界及产业界共同关注的关键科学问题。2020年，日本东北大学大野英男（Hideo Ohno）所在的课题组展示了一款 4 KB 自旋轨道矩磁随机存储器测试芯片，是世界上第一款成功集成了 CMOS/SOT 混合工艺的自旋轨道矩磁随机存储器，预示着自旋轨道矩技术已经从器件机理研究阶段迈进实际电路流片阶段[51]。

2. 自旋信息处理

以电子"自旋"为信息载体的信息处理方式区别于当前以电子"电荷"为信息载体的信息处理方式：非易失特性使信息不需要在不同的存储空间进行备份，并且防止了掉电后的数据丢失；改变电子自旋所需要的能耗远低于驱动电子电荷传输所需要的能耗，有利于降低功耗；单个电子的自旋即可存储数据，因而容量远大于当前使用的电容存储方法。

目前，与自旋信息处理相关的研发正在紧锣密鼓地开展当中。例如，电子设计自动化（Electronic Design Automation，EDA）领域中基于自旋信息的大规模集成电路的模拟和仿真等。与此同时，自旋信息处理技术的出现也使很多非冯·诺依曼计算架构成为学术界研究的新热点，如即时开/闭电路、模拟计算、存算一体及类脑计算等。特别是在移动嵌入式系统中，上述计算架构将帮助我们方便快捷地处理现实生活中复杂的实时数据。

类脑计算由于具有认知任务能力而受到广泛关注。美国普渡大学的 Sharad 等[52]提出了基于自旋及 CMOS 电路混合的神经元网络，如图 1.14（a）所示。为了实现系统的自主学习，其运算单元"神经元"基于自旋电子器件磁隧道结，每个神经元通过可编程元件"突触"进行连接。现有的存储电路能够模拟突触的一些特性，例如，利用静态随机存储器或者浮栅场效应晶体管作为人工突触，但是这些方法中的突触无法实现大规模集成化。因此，突触使用基于自旋作为信息载体的赛道存储器，可以降低突触尺寸。当外加电流脉冲时，自旋电子器件能够模拟脉冲时序依赖可塑性（Spike Timing-Dependent Plasticity，STDP），如图 1.14（b）所示[53]，利用 CMOS 探测单元进行信号传递，当突触后神经元在突触前神经元之后被激发，突触信号被加强。脉冲时序依赖可塑性是在生物突触上观测到的机制，并被广泛认为是支撑生物大脑学习的机制之一。利用这一机制，基于磁隧道结的自旋电子器件可以用于神经网络计算，如图 1.14（c）所示 [54]（详见第 14 章）。

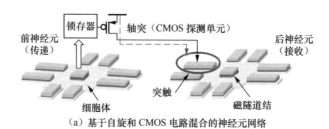

（a）基于自旋和 CMOS 电路混合的神经元网络

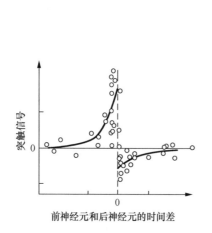

（b）脉冲时序依赖可塑性机制

（c）基于磁隧道结的自旋电子器件用于人工智能领域

图 1.14　自旋信息处理

此外，自旋电子器件，特别是基于自旋转移矩的磁隧道结，有着极其显著的"内禀"随机特性 [54]。对于不同的需求，通过控制电压大小，一个磁隧道结器件的平均转换时间可以从秒级到亚纳秒级之间变化，越长的电压脉宽可导致越高的翻转概率，而且在其整个工作区间上，开关变化是随机的。除了以上多种自旋器件作为人工突触的研究之外，一些研究者也在开发相关的人工突触学习规则（Artificial Synapse Learning Rules）。目前，利用自旋突触设计自适应系统有两个主要思路：监督学习和无监督学习。监督学习源自计算机科学领域的人工神经网络的传统算法，这种方法容易理解。利用自旋突触的无监督学习系统，其学习规则遵循脉冲时序依赖可塑性机制及其演变。在此系统中，需要处理的数据将被提交给系统，并由系统自主地学习辨识其中的相关性，用相对"未知"的数据完成自我训练，且只需在学习过程的最后，向系统提交众所周知的数据，即可完成系统的功能。巴黎萨克雷大学的 Querlioz 等 [55-56] 在无监督学习规则下，利用基于自旋电子器件的随机性实现了典型的手写字符识别功能以及复杂的视频识别功能，如高速公路车辆计数问题，并得到与监督学习规则相近的性能指标。目前，自旋信息处理领域，如人工神经网络认知应用等，具有广阔的发展前景。

1.3　本章小结

本章首先主要介绍了自旋电子的起源，包括电子的发现、电子自旋属性的解释以及磁性与自旋的联系。然后梳理了自旋电子的发展历程，包括磁芯存储器和基于各向异性磁阻的存储器等早期应用、巨磁阻效应发现以来的大规模应用，以及自旋存储和信息处理领域的最新进展。

自旋电子学利用对电子自旋属性的控制以及电子自旋的诸多效应设计电子器件。基于电子"自旋"属性的铁磁/金属和铁磁/氧化物等超薄多层膜结构中产生了一系列自旋相关效应，如隧穿磁阻效应、自旋转移矩效应和自旋轨道矩效应等。这些自旋相关效应及其应用涉及超薄多层膜界面诱导磁各向异性、界面自旋注入及自旋轨道相互作用等研究内容，构成了当今凝聚态物理学领域的科学前沿，一方面极大地完善了自旋电子器件的功能，具有重大实用价值；另一方面也对基础科学相关领域的研究以及相应实验设备的设计和改进起到了积极作用，二者相互促进，相辅相成。

经过 30 多年来的不断发展，自旋电子学作为信息科学与技术领域的重要组成部分，对信息化产业革命起到了十分重要的推动作用。充分利用电子的自旋属性，并与传统的微电子学、光学、材料学及生物学等学科和相应行业相结合，同样有望在将来形成多项新的跨学科核心技术。

在后续章节中，我们将就自旋电子学的基本效应及核心器件、自旋芯片的仿真设计、加工制备及典型应用等方面做更详细的介绍。

思考题

1. 请简述你对电子自旋属性的理解。

2. 材料的常见磁性分为哪几种？请简述每种磁性的特点以及代表性材料。

3. 请简述巨磁阻效应和隧穿磁阻效应的基本原理，并对这两种效应进行对比。

4. 请简述自旋转移矩和自旋轨道矩的基本原理，并对这两种效应进行对比。

5. 通过调研，对比分析磁随机存储器、静态随机存储器和动态随机存储器在非易失性、功耗、存储密度、数据读取速度与写入速度等方面的性能。

6. 请简述磁随机存储器的发展历程，概括每一阶段的优缺点，分析磁随机存储器的发展趋势。

7. 自旋轨道矩磁随机存储器面临着一些亟待解决的问题，如需要面内磁场辅助垂直磁化翻转、集成密度低以及写入功耗大等，请调研学术界及产业界为解决这些问题所提出的方案。

8. 请调研目前进行磁随机存储器研发的国内及国外企业，了解它们的产品性能及应用领域。同时，请思考分析我国在磁随机存储器领域与国际先进水平相比具有哪些不足？并应从哪些方面进行努力？

参考文献

[1] THOMSON J J. Cathode rays[J]. Philosophical Magazine Series 5, 1897, 44 (269): 293-316.

[2] GEGIER H, MARSDEN E. On a diffuse reflection of the α -particles[J]. Proceeding of the Royal Society A, 1909, 82:495-500.

[3] RUTHERFORD E. The scattering of α and β particles by matter and the structure of the atom[J]. Philosophical Magazine Series 6, 1911, 21 (125): 669-688.

[4] BOHR N. On the constitution of atoms and molecules[J]. Philosophical Magazine Series 6, 1913, 26 (153): 476-502.

[5] GERLACH W, STERN O. Der experimentelle nachweis der richtungsquantelung im-magnetfeld[J]. Zeitschrift für Physik. 1922, 9 (1): 349-352.

[6] PAULI W. Nobel lecture: Exclusion principle and quantum mechanics[EB/OL]. (1946-12-13)[2021-09-13].

[7] DIRAC P, FOWLER R. On the theory of quantum mechanics[J]. Proceeding of the Royal Society A, 1926, 112 (762): 661-677.

[8] 胡安，章维益 . 固体物理学 [M]. 北京：高等教育出版社，2005.

[9] HEISENBERG W. Zur theorie des ferromagnetismus[J]. Zeitschrift für Physik, 1928, 49(9): 619-636.

[10] 蔡建旺 . 磁电子学器件应用原理 [J]. 物理学进展，2006, 2:180-227.

[11] IBM. Magnetic core memory[EB/OL]. (2020-05-01) [2021-07-01].

[12] DENNARD R H. Field-effect transistor memory: U.S. Patent 3,387,286[P]. 1968-6-4.

[13] MOTT N F. The electrical conductivity of transition metals[J]. Proceeding of the

Royal Society A, 1936, 153(880): 699-717.

[14] FERT A, CAMPBELL I A. Two-current conduction in nickel[J]. Physical Review Letters, 1968, 21(16): 1190-1192.

[15] THOMSON W. On the electro-dynamic qualities of metals: effects of magnetization on the electric conductivity of nickel and of iron[J]. Proceedings of the Royal Society of London, 1857 (8): 546-550.

[16] MCGUIRE T, POTTER R L. Anisotropic magnetoresistance in ferromagnetic $3d$ alloys[J]. IEEE Transactions on Magnetics, 1975, 11(4): 1018-1038.

[17] HUNT R. A magnetoresistive readout transducer[J]. IEEE Transactions on Magnetics, 1971, 7(1): 150-154.

[18] MORAN T J, DAHLBERG E D. Magnetoresistive sensor for weak magnetic fields[J]. Applied Physics Letters, 1997, 70(14): 1894-1896.

[19] DAUGHTON J M. Magnetoresistive memory technology[J]. Thin Solid Films, 1992, 216(1): 162-168.

[20] NVE CORPORATION. Magnetoresistive Random Access Memory (MRAM)[EB/OL]. (2020-05-04) [2021-07-30].

[21] BAIBICH M N, BROTO J M, FERT A, et al. Giant magnetoresistance of (001) Fe/(001) Cr magnetic superlattices[J]. Physical Review Letters, 1988, 61(21): 2472-2475.

[22] BINASCH G, GRÜNBERG P, SAURENBACH F, et al. Enhanced magnetoresistance in layered magnetic structures with antiferromagnetic interlayer exchange[J]. Physical Review B, 1989, 39(7): 4828-4830.

[23] THOMPSON S E, PARTHASARATHY S. Moore's law: the future of Si microelectronics[J]. Materials Today, 2006, 9(6): 20-25.

[24] KIM N S, AUSTIN T, BAAUW D, et al. Leakage current: Moore's law meets static power[J]. Computer, 2003, 36(12): 68-75.

[25] DIENY B, SPERIOSU V S, PARKIN S S P, et al. Giant magnetoresistive in soft ferromagnetic multilayers[J]. Physical Review B, 1991, 43(1): 1297-1300.

[26] CHAPPERT C, FERT A, VAN DAU F N. The emergence of spin electronics in data storage[J]. Nature Materials, 2007, 6(11): 813-823.

[27] FULLERTON E E, CHILDRESS J R. Spintronics, magnetoresistive heads, and the emergence of the digital world[J]. Proceedings of the IEEE, 2016, 104(10): 1787-1795.

[28] FERT A. Nobel lecture: origin, development, and future of spintronics[J]. Reviews of Modern Physics, 2008, 80(4): 1517-1530.

[29] GRÜNBERG P A. Nobel lecture: from spin waves to giant magnetoresistance and beyond[J]. Reviews of Modern Physics, 2008, 80(4): 1531-1540.

[30] JOHANSSON B. The Nobel prize in physics 2007 - presentation speech[EB/OL]. (2007-12-10)[2021-07-21].

[31] HUAI Y. Spin-transfer torque MRAM (STT-MRAM): Challenges and prospects[J]. AAPPS Bulletin, 2008, 18(6): 33-40.

[32] MOODERA J S, KINDER L R, WONG T M, et al. Large magnetoresistance at room temperature in ferromagnetic thin film tunnel junctions[J]. Physical Review Letters, 1995, 74(16): 3273-3276.

[33] MIYAZAKI T, TEZUKA N. Giant magnetic tunneling effect in Fe/Al$_2$O$_3$/Fe junction[J]. Journal of Magnetism and Magnetic Materials, 1995, 139(3): 231-234.

[34] PARKIN S S P, KAISER C, PANCHULA A, et al. Giant tunnelling magnetoresistance at room temperature with MgO (100) tunnel barriers[J]. Nature Materials, 2004, 3(12): 862-867.

[35] YUASA S, NAGAHAMA T, FUKUSHIMA A, et al. Giant room-temperature magnetoresistance in single-crystal Fe/MgO/Fe magnetic tunnel junctions[J]. Nature Materials, 2004, 3(12): 868-871.

[36] DJAYAPRAWIRA D D, TSUNEKAWA K, NAGAI M, et al. 230% room-temperature magnetoresistance in CoFeB/MgO/CoFeB magnetic tunnel junctions[J]. Applied Physics Letters, 2005, 86(9).DOI: 10.1063/1.1871344.

[37] AKERMAN J. Toward a universal memory[J]. Science, 2005, 308(5721): 508-510.

[38] JANESKY J. Impact of external magnetic fields on MRAM products[R/OL]. [2021-09-10].

[39] ENGEL B N, AKERMAN J, BUTCHER B, et al. A 4-Mb toggle MRAM based on a novel bit and switching method[J]. IEEE Transactions on Magnetics, 2005, 41(1): 132-136.

[40] SLONCZEWSKI J C. Current-driven excitation of magnetic multilayers[J]. Journal of Magnetism and Magnetic Materials, 1996, 159(1-2): L1-L7.

[41] BERGER L. Emission of spin waves by a magnetic multilayer traversed by a current[J]. Physical Review B, 1996, 54(13): 9353-9358.

[42] DIAO Z, LI Z, WANG S, et al. Spin-transfer torque switching in magnetic tunnel junctions and spin-transfer torque random access memory[J]. Journal of Physics: Condensed Matter, 2007, 19(16). DOI: 10.1088/0953-8984/19/16/165209.

[43] KENT A D, WORLEDGE D C. A new spin on magnetic memories[J]. Nature Nanotechnology, 2015, 10(3): 187-191.

[44] SLAUGHTER J M, RIZZO N D, JANESKY J, et al. High-density ST-MRAM technology[C]//2012 International Electron Devices Meeting. Piscataway, USA: IEEE, 2012. DOI: 10.1109/IEDM.2012.6479128.

[45] IKEDA S, MIURA K, YAMAMOTO H, et al. A perpendicular-anisotropy CoFeB–MgO magnetic tunnel junction[J]. Nature Materials, 2010, 9(9): 721-724.

[46] WORLEDGE D C, HU G, ABRAHAM D W, et al. Spin torque switching of perpendicular Ta/CoFeB/MgO-based magnetic tunnel junctions[J]. Applied Physics Letters, 2011, 98(2).DOI: 10.1063/1.3536482.

[47] CHANDLER A. Everspin technologies to provide airbus with MRAM products for advanced wide body aircraft[EB/OL]. (2009-09-08)[2021-07-21].

[48] WEI L, ALZATE J G, ARSLAN U, et al. 13.3 A 7Mb STT-MRAM in 22FFL FinFET technology with 4ns read sensing time at 0.9 V using write-verify-write scheme and offset-cancellation sensing technique[C]//2019 IEEE International Solid-State Circuits Conference-(ISSCC). Piscataway，USA: IEEE, 2019: 214-216.

[49] MIRON I M, GAUDIN G, AUFFRET S, et al. Current-driven spin torque induced by the Rashba effect in a ferromagnetic metal layer[J]. Nature Materials, 2010, 9(3): 230-234.

[50] LIU L, MORIYAMA T, RALPH D C, et al. Spin-torque ferromagnetic resonance induced by the spin Hall effect[J]. Physical Review Letters, 2011, 106(3). DOI: 10.1103/PhysRevLett.106.036601.

[51] NATSUI M, TAMAKOSHI A, HONJO H, et al. Dual-port SOT-MRAM achieving 90-MHz read and 60-MHz write operations under field-assistance-free condition[J]. IEEE Journal of Solid-State Circuits, 2020, 56(4): 1116-1128.

[52] SHARAD M, AUGUSTINE C, PANAGOPOULOS G, et al. Proposal for neuromorphic hardware using spin devices[J]. arXiv:1206.3227, 2012.

[53] BI G, POO M. Synaptic modifications in cultured hippocampal neurons: dependence on spike timing, synaptic strength, and postsynaptic cell type[J]. Journal of Neuroscience, 1998, 18(24): 10464-10472.

[54] ZHANG X, CAI W, WANG M, et al. Spin-torque memristors: spin-torque memristors based on perpendicular magnetic tunnel junctions for neuromorphic computing[J]. Advanced Science, 2021, 8(10). DOI: 10.1002/advs.202170056.

[55] QUERLIOZ D, BICHLER O, GAMRAT C. Simulation of a memristor-based spiking neural network immune to device variations[C]//The 2011 International Joint Conference on Neural Networks. Piscataway, USA: IEEE, 2011: 1775-1781.

[56] BICHLER O, SURI M, QUERLIOZ D, et al. Visual pattern extraction using energy-efficient "2-PCM synapse" neuromorphic architecture[J]. IEEE Transactions on Electron Devices, 2012, 59(8): 2206-2214.

第 2 章　巨磁阻效应及器件

通过第 1 章的学习，大家对自旋电子学已经有了初步了解，本章将详细介绍巨磁阻效应。巨磁阻效应的发现被认为是近代凝聚态物理学领域取得的重大成果之一，催生了自旋电子学这一新兴学科，更是基础研究成果转化的典范。如图 2.1 所示，IBM 公司在 1956 年推出了第一台使用随机存取硬盘驱动器的计算机 305 RAMAC，其中使用的 350 磁盘的面记录密度只有 2 kbit/in² (1 in ≈ 2.54 cm)。1997 年年底，基于巨磁阻效应的磁读头被应用于 IBM Deskstar 16GP Titan 硬盘中，从此之后，硬盘存储容量以平均每年 23% 的复合增长率 (Compound Growth Rate，CGR) 高速提升。直到今天，硬盘驱动器的面记录密度已经达到了 1 Tbit/in²，硬盘存储容量在 60 多年里实现达 8 亿倍的增长，这离不开磁读头和存储介质的尺寸微缩和性能优化 [1]。

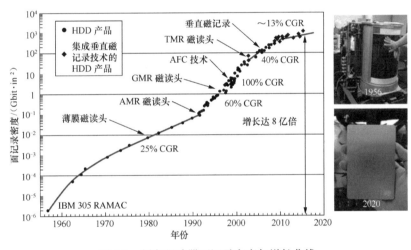

图 2.1　硬盘驱动器面记录密度年增长曲线

从巨磁阻效应被发现到现在的三十多年时间里，人们对它及相关效应的研究热情从未消散，利用这些效应可以不断优化器件性能、满足实际应用需求。本章首先介绍巨磁阻效应的发展史和原理，接着讲述巨磁阻效应器件的两种重要结构——电流在平面内型和电流垂直于平面型，巨磁阻效应的应用将在后续章节阐述。

本章重点

知识要点	能力要求
巨磁阻效应原理	（1）了解巨磁阻效应的发现过程； （2）掌握双电流模型对巨磁阻效应的解释
巨磁阻效应器件	（1）了解巨磁阻效应器件的类型； （2）掌握电流在平面内型和电流垂直于平面型器件的结构和原理； （3）掌握自旋阀器件的膜层结构； （4）了解半金属材料在巨磁阻效应器件中的应用

2.1　巨磁阻效应原理

在外磁场作用下材料电阻发生变化的现象，称为磁阻效应。本节主要介绍与电子自旋相关的各向异性磁阻效应和巨磁阻效应，我们将回顾这两类效应的发现历史，并用双电流模型给出巨磁阻效应的唯象解释。

2.1.1　巨磁阻效应的发现

1857 年，英国科学家威廉·汤姆逊（William Thomson），即后来的"热力学之父"开尔文勋爵发现，在铁磁材料（如铁片或镍片）中通入电流 I，当电流方向与材料磁矩 M 方向的夹角变化时，所测得的电阻率也随之发生变化 [2-3]，如图 2.2 所示，这种效应被称为各向异性磁阻效应。

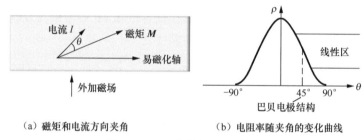

（a）磁矩和电流方向夹角　　　　（b）电阻率随夹角的变化曲线

图 2.2　NiFe 薄膜中 AMR 效应

在各向异性磁阻效应中，材料的电阻率 $\rho(\theta)$ 表示为：

$$\rho(\theta)=\rho_\perp\sin^2\theta+\rho_\parallel\cos^2\theta=\rho_\perp+\Delta\rho\cos^2\theta \tag{2.1}$$

式中，θ 表示材料中磁矩方向与电流方向的夹角；$\rho_\perp$ 和 $\rho_\parallel$ 分别表示当 $\theta=90°$ 和 $\theta=0°$ 时的电阻率，$\Delta\rho=\rho_\parallel-\rho_\perp$。材料的磁阻率 MR 表示为：

$$MR=\frac{\Delta\rho}{\rho_{av}}=\frac{\rho_\parallel-\rho_\perp}{\frac{1}{3}\rho_\parallel+\frac{2}{3}\rho_\perp} \tag{2.2}$$

式中，ρ_{av} 表示电阻率的平均值，约等于磁性薄膜在零磁场下的电阻率 [4]。

各向异性磁阻效应来源于材料中的自旋轨道耦合，且与材料的磁化强度、应力、成分等因素有关 [4]。目前最常用的具有各向异性磁阻效应的材料是坡莫合金（Permalloy，Py），也就是镍含量约为 80%、铁含量约为 20% 的镍铁合金。坡莫合金具有高磁导率、低矫顽力和近乎为零的磁致伸缩等优点，能产生明显的各向异性磁阻效应。

基于斯托纳 - 沃尔法特（Stoner-Wohlfarth）单畴模型，可以计算出在材料磁矩方向和通入电流方向的夹角 θ 变化时，磁阻 $\Delta R/R$ 随外磁场 H 的变化规律，如图 2.3 所示，可以看出当 $\theta=45°$ 时，磁阻随外磁场变化的线性范围最宽，并关于零磁场中心对称 [5]。因此，在各向异性磁阻效应的应用中，常将器件制备成电流方向和薄膜磁化方向夹角为

45° 的结构，称为巴贝电极结构（Barber Pole Bias）。如图 2.4 所示，该器件结构的灰色部分是产生磁阻效应的坡莫合金薄膜，黄色部分是由铝或金制成的金属电极，制备方法是在坡莫合金上沉积一层金属电极，再通过图形化工艺得到特殊的形状。由于金属电极的电导率远大于坡莫合金，从而改变电流方向，使电流与磁化方向呈 45° 夹角。

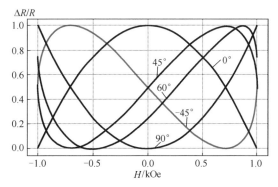

图 2.3 不同 θ 下，磁阻 $\Delta R/R$ 随外磁场 H 的变化规律

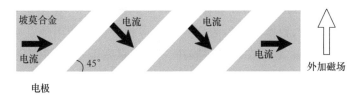

图 2.4 各向异性磁阻传感器的巴贝电极结构

虽然各向异性磁阻效应发现得很早，但是受限于薄膜沉积和微纳器件制备技术，直到百年之后，人们才真正将其应用起来，制备成磁芯存储器或硬盘驱动器的磁读头。但是各向异性磁阻效应的磁阻率极低，导致器件灵敏度不足，无法满足微弱磁场的探测需求。为了解决这一问题，科学家们不断探索着能带来更高磁阻率的其他效应。

到了 20 世纪 80 年代中期，最初用于制备半导体异质结构的分子束外延（Molecular Beam Epitaxy）技术被推广到制备金属材料体系，使人们能够在纳米尺度上精确地控制磁性金属多层薄膜的生长，并能得到良好的晶格结构。此外，人们借助非弹性布里渊光散射（Brillouin Light Scattering，BLS）方法完成了对材料中自旋波的测试，通过分析自旋波的模态频率，可以对磁性多层膜的层间交换耦合（Interlayer Exchange Coupling，IEC）进行研究。薄膜制备技术和测试技术的发展为各类磁阻效应的发现提供了实验基础。

英国物理学家内维尔·弗朗西斯·莫特（Nevill Francis Mott）在 1936 年曾提出猜想，认为铁磁金属中电子的迁移率与其自旋方向和材料的磁化方向相关。针对这一猜想，法国阿尔贝·费尔教授在其博士论文中做了相关的研究[6]，他首先确定了在镍基和铁基合金中，电子迁移确实是与自旋相关的，并且材料掺杂不同杂质时的电阻率也不同。例如，在 Ni 金属材料中掺杂 Co 能强烈散射自旋向下的电子，而掺杂 Rh 则能强烈散射自旋向上的电子，在三元合金 Ni-Co-Rh 中，两个自旋通道的电子都被强烈散射，因此电阻率会大大增加。而在掺杂了 Co 和 Au 的 Ni 中，只有一个自旋通道的电子被散射，电阻率则没有较大变化。因此，费尔设想如果将掺杂的杂质替换为膜层结构，或许就能够改变膜层的相对磁化状态，例如，使反平行状态对应于 Ni-Co-Rh 合金中的电子输运情况，平行状态对应于 Ni-Co-Au 合金中的电子输运情况，那么便能在不同的相对磁化状态下得到差异更大的电阻率，这就是巨磁阻效应的最初设想。但是为了使电子能感受到两个膜层相对磁化方向的变化，两个膜层的间距必须小于电子的平均自由程，也就是需要控制在几个纳米以内，而制备出纳米级厚度的薄膜并调控膜层的相对磁化方向在那时还是很困难的。

　　1986 年，德国的彼得·格林贝格教授所在研究组利用布里渊光散射实验揭示了 Fe/Cr/Fe 多层膜中反铁磁层间交换耦合的存在 [7]。在该体系中，通过施加磁场可将相邻磁性层的相对磁化方向从反平行转换为平行。1988 年，格林贝格在此基础上进一步发现，在具有反铁磁相互作用的 Fe(12 nm)/Cr(1 nm)/Fe(12 nm) 三层薄膜中，室温下该结构的磁阻率在两个 Fe 层的磁化状态呈平行态和反平行态时会出现大约 1.5% 的变化，远大于在 25 nm 的单层 Fe 薄膜中的各向异性磁阻效应的磁阻率 [8]，如图 2.5(a) 所示。同年，法国科学家阿尔贝·费尔教授团队发表研究成果，报告称在使用分子束外延生长的具有超晶格结构的 [Fe/Cr]$_n$（n 为层数) 多层膜中，其磁阻在低温下的变化高达约 50%，这种巨大的磁阻变化就叫巨磁阻效应，如图 2.5(b) 所示 [9]，同时其指出在其他过渡金属形成的超晶格体系中也可能存在同样的效应。这两位为巨磁阻效应的发现做出巨大贡献的教授在 2007 年被授予诺贝尔物理学奖，如图 2.6 所示。

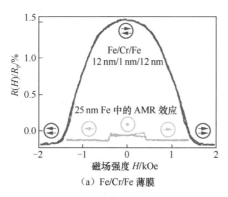
（a）Fe/Cr/Fe 薄膜

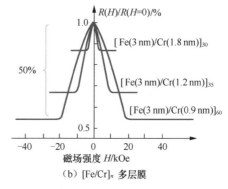
（b）[Fe/Cr]$_n$ 多层膜

图 2.5　多层膜体系中首次发现的巨磁阻效应

（a）彼得·格林贝格

（b）阿尔贝·费尔

图 2.6　2007 年诺贝尔物理学奖得主

　　IBM 公司的 Dieny 教授等[10] 研究了巨磁阻效应的角度依赖性，如图 2.7 所示，通过实验数据拟合，他们得出该体系中器件（自旋阀）的电阻值与两个铁磁层磁化方向的夹角差的余弦有如下关系：

$$R(H)=R_{P}+\frac{R_{AP}-R_{P}}{2}[1-\cos(\theta_{1}-\theta_{2})] \tag{2.3}$$

式中，R_{P} 和 R_{AP} 分别表示铁磁层的相对磁化方向为平行和反平行时的电阻值，θ_{1} 和 θ_{2} 分别为两个铁磁层的磁化方向（M_{1}、M_{2}）与电流方向（J）之间的夹角，H 为外加磁场，H_{ex} 为交换偏置场。巨磁阻效应的磁阻率远大于各向异性磁阻效应，而且在各向异性磁阻效应中，磁阻率取决于材料磁化方向与通入电流方向夹角余弦的平方，在巨磁阻效应中，磁阻率则仅与磁性层之间磁化方向相对夹角的余弦相关，因此巨磁阻效应是全角度依赖的。

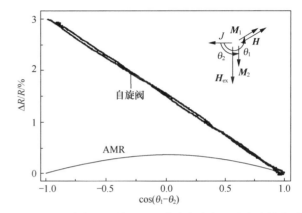

图 2.7　磁阻率与两个铁磁层磁化方向夹角差的余弦的关系

　　IBM 公司的斯图尔特·帕金教授（Stuart Parkin）在使用磁控溅射（Magnetron Sputtering）方法沉积的 [Fe/Cr]$_n$、[Co/Ru]$_n$ 和 [Co/Cr]$_n$ 多层膜中也发现了巨磁阻效应，但是只在非磁金属层的厚度为一些特定值下才会出现，并且铁磁层之间的交换耦合强度随着非磁金属层厚度变化呈现周期性振荡[11]，耦合性质在铁磁性和反铁磁性之间变换，这是与巨磁阻效应相关的另一个重要的实验结果。这种层间耦合本质上是 RKKY（Ruderman-Kittel-Kasuya-Yosida）相互作用，其根源是由相邻铁磁层引起的非磁金属层内部自旋密度的空间振荡，而后者进而又会导致层间交换耦合的发生，最终导致两铁磁层间的交换耦合强度随铁磁层之间的距离变化[12]。

　　层间交换耦合强度 $J_{coupling}$ 可以通过下式进行计算。

$$J_{coupling}=\frac{\mu_{0}H_{s}t_{FM}M}{2} \tag{2.4}$$

式中，μ_{0} 为真空磁导率，H_{s} 为磁化曲线中的饱和场，M 和 t_{FM} 分别为磁性层的磁化强度和厚度。$J_{coupling}$ 的取值可正可负，表示层间耦合作用为反铁磁性或铁磁性。对耦合强度进行直接测量是比较复杂的，因此人们通常利用磁光克尔效应对材料的磁化曲线进行测量，进而推算出耦合强度的大小。利用这一性质，进行合理的膜层厚度设计也是巨磁阻效应在应用时需要考虑的关键问题之一。

2.1.2　巨磁阻效应的理论模型

　　在巨磁阻效应发现后，对该效应的理论解释也在不断完善。现在人们普遍认为，巨磁阻效应来源于与自旋相关的电子输运现象。在普通金属材料中，欧姆定律不考虑电子输运与电子自旋取向的关系；而在铁磁材料中，电子输运则与其自旋方向和材料的局部磁化状态有关，导致一个自旋方向的电子受到的散射远强于另一个自旋方向的电子。Bulter 教授等[13] 通过第一性原理计算分析了自旋相关散射，图 2.8 所示为 Co/Cu/Co 三层薄膜结构中的态密度（Density of States，DOS），可以看出少数通道（自旋向下通道）的态密度是多数通道（自旋向上通道）的约 7 倍。因为电子的散射率与态密度成正比，所以自旋向下的电子受到的散射远大于自旋向上的电子。

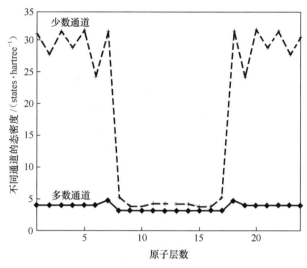

图 2.8　Co/Cu/Co 三层薄膜结构中的态密度

我们可以用莫特双电流模型对巨磁阻效应进行简单的定性解释[14]，如图 2.9 所示。该模型的核心思想是，铁磁金属的导电机制可以理解为自旋向上和自旋向下的电子分别通过两个独立的传导通道。莫特双电流模型假设：两通道中的电子迁移率与其自旋方向相关，即当磁性金属材料的磁化方向与电子自旋方向平行时，电子散射小，自由程长，电阻率低；反之，当材料的磁化方向与电子自旋方向反平行排列时，电子散射变强，电阻率高，故两个通道的电阻不同。

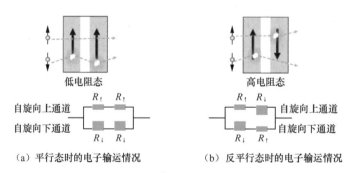

（a）平行态时的电子输运情况　　　　　（b）反平行态时的电子输运情况

图 2.9　莫特双电流模型

在图 2.9 中，$R_\uparrow$ 和 $R_\downarrow$ 分别表示自旋向上和自旋向下时电子在输运过程中的电阻值。当两个铁磁层的磁化方向相平行时，自旋向上的电子经过两个铁磁层受到的散射都很小，而自旋向下电子受到的散射较大，体系的总电阻 R_P 为：

$$R_P = \frac{2R_\uparrow R_\downarrow}{R_\uparrow + R_\downarrow} \tag{2.5}$$

当两个铁磁层的磁化方向呈反平行排列时，自旋向上或自旋向下的电子总是在其中一层受到的散射较强，总电阻 R_{AP} 则表示为：

$$R_{AP} = \frac{R_\uparrow + R_\downarrow}{2} \tag{2.6}$$

于是，可得出巨磁阻效应的磁阻率 GMR 为：

$$GMR = \frac{\Delta R}{R_P} = \frac{R_{AP} - R_P}{R_P} = \frac{(R_\downarrow - R_\uparrow)^2}{4R_\uparrow R_\downarrow} \tag{2.7}$$

电子的自旋相关散射是产生巨磁阻效应的主要原因，因此确定散射的来源十分重要。按照散射现象发生的位置，人们通常将自旋相关散射分为发生在膜层内部的体散射和发生在相邻膜层界面处的界面散射。例如，Barnaś 等 [15] 研究发现 [Fe/Cr]$_n$ 多层膜体系中对巨磁阻效应起主导作用的是自旋相关的界面散射，而在坡莫合金中起主导作用的则是体散射。

莫特双电流模型可以帮助我们形象地理解巨磁阻效应的原理，但是该模型做了过多的理想化假设，即只在电子的平均自由程大于膜层的厚度时成立，而且不适用于分析电流在平面内型的结构。之后的研究人员不断探索，将第一性原理计算与量子输运理论相结合，给了巨磁阻效应更有效的解释，各位读者可以参阅文献 [16] 或其他综述文献做进一步了解。

2.2　巨磁阻效应器件

巨磁阻效应最初是在具有反铁磁耦合的磁性多层膜中发现的，但是反铁磁耦合并不是产生巨磁阻效应的必要条件，反而会由于饱和场较高而降低器件的磁场灵敏度。因此人们开始研究设计新的膜层结构。目前常见的巨磁阻效应器件可以根据电流在膜层内的流动方向不同分为电流在平面内（Current-in-Plane，CIP）型和电流垂直于平面（Current-Perpendicular-to-Plane，CPP）型两种 [17]。如图 2.10(a) 所示，在电流在平面内型器件中，电流在各膜层中平行流动，这种类型的巨磁阻效应器件制备简单、测试方便；如图 2.10(b) 所示，在电流垂直于平面型器件中，电流垂直于膜层流动，传导电子穿过所有膜层的界面，会产生更强的自旋相关散射，因此会获得更大的磁阻率。

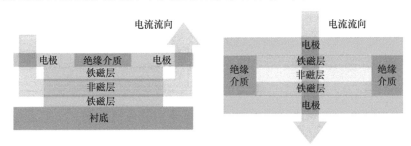

（a）电流在平面内型　　　　　　　　　（b）电流垂直于平面型

图 2.10　巨磁阻效应器件结构类型

2.2.1　电流在平面内型器件

在电流在平面内型器件中，最具应用价值的是自旋阀（Spin Valve）体系的器件。1991 年，IBM 公司的 Dieny 教授等 [10, 18] 提出了一种简单的四层薄膜结构，由反铁磁层 / 铁磁层 I/ 非磁金属层 / 铁磁层 II 构成。其中，反铁磁层使用 FeMn，铁磁层使用 NiFe，非磁金属层则是 Cu。如图 2.11（a）所示，在该结构中，反铁磁层和与之相邻的铁磁层 I 形成交换偏置（Exchange Bias，EB），将铁磁层 I 的磁矩钉扎在其易磁化方向上，在一定的外磁场内保持不动。铁磁层 I 通常被称为参考层（Reference Layer）。Cu、Ag、Au 等非磁性金属都可以作为间隔层将两层铁磁层隔开。其中，Cu 的电导率高，界面散射效应强，因此能够提供更高的磁阻率，而且其价格低廉，是目前最适合作为间隔层的非磁性金属材料 [19]。铁磁层 II 又称为自由层（Free Layer），它的磁化方向在微弱的外磁场作用下会发生翻转，进而与铁磁层 I 的磁化方向呈平行或反平行状态，对应着整个结构的低电阻或高电阻状态。Dieny 教授等将此类结构命名为自旋阀，因为这一结构通过两铁磁层的磁化方向如阀门般控制了电子的"流通"和"关断"。从图 2.11（b）所示可以看出 [10]，自旋阀的磁阻曲线在外磁场 H=0 附近极其陡峭，在几个奥斯特的外磁场作用下就能获得较高的磁阻率。而当外加磁场大于交换偏置场 H_{ex} 时，参考层的方向也会发生翻转。此外，由于自由层和参考层之间存在一定的耦合作用，还会产生一个较小偏移场 H_{in}。自旋阀结构具有低饱和场和高灵敏度的优点，它的出现是推动巨磁阻效应走向产业化应用的关键。

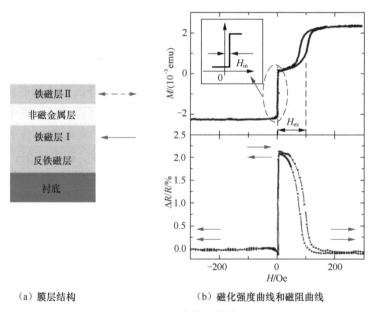

（a）膜层结构　　　　　　　（b）磁化强度曲线和磁阻曲线

图 2.11　自旋阀结构

制备自旋阀器件需要引入反铁磁材料 FeMn 来对铁磁层的磁化方向进行钉扎，但是 FeMn 的耐腐蚀性差，奈尔温度（Néel Temperature）和阻挡温度（Blocking Temperature）都比较低。对于反铁磁材料来说，当环境温度在其奈尔温度以上时，材料由反铁磁性变为顺磁性；当环境温度超过其阻挡温度时，反铁磁材料将失去对相邻铁磁层的钉扎作用，进而导致自旋阀失效。因此人们不断改进自旋阀中反铁磁层所用材料，以求优化器件的温度稳定性，PtMn[19]、IrMn[20] 和 NiMn[21] 等都是目前常用的材料。当然，实际生产中还需要权衡材料交换偏置场的大小、产生交换偏置效应的临界厚度、原料和加工成本、温度特性等因素来进行选择。例如，5 nm 厚的 IrMn 可以提供超过 1000 Oe 的交换偏置场，其阻挡温度约为 250℃，虽然不是很高，但也足以提供良好的温度稳定性，满足一般的工作需求。除了反铁磁金属外，一些反铁磁氧化物如 NiO[22] 等由于能在界面处带来镜面散射效应，有助于提高器件的磁阻率，也可以用于自旋阀中，但是其临界厚度通常较大，且制备工艺复杂，因此很难广泛应用。

在上述的自旋阀结构中，反铁磁层的交换偏置场大小也是巨磁阻效应器件工作时的重要性能参数之一，因为如果外磁场强度大于交换偏置场，参考层的磁化方向发生翻转，会造成器件失效。为了提高偏置场的大小，增强器件的稳定性，同时也为了减小参考层对自由层产生的杂散场（Stray Field）作用，合成反铁磁（Synthetic Antiferromagnet，SAF）结构被引入到自旋阀中，其结构如图 2.12 所示。

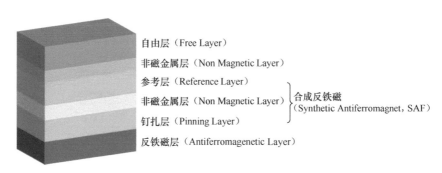

图 2.12　合成反铁磁自旋阀结构

合成反铁磁由"铁磁层 / 非磁金属层 / 铁磁层"构成。前面提到，两个铁磁层之间的交换耦合强度会随着非磁金属层厚度变化。对于常用的非磁金属层材料 Ru 来说，如图 2.13 所示，当其厚度在 0.4 nm 和 0.8 nm 左右时，两个铁磁层之间有较强的反铁磁耦合作用 [23]，整体结构净磁矩变小，外磁场所产生的力矩相对于普通自旋阀来说也减小了许多，这便是合成反铁磁结构能起到提高磁稳定性作用的原因。需要注意的是，从图 2.13 所示可以看出，当 Ru 的厚度在 0.4 nm 左右时，对应于层间交换耦合强度的第一个峰值，能提供很强的反铁磁耦合场，但是这个峰非常窄，0.1 nm 的厚度差值也会引起耦合强度剧烈变化。在大规模生产中，整片晶圆上这种厚度的变化是很难控制的，因此实际应用中一般选取 RKKY 振荡中第二个峰值对应的材料厚度。

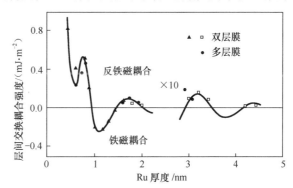

图 2.13　[Co/Ru]$_n$ 中层间交换耦合强度随 Ru 厚度的变化

　　由于多了一层磁性层，故具有合成反铁磁结构的自旋阀磁阻曲线也稍为复杂，这里我们通过对各层的磁化方向变化进行简单分析。图 2.14 所示为薄膜结构为 $SiO_2/Ta(5)/NiFe_{19}(2)/IrMn(7.5)/CoFe_{10}(2)/Ru(0.85)/CoFe_{30}(2.1)/Cu(1.9)/CoFe_{30}(1)/NiFe(2)/Cu(1)/Ta(3)$（数字表示膜层厚度，单位为 nm）的底钉扎型自旋阀磁阻曲线 [24]。

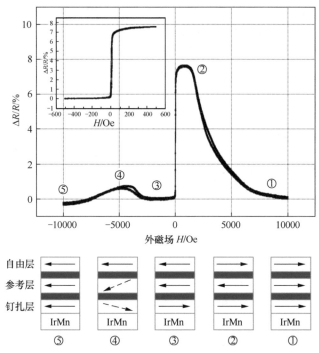

图 2.14　合成反铁磁自旋阀的磁阻曲线分析

　　在外磁场较小时，由于层间交换耦合作用的存在，在合成反铁磁结构中参考层和钉扎层磁化方向呈反平行排列，钉扎层的磁化方向则由退火时外磁场的方向决定。当外磁场增大至足以克服反铁磁层的交换偏置作用和合成反铁磁结构中的耦合作用时，所有磁性层的磁化方向将转向与外磁场方向一致，器件呈低电阻状态，如图 2.14 所示的①和⑤两个状态区域。在从状态①到状态②的过程中，外磁场强度逐渐减小，合成反铁磁结构中的耦合作用使参考层和钉扎层的磁化方向重新回归反平行排列，参考层的磁化方向发生翻转，与自由层呈反平行排列，器件呈高阻态。当磁场由正方向变为负方向，自由层的磁化方向随之变化，与参考层呈平行排列，器件呈低阻态，到达状态③。在从状态③到状态⑤的中间区域，由于参考层和钉扎层内发生部分自旋翻转，会观测到电阻略有增加，即图中标注的状态④。

　　目前，具有合成反铁磁结构的自旋阀是巨磁阻器件常用的结构。如图 2.15 所示，该结构有三种类型：底钉扎型（Bottom-Pin）、顶钉扎型（Top-Pin）和双钉扎型（Dual-Pin）。在图 2.15 中，箭头指的是磁性层的磁化方向。底钉扎型自旋阀结构指的是在薄膜沉积时，将参考层沉积在下方，自由层沉积在上方；顶钉扎型自旋阀则与之相反，参考层在上，自由层在下。双钉扎型自旋阀可以看做是前面两种结构的结合，在自由层上方还额外沉积一反铁磁层，以获得比单钉扎型自旋阀更高的磁阻率 [25]，并能通过热退火的方式调节自由层和参考层的相对磁化方向，使器件输出信号具有更好的线性度。

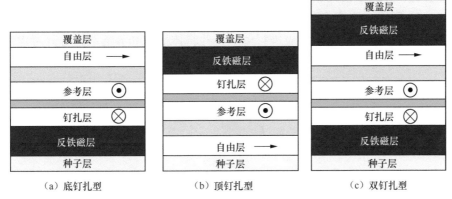

（a）底钉扎型　　　　　（b）顶钉扎型　　　　　（c）双钉扎型

图 2.15　不同类型的自旋阀结构

2.2.2　电流垂直于平面型器件

在巨磁阻效应研究的最初几年内，普遍使用的是电流在平面内型器件，但是在这样的结构中，只有当电子运动到膜层间界面发生自旋相关散射时，才会引发巨磁阻效应。为了产生较强的巨磁阻效应，电子需要能比较容易地从一个铁磁层运动到另一个铁磁层，这也就意味着中间的非磁金属层需要足够薄，小于电子的平均自由程，但是非磁金属层的厚度又不能过薄，否则两个铁磁层会出现较强的耦合作用，自由层的磁化方向需要克服这个耦合作用才能发生翻转，不利于应用。

1991 年，Zhang 等 [26] 通过理论计算发现，与传统的电流在平面内型器件的磁阻率相比，电流垂直于平面型器件的磁阻率更高。然而，由于磁性金属多层膜的电阻很小，电流垂直于平面型器件的测试并不容易。常用的方法是将薄膜加工成直径在微米以下的柱状结构，将电极连接到柱状结构的顶部和底部进行测试。Pratt 等 [27] 对此进行了实验验证，将 [Ag/Co]$_n$ 多层膜制备成图 2.16（a）所示的器件，其顶底电极由 Nb 制备而成，测试时在 e 和 f 两点通入电流，在 g 和 h 两端测试信号。图 2.16（b）所示为不同样品垂直和面内磁阻率的比值 π（图中。表示 Ag 和 Co 的厚度相等，· 表示 Co 的厚度固定在 6 nm），实验测得在低温 4.2 K 下，电流垂直于平面型器件的磁阻率远大于电流在平面内型器件的磁阻率。

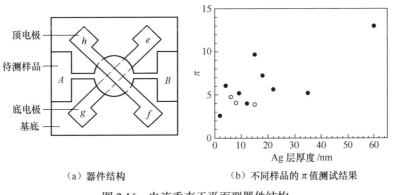

（a）器件结构　　　　　　（b）不同样品的 π 值测试结果

图 2.16　电流垂直于平面型器件结构

　　电流垂直于平面型器件的出现也吸引了人们对其中诸多物理机制的深层研究，如对膜层中体散射、界面散射的精确分析，以及对界面处自旋积累及自旋翻转等效应的讨论等。如图 2.17 所示，与双电流模型类似，这里我们用最简单的串并联电阻模型来对电流垂直于平面型器件中的磁阻效应进行解释，并将体散射和界面散射分开考虑。

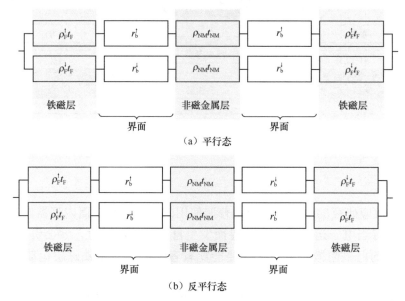

（a）平行态

（b）反平行态

图 2.17　电流垂直于平面型器件的串并联电阻模型

1993 年，法国科学家费尔给出了以上模型中巨磁阻效应的解析表达式[28]：

$$\sqrt{(R_{AP}-R_P)R_{AP}}=\beta_b\frac{t_F}{t_F+t_{NM}}\rho_F^*L+2\gamma_i r_b^* n \tag{2.8}$$

$$\rho_F^{\uparrow}=2\rho_F^*(1+\beta_b),\ \rho_F^{\downarrow}=2\rho_F^*(1-\beta_b) \tag{2.9}$$

$$r_b^{\uparrow}=2r_b^*(1+\gamma_i),\ r_b^{\downarrow}=2r_b^*(1-\gamma_i) \tag{2.10}$$

　　以上表达式引入的参数 β_b 和 γ_i 分别表示体散射和界面散射的非对称性，$\rho_F^{\uparrow(\downarrow)}$ 表示铁磁层中自旋相关电阻率，$r_b^{\uparrow(\downarrow)}$ 表示铁磁层 / 非磁金属层界面的自旋相关电阻率，ρ_F^* 和 γ_b^* 分别表示在外磁场为零时，铁磁层、铁磁层 / 非磁金属层界面的电阻率。$L=n(t_F+t_{NM})$ 为膜层总厚度，t_F 和 t_{NM} 分别为铁磁层和非磁金属层的厚度，n 为多层膜的重复次数。根据式（2.8）～式（2.10），我们可以定量地衡量体散射和界面散射对巨磁阻效应的贡献。

　　在上述理想化模型中，器件磁阻率仅与两个自旋通道的电阻率相关，并且两个自旋通道电阻率差值越大，磁阻率就越大。此模型能很好地解释如 [Co/Cu]$_n$、[Co/Ag]$_n$ 多层膜中的电流垂直于平面型巨磁阻效应，但也有其局限性。例如，根据此模型，薄膜中膜层顺序的改变并不会影响磁阻效应，但是 Chiang 教授等[29] 发现在"交错排列"的多层膜结构 [Co/Ag/Py/Ag]$_n$ 和"分离排列"的 [Co/Ag]$_n$[Py/Ag]$_n$ 多层膜中的巨磁阻效应有很大差异，同样的现象也在 Co/Cu 多层膜体系中被发现[30]。这种差别实际上来源于自旋积累（Spin Accumulation），它在电流垂直于平面型器件中的电子输运中发挥了重要作用。

我们通过图 2.18 所示来解释自旋积累作用[17]。当电流经过铁磁层时，由于铁磁层对自旋向上和向下电子的散射率不同，两种自旋取向电子的电流密度也有差别。假设自旋向上的电流密度 J_{up} 和自旋向下的电流密度 J_{down} 分别为：

$$J_{up} = \frac{J}{2(1+\beta_i)}, \quad J_{down} = \frac{J}{2(1-\beta_i)} \tag{2.11}$$

式中，J 表示总电流密度，β_i 表示散射的非对称性。而在非磁金属层中两通道的自旋电流密度则是相同的。我们想象界面处有一个虚拟的"盒子"，那么当初始值较大的自旋向上电流通过这个"盒子"后，流出的电流密度变小了。界面处多出来的自旋向上电子将填充在费米能级 E_F 之上的空态，使化学势 μ_{up} 提升。而初始值较小的自旋向下电流通过这个"盒子"时，流出的电流密度变大了，界面处减少的自旋向下电子则带来化学势 μ_{down} 的下降。由于自旋积累本身不像电荷积累会产生一个电场或其他动力，而只能靠自旋扩散来达到平衡，这种积累从界面向两个方向扩散至一定距离，该距离被定义为自旋扩散长度（Spin Diffusion Length，SDL），分别记为 l_{sf}^{F}、l_{sf}^{N}，这一过程将产生导电电子的自旋翻转（Spin-Flip），直到自旋向上和自旋向下电子数目平衡，电流逐渐去极化。自旋扩散长度是电流垂直于平面型器件中电子输运的特征长度，当铁磁层厚度与自旋扩散长度相当时，器件的磁阻率最大。因此在电流垂直于平面型巨磁阻效应的理论模型中，必须将自旋积累作用考虑进去。以上模型也揭示了电流垂直于平面型与电流在平面内型电子输运的本质区别，后者不能简单地用双电流串并联模型来解释，其特征长度为电子的平均自由程。

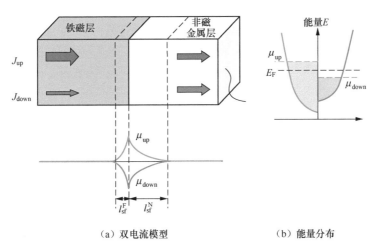

（a）双电流模型　　　　　　　　（b）能量分布

图 2.18　自旋积累效应原理

虽然电流垂直于平面型器件的理论磁阻率很高，但是大多数实验只能在低温下获得较高的磁阻率。为了使其在室温下可以应用，人们在薄膜材料的选择上做了许多研究和改进。根据前述的理论计算，应当选取两个自旋通道电阻率差值较大，即具有较高自旋极化率的材料作为铁磁层，因此半金属材料如赫斯勒（Heusler）合金等开始受到人们的关注。

　　半金属材料指的是对于自旋为某一方向的电子表现为导体，而对于自旋为另一方向的电子表现为半导体或绝缘体的材料，其理论自旋极化率能达到 100%。赫斯勒合金是半金属材料的一种，是指具有面心立方晶体结构，由 XYZ（半赫斯勒合金）或 X_2YZ（全赫斯勒合金）组成的磁性金属互化物。其中，X 和 Y 是过渡金属元素，Z 为 p 区主族元素，其晶格结构如图 2.19 所示[31]。1903 年，德国科学家弗里茨·赫斯勒（Fritz Heusler）发现 Cu_2MnAl 合金的组成元素没有一个是有磁性的，但该合金却表现出铁磁材料的性质，这便是最早发现的赫斯勒合金。这种材料当时并没有引起人们的注意，直到 20 世纪 80 年代，在对赫斯勒合金磁光效应的研究中，人们才发现了它的半金属铁磁性[32]。

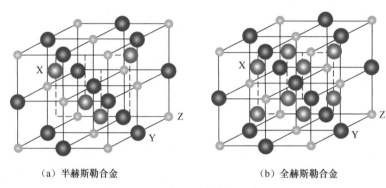

(a) 半赫斯勒合金　　　　　　　　　(b) 全赫斯勒合金

图 2.19　赫斯勒合金晶格结构

　　Co_2MnSi（CMS）是一种用于电流垂直于平面型巨磁阻效应的典型赫斯勒合金材料[33]。例如，CMS/Ag/CMS 三层结构的室温磁阻率达 36%[34]。在这样的结构中，非磁间隔层的选择至关重要。为了保证赫斯勒合金具有良好的晶格结构，薄膜沉积一般使用分子束外延生长技术，从而有效减小间隔层材料与赫斯勒合金之间的晶格失配度。间隔层还应具有较大的自旋扩散长度和较小的电阻率以提高结构的磁阻率，Ag、Cr、Cu 都是常见的间隔层材料[32]。为了减小晶格失配度，优化界面性质，希捷（Seagate）公司曾提出过一种基于"全赫斯勒合金"的电流垂直于平面型巨磁阻效应多层膜结构。例如，$CMS/Ru_2CuSn/CMS$ 结构可以在室温下实现约 7% 的磁阻率[35]。除此之外，将赫斯勒合金与另一种非磁材料混合得到四元赫斯勒合金，也可能有助于提升材料的自旋极化率，进而提高整个结构的磁阻率，如 $Co_2Mn(Ge_{0.75}Ga_{0.25})$、$Co_2Fe(Ge_{0.5}Ga_{0.5})$ 等是目前常用的材料。

　　电流在平面内型器件最早应用在硬盘驱动器磁读头（Read Head）中，但是这种器件存在一定局限性。相比之下，电流垂直于平面型器件具有更高的磁阻率；薄膜的电阻面积乘积（Resistance Area Product，RA）较小，因此噪声水平低，同时穿过器件的感应电流也很小，工作时不会产生较大的热效应。得益于前述的种种优点，电流垂直于平面型器件一度被认为是下一代高容量硬盘磁读头的核心器件，但还是被"后起之秀"即基于隧穿磁阻效应的磁读头所取代。上述两类器件在磁读头上的具体应用将在第 12 章详细展开。

2.3　本章小结

本章回顾了巨磁阻效应的发现过程，并利用双电流理论模型解释了该效应的产生原理，重点介绍了电流在平面内型和电流垂直于平面型两种结构的巨磁阻效应器件及其工作原理。巨磁阻效应的发现和成功应用称得上是自旋电子学发展史上浓墨重彩的一笔，极大地激励了相关领域的研究进展。1997 年，第一个基于巨磁阻效应的硬盘驱动器磁读头问世，并很快引发了硬盘"大容量、小型化"革命，硬盘的面记录密度在随后 20 多年时间里提高了数万倍。同时，研究人员也在不断探索可实现更高磁阻率的新材料和结构，一直到 20 世纪 90 年代中期，人们终于实现了室温下的隧穿磁阻效应，这将在第 3 章中详细展开。基于该效应的磁随机存储器、磁传感器等也逐渐步入商业化进程，这些将在后续的第 11 章和第 13 章展开介绍。

思考题

1. 什么是巨磁阻效应？

2. 用莫特双电流模型解释巨磁阻效应的原理。

3. 巨磁阻效应器件有哪几种类型？其主要特点是什么？

4. 什么是自旋阀结构？请画出自旋阀结构的磁化强度曲线和磁阻曲线。

5. 调研自旋阀结构中常用的反铁磁材料有哪些，并尝试对比它们的主要性能。

6. 什么是合成反铁磁结构？带合成反铁磁结构的自旋阀与普通自旋阀的磁化强度曲线和磁阻曲线有什么区别？

7. 调研半金属材料赫斯勒合金在巨磁阻效应器件中的应用，目前实验上获得的最大磁阻率是多少？在实际应用中有什么难点？

参考文献

[1] FULLERTON E E, CHILDRESS J R. Spintronics, magnetoresistive heads, and the emergence of the digital world[J]. Proceedings of the IEEE, 2016, 104(10): 1787-1795.

[2] THOMSON W. On the electro-dynamic qualities of metals: effects of magnetization on the electric conductivity of nickel and of iron[J]. Proceedings of the Royal Society

of London, 1857, 8: 546-550.

[3] CARUSO M J, BRATLAND T, SMITH C H, et al. A new perspective on magnetic field sensing[J]. Sensors (Peterborough, NH), 1998, 15: 34-47.

[4] MCGUIRE T R, POTTER R I. Anisotropic magnetoresistance in ferromagnetic 3d alloys[J]. IEEE Transactions on Magnetics, 2006, 1975, 11(4): 1018-1038.

[5] TUMANSKI S. Thin film magnetoresistive sensors[M]. London: Institute of Physics Publishing, 2001.

[6] FERT A. Nobel lecture: origin, development, and future of spintronics[J]. Reviews of Modern Physics, 2008, 80(4): 1517-1530.

[7] GRÜNBERG P, SCHREIBER R, PANG Y, et al. Layered magnetic structures: evidence for antiferromagnetic coupling of Fe layers across Cr interlayers[J]. Journal of Applied Physics. 1987, 61(8): 3750-3752.

[8] BINASCH G, GRÜNBERG P, SAURENBACH F, et al. Enhanced magnetoresistance in layered magnetic structures with antiferromagnetic interlayer exchange[J]. Physical Review B, 1989, 39(7): 4828-4830.

[9] BAIBICH M N, BROTO J M, FERT A, et al. Giant magnetoresistance of (001) Fe/ (001) Cr magnetic superlattices[J]. Physical Review Letters, 1988, 61(21): 2472-2475.

[10] DIENY B, SPERIOSU V S, PARKIN S S P, et al. Giant magnetoresistive in soft ferromagnetic multilayers[J]. Physical Review B, 1991, 43(1): 1297-1300.

[11] PARKIN S S P, MORE N, ROCHE K P. Oscillations in exchange coupling and magnetoresistance in metallic superlattice structures: Co/Ru, Co/Cr, and Fe/Cr[J]. Physical Review Letters, 1990, 64(19): 2304-2307.

[12] DUINE R A, LEE K J, PARKIN S S P, et al. Synthetic antiferromagnetic spintronics[J]. Nature Physics, 2018, 14(3): 217-219.

[13] BUTLER W H, ZHANG X G, NICHOLSON D M C, et al. Spin-dependent scattering and giant magnetoresistance[J]. Journal of Magnetism and Magnetic Materials, 1995, 151(3): 354-362.

[14] THOMPSON S M. The discovery, development and future of GMR: The Noble prize 2007[J]. Journal of Physics D: Applied Physics, 2008, 41(9). DOI: 10.1088/0022-3727/41/9/093001.

[15] BARNAŚ J, FUSS A, CAMLEY R E, et al. Novel magnetoresistance effect in layered magnetic structures: Theory and experiment[J]. Physical Review B, 1990, 42(13): 8110-8120.

[16] 韩秀峰 . 自旋电子学导论（上卷）[M]. 北京 : 科学出版社 , 2015.

[17] REIG C, CARDOSO S, MUKHOPADHYAY S C. Giant magnetoresistance (GMR) sensors[M]. Berlin: Springer, 2013.

[18] DIENY B, SPERIOSU V S, METIN S, et al. Magnetotransport properties of magnetically soft spin-valve structures[J]. Journal of Applied Physics, 1991, 69(8): 4774-4779.

[19] PRAKASH S, PENTEK K, ZHANG Y. Reliability of PtMn-based spin valves[J]. IEEE Transactions on Magnetics, 2001, 37(3): 1123-1131.

[20] YOON S Y, LEE D H, JEONG K H, et al. Origin of thermal stability of IrMn based specular spin valve type GMR multilayer[J]. Material Science Forum, 2004, 449-452(II): 1065-1068.

[21] MAO S, MACK A, SINGLETON E, et al. Thermally stable spin valve films with synthetic antiferromagnet pinned by NiMn for recording heads beyond 20 Gbit/in^2[J]. Journal of Applied Physics, 2000, 87(9): 5720-5722.

[22] OLIVEIRA N J, LI S X, FREITAS P P. Performance of NiO spin-valve tape heads for high recording densities[J]. Journal of Applied Physics, 1999, 85(8): 5849-5851.

[23] BLOEMEN P J H, VAN KESTEREN H W, SWAGTEN H J M, et al. Oscillatory interlayer exchange coupling in Co/Ru multilayers and bilayers[J]. Physical Review B, 1994, 50(18): 13505-13514.

[24] CAO Z, WEI Y, CHEN W, et al. Tuning the pinning direction of giant magnetoresistive sensor by post annealing process[J]. Science China Information Sciences, 2021, 64. DOI: 10.1007/s11432-020-2959-6.

[25] SHIMAZAWA K, TSUCHIYA Y, INAGE K, et al. Enhanced GMR ratio of dual spin valve with monolayer pinned structure[J]. IEEE Transactions on Magnetics, 2006, 42(2): 120-125.

[26] ZHANG S, LEVY P M. Conductivity perpendicular to the plane of multilayered structures[J]. Journal of Applied Physics. 1991, 69(8): 4786-4788.

[27] PRATT W P, LEE S F, SLAUGHTER J M, et al. Perpendicular giant magnetoresistances

of Ag/Co multilayers[J]. Physical Review Letters, 1991, 66(23): 3060-3063.

[28] VALET T, FERT A. Classical theory of perpendicular giant magnetoresistance in magnetic multilayers[J]. Journal of Magnetism and Magnetic Materials, 1993, 121(1-3): 378-382.

[29] CHIANG W C, YANG Q, PRATT W P, et al. Variation of multilayer magnetoresistance with ferromagnetic layer sequence: Spin-memory loss effects[J]. Journal of Applied Physics, 1997, 81(8): 4570-4572.

[30] BOZEC D, HOWSON M A, HICKEY B J, et al. Mean free path effects on the current perpendicular to the plane magnetoresistance of magnetic multilayers[J]. Physical Review Letters, 2000, 85(6): 1314-1317.

[31] MAHMOUD N T, KHALIFEH J M, HAMAD B A, et al. The effect of defects on the electronic and magnetic properties of the Co_2VSn full Heusler alloy: Ab-initio calculations[J]. Intermetallics, 2013, 33: 33-37.

[32] DE GROOT R A, MUELLER F M, VAN ENGEN P G, et al. New class of materials: Half-metallic ferromagnets[J]. Physical Review Letters, 1983, 50(25): 2024-2027.

[33] DIAO Z, CHAPLINE M, ZHENG Y, et al. Half-metal CPP GMR sensor for magnetic recording[J]. Journal of Magnetism and Magnetic Materials, 2014, 356: 73-81.

[34] SAKURABA Y, IZUMI K, IWASE S et al. Mechanism of large magnetoresistance in Co_2MnSi/Ag/Co_2MnSi devices with current perpendicular to the plane[J]. Physical Review B, 2010, 82(9).DOI: 10.1103/PhysRevB.82.094444.

[35] NIKOLAEV K, KOLBO P, POKHIL T, et al. "All-Heusler alloy" current-perpendicular-to-plane giant magnetoresistance[J]. Applied Physics Letters, 2009, 94(22): 115-117.

第 3 章 隧穿磁阻效应及器件

第 2 章介绍了从各向异性磁阻效应到具有历史意义的巨磁阻效应的发展历程和相关应用。目前，基于各向异性磁阻效应和巨磁阻效应的传感器随着物联网的不断发展已经逐渐走入了我们的生活。第 2 章的最后也提到，电流垂直于平面型巨磁阻器件一度被认为是下一代高容量硬盘磁读头的核心器件，但是在室温下的隧穿磁阻效应被发现后，具有隧穿磁阻效应的磁隧道结开始在磁读头领域大显身手。2005 年，希捷公司成功研发了利用隧穿磁阻效应的硬盘磁读头，并商用在笔记本电脑和台式计算机的硬盘中 [1]。隧穿磁阻效应相比巨磁阻效应在磁阻率有了更大的提升，使硬盘磁读头灵敏度也得到了进一步提升。

本章将介绍隧穿磁阻效应及其器件。相比巨磁阻效应，隧穿磁阻效应的高磁阻率以及更小的器件尺寸使其衍生出了更加广泛的应用场景。本章首先介绍隧穿磁阻效应的发现和理论模型，然后重点介绍面内磁各向异性（In-plane Magnetic Anisotropy，IMA）磁隧道结（简称面内磁隧道结）器件和垂直磁各向异性（Perpendicular Magnetic Anisotropy，PMA）磁隧道结（简称垂直磁隧道结）器件的原理、结构以及性能优化。本书后续章节将详细介绍基于磁隧道结的不同应用。

本章重点

知识要点	能力要求
隧穿磁阻效应	（1）了解隧穿磁阻效应的发现历程； （2）掌握隧穿磁阻效应的基本原理
面内磁隧道结器件	（1）了解磁各向异性的基本定义； （2）了解基于 Al-O 磁隧道结的基本原理； （3）掌握基于 MgO 磁隧道结的基本原理； （4）掌握面内磁隧道结的结构和优化方法
垂直磁隧道结器件	（1）了解垂直磁各向异性的发展和优势； （2）掌握垂直磁隧道结的结构和优化方法

3.1 隧穿磁阻效应

通过第 2 章的学习，想必大家已经充分了解了各向异性磁阻效应和巨磁阻效应，本节将详细介绍第三个自旋效应——隧穿磁阻效应。

3.1.1 隧穿磁阻效应的发现

磁隧道结与巨磁阻自旋阀最大的不同在于，磁隧道结的核心部分是由两层铁磁（Ferromagnet，FM）金属电极和中间夹着的绝缘势垒层组成的"三明治结构"，而巨磁阻自旋阀的中间层则一般是非磁性金属。在磁隧道结的两个铁磁层中，一个被称为参考层或固定层，其磁化沿易磁化轴方向固定不变；另一个被称为自由层，其磁化有两个稳定的取向，分别与参考层平行或者反平行[2]。自由层的磁化方向可以利用外磁场、自旋转移矩或者自旋轨道矩等方式实现翻转。当参考层和自由层磁化方向平行时，磁隧道结处于低阻态，如图 3.1（a）所示；当参考层和自由层磁化方向反平行时，磁隧道结处于高阻态，如图 3.1（b）所示，这一现象就是所谓的隧穿磁阻效应。图 3.1（c）、（d）反映了自旋相关隧穿的原理，$D_{1\uparrow}$ 和 $D_{1\downarrow}$ 代表参考层"多数自旋"和"少数自旋"在费米能级 E_F 上的态密度；$D_{2\uparrow}$ 和 $D_{2\downarrow}$ 代表自由层"多数自旋"和"少数自旋"在费米能级 E_F 上的态密度。如图 3.1（c）所示，当参考层和自由层磁化方向平行时，参考层中位于"多数自旋"子带的电子将隧穿通过势垒层进入自由层并占据其中"多数自旋"子带的空态，同时参考层中"少数自旋"子带的电子也将以隧穿方式进入自由层"少数自旋"子带的空态，整个磁隧道结呈现低电阻态；如图 3.1（d）所示，当参考层和自由层磁化方向反平行，则隧穿输运过程表现为参考层中"多数自旋"子带中的电子进入自由层并占据"少数自旋"子带的空态，同时参考层中"少数自旋"子带的电子进入自由层并占据"多数自旋"子带的空态，最终导致磁隧道结中参与输运的电子数量减少，因而磁隧道结器件整体呈现高阻态。通常人们用隧穿磁阻率来衡量隧穿磁阻效应的大小，隧穿磁阻率 TMR 定义为：

$$TMR = \frac{R_{AP} - R_P}{R_P} = \frac{G_P - G_{AP}}{G_{AP}} \times 100\% \tag{3.1}$$

式中，R_P 和 R_{AP} 分别为两铁磁层磁化方向平行和反平行时的电阻，G_P 和 G_{AP} 分别为两铁磁层磁化方向平行和反平行时的电导。

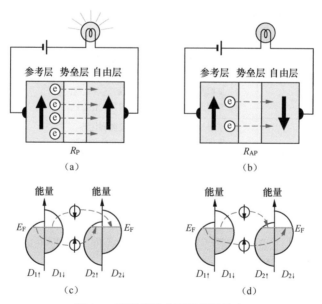

图 3.1　磁隧道结中隧穿磁阻效应

　　隧穿磁阻效应于 1975 年被发现，约十年后巨磁阻效应才被发现。可是为什么巨磁阻效应的实际应用却远远早于隧穿磁阻效应呢？1975 年，法国 Julliere 教授[3] 在 Fe/

Ge-O/Co 磁隧道结中观测到低温（4.2 K）下 14% 的隧穿磁阻效应，但是这一结果的复现并不容易，以致在此后的 20 年里都没有人真正成功复现。终于，在 1995 年，日本东北大学的 Miyazaki 教授等[4] 和美国麻省理工学院的 Moodera 教授等[5] 分别在以非晶 Al-O 为势垒的磁隧道结中独立发现了室温下约 18% 和 12% 的隧穿磁阻率。此后，尽管研究人员们不断地对电极材料及 Al-O 的工艺条件进行优化，以 Al-O 为势垒的磁隧道结的隧穿磁阻率也仅能达到 81%[6]，距离实际应用的需求还有一定的差距。例如，当把磁隧道结用作磁随机存储器的存储单元时，需要在室温下获得约 150% 甚至更高的隧穿磁阻率。图 3.2（a）所示为一个实际应用中的磁隧道结的典型结构[2]，其中上层的铁磁层是自由层，下层的铁磁层是参考层。参考层是人工合成反铁磁层的一部分，其磁化由底层反铁磁层提供的交换偏置固定在一个方向。人工合成反铁磁层由两个反平行排列的铁磁层组成，通过一个间隔层耦合。当自由层磁化指向左或右时，磁隧道结可以存储 1 bit 的信息，因此可以成为图 3.2（b）所示磁随机存储器的一个非易失存储单元。字线选择一列晶体管使其导电；位线对磁隧道结阵列的一行施加电压。只有在选定的行和列的交叉点的磁隧道结才可以接收到施加的电压，进而实现读写。

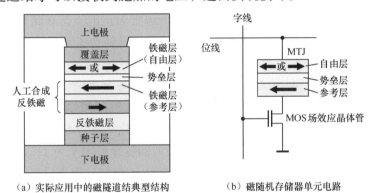

（a）实际应用中的磁隧道结典型结构　　　　　（b）磁随机存储器单元电路

图 3.2　磁随机存储器中的磁隧道结

转机发生在 2001 年。这一年，Butler 等[7] 和 Mathon 等[8] 通过理论计算预测在以 MgO 作为势垒的磁隧道结中，隧穿磁阻率可以超过 1000%。2004 年，美国 IBM 公司的 Parkin 教授等[9] 和日本 AIST 研究所的 Yuasa 教授等[10] 分别在 MgO 磁隧道结中观测到了室温下超过 200% 的隧穿磁阻率。2008 年，日本东北大学的 Ikeda 等[11] 在基于 MgO 单势垒磁隧道结中获得了高达 604% 的室温隧穿磁阻率。这些实验结果都为磁隧道结的实际应用奠定了基础。

由于磁隧道结的磁阻率相较巨磁阻器件有了非常大的提升，所以立即在工业界成为代替巨磁阻效应硬盘磁头的下一代技术。对于硬盘磁头来说，如何获得高隧穿磁阻率、性能优异且高灵敏度的自由层以及稳定的参考层等问题都是影响硬盘数据密度和读取精度的关键。

3.1.2　隧穿磁阻效应的理论模型

Julliere[3] 在观测到隧穿磁阻效应的同时也提出了一个直观的模型对其进行解释。

Julliere 将隧穿磁阻效应归结为自旋相关电子隧穿，将隧穿磁阻率 TMR 用参考层自旋极化率 P_1 和自由层自旋极化率 P_2 表示，并给出如下公式：

$$TMR = \frac{2P_1P_2}{1 - P_1P_2} \tag{3.2}$$

式中，铁磁层自旋极化率 $P_1(P_2)$ 定义为：

$$P_\alpha \equiv \frac{\left[D_{\alpha\uparrow}(E_F) - D_{\alpha\downarrow}(E_F) \right]}{\left[D_{\alpha\uparrow}(E_F) + D_{\alpha\downarrow}(E_F) \right]} \tag{3.3}$$

式中，$\alpha=1$ 或 2，分别代表参考层或自由层，↑和↓分别表示自旋取向为"向上"或"向下"，$D_{\alpha\uparrow}(E_F)$ 和 $D_{\alpha\downarrow}(E_F)$ 分别为电极在费米能级 E_F 上多数自旋和少数自旋的态密度。非磁性电极材料的自旋极化率 P 为 0。

低温下铁磁金属的自旋极化率 P 可以通过"铁磁体 /Al-O/ 超导体"结构利用 Meservey-Tedrow 方法 [12] 进行测定。基于铁（Fe）、钴（Co）和镍（Ni）的 3d 铁磁金属和合金的自旋极化率 P 在低于 4.2 K 的低温下通常为正值，在 0 到 0.6 之间。将测得的自旋极化率 P 代入式（3.2）的 Julliere 模型，就能得到与实验测量较为吻合的隧穿磁阻率；然而，如果将从能带计算中得到的态密度代入式（3.3），则会发现理论计算得到的自旋极化率 P 和隧穿磁阻率无法与实验结果吻合，甚至理论计算和实验测量得到的 P 值的正负符号也常常无法一致。例如，根据 Co 和 Ni 的能带结构，理论预测这两种铁磁金属具有负的自旋极化率，但是实验测得的自旋极化率符号为正。将实验测得的自旋极化率 $P_1=P_2=0.6$ 代入式（3.2），得到低温下最大的隧穿磁阻率为 112.5%。如果进一步考虑到较高温度将引起的 P 降低，那么室温下 70% 的隧穿磁阻率已经接近了 Julliere 模型所预测的以 3d 铁磁金属和合金为铁磁层的磁隧道结可以得到的最大隧穿磁阻率 [13]。

那么如何才能获得可以实际应用的具有高隧穿磁阻率的磁隧道结呢？有两种方法：一种是选择具有较高自旋极化率的材料作为铁磁层。根据 Julliere 模型，自旋极化率 P 的绝对值越大，隧穿磁阻率就越高，因而选择 $|P|=1$ 的半金属（Half Metal）作为铁磁层能够得到理论上非常高的隧穿磁阻率。然而，目前实验上在基于半金属的磁隧道结中并没有观测到室温下如此理想的高隧穿磁阻率；另一种是利用相干隧穿得到高隧穿磁阻率，这也就是我们在下一节中将要重点介绍的基于 MgO 势垒的磁隧道结所采用的方法。

3.2　面内磁隧道结器件

本节将深入介绍面内磁隧道结器件的机理及制备，包括 Al-O 和 MgO 这两种势垒材料下的隧穿原理，以及实际应用中的磁隧道结膜堆结构和磁薄膜生长过程。在正式开始介绍面内磁隧道结器件之前，我们先介绍一下磁各向异性的概念和机理。

3.2.1　磁各向异性的机理

磁各向异性是磁存储的根本。首先我们先了解一下磁各向异性的定义和分类。磁各向异性是指物质的磁性随方向而变化的现象。磁各向异性可以由固体或晶体中的电场、磁性物体的形状或者机械应力与张力产生。一般来说，磁性材料的自发磁化往往指向一个或几个特定方向，沿着这些方向磁化时的能量最低，这些方向被称为易磁化轴。相反地，沿着一些方向磁化时的能量最高，这些方向被称为难磁化轴。

通常情况下，磁化方向翻转 180° 后，与磁各向异性有关的能量密度 E_{ani} 保持不变，这就要求 E_{ani} 是磁化方向与磁轴的夹角 γ 的偶函数[14]，即：

$$E_{\mathrm{ani}} = K_1 \sin^2 \gamma + K_2 \sin^4 \gamma + K_3 \sin^6 \gamma + \cdots \qquad (3.4)$$

式中，K_n（n=1,2,3,$\cdots$）是磁各向异性常数，单位是 J/m³。通常情况下，一阶项 K_1 的值远大于其他项，故式（3.4）一般可以近似为：E_{ani}=$K_1\sin^2\gamma$。对于磁性薄膜材料来说，若其易磁化轴方向垂直于薄膜平面方向，则称该材料具有垂直磁各向异性，此时磁化方向垂直于薄膜平面方向的能量最低，沿着薄膜面内方向的能量最高；若其易磁化轴方向平行于薄膜平面方向，则称该材料具有面内磁各向异性，此时磁化方向沿着面内方向的能量最低，沿着垂直于薄膜平面方向的能量最高。对于薄膜，特殊轴通常选为沿着薄膜的法线方向。通常将式（3.4）中的 γ 定义为饱和磁化强度 M_{s} 的方向与样品的特殊轴的夹角[14]，如图 3.3 所示。将磁各向异性能（Magnetic Anisotropy Energy，MAE）定义为磁化由易磁化方向转向难磁化方向需要的能量。根据式（3.4）可以得到，如果易磁化轴垂直于表面，则 K_1>0；对于平面内的易磁化轴，则 K_1<0。

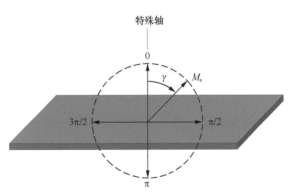

图 3.3　薄膜材料特殊轴与磁化方向

一阶磁各向异性常数 K_1 可表示为：K_1=K_{c}+K_{s}。式中，K_{c} 的来源是磁晶各向异性能；K_{s} 的来源是形状各向异性能。K_{s} 可以定义为：

$$K_{\mathrm{s}} = -\frac{1}{2\mu_0} M \qquad (3.5)$$

式中，M 为体磁化强度。因此，薄膜中磁各向异性能量密度可以近似表示为：

$$E_{\mathrm{ani}} = \left(K_{\mathrm{c}} + K_{\mathrm{s}}\right)\sin^2 \gamma + \cdots \qquad (3.6)$$

如果 $(K_{\mathrm{c}}+K_{\mathrm{s}})$>0，薄膜的易磁化轴方向垂直于薄膜平面；对于 $(K_{\mathrm{c}}+K_{\mathrm{s}})$<0，薄膜的易

磁化轴方向将平行于薄膜平面。对于
单独的一层磁性薄膜而言，在形状
各向异性占主导的情况下，垂直于
薄膜平面方向上具有较强的退磁场，
易磁化轴方向通常平行于薄膜平面，
如图 3.4（a）所示；而对于一些多层
膜结构，通过自旋轨道耦合，在铁磁
材料的界面具有较强的结构非对称性，
可以产生较强的磁晶各向异性，导
致易磁化轴方向垂直于薄膜平面，如
图 3.4（b）所示。因此，在通常情

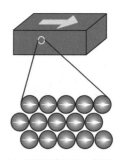 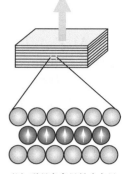

（a）形状各向异性占主导　　（b）磁晶各向异性占主导

图 3.4　形状各向异性和磁晶各向异性分别占主导时的易
磁化轴方向[14]

况下，两种磁各向异性机理处于相互竞争关系。垂直磁各向异性主要来源于各向异
性的晶体结构，具体来说，垂直磁各向异性通常来源于磁晶各向异性或界面磁各向异
性。接下来将主要讨论面内磁隧道结器件。在 3.3 节中，我们将着重讨论垂直磁隧道结
器件。

3.2.2　基于 Al-O 势垒的磁隧道结

在介绍基于 MgO 势垒的相干隧穿之前，我们先来解释最早发现的基于非晶 Al-O
势垒的非相干隧穿。非相干隧穿指的是电子在隧穿过程中不能保持晶体中电子波函数中
的平行动量 $k_\parallel$ 守恒；反之，平行动量 $k_\parallel$ 守恒的隧穿过程即为相干隧穿。例如，非外延
生长的电极和非晶势垒都属于非相干隧穿体系，而由外延技术生长的单晶磁隧道结则属
于相干隧穿体系。一个以非晶 Al-O 为势垒、以体心立方（Body Centered Cubic，bcc）
Fe(001) 为铁磁层电极的磁隧道结如图 3.5(a) 所示。在电极中，有许多不同对称性的
布洛赫态。布洛赫态即电子在周期性势场（如晶体）中的波函数。有关布洛赫态及波函
数等相关知识，可以参考相关固体物理书籍[15]。对于 bcc Fe，沿 [001] 晶向的 s 轨道、
p 轨道和 d 轨道电子的波函数按照对称性可以分为 Δ_1(s, p_z, d_{z^2})、Δ_5(p_x, p_y, d_{xz}, d_{yz})、
Δ_2($d_{x^2-y^2}$) 和 $\Delta_{2'}$(d_{xy})[16]，如图 3.6 所示。由于 Al-O 是非晶的，所以在势垒中不存在
晶体结构上的对称性，因而具有不同对称性的布洛赫态在穿过势垒时没有明显的选择透
过性。此时得到的透射率可以认为是非相干隧穿导致的。在 3d 铁磁金属和合金中，Δ_1
布洛赫态在费米能级附近通常有较大的正自旋极化率，而 Δ_2 布洛赫态的自旋极化率在
费米能级附近通常为负。Julliere 模型假设电极中所有布洛赫态都有相等的隧穿概率，
即只存在非相干隧穿。然而，这一假设并不能完全符合 Al-O 势垒磁隧道结中的情况，
尽管利用式（3.3）得到 Co、Ni 的自旋极化率 P 为负值，但是实验上通过铁磁体 /Al-O/
超导体结构测量得到的 Co、Ni 的自旋极化率则为正值[12,17]，这表明铁磁体 /Al-O/ 超导
体结构的隧穿概率实际上在某种程度上与各个布洛赫态的对称性相关。事实上，Δ_1 布
洛赫态比其他的布洛赫态有更大的隧穿概率[18-19]，这导致铁磁层电极具有一个正的净
自旋极化率；与此同时，其他的布洛赫态，如自旋极化率为负的 Δ_2 布洛赫态，也对隧

穿电流做出了贡献，因此使一般的 3d 铁磁金属和合金电极的净自旋极化率降至 0.6 以下。如果具有高自旋极化率的 Δ_1 布洛赫态全部相干地穿过势垒，如图 3.5（b）所示，可以推测，我们将会得到具有高自旋极化率的隧穿电流，进而得到高隧穿磁阻率。这样一种理想的隧穿恰好可以发生在以 MgO(001) 为势垒的磁隧道结中。相比之下，在以 Al-O 作为势垒的磁隧道结中，我们可以认为其自旋极化率介于 Julliere 模型预测的非相干隧穿与图 3.5（b）所示的相干隧穿之间。

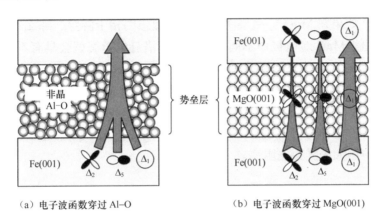

（a）电子波函数穿过 Al–O　　　　　　（b）电子波函数穿过 MgO(001)

图 3.5　相干隧穿原理[2]

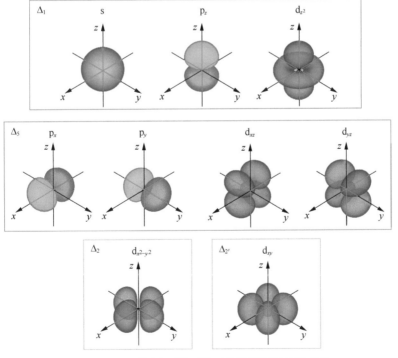

图 3.6　基于不同电子波函数对称性的原子轨道重组

3.2.3　基于 MgO 势垒的磁隧道结

前面已经提到过以 MgO 作为势垒的 Fe/MgO/Fe(001) 磁隧道结的隧穿磁阻率经理

论预测可以超过 1000%。在这一节中，我们将详细介绍为什么基于 MgO 势垒的磁隧道结具有如此高的隧穿磁阻率。

晶体 MgO(001) 势垒层可以通过外延方式生长在 bcc Fe(001) 层上。由于 MgO 的晶格常数约为 4.212 Å，Fe 的晶格常数约为 2.866 Å，所以将 MgO 旋转 45° 即可与 Fe 晶格匹配，晶格失配约为 3%，如图 3.7 所示 [13]，图中 a_{Fe} 和 a_{MgO} 为 bcc Fe 以及 NaCl 晶体构型 MgO 的晶格常数。这样小的晶格失配能够通过 Fe 和 MgO 层的晶体拉伸或者界面应变而吸收。如果在 MgO 势垒层中发生的是理想的相干隧穿，那么布洛赫电子态的平行动量将守恒，MgO 对电极中不同对称性的布洛赫电子态就会具有不同的透射概率，所以不同对称性的布洛赫态隧穿通过 MgO 单晶势垒到达另一个电极的概率也会不同，这就解释了非相干隧穿的 Julliere 模型所不能解释的以 MgO 作为势垒层的磁隧道结中的隧穿磁阻效应。我们把 Fe/MgO/Fe(001) 磁隧道结中 MgO 势垒对不同对称性的布洛赫态起到的选择作用称为自旋过滤（Spin Filter）效应，正是这一效应导致了单晶 MgO 势垒磁隧道结中巨大的隧穿磁阻率。

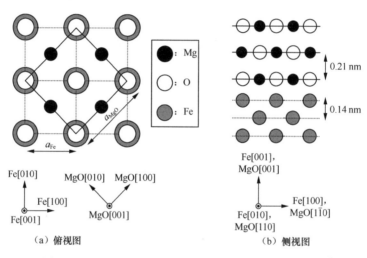

图 3.7　bcc Fe(001)/NaCl 晶体构型的 MgO 外延结构界面

分析自旋过滤效应的产生机理要追根溯源到 Fe 原子和 MgO 中 Mg 和 O 原子的电子轨道间的相互作用，而电子轨道性质可以通过分析能带，即电子波函数在 k 空间（也称动量空间或波矢空间）中的能量和波矢 k 的关系。因此，我们必须从晶体的结构和能带出发，才能最终对自旋过滤效应给出令人满意的解释。图 3.8(a) 所示为体心立方结构，其中有八个原子位于一个晶格立方体的顶点处，一个原子位于立方体的中心处，而 Fe 最常见的晶格结构是体心立方。体心立方晶格对应的布里渊区（k 空间）如图 3.8(b) 所示，图中字母表示布里渊区中高对称点，这些高对称点与点间的连线常被用来刻画能带结构。图中用 Δ 表示 k 空间中的高对称点 Γ 与 H 之间的连线对应的方向，该方向对应于实空间中电子传播方向，该方向上 $k_{\parallel}=0$（令 z 为实空间中电子传播方向，$k_{\parallel}=\sqrt{k_x^2+k_y^2}$ 为垂直于传播方向的平面上的波矢大小）。从图 3.8(c) 所示能带的 Γ-H 方向可以观察到，在费米能级附近有 Δ_1、Δ_5 和 Δ_2,这些对称性的布洛赫态，但是从图 3.8(d)

所示可以看出费米能级附近没有 Δ_1 布洛赫态，而能带理论中认为只有费米能级附近的电子才参与导电，因此 Fe 其实关于 Δ_1 布洛赫态呈现半金属的特性。

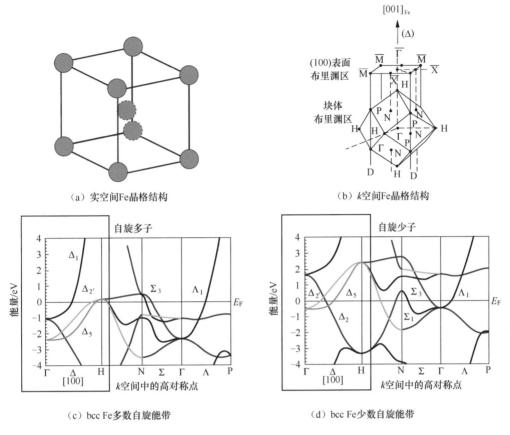

（a）实空间Fe晶格结构　　　　　　　　　　（b）k空间Fe晶格结构

（c）bcc Fe多数自旋能带　　　　　　　　　　（d）bcc Fe少数自旋能带

图 3.8　bcc Fe 空间结构及能带分布 [16]

在讨论了 Fe 的能带结构后，需要进一步讨论 MgO 的复能带，因为 MgO 的复能带决定了电极对不同对称性的布洛赫态的选择性。图 3.9 所示为 MgO 沿 (100) 方向的复能带 [20]。在体材料晶体中，周期性边界条件要求布洛赫波矢为实数；但在晶体的表面或界面处，为了满足波函数的匹配通常需要引入复波矢。能量与复波矢的色散关系叫做复能带 [21]。对于在势垒中布洛赫态衰减的描述，以一个厚度为 d、势垒高度为 V_b 的方势垒为例，其隧穿概率 T 为：

$$T \sim \exp(-2kd) \tag{3.7}$$

式中，

$$k^2 = \left(\frac{2m}{\hbar^2}\right)(V_b - E_F) + k_{\parallel}^2 \tag{3.8}$$

式中，$\hbar$ 为约化普朗克常数，m 为电子质量，E_F 为费米能级。对于 Fe/MgO/Fe 磁隧道结，其在二维布里渊区的隧穿主要分布在 $k_{\parallel}=0$ 时，则

$$k^2 = \left(\frac{2m}{\hbar^2}\right)\left(V_b - E_F\right) \tag{3.9}$$

如图 3.9 所示，Δ_1 布洛赫态复波矢的模值最小，其次是 Δ_5 布洛赫态。相比 Δ_5、Δ_2 和 $\Delta_{2'}$ 这些布洛赫态，MgO 对 Δ_1 布洛赫态的势垒高度 V_b 最小。所以在 Fe/MgO/Fe 磁隧道结中，Δ_1 布洛赫态具有最大的隧穿概率[22]。

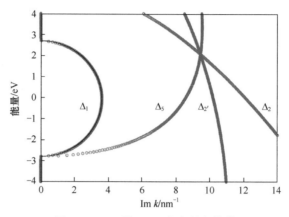

图 3.9　MgO 沿 (100) 方向的复能带

在单独分析了 Fe 和 MgO 的能带特性后，我们再来对 Fe/MgO/Fe 磁隧道结进行分析。图 3.10 所示为二维布里渊区中 $k_\parallel=0$ 处每个 Fe(001) 布洛赫态在 Fe/MgO/Fe 磁隧道结中的隧穿态密度（Tunneling Density of States，TDOS）。通过计算在 $k_\parallel=0$ 处平行态的"多子—多子""少子—少子"以及反平行态的"多子—少子"和"少子—多子"4 个通道中的隧穿态密度，我们可以直观地解释 Fe/MgO/Fe 结构具有高隧穿磁阻率的原因。隧穿态密度满足以下边界条件：在界面左端存在单位通量的入射布洛赫态和相应的反射布洛赫态，在界面右端存在相应的透射布洛赫态。例如，在平行态"多子—多子"通道［见图 3.10(a)］中，Δ_1 布洛赫态的透射率最大，对通过 Fe/MgO/Fe 结构的较大的隧穿电流起着主要作用；Δ_5 布洛赫态在 MgO 中衰减更快，导致了一个较小的隧穿电流；$\Delta_{2'}$ 布洛赫态的衰减最快，其导致的隧穿电流可以忽略。在平行态"少子—少子"通道［见图 3.10(b)］中则无法找到 Δ_1 布洛赫态，这是因为 Fe 的少数自旋在费米能级附近不存在这种布洛赫态，于是产生隧穿电流的主要是 Δ_5 布洛赫态，所以较之平行态的"多子—多子"通道，"少子—少子"通道的隧穿电流将会大幅度降低。同样，在反平行态"多子—少子"通道［见图 3.10(c)］中，可以发现和 MgO 复能带预测的相同，Fe 多数自旋的 Δ_1 布洛赫态进入 MgO 并且拥有最慢的衰减率，但是一旦 Δ_1 布洛赫态进入到少数自旋的 Fe 右电极中时，由于 Fe 少数自旋在费米能级附近不存在 Δ_1 布洛赫态，导致 Δ_1 布洛赫态持续衰减；尽管 Δ_5 布洛赫态在 MgO 中衰减相对较快，但是由于右电极少数自旋中存在 Δ_5 布洛赫态，所以并没有导致这些态的进一步衰减。在反平行态"少子—多子"通道［见图 3.10(d)］中，由于 MgO(001) 面相对于 Fe(001) 面旋转了 45°，因此 Fe 少数自旋下存在的 Δ_2 布洛赫态与 MgO 复能带中的 $\Delta_{2'}$ 布洛赫态耦合，其衰减速度比 Δ_5 布洛赫态快，比 Δ_2 布洛赫态慢；但是由于进入到右电极后，Fe 多数自旋在费米能级附近不

存在 Δ_2 布洛赫态，因此 Δ_2 布洛赫态在右电极中继续衰减。在这样一个规则下，可以看出平行态透射率和反平行态透射率产生了较大差别，从而导致较高的隧穿磁阻率。

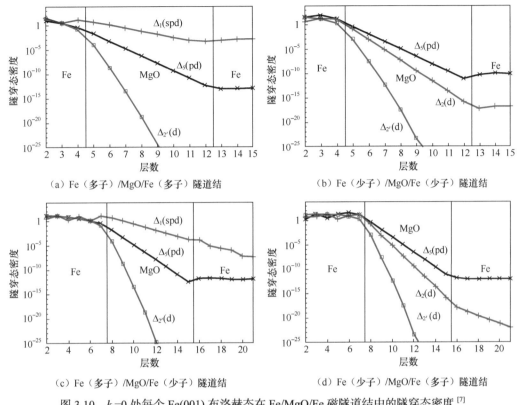

图 3.10 $k_{\parallel}=0$ 处每个 Fe(001) 布洛赫态在 Fe/MgO/Fe 磁隧道结中的隧穿态密度[7]

典型的 Fe/MgO/Fe 磁隧道结隧穿概率在二维布里渊区的分布如图 3.11 所示。如图 3.11（a）所示，平行态"多子—多子"的隧穿主要是由位于 $k_{\parallel}=0$（ Γ ）点附近的电子贡献，即由 Δ_1 布洛赫态贡献，图中峰的形状类似于自由电子的透射率分布。对于平行态"少子—少子"来说，如图 3.11（b）所示，由于在费米能级附近没有 Δ_1 布洛赫态，所以透射率由一系列不在 $k_{\parallel}=0$ 的尖峰贡献，这些尖峰所在点被称为热点（Hot Spots），热点隧穿通常被认为是由界面共振态导致的，尤其是在势垒层较薄的情况下。不过，较之于平行态 $k_{\parallel}=0$ 点的隧穿，这些共振态导致的热点隧穿对透射率的贡献相对较小。在势垒层增厚时，平行态"多子—多子"的隧穿对平行态电导贡献增大，共振态贡献减小。反平行态的透射率往往表现出平行态"多子—多子"和"少子—少子"通道透射率的综合，如图 3.11（c）所示。在势垒层厚发生变化时，对于较薄的势垒来说，反平行态的隧穿主要由界面共振态贡献；而当势垒变厚时，界面共振态不再占主导，而 Fe 多数自旋的 Δ_1 布洛赫态在 MgO 中衰减缓慢这一效应凸显，使在二维布里渊区 $k_{\parallel}=0$ 点附近出现较高的透射率。

Δ_1 布洛赫态的高度自旋极化不仅仅发生在 bcc Fe 中，也常常出现在许多其他基于 Fe 和 Co 的体心立方磁性金属和合金，如 bcc Fe-Co、bcc CoFeB 以及其他的 Heusler

合金等中。从 bcc Co 的能带结构可以发现，bcc Co 的 Δ_1 布洛赫态在费米能级附近，和 bcc Fe 相同，也是完全极化的。由第一性原理计算得到的 Co(001)/MgO(001)/Co(001) 磁隧道结的隧穿磁阻率甚至大于 Fe(001)/MgO(001)/Fe(001) 磁隧道结[23]。这为后续实验上在 CoFeB/MgO/CoFeB 磁隧道结中观测到的高隧穿磁阻率提供了理论支撑。

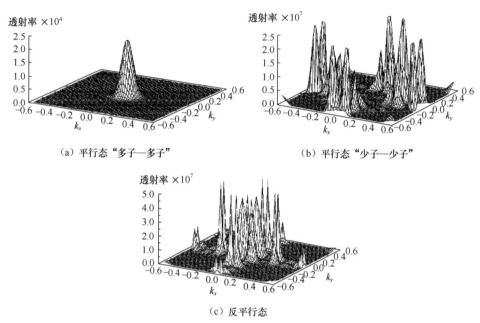

（a）平行态"多子—多子"　　　（b）平行态"少子—少子"

（c）反平行态

图 3.11　Fe/MgO/Fe 磁隧道结隧穿概率在二维布里渊区的分布[7]

3.2.4　面内磁隧道结的基本结构及性能优化

在一般的三明治结构磁隧道结中，上下两层铁磁层具有不同的矫顽力，因此在外加磁场下，矫顽力较小的铁磁层先翻转，从而形成两个铁磁层的磁化反平行排列，实现磁隧道结的高阻态；如果继续增大磁场，两个铁磁层将重新形成磁化平行结构，实现磁隧道结的低阻态。然而，简单的三明治结构磁隧道结的上下两个铁磁层的磁矩都不固定，因此抗外磁场干扰的能力和热稳定性都较差。此外，两个变化的铁磁层使其磁阻特性不能和外界磁场形成唯一的对应关系，这也使人们在实际应用中很少直接使用基本的三明治结构。

第 2 章提到的巨磁阻自旋阀结构有诸多优点，所以在室温隧穿磁阻效应发现后，各种自旋阀结构也同样被广泛地应用到磁隧道结中。如图 3.12 所示，单自由层结构是最基本的钉扎型自旋阀结构，它由参考层、势垒层和自由层组成。参考层的作用在于给自由层提供一个相对稳定的参考磁化方向，其中人工合成

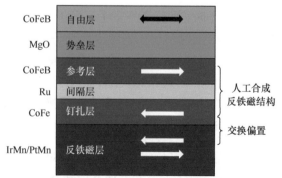

图 3.12　钉扎型自旋阀式磁隧道结

反铁磁结构通常是由一个非磁间隔层和反平行耦合的上下两层铁磁层构成，同时通过例如 IrMn 或 PtMn 等具有强交换偏置作用的反铁磁金属来固定参考层磁化方向。这种结构的参考层可以最大限度地降低杂散场对自由层的影响，同时使钉扎型自旋阀式磁隧道结有优秀的热稳定性。

　　在磁隧道结制备过程中，最关键的是核心层（铁磁层 / 势垒层 / 铁磁层）的结晶生长问题，在 2005 年，Djayaprawira 等 [24] 提出了一种使用磁控溅射方法生长的 CoFeB/MgO/CoFeB 磁隧道结膜层结构。在图 3.13 中，通过透射电子显微镜（Transmission Electron Microscope，TEM）得到的截面图我们可以看到在沉积后的 MgO 上下两层 CoFeB 铁磁薄膜都是无定形（非晶状态）的，但是 MgO 却是拥有 [001] 晶向的多晶织构。因此磁隧道结基本结构 CoFeB/MgO/CoFeB 可以生长在任何的平整的衬底之上。3.2.3 节介绍了 MgO 势垒层和上下两铁磁层需要晶格匹配，进而实现 Δ_1 布洛赫态的相干隧穿，因此只有拥有 bcc(001) 结构的铁磁层才能够实现高的隧穿磁阻效应。然而值得注意的是，在多层膜结构中，CoFeB 铁磁层适配 bcc(001) MgO 势垒层时最稳定的结构是面心立方（Face Centered Cubic，fcc）而不是体心立方 [25]。退火过程中无定形 CoFeB 层中的 B 元素原子在热力学作用下会扩散到远离 MgO 层的一侧，而剩余的 CoFe 将在 MgO 层的诱导下结晶。通过在非晶 CoFeB 薄膜中退火后形成了与 MgO(001) 一致的 bcc CoFeB(001) 的晶格结构结果来看，我们可以认为在退火过程中，CoFeB 的结晶过程是以 MgO(001) 为模板的，这种现象被称为"固相外延"。这也是在 CoFeB/MgO/CoFeB 磁隧道结中发现高隧穿磁阻率的原因 [13]。

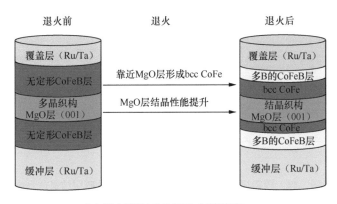

（a）退火过程中 CoFeB/MgO 晶格变化

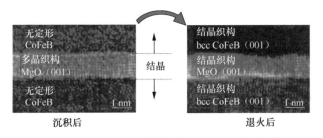

（b）CoFeB/MgO/CoFeB 磁隧道结核心结构退火前后对比[2]

图 3.13　磁隧道结膜层结构及退火影响

　　除此之外，磁隧道结中的覆盖层（Capping Layer）、缓冲层以及种子层也利用了固相外延技术来为关键膜层提供晶向模板。研究人员首先发现位于顶层 CoFeB 之上的覆盖层同样也对隧穿磁阻率有很大的影响。如图 3.14（a）所示，典型的磁隧道结 CoFeB/MgO/CoFeB 在 Ru 缓冲层之上生长，并且通常使用 Ta/Ru 作为顶部覆盖层。Yuasa 等[13]发现某些覆盖层材料会显著降低隧穿磁阻率。这是因为覆盖层材料也会在退火过程中影响顶层 CoFeB 的结晶。如图 3.14（b）所示，当使用 NiFe 作为覆盖层时，由于未退火之前 CoFeB 为非晶态，而 NiFe 为 fcc(111) 结构，在退火温度到达 200℃时，在 $Ni_{0.8}Fe_{0.2}$ 界面处的 CoFeB 会形成 fcc(111) 晶格结构；而超过 250℃时，在 MgO 界面的 CoFeB 会形成 bcc(001) 晶格结构。由于上部的 CoFeB 没有形成 bcc(001) 结构，影响了 Δ_1 布洛赫态的相干隧穿，从而造成了隧穿磁阻率的降低。另外，北航通过第一性原理计算研究了不同重金属作为覆盖层和缓冲层对隧穿磁阻率的作用，发现不同的重金属和金属界面的轨道杂化影响了磁隧道结的输运性质，进而影响了隧穿磁阻率[26]。因此要获得优秀的隧穿磁阻性能，覆盖层的材料选择也是非常重要的。

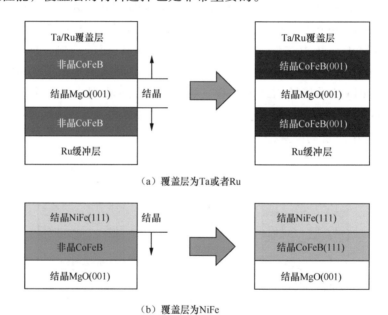

（a）覆盖层为Ta或者Ru

（b）覆盖层为NiFe

图 3.14　覆盖层对于磁隧道结顶层 CoFeB 铁磁层结晶的影响

　　经过磁控溅射和退火的膜堆制备后，其性能表征同样重要，隧穿磁阻率和电阻面积乘积是决定器件性能、良率和可靠性的关键参数，甚至在势垒层只有几个缺失的原子也会产生很大的影响。因此在生产磁隧道结薄膜时，对于薄膜的质量必须进行严格的检验。在工业中通常使用电流面内隧穿（Current-in-Plane Tunneling，CIPT）测试仪来获取整片磁隧道结薄膜的隧穿磁阻率和电阻面积乘积[27]。这种测试方法简便快捷，无需制备成完整的器件就可以获得薄膜的性能参数。图 3.15 所示为磁隧道结薄膜性能随着势垒层 MgO 厚度变化的电流面内隧穿测试结果，可以看出磁隧道结的电阻面积乘积和隧穿磁阻率都随 MgO 厚度的增加而增加。电阻面积乘积随 MgO 厚度的变化可以用经典隧穿理论模型进行解释。但是，隧穿磁阻率随 MgO 厚度的变化只能通过自旋相干隧穿理论进行解释。随着势垒层变薄，非 s 轨道的电子对隧穿过程的贡献逐渐增加。因此，除了多数 Δ_1 布洛赫态电子之外，在多数和少数通道中还有来自其他能带的杂化电子。这降低了有效的自旋极化，导致了隧穿磁阻率的降低。

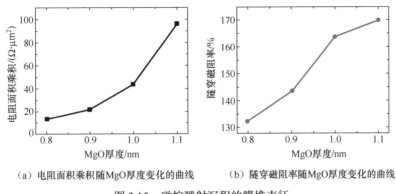

（a）电阻面积乘积随MgO厚度变化的曲线　　　（b）隧穿磁阻率随MgO厚度变化的曲线

图 3.15　磁控溅射沉积的膜堆表征

3.3　垂直磁隧道结器件

前面已经介绍了磁各向异性的原理并且主要介绍了面内磁隧道结器件的基本结构。本节将详细介绍垂直磁各向异性原理及垂直磁隧道结器件。

3.3.1　垂直磁各向异性的发展

在早期的磁隧道结中，磁矩方向与厚度为纳米量级的铁磁性电极薄膜平面平行，此时称这些磁隧道结为面内磁各向异性。采用面内磁隧道结可以获得非常高的隧穿磁阻率，如前面提到的室温下隧穿磁阻率高达 604% 的磁隧道结。但是，面内磁隧道结存在两个问题：一个是此类器件通常需要设计为椭圆或矩形，器件面积较大，限制了磁随机存储器的存储密度；另一个是磁化翻转效率低，导致功耗大 [24]。而图 3.16（a）所示的垂直磁隧道结，可以有效解决上述两个弊端。图 3.16（b）所示为典型的垂直磁隧道结面内和垂直方向的磁化曲线 [28]。

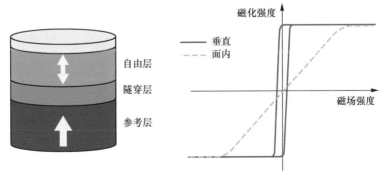

（a）垂直磁隧道结的基本结构　　　　　（b）沿面内和垂直方向的磁化曲线

图 3.16　垂直磁隧道结的基本结构及沿其面内和垂直方向的磁化曲线

　　1985 年，Carcia 等[29] 在 Pd/Co 多层膜结构中发现了垂直磁各向异性，并且将其归因于 Pd/Co 界面效应和 Co 层的应力。接着，人们在 Pt/Co 多层膜结构中也观测到了垂直磁各向异性[30-31]。遗憾的是，Pd/Co 多层膜结构、Pt/Co 多层膜结构构成的磁隧道结自旋极化率不高，难以获得较高的隧穿磁阻率，同时由于多层膜较厚，磁化翻转所需的阈值电流也较大[32]。2010 年，Ikeda 等[33] 制备了基于垂直磁各向异性的 Ta/CoFeB/MgO/CoFeB/Ta 磁隧道结，其垂直磁各向异性的来源是 CoFeB/MgO 的界面效应。Ikeda 等制备的磁隧道结［见图 3.17（a）］，兼具较高的热稳定性、较大的隧穿磁阻率以及较低的临界翻转电流，几乎获得了当时最优的性能，因此受到了广泛的关注。在该结构中，自由层有效磁各向异性常数 K_{eff} 可表示为：

$$K_{\text{eff}} = K_{\text{b}} - \frac{\mu_0 M_{\text{s}}^2}{2} + \frac{K_{\text{i}}}{t_{\text{CoFeB}}} \qquad (3.10)$$

式中，K_{b} 和 K_{i} 分别为体磁各向异性常数和界面磁各向异性常数，M_{s} 是自由层的饱和磁化强度，$\mu_0 M_{\text{s}}^2/2$ 为退磁能密度，t_{CoFeB} 为 CoFeB 铁磁层厚度[34]。

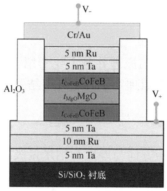

（a）基于 CoFeB/MgO/CoFeB 结构的具有垂直磁各向异性的磁隧道结

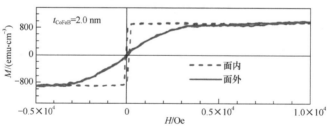

（b）CoFeB 层厚度为 2.0 nm 时，Ta/CoFeB/MgO 薄膜的磁化曲线

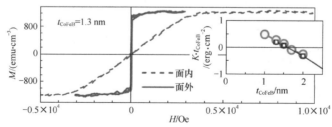

（c）CoFeB 层厚度为 1.3 nm 时，Ta/CoFeB/MgO 薄膜的磁化曲线

图 3.17　磁隧道结垂直磁各向异性的来源

　　实验表明：当 CoFeB 铁磁层较厚时（2.0 nm），Ta/CoFeB/MgO 薄膜表现为面内磁各向异性；当 CoFeB 铁磁层较薄时（1.3 nm），该薄膜表现为垂直磁各向异性，如图 3.17（b）、（c）所示。图 3.17（c）中的插图 [33] 展示了 $K \cdot t_{CoFeB}$ 与 t_{CoFeB} 的函数关系拟合结果，拟合直线的纵坐标截距为 K_i，斜率为 $K_b - \mu_0 M_s^2/2$。经计算发现，拟合直线的斜率与由 M_s 计算得到的 $-\mu_0 M_s^2/2$ 基本一致，说明体各向异性常数 K_b 可忽略不计，而退磁能对垂直磁各向异性有负作用，因此该磁隧道结的垂直磁各向异性完全来自界面效应 K_i，图 3.17（c）所示界面各向异性常数 K_i 为 1.3 erg/cm^2。

　　为什么在 Ta/CoFeB/MgO 结构中会有界面垂直磁各向异性呢？研究人员对这一问题进行了理论研究。2011 年，Yang 等 [35] 采用第一性原理计算方法仿真了 Fe/MgO 和 Co/MgO 结构。该研究发现，Fe/MgO 薄膜的强垂直磁各向异性来源有三个，一是面外 3d 轨道简并解除，二是具有 Δ_1 和 Δ_5 对称性的 3d 轨道在自旋轨道耦合作用下发生 Fe-3d 杂化，三是界面上 O-2p 和 Fe-3d 轨道发生杂化。同时，Fe/MgO 结构的垂直磁各向异性高于 Co/MgO 结构，这与实验里 CoFeB 中 Fe 的比例更高会导致更强的垂直磁各向异性相符 [36-37]。在后续理论研究中，Fe/MgO 的垂直磁各向异性被分解到每一个原子层 [38]，此时发现垂直磁各向异性并不仅仅来源于 Fe 与 MgO 直接接触的那一层，界面附近的一定层数的 Fe 原子都会对垂直磁各向异性产生一定作用。

　　强垂直磁各向异性和高热稳定性对于数据在磁隧道结中的长时间存储来说至关重要。Ta/CoFeB/MgO 结构中的界面垂直磁各向异性常数低于 2 erg/cm^2，远远不能满足实际应用中的需求。进一步研究发现，重金属（Heavy Metal，HM）与铁磁金属的界面对垂直磁各向异性也十分重要 [39-40]。Peng 等 [41] 通过第一性原理计算分析了图 3.18（a）所示的 MgO/CoFe/HM、MgO/CoFe、CoFe/HM 和 CoFe 原子结构，对 HM 层分别选择了重金属 Ru、Ta 和 Hf，并计算了 CoFe/Ru、CoFe/Ta、CoFe/Hf 结构的 MAE，如图 3.18（b）所示，发现 CoFe/HM 界面对垂直磁各向异性的作用甚至大于 MgO/CoFe 界面（其 MAE 为 0.57 erg/cm^2）。除此之外，从图 3.18（b）所示可以发现不同的重金属材料（Ru、Ta 和 Hf）导致了不同的 MAE，因此，选择合适的重金属作为覆盖层对增强垂直磁各向异性来说至关重要。在 HM/CoFeB/MgO 结构中，分别选择 Hf、Ta、Nb、Ir、Mo 和 W 作为重金属层，这些结构在实验上都获得了强界面垂直磁各向异性 [32]。更重要的是，Mo/CoFeB/MgO[42] 和 W/CoFeB/MgO[43] 结构在高温退火后能够保持强垂直磁各向异性，使 Mo 和 W 可以应用于未来的磁存储器和集成电路中。同时，通过第一性原理计算结果预测 MgO/CoFe/Bi 结构具有高达 6.09 erg/cm^2 的垂直磁各向异性 [44]，大约比 MgO/CoFe/Ta 的磁各向异性能大 3 倍，有望实现高热稳定性。

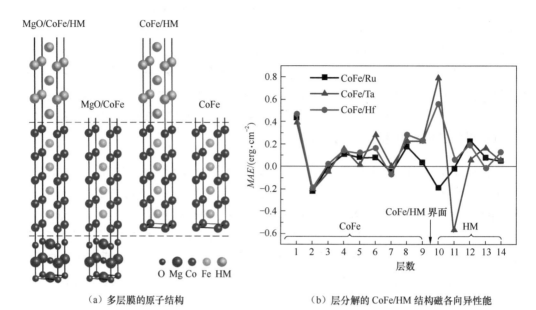

（a）多层膜的原子结构　　　　　（b）层分解的 CoFe/HM 结构磁各向异性能

图 3.18　原子结构及层分解的磁各向异性能

3.3.2　垂直磁隧道结的基本结构及性能优化

随着半导体制程工艺节点的逐渐降低，垂直磁隧道结在器件尺寸上的优势逐渐显现了出来[33]。在垂直磁隧道结的不同结构中，最基本且应用最广泛的仍然是自旋阀结构，但与面内磁隧道结不同的是，垂直结构中没有反铁磁金属作为一个强有力的钉扎层，因此垂直磁隧道结的参考层主要使用高矫顽力的垂直磁性多层膜结构来实现，如 Co/Pt、Co/Pd 和 Co/Ni 等。

在早期的研究中，垂直磁隧道结的参考层只使用一组磁性多层膜硬磁层作为钉扎层，但是硬磁层的偶极场会使自由层在磁场或者电流驱动下的翻转高度不对称，这影响了垂直磁隧道结的进一步应用。与面内磁隧道结类似，在垂直磁隧道结中，人工合成反铁磁对于漏磁场的减弱也有着较好的效果。典型垂直磁隧道结如图 3.19 所示，其结构中的人工合成反铁磁由间隔层（Ru）与反平行耦合的两组磁性多层膜构成。基于人工合成反铁磁结构的钉扎层与参考层之间通过间隔层实现紧密的铁磁耦合，同时间隔层也要为参考层提供界面垂直磁各向异性，因此通常选用 Ta、Mo、W 等金属。在该结构的磁隧道结的工作过程中，基于人工合成反铁磁结构的钉扎层不仅能够提供更好的热稳定性，同时也可以通过优化两组铁磁多层膜的厚度，使钉扎层和参考层整体的漏磁场尽可能小，从而保证自由层关于零磁场的翻转对称性。

垂直磁隧道结的制备不仅要考虑核心层的生长和结晶，同时也要保证磁性层保持良好的垂直磁各向异性。如前所述，在 Ikeda 等[33] 从基本的 Ta/CoFeB/MgO/CoFeB/Ta 结构的垂直磁隧道结中获得 124% 的隧穿磁阻率之后，研究人员对基于重金属 Ta 覆盖层的垂直磁隧道结做了一系列的研究[45-47]。首先，Jeon 等[48] 发现自由层和参考层的 CoFeB 厚度对隧穿磁阻率有着非常大的影响。较厚的 CoFeB 层会使易磁化轴偏向面内方向，但是较薄的 CoFeB 层又会导致在高温工艺中 Ta 原子向 MgO 势垒层扩散。最后他们在 CoFeB 厚度为 1.2 nm 的自由层和 CoFeB 厚度为 1.59 nm 的参考层中获得了最大为 104% 的隧穿磁阻率。实际上，Ta 原子扩散问题是一个很棘手的问题，在垂直磁隧道结的高温退火工艺和超过 400 ℃ 的后道集成工艺中，Ta 原子的扩散都会带来磁性层有效厚度的减少和反平行态的不稳定，进而影响到磁隧道结的隧穿磁阻率[49]。同时，在磁性层厚度很薄的垂直磁隧道结中，Ta 扩散带来的垂直磁各向异性衰减也是值得注意的问题[50]，所以研究人员对不同的重金属覆盖层进行了大量的研究。

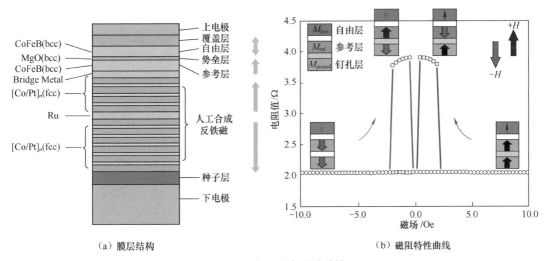

（a）膜层结构　　　　　　　　　　（b）磁阻特性曲线

图 3.19　典型垂直磁隧道结

研究人员首先将目光转向了金属 Mo 作为插入层的双自由层结构膜堆，图 3.20 所示为基于 Mo 的双自由层结构的膜堆在不同退火条件下 TEM 的膜堆成像和能量色散 X 射线能谱仪（Energy Dispersive Spectroscopy，EDS）测量结果。数据揭示了在不同的退火温度下磁存储器膜堆中 CoFeB/MgO 膜层的结晶性能和扩散强弱的差异，结果表明即使经过 500 ℃ 的高温退火，基于 Mo 的膜堆依然显示了良好的结晶和质量[51]。此外，Liu 等[42]也发现 Mo/CoFeB/MgO 多层膜经过 425 ℃ 退火后仍然表现出了非常强的垂直磁各向异性。经过高温退火后，只有少部分的 Mo 原子发生了扩散，这说明了 Mo-Fe 合金的结合能非常强，同时也证明了 Mo 对于 CoFeB/MgO 体系的热稳定性有着大幅的改善[52]。从图 3.21（a）所示的透射电子显微镜膜层结构和晶格特性可以看出，经过 400 ℃ 高温退火后，Mo (5 nm)、CoFeB (1.2 nm)、MgO (2 nm)、CoFeB (1.2 nm)、Mo (5 nm) 的膜层界面非常平整，CoFeB/MgO 的结晶情况也非常理想，这是获得高隧穿磁阻率的关键[42]。

如图 3.21（b）所示，经过 2 h 的高温退火后，在基于 Mo 覆盖层的磁隧道结中得到高达 140% 的隧穿磁阻率[52]。如图 3.21（c）所示，优化退火工艺后，隧穿磁阻率可以提升至 162%。在对比实验中，基于 Ta 覆盖层的磁隧道结中出现了超顺磁的现象和近乎消失的磁阻效应，这也从侧面证明了 Mo 为磁隧道结带来了优良的热稳定性和高隧穿磁阻率。虽然 Mo 的应用为磁隧道结带来了巨大的性能提升，但是由于 Mo 不能很好地吸收 CoFeB 在退火过程中扩散的 B 原子，从而使磁性层不能在退火过程中进行很好的结晶[53]。此外，Mo 在厚度较小时是非晶的，而在厚度较大时会进行结晶，其形成的晶向也同样会影响磁性层的结晶[53]。因此，为了结合 Ta 和 Mo 的优点，研究人员提出了一种 Ta/Mo 复合覆盖层结构，并将较厚的 Ta 层主要作缓冲层，较薄的 Mo 层作覆盖层[54]。

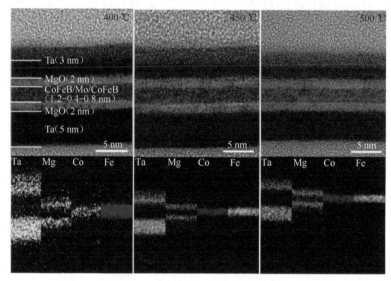

图 3.20　不同退火条件下磁隧道结自由层的膜堆截面图和对应的元素扩散分析

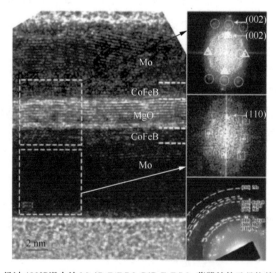

（a）经过 400℃退火的 Mo/CoFeB/MgO/CoFeB/Mo 薄膜结构及晶格特性

图 3.21　退火对磁隧道结晶格及隧穿磁阻率的影响

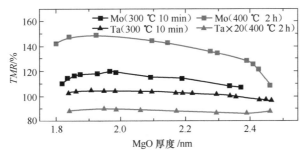

（b）基于 Ta 和 Mo 的磁隧道结中隧穿磁阻率与 MgO 厚度的关系

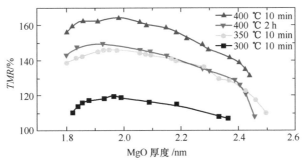

（c）不同温度和时间的退火条件下，基于 Mo 的磁隧道结隧穿磁阻率与 MgO 厚度的关系

图 3.21　退火对磁隧道结晶格及隧穿磁阻率的影响（续）

Li 等 [54] 首先验证了 Mo 插入层对铁磁层、垂直磁各向异性和结晶的影响。沉积的 Ta (5 nm) /CoFeB (0.9 nm) /MgO (2 nm) /Ta (2 nm) 膜堆能在最高 300 ℃的退火温度下保持垂直磁各向异性，而插入 Mo 后的 Ta (5 nm) /Mo (1 nm) /CoFeB (0.9 nm) /MgO (2 nm)/Ta (2 nm) 体系则可以在 500 ℃退火温度下保持垂直磁各向异性。在更高退火温度下，MgO 的结晶情况进一步提升，有利于整体隧穿磁阻率的提升。2015 年，Almasi 等 [55] 提出了 Mo 作为插入层的 Ta/Mo/CoFeB/MgO/CoFeB/Mo/Ta 膜堆体系，在经过 500 ℃保持 10 min 的退火后实现了 208% 的隧穿磁阻率。2018 年，Huai 等 [56] 使用 Ir/Co/Mo/CoFeB/MgO 作为磁隧道结参考层结构，实现了在 400 ℃退火温度下高达 210% 的隧穿磁阻率。

除了金属 Mo，金属 W 同样也是常用的覆盖层和缓冲层材料。金属 W 有着 3422 ℃的高熔点温度，且与金属 Mo 类似，也对磁隧道结的高温退火稳定性有着很好的提升作用。同时，W 还可以在退火过程中吸收 CoFeB 中扩散的 B 原子，使磁性层和势垒层的晶格结晶和匹配情况得到较好的提升，隧穿磁阻率也有了进一步的提高。

Lee 等 [57] 基于 Ta 和 W 磁隧道结进行了对比试验。如图 3.22（a）所示，经过退火工艺后，在基于 Ta 的膜堆中，MgO 形成了面心立方晶格和非晶的混合结构，而 CoFeB 则为完全的非晶状态，这对垂直磁隧道结的隧穿磁阻率造成了很大影响。而同样经过 400 ℃的退火后，基于 W 的膜堆中的 MgO 几乎都为面心立方晶格结构。高分辨透射电子显微镜成像结果说明，相比基于 Ta 的磁隧道结，基于 W 的磁隧道结中的 MgO 的结晶情况更好。我们可以以退火中金属原子扩散情况来解释 MgO 不同的结晶情况。在基于 Ta 的膜堆中，可以发现大量间隔层和覆盖层中的 Ta 原子扩散到了 MgO 中，而基于 W 的膜堆中只有少量的 W 原子扩散到 MgO 中。图 3.22（b）所示说明基于 W 的磁隧道结有较高的隧穿磁阻率。之后，Lee 等[58] 在 Ta/W 作为种子层和 W 作为覆盖层的垂直磁隧道结中发现了高达 163% 的隧穿磁阻率。W 种子层表现出了体心立方结构，同时 MgO 和 CoFeB 界面平整且清晰。

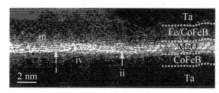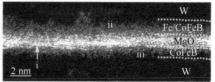

（a）基于Ta或W覆盖层和间隔层的透射电子显微镜结构图像

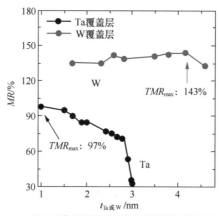

（b）隧穿磁阻率与Ta或W覆盖层厚度的关系

图 3.22　覆盖层对磁隧道结隧穿磁阻率的影响

在 2018 年，北航在基于 W 间隔层的复合自由层垂直磁隧道结［见图 3.23（a）］中获得了高达 249% 的隧穿磁阻率［见图 3.23（b）］，同时 RA 值低至 7 Ω·μm²[59]。从图 3.23（c）所示的电子能量损失谱（Electron Energy Loss Spectroscopy，EELS）可以看到，B 原子和 W 原子的曲线峰是重叠的，这说明退火过程中间隔层和覆盖层的 W 原子吸收了大量的 B 原子。从图 3.23（d）所示的透射电子显微镜膜层结构图像可以看到，经过 400 ℃退火后，MgO 结晶情况良好且界面清晰。从图 3.23（e）所示的能量色散 X 射线谱中同样可以看到 W 层阻止了 B 原子的进一步扩散。总的来说，W 原子不仅为 CoFeB 磁性层提供了体心立方结构的模板，同时也吸收了 B 原子（使磁性层表现出良好的垂直磁各向异性），这两个优点让 W 体系下的垂直磁隧道结有着较高的隧穿磁阻率。

总体来说，通过磁控溅射和后退火来制备高隧穿磁阻率磁隧道结的方法使大规模工业生产成为可能。同时此方法与半导体后道工艺兼容，而且无需增加太多的光刻步骤，节省了生产成本，因此已广泛应用于机械硬盘的磁头读取传感器和磁随机存储器的生产中。

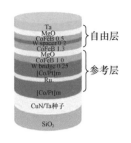

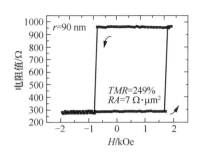

（a）垂直磁隧道结膜层结构　　　　　　　　（b）垂直磁隧道结的磁阻曲线

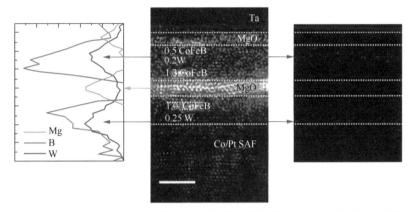

（c）电子能量损失谱　　　（d）透射电子显微镜膜层结构图像　　　（e）能量色散X射线谱

图 3.23　基于 W 间隔层的复合自由层垂直磁隧道结

3.4　本章小结

在磁阻的发展中，从最早仅有 1% ～ 2% 的各向异性磁阻率，到巨磁阻效应导致的室温下为 10% ～ 20% 的磁阻率，巨磁阻效应将磁阻率提升了一个量级，并被广泛应用于传感器和硬盘读头中。图 3.24 所示汇总了隧穿磁阻效应的发展历程。自 1995 年室温下 20% 的隧穿磁阻率在基于 Al-O 势垒的磁隧道结中被观测到之后，室温下的隧穿磁阻率得到了快速的发展。2001 年，理论预测出基于 MgO 势垒的磁隧道结可以获得超过 1000% 的隧穿磁阻率后，新的局面被打开。面内磁隧道结器件首先替代了巨磁阻器件成为硬盘磁头的关键组成部分，使其容量得到进一步提升。在随后的研究中，基于磁隧道结阵列的磁随机存储器首先在航空航天等特殊领域展现出了优秀的性能表现。随

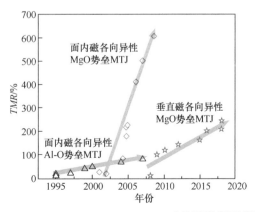

图 3.24　室温下隧穿磁阻率的发展 [4-6,9-11,24,33,52,55-56,59-71]

着器件工艺的发展和器件尺寸的缩小，研究人员将研究热点转向了无需形状各向异性的垂直磁隧道结，但是垂直磁隧道结的铁磁层成晶困难等问题，使得基于 MgO 的垂直磁隧道结的隧穿磁阻率常常不够理想。因此，隧穿磁阻率的提升、退火性能的优化及材料结构的创新成为目前研究人员主要探索的方向。

本章围绕隧穿磁阻效应及器件的制备与优化，分别针对面内磁各向异性和垂直磁各向异性器件进行了详细介绍。我们首先介绍了在巨磁阻效应之后隧穿磁阻效应的发现和理论模型，然后详细介绍了面内磁隧道结势垒层材料由 Al-O 到 MgO 的发展过程、物理机理及实际制备方法。接下来我们针对在器件集成度要求下发展而来的垂直磁隧道结，详细介绍了垂直磁各向异性的来源、典型的器件结构及制备中的优化方法。

如今，基于 MgO 势垒的磁隧道结已经可以在工业上大规模制备并且广泛应用于磁随机存储器、自旋纳米振荡器和传感器等自旋电子器件。但磁隧道结的研究依然存在着诸多的挑战和机遇。如何进一步提高垂直磁隧道结的隧穿磁阻率，如何设计优化获得高自旋极化率、较大垂直磁各向异性、低磁阻尼系数的磁隧道结电极，这些问题还需要进一步探索。

思考题

1. 请简述隧穿磁阻效应原理及 *TMR* 的计算公式。

2. 请简述磁各向异性的基本概念。

3. 请简述基于 MgO 势垒层的磁隧道结相对基于 Al-O 势垒层磁隧道结的优势和原因。

4. 请简述面内磁隧道结的典型结构。

5. 请简述垂直磁隧道结的典型结构。

6. 请简述垂直磁隧道结的性能可以从哪些方面进行优化。

参考文献

[1] MAO S, CHEN Y, LIU F, et al. Commercial TMR heads for hard disk drives: characterization and extendibility at 300 Gbit/in^2[J]. IEEE Transactions on Magnetics, 2006, 42(2): 97-102.

[2] YUASA S, HONO K, HU G, et al. Materials for spin-transfer-torque magnetoresistive random-access memory[J]. MRS Bulletin, 2018, 43(5): 352-357.

[3] JULLIERE M. Tunneling between ferromagnetic films[J]. Physics Letters A, 1975, 54(3): 225-226.

[4]　MIYAZAKI T, TEZUKA N. Giant magnetic tunneling effect in Fe/Al$_2$O$_3$/Fe junction[J]. Journal of Magnetism and Magnetic Materials, 1995, 139(3): L231-L234.

[5]　MOODERA J S, KINDER L R, WONG T M, et al. Large magnetoresistance at room temperature in ferromagnetic thin film tunnel junctions[J]. Physical Review Letters, 1995, 74(16): 3273-3276.

[6]　WEI H X, QIN Q H, MA M, et al. 80% tunneling magnetoresistance at room temperature for thin Al-O barrier magnetic tunnel junction with CoFeB as free and reference layers[J]. Journal of Applied Physics, 2007, 101(9). DOI: 10.1063/1.2696590.

[7]　BUTLER W H, ZHANG X G, SCHULTHESS T C, et al. Spin-dependent tunneling conductance of Fe|MgO|Fe sandwiches[J]. Physical Review B, 2001, 63(5). DOI: 10.1103/physrevb.63.054416.

[8]　MATHON J, UMERSKI A. Theory of tunneling magnetoresistance of an epitaxial Fe/MgO/Fe (001) junction[J]. Physical Review B, 2001, 63(22). DOI: 10.1103/PhysRevB.63.220403.

[9]　PARKIN S S P, KAISER C, PANCHULA A, et al. Giant tunnelling magnetoresistance at room temperature with MgO (100) tunnel barriers[J]. Nature Materials, 2004, 3(12): 862-867.

[10]　YUASA S, NAGAHAMA T, FUKUSHIMA A, et al. Giant room-temperature magnetoresistance in single-crystal Fe/MgO/Fe magnetic tunnel junctions[J]. Nature Materials, 2004, 3(12): 868-871.

[11]　IKEDA S, HAYAKAWA J, ASHIZAWA Y, et al. Tunnel magnetoresistance of 604% at 300 K by suppression of Ta diffusion in CoFeB/MgO/CoFeB pseudo-spin-valves annealed at high temperature[J]. Applied Physics Letters, 2008, 93(8). DOI: 10.1063/1.2976435.

[12]　MESERVEY R, TEDROW P M. Spin-polarized electron tunneling[J]. Physics Reports, 1994, 238(4): 173-243.

[13]　YUASA S, DJAYAPRAWIRA D D. Giant tunnel magnetoresistance in magnetic tunnel junctions with a crystalline MgO (001) barrier[J]. Journal of Physics D: Applied Physics, 2007, 40(21): R337-R334.

[14]　STÖHR J, SIEGMANN H C. Magnetism: from fundamentals to nanoscale dynamics [M]. Berlin, Heidelberg: Springer, 2006.

[15]　黄昆. 固体物理学 [M]. 北京：人民教育出版社, 1979.

[16] TIUSAN C, GREULLET F, HEHN M, et al. Spin tunnelling phenomena in single-crystal magnetic tunnel junction systems[J]. Journal of Physics: Condensed Matter, 2007, 19(16). DOI: 10.1088/0953-8984/19/16/165201.

[17] PARKIN S, JIANG X, KAISER C, et al. Magnetically engineered spintronic sensors and memory[J]. Proceedings of the IEEE, 2003, 91(5): 661-680.

[18] YUASA S, NAGAHAMA T, SUZUKI Y. Spin-polarized resonant tunneling in magnetic tunnel junctions[J]. Science, 2002, 297(5579): 234-237.

[19] NAGAHAMA T, YUASA S, TAMURA E, et al. Spin-dependent tunneling in magnetic tunnel junctions with a layered antiferromagnetic Cr (001) spacer: Role of band structure and interface scattering[J]. Physical Review Letters, 2005, 95(8). DOI: 10.1103/physrevlett.95.086602.

[20] XU Y B, AWSCHALOM D D, NITTA J. Handbook of spintronics[M]. Dordrecht, Netherlands: Springer, 2016.

[21] 翟宏如. 自旋电子学 [M]. 北京 : 科学出版社 , 2013.

[22] 韩秀峰. 纳米科学与技术 : 自旋电子学导论 (上卷)[M]. 北京 : 科学出版社 , 2014.

[23] ZHANG X G, BUTLER W H. Large magnetoresistance in bcc Co/MgO/Co and FeCo/MgO/FeCo tunnel junctions[J]. Physical Review B, 2004, 70(17). DOI: 10.1103/PhysRevB.70.172407.

[24] DJAYAPRAWIRA D D, TSUNEKAWA K, NAGAI M, et al. 230% room-temperature magnetoresistance in CoFeB/MgO/CoFeB magnetic tunnel junctions[J]. Applied Physics Letters, 2005, 86(9). DOI: 10.1063/1.1871344.

[25] YUASA S, SUZUKI Y, KATAYAMA T, et al. Characterization of growth and crystallization processes in CoFeB/MgO/CoFeB magnetic tunnel junction structure by reflective high-energy electron diffraction[J]. Applied Physics Letters, 2005, 87(24). DOI: 10.1063/1.2140612.

[26] ZHOU J, ZHAO W, WANG Y, et al. Large influence of capping layers on tunnel magnetoresistance in magnetic tunnel junctions[J]. Applied Physics Letters, 2016, 109(24). DOI: 10.1063/1.4972030.

[27] WORLEDGE D C, TROUILLOUD P L. Magnetoresistance measurement of unpatterned magnetic tunnel junction wafers by current-in-plane tunneling[J]. Applied Physics Letters, 2003, 83(1): 84-86.

[28] 赵巍胜, 王昭昊, 彭守仲, 等 . STT-MRAM 存储器的研究进展 [J]. 中国科学 : 物理学 力学 天文学 , 2016, 46(10): 63-83.

[29] CARCIA P F, MEINHALDT A D, SUNA A. Perpendicular magnetic anisotropy in Pd/Co thin film layered structures[J]. Applied Physics Letters, 1985, 47(2): 178-180.

[30] CARCIA P F. Perpendicular magnetic anisotropy in Pd/Co and Pt/Co thin-film layered structures[J]. Journal of Applied Physics, 1988, 63(10): 5066-5073.

[31] HASHIMOTO S, OCHIAI Y, ASO K. Perpendicular magnetic anisotropy and magnetostriction of sputtered Co/Pd and Co/Pt multilayered films[J]. Journal of Applied Physics, 1989, 66(10): 4909-4916.

[32] PENG S, ZHU D, ZHOU J, et al. Modulation of heavy metal/ferromagnetic metal interface for high-performance spintronic devices[J]. Advanced Electronic Materials, 2019, 5(8). DOI: 10.1002/aelm.201900134.

[33] IKEDA S, MIURA K, YAMAMOTO H, et al. A perpendicular-anisotropy CoFeB–MgO magnetic tunnel junction[J]. Nature Materials, 2010, 9(9): 721-724.

[34] JOHNSON M T, BLOEMEN P J H, DEN BROEDER F J A, et al. Magnetic anisotropy in metallic multilayers [J]. Reports on Progress in Physics, 1996, 59(11): 1409-1458.

[35] YANG H X, CHSHIEV M, DIENY B, et al. First-principles investigation of the very large perpendicular magnetic anisotropy at Fe|MgO and Co|MgO interfaces[J]. Physical Review B, 2011, 84(5). DOI: 10.1103/PhysRevB.84.054401.

[36] YAKATA S, KUBOTA H, SUZUKI Y, et al. Influence of perpendicular magnetic anisotropy on spin-transfer switching current in CoFeB/MgO/CoFeB magnetic tunnel junctions[J]. Journal of Applied Physics, 2009, 105(7). DOI: 10.1063/1.305797.

[37] LAM D D, BONELL F, MIWA S, et al. Composition dependence of perpendicular magnetic anisotropy in $Ta/Co_xFe_{80-x}B_{20}/MgO/Ta$ (x=0, 10, 60) multilayers[J]. Journal of Magnetics, 2013, 18(1): 5-8.

[38] HALLAL A, YANG H X, DIENY B, et al. Anatomy of perpendicular magnetic anisotropy in Fe/MgO magnetic tunnel junctions: first-principles insight[J]. Physical Review B, 2013, 88(18). DOI: 10.1103/PhysRevB.88.184423.

[39] WORLEDGE D C, HU G, ABRAHAM D W, et al. Spin torque switching of perpendicular Ta|CoFeB|MgO-based magnetic tunnel junctions[J]. Applied Physics Letters, 2011, 98(2). DOI: 10.1063/1.3536482.

[40] LIU T, CAI J W, SUN L. Large enhanced perpendicular magnetic anisotropy in CoFeB/MgO system with the typical Ta buffer replaced by an Hf layer[J]. AIP Advances, 2012, 2(3). DOI: 10.1063/1.4748337.

[41] PENG S, WANG M, YANG H, et al. Origin of interfacial perpendicular magnetic anisotropy in MgO/CoFe/metallic capping layer structures[J]. Scientific Reports, 2015, 5. DOI: 10.1038/srep18173.

[42] LIU T, ZHANG Y, CAI J W, et al. Thermally robust Mo/CoFeB/MgO trilayers with strong perpendicular magnetic anisotropy[J]. Scientific Reports, 2014, 4. DOI: 10.1038/srep05895.

[43] ALMASI H, SUN C L, Li X, et al. Perpendicular magnetic tunnel junction with W seed and capping layers[J]. Journal of Applied Physics, 2017, 121(15). DOI: 10.1063/1.4981878.

[44] PENG S, ZHAO W, QIAO J, et al. Giant interfacial perpendicular magnetic anisotropy in MgO/CoFe/capping layer structures[J]. Applied Physics Letters, 2017, 110(7). DOI: 10.1063/1.4976517.

[45] YANG Y, WANG W X, YAO Y, et al. Chemical diffusion: another factor affecting the magnetoresistance ratio in Ta/CoFeB/MgO/CoFeB/Ta magnetic tunnel junction[J]. Applied Physics Letters, 2012, 101(1). DOI: 10.1063/1.4732463.

[46] LEE S E, BAEK J U, PARK J G. Highly enhanced TMR ratio and Δ for double MgO-based p-MTJ spin-valves with top $Co_2Fe_6B_2$ free layer by nanoscale-thick iron diffusion-barrier[J]. Scientific Reports, 2017, 7(1). DOI: 10.1038/s41598-017-10967-x.

[47] MENG H, LUM W H, SBIAA R, et al. Annealing effects on CoFeB-MgO magnetic tunnel junctions with perpendicular anisotropy[J]. Journal of Applied Physics, 2011, 110(3). DOI: 10.1063/1.3611426.

[48] JEON M S, CHAE K S, LEE D Y, et al. The dependency of tunnel magnetoresistance ratio on nanoscale thicknesses of $Co_2Fe_6B_2$ free and pinned layers for $Co_2Fe_6B_2$/MgO-based perpendicular-magnetic-tunnel-junctions[J]. Nanoscale, 2015, 7(17): 8142-8148.

[49] SATO H, YAMANOUCHI M, MIURA K, et al. Junction size effect on switching current and thermal stability in CoFeB/MgO perpendicular magnetic tunnel junctions[J]. Applied Physics Letters, 2011, 99(4). DOI: 10.1063/1.3617429.

[50] YAMANOUCHI M, KOIZUMI R, IKEDA S, et al. Dependence of magnetic anisotropy on MgO thickness and buffer layer in $Co_{20}Fe_{60}B_{20}$-MgO structure[J]. Journal of

Applied Physics, 2011, 109(7). DOI: 10.1063/1.3554204.

[51] CHENG H, CHEN J, PENG S, et al. Giant perpendicular magnetic anisotropy in Mo-based double-interface free layer structure for advanced magnetic tunnel junctions[J]. Advanced Electronic Materials, 2020, 6(8). DOI: 10.1002/aelm.202000271.

[52] ALMASI H, HICKEY D R, NEWHOUSE-ILLIGE T, et al. Enhanced tunneling magnetoresistance and perpendicular magnetic anisotropy in Mo/CoFeB/MgO magnetic tunnel junctions[J]. Applied Physics Letters, 2015, 106(18). DOI: 10.1063/1.4919873.

[53] CHUNG H C, LEE Y H, LEE S R. Effect of capping layer on the crystallization of amorphous CoFeB[J]. Physica Status Solidi(a), 2007, 204(12): 3995-3998.

[54] LI M, LU J, YU G, et al. Influence of inserted Mo layer on the thermal stability of perpendicularly magnetized $Ta/Mo/Co_{20}Fe_{60}B_{20}/MgO/Ta$ films[J]. AIP Advances, 2016, 6(4). DOI: 10.1063/1.4947075.

[55] ALMASI H, XU M, XU Y, et al. Effect of Mo insertion layers on the magnetoresistance and perpendicular magnetic anisotropy in Ta/CoFeB/MgO junctions[J]. Applied Physics Letters, 2016, 109(3). DOI: 10.1063/1.4958732.

[56] HUAI Y, GAN H, WANG Z, et al. High performance perpendicular magnetic tunnel junction with Co/Ir interfacial anisotropy for embedded and standalone STT-MRAM applications[J]. Applied Physics Letters, 2018, 112(9). DOI: 10.1063/1.5018874.

[57] LEE S E, SHIM T H, PARK J G. Perpendicular magnetic tunnel junction (p-MTJ) spin-valves designed with a top $Co_2Fe_6B_2$ free layer and a nanoscale-thick tungsten bridging and capping layer[J]. NPG Asia Materials, 2016, 8(11). DOI: 10.1038/am.2016.162.

[58] LEE S E, TAKEMURA Y, PARK J G. Effect of double MgO tunneling barrier on thermal stability and TMR ratio for perpendicular MTJ spin-valve with tungsten layers[J]. Applied Physics Letters, 2016, 109(18). DOI: 10.1063/1.4967172.

[59] WANG M, CAI W, CAO K, et al. Current-induced magnetization switching in atom-thick tungsten engineered perpendicular magnetic tunnel junctions with large tunnel magnetoresistance[J]. Nature Communications, 2018, 9. DOI: 10.1038/s41467-018-03140-z.

[60] RISHTON S A, LU Y, ALTMAN R A, et al. Magnetic tunnel junctions fabricated at tenth-micron dimensions by electron beam lithography[J]. Microelectronic Engineering, 1997, 35(1-4): 249-252.

[61] PARKIN S S P, ROCHE K P, SAMANT M G, et al. Exchange-biased magnetic tunnel junctions and application to nonvolatile magnetic random access memory[J]. Journal

of Applied Physics, 1999, 85(8): 5828-5833.

[62] HAN X F, DAIBOU T, KAMIJO M, et al. High-magnetoresistance tunnel junctions using $Co_{75}Fe_{25}$ ferromagnetic electrodes[J]. Japanese Journal of Applied Physics, 2000, 39(5B). DOI: 10.1143/JJAP.39.L439.

[63] WANG D, NORDMAN C, DAUGHTON J M, et al. 70% TMR at room temperature for SDT sandwich junctions with CoFeB as free and reference layers[J]. IEEE Transactions on Magnetics, 2004, 40(4): 2269-2271.

[64] POPOVA E, FAURE-VINCENT J, TIUSAN C, et al. Epitaxial MgO layer for low-resistance and coupling-free magnetic tunnel junctions[J]. Applied Physics Letters, 2002, 81(6): 1035-1037.

[65] BOWEN M, CROS V, PETROFF F, et al. Large magnetoresistance in Fe/MgO/FeCo (001) epitaxial tunnel junctions on GaAs (001)[J]. Applied Physics Letters, 2001, 79(11): 1655-1657.

[66] YUASA S, FUKUSHIMA A, NAGAHAMA T, et al. High tunnel magnetoresistance at room temperature in fully epitaxial Fe/MgO/Fe tunnel junctions due to coherent spin-polarized tunneling[J]. Japanese Journal of Applied Physics, 2004, 43(4B). DOI: 10.1143/JJAP.43.L588.

[67] YUASA S, FUKUSHIMA A, KUBOTA H, et al. Giant tunneling magnetoresistance up to 410% at room temperature in fully epitaxial Co/MgO/Co magnetic tunnel junctions with bcc Co (001) electrodes[J]. Applied Physics Letters, 2006, 89(4). DOI: 10.1063/1.2236268.

[68] LEE Y M, HAYAKAWA J, IKEDA S, et al. Effect of electrode composition on the tunnel magnetoresistance of pseudo-spin-valve magnetic tunnel junction with a MgO tunnel barrier[J]. Applied Physics Letters, 2007, 90(21). DOI: 10.1063/1.2742576.

[69] NAKAYAMA M, KAI T, SHIMOMURA N, et al. Spin transfer switching in TbCoFe/CoFeB/MgO/CoFeB/TbCoFe magnetic tunnel junctions with perpendicular magnetic anisotropy[J]. Journal of Applied Physics, 2008, 103(7). DOI: 10.1063/1.2838335.

[70] YOSHIKAWA M, KITAGAWA E, NAGASE T, et al. Tunnel magnetoresistance over 100% in MgO-based magnetic tunnel junction films with perpendicular magnetic $L1_0$-FePt electrodes[J]. IEEE Transactions on Magnetics, 2008, 44(11): 2573-2576.

[71] GAN H D, SATO H, YAMANOUCHI M, et al. Origin of the collapse of tunnel magnetoresistance at high annealing temperature in CoFeB/MgO perpendicular magnetic tunnel junctions[J]. Applied Physics Letters, 2011, 99(25). DOI: 10.1063/1.3671669.

第4章 自旋转移矩效应及器件

第 3 章对磁隧道结及隧穿磁阻效应进行了详细介绍。我们现在知道，基于 MgO 势垒的磁隧道结可以实现超过 200% 的隧穿磁阻率，满足了存储器的读取需求。此外，磁隧道结还具有非易失性、抗辐射等优良特性。因此，基于磁隧道结的磁随机存储器凭借其非易失性和相对优秀的读写性能，有望成为下一代存储器的候选之一。2006 年，Everspin 公司推出了第一款存储容量为 4 Mbit 的磁随机存储器，目前已广泛应用于欧美的航空航天系统中。但该产品利用磁场对磁隧道结进行数据写入，不利于器件高密度集成，且单比特写入功耗达 100 pJ（1 pJ=10^{-12} J）。自旋转移矩（Spin-Transfer Torque，STT）效应的预测及其实验证实使磁隧道结的纯电学写入成为可能，经过多年发展，自旋转移矩驱动的磁隧道结器件的直径可低于 20 nm，且单比特写入功耗降至约 1 pJ，进一步推动了磁随机存储器产品的商业化应用。本章将主要介绍自旋转移矩效应的物理基础及自旋转移矩器件的发展历程[1]，并讨论优化自旋转移矩器件性能的若干方法。

本章重点

知识要点	能力要求
自旋转移矩效应	（1）了解自旋转移矩效应发展的背景； （2）掌握自旋转移矩磁隧道结的基本原理； （3）掌握用 LLG 方程分析自旋转移矩驱动磁化翻转的方法； （4）了解自旋转移矩驱动磁化翻转的临界翻转电流的计算方法
自旋转移矩器件	（1）了解自旋转移矩器件的数据存储原理； （2）掌握面内和垂直磁隧道结器件热稳定性的计算方法； （3）了解自旋转移矩器件结构的优化方法

4.1 自旋转移矩效应

1819 年，丹麦物理学家奥斯特在一次意外实验中首次发现了载流导线可以产生磁场，进而改变磁针的方向。这一发现不仅确定了电与磁之间的紧密关系，也为后来电磁学理论奠定了基础，第一代磁随机存储器的写入方法就利用了这一理论。而磁随机存储器的第二代写入方式是自旋转移矩写入，它的发现历程则不同寻常，接下来我们将进行详细介绍。

4.1.1 磁动力学原理及其发展历程

在奥斯特发现电流的磁效应之后，法拉第发现当一块磁铁穿过闭合线路时，线路就会产生电流，从而发现了电磁感应效应，随后又引入了磁场与电场的概念。此后，麦克斯韦通过四个偏微分方程以近乎完美的方式统一了电与磁。然而，到了 20 世纪，人们对于磁与电的认知不再满足于对宏观现象的判断，而是想要更进一步了解微观尺度下的变化。因此，瑞士物理学家布洛赫（获 1952 年诺贝尔物理学奖）和德国物理学家海森堡提出，在铁磁晶体中，磁性基本单元是一些磁化趋于饱和的细丝状磁畴[2-3]。对于未磁化的晶体，这些基本单元向不同的方向磁化，所以整体的磁矩为零，如图 4.1（a）所示；当晶体被磁化时，磁性基本单元的边界移动，使特定磁化方向的基本单元逐渐占多数，如图 4.1（b）所示。

 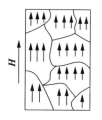

（a）无外场下磁畴磁化排列　　（b）有外场下磁畴磁化排列

图 4.1　磁性基本单元

为了理解这些磁性基本单元的微观运动，我们首先了解经典磁矩（磁偶极）在外磁场作用下是如何运动的。而什么样的磁性物体可以被看作经典磁矩，这里则需要用到宏观自旋近似（Macrospin Approximation）的概念：对于均匀磁化的物体，假定体积为 V，那么磁矩 $m_b = VM$。式中，M 是单位体积的磁化强度。如果该磁性物体中的独立自旋电子通过交换作用强烈地耦合在一起，其磁矩或自旋可以看作一个整体，即单一磁畴，那么这一磁性物体就可以采用宏观自旋近似。

对磁偶极在磁场中运动的认知来自前面提到的一个非常古老的磁学应用：司南。将磁针置于均匀磁场中，磁针会绕着磁场方向进动。磁针在进动过程中与罗盘的摩擦产生了阻尼转矩，使磁针最终可以稳定在磁场方向。能量守恒和角动量守恒使磁针的初始角动量和能量会通过阻尼转矩转移到罗盘和周围环境中，磁针最终指向的方向是能量最低的方向。

在理解了磁矩运动所遵循的重要物理定律后，可以尝试利用物理公式进行更加准确的磁矩运动分析。1935 年，苏联物理学家列夫·朗道（Lew Landau，获 1962 年诺贝尔物理学奖）和他的学生叶夫根尼·利夫希茨（Evgeny Lifshitz）在研究了铁磁晶体中磁性基本单元的磁矩分布之后，给出了基于单个归一化磁矩 m 绕有效磁场 H 的运动方程，被称为朗道 - 利夫希茨（Landau-Lifshitz，LL）方程[4]：

$$\frac{\mathrm{d}m}{\mathrm{d}t} = -\gamma\mu_0\left(m \times H\right) - \alpha\gamma\mu_0\left[m \times \left(m \times H\right)\right] \tag{4.1}$$

式中，$m=M/M_s$，M_s 是饱和磁化强度，旋磁比 γ 通常被定义为粒子磁矩和角动量之比，μ_0 是真空磁导率，磁阻尼系数 α 表示无法准确描述的耗散现象。进动项 $\boldsymbol{\Gamma}_{\text{prec}} = -\gamma\mu_0\left(\boldsymbol{m}\times\boldsymbol{H}\right)$ 描述的是磁矩 $\boldsymbol{m}$ 以固定不变的夹角 θ 绕有效磁场 $\boldsymbol{H}$ 的方向进动。阻尼项 $\boldsymbol{\Gamma}_{\text{damp}} = -\alpha\gamma\mu_0\left[\boldsymbol{m}\times\left(\boldsymbol{m}\times\boldsymbol{H}\right)\right]$ 描述的是磁矩 $\boldsymbol{m}$ 在阻尼作用下的变化，当磁阻尼系数 α 为正数的时候，磁矩 $\boldsymbol{m}$ 转向磁场 $\boldsymbol{H}$ 的方向。方程（4.1）考虑了进动项 $\boldsymbol{\Gamma}_{\text{prec}}$ 和阻尼项 $\boldsymbol{\Gamma}_{\text{damp}}$ 在磁矩 $\boldsymbol{m}$ 上的共同作用，很好地解释了磁矩进动的不可逆现象。然而，在 LL 方程得到大量铁磁学实验验证的同时，仍然存在一些特殊的磁动力学行为无法得到有效解释。例如，在坡莫合金薄膜中，因为特殊的大阻尼现象，其磁矩的阻尼运动与 LL 方程不相符。1955 年，还在攻读博士学位的托马斯·吉尔伯特（Thomas Gilbert）结合其他物理系统中的阻尼理论，对 LL 方程重新进行了如下表述。

$$\left(1+\alpha^2\right)\frac{\mathrm{d}\boldsymbol{m}}{\mathrm{d}t} = -\gamma\mu_0\left(\boldsymbol{m}\times\boldsymbol{H}\right) - \alpha\gamma\mu_0\left[\boldsymbol{m}\times\left(\boldsymbol{m}\times\boldsymbol{H}\right)\right] \tag{4.2}$$

新的表述形式被称为朗道 - 利夫希茨 - 吉尔伯特（Landau-Lifshitz-Gilbert，LLG）方程[5]，其中引入的 $\left(1+\alpha^2\right)$ 很好地解释了大磁阻尼系数下的磁矩运动，当 α 很小的时候，α^2 可以忽略。LLG 方程通常写为如下等价形式：

$$\frac{\mathrm{d}\boldsymbol{m}}{\mathrm{d}t} = -\gamma\mu_0\left(\boldsymbol{m}\times\boldsymbol{H}\right) + \alpha\left(\boldsymbol{m}\times\frac{\mathrm{d}\boldsymbol{m}}{\mathrm{d}t}\right) \tag{4.3}$$

一般认为阻尼来自有效磁场 $\boldsymbol{H}$，该磁场与外磁场、纳米级薄膜的各向异性磁场和退磁场都有关[6]。在磁矩运动过程中，如图 4.2 所示，角动量发生改变，损失的角动量会通过阻尼的作用转移到其他地方，磁矩 $\boldsymbol{m}$ 螺旋式地转向磁场 $\boldsymbol{H}$ 的方向。最终，进动项和阻尼项都等于零[1]。

LL 方程和 LLG 方程描述了磁矩 $\boldsymbol{m}$ 的时域演化过程，需要假定磁矩 $\boldsymbol{m}$ 的大小在一段时间内不改变，如图 4.2(a) 所示。该方式需要采用前面介绍的"宏观自旋近似"，即磁性物体的整个体积 V 内所有自旋都强烈耦合在一起，彼此平行，构成一个"宏观自旋"或"宏观磁矩"。需要注意的是，在一些情况下，这一假设不再成立，例如，当独立自旋在激发过程中发生退相位的时候，磁矩 $\boldsymbol{m}$ 的大小会随着时间发生变化。此时，LLG 方程的基本假设不再成立，因此方程也不再适用。

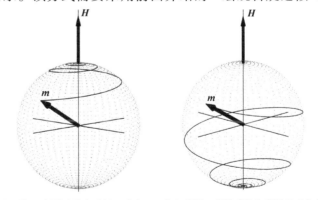

（a）磁矩 $\boldsymbol{m}$ 螺旋式转向磁场 $\boldsymbol{H}$ 方向　　（b）磁矩 $\boldsymbol{m}$ 螺旋式转向磁场 $\boldsymbol{H}$ 反方向

图 4.2　磁矩 $\boldsymbol{m}$ 运动轨迹

4.1.2　自旋转移矩效应的原理

1996 年，美国物理学家约翰·斯隆乔斯基（John Slonczewski）和卢克·伯格（Luc Berger）各自独立提出：当电荷流穿过铁磁 / 非磁 / 铁磁三层膜结构时，在其铁磁和非磁的界面处，自旋波与自由电子的相互交换作用显著增强，这导致了磁阻尼系数的局部增加，当电荷流超过一定阈值时，阻尼项会反号，即磁阻尼系数 α 取值为负，进而带动磁矩 $\boldsymbol{m}$ 进动甚至翻转至与磁场 $\boldsymbol{H}$ 反平行的方向，如图 4.2（b）所示 [7-8]。

奇特的物理现象：翻身陀螺

对于普通陀螺而言，在旋转的过程中存在两个旋转轴，如图 4.3（a）所示，一个是陀螺的自转轴，同时自转轴也会绕着竖直轴（z 轴）旋转。在旋转过程中，陀螺一方面可以通过旋转角动量 L（红色箭头）维持陀螺绕自转轴的稳定；另一方面则可以通过陀螺底部的尖端摩擦力产生转矩，保持两个旋转轴之间角度的相对稳定。具体来说，就是当陀螺开始倾倒的时候，倾倒一侧的锥体将不断与地面产生切向摩擦力，该力使自转轴受到向竖直轴方向靠近的正阻尼转矩。

而对于翻身陀螺而言，如图 4.3（b）～（e）所示，它在旋转时，底部是一个巨大的球面，而不是普通陀螺的锥形尖。因此，当陀螺旋转产生倾斜时，它与地面的接触点的位移也会不断地变化。由于重心较低，导致重心到地面接触点的连线与竖直轴的夹角较大，因此旋转过程不稳定。当转速较高时，陀螺倾斜，原本在顶端的小球面与地面接触，产生与原本阻尼项相反的转矩，即负阻尼转矩，使陀螺发生翻转。

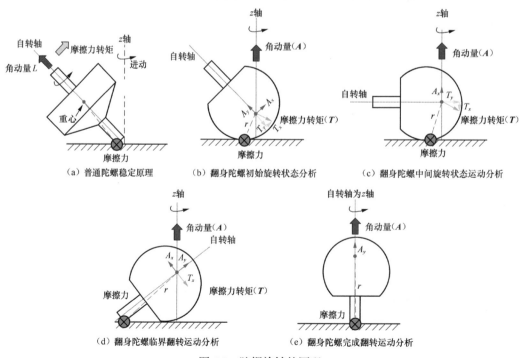

图 4.3　陀螺旋转的原理

由于负阻尼现象可以使磁矩翻转，因此受到了众多研究者的关注。为了增大 $\boldsymbol{m}$ 和 $\boldsymbol{H}$ 之间的夹角 θ，必须提供能量。这一能量可以来自相邻铁磁体诱导产生的自旋极化电子，该自旋极化电子具有与待翻转铁磁层相反的磁化方向，通过角动量守恒的方式拉动待翻转的铁磁层磁矩。由于系统总的自旋角动量守恒，自旋极化电流的角动量传递给自由层磁矩，从而增加了磁矩与 $\boldsymbol{H}$ 的夹角 θ。当与铁磁层磁化方向相反的自旋极化电子不断被注入时，最终可以使得铁磁层整体磁矩方向翻转，并与 $\boldsymbol{H}$ 反平行，即与该极化方向保持同向的磁化方向成为能量最低点。当停止注入自旋极化电子时，磁化状态可以保持稳定。这种利用自旋极化电流改变磁性层取向的效应就被称为自旋转移矩[9]，这种方式不同于 4.1.1 节所介绍的磁场翻转磁矩，而是通过纯电流的方式实现磁矩翻转。

为了理解自旋转移矩效应对磁矩的动态作用，我们可以用前面提到的 LLG 方程进行解释。当自旋转移矩作用在磁隧道结（详见第 3 章）的自由层上时，LLG 方程会在式（4.3）的基础上在等号右侧增加两个附加项，即变为[10-11]：

$$
\begin{cases}
\dfrac{\partial \boldsymbol{m}_{\text{free}}}{\partial t} = \boldsymbol{\Gamma}_{\text{prec}} + \boldsymbol{\Gamma}_{\text{damp}} + \boldsymbol{\Gamma}_{\text{STT}}^{\text{DL}} + \boldsymbol{\Gamma}_{\text{STT}}^{\text{FL}} \\[2mm]
\boldsymbol{\Gamma}_{\text{STT}}^{\text{DL}} = \gamma \mu_0 \eta \dfrac{\hbar}{2} \dfrac{J}{e} \dfrac{1}{M_s t} \boldsymbol{m}_{\text{free}} \times \left(\boldsymbol{m}_{\text{free}} \times \boldsymbol{m}_{\text{ref}} \right) \\[2mm]
\boldsymbol{\Gamma}_{\text{STT}}^{\text{FL}} = \gamma \mu_0 \eta' \dfrac{\hbar}{2} \dfrac{J}{e} \dfrac{1}{M_s t} \boldsymbol{m}_{\text{free}} \times \boldsymbol{m}_{\text{ref}}
\end{cases}
\tag{4.4}
$$

式中，J 是电荷流密度，t 是自由层厚度，e 是基本电荷，$\hbar$ 是约化普朗克常数，$\boldsymbol{\Gamma}_{\text{STT}}^{\text{DL}}$ 是与自由层、参考层归化磁矩 $\boldsymbol{m}_{\text{free}}$ 和 $\boldsymbol{m}_{\text{ref}}$ 共面的自旋转移矩，由于它有着与原始形式 LLG 方程中阻尼转矩 $\boldsymbol{\Gamma}_{\text{damp}}$ 相同的形式，并且会根据电流方向的不同，加剧或对抗阻尼转矩 $\boldsymbol{\Gamma}_{\text{damp}}$ 的作用，因此在广义上被泛称为面内自旋转移矩或类阻尼转矩（Damping-Like Torque）。相应地，$\boldsymbol{\Gamma}_{\text{STT}}^{\text{FL}}$ 垂直于磁化方向矢量 $\boldsymbol{m}_{\text{free}}$ 和 $\boldsymbol{m}_{\text{ref}}$ 所构成的平面，因此被称作垂直自旋转移矩或类磁场转矩（Field-Like Torque），η 和 η' 分别是类阻尼转矩和类磁场转矩的自旋极化率。

在自旋转移矩诱导的磁矩动态进动过程中，当参考层磁矩 $\boldsymbol{m}_{\text{ref}}$ 与 $\boldsymbol{H}_{\text{eff}}$ 平行时，类磁场转矩 $\boldsymbol{\Gamma}_{\text{STT}}^{\text{FL}}$ 与进动转矩 $\boldsymbol{\Gamma}_{\text{prec}}$ 对自由层磁矩方向矢量 $\boldsymbol{m}$ 的效果相同，也就是说，$\boldsymbol{\Gamma}_{\text{STT}}^{\text{FL}}$ 的主要作用是改变磁矩进动的频率；相应地，类阻尼转矩则可以提高或降低磁矩进动受到的阻尼作用，如图 4.4（a）所示。当类阻尼转矩 $\boldsymbol{\Gamma}_{\text{STT}}^{\text{DL}}$ 与阻尼转矩 $\boldsymbol{\Gamma}_{\text{damp}}$ 的方向相反且幅值大于后者时，进动幅度将逐渐增加，最终磁矩 $\boldsymbol{m}$ 将会发生图 4.4（b）所示的磁化翻转。这种情况发生时，通过自旋转移矩器件的电流刚好使磁矩进动越过临界点，故该电流被称为临界翻转电流。

类阻尼转矩是实现自旋转移矩驱动磁矩翻转的最为重要的基础[12-13]。不过，类磁场转矩也与一些特定问题相关[14]。在图 4.4（b）所示的自旋转移矩克服阻尼转矩 $\boldsymbol{\Gamma}_{\text{damp}}$ 的翻转轨迹中，磁矩 **m** 的进动在翻转前后呈现不同的手性进动，这是因为各向异性磁场符号的改变，会导致进动项和阻尼项方向的改变。

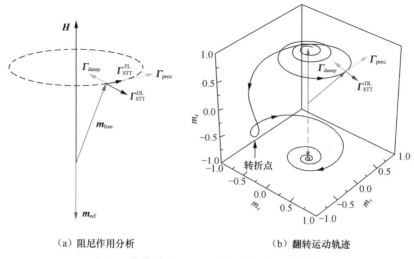

（a）阻尼作用分析　　　　　　　　　　（b）翻转运动轨迹

图 4.4　自旋转移矩随磁化方向运动的动态分析

4.1.3　自旋转移矩效应的实验验证

1999 年，美国物理学家罗伯特·布尔曼（Robert Buhrman）和丹尼尔·拉尔夫（Daniel Ralph）首次在 Co/Cu/Co 三明治结构的巨磁阻效应（详见第 2 章）器件中，观测到了垂直注入电流诱导的磁化翻转。通过施加适当方向的电流脉冲，就可以稳定地实现相邻 Co 磁层的平行态与反平行态，该现象与 1996 年理论预测的自旋转移矩效应的结果一致。这一发现使磁隧道结可以摆脱磁场的控制，选用能耗更低的自旋极化电流翻转磁矩方向 [15]。此后，自旋转移矩成为一时的研究热点。2004 年，Huai 等 [16] 首次在磁隧道结上发现了自旋转移矩诱导的磁化翻转。随后，隧穿磁阻率超过 200% 的 MgO 隧穿势垒层被发现，极高的自旋过滤效应进一步增强了自旋转移矩的翻转效率。

与自旋转移矩电流写入方法相比，磁场写入主要是通过载流导线产生奥斯特场的方式来翻转自由层磁化方向。随着器件尺寸和导线尺寸的不断微缩，单器件数据写入电流难以低于毫安量级，这极大地限制了磁场写入磁随机存储器的应用和发展 [17]。而自旋转移矩电流写入方法则相反，该方式的写入电流基本保持不变，器件尺寸微缩可以使写入电流不断下降，从而使自旋转移矩写入磁隧道结比传统的磁场写入磁隧道结的能效更高。因此，自旋转移矩效应的提出和发现为自旋电子学与互补金属氧化物半导体技术的结合提供了坚实的基础，展现出广阔的应用前景。该效应除了可用于磁随机存储器（详见第 13 章）之外，还可用于自旋振荡器（详见第 6 章）。

为了更方便地理解自旋转移矩效应的原理，我们在磁隧道结（以垂直磁各向异性结构为例）中借助自由电子模型来了解整个翻转过程。如图 4.5 所示 [9-10]，当磁隧道结

处于反平行状态时，可以通过施加电
场驱动自由电子从参考层向自由层运
动。此时，在参考层自旋相关扩散效应
和 MgO 势垒层自旋过滤效应的作用下，
自由电子被极化。通过 MgO 势垒层流
向自由层的自旋极化电子流（绿色箭
头）具有与参考层相同的磁化方向，而
另一个反方向极化的自旋电子流（红色
箭头）则反射回到参考层。于是，蕴含
在流入自由层的极化电子流中的磁矩会
使自由层的磁矩发生翻转。由于参考层
比自由层具有更强的矫顽力，故在适当
大小的电流下，自由层的磁矩方向改变
而参考层的磁矩方向不变。

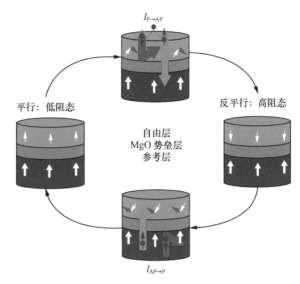

图 4.5　基于自旋转移矩效应的磁隧道结磁化翻转过程

反之，当磁隧道结处于平行状态时，可以通过施加相反的电场使自由电子从自由
层流向参考层。这样一来，自旋极化方向与自由层平行的电子流（绿色箭头）将通过
MgO 势垒层流向参考层，而自旋取向与之相反的极化电子流（红色箭头）则会反射回
到自由层，带动自由层的磁化方向发生翻转，最终使磁隧道结进入反平行状态。可见，
在基于自旋转移矩效应实现磁化翻转的磁隧道结中，我们是以垂直通过器件的电流来改
变磁隧道结的平行和反平行磁化状态的，且被写入的磁化状态由电流方向决定，这直接
满足了我们对 "以纯电学方式完成磁隧道结的磁化翻转" 的期待。

4.2　自旋转移矩器件

通过 4.1 节的学习，我们知道自旋转移矩效应可以通过局部施加转矩的方式改变磁
性薄膜的磁化方向。自旋转移矩效应与磁隧道结器件的结合则奠定了第二代磁存储器的
基础。面内磁隧道结和垂直磁隧道结已经在第 3 章中重点介绍，本节将重点介绍应用于
磁隧道结中的自旋转移矩写入方法。为了进一步优化自旋转移矩器件在数据存储方面的
性能，需要重点关注其数据保持时间、数据写入功耗和器件耐久度，接下来将逐一进
行介绍。

4.2.1　基于面内磁各向异性的磁隧道结

1. 数据存储

数据保持时间是判断器件数据存储能力的一项重要指标。一般非易失性存储器都要
求器件的保持时间超过 10 年，对于大容量存储器，单一器件的数据保持时间的要求更
是呈指数级上升。然而，这一需求给器件的实际设计以及测试带来了巨大的挑战。对于
磁隧道结而言，其数据保持时间 τ 可以通过器件自由层的能量势垒 E_b 和温度 T 进行定

量分析：

$$\tau = \tau_0 \exp\left(\frac{E_b}{k_B T}\right) \qquad (4.5)$$

式中，τ_0 为固有的尝试时间，典型值为 1 ns[10]，k_B 为玻尔兹曼常数。温度 T 除了与环境温度有关之外，还会受到电路中电流热效应的影响。能量势垒 E_b 则代表着自由层磁化翻转所需要克服的最小能量，如图 4.6 所示。

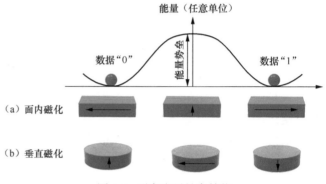

图 4.6　磁各向异性存储能

自由层翻转所需的能量势垒 E_b 与工作温度 T 下的热激发能（$k_B T$）的比值被定义为热稳定性因子 Δ[18]，即：

$$\Delta = \frac{E_b}{k_B T} \qquad (4.6)$$

我们可以通过求解器件的热稳定性因子来评估其数据保持时间。若希望磁随机存储器能够实现长达 10 年的数据保存时间，则需要热稳定性因子达到 60 以上。

通过第 3 章的学习，我们知道早期磁隧道结的铁磁层都是面内磁各向异性，因此我们首先讨论面内磁各向异性器件如何实现较高的热稳定性因子和较长的数据保持时间。由于面内磁各向异性的能量势垒通常来自形状各向异性。因此，一般面内磁隧道结就需要采用椭圆或矩形来为器件提供较高的热稳定性因子[19-20]，其热稳定性因子 Δ^{IMA} 可以写为：

$$\Delta^{IMA} = \frac{E_b}{k_B T} = \frac{\mu_0 H_k M_s S t}{2 k_B T} \qquad (4.7)$$

式中，H_k 为面内各向异性场，M_s 为饱和磁化强度，S 为自由层单磁畴面积，对于小尺寸器件而言，S 为自由层的面积，t 为有效自由层厚度。对于具有椭圆横截面且短轴尺寸为 w 的面内磁隧道结，可以得到其有效各向异性磁场 H_k^{IMA} 为：

$$H_k^{IMA} = 2\frac{M_s(AR-1)t}{wAR} \qquad (4.8)$$

式中，AR 是面内纵横比，即磁隧道结椭圆截面的长短轴之比。因此，面内热稳定性因子 Δ^{IMA} 又可以写为：

$$\Delta^{IMA} = \frac{\pi \mu_0 (M_s t)^2 w(AR-1)}{4 k_B T} \qquad (4.9)$$

可见，面内磁隧道结的热稳定性因子正比于 $M_s t$ 的平方以及器件宽度 w。$M_s t$ 的大小可以通过振动样品磁强计（Vibrating Sample Magnetometer，VSM）测得。式（4.9）基于自由层磁化翻转强度一致的假设，即"宏观自旋近似"。

然而，式（4.9）仅用于器件热稳定性因子的设计环节，在实际器件中，考虑到薄膜沉积、器件制备、芯片封装等先进工艺的复杂性，我们通常要测量不同脉冲电流或脉冲磁场下的翻转概率，以得到单个器件更加真实、准确的热稳定性因子[21]。

2. 数据写入

对于数据存储来说，热稳定性因子越高越好。而数据写入过程则恰好相反，当磁隧道结热稳定性因子过高时，数据写入就需要克服巨大的能量势垒，这不仅会带来写入功耗的上升，还会使自由层状态难以实现快速写入。因此，为了达到较高热稳定性因子和较低写入功耗之间的平衡，我们还需要了解磁隧道结的写入功耗与哪些参数有关。由电流能耗 $Q = I^2 R t_p$ 可以知道，磁隧道结的能耗与翻转电流 I、磁隧道结电阻 R 和电流脉冲宽度 t_p 有关。当隧穿磁阻率确定的时候，磁隧道结电阻的大小会影响电路中的信噪比和误码率，所以通常不会采用调整电阻的方式来降低能耗。因此，接下来将重点介绍磁隧道结的翻转电流大小和电流脉冲宽度。

对于面内磁隧道结来说，其自由层的有效磁各向异性场 H_{eff} 由面内各向异性场 H_k 和退磁场 H_d 组成，即 $H_{eff} = H_k + H_d/2$。通过求解式（4.4）中的 LLG 方程，可以得到面内磁隧道结中自由层在 0 K 温度下的本征临界翻转电流密度 J_{c0}^{IMA}，后简称本征临界翻转电流密度，其计算公式为[22]：

$$J_{c0}^{IMA} = \frac{1}{\eta} \frac{2\alpha e \mu_0}{\hbar}(M_s t)(H_k + H_d/2) \tag{4.10}$$

式中，η 为自旋转移矩电流的自旋极化率（以下简称自旋转移矩极化率），α 为磁阻尼系数。

为了实现相对较低的本征临界翻转电流密度和相对较高的热稳定性因子，我们需要了解它们之间的相互关系。通过整理式（4.7）和式（4.10），可以得到下面的关系式：

$$J_{c0}^{IMA} = \frac{4e}{\hbar S} \frac{\alpha}{\eta}\left[E_b + \left(\frac{\mu_0 M_s S t}{2} \frac{H_d}{2}\right)\right] \tag{4.11a}$$

$$J_{c0}^{IMA} = \frac{4e k_B T}{\hbar S} \frac{\alpha}{\eta}\left[\Delta^{IMA} + \left(\frac{\mu_0 M_s S t}{2 k_B T} \frac{H_d}{2}\right)\right] \tag{4.11b}$$

在式（4.11a）中，等式右侧存在两项，一项来源于自由层的能量势垒，与热稳定性因子有关；另一项来自面内自由层的退磁能，该项的能量远大于第一项。因此对于面内磁隧道结，当自旋转移矩电流翻转其磁化方向时，需要提供的能量远大于能量势垒，这极大地降低了翻转效率。

为了降低翻转过程中占主导的退磁能，其中一种方式是通过垂直磁各向异性场部分抵消掉面内磁化自由层的退磁能，这种方法被称为部分垂直磁各向异性（Partial Perpendicular Magnetic Anisotropy，PPMA）[10]。需要注意的是，该方法中垂直磁各向异性必须小于面内材料的退磁能。当没有部分垂直磁各向异性时，面外退磁场 $H_d = M_s$；而在加入部分垂直各向异性磁场 H_{k_PMA} 后，退磁场 H_d 项则变为：

$$H_d = M_s - H_{k\_PMA} = M_s \left(1 - \frac{H_{k\_PMA}}{M_s} \right) \qquad (4.12)$$

将其代入式（4.10）中，不难发现，随着部分垂直磁各向异性的增加，本征临界翻转电流 J_{c0}^{IMA} 将会减少，即变为：

$$J_{c0}^{IMA} = \frac{1}{\eta} \frac{2\alpha e \mu_0}{\hbar} (M_s t) \left(H_k + \frac{M_s - H_{k\_PMA}}{2} \right) \qquad (4.13)$$

从式（4.7）可见，当器件的尺寸较大时，热稳定性因子较大，部分垂直磁各向异性对 J_{c0}^{IMA} 的影响大于面内磁各向异性场 H_k；而对于较小尺寸的器件，热稳定性因子较小，我们则需要较大的 H_k 来维持其热稳定性，同时部分垂直磁各向异性的作用将会有所减小[23]。

部分垂直磁各向异性的一个重要优势在于，采用这种方式能够在不改变热稳定性因子或隧穿磁阻率的前提下，从根本上优化自旋转移矩磁隧道结数据存储和数据写入的矛盾；但当工艺尺度进一步下降时，较大的垂直磁各向异性与饱和磁化强度之比（对于短轴长 50 ~ 60 nm 的器件，其 $H_{k\_PMA}/M_s > 0.85$）将会导致器件热稳定性因子开始下降。这是因为在自由层的边缘退磁场开始下降，导致磁化方向向面外倾斜，分别减小了面内项和形状各向因子项。因此，即使较大的部分垂直各向异性可以显著减小长脉冲宽度下的翻转电流大小，但在 $t_p < 20$ ns 的进动区域内，较大的部分垂直各向异性却会导致更低的翻转效率。所以，部分垂直磁各向异性对小尺寸磁隧道结并不适合。

除了写入功耗和存储时间以外，数据的写入速度对于器件性能也极为关键。为了实现更快的存储速度，需要其翻转电流密度 J 大于本征临界翻转电流密度 J_{c0}^{IMA}，当电流脉冲时间在 $t_p < 10$ ns 的进动区域内时，其磁化平均翻转时间 τ_s^{IMA} 为[24]：

$$\begin{cases} \tau_s^{IMA} = \dfrac{1}{\alpha \times \mu_0 \gamma \times M_s} \times \dfrac{J_{c0}^{IMA}}{J - J_{c0}^{IMA}} \ln \left(\dfrac{\pi}{2\theta_0} \right) \\ \theta_0 = \sqrt{\dfrac{k_B T}{H_C \times \mu_0 M_s \times V}} \end{cases} \qquad (4.14)$$

式中，$\mu_0 \gamma$ 取常数 221 kHz/(A/m)，θ_0 是温度 $T = 300$ K 时自由层面内磁化和难磁化轴方向的初始夹角。由式（4.4）可知，自旋转移矩的大小与自由层和参考层的磁矩的向量积呈正相关，两个磁层的初始磁化方向基本保持共线（θ_0 的标准差典型值为 7.7°，$T = 300$ K），主要靠热波动使其产生相对小的夹角。所以在写入初期，自旋转移矩相对较弱，随着磁矩进动，经过一段孵化延迟（Incubation Delay）t_D 的累积，才能最终获得足够强的自旋转移矩翻转磁矩，如图 4.7 所示[25]。因此，如果想要提升翻转速度，降低孵化延迟至关重要。

为了保证磁隧道结可以稳定地快速翻转，需要其翻转电流大于该器件的本征临界翻转电流，此时如果写脉冲宽度大于平均翻转时间τ_s^{IMA}，那么磁化可以稳定翻转；如果小于τ_s^{IMA}，则不会翻转[24]。由于孵化延迟 t_D 占据了绝大部分翻转时间，所以也决定了翻转电流脉冲的最小宽度，限制了写入功耗的下降。为了能够降低孵化

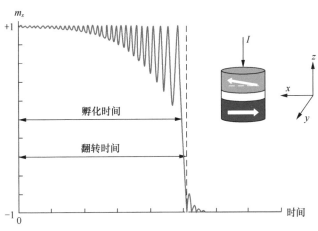

图 4.7　自旋转移矩驱动面内磁化翻转的仿真结果

延迟，提高自旋转移矩驱动磁矩的翻转速度，增加电流可以在一定程度上降低其孵化延迟，然而也会造成更严重的势垒层老化问题，最终影响器件寿命。

以上介绍的电流脉冲宽度与翻转时间之间的关系均未考虑热效应的影响[24-25]，在考虑了热效应之后，其翻转时间将不再是一个准确值，而是符合一定的概率分布。

4.2.2　基于垂直磁各向异性的磁隧道结

在上一节中，我们始终在关注面内磁隧道结的设计和改进；而如果增加垂直磁各向异性直到其作用超过薄膜的退磁能，就会使自由层的易磁化轴垂直于薄膜平面（垂直磁隧道结的结构及性能优化详见 3.3 节）。2010 年，Ikeda 等通过不断减小 CoFeB 层的厚度，首次制备出了基于 CoFeB/MgO 结构的垂直各向异性薄膜，如图 3.17（a）所示。基于 CoFeB/MgO/CoFeB 三层膜结构垂直磁隧道结的出现，为众多研究者展现了一个新的研究方向，有望解决面内磁隧道结的诸多问题，下面将逐一进行讨论。

1.　数据存储

对于数据存储单元，我们需要首先了解其垂直磁各向异性的来源：体垂直磁各向异性、界面垂直磁各向异性和退磁场。对于垂直磁化的自由层而言，磁各向异性能密度 K^{PMA} 可以表达为：

$$K^{PMA} = K_b^{PMA} + \frac{K_i}{t} - \frac{1}{2}\mu_0 M_s^2 = \frac{\mu_0 H_k^{PMA} M_s}{2} \qquad (4.15)$$

式中，K_i 为垂直磁化的自由层的单位面积界面磁各向异性常数，K_b^{PMA} 为单位体积的体垂直磁各向异性常数，$-\frac{1}{2}\mu_0 M_s^2$ 为器件的退磁能，这一项倾向于使磁矩转向面内方向，H_k^{PMA} 为有效垂直磁各向异性场。界面垂直磁各向异性和体垂直磁各向异性可以分别由不同的材料结构实现[26]。不管如何，其热稳定性因子都可以表达为：

$$\Delta^{PMA} = \frac{E_b}{k_B T} = \frac{K^{PMA} S t}{k_B T} \qquad (4.16)$$

由式（4.7）和式（4.16）可知，随着磁隧道结尺寸的下降，即面积 S 的减小，无论是面内磁隧道结还是垂直磁隧道结，其热稳定性因子都会下降。

2. 数据写入

正如本节开头所说，由于垂直磁隧道结中的垂直各向异性场大于退磁场，且和退磁场方向相反，因此可以得到垂直磁隧道结的本征临界翻转电流密度 J_{c0}^{PMA} 和有效垂直各向异性场 H_k^{PMA} 之间的关系为：

$$J_{c0}^{PMA} = \frac{1}{\eta} \frac{2\alpha e \mu_0}{\hbar} (M_s t)(H_k^{PMA}) \tag{4.17}$$

通过整理式（4.16）和式（4.17），可以得到垂直磁隧道结的本征临界翻转电流密度和热稳定性因子之间的关系式为：

$$J_{c0}^{PMA} = \frac{4 e k_B T}{\hbar S} \frac{\alpha}{\eta} \Delta^{PMA} \tag{4.18}$$

通过对比式（4.11）和式（4.18），我们可以很容易看到，在热稳定性因子相同的情况下，垂直磁隧道结自由层的翻转无需克服额外巨大的退磁能，故其本征临界翻转电流被极大地降低。因此，器件的写入功耗也显著降低[27-28]。其次，由于垂直磁各向异性通常来自自由层与相邻层的界面电子轨道杂化，故此种结构将不再依赖于细长的截面形状。这不仅降低了器件制造中图案化和尺寸控制的难度，还有助于提升自旋转移矩磁隧道结电路中的阵列密度。这些优点使以自旋转移矩垂直磁隧道结为基础存储单元的磁随机存储器更加适合高密度存储应用场景。

在上一节中我们提到，降低能耗的方法除了降低电流以外，还可以通过降低电流脉冲的脉冲宽度来实现。然而，翻转电流的脉冲宽度也强烈依赖实际的电流密度，即该脉冲宽度下临界翻转电流密度 J_c 的值。需要注意的是，前面讲的本征临界翻转电流密度 J_{c0} 与 J_c 不同，J_{c0} 是不考虑热效应情况下的阈值翻转电流，而 J_c 则是考虑热效应情况下不同写入脉宽对应的阈值翻转电流。通常情况下，如果在室温（$T=300\ K$）下进行测量，对于脉冲宽度 t_p 为 10 ~ 20 ns 的电流脉冲来说，J_c 接近本征临界翻转电流密度 J_{c0}；对于具有更长脉冲宽度的电流脉冲，热扰动会帮助磁化克服能量势垒，使临界翻转电流密度 J_c 减少，如图 4.8 所示[10]。

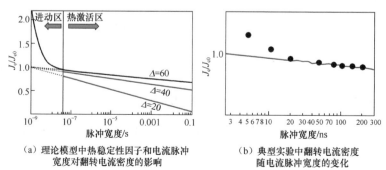

（a）理论模型中热稳定性因子和电流脉冲　　　　（b）典型实验中翻转电流密度
宽度对翻转电流密度的影响　　　　　　　　　随电流脉冲宽度的变化

图 4.8　从理论和实验的角度看不同热稳定性器件的翻转电流和脉冲宽度的相互关系

由图 4.8 所示可知，对于一个脉冲宽度 t_p <10 ns 的超短电流脉冲，翻转磁矩所需的电流密度大于 J_{c0}，翻转区间内独立磁化进动细节十分重要。假设温度 T=0 K，在进动区内（t_p <10 ns），实际的垂直磁各向异性自由层在特定写入脉冲宽度 t_p 的临界翻转电流密度为：

$$J_c^{\mathrm{PMA}} = J_{c0}^{\mathrm{PMA}}\left(1 + \frac{\tau_0}{t_p}\ln\frac{\pi}{2\theta_0}\right) \qquad (4.19)$$

式中，$\tau_0 = (\alpha\gamma\mu_0 H_k)^{-1}$ 为固有尝试时间，θ_0 为电流脉冲施加时磁化方向与易磁化轴的初始角度。从式（4.11）和式（4.18）的对比中，我们可以很清楚地看到，对于给定的磁阻尼系数 α、自旋转移矩极化率 η 和热稳定性因子 Δ，具有垂直磁各向异性的自旋转移矩磁隧道结可以在更低的翻转电流密度下实现磁化翻转，这也是业界把磁隧道结的研究重点放在垂直磁隧道结的原因之一。而如果翻转过程在非绝对零度的情况下进行，则会有下面两个来源于随机热波动的重要影响。

（1）磁化方向与易磁化轴的初始角度 θ_0 将会呈麦克斯韦 - 玻尔兹曼分布，进而在给定脉宽的翻转电流幅值下，也将出现相应的概率分布 [13]。对于短脉宽（20 ns< t_p <50 ns）电流而言，如图 4.8 所示，热效应显著遏止了 J_c 随着脉宽拓展而降低的趋势，这一脉宽区间因而被称作热激活区。

（2）热波动也会影响翻转过程本身，即热波动将降低磁隧道结的能量势垒，从而在幅值更低的翻转电流脉冲下实现磁化翻转。而欲以具有更长脉冲宽度（50 ns< t_p <100 ns）的翻转电流脉冲实现自旋转移矩驱动的磁化翻转时，我们则会观察到 J_c 的温度相关性，这一脉宽区间因而同样处于热激活区。温度上升导致的热波动可以帮助磁矩克服能量势垒，自旋转移矩效应则退居为次要因素。

此外，自由层易磁化轴的朝向也会对不同脉宽下的临界翻转电流密度产生重要影响。根据热激发模型，自旋转移矩磁隧道结在热激发区满足：

$$J_c = J_{c0}\left(1 - \left(\frac{1}{\Delta}\ln\frac{t_p}{\tau_0}\right)^{\frac{1}{\xi}}\right) \qquad (4.20)$$

式中，Δ 为热稳定性因子，表征了自旋转移矩磁隧道结对所存储的信息的保持能力，τ_0 是 1 ns 量级的固有尝试时间，参数 ξ 在面内和垂直磁化自由层两种情况下分别等于 1 和 2 [29-30]。

在自旋转移矩的作用下，面内磁隧道结与垂直磁隧道结中自由层磁矩的翻转轨迹如图 4.9 所示。由于拉莫尔进动频率 $\omega = -\gamma H$，H 是有效场。对于面内磁隧道结，有效场的大小 H 可以近似为面内磁化的有效退磁场 $M_{\mathrm{eff}} = M_s - H_d$；对于垂直磁隧道结，有效场的大小 H 则为有效垂直磁各向异性场 H_k^{PMA}。通过前面的讨论，我们知道面内磁化的退磁场要远大于垂直磁化的垂直磁各向异性场。因此，面内磁隧道结的本征拉莫尔进动频率更快，通常情况下也可以实现更快的绕易磁化轴的进动速度。

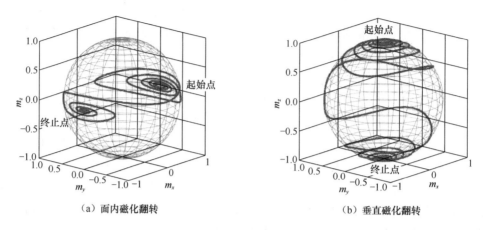

（a）面内磁化翻转　　　　　　　　　（b）垂直磁化翻转

图 4.9　磁隧道结器件自由层磁矩的磁化翻转动态

如果想提高垂直磁化的翻转速度，与上一节介绍的面内器件相似，同样可以通过增加写入电流 I 来降低孵化延迟 t_D 和磁化平均翻转时间 τ_s^{PMA}。2012 年，Zhang 等给出了基于 CoFeB/MgO 垂直磁隧道结的仿真模型，并给出了磁化平均翻转时间 τ_s^{PMA} 与电流的关系为：

$$\tau_s^{\text{PMA}} = \left[\frac{C + \ln\left(\dfrac{\pi^2 \Delta}{4}\right)}{2}\right] \frac{eVM_s}{\mu_B} \frac{\left(1 + P_{\text{ref}} P_{\text{free}}\right)}{P_{\text{ref}}} \left(\frac{1}{I - I_{c0}^{\text{PMA}}}\right) \qquad (4.21)$$

式中，欧拉常数 $C \approx 0.577$，P_{free} 和 P_{ref} 分别为自由层和参考层的自旋极化率，V 为自由层的体积[31]。通过式（4.21）可以看出，磁化平均翻转时间 τ_s^{PMA} 还与器件的热稳定性因子 Δ、自由层和参考层的自旋极化率有关。如图 4.10（a）所示，当翻转电流分别为 100 μA、350 μA 和 633.75 μA 时，翻转所需时间分别约为 10 ns、2 ns 和 523 ps。可见，随着翻转电流的增大，翻转所需要的时间会随着孵化延迟的下降而减少。而对于相同大小的电流来说，如果考虑了热效应的作用，则会为每次的翻转时间带来不确定性。如图 4.10（b）所示，当电流增大时，热效应导致的随机性则会降低。然而，无论尝试哪种方法提升器件的翻转速度，势必都会降低器件其他方面的性能。

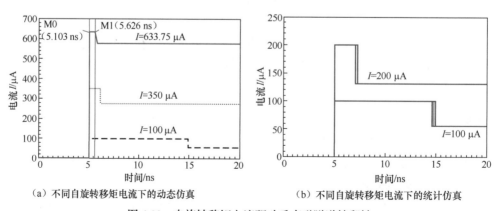

（a）不同自旋转移矩电流下的动态仿真　　　　（b）不同自旋转移矩电流下的统计仿真

图 4.10　自旋转移矩电流驱动垂直磁隧道结翻转

3. 磁隧道结的耐久度

为了保障磁隧道结的翻转速度和磁化翻转的确定性，就必须适当增加实际翻转电流密度。然而，自旋转移矩电流会不断穿过 MgO 势垒层，造成不可逆的隧穿磁阻率衰减，从而会限制自旋转移矩磁隧道结的耐久度。不同类型存储器器件的耐久度有很大差异，例如，动态随机存储器和静态随机存储器的数据存储通过电容充放电实现，所以有几乎无限的耐久度；而闪存的数据存储则是基于量子隧穿效应，与自旋转移矩效应类似，其耐久度有限，一般只有 $10^3 \sim 10^5$ 次。

磁随机存储器的耐久度通常取决于磁隧道结隧穿势垒层被电流击穿所导致的元器件短路率，该短路率取决于许多因素，通常出现在写入次数达 $10^6 \sim 10^{18}$ 时。此外，为了确保较低的写入错误率，要求电路中的写入电流显著高于平均临界翻转电流。这些实际工程设计中需要考虑的因素导致产品耐久度的预测更加复杂，磁随机存储器耐久度要比原本的耐久度要低多个数量级。

通常情况下，自旋转移矩磁隧道结的长数据保持时间、高耐久度和低写入功耗不可兼得。首先，对于自旋转移矩写入过程，理想情况是翻转电流小于指定技术节点上最小尺寸晶体管的饱和电流。然而，为了更长久地保存数据，一般要求在一个 1 Gbit 的存储器阵列中，热稳定性因子 $\Delta>80$，这势必会导致临界翻转电流升高，写入功耗上升。增大的写入电流又会加速 MgO 势垒层的老化，对器件的耐久度非常不利。因此，同时满足前述的三个要求被称为是"自旋转移矩磁隧道结的三难问题"，如图 4.11 所示。权衡以上的诸多考虑，人们通常会选择牺牲其中某一个性能指标，从而改善其余的一个或者两个属性。例如，对于具有面内磁各向异性的自旋转移矩磁隧道结，可以通过增加自由层的厚度来提高其热稳定性因子，但代价是翻转电流增加带来的耐久度下降和

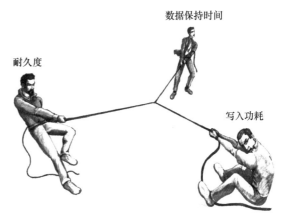

图 4.11　数据保持时间、耐久度、写入功耗之间的相互制约关系

写入功耗上升问题。在下一节中，我们将介绍随着工艺节点的下降，如何解决上述问题[32-33]。

4.2.3　新型自旋转移矩器件结构优化

在前面两节中，我们已经讨论了几个影响器件性能的关键参数。其中最重要的两个参数，临界翻转电流密度与热稳定性因子的关系可以通过式（4.11）和式（4.18）获得。由于面内磁隧道结器件存在随着尺寸缩小，热稳定性难以维持，同时还有巨大的退磁能降低器件的翻转效率等问题，故对自旋转移矩器件的研究逐渐从面内转向了垂直。本节将重点围绕式（4.18）表现的热稳定性因子与自旋转移矩临界翻转电流密度的关系式，探讨如何改进自旋转移矩器件的写入效率。自旋转移矩器件的写入效率可以归结为热稳定性因子

与临界翻转电流的比值 Δ/I_{c0}，即

$$\frac{\Delta}{I_{c0}} = \left[\frac{\hbar}{4ek_BT}\right]\frac{\eta}{\alpha} \qquad (4.22)$$

根据前面的讨论，我们不难发现器件既要有较高的热稳定性因子 Δ，也要有较低的临界翻转电流 I_{c0}。而式（4.22）则表明，较低的临界翻转电流 I_{c0} 和较高的热稳定性因子 Δ 间的矛盾从本质上是不可调和的，如图 4.12 所示，虽然我们可以通过升高能量势垒 E_b 来提高器件的热稳定性因子，但这同样也会导致临界翻转电流的增加；与此同时，临界翻转电流增加又会在相同写入电流情况下导致更高的写入错误率。因此，定义和研究自旋转移矩器件的写入效率 Δ/I_{c0} 对平衡写入电流和数据保存稳定性之间的竞争非常重要，同时也可以作为自旋转移矩磁隧道结性能的评价标准。高自旋转移矩效率意味着在获得较高的数据保持能力的同时，还能保持相对较小的写入电流，也代表了器件更广阔的应用前景[20]。

由式（4.22）同样可知，获得较大自旋转移矩器件写入效率 Δ/I_{c0} 的关键就在于较高的自旋转移矩极化率 η 和较小的磁阻尼系数 α。一般来说，自旋转移矩极化率 η 是两个铁磁层和势垒的能带结构、偏置电压和微磁结构的函数，并且通常可以将其视为常数或者仅与写入电流的极化与势垒相关的一个简单函数。在具有自旋极化率 P 的对称结中发生非弹性隧穿的情况下，自旋转移矩极化率 η 预计为[34-35]：

$$\eta = \frac{2P}{1+P^2} \qquad (4.23)$$

由于隧穿磁阻率与铁磁层自旋极化率 P 有关［详见第 3 章的式（3.2）］，因此，可以从实验测得的隧穿磁阻率推算出铁磁层自旋极化率，进而由式（4.23）得到自旋转移矩极化率 η。从图 4.13 所示可知[36]，随着隧穿磁阻率的增加，自旋转移矩极化率迅速达到面内或垂直磁隧道结的一般水平：在隧穿磁阻率达到 100% 时，自旋转移矩极化率 $\eta=0.86$。因此，可以通过材料优化获得较高的自旋极化率，提高自旋转移矩的翻转效率。根据简化的模型，对于更大的隧穿磁阻率，自旋转移矩极化率将不会有显著提高[37-38]。实际中，η 对隧穿磁阻率的依赖关系也比图 4.13 所示的更加复杂，后面会从结构角度作进一步介绍。

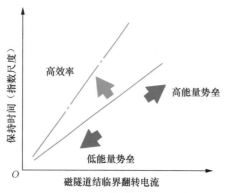

图 4.12　磁隧道结临界翻转电流和数据
保持时间之间的竞争

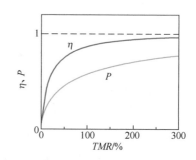

图 4.13　自旋转移矩极化率 η 和电流极化率
P 相对于隧穿磁阻率的变化曲线

　　理论上来说，自旋转移矩极化率 η 与参考层和自由层的磁化方向无关，这可以通过自旋转移矩驱动的铁磁共振实验 [39-40] 进行验证。但在磁隧道结中，η 可能具有相当大的偏置依赖性，即电压施加的方向会明显影响 η 的大小，如图 4.14（a）所示。通常情况下，当电子从参考层流入自由层时，自旋转移矩会更大，如图 4.14（b）所示。这表明，磁隧道结从高阻态翻转到低阻态时的临界翻转电流密度 J_{c0} 比从低阻态翻转到高阻态时的临界翻转电流密度 J_{c0} 小得多 [41]。这一理论将自旋转移矩的非对称偏置依赖性与自旋通道中的隧穿电导偏置依赖性关联在一起。

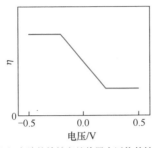
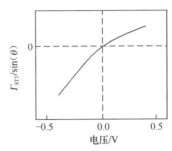

（a）自旋传输效率的偏置电压依赖性　　　　（b）自旋转移矩基于 sin(θ) 归一化

图 4.14　自旋有关参量受电压影响

　　此外，我们还可以通过改变磁阻尼系数的方法来优化自旋转移矩器件的写入效率。磁阻尼系数 α 表示磁化弛豫到其平衡位置的速率。磁性材料的磁阻尼系数取决于许多因素，通常分为本征和非本征两部分。

　　本征因素包括理想晶体中自旋和晶格子系统之间与能量转移有关的能量耗散机制，它们主要和自旋轨道的相互作用有关 [42]。原子序数较高的元素所构成的磁性膜一般具有较强的自旋轨道耦合和较高的磁阻尼系数。例如，体垂直磁各向异性材料（如 Pt/Co）的磁阻尼系数 $\alpha=0.05 \sim 0.1$。原子序数较小的材料，如 $CoFeB$ [43] 和 Co_2FeAl [44]，则通常具有较弱的自旋轨道耦合和较小的磁阻尼系数（$\alpha=0.001 \sim 0.01$）。

　　非本征因素则包括与界面的磁力学散射有关的能量耗散、与磁缺陷处的散射有关的能量耗散以及通过与邻近材料的相互作用产生的能量耗散 [45-46]。这些因素对膜厚度、粗糙度、种子层 / 覆盖层、生长方法、与其他磁性层的耦合以及影响磁性膜质量的其他因素都较为敏感。如图 4.15 所示，在 Ta (5 nm)/CoFeB (0.9 ～ 1.3 nm)/MgO (1.2 nm) 薄膜结构中，随着 CoFeB 层的厚度从 1.3 nm 减小到 0.9 nm，α 将从 0.008 增大到 0.014 [36]。

　　2017 年，北航研究团队对 Pt/Co/ 重金属结构磁阻尼系数进行了系统研究，揭示了不同重金属材料对相邻超薄铁磁多层膜磁阻尼系数的影响，得到 W、Ta、Pd 三种不同重金属结构的磁阻尼系数分别为 0.033、0.063 和 0.054 [47]。通过进一步的理论研究发现，磁振子 - 电子散射（Magnon-Electron Scattering，MES）能量从磁性子

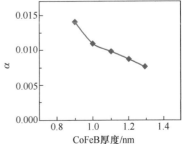

图 4.15　磁阻尼系数相对于 CoFeB 厚度的变化

系统向非磁性子系统转移，不仅与重金属材料的自旋轨道耦合相关，还受到 Co/ 重金属层界面的轨道杂化作用，导致 d 轨道带宽改变及其费米能量状态密度的改变，进而影响了该结构的磁阻尼系数。

随着自旋转移矩磁隧道结的发展，研究人员除了对各种膜层进行深入探究以外，还通过结构优化，进一步实现了更高的自旋转移矩器件写入效率。接下来将简要介绍几种以自旋转移矩器件写入效率提升为目的的垂直磁隧道结的改进结构。如前所述，基本的垂直磁隧道结结构（单自由层结构）由覆盖层、单自由层（Single Free Layer）、MgO 势垒层和参考层组成，如图 4.16（a）所示。式（4.16）表明，随着磁隧道结尺寸的缩小，器件的热稳定性因子 Δ 也会随之变小 [48-50]。增大热稳定性因子 Δ 的最直接解决方案是增加自由层厚度 t。然而，受界面磁各向异性限制，超薄自由层的厚度变化区间不大。为了克服这种厚度的局限性，Watanabe 和 Perrissin 等 [51-52] 分别独立提出了垂直形状各向异性（Perpendicular Shape Anisotropy）磁隧道结的概念，其结构如图 4.16（b）所示。在这种结构中，铁磁层的厚度与磁隧道结直径相当，易磁化轴由沿垂直方向的形状各向异性控制。这种结构在低于 10 nm 的尺度下能够使热稳定性因子 Δ 超过 80，但是此时的写入电流密度将会达到 10 MA/cm^2 量级，因此还需要进一步优化。

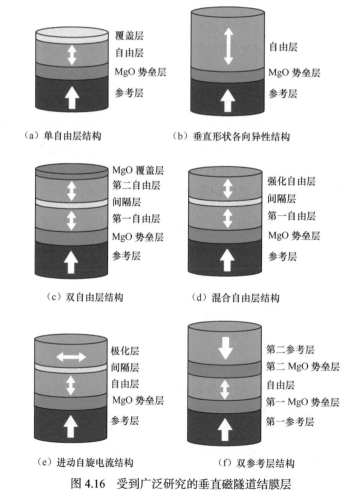

图 4.16　受到广泛研究的垂直磁隧道结膜层

通过增加自由层厚度来降低磁阻尼系数的非本征贡献，以实现较高的自旋转移矩极化率，可以采用非磁性间隔层（Spacer Layer）隔开铁磁增强层（Enhancement Layer）和自由层的复合自由层结构。由于 Ta、Mo 和 W 可提供比较强的 RKKY 相互作用，因此两个平行耦合的铁磁层可以像单自由层一样实现同时翻转[48-50, 53-54]。

如图 4.16（c）所示，器件中存在着由间隔层隔开的两个 CoFeB 自由层，所以也被称为是双自由层（Double Free Layer）结构。在双自由层结构中，自由层实际厚度的增加可以降低磁阻尼系数的非本征贡献，从而获得一个较低的磁阻尼系数；同时，通过四个与 CoFeB 层相邻的界面可以实现较强的界面垂直磁各向异性，避免易磁化轴从垂直方向转为面内方向，从而获得较高的热稳定性因子。实验结果表明，与单自由层结构相比，双自由层结构的热稳定性因子 Δ 提高了 1.9 倍，而双自由层结构和单自由层结构的临界翻转电流 I_{c0} 相当，进一步验证了这一改进能有效地降低磁阻尼系数[53]。

在图 4.16（d）中，混合自由层（Hybrid Free Layer）结构利用高垂直各向异性的铁磁多层膜作为铁磁增强层[55]。由于高自旋极化的 [Co/Ni] 多层膜具有比其他硬磁系统更低的磁阻尼系数，故基于 [Co/Ni] 多层膜的混合自由层结构在 20 nm 尺寸以下，通过与自由层的铁磁耦合作用，可使有效磁各向异性能达 1.25 erg/cm^2，热稳定性因子 Δ 超过60，同时保证隧穿磁阻率达到约 165%[56-57]。

除了降低磁阻尼系数 α、提高热稳定性因子 Δ 外，还可以通过在自由层上方沉积极化增强层的方法来提高自旋极化率 P，从而达到提升自旋转移矩极化率 η、降低临界翻转电流 I_{c0} 的目的。垂直磁隧道结可以采用的极化增强层主要有面内极化增强层和垂直极化增强层两种。

面内极化增强层可以帮助垂直自由层获得面内的极化电流（特别是在由低阻态翻转到高阻态的过程中），从而降低自由层的本征磁阻尼系数。该结构被称为进动自旋电流（Precessional Spin Current）结构，如图 4.16（e）所示[58]。进动自旋电流磁层（极化层）一般采用矫顽力非常低（小于 50 Oe）的软磁性材料；同时，进动自旋电流磁层还需要与自由层有非常强的磁性耦合，以便当自由层的磁矩进动时，进动自旋电流磁层的磁化方向可以随着自由层的磁性方向改变。具体来说，进动自旋电流磁化层可以自由地旋转并且保持和自由层相近的进动频率，从而显著提升自由层翻转速度。实验中，这种结构可以将临界翻转电流 I_{c0} 降低约 53%，而且能够保持器件的热稳定性因子 Δ 大小不变[59]。

此外，如图 4.16（f）所示，双参考层（Double Reference Layer）结构也可以通过自旋过滤效应来增强自旋极化率 P。它具有对称的参考层和 MgO 势垒层，两参考层的磁化方向相反。当电流穿过第一参考层时，由于自旋依赖散射性，电子获得与该层磁化方向平行的自旋极化方向；当自旋极化电子进入自由层时，自旋极化电子的自旋转移矩会作用在自由层磁矩上；在穿过自由层进入第二参考层时，与该参考层极化方向相反（与第一参考层方向相同）的自旋电子会被反射回到自由层，与前一种自旋电子共同作用于自由层，从而增加了自旋极化率。然而，由于两个磁化取向相反的参考层与同一个自由层始终具有高阻值状态和低阻值状态，因此这种结构的隧穿磁阻率较低。为了改善这一问题，可以通过调整 MgO 势垒层的厚度来最小化双参考层结构的隧穿磁阻率消除效应[60]。在写入过程中，可以通过自旋极化电子流的快速积累来改善翻转电流对称性并提高自旋转移矩器件写入效率 Δ/I_{c0}。2015 年，IBM 公司通过实验验证了基于双参考层结构的垂直磁隧道结结构可以将自旋转移矩效率提升 2 倍[61]。

上述方法通过使用不同的物理结构对磁阻尼系数和自旋转移矩极化率进行优化，可以实现磁隧道结翻转效率和热稳定性因子的较大提升。除此以外，还有许多类似的方法也可以实现磁隧道结性能的提升，由于篇幅限制，在此不一一列举。然而，写入电流和保持时间之间仍然存在竞争关系。此外，由于穿过超薄 MgO 势垒层的翻转电流依然较大，也会导致隧穿势垒的快速老化，造成自旋转移矩磁随机存储器的耐久度和可靠性降低。换言之，自旋转移矩磁随机存储器的"三难问题"仍然存在，因此，基于自旋转移矩的磁随机存储器需要根据不同的应用场景选择不同的平衡点。

4.3 本章小结

本章首先介绍了基于 LLG 方程的磁动力学模型，然后详细介绍了自旋转移矩效应的理论提出和实验发现，接着介绍了自旋转移矩磁隧道结器件相关的写入、存储原理。由于面内磁隧道结对纳米级薄膜工艺要求低，更容易制备，所以初期的研究都是围绕面内自旋转移矩磁隧道结展开的。随着工艺精度的不断提高，基于面内形状各向异性的磁隧道结在小尺寸下，难以保证较高的热稳定性因子。此后，研究人员经过实验发现，来源于铁磁界面的垂直磁各向异性相比于面内磁各向异性更强，无需细长的形状就可以实现较高的热稳定性因子，且磁化翻转无需额外克服退磁场的能量，能耗更低。因此，研究人员转而开始了垂直磁隧道结的研究，并提出了各种优化材料和结构，实现小尺寸下更高热稳定性因子的同时降低了写入功耗，使自旋转移矩磁隧道结在当时具备了更好的应用前景。然而，随着自旋转移矩磁随机存储器的工业化，此类器件在耐久度、写入功耗、写入速度和集成密度上的瓶颈也逐渐暴露出来。为了解决以上问题，研究人员又提出了基于自旋轨道矩写入方式的磁隧道结，我们将在后面的章节进行详细介绍。

思考题

1. 简述自旋转移矩的基本原理和发展历程。

2. 利用 LLG 方程分析磁矩翻转、磁矩稳定振荡、磁矩振荡衰减的动态过程。

3. 说明磁隧道结的写操作从磁场写入过渡为自旋转移矩写入方式的原因。

4. 调研自旋转移矩器件基本单元中常用的磁性多层膜材料。

5. 简述影响磁隧道结自由层热稳定性因子的主要因素。

6. 说明写入功耗、耐久度和数据保持时间的相互关系。

7. 说明自旋转移矩器件写入效率与哪些参数有关，如何提升自旋转移矩器件写入效率？

8. 有哪些途径可以在提升自旋转移矩器件写入效率的同时满足数据保持时间和写入功耗上的需求？通过文献调研，了解目前磁隧道结的写入功耗。

9. 除了本章介绍的磁随机存储器，你还知道自旋转移矩的哪些应用？请举例说明。

10. 调研目前从事自旋转移矩磁随机存储器研发及销售的国内及国外企业，了解它们的产品性能及应用领域。同时思考，在磁随机存储器领域，我国与国际先进水平的差距在哪里？应从哪些方面进行提升？

参考文献

[1] STÖHR J, SIEGMANN H C. Magnetism: from fundamentals to nanoscale dynamics [M]. Berlin, Heidelberg: Springer, 2006.

[2] BLOCH F. Zur theorie des austauschproblems und der remanenzerscheinung der ferromagnetika[J]. Zeitschrift für Physik, 1932, 74(5): 295-335.

[3] HEISENBERG W. Zur theorie der magnetostriktion und der magnetisierungskurve[J]. Zeitschrift für Physik, 1931, 69(5): 287-297.

[4] LANDAU L D, LIFSHITZ E M. On the theory of the dispersion of magnetic permeability in ferromagnetic bodies[M]//PITAEVSKI L P. Perspectives in Theoretical Physics. Oxford: Pergamon, 1992: 51-65.

[5] GILBERT T L. A phenomenological theory of damping in ferromagnetic materials[J]. IEEE Transactions on Magnetics, 2004, 40(6): 3443-3449.

[6] KITTEL C. On the theory of ferromagnetic resonance absorption[J]. Physical Review, 1948, 73(2): 155-161.

[7] SLONCZEWSKI J C. Current-driven excitation of magnetic multilayers[J]. Journal of Magnetism and Magnetic Materials, 1996, 159(1): L1-L7.

[8] BERGER L. Emission of spin waves by a magnetic multilayer traversed by a current[J]. Physical Review B, 1996, 54(13): 9353-9358.

[9] CHAPPERT C, FERT A, VAN DAU F N. The emergence of spin electronics in data

storage[J]. Nature, 2007, 6(11): 813-823.

[10] APALKOV D, DIENY B, SLAUGHTER J M. Magnetoresistive random access memory[J]. Proceedings of the IEEE, 2016, 104(10): 1796-1830.

[11] AHARONI A. Micromagnetics: past, present and future[J]. Physica B: Condensed Matter, 2001, 306(1-4). DOI: 10.1016/s0921-4526(01)00954-1.

[12] APALKOV D M, VISSCHER P B. Slonczewski spin-torque as negative damping: Fokker–Planck computation of energy distribution[J]. Journal of Magnetism and Magnetic Materials, 2005, 286: 370-374.

[13] APALKOV D M, VISSCHER P B. Spin-torque switching: Fokker-Planck rate calculation[J]. Physical Review B, 2005, 72(18). DOI: 10.1103/PhysRevB.72.180405.

[14] LI Z, ZHANG S, DIAO Z, et al. Perpendicular spin torques in magnetic tunnel junctions[J]. Physical Review Letters, 2008, 100(24). DOI: 10.1103/physrevlett.100.246602.

[15] MYERS E B, RALPH D C, KATINE J A, et al. Current-induced switching of domains in magnetic multilayer devices[J]. Science, 1999, 285(5429): 867-870.

[16] HUAI Y, ALBERT F, NGUYEN P, et al. Observation of spin-transfer switching in deep submicron-sized and low-resistance magnetic tunnel junctions[J]. Applied Physics Letters, 2004, 84(16): 3118-3120.

[17] GUO Z, YIN J, BAI Y, et al. Spintronics for energy-efficient computing: an overview and outlook[J]. Proceedings of the IEEE, 2021: 1398-1417.

[18] BROWN W F. Thermal fluctuations of a single-domain particle[J]. Physical Review, 1963, 34(4): 1319-1320.

[19] SUN J Z, KUAN T S, KATINE J A, et al. Spin angular momentum transfer in a current-perpendicular spin-valve nanomagnet[C]//Quantum Sensing and Nanophotonic Devices. Bellingham, WA, USA: The International Society for Optics and Photonics, 2004, 5359: 445-455.

[20] ZHAO W, BELHAIRE E, MISTRAL Q, et al. Macro-model of spin-transfer torque based magnetic tunnel junction device for hybrid magnetic-CMOS design[C]//2006 IEEE International Behavioral Modeling and Simulation Workshop. Piscataway, USA: IEEE, 2006: 40-43.

[21] SATO H, YAMANOUCHI M, MIURA K, et al. CoFeB thickness dependence of

thermal stability factor in CoFeB/MgO perpendicular magnetic tunnel junctions[J]. IEEE Magnetics Letters, 2012, 3. DOI: 10.1109/LMAG.2012.2190722.

[22] SUN J Z. Spin-current interaction with a monodomain magnetic body: a model study[J]. Physical Review B, 2000, 62(1): 570-578.

[23] NATARAJARATHINAM A, TADISINA Z R, MEWES T, et al. Influence of capping layers on CoFeB anisotropy and damping[J]. Journal of Applied Physics, 2012, 112(5). DOI: 10.1063/1.4749412.

[24] FABER L B, ZHAO W, KLEIN J O, et al. Dynamic compact model of spin-transfer torque based magnetic tunnel junction (MTJ)[C]//2009 4th International Conference on Design & Technology of Integrated Systems in Nanoscal Era. Piscataway, USA: IEEE, 2009: 130-135.

[25] 赵巍胜 , 王昭昊 , 彭守仲 , 等 . STT-MRAM 存储器的研究进展 [J]. 中国科学 : 物理学 力学 天文学 , 2016 (10): 63-83.

[26] APALKOV D, KHVALKOVSKIY A, Watts S, et al. Spin-transfer torque magnetic random access memory (STT-MRAM)[J]. ACM Journal on Emerging Technologies in Computing Systems (JETC), 2013, 9(2). DOI: 10.1145/2463585.2463589.

[27] ZHAO W, ZHAO X, ZHANG B, et al. Failure analysis in magnetic tunnel junction nanopillar with interfacial perpendicular magnetic anisotropy[J]. Materials, 2016, 9(1). DOI: 10.3390/ma9010041.

[28] SU L, ZHANG Y, KLEIN J O, et al. Current-limiting challenges for all-spin logic devices[J]. Scientific Reports, 2015, 5. DOI: 10.1038/srep14905.

[29] KOCH R H, KATINE J A, SUN J Z. Time-resolved reversal of spin-transfer switching in a nanomagnet[J]. Physical Review Letters, 2004, 92(8). DOI: 10.1103/physrevlett.92.088302.

[30] BULTER W H, MEWES T, MEWES C K A, et al. Switching distributions for perpendicular spin-torque devices within the macrospin approximation[J]. IEEE Transactions on Magnetics, 2012, 48(12): 4684-4700.

[31] ZHANG Y, ZHAO W, LAKYS Y, et al. Compact modeling of perpendicular-anisotropy CoFeB/MgO magnetic tunnel junctions[J]. IEEE Transactions on Electron Devices, 2012, 59(3): 819-826.

[32] AMARA-DABABI S, SOUSA R C, CHSHIEV M, et al. Charge trapping-detrapping mechanism of barrier breakdown in MgO magnetic tunnel junctions[J]. Applied

Physics Letters, 2011, 99(8). DOI: 10.1063/1.3615654.

[33] AMARA-DABABI S, BEA H, SOUSA R C, et al. Correlation between write endurance and electrical low frequency noise in MgO based magnetic tunnel junctions[J]. Applied Physics Letters, 2013, 102(5). DOI: 10.1063/1.4788816.

[34] KAWAHARA T, TAKEMURA R, MIURA K, et al. 2Mb spin-transfer torque ram (spram) with bit-by-bit bidirectional current write and parallelizing-direction current read[C]//2007 IEEE International Solid-State Circuits Conference. Piscataway, USA: IEEE, 2007. DOI: 10.1109/isscc.2007.373503.

[35] KISHI T, YODA H, KAI T, et al. Lower-current and fast switching of a perpendicular TMR for high speed and high density spin-transfer-torque MRAM[C]//2008 IEEE International Electron Devices Meeting. Piscataway, USA: IEEE, 2008. DOI: 10.1109/iedm.2008.4796680.

[36] KHVALKOVSKIY A V, APALKOV D, WATTS S, et al. Basic principles of STT-MRAM cell operation in memory arrays[J]. Journal of Physics D: Applied Physics, 2013, 46(7). DOI: 10.1088/0022-3727/46/7/074001.

[37] PARKIN S S P. Systematic variation of the strength and oscillation period of indirect magnetic exchange coupling through the 3d, 4d, and 5d transition metals[J]. Physical Review Letters, 1991, 67(25): 3598-3601.

[38] CHUNG S, RHO K M, KIM S D, et al. Fully integrated 54 nm STT-RAM with the smallest bit cell dimension for high density memory application[C]//2010 International Electron Devices Meeting. Piscataway, USA: IEEE, 2010. DOI: 10.1109/IEDM.2010.5703351.

[39] WORLEDGE D C, HU G, ABRAHAM D W, et al. Spin torque switching of perpendicular Ta| CoFeB| MgO-based magnetic tunnel junctions[J]. Applied Physics Letters, 2011, 98(2). DOI: 10.1063/1.3536482.

[40] BEACH R, MIN T, HORNG C, et al. A statistical study of magnetic tunnel junctions for high-density spin torque transfer-MRAM (STT-MRAM)[C]//2008 IEEE International Electron Devices Meeting. Piscataway, USA: IEEE, 2008. DOI: 10.1109/IEDM.2008.4796679.

[41] THOMAS L, JAN G, ZHU J, et al. Perpendicular spin transfer torque magnetic random access memories with high spin torque efficiency and thermal stability for embedded applications[J]. Journal of Applied Physics, 2014, 115(17). DOI: 10.1063/1.4870917.

[42] TEHRANI S, SLAUGHTER J M, DEHERRERA M, et al. Magnetoresistive random access memory using magnetic tunnel junctions[J]. Proceedings of the IEEE, 2003, 91(5): 703-714.

[43] GOWTHAM P G, STIEHL G M, RALPH D C, et al. Thickness-dependent magnetoelasticity and its effects on perpendicular magnetic anisotropy in Ta/ CoFeB/MgO thin films[J]. Physical Review B, 2016, 93(2). DOI: 10.1103/ PhysRevB.93.024404.

[44] IKEDA S, MIURA K, YAMAMOTO H, et al. A perpendicular-anisotropy CoFeB-MgO magnetic tunnel junction[J]. Nature Materials, 2010, 9(9): 721-724.

[45] AKERMAN J, DEHERRERA M, SLAUGHTER J M, et al. Intrinsic reliability of AlO_x-based magnetic tunnel junctions[J]. IEEE Transactions on Magnetics, 2006, 42(10): 2661-2663.

[46] LEE Y M, HAYAKAWA J, IKEDA S, et al. Effect of electrode composition on the tunnel magnetoresistance of pseudo-spin-valve magnetic tunnel junction with a MgO tunnel barrier[J]. Applied Physics Letters, 2007, 90(21). DOI: 10.1063/1.2742576.

[47] ZHANG B, CAO A, QIAO J, et al. Influence of heavy metal materials on magnetic properties of Pt/Co/heavy metal tri-layered structures[J]. Applied Physics Letters, 2017, 110(1). DOI: 10.1109/INTMAG.2017.8007569.

[48] SATO H, ENOBIO E C I, YAMANOUCHI M, et al. Properties of magnetic tunnel junctions with a MgO/CoFeB/Ta/CoFeB/MgO recording structure down to junction diameter of 11 nm[J]. Applied Physics Letters, 2014, 105(6). DOI: 10.1063/1.4892924.

[49] IKEDA S, SATO H, HONJO H, et al. Perpendicular-anisotropy CoFeB-MgO based magnetic tunnel junctions scaling down to 1X nm[C]//2014 IEEE International Electron Devices Meeting. Piscataway, USA: IEEE, 2014. DOI: 10.1109/IEDM.2014.7047160.

[50] SATO H, YAMAMOTO T, YAMANOUCHI M, et al. Comprehensive study of CoFeB-MgO magnetic tunnel junction characteristics with single-and double-interface scaling down to 1X nm[C]//2013 IEEE International Electron Devices Meeting. Piscataway, USA: IEEE, 2013. DOI: 10.1109/IEDM.2013.6724550.

[51] WATANABE K, JINNAI B, FUKAMI S, et al. Shape anisotropy revisited in single-digit nanometer magnetic tunnel junctions[J]. Nature Communications, 2018, 9(1). DOI: 10.1038/s41467-018-03003-7.

[52] PERRISSIN N, LEQUEUX S, STRELKOV N, et al. A highly thermally stable sub-20 nm magnetic random-access memory based on perpendicular shape anisotropy[J]. Nanoscale, 2018, 10(25): 12187-12195.

[53] SATO H, YAMANOUCHI M, IKEDA S, et al. Perpendicular-anisotropy CoFeB-MgO magnetic tunnel junctions with a MgO/CoFeB/Ta/CoFeB/MgO recording structure[J]. Applied Physics Letters, 2012, 101(2). DOI: 10.1063/1.4736727.

[54] NISHIOKA K, HONJO H, IKEDA S, et al. Novel quad-interface MTJ technology and its first demonstration with high thermal stability factor and switching efficiency for STT-MRAM beyond 2X nm[J]. IEEE Transactions on Electron Devices, 2020, 67(3): 995-1000.

[55] LIU E, SWERTS J, COUET S, et al. [Co/Ni]-CoFeB hybrid free layer stack materials for high density magnetic random access memory applications[J]. Applied Physics Letters, 2016, 108(13). DOI: 10.1063/1.4945089.

[56] LIU E, VAYSSET A, SWERTS J, et al. Control of interlayer exchange coupling and its impact on spin-torque switching of hybrid free layers with perpendicular magnetic anisotropy[J]. IEEE Transactions on Magnetics, 2017, 53(11). DOI: 10.1109/TMAG.2017.2701553.

[57] SWERTS J, LIU E, COUET S, et al. Solving the BEOL compatibility challenge of top-pinned magnetic tunnel junction stacks[C]//2017 IEEE International Electron Devices Meeting (IEDM). Piscataway, USA: IEEE, 2017. DOI: 10.1109/IEDM.2017.8268518.

[58] PINARBASI M M, TZOUFRAS M. Precessional spin current structure for MRAM: U.S. Patent 9,853,206[P]. 2017-12-26.

[59] LOUREMBAM J, CHEN B, HUANG A, et al. A non-collinear double MgO based perpendicular magnetic tunnel junction[J]. Applied Physics Letters, 2018, 113(2). DOI:10.1063/1.5038060.

[60] WANG G, ZHANG Y, WANG J, et al. Compact modeling of perpendicular-magnetic-anisotropy double-barrier magnetic tunnel junction with enhanced thermal stability recording structure[J]. IEEE Transactions on Electron Devices, 2019, 66(5): 2431-2436.

[61] HU G, LEE J H, NOWAK J J, et al. STT-MRAM with double magnetic tunnel junctions[C]//2015 IEEE International Electron Devices Meeting (IEDM). Piscataway, USA: IEEE, 2015. DOI: 10.1109/IEDM.2015.7409772.

第 5 章　自旋轨道矩效应及器件

第 4 章对自旋转移矩效应进行了详细介绍。历经 20 余年的发展，自旋转移矩磁随机存储器已经实现了工业化量产，在强调低功耗的物联网嵌入式应用场景中崭露头角。但是，自旋转移矩磁随机存储器仍然面临着难以克服的写入速度、写入功耗及耐久度瓶颈，这推动着研究人员不断寻找着新的技术突破点。本章将介绍下一代磁随机存储器的关键写入技术和它所依赖的磁学效应——自旋轨道矩效应。相较于自旋转移矩器件，自旋轨道矩器件的写入速度和写入能效可提升约一个数量级，同时器件的耐久度问题得以解决，从而为磁随机存储器带来了更广阔的应用空间。本章的前半部分将从自旋轨道矩效应的原理出发，讨论不同材料体系下的自旋轨道矩现象；本章的后半部分将重点介绍自旋轨道矩器件，尤其是无外磁场辅助的垂直自旋轨道矩器件的实现方案。

本章重点

知识要点	能力要求
自旋轨道矩效应	（1）了解自旋霍尔效应和 Rashba-Edelstein 效应； （2）掌握自旋轨道矩系统下的 LLG 方程； （3）掌握自旋转移矩与自旋轨道矩协同效应原理
自旋轨道矩器件的关键材料	（1）了解有哪些材料可以用于自旋轨道矩器件； （2）了解不同材料产生自旋轨道矩的物理机理
自旋轨道矩器件	（1）掌握自旋轨道矩器件的基本结构； （2）掌握实现无辅助磁场自旋轨道矩翻转的不同方案

5.1　自旋轨道矩效应

在图 5.1（a）所示的自旋转移矩器件中，由于读取、写入操作中都势必有电流通过隧穿势垒，所以 MgO 势垒层的耐久度问题是不可避免的。同时，为了保证晶体管电路电压驱动自旋转移矩器件的写入电流密度，必须采用厚度约为 1 nm 的超薄 MgO 势垒层构成低电阻面积乘积的磁隧道结；但是超薄的势垒层又会减弱铁磁层的垂直磁各向异性和磁隧道结的隧穿磁阻率——前者决定了磁隧道结的热稳定性和磁隧道结的最小尺寸，而后者决定了磁随机存储器的数据读取裕度，因此在实际自旋转移矩器件中，MgO 垫垒层的厚度是需要谨慎权衡的 [1]。此外，自旋转移矩器件共用的读写通道不仅存在读取电流引起的误写入问题，同时写入速度也同样被写入电流大小所限制，很难进一步提高。近年来，一种被称作自旋轨道矩的新型磁性翻转驱动方式被广泛研究，并且有望代替自旋转移矩成为制作下一代磁随机存储器的关键技术 [2-4]。

最基本的自旋轨道矩器件如图 5.1（b）所示，由自旋轨道矩电极替代顶钉扎结构磁隧道结中的下电极。当电流流经自旋轨道矩电极时，由于重金属和铁磁层界面的强自旋轨道耦合，在两层金属的界面会产生自旋积累，由此产生的自旋力矩作用于相邻磁性层，使其磁矩发生翻转。因为写入时电流不经过隧穿层，读取时只使用小电流就可获取磁阻状态，这样就实现了读写通道的分离，同时也将对 MgO 势垒层的损伤降到最低，极大地延长了磁隧道结的使用寿命。目前自旋轨道矩的作用机理仍在研究中，但是通常认为是由自旋霍尔效应（Spin Hall Effect，SHE）和 Rashba-Edelstein 效应共同作用引起的。

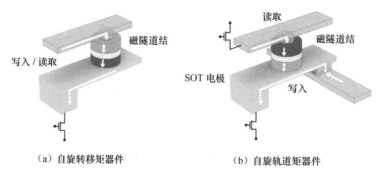

（a）自旋转移矩器件　　　　　　　（b）自旋轨道矩器件

图 5.1　自旋转移矩器件与自旋轨道矩器件对比

5.1.1　自旋轨道耦合

在前面的章节中我们已经了解了电子自旋的基本概念，自旋是电子的内禀性质之一，而自旋轨道耦合描述的是绕原子核运动的电子的自旋角动量和轨道角动量之间的相对论相互作用。为了能够更清晰地理解其物理本质，我们用最简单的氢原子为例进行分析，图 5.2（a）所示的氢原子包含一个正价的质子和一个负价的电子，电子自旋的本征磁矩为 μ_s，同时电子绕质子运动。相应地，当我们想象图 5.2（b）所示的情形，当电子静止时，那么带有正电的质子将围绕电子旋转，使中心的电子感受到一个磁场 B：

$$B = \frac{1}{c^2} E \times v \tag{5.1}$$

式中，c 为真空中的光速，v 为电子的运动速度，E 为电子感受到的质子产生的电场，此电场可以进一步表示为：

$$E = \frac{Ze}{4\pi\varepsilon_0 r^3} r \tag{5.2}$$

式中，r 为电子指向质子的径矢，Z 为原子序数，e 为电子电荷量，r 为电子到质子的距离，ε_0 为真空介电常数。在质子绕电子运动的过程中，我们将电子本征磁矩 μ_s 也考虑进来，这样就可以得到这两种角动量相互耦合时的能量 E_{SO} 为：

$$E_{SO} = -\mu_s \cdot B \tag{5.3}$$

在空间反演对称破缺体系中，自旋轨道耦合引起轨道角动量由晶格向自旋系统转移，而轨道角动量的转移能够实现电流向自旋流的转换，由此也产生了一种新的自旋力矩，即自旋轨道矩。此外，由式（5.2）可以看出电子的感应磁场与原子序数成正比 [5]。

所以在自旋轨道矩的相关研究中，我们通常选用 Pt、Ta、W 等原子序数较大的重金属。

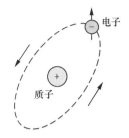
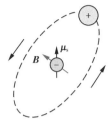

（a）质子视角下，电子围绕质子运动　　　（b）电子视角下，质子围绕电子运动

图 5.2　氢原子结构

5.1.2　自旋霍尔效应

经典的霍尔效应源于电流与磁场的相互作用。向样品中通入电流，在外加磁场的作用下，样品会在相反的横向表面上积累相反符号的电荷，从而产生霍尔电压。自旋霍尔效应则描述的是向强自旋轨道耦合体系中通入电流后，在相反的横向表面上积累相反符号的自旋，即产生了自旋流。1971 年，苏联理论物理学家 Mikhail Dyakonov 和 Vladimir Perel 首先预测了自旋霍尔效应的存在[6]；1999 和 2000 年，同样身为理论物理学家的 Jorge Hirsch 和张曙丰完善了相关理论[7-8]。2004 年，凝聚态物理学家 David Awschalom 等首次在实验中发现了自旋霍尔效应现象：利用磁光克尔效应（Magneto-Optic Kerr Effect，MOKE）观测到了在 GaAs 二维电子气边界处的自旋积累，并证明了这是由于自旋霍尔效应所引起的[9]。

在图 5.3 所示的非磁性金属 / 铁磁金属双层膜结构中，自旋霍尔效应体现为流经非磁性金属层的面内非极化电流在体自旋轨道耦合的作用下转化为垂直膜面方向的纯自旋流[10]。非磁性金属中的体自旋轨道耦合作用源于其固有的能带结构，以及强自旋轨道耦合元素造成的自由电子自旋相关的非对称散射[11]。

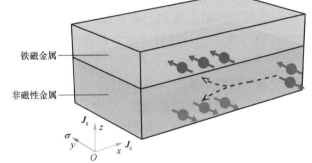

图 5.3　非磁性金属 / 铁磁金属中自旋霍尔效应的物理机理

理论研究表明，通入的非极化电流 $\boldsymbol{J}_\mathrm{c}$、产生的自旋流 $\boldsymbol{J}_\mathrm{s}$ 和自旋极化方向 $\boldsymbol{\sigma}$ 满足如下关系：

$$\boldsymbol{J}_\mathrm{s}=\frac{\hbar}{2e}\theta_\mathrm{SH}\left(\boldsymbol{J}_\mathrm{c}\times\boldsymbol{\sigma}\right) \tag{5.4}$$

式中，$\hbar$ 为约化普朗克常数，e 是电子电荷量。这意味着当我们向双层膜结构中通入 $+x$ 方向的电流 $\boldsymbol{J}_\mathrm{c}$ 时，向 $+z$ 方向注入铁磁金属的自旋流 $\boldsymbol{J}_\mathrm{s}$ 具有 $\pm y$ 的自旋极化方向。由于自旋流和铁磁金属磁矩之间的交换耦合，铁磁金属的磁矩将发生偏转。换句话说，产生的自旋流对铁磁金属施加了自旋轨道矩，使其磁矩方向发生改变。需要说明的是，式（5.4）

表明此时同样会产生 y 方向的自旋流 $\boldsymbol{J}_s$，极化方向为 $\pm z$。只不过对于薄膜体系而言，其横向尺寸远大于厚度，因而这部分自旋流强度远低于前者。式（5.4）中 θ_{SH} 被称作材料的自旋霍尔角，其大小表明了在此材料中电流转化为自旋流的效率，而其符号的正负则表明了界面自旋积累的方向。在后续的介绍中，我们会将自旋霍尔角作为自旋轨道矩电极材料的一项重要指标。

在自旋霍尔效应下电流可以转化为自旋流；相反地，当产生的自旋流转化为电流，我们就得到了同样源自于自旋轨道耦合作用的逆自旋霍尔效应（Inverse Spin Hall Effect，ISHE）[12-13]。如图 5.4 所示，当带有同一自旋极化方向的自旋流 $\boldsymbol{J}_s$ 进入非磁性金属后会偏向一侧形成负电荷的积累。与此同时，相反极化方向的自旋电子从非磁性金属另一侧被抽离，形成正电荷积累。因此，在

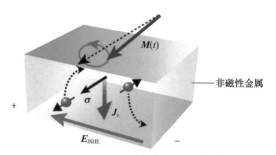

图 5.4　非磁性金属中逆自旋霍尔效应的
物理机理

逆自旋霍尔效应下，非磁性金属结构中形成了垂直于自旋流的电场 $\boldsymbol{E}_{ISHE}$。逆自旋霍尔效应目前在自旋太赫兹和磁电 - 自旋轨道器件中得到了广泛应用。自旋霍尔效应和逆自旋霍尔效应的发现使人们认识到自旋流和电流可以相互转换，也为联系传统电子学和自旋电子学起到了很好的桥梁作用。

5.1.3　Rashba–Edelstein 效应

与自旋霍尔效应类似，在界面产生的 Rashba-Edelstein 效应同样可以实现自旋流与电流间的转换[14-15]。尽管产生自旋流的方式不同，但它们本质上都是源于自旋轨道耦合。基于 Rashba-Edelstein 效应产生自旋流的过程如图 5.5（a）所示。当电流 $\boldsymbol{J}_c$ 流经非磁性金属 / 铁磁金属的二维界面时，由于非磁性金属 / 铁磁金属界面的空间反演对称性破缺，产生了内建电场 $\boldsymbol{E} = E\hat{z}$。式中，$E$ 为电场大小，$\hat{z}$ 为方向向量，动量为 $\boldsymbol{p}$ 的自由电子此时将受到一个方向为 $\boldsymbol{E} \times \boldsymbol{p}$ 的等效磁场 $\boldsymbol{H}$ 的作用，使得界面积累的自旋具有沿着等效磁场 $\boldsymbol{H}$ 的极化方向。图 5.5（b）所示为 Rashba 系统的能带结构，其费米面自旋分布如图 5.5（c）所示。由于 Rashba 自旋轨道耦合项能量表达式为：$H_R = \dfrac{\alpha_R}{\hbar}(\hat{z} \times \boldsymbol{p})$，$\alpha_R$ 为表示 Rashba 自旋轨道耦合大小的系数，这意味着为了使体系能量最小，电子的自旋极化方向应与其运动方向垂直。在未加电流时，体系内电子的平均速度为 0，因此没有自旋积累。施加电流以后，体系内电子整体具有沿着 $-\boldsymbol{J}_c$ 的运动速度，k 空间费米面发生偏移，如图 5.5（d）所示，并进一步因为 Rashba 自旋轨道耦合而在界面产生自旋积累。如果仅考虑到界面自旋与铁磁金属的交换耦合作用，理论推导表明这一自旋积累将对铁磁金属磁矩施加一个等效磁场的作用，方向沿着 $\boldsymbol{E} \times \boldsymbol{p}$，该磁场可以引起磁矩的偏转；如果进一步考虑到积累的自旋向铁磁金属中扩散从而形成自旋流，或者考虑电子散射而引起的自旋驰豫，铁磁金属磁矩还会受到类阻尼矩的作用（下一节具体介绍）。因此，利用

Rashba 效应也可以对铁磁金属施加自旋轨道矩，使其磁矩发生偏转。

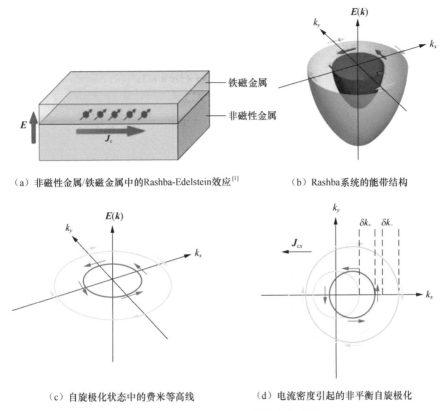

（a）非磁性金属/铁磁金属中的Rashba-Edelstein效应[1]　　（b）Rashba系统的能带结构

（c）自旋极化状态中的费米等高线　　（d）电流密度引起的非平衡自旋极化

图 5.5　Rashba-Edelstein 效应的物理机理

与自旋霍尔效应相似，Rashba-Edelstein 效应也存在逆效应。在逆 Rashba-Edelstein 效应现象中，可以由自旋累积（电子自旋极化方向的不平衡）产生电流（电子动量的不平衡）[16-17]。不过，自旋霍尔效应是源于材料的体效应，而 Rashba-Edelstein 效应则是发生在不同材料的二维界面内。由于 Rashba-Edelstein 效应来源于界面电子受到的内建电场作用，所以可以通过调节外加电压人为调控 Rashba 场的大小，实现 Rashba 自旋轨道耦合强度的调控。这种调控自旋轨道耦合强弱的方式，在自旋电子学和量子计算领域有潜在应用价值，同时也为新型自旋器件提供了更多的可能性。

5.1.4　自旋轨道矩翻转的微观机理

第 4 章通过 LLG 方程对自旋转移矩的动力学过程进行了详细描述，本章同样使用这种方法来分析自旋轨道矩引起的磁化翻转动力学过程。从前面两节我们知道自旋轨道矩的两种物理图像，即通过体自旋霍尔效应或者 Rashba-Edelstein 效应，向双层膜结构中通入电流产生自旋积累，对铁磁金属的磁矩施加自旋轨道矩，使其发生偏转。不论是哪种物理图像，自旋轨道矩都包含类阻尼矩（Damping-like Torque）$\boldsymbol{\Gamma}_{\text{SOT}}^{\text{DL}}$ 和类场矩（Field-like Torque）$\boldsymbol{\Gamma}_{\text{SOT}}^{\text{FL}}$，只不过在不同材料体系中，二者的强度不同。包含自旋轨道矩的 LLG 方程为：

$$\begin{cases} \dfrac{\partial \boldsymbol{m}}{\partial t}=\boldsymbol{\Gamma}_{\text{prec}}+\boldsymbol{\Gamma}_{\text{damp}}+\boldsymbol{\Gamma}_{\text{SOT}}^{\text{DL}}+\boldsymbol{\Gamma}_{\text{SOT}}^{\text{FL}} \\[2mm] \boldsymbol{\Gamma}_{\text{prec}}=-\gamma\mu_0\,\boldsymbol{m}\times\boldsymbol{H}_{\text{eff}} \\[2mm] \boldsymbol{\Gamma}_{\text{damp}}=\alpha_{\text{G}}\left(\boldsymbol{m}\times\dfrac{\mathrm{d}\boldsymbol{m}}{\mathrm{d}t}\right) \\[2mm] \boldsymbol{\Gamma}_{\text{SOT}}^{\text{DL}}=\gamma\mu_0 H_{\text{SOT}}^{\text{DL}}\left(\boldsymbol{m}\times(\boldsymbol{\sigma}\times\boldsymbol{m})\right) \\[2mm] \boldsymbol{\Gamma}_{\text{SOT}}^{\text{FL}}=\gamma\mu_0 H_{\text{SOT}}^{\text{FL}}\left(\boldsymbol{\sigma}\times\boldsymbol{m}\right) \end{cases} \tag{5.5}$$

除了 LLG 方程原有的进动项 $\boldsymbol{\Gamma}_{\text{prec}}$ 和阻尼项 $\boldsymbol{\Gamma}_{\text{damp}}$，后两项分别为类阻尼项 $\boldsymbol{\Gamma}_{\text{SOT}}^{\text{DL}}\sim\boldsymbol{m}\times(\boldsymbol{\sigma}\times\boldsymbol{m})$ 和类磁场项 $\boldsymbol{\Gamma}_{\text{SOT}}^{\text{FL}}\sim(\boldsymbol{\sigma}\times\boldsymbol{m})$[18-20]。式（5.5）中，$\gamma$ 为旋磁比，μ_0 为真空磁导率，α_{G} 为磁阻尼系数，$H_{\text{SOT}}^{\text{DL}}$、$H_{\text{SOT}}^{\text{FL}}$ 为相应项的等效磁场，$\boldsymbol{\sigma}$ 为自旋极化方向，$\boldsymbol{m}$ 为铁磁层磁化方向，$\boldsymbol{H}_{\text{eff}}$ 为有效磁场强度（含磁各向异性场和外加磁场）。式（5.5）可以等价变换成 Landau-Lifshitz (LL) 方程，此时阻尼项在数学上等价为 $\boldsymbol{\Gamma}_{\text{damp}}=-\gamma_{\text{LL}}\mu_0\alpha_{\text{G}}(\boldsymbol{m}\times(\boldsymbol{m}\times\boldsymbol{H}_{\text{eff}}))$。式中，$\gamma_{\text{LL}}=\dfrac{\gamma}{1+\alpha_{\text{G}}^2}$。那么不难看出，类阻尼项具有和阻尼项类似的形式，而类场项具有和进动项（也就是等效场对应的力矩）类似的形式。

下面我们简要分析自旋轨道矩对磁矩的作用。对于式（5.5），我们假设铁磁层具备垂直磁各向异性，如图 5.6 所示，即各向异性场 $H_{\text{K.eff}}=H_k\cos\theta\hat{z}$。式中，$\theta$ 是磁矩与 z 轴的夹角。在无外加磁场（即 $H_{\text{K.eff}}=\boldsymbol{H}_{\text{eff}}$）且面内驱动电流足够大时，式（5.5）在 $\dfrac{\partial \boldsymbol{m}}{\partial t}=0$ 时的稳态解为 $\boldsymbol{m}=\boldsymbol{\sigma}$，这说明自旋轨道矩的作用是将磁矩 $\boldsymbol{m}$ 拉至自旋流极化方向 $\boldsymbol{\sigma}$。不妨假设电流沿着 +x 方向且自旋极化方向 $\boldsymbol{\sigma}$ 沿着 +y 方向，那么垂直磁矩只完成了 90° 偏转。撤去电流以后，在热扰动的作用下，磁矩将随机进动至 +z 或者 -z 方向，因此单纯依靠自旋轨道矩不能对垂直磁矩实现决定性写入。而当铁磁层具备面内磁各向异性且易磁化轴方向为 y 轴时，各向异性场 $H_{\text{K.eff}}=H_k\sin\theta\sin\varphi\hat{y}$。式中，$\theta$ 是磁矩与 z 轴的夹角，φ 是磁矩在 xy 平面的分量与 x 轴的夹角，稳态解依然是 $\boldsymbol{m}=\boldsymbol{\sigma}$。

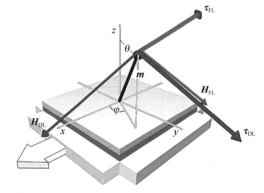

图 5.6　类阻尼矩和类场矩以及对应等效场的空间

但在这种情况下，我们可以通过控制 x 方向电流的极性，从而控制自旋流极化方向沿着 +y 或 -y，并将磁矩翻转至对应的易磁化轴方向，完成数据写入。需要说明的是，两种情形下，类阻尼项引起的磁矩动态行为完全不一样。当铁磁层易磁化轴为 y 轴时，自旋极化方向与各向异性场共线，类阻尼项直接与阻尼项竞争，当电流强度足够大时，自旋轨道矩将引起磁矩多次进动且进动幅度逐步增大，直至磁矩翻转至易磁化轴的另一方向，这种情况下磁矩的动态行为与自旋转移矩驱动的翻转类似；而当铁磁层易磁化轴为 z 轴时，自旋极化方向与各向异性场垂直，在不考虑类场项的情况下，类阻尼项与阻尼项无竞争关系，磁矩将在一个进动周期内翻转至方向 $\boldsymbol{\sigma}$，没有孵化延迟，这也是自旋轨道矩驱动磁化翻转被普遍认为速度快于自旋转移矩的原因。但同样需要指出，此时的翻转阈值电流密度远高于面内磁各向异性体系 [21]，因此不同于自旋转移矩器件，不论是垂直或者面内磁各向异性的自旋轨道矩器件均可以实现亚纳秒的数据写入。在考虑类场矩的情况下，自旋轨道矩驱动的磁化翻转行为更为复杂，文献 [22] 对此做了详细讨论。

为了衡量不同材料体系的自旋轨道矩性能，在具体实验中，我们主要测量类阻尼项和类场项对应的等效场 H_{DL} 和 H_{FL}，并通过 $\tau_{DL,FL} = m \times H_{DL,FL}$ 推导出类阻尼矩和类场矩矢量。以上几者的空间关系如图 5.6 所示 [23-26]。常用的测量手段有谐波霍尔电压测试（Harmonic Hall Measurements）[27]、自旋矩铁磁共振（Spin Torque Ferromagnetic Resonance，ST-FMR）[10] 等。无论是体效应还是界面效应都能够产生类阻尼项和类场项，如果我们要分辨自旋霍尔效应和 Rashba-Edelstein 效应对自旋轨道矩的贡献，必须进一步设计不同的实验来验证，比如通过重金属和铁磁层的厚度依赖关系来验证体效应，或者通过插入中间层来验证界面效应等 [28]。分辨自旋轨道矩中体效应和界面效应的贡献，有助于我们理解最基本的自旋轨道矩物理机理，但这一问题目前没有定论。

与自旋转移矩相比，自旋轨道矩驱动铁磁层翻转不需向势垒层通入较大的写入电流，因此可以解决自旋转移矩磁随机存储器 MgO 势垒层的耐久度问题；此外，重金属自旋轨道矩电极支持通入超过 100 MA/cm^2 的电流密度，因此可以实现更快速度的磁性状态写入 [24]，目前自旋轨道矩驱动的亚纳秒级磁化翻转已经被广泛实现 [29]。虽然自旋轨道矩可以翻转面内 [4] 和垂直磁各向异性的铁磁层 [9]，但是对于磁随机存储器来说，采用垂直磁各向异性方法相对面内磁各向异性来说仍然有着高集成度的优势。因此，人们目前更多地研究（我们也将着重讨论）垂直磁各向异性的自旋轨道矩翻转及器件。

但正如前面的分析，单纯利用自旋轨道矩无法实现对垂直磁矩的决定性翻转，实验中通常施加一个面内方向（与电流方向共线）的固定磁场，以打破系统对称性，辅助自旋轨道矩实现铁磁层的决定性翻转 [30-31]。然而，外加磁场不利于器件的高密度集成。如何在无外场的情况下，利用自旋轨道矩对垂直磁隧道结实现决定性数据写入是自旋轨道矩得以实际应用的关键。在后续的 5.3 节中，我们将针对此问题进行详细讨论。

5.1.5　自旋轨道矩与自旋转移矩的协同效应

目前电学驱动磁性层翻转已经有了非常多的方式，如自旋转移矩、自旋轨道矩、电压调控磁各向异性等，但是每种方式都有各自的优点和缺点。利用多效应融合的协同作用不仅可以使优势互补，同时可以回避一些缺点，因此也是目前自旋轨道矩器件研究的重要方向。在 2015 年前后，研究人员理论预测了自旋转移矩与自旋轨道矩的协同效应 [32-33]，为研制自旋协同效应器件打下了重要基础。

在上面小节中，我们已经了解了自旋轨道矩驱动磁性层翻转的基本机理和动态过程，在协同效应体系中我们基于图 5.7 所示的三端口磁隧道结器件，电流由 T_2 向 T_3 流经非磁性重金属电极过程中会产生自旋流沿 z 方向注入至隧道结自由层；与此同时，在 T_1 和 T_3 之间施加通过磁隧道结的另一路电流，电流经参考层到达自由层后，极化电流会对自由层产生自旋转移矩作用。在两路电流的共同作用下，自由层会受到自旋轨道矩和自旋转移矩的共同作用，此时我们可以用修正后的 LLG 方程描述上述过程：

$$
\begin{cases}
\dfrac{\partial \boldsymbol{m}}{\partial t} = \boldsymbol{\Gamma}_{\text{prec}} + \boldsymbol{\Gamma}_{\text{damp}} + \boldsymbol{\Gamma}_{\text{STT}}^{\text{DL}} + \boldsymbol{\Gamma}_{\text{STT}}^{\text{FL}} + \boldsymbol{\Gamma}_{\text{SOT}}^{\text{DL}} + \boldsymbol{\Gamma}_{\text{SOT}}^{\text{FL}} \\[2mm]
\boldsymbol{\Gamma}_{\text{prec}} = -\gamma \mu_0 (\boldsymbol{m} \times \boldsymbol{H}_{\text{eff}}) \\[2mm]
\boldsymbol{\Gamma}_{\text{damp}} = \alpha_{\text{G}} \left(\boldsymbol{m} \times \dfrac{\mathrm{d}\boldsymbol{m}}{\mathrm{d}t} \right) \\[2mm]
\boldsymbol{\Gamma}_{\text{STT}}^{\text{DL}} = \gamma \mu_0 H_{\text{STT}}^{\text{DL}} (\boldsymbol{m} \times (\boldsymbol{m} \times \boldsymbol{m}_{\text{ref}})) \\[2mm]
\boldsymbol{\Gamma}_{\text{STT}}^{\text{FL}} = \gamma \mu_0 H_{\text{STT}}^{\text{FL}} (\boldsymbol{m} \times \boldsymbol{m}_{\text{RL}}) \\[2mm]
\boldsymbol{\Gamma}_{\text{SOT}}^{\text{DL}} = \gamma \mu_0 H_{\text{SOT}}^{\text{DL}} (\boldsymbol{m} \times (\boldsymbol{\sigma} \times \boldsymbol{m})) \\[2mm]
\boldsymbol{\Gamma}_{\text{SOT}}^{\text{FL}} = \gamma \mu_0 H_{\text{SOT}}^{\text{FL}} (\boldsymbol{\sigma} \times \boldsymbol{m})
\end{cases}
\tag{5.6}
$$

从协同效应下的 LLG 方程可以看出其基本形式是自旋转移矩和自旋轨道矩情形下的结合。在两路电流的驱动下，自由层的磁矩动力学过程变得比单一效应下更为复杂，如何控制两路电流大小及施加顺序让两种效应相互配合实现高效的自由层翻转是协同效应研究的重点。自旋协同效应不仅可以实现三端口垂直磁隧道结器件的无磁场辅助翻转，获得更快的翻转速度，降低翻转功耗，同时优化了自旋转移矩电流带来的势垒层耐久度问题。在后续 5.3.4 节我们将详细描述自旋协同效应的翻转过程和实验结果。

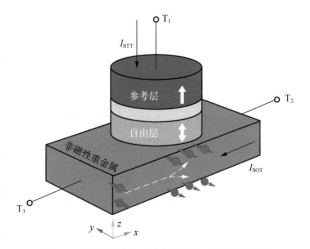

图 5.7　自旋转移矩和自旋轨道矩的协同效应

5.2　自旋轨道矩器件的关键材料

近年来，研究人员尝试了多种自旋轨道矩电极材料，包括非磁性重金属、拓扑绝缘体以及反铁磁金属等新型材料体系。而不同材料体系中实现自旋轨道矩翻转背后都有着不同的物理机理，下面将分别予以介绍。

5.2.1　非磁性重金属

非磁性重金属由于具备较强的自旋轨道耦合、兼容半导体后道工艺等优势，被广泛用作自旋轨道矩器件电极。在早期的探索中，Ando 等[34] 在 2008 年使用 ST-FMR 方法发现了 Pt/NiFe 体系中的类阻尼自旋轨道矩现象；Miron 等[3] 则于 2010 年在 Pt/Co/AlO$_x$ 纳米线结构中发现了类磁场自旋轨道矩现象。不过直到 2012 年前后，Miron、Liu 等才在 Pt、Ta 等薄膜体系中实现了垂直磁各向异性铁磁薄膜的自旋轨道矩翻转，从而大大加快了自旋轨道矩应用的脚步[4,10]。

常见的非磁性重金属自旋轨道矩材料包括 Pt[3-4,35]、Ta[10]、W[36-37] 和 Hf[38]，它们的自旋霍尔角如表 5.1 所示。在这些材料中，β-W 表现出了最高的自旋霍尔角（其值为 -0.33 ）[37]。我们之前说到，非磁性重金属中的自旋轨道矩起源于体自旋霍尔效应和 Rashba-Edelstein 效应；而最近的研究发现，在 Ta 和 Hf 中，体和界面处的自旋轨道耦合作用是相互竞争的关系[23,38-39]：在自旋轨道矩电极较薄时，Rashba-Edelstein 效应将起主导作用；相反地，在较厚的自旋轨道矩电极中，则是由体自旋霍尔效应作用主导。除了单纯的重金属材料，人们也广泛地尝试了不同的复合重金属膜层结构，如 Pt/Ta[40]、Pt/W[41]、Pt/Hf[42] 和 W/Hf[43] 等。复合重金属结构不但可以增强相邻铁磁层的垂直磁各向异性，而且还能减小磁矩的进动阻尼，从而提升自旋轨道矩的翻转效率。

表 5.1 常见非磁性重金属中的自旋霍尔角

自旋轨道矩电极材料	θ_{SH}
Pt	0.13
Ta	−0.02
W	−0.22
Hf	0.28
β-W	−0.33

除了纯重金属材料，研究发现在一些轻金属中掺杂高自旋轨道耦合元素形成的合金也可以获得较好的自旋轨道矩性能。铜是 CMOS 工艺中常用的互连金属，使用 Cu 合金更易于将自旋轨道矩器件与硅基芯片结合。因此，人们广泛研究了 CuBi[44-45]、CuIr[44,46-48]、CuPb[44]、CuPt[49]、CuAu[50-52] 等铜的合金。如表 5.2 所示，CuBi 合金有着较高的自旋霍尔角（其值为 -0.24 ），高于常规的 Ta 和 Pt 的自旋轨道矩效率[44]；CuPt 合金的自旋霍尔角比纯 Pt 高出约 28%[49]。类似的结果也在其他合金中有所体现，尤其在 Au 合金中人们发现了较高的自旋霍尔角。2010 年，Gu 等[53] 在掺杂了 Pt 的 Au 合金中得到了 0.12 ± 0.04 的自旋霍尔角，与 β-Ta 相当，而且其电阻率仅为 6.9 $\mu\Omega \cdot cm$，小于理论预测值的 1/20。理论计算表明，在 AuPt 合金中的高自旋转换效率与 Pt 的掺杂在 Au(111) 表面引起的电子斜散射有关，而且这一发现提供了一种获得高自旋霍尔角的思路。2017 年，Laczkowski 等[54] 在 Au$_{90}$Ta$_{10}$ 合金中获得了 0.5 的高自旋霍尔角，超过了重金属中最高的 β-W。目前，在 Au 合金中发现的最大自旋霍尔角是在 Au$_{25}$Pt$_{75}$ 中得到的（其值为 0.58 ）[55]。值得注意的是，如此大的自旋霍尔角基本都来源于 Au 合金材料本身的体自旋霍尔效应。

表 5.2　合金中的自旋霍尔角

自旋轨道矩电极材料	θ_{SH}
CuBi	−0.24
CuPt	−0.02
CuAu	0.01
$Au_{90}Ta_{10}$	0.5
$Au_{25}Pt_{75}$	0.58

5.2.2　反铁磁金属

反铁磁金属的磁矩反平行交错排列，对外界不显示磁性且不受外加磁场影响，因此基于反铁磁金属的自旋器件具有抗磁场干扰的优良特性。此外，反铁磁金属的本征进动频率远远高于铁磁金属，因而在太赫兹等领域具有广阔应用前景。另外，近年来研究人员发现反铁磁金属也可以产生自旋轨道矩，并且利用反铁磁层和铁磁层之间的交换偏置作用可以将辅助磁场融合到自旋轨道矩驱动磁化翻转的系统中，从而实现无外场条件下的垂直磁化翻转。常见反铁磁金属中的自旋霍尔角如表 5.3 所示。

表 5.3　常见反铁磁金属中的自旋霍尔角

自旋轨道矩电极材料	θ_{SH}
$Pt_{40}Mn_{60}$[56]	0.0085
$Ir_{22}Mn_{78}$[57]	0.06
$IrMn_3$[58]	0.35
$IrMn_3$[59]	−0.22
Mn_3Sn[60]	−0.053

自 2016 年，Fukami 等[56]通过实验证明了在垂直磁各向异性的 [Co/Ni] 多层膜 / 反铁磁 PtMn 体系中实现了对 [Co/Ni] 多层膜垂直磁矩的无磁场翻转，且自旋霍尔角与 Ta 相当；之后，研究人员利用 IrMn 也同样观测到了类似的结果[57]。但是如果想将该无磁场应用到垂直磁隧道结中，那么反铁磁材料中的自旋霍尔角还有待提高，到目前为止，反铁磁材料中获得的最大自旋霍尔角约为 0.35[58]。

与此同时，Mn_3Sn 和 Mn_3Pt 等非共线反铁磁材料也引起了广泛关注。2015 年，Nakatsuji 等[61-62]首次在 Mn_3Sn 中观察到了与铁磁金属相当的反常霍尔效应，这是由于 Mn_3Sn 非共线的三角形磁结构打破了 Kagome 晶格的对称性引起的；之后，反常霍尔效应也在 Mn_3Pt[63] 和 Mn_5Si_3[64] 中被发现，而且 Liu 等[63]发现 Mn_3Pt 中的反常霍尔效应可以通过微小的应力进行调控。此外，2016 年，Zhang 等[59]在非共线的 $IrMn_3$ 中发现了较强的自旋轨道矩，自旋霍尔角为 −0.22；2019 年，Kimata 等[64]在非共线结构的 Mn_3Sn 中发现了可通过外磁场调控的自旋霍尔效应，相应的自旋霍尔角为 0.053。2021 年，Fukami 等[65]通过观测 Mn_3Sn 的反常霍尔效应，利用 Pt 的自旋轨道矩效应对 Mn_3Sn 的反铁磁金属磁序进行调控。这一发现为非共线反铁磁金属的应用提供了新的思路。

5.2.3 拓扑绝缘体

拓扑绝缘体（Topological Insulator，TI）是一种新型的量子材料，其内部的体态是绝缘的，而材料表面具有良好的导电性[66-68]。如图 5.8（a）所示，拓扑绝缘体表面的能带结构与 Rashba 自旋轨道耦合的二维电子气类似，其表面态中的电子动量和自旋方向呈现锁定状态；与 Rashba-Edelstein 效应的二维电子气相比，拓扑绝缘体的费米面上只存在一个环线。在体态绝缘性的作用下，大部分流经拓扑绝缘体的电流从其呈金属性的表面中通过，导致界面电子分布在 k 空间中发生偏移；而这种 k 空间中的分布不平衡又将导致电子自旋分布的不均，从而在拓扑绝缘体的表面产生自旋积累；这种自旋积累会对相邻磁性层的磁矩产生力矩作用，从而实现磁矩的翻转[69]。

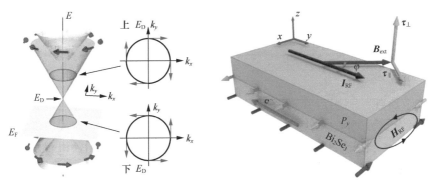

（a）三维拓扑绝缘体表面态能量与动量　　（b）Bi_2Se_3 拓扑绝缘体表面态的 Rashba-Edelstein 效应

图 5.8　拓扑绝缘体表面态中的 Rashba-Edelstein 效应

对三维拓扑绝缘体的研究主要集中于铋和锑的硫属元素化合物 M_2Q_3 或者其他衍生结构，其中的金属组分 M 可以是 Bi 和 Sb，硫属元素 Q 则一般为 Se 和 Te 等。拓扑绝缘体的强自旋轨道耦合作用带来了高效的自旋电荷转换。大部分报道中拓扑绝缘体的自旋霍尔角至少都要比重金属高出 1 个数量级以上，拓扑绝缘体中的自旋霍尔角如表 5.4 所示。2014 年，Ralph 课题组首先利用 ST-FMR 测试了拓扑绝缘体 Bi_2Se_3/NiFe 双层结构，如图 5.8（b）所示[69]，其结果显示拓扑绝缘体 Bi_2Se_3 的自旋霍尔角高达 2.0 ~ 3.5。之后大部分对 Bi_2Se_3 的研究中，其自旋霍尔角大小为 0.01 ~ 2[69-70]。

然而，由于目前并不能制备出体态完全绝缘、仅有表面态导电的理想拓扑绝缘体，所以不能避免体态带来的干扰，在实验结果中整体过高的电阻率成为拓扑绝缘体走向实际应用的主要问题。尤其在拓扑绝缘体 / 铁磁金属的双层体系中，施加的自旋轨道矩电流大多数从低电阻的铁磁层分流，只有部分电流经过拓扑绝缘体表面来产生自旋积累，大大降低了自旋转换效率。为了解决分流问题，2014 年，Fan 等[71]使用高电阻率的磁性绝缘体，在制备的 $(Bi_{0.5}Sb_{0.5})_2Te_3$/$(Cr_{0.08}Bi_{0.54}Sb_{0.38})_2$Te 双层膜体系中发现了高达 180 ~ 450 的自旋霍尔角，高出普通重金属约 3 个数量级。2018 年，Khang 等[72]制备出了导电拓扑绝缘体 $Bi_{0.9}Sb_{0.1}$，表征出的自旋霍尔角高达 52，同时电阻率可降低至 400 $\mu\Omega \cdot cm$。同年，Mahendra 等[73]首次利用磁控溅射制备的多晶 $Bi_xSe_{(1-x)}$ 拥有 18.62 的自旋霍尔角，比大多数使用分子束外延制备的单晶 Bi_2Se_3 的自旋霍尔角还要高，这为将来大规模生产中使用拓扑绝缘体奠定了基础。值得注意的是，利用谐波霍尔电压等方法测试拓扑绝缘体的自旋霍尔角时，需要仔细通过信号与磁场大小的依赖关系排除能斯特效应或者反常能斯特效应等热效应的贡献[74]。

表 5.4　拓扑绝缘体中的自旋霍尔角

自旋轨道矩电极材料	θ_{SH}
Bi_2Se_3	$2.0 \sim 3.5$
$(Bi_{0.5}Sb_{0.5})_2Te_3$	$180 \sim 450$
Bi_xSe_{1-x}	18.62
$Bi_{0.9}Sb_{0.1}$	52

5.3　自旋轨道矩器件

如 5.1.4 节所述，利用自旋轨道矩实现垂直磁各向异性铁磁金属磁矩的翻转需要面内磁场辅助。为了解决这一问题，近年来研究者们先后提出了多种解决方案，例如改变膜层和器件结构、利用反铁磁交换偏置作用或层间耦合作用、使用铁电材料衬底、引入磁畴钉扎及采用具有低对称性的材料等方式。在这一节中，我们将介绍其中较为重要的方法并讨论其可行性。

5.3.1　面内磁各向异性自旋轨道矩器件

从自旋轨道矩的工作原理可以得知，在非磁性重金属 / 铁磁层的界面由电流引起的自旋极化方向是平行于界面的，所以对垂直磁各向异性的磁隧道结就必须解决无外场辅助翻转的问题，而面内磁各向异性的磁隧道结则可以被自旋轨道矩效应直接驱动，因此在自旋轨道矩的器件研究中，面内磁各向异性器件也同样是研究热点。

2016 年，Fukami 等[21] 依据器件的易磁化轴方向，将主流的自旋轨道矩器件分为三类，即 Z 型、Y 型和 X 型，如图 5.9 所示。其中，Z 型为垂直磁各向异性器件；而 Y 型和 X 型为面内磁各向异性器件，需要加工成椭圆柱或长方体用于提供形状各向异性来储存数据状态，如图 5.9（b）、图 5.9（c）所示。我们从之前的介绍已经了解到通过自旋霍尔效应或 Rashba-Edelstein 效应产生的自旋积累垂直于电流方向。在图 5.9 中，电流均沿着 x 方向注入，自旋极化方向为 ±y 方向。由于 Z 型与 X 型两种器件中自由层易磁化轴方向都垂直于自旋积累的方向，这两种器件都需要外磁场辅助来打破自旋轨道矩在 xy 平面的镜面对称性从而实现自由层的确定性翻转。Y 型器件则无需外场辅助，可以直接通过自旋轨道矩效应实现自由层翻转。但是从图 5.9 所示三种器件的进动过程可以看出，Y 型器件存在与自旋转移矩器件类似的孵化延迟问题，写入速度难以达到 Z 型和 X 型器件的亚纳秒级写入速度[21]。

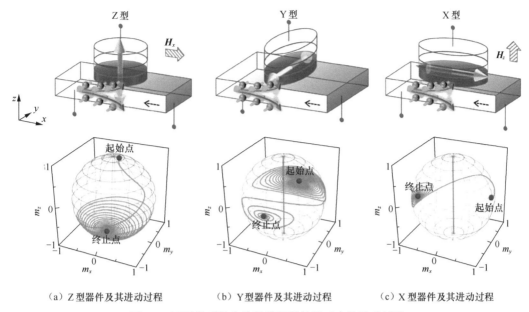

（a）Z 型器件及其进动过程　　　（b）Y 型器件及其进动过程　　　（c）X 型器件及其进动过程

图 5.9　不同类型的自旋轨道矩器件及对应的进动过程

那么针对面内磁各向异性的 X 型器件和 Y 型器件，如何将它们的优点结合实现无外场辅助且快速的翻转呢？Honjo 等 [75] 在实验探索中提出了图 5.10（a）、图 5.10（b）所示的两种方案。图 5.10（a）所示的倾角型面内器件的自由层易磁化轴方向与电流方向呈一定角度，可以在无磁场条件下实现 350 ps 电流脉冲写入。另外一种方案基于 X 型器件，如图 5.10（b）所示，但是驱动方式采用自旋转移矩与自旋轨道矩协同驱动的方式，在两种效应的共同作用下，不仅实现了无外场翻转，而且翻转时间进一步降低至 200 ps[76]。面内磁各向异性自旋轨道矩器件优异的性能和简单的结构使其获得了广泛的关注，但是由于需要刻蚀成椭圆柱或长方体，且长短轴之比一般需达到 3 以保证热稳定性，从而导致面内器件尺寸难以微缩，不利于高密度的集成。

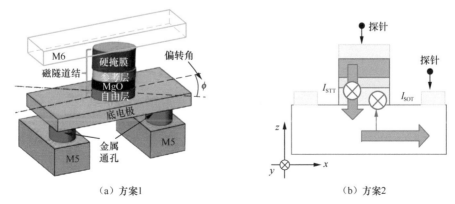

（a）方案 1　　　　　　　　　　　　　　　（b）方案 2

图 5.10　面内自旋轨道矩器件的优化

5.3.2　面内杂散场辅助的自旋轨道矩器件

对于垂直磁各向异性自旋轨道矩器件，首先我们来介绍一种最直接的实现无外磁场辅助写入的方法，即利用额外的磁性金属结构产生的面内杂散磁场来提供所需的面内磁场。图 5.11 所示的器件为在典型的垂直磁隧道结的基础上增加了由面内磁各向异性的铁磁层以及反铁磁层组成的用于产生面内杂散场的结构[77]。此器件采用了椭圆形状的磁隧道结，长轴与自旋轨道矩电流方向一致。与此同时，器件反铁磁层将面内铁磁层钉扎在一个确定的方向，用于提供固定方向的面内杂散场。但是椭圆磁隧道结带来的最主要问题是不利于磁隧道结的尺寸微缩。此外，器件中的反铁磁层也需要额外的面内磁场退火工艺，从而增加了工艺复杂度。

2019 年，比利时微电子研究中心（Interuniversity Microelectronics Centre，IMEC）制备的自旋轨道矩磁随机存储器同样使用了面内杂散场来辅助垂直体系下的自旋轨道矩翻转[78]。与前述器件不同的是，图 5.12 所示器件中用以提供面内杂散场的结构放置在了制备自旋轨道矩电极的金属硬掩模中，通过在垂直磁隧道结上沉积 50 nm 的 Co 金属硬掩模，并且在后续工艺中刻蚀成与自旋轨道矩电极相同的长条状用于提供辅助面内杂散场。这种方法不仅可以实现圆形小尺寸的磁隧道结，而且没有增加任何额外的工艺步骤，能够实现 300 ps 的超快自旋轨道矩无磁场辅助翻转。

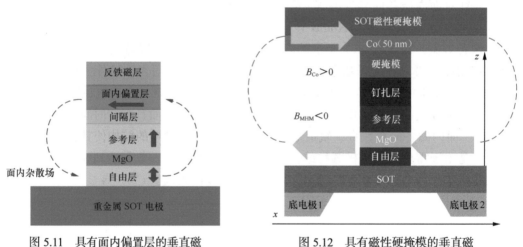

图 5.11　具有面内偏置层的垂直磁　　　　　图 5.12　具有磁性硬掩模的垂直磁
　　　　　隧道结器件结构　　　　　　　　　　　　　　隧道结器件结构

总体来说，面内杂散场辅助的自旋轨道器件是目前较为成熟的无磁场自旋轨道矩翻转解决方案，其优点是较为直接的实现原理，缺点则在于面内杂散场的实现需要额外的膜层设计或器件工艺。

5.3.3　交换偏置场辅助的自旋轨道矩器件

第二类无场翻转方式是通过反铁磁交换偏置作用直接或间接地对垂直的铁磁层形成面内的偏置来代替辅助外磁场。2016 年，Van den Brink[79] 提出了图 5.13（a）所示的结构，在该结构中自旋轨道矩主要由 Pt 来提供，在 Co 层之上的 IrMn 只用于提供面内的交换偏置。值得注意的是，IrMn 与 Co 层之间有一层非常薄的 Pt 间隔层，Pt 间隔层的主要作用是保证 Co 的垂直磁各向异性，同时保持一定的交换偏置作用。同年，Lau 等[80]利用类似的方式也实现了无辅助场的自旋轨道矩翻转。如图 5.13(b) 所示，其面内偏置结构使用了反铁磁层 / 铁磁层这种典型的钉扎结构，并通过 Ru 间隔层对下方的垂直各向异性的铁磁层形成面内的层间耦合。但是这两种方案的面内偏置结构占用了磁隧道结隧穿层和参考层的位置，因此并不能很好地应用在磁隧道结器件中。

在 5.2.2 节中我们讲到反铁磁金属不但可以提供交换偏置作用[80]，同时也表现出了较强的自旋轨道矩效应。因此，研究人员寄希望于用反铁磁材料代替重金属来实现对铁磁层的无场翻转，这样也容易应用在自旋轨道矩磁隧道结器件中。在图 5.13(c) 所示的 PtMn/[Co/Ni] 结构中，由反铁磁材料 PtMn 产生的自旋霍尔效应引起的界面自旋积累提供了自旋轨道矩，并且能够翻转 [Co/Ni] 垂直磁各向异性多层膜的磁化方向，此外，PtMn/[Co/Ni] 界面产生的面内交换偏置场可以代替所需的面内辅助外磁场，从而实现无场翻转[56]。2016 年，OH 等[58]使用 IrMn 作为自旋轨道矩驱动层，通过图 5.13(d) 所示的双层结构，利用交换偏置场，也同样实现了无场自旋轨道矩翻转。但是也有实验表明界面交换偏置场在多次通入电流后会发生退化，这也是必须要解决的问题。

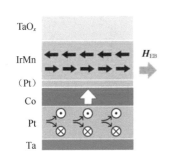

（a）利用反铁磁的交换偏置来代替面内辅助磁场

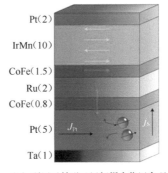

（b）利用反铁磁及层间耦合作用实现无外场辅助的自旋轨道矩翻转

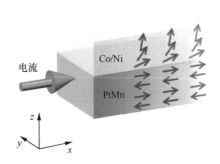

（c）PtMn 作自旋轨道矩驱动层同时提供交换偏置作用

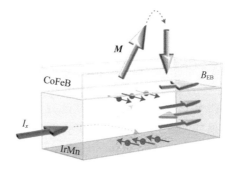

（d）IrMn 作自旋轨道矩驱动层同时提供交换偏置作用

图 5.13　利用反铁磁产生自旋轨道矩和交换偏置的自旋轨道矩无场翻转方式

5.3.4　自旋轨道矩与自旋转移矩协同器件

在典型的自旋轨道矩三端口器件中，数据写入操作是通过自旋轨道矩驱动磁性翻转来实现的。数据的读取操作则是通过施加一个垂直通过磁隧道结的小电流来完成的。加入自旋转移矩效应不但可以打破自旋轨道矩的对称性，同时无需引入任何特殊的器件结构和特殊材料，对于加工工艺也没有更多的要求。此外，在实现无场翻转的同时，利用这种协同效应还可以改善翻转速度，有效降低自旋轨道矩驱动电流，从而减小对 MgO 势垒层的损耗。

自旋轨道矩与自旋转移矩协同效应写入的过程如图 5.14 所示，其中 J_{SOT} 和 J_{STT} 分别流经 $-y$ 和 $\pm z$ 的方向。如图 5.14（a）所示，在垂直磁隧道结由反平行态向平行态翻转时，J_{SOT} 沿着 $-y$ 方向流经自旋轨道矩电极，同时在自由层和重金属界面产生自旋积累，积累的自旋对自由层产生的力矩作用将使得自由层由 $-z$ 方向偏转至 xy 平面。与此同时，J_{STT} 沿着 $+z$ 方向流经磁隧道结，自由层在自旋转移矩效应的作用下由 xy 平面翻转至 $+z$ 方向。同样地，在由平行态向反平行态翻转时，只需改为施加相反方向的 J_{STT}，而不需要改变 J_{SOT} 的方向，如图 5.14（b）所示。因此，在自旋轨道矩与自旋转移矩的协同效应下，垂直磁隧道结的状态主要由自旋转移矩电流的方向决定。

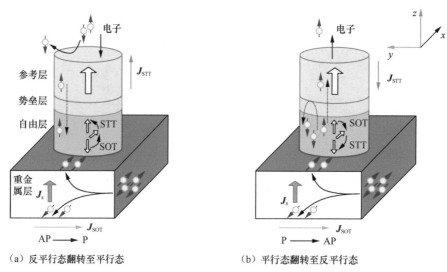

（a）反平行态翻转至平行态　　　　　　（b）平行态翻转至反平行态

图 5.14　自旋轨道矩与自旋转移矩的协同效应[81]

2018 年，北航研究团队对自旋轨道矩和自旋转移矩协同效应进行了实验验证[82]，实验结果如图 5.15 所示，该实验首先验证了在室温下三端口器件可以实现单独的自旋轨道矩和自旋转移矩翻转。如图 5.15（a）所示，自旋转移矩独立翻转使用 100 μs 的电流脉冲实现；如图 5.15（b）所示，自旋轨道矩翻转同样使用 100 μs 的电流脉冲，同时使用 ± 800 Oe 沿着自旋轨道矩电流方向的外加磁场辅助自旋轨道矩翻转，之后通过直流测量磁隧道结电阻状态。此时我们可以得到器件的自旋轨道矩翻转阈值电流密度约为 32.5 MA/cm^2。

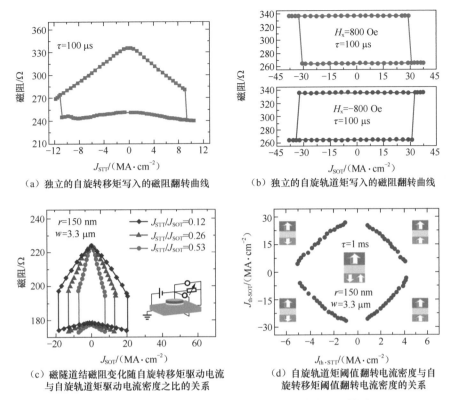

（a）独立的自旋转移矩写入的磁阻翻转曲线　　　　（b）独立的自旋轨道矩写入的磁阻翻转曲线

（c）磁隧道结磁阻变化随自旋转移矩驱动电流　　（d）自旋轨道矩阈值翻转电流密度与自
　　　与自旋轨道矩驱动电流密度之比的关系　　　　旋转移矩阈值翻转电流密度的关系

图 5.15　自旋轨道矩与自旋转移矩协同效应测试结果

　　而当同时施加自旋转移矩电流和自旋轨道矩电流时，通过控制自旋轨道矩驱动电流 J_{SOT} 和自旋转移矩驱动电流 J_{STT} 的比例，可以得到图 5.15（c）所示的结果：自旋轨道矩的阈值电流密度将随着自旋转移矩驱动电流密度与自旋轨道矩驱动电流密度的比值 J_{STT}/J_{SOT} 的增加而降低，也就是说自旋转移矩驱动电流的上升可以带来自旋轨道矩驱动电流的减小。图 5.15（d）所示为器件的自旋轨道矩阈值翻转电流密度与自旋转移矩阈值电流密度的关系，可以看到磁隧道结的磁阻状态主要由自旋转移矩电流的极性来决定，而不同方向的自旋轨道矩电流在一次翻转过程中起到的作用几乎是相同的。自旋轨道矩与自旋转移矩协同效应的写入方式相比于自旋转移矩效应极大提升了写入速度，第一次将其缩短至亚纳秒水平 [29,83]；同时，由于自旋轨道矩作用的辅助大幅减小了磁化翻转所需的通过 MgO 势垒层的电流密度，所以在降低器件功耗的同时，也增强了器件的可靠性，从而延长了器件的使用寿命。

　　基于自旋转移矩与自旋轨道矩的协同效应，研究人员进一步发现通过控制自旋轨道矩和自旋转移矩电流脉冲的施加顺序可以提升协同效应的写入效率 [84]。图 5.16 所示为拴锁式自旋协同矩（Toggle Spin Torque，TST）磁随机存储器的基本单元结构以及自旋轨道矩、自旋转移矩的脉冲电流写入序列：（1）在 T_1 期间，只施加自旋轨道矩驱动电流 I_{SOT} 用于扰动磁隧道结自由层的磁化方向；（2）在 T_2 过程中，开始施加 I_{STT} 驱动电流，此时自旋轨道矩与自旋转移矩效应共同作用，由于磁隧道结自由层在 T_1 已经被自旋轨道矩电流所扰动，因此自旋转移矩的预翻转时间被大大降低；（3）在 T_3 期间，I_{SOT} 被撤去，自旋转移矩电流继续驱动磁隧道结自由层完成翻转过程。

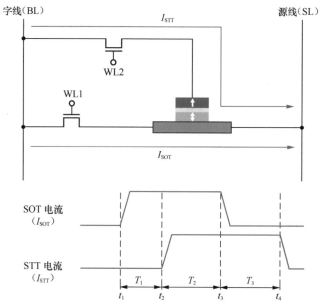

图 5.16　拴锁式自旋协同矩磁随机存储器驱动电路结构及自旋轨道矩与自旋转移矩写入电流时间序列

在自旋轨道矩磁随机存储器中应用拴锁式自旋协同矩的写入方式有以下优点：（1）自旋协同矩的写入方式要求两个驱动电流先后施加于自旋轨道矩单元，因此减少了错误写入的可能，增强了数据单元的选择性；（2）自旋协同矩实现了高效率的无场的自旋轨道矩翻转，通过自旋转移矩效应最终决定数据的写入状态；（3）因为写入方式基于协同效应，并且通过器件的驱动电流脉宽也较之单纯的自旋转移矩磁随机存储器更窄，因此可以提高磁隧道结器件的耐受性，有效延长其使用寿命。

5.3.5　自旋轨道矩与电压调控磁各向异性协同器件

电压调控磁各向异性（Voltage-Controlled Magnetic Anisotropy，VCMA）是另一种超低功耗的写入方式。2009 年，Maruyama 等[85] 发现在 MgO/Fe/Au 薄膜体系中施加一个较小的电场（<100 mV/nm）导致界面磁各向异性出现较大变化。第一性原理计算的结果也表明，在外加电场作用下，界面 Fe 原子的 3d 轨道占据态发生了变化。该变化与自旋轨道耦合效应的共同作用改变了界面处的磁各向异性[86]。随后，Wang 等[87-88] 在基于界面垂直磁各向异性的 CoFeB/MgO/CoFeB 薄膜体系中也观察到了电压调控磁各向异性现象，如图 5.17（a）所示。施加的电压在改变磁性层磁矩的易磁化轴的同时也导致磁矩在两个稳定状态间发生进动，从而使磁化状态翻转。实验结果表明，施加适当方向的外加电场可以有效降低界面垂直磁各向异性的能量势垒（E_b），从而降低写入操作所消耗的能量，如图 5.17（b）所示。由于将电压调控磁各向异性应用于数据写入只需要施加电压，同时数据读取过程中所需要施加的电流也较小，所以有望被用于设计高速、低功耗磁随机存储器[89-91]。然而，目前能够实现的电压调控磁各向异性效应还较弱，

基于 Ta/CoFeB/MgO 结构的电压调控磁各向异性系数的典型值只有 30 ～ 50 fJ/Vm，而且电压调控磁各向异性效应存在翻转极性强烈依赖于电流脉冲宽度的问题。但是，由于电压调控磁各向异性写入方式不需要电流驱动，所以该方法可以很好地与其他写入方式结合，在降低电压调控磁各向异性的控制电压的同时也可以降低其他协同工作方式的功耗[92-93]。

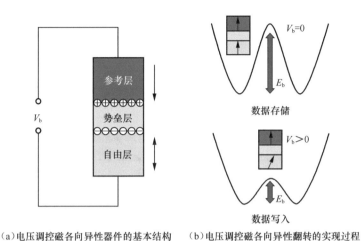

(a)电压调控磁各向异性器件的基本结构　　(b)电压调控磁各向异性翻转的实现过程

图 5.17　电压调控磁各向异性器件结构和基本原理

　　2016年，东芝首先提出了一种电压控制的自旋存储器的设计方案。采用这一结构时，通过自旋轨道矩电流和选通电压就能够实现对面内磁隧道结的状态控制[94]。这种设计通过电压调控磁各向异性和自旋轨道矩的结合实现了超低功耗的写入，并且在工艺层面上允许在同一个条状自旋轨道矩电极上集成多个磁隧道结，不仅实现了高效率的写入，同时也缓解了自旋轨道矩单元占用芯片面积过大的问题。但是，对于垂直磁隧道结，如何在该方案下实现无场数据写入仍然是一个难点。

　　2019 年，北航研究团队提出利用反铁磁 IrMn 提供交换偏置的同时作为自旋轨道矩驱动层，结合电压调控磁各向异性效应实现了垂直磁隧道结的低功耗无场写入[95]，器件结构如图 5.18（a）所示。研究团队同时对图 5.18（b）所示的 IrMn/CoFeB/MgO 体系霍尔器件进行了仿真和相应实验，实验中测得的电压调控磁各向异性与自旋轨道矩协同作用如图 5.18（c）所示，自旋轨道矩驱动阈值电流密度在 0.6 V 的门电压下都有着明显的减小。图 5.18（d）中的结果则表明，自旋轨道矩阈值电流密度与门控制电压成反比关系。实验中在 MgO 层施加 0.6 V 的门电压时，自旋轨道矩阈值电流密度相较于纯自旋轨道矩驱动下降了 49%（至 6.2 MA/cm^2），与仿真结果中门电压为 0.6 V 时自旋轨道矩阈值电流密度的下降幅度相近；值得注意的是，当门电压上升到 1.5V 时，仿真中的自旋轨道矩阈值电流密度下降了 93%，实现了超低功耗的自旋轨道矩翻转。

　　由于自旋轨道矩器件普遍使用三端口器件，与自旋转移矩两端口器件相比会占用较大的芯片面积，因此往往不利于高密度的芯片集成。与前述东芝提出的集成方案类似，北航研究团队提出了一种基于垂直磁隧道结自旋轨道矩翻转的类 NAND 结构的自旋存储器结构，称为 NAND-SPIN[96]。这种结构不仅可以兼容传统自旋轨道矩器件，同时还可以兼容自旋轨道矩 + 自旋转移矩和自旋轨道矩 + 电压调控磁各向异性这两种协同写入方式。北航研究团队基于这一结构提出了图 5.19 所示的电压调控自旋轨道矩磁随机存储器高密度集成方案。当在长条形 IrMn 电极上施加自旋轨道矩电流时，可以通过控制相应磁隧道结的门电压进行特定位选单元的数据写入。仿真表明，在 1.5 V 的门电压下，写入操作的功耗可以低至 6.2 fJ/bit。

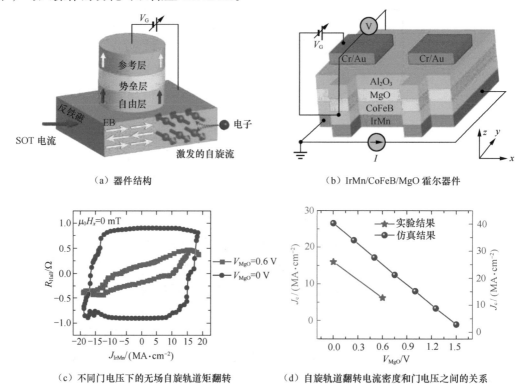

（a）器件结构　　　　　　　　　　　　　（b）IrMn/CoFeB/MgO 霍尔器件

（c）不同门电压下的无场自旋轨道矩翻转　　　（d）自旋轨道翻转电流密度和门电压之间的关系

图 5.18　电压调控磁各向异性与自旋轨道矩协同效应

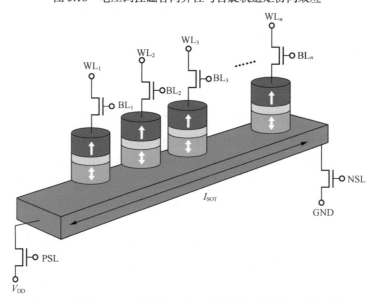

图 5.19　基于 NAND 结构的电控自旋轨道矩磁随机存储器结构

研究人员为了克服自旋轨道矩器件的自身限制提出了多种多样的解决办法，其中很多方案已经被工业界认可，并且制备出了高性能的器件，表 5.5 所示为目前不同方案下的器件性能对比。基于这些器件的电路结构和试验芯片将在第 13 章进行介绍。

表 5.5　自旋轨道矩器件对比

器件类型	倾角型面内器件	X 型面内器件	杂散场辅助垂直器件	SOT+STT 垂直器件	SOT+VCMA 面内器件
隧道结尺寸 /nm	L=315 W=88	L=400 W=100	60	146	L=240 W=80
隧穿磁阻率 /%	167	68	110	50	138
写入速度 /ns	0.35	0.2	0.35	0.8	50
阈值电流密度 J_c/(MA·cm^{-2})	23.6	7.3	126	25.4 和 4.3	−10 (−0.8 V)
热稳定性因子 Δ	70	—	48	—	—

5.4　本章小结

本章主要介绍了自旋轨道矩效应的基本物理机理、关键材料和不同的器件结构。在基本物理机理方面主要讨论了能够产生自旋轨道矩的两个主要效应：自旋霍尔效应和 Rashba-Edelstein 效应。并且详细分析了由自旋轨道矩效应和 Rashba-Edelstein 效应驱动磁化翻转的动力学过程。在材料方面介绍了自旋轨道矩研究中常见的非磁性重金属和前沿的拓扑绝缘体、反铁磁金属等。在自旋轨道矩器件方面总结了器件类型和重要的无外磁场辅助翻转方案。

目前，自旋轨道矩磁随机存储器虽然在自旋轨道矩翻转效率和垂直磁隧道结的无场翻转等方面还亟待优化和改进，但是其读写通道分离带来的高耐受性和可靠性，以及自旋轨道矩效应本身的高速翻转性能、超低的写入功耗等优点都使其有望成为下一代磁随机存储器。未来的自旋轨道矩磁随机存储器不仅可以代替芯片中的一级 / 二级缓存，而且三端口器件也为实现存内逻辑操作带来了电路设计上的便利。可以设想，自旋轨道矩的应用必将为磁随机存储器带来更进一步的性能提升和广阔的发展空间。

思考题

1. 请简述自旋轨道矩器件相对自旋转移矩器件的不同点和优缺点。

2. 请简述自旋霍尔效应和 Rashba-Edelstein 效应。

3. 请默写有自旋轨道矩参与的 LLG 方程，并画出空间示意图。

4. 请列举在自旋轨道矩体系中常用的材料并分类。

5. 请简述面内自旋轨道矩器件的典型结构。

6. 请列举在垂直磁隧道结中实现无外场辅助自旋轨道矩翻转的不同方案。

7. 请简述自旋转移矩与自旋轨道矩协同器件的结构和工作原理。

参考文献

[1] RAMASWAMY R, LEE J M, CAI K, et al. Recent advances in spin-orbit torques: moving towards device applications[J]. Applied Physics Reviews, 2018, 5(3). DOI: 10.1063/1.5041793.

[2] CHERNYSHOV A, OVERBY M, LIU X, et al. Evidence for reversible control of magnetization in a ferromagnetic material by means of spin-orbit magnetic field[J]. Nature Physics, 2009, 5(9): 656-659.

[3] MIRON I M, GAUDIN G, AUFFRET S, et al. Current-driven spin torque induced by the Rashba effect in a ferromagnetic metal layer[J]. Nature Materials, 2010, 9(3): 230-234.

[4] MIRON I M, GARELLO K, GAUDIN G, et al. Perpendicular switching of a single ferromagnetic layer induced by in-plane current injection[J]. Nature, 2011, 476(7359): 189-193.

[5] WANG H L, DU C H, PU Y, et al. Scaling of spin Hall angle in 3d, 4d, and 5d metals from $Y_3Fe_5O_{12}$/metal spin pumping[J]. Physical Review Letters, 2014, 112(19). DOI: 10.1103/PhysRevLett.112.197201.

[6] DYAKONOV M I, PEREL V I. Current-induced spin orientation of electrons in semiconductors[J]. Physics Letters A, 1971, 35(6): 459-460.

[7] HIRSCH J E. Spin Hall effect[J]. Physical Review Letters, 1999, 83(9). DOI: 10.1103/PhysRevLett.83.1834.

[8] ZHANG S. Spin Hall effect in the presence of spin diffusion[J]. Physical Review Letters, 2000, 85(2). DOI: 10.1103/PhysRevLett.85.393.

[9] KATO Y K, MYERS R C, GOSSARD A C, et al. Observation of the spin Hall effect in semiconductors[J]. Science, 2004, 306(5703): 1910-1913.

[10] LIU L, PAI C F, LI Y, et al. Spin-torque switching with the giant spin Hall effect of tantalum[J]. Science, 2012, 336(6081): 555-558.

[11] VIGNALE G. Ten years of spin Hall effect[J]. Journal of Superconductivity and Novel Magnetism, 2010, 23(1): 3-10.

[12] VALENZUELA S O, TINKHAM M. Direct electronic measurement of the spin Hall effect[J]. Nature, 2006, 442(7099): 176-179.

[13] ANDO K, TAKAHASHI S, IEDA J, et al. Inverse spin-Hall effect induced by spin pumping in metallic system[J]. Journal of Applied Physics, 2011, 109(10): 666-676.

[14] MANCHON A, KOO H C, NITTA J, et al. New perspectives for Rashba spin-orbit coupling[J]. Nature Materials, 2015, 14(9): 871-882.

[15] PUEBLA J, AUVRAY F, XU M, et al. Direct optical observation of spin accumulation at nonmagnetic metal/oxide interface[J]. Applied Physics Letters, 2017, 111(9). DOI: 10.1063/1.4990113.

[16] SÁNCHEZ J C R, VILA L, DESFONDS G, et al. Spin-to-charge conversion using Rashba coupling at the interface between non-magnetic materials[J]. Nature Communications, 2013, 4. DOI: 10.1038/ncomms3944.

[17] CICCARELLI C, HALS K M D, IRVINE A, et al. Magnonic charge pumping via spin-orbit coupling[J]. Nature Nanotechnology, 2015, 10(1): 50-54.

[18] KIM K W, SEO S M, RYU J, et al. Magnetization dynamics induced by in-plane currents in ultrathin magnetic nanostructures with Rashba spin-orbit coupling[J]. Physical Review B, 2012, 85(18). DOI: 10.1103/PhysRevB.85.180404.

[19] MANCHON A. Spin Hall effect versus Rashba torque: a diffusive approach[J]. arXiv Preprint. arXiv:1204.4869, 2012.

[20] HANEY P M, LEE H W, LEE K J, et al. Current induced torques and interfacial spin-orbit coupling: semiclassical modeling[J]. Physical Review B, 2013, 87(17). DOI: 10.1103/PhysRevB.87.174411.

[21] FUKAMI S, ANEKAWA T, ZHANG C, et al. A spin-orbit torque switching scheme with collinear magnetic easy axis and current configuration[J]. Nature Nanotechnology, 2016, 11(7): 621-625.

[22] ZHU D Q, ZHAO W S. Threshold current density for perpendicular magnetization switching through spin-orbit torque[J]. Physical Review Applied, 2020, 13(4). DOI: 10.1103/PhysRevApplied.13.044078.

[23] KIM J, SINHA J, HAYASHI M, et al. Layer thickness dependence of the current-induced effective field vector in Ta| CoFeB| MgO[J]. Nature Materials, 2013, 12(3): 240-245.

[24] GARELLO K, MIRON I M, AVCI C O, et al. Symmetry and magnitude of spin-orbit torques in ferromagnetic heterostructures[J]. Nature nanotechnology, 2013, 8(8): 587-593.

[25] QIU X, DEORANI P, NARAYANAPILLAI K, et al. Angular and temperature dependence of current induced spin-orbit effective fields in Ta/CoFeB/MgO nanowires[J]. Scientific Reports, 2014, 4. DOI: 10.1038/srep04491.

[26] HAYASHI M, KIM J, YAMANOUCHI M, et al. Quantitative characterization of the spin-orbit torque using harmonic Hall voltage measurements[J]. Physical Review B, 2014, 89(14). DOI: 10.1103/PhysRevB.89.144425.

[27] HAYASHI M, KIM J, YAMANOUCHI M, et al. Quantitative characterization of the spin-orbit torque using harmonic Hall voltage measurements[J]. Physical Review B, 2014, 89(14). DOI: 10.1103/PhysRevB.89.144425.

[28] FAN X, CELIK H, WU J, et al. Quantifying interface and bulk contributions to spin-orbit torque in magnetic bilayers[J]. Nature Communications, 2014, 5. DOI: 10.1038/ncomms4042.

[29] CAI W, SHI K, ZHUO Y, et al. Sub-ns field-free switching in perpendicular magnetic tunnel junctions by the interplay of spin transfer and orbit torques[J]. IEEE Electron Device Letters, 2021, 42(5): 704-707.

[30] LEE K S, LEE S W, MIN B C, et al. Threshold current for switching of a perpendicular magnetic layer induced by spin Hall effect[J]. Applied Physics Letters, 2013, 102(11). DOI: 10.1063/1.4798288.

[31] YAN S, BAZALIY Y B. Phase diagram and optimal switching induced by spin Hall effect in a perpendicular magnetic layer[J]. Physical Review B, 2015, 91(21). DOI: 10.1103/PhysRevB.91.214424.

[32] WANG Z, ZHAO W, DENG E, et al. Perpendicular-anisotropy magnetic tunnel junction switched by spin-Hall-assisted spin-transfer torque[J]. Journal of Physics D: Applied Physics, 2015, 48(6). DOI: 10.1088/0022-3727/48/6/065001.

[33] VAN DEN BRINK A, COSEMANS S, CORNELISSEN S, et al. Spin-Hall-assisted magnetic random access memory[J]. Applied Physics Letters, 2014, 104(1). DOI: 10.1063/1.4858465.

[34] ANDO K, TAKAHASHI S, HARII K, et al. Electric manipulation of spin relaxation using the spin Hall effect[J]. Physical Review Letters, 2008, 101(3). DOI: 10.1103/

PhysRevLett.101.036601.

[35] LIU L, MORIYAMA T, RALPH D C, et al. Spin-torque ferromagnetic resonance induced by the spin Hall effect[J]. Physical Review Letters, 2011, 106(3). DOI: 10.1103/PhysRevLett.106.036601.

[36] CHOI J G, LEE J W, PARK B G. Spin Hall magnetoresistance in heavy-metal/metallic-ferromagnet multilayer structures[J]. Physical Review B, 2017, 96(17). DOI: 10.1103/PhysRevB.96.174412.

[37] PAI C F, LIU L, LI Y, et al. Spin transfer torque devices utilizing the giant spin Hall effect of tungsten[J]. Applied Physics Letters, 2012, 101(12). DOI: 10.1063/1.4753947.

[38] RAMASWAMY R, QIU X, DUTTA T, et al. Hf thickness dependence of spin-orbit torques in Hf/CoFeB/MgO heterostructures[J]. Applied Physics Letters, 2016, 108(20). DOI: 10.1063/1.4951674.

[39] TORREJON J, KIM J, SINHA J, et al. Interface control of the magnetic chirality in CoFeB/MgO heterostructures with heavy-metal underlayers[J]. Nature Communications, 2014, 5(1). DOI: 10.1038/ncomms5655.

[40] HE P, QIU X, ZHANG V L, et al. Continuous tuning of the magnitude and direction of spin-orbit torque using bilayer heavy metals[J]. Advanced Electronic Materials, 2016, 2(9). DOI: 10.1002/aelm.201600210.

[41] MA Q, LI Y, GOPMAN D B, et al. Switching a perpendicular ferromagnetic layer by competing spin currents[J]. Physical Review Letters, 2018, 120(11). DOI: 10.1103/PhysRevLett.120.117703.

[42] NGUYEN M H, PAI C F, NGUYEN K X, et al. Enhancement of the anti-damping spin torque efficacy of platinum by interface modification[J]. Applied Physics Letters, 2015, 106(22). DOI: 10.1063/1.4922084.

[43] PAI C F, NGUYEN M H, BELVIN C, et al. Enhancement of perpendicular magnetic anisotropy and transmission of spin-Hall-effect-induced spin currents by a Hf spacer layer in W/Hf/CoFeB/MgO layer structures[J]. Applied Physics Letters, 2014, 104(8). DOI: 10.1063/1.4866965.

[44] NIIMI Y, SUZUKI H, KAWANISHI Y, et al. Extrinsic spin Hall effects measured with lateral spin valve structures[J]. Physical Review B, 2014, 89(5). DOI: 10.1103/PhysRevB.89.054401.

[45] NIIMI Y, KAWANISHI Y, WEI D H, et al. Giant spin Hall effect induced by skew scattering from bismuth impurities inside thin film CuBi alloys[J]. Physical Review Letters, 2012, 109(15). DOI: 10.1103/PhysRevLett.109.156602.

[46] NIIMI Y, MOROTA M, WEI D H, et al. Extrinsic spin Hall effect induced by iridium impurities in copper[J]. Physical Review Letters, 2011, 106(12). DOI: 10.1103/PhysRevLett.106.126601.

[47] YAMANOUCHI M, CHEN L, KIM J, et al. Three terminal magnetic tunnel junction utilizing the spin Hall effect of iridium-doped copper[J]. Applied Physics Letters, 2013, 102(21). DOI: 10.1063/1.4808033.

[48] TAKIZAWA S, KIMATA M, OMORI Y, et al. Spin mixing conductance in Cu-Ir dilute alloys[J]. Applied Physics Express, 2016, 9(6). DOI: 10.7567/APEX.9.063009.

[49] RAMASWAMY R, WANG Y, ELYASI M, et al. Extrinsic spin Hall effect in $Cu_{1-x}Pt_x$[J]. Physical Review Applied, 2017, 8(2). DOI: 10.1103/PhysRevApplied.8.024034.

[50] ZOU L K, WANG S H, ZHANG Y, et al. Large extrinsic spin Hall effect in Au-Cu alloys by extensive atomic disorder scattering[J]. Physical Review B, 2016, 93(1). DOI: 10.1103/PhysRevB.93.014422.

[51] WU J, ZOU L, WANG T, et al. Spin Hall angle and spin diffusion length in Au-Cu alloy[J]. IEEE Transactions on Magnetics, 2016, 52(7). DOI: 10.1109/TMAG.2016.2522938.

[52] WEN Y, WU J, LI P, et al. Temperature dependence of spin-orbit torques in Cu-Au alloys[J]. Physical Review B, 2017, 95(10). DOI: 10.1103/PhysRevB.95.104403.

[53] GU B, SUGAI I, ZIMAN T, et al. Surface-assisted spin Hall effect in Au films with Pt impurities[J]. Physical Review Letters, 2010, 105(21). DOI: 10.1103/PhysRevLett.105.216401.

[54] LACZKOWSKI P, FU Y, YANG H, et al. Large enhancement of the spin Hall effect in Au by side-jump scattering on Ta impurities[J]. Physical Review B, 2017, 96(14). DOI: 10.1103/PhysRevB.96.140405.

[55] ZHU L, RALPH D C, BUHRMAN R A. Highly efficient spin-current generation by the spin Hall effect in $Au_{1-x}Pt_x$[J]. Physical Review Applied, 2018, 10(3). DOI: 10.1103/PhysRevApplied.10.031001.

[56] FUKAMI S, ZHANG C, DUTTAGUPTA S, et al. Magnetization switching by spin-orbit torque in an antiferromagnet-ferromagnet bilayer system[J]. Nature Materials, 2016, 15(5): 535-541.

[57] WU D, YU G, CHEN C T, et al. Spin-orbit torques in perpendicularly magnetized $Ir_{22}Mn_{78}/Co_{20}Fe_{60}B_{20}/MgO$ multilayer[J]. Applied Physics Letters, 2016, 109(22). DOI: 10.1063/1.4968785.

[58] OH Y W, BAEK S C, KIM Y M, et al. Field-free switching of perpendicular magnetization through spin-orbit torque in antiferromagnet/ferromagnet/oxide structures[J]. Nature Nanotechnology, 2016, 11(10): 878-884.

[59] ZHANG W, HAN W, YANG S H, et al. Giant facet-dependent spin-orbit torque and spin Hall conductivity in the triangular antiferromagnet $IrMn_3$[J]. Science Advances, 2016, 2(9). DOI: 10.1126/sciadv.1600759.

[60] KIMATA M, CHEN H, KONDOU K, et al. Magnetic and magnetic inverse spin Hall effects in a non-collinear antiferromagnet[J]. Nature, 2019, 565(7741): 627-630.

[61] NAKATSUJI S, KIYOHARA N, HIGO T. Large anomalous Hall effect in a non-collinear antiferromagnet at room temperature[J]. Nature, 2015, 527(7577): 212-215.

[62] CHEN H, NIU Q, MACDONALD A H. Anomalous Hall effect arising from noncollinear antiferromagnetism[J]. Physical Review Letters, 2014, 112(1). DOI: 10.1103/PhysRevLett.112.017205.

[63] LIU Z Q, CHEN H, WANG J M, et al. Electrical switching of the topological anomalous Hall effect in a non-collinear antiferromagnet above room temperature[J]. Nature Electronics, 2018, 1(3): 172-177.

[64] SÜRGERS C, KITTLER W, WOLF T, et al. Anomalous Hall effect in the noncollinear antiferromagnet Mn_5Si_3[J]. AIP Advances, 2016, 6(5). DOI: 10.1063/1.4943759.

[65] TAKEUCHI Y, YAMANE Y, YOON J Y, et al. Chiral-spin rotation of non-collinear antiferromagnet by spin-orbit torque[J]. Nature Materials, 2021, 2: 1364-1370.

[66] MOORE J E. The birth of topological insulators[J]. Nature, 2010, 464(7286): 194-198.

[67] LI C H, VAN'T ERVE O M J, LI Y Y, et al. Electrical detection of the helical spin texture in a p-type topological insulator Sb_2Te_3[J]. Scientific Reports, 2016, 6. DOI: 10.1038/srep29533.

[68] QI X L, ZHANG S C. Topological insulators and superconductors[J]. Reviews of Modern Physics, 2011, 83(4): 1057-1110.

[69] MELLNIK A R, LEE J S, RICHARDELLA A, et al. Spin-transfer torque generated

by a topological insulator[J]. Nature, 2014, 511(7510): 449-451.

[70] WANG Y, DEORANI P, BANERJEE K, et al. Topological surface states originated spin-orbit torques in Bi_2Se_3[J]. Physical Review Letters, 2015, 114(25). DOI: 10.1103/PhysRevLett.114.257202.

[71] FAN Y, UPADHYAYA P, KOU X, et al. Magnetization switching through giant spin-orbit torque in a magnetically doped topological insulator heterostructure[J]. Nature Materials, 2014, 13(7): 699-704.

[72] KHANG N H D, UEDA Y, HAI P N. A conductive topological insulator with large spin Hall effect for ultralow power spin-orbit torque switching[J]. Nature Materials, 2018, 17(9): 808-813.

[73] MAHENDRA D C, GRASSI R, CHEN J Y, et al. Room-temperature high spin-orbit torque due to quantum confinement in sputtered $Bi_xSe_{(1-x)}$ films[J]. Nature Materials, 2018, 17(9): 800-807.

[74] ROSCHEWSKY N, WALKER E S, GOWTHAM P, et al. Spin-orbit torque and Nernst effect in Bi-Sb/Co heterostructures[J]. Physical Review B, 2019, 99(19). DOI: 10.1103/PHYSREVB.99.195103.

[75] HONJO H, NGUYEN T V A, WATANABE T, et al. First demonstration of field-free SOT-MRAM with 0.35 ns write speed and 70 thermal stability under 400℃ thermal tolerance by canted SOT structure and its advanced patterning/SOT channel technology[C]//2019 IEEE International Electron Devices Meeting. Piscataway, USA: IEEE, 2019. DOI: 10.1109/IEDM19573.2019.8993443.

[76] ZHANG C, TAKEUCHI Y, FUKAMI S, et al. Field-free and sub-ns magnetization switching of magnetic tunnel junctions by combining spin-transfer torque and spin-orbit torque[J]. Applied Physics Letters, 2021, 118(9). DOI: 10.1063/5.0039061.

[77] ZHAO Z, SMITH A K, JAMALI M, et al. External-field-free spin Hall switching of perpendicular magnetic nanopillar with a dipole-coupled composite structure[J]. Materials Science, 2016. arXiv:1603.09624.

[78] GARELLO K, YASIN F, HODY H, et al. Manufacturable 300mm platform solution for field-free switching SOT-MRAM[C]// 2019 Symposium on VLSI Technology. Piscataway, USA: IEEE, 2019: T194-T195.

[79] VAN DEN BRINK A, VERMIJS G, SOLIGNAC A, et al. Field-free magnetization reversal by spin-Hall effect and exchange bias[J]. Nature Communications, 2016, 7.

DOI: 10.1038/ncomms10854.

[80] LAU Y C, BETTO D, RODE K, et al. Spin-orbit torque switching without an external field using interlayer exchange coupling[J]. Nature Nanotechnology, 2016, 11(9): 758-762.

[81] BARLA P, JOSHI V K, BHAT S. Spintronic devices: a promising alternative to CMOS devices[J]. Journal of Computational Electronics, 2020, 20:805-837.

[82] WANG M, CAI W, ZHU D, et al. Field-free switching of a perpendicular magnetic tunnel junction through the interplay of spin-orbit and spin-transfer torques[J]. Nature Electronics, 2018, 1(11): 582-588.

[83] GRIMALDI E, KRIZAKOVA V, SALA G, et al. Single-shot dynamics of spin-orbit torque and spin transfer torque switching in three-terminal magnetic tunnel junctions[J]. Nature Nanotechnology, 2020, 15(2): 111-117.

[84] WANG Z, ZHOU H, WANG M, et al. Proposal of toggle spin torques magnetic RAM for ultrafast computing[J]. IEEE Electron Device Letters, 2019, 40(5): 726-729.

[85] MARUYAMA T, SHIOTA Y, NOZAKI T, et al. Large voltage-induced magnetic anisotropy change in a few atomic layers of iron[J]. Nature Nanotechnology, 2009, 4(3): 158-161.

[86] NIRANJAN M K, DUAN C G, JASWAL S S, et al. Electric field effect on magnetization at the Fe/MgO (001) interface[J]. Applied Physics Letters, 2010, 96(22). DOI: 10.1063/1.3443658.

[87] WANG W G, LI M, HAGEMAN S, et al. Electric-field-assisted switching in magnetic tunnel junctions[J]. Nature Materials, 2012, 11(1): 64-68.

[88] WANG W G, CHIEN C L. Voltage-induced switching in magnetic tunnel junctions with perpendicular magnetic anisotropy[J]. Journal of Physics D: Applied Physics, 2013, 46(7). DOI: 10.1088/0022-3727/46/7/074004.

[89] SHIOTA Y, MIWA S, NOZAKI T, et al. Pulse voltage-induced dynamic magnetization switching in magnetic tunneling junctions with high resistancearea product[J]. Applied Physics Letters, 2012, 101.DOI: 10.1063/1.4751035.

[90] LEE H, ALZATE J G, DORRANCE R, et al. Design of a fast and low-power sense amplifier and writing circuit for high-speed MRAM[J]. IEEE Transactions on Magnetics, 2015, 51(5). DOI: 10.1109/TMAG.2014.2367130.

[91] GREZES C, EBRAHIMI F, ALZATE J G, et al. Ultra-low switching energy and scaling in electric-field-controlled nanoscale magnetic tunnel junctions with high resistance-area product[J]. Applied Physics Letters, 2016, 108. DOI: 10.1063/1.4939446.

[92] ENDO M, KANAI S, IKEDA S, et al. Electric-field effects on thickness dependent magnetic anisotropy of sputtered $MgO/Co_{40}Fe_{40}B_{20}/Ta$ structures[J]. Applied Physics Letters, 2010, 96. DOI: 10.1063/1.3429592.

[93] ALZATE J G, KHALILI AMIRI P, YU G, et al. Temperature dependence of the voltage-controlled perpendicular anisotropy in nanoscale MgO|CoFeB|Ta magnetic tunnel junctions[J]. Applied Physics Letters, 2014, 104. DOI: 10.1063/1.4869152.

[94] YODA H, SHIMOMURA N, OHSAWA Y, et al. Voltage-control spintronics memory (VoCSM) having potentials of ultra-low energy-consumption and high-density[C]//2016 IEEE International Electron Devices Meeting. Piscataway, USA: IEEE, 2016. DOI: 10.1109/IEDM.2016.7838495.

[95] PENG S Z, LU J Q, LI W X, et al. Field-free switching of perpendicular magnetization through voltage-gated spin-orbit torque[C]//2019 IEEE International Electron Devices Meeting. Piscataway, USA: IEEE, 2019. DOI: 10.1109/IEDM19573.2019.8993513.

[96] WANG Z, ZHANG L, WANG M, et al. High-density NAND-like spin transfer torque memory with spin orbit torque erase operation[J]. IEEE Electron Device Letters, 2018, 39(3): 343-346.

第 6 章　自旋纳米振荡器

通过第 4 章和第 5 章的介绍，大家已经对自旋矩的来源有了一定的了解。磁性多层膜器件中的电子电流可以将自旋角动量从一个磁性层传输至另一个磁性层，从而对局域磁矩施加力矩。当磁矩所受各个力矩的大小和方向满足一定条件时，磁矩能稳定地以吉赫兹量级的频率发生持续振荡；而磁矩的高频进动又会使器件电阻产生快速且周期性的变化，最后体现为输出相应频率量级的交流电压信号，如图 6.1 所示。这一利用磁矩稳定进动输出微波信号（交流电压信号）的器件称为自旋纳米振荡器，是本章将主要介绍的一类新型微波器件。自旋纳米振荡器的频率和功率可以通过电流和磁场高度调谐，是目前开发的最小的微波振荡器之一，在未来无线通信、微波源和微波探测等领域具有广阔的应用前景[1-12]。此外，自旋纳米振荡器在很多新型电子器件中扮演了重要的角色。例如，自旋纳米振荡器的输出具有非线性的特征，可以应用于新型计算芯片（神经网络计算和识别）；自旋纳米振荡器在输出交变电压信号的同时还会产生微波磁场，可以用于超高密度存储器的研发（相关内容在第 12 章进行详细介绍）。本章将详细介绍自旋纳米振荡器的原理、结构以及振荡模式，结合典型的应用场景讨论其关键的性能指标和改善方式。

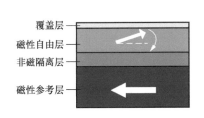
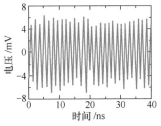

（a）典型的自旋纳米振荡器的结构　　（b）磁矩稳定进动使电压信号随时间变化

图 6.1　自旋纳米振荡器可以输出稳定的微波信号

本章重点

知识要点	能力要求
自旋纳米振荡器概述	（1）了解自旋纳米振荡器的结构分类； （2）了解自旋纳米振荡器中不同的磁矩振荡模式
自旋纳米振荡器的关键性能	了解自旋纳米振荡器的关键性能参数
基于自旋纳米振荡器的潜在应用	了解自旋纳米振荡器在类脑计算以及其他重点领域的应用
自旋纳米振荡器存在的问题与解决方案	（1）了解自旋纳米振荡器性能上的缺陷以及可能的解决方案； （2）了解自旋纳米振荡器在集成化过程中面临的问题以及可能的解决方案

6.1　自旋纳米振荡器概述

前面提到，磁矩的稳定进动是自旋纳米振荡器输出微波信号的根本原因，然而在不同的器件结构以及磁矩进动模式下，自旋纳米振荡器的工作原理和微波信号特征又有着诸多的不同，在这一节我们将分别具体介绍。

6.1.1　自旋纳米振荡器的工作原理

自旋纳米振荡器是自旋电子学的一个重要器件应用。相比于聚焦在静态特性和翻转特性的磁随机存储器而言，自旋纳米振荡器关注的是磁矩的进动行为。

自旋纳米振荡器主要分为两大类：自旋转移纳米振荡器（Spin-Transfer Nano-Oscillator，STNO）和自旋霍尔纳米振荡器（Spin-Hall Nano-Oscillator，SHNO）。两者的主要差别在于自旋矩的来源。自旋转移纳米振荡器的核心结构由磁性参考层、非磁间隔层和磁性自由层组成，工作电流则沿着垂直于膜面的方向流过器件。首先，磁性参考层会将电流极化为自旋流；接着，当自旋流通过非磁间隔层到达磁性自由层后，磁性自由层的磁矩会受到自旋转移矩的作用离开稳定位置产生进动，进而引起器件电阻发生周期性变化，产生高频微波信号[7-8]。自旋霍尔纳米振荡器则利用自旋轨道矩效应激发磁矩进动，其结构通常为磁性自由层/非磁性重金属层这样的双层膜结构。通过各向异性磁阻效应将磁矩进动转换为微波电压信号[9]。

无论是自旋转移纳米振荡器还是自旋霍尔纳米振荡器，其磁矩进动的动力学本质都能通过 LLG 方程来描述。LLG 方程已经在第 4 章做了详尽介绍，这里不再赘述。图 6.2 所示为磁矩在不同受力情况下的动力学状态，唯象地展现了磁矩稳定进动的形成过程。

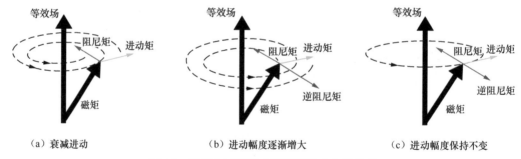

（a）衰减进动　　　　　　　　（b）进动幅度逐渐增大　　　　　　（c）进动幅度保持不变

图 6.2　磁矩在不同受力情况下的动力学状态

根据传统的磁矩进动理论，磁矩偏离平衡态时会受到一个切向的力矩作用，称为进动矩，继而围绕等效场发生进动行为；同时，磁矩还将受到一个驱使其回到平衡态的法向力矩，称为阻尼矩。在这两种力矩的共同作用下，磁矩在进动的同时会很快衰减恢复到平衡态，如图 6.2(a) 所示。这一过程可以想象为固定在磁矩顶端的一个小球通过一段长度一定的绳子系在垂直方向的直杆上，当小球围绕直杆做圆周运动时，绳子逐渐缠绕于直杆上，收紧变短，最终将小球拉至直杆所处位置。由于磁矩在外磁场下的进动行为通常是吉赫兹量级的频率范围，所以这一衰减过程处于纳秒量级。

进一步考虑引入稳定的极化自旋流的情况。极化自旋流对局域磁矩产生逆阻尼矩，其大小和方向都能通过调控电流改变。当逆阻尼矩和阻尼矩反向且大于阻尼矩时，磁矩进动的同时也向着进一步偏离平衡位置的方向移动，最终发生磁矩的翻转，如图 6.2（b）所示；当逆阻尼矩的大小刚好能抵消阻尼矩的作用时，磁矩将以某一特定频率围绕等效场稳定进动，如图 6.2（c）所示，这就是自旋纳米振荡器的基本原理。

6.1.2　自旋纳米振荡器的基本结构

如前面所述，依据激发机制的不同，自旋纳米振荡器可分为自旋转移纳米振荡器和自旋霍尔纳米振荡器，二者具有不同的结构体系，下面对其分别加以介绍。

1. 自旋转移纳米振荡器的结构

如图 6.3 所示，自旋转移纳米振荡器主要分为四种不同的结构类型：点接触型、纳米接触型、纳米柱型和混合结构型 [12]。

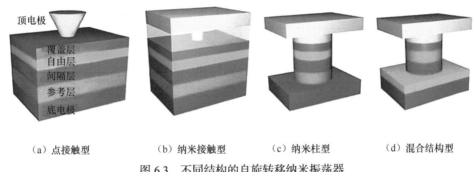

（a）点接触型　　　（b）纳米接触型　　　（c）纳米柱型　　　（d）混合结构型

图 6.3　不同结构的自旋转移纳米振荡器

在微纳加工技术发展早期，制备具有完整电测试结构的纳米器件非常困难，电流的注入往往需要通过金属探针和多层膜表面的接触来实现，即形成所谓的点接触型结构。探针的尺寸非常小，通常在 100 nm² 左右。

在光刻技术成熟之后，纳米接触型结构替代了点接触型结构，其制备方法是在磁性多层膜表面沉积一层绝缘介质，通过电子束曝光和刻蚀，在介质层上打开百纳米左右直径的缺口，最后再沉积金属电极，形成结构完整的微波器件。2004 年，Rippard 等 [13] 制备出了直径为 40 nm 的圆形纳米接触型 $Co_{90}Fe_{10}/Cu/Ni_{80}Fe_{20}$ 自旋转移纳米振荡器，并在其中观测到了频率高达 38 GHz 的微波发射。纳米接触型和点接触型的结构非常类似，由于二者的材料膜层都未经过微纳加工，所以激励电流注入到薄膜后的横向扩散效应非常明显，导致局域电流密度较低。

纳米柱型结构则很好地解决了局域电流密度较低这一问题。通过将磁性多层膜加工成纳米尺寸的圆柱，电流得以被局限于很小的体积之内，从而注入较小的电流即可获得较高的电流密度，驱动磁矩稳定进动或翻转。2003 年，Kiselev 等 [7] 采用电子束光刻技术成功制备出了椭圆形截面的纳米柱器件，从实验上直接观测到了自旋极化电流激发的微波发射现象。

纳米柱型自旋转移纳米振荡器也存在着一些缺点，比如微纳加工不可避免地带来一些结构瑕疵，导致局部磁矩进动模式出现差异。同时，由于器件尺寸很小，其热稳定性也会较差。以上问题都会导致较大的微波信号噪声。

　　混合结构型自旋转移纳米振荡器结合了纳米接触型和纳米柱型结构的优点，通过较为复杂的微纳加工流程，将一部分膜层加工成纳米柱状结构而保留磁性自由层的完整性。最近，Maehara 等[14] 成功制备出了混合结构型自旋转移纳米振荡器，如图 6.4 所示。这种器件的覆盖层被加工成纳米尺寸的柱体，其他膜层则均为完整的薄膜。由于覆盖层的大部分材料都被刻蚀殆尽，电流的横向扩散效应被明显地削弱。混合结构型自旋转移纳米振荡器既拥有较高的电流利用效率，同时还能输出高品质的微波信号。

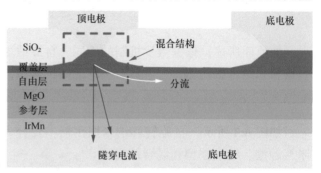

图 6.4　混合结构型自旋转移纳米振荡器的截面

　　自旋转移纳米振荡器的核心膜层通常为磁性层 / 非磁隔离层 / 磁性层三层结构。其中一个磁性层为磁性自由层，矫顽力较低，易于翻转；另一个磁性层为磁性参考层，具有较高的矫顽力，磁矩非常稳定；自旋转移纳米振荡器的隔离层可以为金属材料，形成自旋阀结构，也可选用绝缘材料，构成磁隧道结结构。通过选择不同的磁性层材料，可形成不同的铁磁层间磁化相对取向，如图 6.5 所示，自旋转移纳米振荡器可分为面内磁化、正交磁化、垂直磁化和倾斜磁化四种类型。

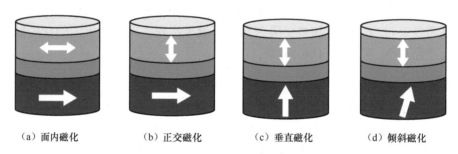

（a）面内磁化　　　　（b）正交磁化　　　　（c）垂直磁化　　　　（d）倾斜磁化

图 6.5　不同磁化结构的自旋转移纳米振荡器
▨ 覆盖层　▨ 磁性自由层　▨ 非磁隔离层　■ 磁性参考层

　　早期的实验研究主要集中于面内磁化的自旋转移纳米振荡器，其磁性自由层和磁性参考层均具有面内磁各向异性。钴（Co）、钴铁合金（CoFe）以及镍铁合金（NiFe）是常用的具有面内磁各向异性的材料。面内磁化的自旋转移纳米振荡器的弊端在于自由层磁矩进动时，其相对于参考层磁矩的夹角 θ 基本不变或变化很小，如图 6.6 所示。此外，较大的注入电流还有可能使磁矩翻转。因此，为了输出稳定且可观的微波信号，面内磁化的自旋转移纳米振荡器往往依赖于一定大小的偏置外磁场。

　　顾名思义，垂直磁化的自旋转移纳米振荡器的磁性自由层和磁性参考层具有垂直磁各向异性。相比于面内磁化的自旋转移纳米振荡器，垂直磁化的自旋转移纳米振荡器具有更好的热稳定性，而且可以制备成更小尺寸的器件。Co/Pt、Co/Ni 和 Co/Pd 多层膜是常见的具有较强垂直磁各向异性的材料。不过，和面内磁化的自旋转移纳米振荡器相同，这种器件结构依然依赖于外加磁场才能有效输出较大功率的微波信号。

（a）面内自旋转移纳米振荡器膜层结构　　（b）面内自旋转移纳米振荡器的磁矩状态

图 6.6　面内磁化的自旋转移纳米振荡器在无外加磁场下的进动模型

在正交磁化的自旋转移纳米振荡器中，磁性自由层和磁性参考层的磁矩互相垂直。

2013 年，Houssameddine 等 [15] 研制出了正交磁化的自旋转移纳米振荡器。他们利用 Co/Pt 多层膜作为参考层、FeNi 作为自由层，如图 6.7 所示，实现了无磁场条件下的微波信号输出。

倾斜磁化的自旋转移纳米振荡器的磁性自由层或参考层的磁矩不完全垂直或指向面内，满足自由层和参考层磁矩的不对称条件，同正交磁化的自旋转移纳米振荡器一样，

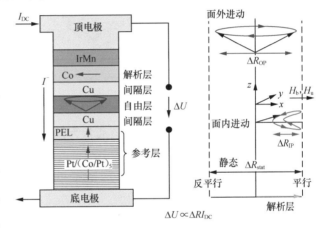

图 6.7　正交磁化的自旋转移纳米振荡器

可以实现无磁场下的微波信号输出。目前，倾斜磁化的自旋转移纳米振荡器的制备主要利用层间耦合效应改变面内或垂直磁矩的平衡状态，从而实现磁矩的倾斜。此外，由于倾斜的磁矩同时具有面内分量和垂直分量，这意味着通过改变层间耦合的强度还可以调控自旋转移纳米振荡器的静态基础电阻，优化微波信号的输出特性，具有很大的灵活性。

2. 自旋霍尔纳米振荡器的结构

自旋霍尔纳米振荡器同样具有四种不同的结构 [12]，如图 6.8 所示。

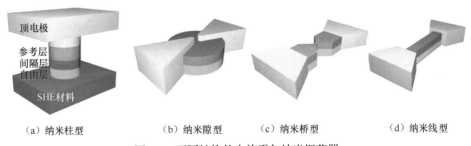

（a）纳米柱型　　　　　（b）纳米隙型　　　　（c）纳米桥型　　　　（d）纳米线型

图 6.8　不同结构的自旋霍尔纳米振荡器

三端纳米柱型自旋霍尔纳米振荡器和双端纳米柱型自旋转移纳米振荡器非常类似，核心仍然为自旋阀或者磁隧道结。不同之处在于，纳米柱型自旋霍尔振荡器中磁性自由层和一重金属层相邻，施加于重金属层的面内电流通过自旋霍尔效应产生极化自旋流激发近邻自由层磁矩的进动。2012 年，Liu 等[16] 制备了基于 Ta (6 nm)/$Co_{40}Fe_{40}B_{20}$ (1.5 nm)/MgO (1.2 nm)/$Co_{40}Fe_{40}B_{20}$ (4 nm)/Ta (5 nm)/Ru (5 nm) 膜层结构的三端纳米柱型自旋霍尔纳米振荡器，其器件结构及电学测试结构如图 6.9 所示。由于激励电流不直接通过磁隧道结，所以相比于传统的纳米柱型自旋转移纳米振荡器，三端纳米柱型自旋霍尔纳米振荡器不存在大电流导致的器件击穿问题，具有更好的可靠性。

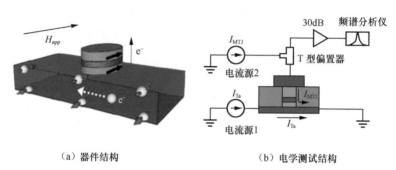

（a）器件结构　　　　　　（b）电学测试结构

图 6.9　三端纳米柱型自旋霍尔纳米振荡器

纳米隙型自旋霍尔纳米振荡器通常为铁磁/重金属双层膜结构，通过同一平面两个间距只有百纳米量级尺寸的电极注入电流，产生局域高电流密度，进而激发铁磁层磁矩的稳定进动。2012 年，Demidov 等[17] 借助布里渊光散射（Brillouin light scattering，BLS）光谱仪在 Py (5 nm)/Pt (8 nm) 双层膜结构中首次直接观测到了磁矩的进动状态。如图 6.10 所示，纳米隙型自旋霍尔振荡器结构简单，易于制备。此外，由于其磁性层为完整薄膜，这一类型的振荡器的磁矩动力学模式较为统一，可以输出高品质的微波信号。

纳米桥型自旋霍尔纳米振荡器和纳米隙自旋霍尔纳米振荡器的膜层结构完全相同，二者之间的差异只是前者部分区域的膜层被加工成纳米尺寸的宽度以增加局域电流密度，产生较强的自旋霍尔效应。2014 年，Demidov 等[18] 制备出膜层结构为 Py (5 nm)/Pt (8 nm) 的纳

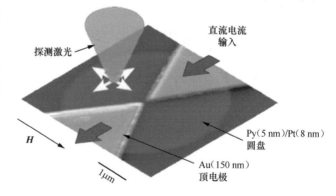

图 6.10　首个纳米隙型自旋霍尔纳米振荡器

米桥型自旋霍尔纳米振荡器，如图 6.11 所示。借助各向异性磁阻效应，室温下的纳米桥型自旋霍尔纳米振荡器可以输出线宽为 6.2 MHz 的微波信号。然而，由于各向异性磁阻变化率通常很低，双层膜结构的自旋霍尔纳米振荡器输出功率通常仅能达到 pW 量级。

2014 年，Duan 等[19] 首次制备出纳米线型自旋霍尔纳米振荡器。如图 6.12 所示，

器件的铁磁层和重金属层均被加工成纳米宽度的条带，并在两端与电极相连。这一类型振荡器的磁矩进动机制和微波输出信号特征与前面介绍的双层膜自旋霍尔纳米振荡器类似。这里不做进一步介绍。

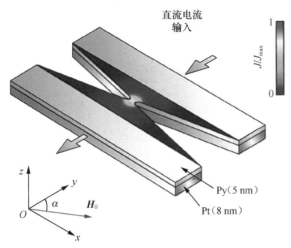

图 6.11　纳米桥自旋霍尔振荡器

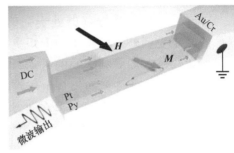

图 6.12　纳米线自旋霍尔纳米振荡器

6.1.3　自旋纳米振荡器的振荡模式

除了均匀一致的磁矩进动外，自旋纳米振荡器中铁磁层磁矩还会表现出一些特殊的进动模式[12]，如表 6.1 所示。这依赖于自旋纳米振荡器的器件结构、铁磁层的材料性质和外加磁场的强度及角度等诸多因素。

表 6.1　自旋纳米振荡器中特殊的磁矩动力学模式

特殊的进动模式	局域弹壳型	传播型自旋波	磁滴孤子	磁涡旋
磁化结构	多为面内磁化	多为面内磁化	垂直磁化	面内磁化
频率	高（几十吉赫兹）	高（几十吉赫兹）	高（几十吉赫兹）	低（0.1～2 吉赫兹）
功率	较高	低	较高	高（可达 10 μW）

纳米柱型自旋转移纳米振荡器中的磁矩动力学模式多为均匀进动及磁涡旋进动。其形成主要取决于磁性自由层的尺寸（直径和厚度）以及外加磁场的强度。当磁性自由层尺寸较大、外加磁场较小时，磁性自由层磁矩间的交换相互作用无法维持整体的同频同幅进动，磁矩将会呈现核心直径约为 10 nm 的涡旋状排布。这种磁矩振荡的模式被称为磁涡旋（Vortex），涡旋中心处磁矩垂直膜面向上或向下，称为磁涡旋的极性；中心区域之外的磁矩倒向面内，围绕涡旋核顺时针或逆时针方向卷曲，称为磁涡旋的手征特性。2007 年，Pribiag 等[20] 首次在 $Ni_{81}Fe_{19}Cu$ (60 nm)/Cu (40 nm)/$Ni_{81}Fe_{19}Cu$ (5 nm) 自旋阀自旋转移纳米振荡器中观测到了磁涡旋带来的微波信号输出，并将涡旋态的产生归因于较厚的 $Ni_{81}Fe_{19}Cu$ 自由层。

器件输出微波信号的线宽低至 10 MHz，并且具有较高的的品质因子（$f/\Delta f > 4000$）。

2016 年，Tsunegi 等[21] 在 CoFeB (1.6 nm)/CoFe (0.8 nm)/MgO (1.0 nm)/Co$_{70}$Fe$_{30}$ (0.5 nm)/FeB (3.0 nm)/Co$_{70}$Fe$_{30}$ (0.5 nm)/MgO (1.0 nm) 磁隧道结结构中实现了高达 150% 的隧穿磁阻率。基于此膜层结构的自旋转移纳米振荡器（见图 6.13）同样具有磁涡旋进动的特征，其微波信号输出功率高达 10 μW，和目前商用的晶体振荡器输出功率相近，也是目前自旋纳米振荡器达到的最高输出功率。

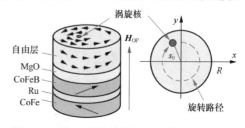

图 6.13 基于磁隧道结的磁涡旋自旋转移纳米振荡器

当自旋转移纳米振荡器处于强磁场中时，器件的磁矩受到外磁场作用的力矩更大，更倾向于保持与外磁场同频同幅的进动，即工作在均匀进动模式。此外，如果自由层直径较小或厚度较薄，磁矩同样将倾向于均匀进动。磁矩均匀进动的频率和有效磁场强度线性相关；相比之下，磁涡旋的动力学模式较为复杂，进动频率通常低于 2 GHz。这也是磁涡旋自旋转移纳米振荡器的主要缺陷。

2005 年，Slavin 等[22] 首次从理论上验证了在纳米接触型自旋转移纳米振荡器中存在着一种具有弹壳型外观的自旋波模式。自旋波用来形容相互作用的自旋体系中由于各种激发作用引起的集体磁矩运动，由于其磁矩分布类似水波，因此被称为自旋波。特殊的是，Slavin 等发现的这一类自旋波并不向外传播，而是位于纳米接触电极的正下方，尺寸和电极接触点相近。其磁矩分布的外型近似子弹，因此被称为局域弹壳型（Localized Bullet）自旋波。和线性传播型自旋波相比，局域弹壳型自旋波的能量耗散呈非线性。如图 6.14（a）所示，R_c 为纳米接触的半径，r 表示磁矩和纳米接触中心位置的距离。可以看到，当磁矩和纳米接触中心位置的距离等于纳米接触半径，也即归一化距离 $r/R_c=1$ 时，自旋波能量就已衰减至 20% 左右；当 $r/R_c=2$ 时，自旋波能量几近衰减至 0，可以认为已经丧失了继续传播的能力。此外，局域弹壳型自旋波的频率要低于线性铁磁共振的频率，如图 6.14（b）所示。

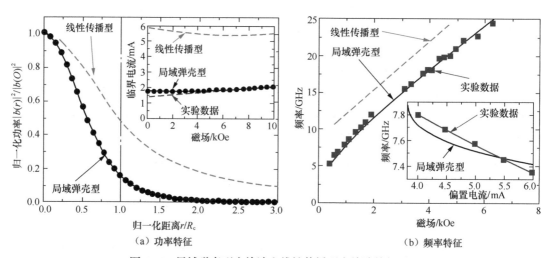

（a）功率特征　　　　　　　　　　　　（b）频率特征

图 6.14 局域弹壳型自旋波和线性传播型自旋波特征对比

2007 年，Consolo 等 [23] 通过微磁仿真研究发现，和线性传播型自旋波相比，激发局域弹壳型自旋波所需的临界注入电流非常低。此外，局域弹壳型的磁动力学模式可以带来更大的磁矩进动角度，有望大幅提高自旋转移纳米振荡器的输出功率，如图 6.15 所示。

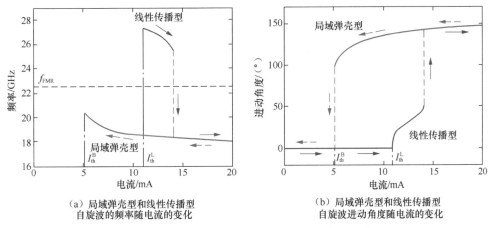

（a）局域弹壳型和线性传播型
自旋波的频率随电流的变化

（b）局域弹壳型和线性传播型
自旋波进动角度随电流的变化

图 6.15　局域弹壳型自旋波和线性传播型自旋波性质对比

2010 年，Bonetti 等 [24] 首次真正在实验中验证了局域弹壳型自旋波的存在。他们还发现通过改变外加磁场的角度可以调制纳米接触型自旋转移纳米振荡器中自旋波的模式比例。如图 6.16 所示，当外加磁场的角度 $\theta_e < 55°$ 时，局域弹壳型自旋波将占据主导地位；而当 $\theta_e > 55°$ 时，将仅存在线性传播型自旋波模式。此外，激励电流在纳米孔边缘处产生的奥斯特场在 1 kOe 左右，足以对磁矩的动力学模式产生一定的影响，因此需要另外考虑。

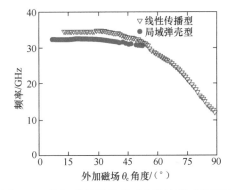

图 6.16　外加磁场的角度对自旋波模式的调制

2007 年，Pufall 等 [25] 首次在纳米接触型自旋转移纳米振荡器中发现了磁涡旋态，并且无须施加外加磁场。研究发现，奥斯特场在涡旋振荡的形成过程中扮演着重要的角色。当无外加磁场或外磁场较小时，环绕器件激发电流的奥斯特场将通过塞曼相互作用促使自由层磁矩形成涡旋态的排布，进而在纳米接触点中心形成有限势阱，产生涡旋核。另外，自旋转移矩倾向于将涡旋核拉离中心位置，而阻尼又会对涡旋核产生回复力矩。如果自旋转移矩和回复力矩产生的影响取得平衡，涡旋核则会一直围绕纳米接触的中心位置旋转，最终形成磁涡旋振荡。磁涡旋振荡能带来较大的磁阻变化率，因此存在磁涡旋振荡模式的自旋转移纳米振荡器器件通常具有较大的微波输出功率。

磁滴孤子（Droplet Soliton）理论体系是由 Kosevich 和 Ivanov 建立并完善的 [26-27]。他们从 LLG 方程出发，推导预言在没有阻尼存在的情形下，可能存在一种磁矩排列轮廓和水滴类似的稳定状态，称为磁滴孤子态。随后 Hoefer 等 [28] 发现，自旋转移矩可以完全抵消阻尼的影响，从而实现近似无阻尼的环境。

2013 年，Mohseni 等[29] 首次在 Co/[Ni/Co]$_{\times 4}$ (3.6 nm)/Cu (6 nm)/Co (6 nm) 结构的纳米接触型自旋转移纳米振荡器中发现了磁滴孤子态的存在，其中具有垂直磁各向异性的 Co/Ni 多层膜作为器件中的自由层。实验发现，通过改变外加磁场和激励电流的大小可以控制纳米接触型自旋转移纳米振荡器中自旋进动的模式，如图 6.17 所示。当外加磁场小于 6.4 kOe 时，自由层磁矩进动接近铁磁共振态；当外加磁场大于 6.4 kOe 时，磁矩进动频率会发生突变，这意味着磁滴孤子态的形成。此外，实验结果表明，较高的外磁场强度和较大的激励电流更有利于磁滴孤子态的形成。

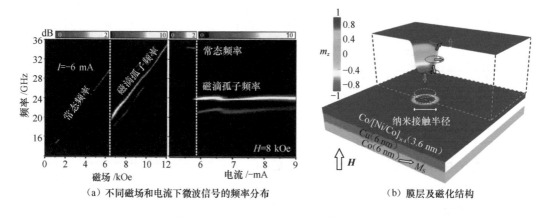

（a）不同磁场和电流下微波信号的频率分布　（b）膜层及磁化结构

图 6.17　Co/Ni 自由层产生的磁滴孤子态

2014 年，Macià 等[30] 在 [Co/Ni]$_x$ (4 nm)/Cu/Py (10 nm) 结构的纳米接触自旋转移纳米振荡器中发现了稳定可控的磁滴孤子 / 非磁滴孤子双磁性状态，可以用来记录数字信息，如图 6.18 所示，有望应用于下一代新型存储器。

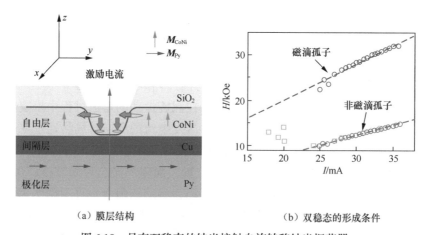

（a）膜层结构　（b）双稳态的形成条件

图 6.18　具有双稳态的纳米接触自旋转移纳米振荡器

由于磁滴孤子的形成包含着丰富的物理机理，围绕磁滴孤子，研究人员做了大量的工作，但磁滴孤子的表征一直局限于电学手段。直到 2018 年，Chung 等[31] 在 Co(0.35 nm)/Pd (0.7 nm)/Co (0.35 nm)/Cu (5 nm)/[Co (0.22 nm)/Ni (0.68 nm)]$_{\times 4}$/Co(0.22 nm) 结构的纳米接触型自旋转移纳米振荡器中首次通过扫描透射 X 射线显微技术展示了磁滴孤子的具体形态。图 6-19（a）所示为电极结构，图 6-19（b）、（c）、（f）、（i）、（1）、（o）所示为磁矩结构，图 6-19（d）、（g）、（j）、（m）所示为磁矩在不同膜层的磁化情况，图 6-19（e）、（h）、（k）、（n）所示为电流密度的分布。如图 6.19 所示，磁滴孤子的大小大约是纳米接触孔径的两倍，和之前理论预测的结果存在较大的差异。作者认为，这是由于电流带来的 Zhang-Li 矩对磁滴孤子施加了横向的力矩，因而增大了磁滴孤子的横向尺寸。和均匀进动相比，磁滴孤子的进动模式为自旋转移纳米振荡器带来了更大的输出功率和更低的频谱噪声。

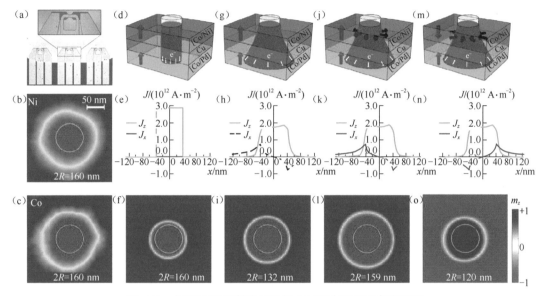

图 6.19　扫描透射 X 射线显微技术对磁滴孤子的直接观测

6.2　自旋纳米振荡器的关键性能

6.1 节详细介绍了自旋纳米振荡器的类型和基本原理，并了解了自旋转移纳米振荡器器件具有成为下一代微波信号发生器的潜质。然而，自旋振荡器的性能有着怎样的优势呢？这个问题将在这一节得到解答。

6.2.1　自旋纳米振荡器的基础性能

从自旋纳米振荡器的基本原理我们可以发现，磁矩的进动频率主要是由驱使磁矩进动的切向力矩（进动矩）决定的。由 LLG 方程［式（4.4）］可知，这一进动矩的大小主要与外加磁场以及材料的本征属性有关。

外加磁场是自旋纳米振荡器中调谐输出频率的有效方式。基泰尔方程[32-33]指出，磁矩的进动频率通常会随着外磁场的增加而提升。理论计算预测，铁磁材料 $Ni_{80}Fe_{20}$ 的极高频振荡行为可达 0.2 THz[34]；受电学测试仪器的限制，Bonetti 等[35]在实验上仅取得了 46 GHz 的微波信号频率。同时该团队认为铁磁材料的自旋纳米振荡器可实现超过 65 GHz 的频率输出，这为自旋纳米振荡器作为毫米波发生器的潜在应用奠定了基础，使之有望服务于 5G 通信、短距离高速无线链路和车载雷达等具体场景[36]。

磁性层材料也是决定磁矩进动频率的因素之一。通常情况下，反铁磁材料的磁动力学频率大于亚铁磁材料，而后者又大于铁磁材料。铁磁材料的进动频率在吉赫兹量级；亚铁磁材料的进动频率则可以达到上百吉赫兹；而反铁磁材料则被更广泛地用于太赫兹相关的研究。

此外，相关研究结果表明电流也能实现对自旋纳米振荡器输出频率的调控。如图 6.20 所示，在纳米接触型自旋纳米振荡器中，电流对频率的调制幅度可达 400 MHz/mA[24,37-38]。研究人员[36]认为，电流调控磁矩进动频率主要是由于电流产生的热效应或是奥斯特场的作用。

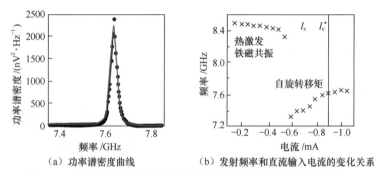

（a）功率谱密度曲线　　（b）发射频率和直流输入电流的变化关系

图 6.20　纳米接触型自旋纳米振荡器的频率随直流电流的变化

自旋纳米振荡器输出微波信号的本质可以理解为：通过恒定电流时，器件电阻随时间变化的过程。其电阻可简要地表示为：$R = R_{av} + \left(\dfrac{\Delta R}{2}\right)\cos(\omega t)$。式中，$R_{av}$ 是器件的平均电阻，ΔR 是器件磁矩进动时的磁阻变化，ω 是磁矩的进动频率。可以看出，在输入电流恒定的情况下，自旋纳米振荡器的输出功率 $P_{output} = I^2 R$ 和进动时的磁阻变化直接相关。因此，基于隧穿磁阻效应的自旋纳米振荡器在输出功率上明显优于传统的基于自旋阀或各向异性磁阻效应的自旋纳米振荡器。另外，输入器件的直流电流越大，输出功率也就相对越大，如图 6.21 所示。此外，寻找合适的磁场角度（改变两个磁层的相对磁化取向），改变进动时的磁阻变化

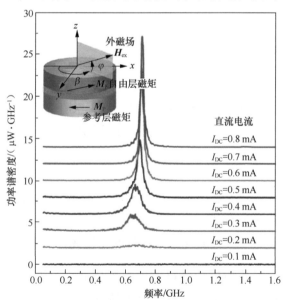

图 6.21　一个自旋转移纳米振荡器件在垂直场下不同电流激发的微波发射谱[39]

ΔR，也是提高器件输出功率的主要方式之一。

目前已报道的自旋纳米振荡器的输出功率最大为 10 μW，该器件采用 FeB 自由层的磁隧道结结构，并以磁涡旋形式发生自旋进动[21]。然而，利用磁涡旋效应的器件其工作频率通常都比较低，往往只有数百兆赫兹。但是，单一、传统进动模式的自旋纳米振荡器，迄今为止获得的最大功率仅有 2 μW，是在具有垂直各向异性自由层的"Sombrero"混合型自旋纳米振荡器中发现的，如图 6.22 所示[14]。这一混合型结构最大限度的利用了有效电流密度，减小了电流的分流，可以实现优异的一致均匀性进动（功率谱窄线宽）。

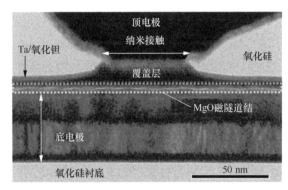

（a）SEM剖面

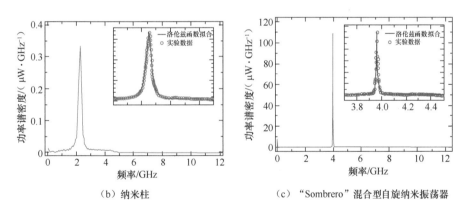

（b）纳米柱　　　　　　　　　（c）"Sombrero"混合型自旋纳米振荡器

图 6.22　"Sombrero"混合型自旋纳米振荡器的设计

在自旋纳米振荡器中，高输出频率和高输出功率是不可兼得的。实验上，人们会利用外加磁场来有效地提高器件的振荡频率，其代价是输出功率随着磁场强度和频率的升高而下降。针对这一问题，部分研究人员提出了采用倍频法来同时实现器件高功率和高频率输出。

线宽，亦即功率谱密度中信号峰的半高宽，主要用于表征振荡器的相位噪声，是自旋纳米振荡器的另一个重要参数。通常情况下，自旋纳米振荡器的线宽取决于器件的几何结构、材料以及工作条件[40]。随着电流和外加磁场的变化，单个纳米接触型自旋转移纳米振荡器的线宽可以在几兆赫兹到上百兆赫兹之间变化[33]；而纳米柱型自旋转移纳米振荡器的线宽则会处于几十兆赫兹到上千兆赫兹之间[41]。线宽是自旋纳米振荡器的一个重要性能指标，同时反映了自由层磁矩进动的一致性。对于实际应用中的自旋纳米振荡器，器件边缘缺陷以及非均匀电流注入等是产生磁矩非均匀进动的主要诱因，进而导致线宽的展宽。尽可能地降低器件的边缘缺陷以及注入均匀的电流是实现微波信号窄线宽的主要方法。相比于纳米柱器件，纳米接触型结构使得电流注入区域的磁矩进动受边缘缺陷的影响较小，因而能够保证较高的进动一致性，有效降低器件线宽。此外，研究发现，磁涡旋或磁滴孤子形式的磁矩进动或同步（也被称为"锁定"）多个自旋转移纳米振荡器也能够有效降低输出信号的线宽。同步行为，也即是频率锁定行为，是自旋纳米振荡器的一个重要的特性指标，我们将在下面对此做详细的介绍。

6.2.2　自旋纳米振荡器的同步特性

2005 年，美国国家标准与技术研究院（National Institute of Standards and Technology, NIST）的研究人员首次在实验中观测到自旋纳米振荡器的频率锁定现象 [3,42]。频率锁定可以理解为两个交流信号或电磁波之间的共振（也被称为"同步"）行为。通常情况下，一个器件的磁矩振荡频率会锁定为参考频率的大小，从而使器件的输出频率能够在一定程度上免受外界因素的影响。频率锁定效应能够大大提升自旋纳米振荡器器件和体系的输出功率，有效降低微波输出信号的线宽，并且可用于频率识别等功能，是自旋纳米振荡器走向多种应用所依赖的一个关键性质。根据参考交流信号的来源不同，频率锁定方式可以大体分为磁耦合、电耦合、电流注入锁定和磁场注入锁定四种方式。

多个自旋纳米振荡器之间可以相互耦合。当多个自旋转移纳米振荡器的间距很近（纳米级），并且磁矩进动频率也几乎一致时，由于磁相互作用，这几个自旋纳米振荡器的频率将会同步，并且在一定的范围内不会随着外界条件变化而发生太大的改变。这种实现频率锁定的方式称为自旋转移纳米振荡器的磁耦合。如图 6.23（a）、（b）所示，当自旋转移纳米振荡器 2 的频率接近于自旋转移纳米振荡器 1 的频率时，两者将以相同的频率振荡，并在一定的电流范围内维持这种锁定状态。和磁耦合不同，自旋纳米振荡器的电耦合是通过外部电路的负反馈作用调节多个自旋转移纳米振荡器输入电流的大小，使它们的磁矩振荡频率彼此接近并同步，如图 6.23（c）、（d）所示。

此外，采用电流或磁场注入方式也能实现对单个自旋纳米振荡器的频率锁定。当把叠加的交流电流和直流电流同时注入一个自旋转移纳米振荡器器件中时，电流的直流分量会驱使磁矩进动，输出交流振荡信号。改变直流分量的大小或是交流分量的频率，使磁矩进动频率与交流电流的频率接近时，便可发生频率锁定的现象。这就是所谓的电流注入锁定，如图 6.24（a）所示。研究发现，此种锁定方式的锁定范围会随着输入的交流信号峰—峰值的增加而增加，如图 6.24（b）所示。与电流注入锁定不同的是，磁场注入锁定方式需要在自旋转移纳米振荡器附近添加平行膜面的导线，并在导线中通过交流电流产生射频场，并往器件通入直流电流。当器件的振荡输出信号频率和导线产生的射频场频率接近时，自旋纳米振荡器的磁矩振荡将被锁定，如图 6.24（c）所示。图 6.24（d）所示为自旋转移纳米振荡器在频率为 1 GHz 的外部射频场中的频率与输入电流的关系。

在锁定范围内，自旋转移纳米振荡器频率被锁定到外部射频场的频率。与基于电流注入的频率锁定类似，磁场注入锁定方式的锁定范围与射频场的场强峰—峰值呈正相关。

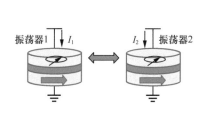

（a）磁耦合结构

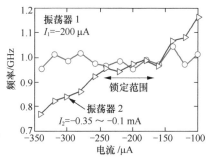

（b）磁耦合下两个自旋纳米振荡器发射频率随电流的变化曲线

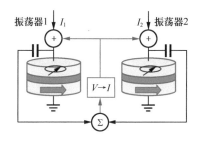

（c）电耦合结构

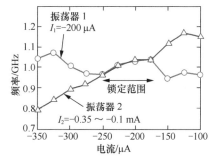

（d）电耦合下两个自旋纳米振荡器发射频率随电流的变化曲线

图 6.23　自旋纳米振荡器的两种耦合频率锁定方式[6]

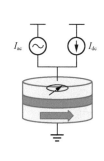

（a）电流注入锁定结构

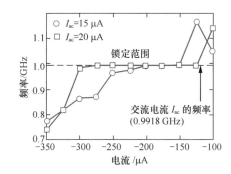

（b）电流注入下两个自旋纳米振荡器发射频率随直流电流的变化曲线

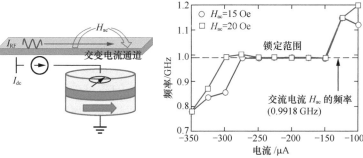

（c）磁场注入锁定结构　（d）磁场注入锁定下两个自旋纳米振荡器发射频率随直流电流的变化曲线

图 6.24　自旋纳米振荡器的两种注入锁定方式[6]

　　磁耦合和电耦合方式的频率锁定可以认为是两个或多个器件间的自锁行为，不需要任何外部信号；而电流注入或磁场注入锁定则是一种受外部信号频率控制的强制锁定方式。在这几种锁定机制中，注入锁定的稳定性一般要强于耦合锁定。

6.3　基于自旋纳米振荡器的潜在应用

　　和传统的微波振荡器相比，自旋纳米振荡器有着显著的优势，因此有望成为下一代主流微波通信器件。另外，自旋纳米振荡器是磁性微电子器件，展现出许多特殊的物理性质，在类脑计算、弱磁检测以及大容量存储等前沿领域有着巨大的应用潜力。

6.3.1　基于自旋纳米振荡器的类脑计算

　　自旋纳米振荡器的非线性行为和频率锁定特性在类脑计算方面具有非常显著的优势和潜力。包括神经网络计算、图像边缘检测和语音元音识别等在内的基于自旋纳米振荡器在人工智能应用场景对此做了很好的佐证。

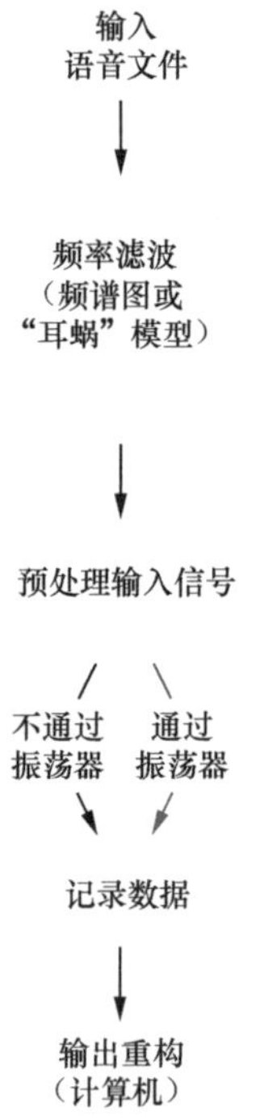

　　神经元的工作状态可以与一个非线性的自旋纳米振荡器比较。为了模拟由突触耦合构成的神经元网络，需要实现多个非线性振荡器之间在频率或相位上的相互同步或耦合。自旋纳米振荡器精细可调的动态耦合特性为实现神经网络计算提供了一个新的研究思路。2017 年，Torrejon 等[40] 在对自旋转移纳米振荡器的神经形态计算的研究中，实现了对数字语音的识别功能。简单来说，即令语音信号转换成的电流流经自旋转移纳米振荡器，通过机器学习从微波输出信号中识别出音频对应的数字，具体识别过程如图 6.25 所示。

　　图 6.26（a）所示为用于图像边缘检测与图像识别的具有近邻磁耦合的自旋转移纳米振荡器阵列。首先，对所有振荡器单元施加相同的直流偏置（I_{bias}），由于相互之间的磁耦合作用，整个振荡器网络都会被锁定到一个相同的初始频率；之后，在此基础上，根据右侧待识别图像的像素强度（例如，设定白色像素为额外电流的最大值，黑色像素为额外电流的最小值）注入相同比例的额外的直流电流（I_{pixel}）到每个像素点对应的自旋转移纳米振荡器中，将具有较大对比度的图像边缘转变为振荡器网络中相应区域通过振荡器单元的电流差异，最终使图像边缘突破磁耦合引起的频率锁定，出现较大的频率差异［见图 6.26（b）］；最后，通过后端集成电路的简单处理，将每个自旋转移纳米振荡器单元的频率变化量转换为相应的电压信号，就能得到输出电压的二维分布［见图 6.26（c）］。利用类似的方法还可以优化器件对像素的分辨率，或是通过设计后端的处理电路实现进一步的图形识别或模式识别的功能。

输入
语音文件

↓

频率滤波
（频谱图或
"耳蜗"模型）

↓

预处理输入信号

↓　　　　↘

不通过　　通过
振荡器　　振荡器

↘　　　↓

记录数据

↓

输出重构
（计算机）

图 6.25　语音识别

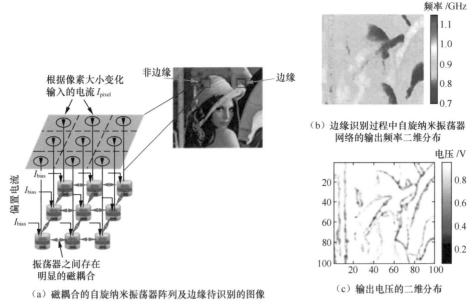

（a）磁耦合的自旋纳米振荡器阵列及边缘待识别的图像

（b）边缘识别过程中自旋纳米振荡器网络的输出频率二维分布

（c）输出电压的二维分布

图 6.26　图像边缘识别 [6]

Romera 等 [43] 在 2018 年设计了一个由四个自旋纳米振荡器组成的硬件网络。如图 6.27 所示，这一结构可以根据自动实时学习规则调整语音元音的频率，具有语音元音识别的功能。研究人员首先从语音元音信号中提取出两个不同编码频率的微波信号 A 和 B，然后利用四个自旋纳米振荡器的频率锁定行为对编码频率分布进行识别，即利用自旋转移纳米振荡器器件发生同步与否时输出功率的差异，判

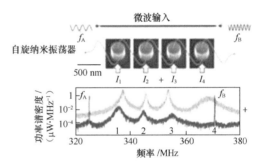

图 6.27　四个自旋纳米振荡器的串联实验装置

断出哪些振荡器发生了同步，进而确定输入的编码频率大小，最终实现识别语音元音的目的。更进一步地，这样的结构可以通过自动训练或深度学习手段优化四个自旋纳米振荡器的直流输入电流来获取最优的识别结果。这一研究充分表明，具有非线性输出特性的自旋纳米振荡器在神经网络领域拥有很大的应用潜力。

6.3.2　基于自旋纳米振荡器的其他潜在应用

利用自旋纳米振荡器的射频输出特性，可以将其作为微波信号发生器、新型磁记录中的高频磁场产生器等，也可以将其用作超灵敏磁场传感器、非相干收发器或是用于微波磁场检测等领域；针对其在新型磁记录技术中的应用，我们将在第 12 章中详细介绍。下面主要介绍利用自旋纳米振荡器输出或检测微波信号的其他几种应用。

首先，作为基础的微波器件，自旋纳米振荡器能够在较小的直流电流作用下，产生吉赫兹至太赫兹的高品质微波信号。而在这一过程中，磁矩的进动不仅通过巨磁阻效应或隧穿磁阻效应转换为高频电压振荡，同时还在器件周围激发高频电磁波。因此，自旋

纳米振荡器既可以作为微波电压源，也可以作为高频电磁波发射源。

自旋纳米振荡器的振荡频率对外界磁场非常敏感，微磁模拟的结果显示，自旋纳米振荡器对磁场检测的灵敏度可达 20 GHz/kOe[44]。此外，它还具有低功耗、低成本的优势，因而在超灵敏磁场传感器中具有广阔的应用前景。另外，在一定的条件下，微波电流或磁场可以使自旋纳米振荡器自由层的磁矩共振，反过来输出直流电压。这就是所谓的自旋矩二极管效应，可以理解为自旋纳米振荡器工作的逆过程。这类器件也被称为自旋矩微波探测器，可以实现对微弱射频信号的检测。

此外，自旋纳米振荡器的微波信号频率可以快速切换，基于此可以实现低成本、高数据速率的非相干通信系统开发。图 6.28 所示为一种基于自旋纳米振荡器的二进制幅度移位键控（Amplitude Shift Keying，ASK）无线通信系统，其中包含两个自旋纳米振荡器，一个在微波信号产生环节执行幅度移位键控调制，另一个则在接收环节负责信号的解调工作，正是利用了前面提到的自旋矩二极管效应。对于这种非相干通信系统，自旋纳米振荡器的低相位噪声特性具有明显的优势。自旋纳米振荡器的超快响应特性可以使通信系统实现高达 1.48 Gbit/s 的数据传输速率[41,45]。

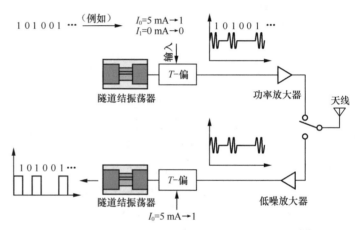

图 6.28　基于自旋纳米振荡器的非相干通信系统[12]

自旋纳米振荡器丰富的进动模式使之一方面作为自旋波的产生源、控制器和探测器而具有潜在的应用价值，另一方面自旋纳米振荡器也是多种特殊磁性状态的动力学研究对象。

一般情况下，尤其对于纳米接触型自旋纳米振荡器，通过对极化自旋电流注入路径的约束，可以在纳米接触处产生极大的局域自旋电流密度。本章 6.1.3 节的讨论表明，此类器件中可能存在线性传播型自旋波和具有孤子特性的局域非线性自旋波这两种振荡模式。这些自旋波模式可以很好地由电流激发和调控，同时自旋波的传播距离能达到几微米，可用于自旋波相关的信息承载。Macia 等[46] 提出了利用自旋纳米振荡器产生自旋波来实现信息存储和多时波前计算的应用设想。图 6.29 所示为在一对间隔 125 nm 的直径为 20 nm 的接触点中注入不同的极化电流脉冲的磁矩的状态。通过产生自旋波，并使之在 440 nm × 440 nm 的二维薄膜中传播并发生干涉，就可以实现波前计算。此外，如图 6.30 所示，自旋纳米振荡器也为研究广泛的奇异磁动力学行为提供了良好的环境，如磁滴孤子、磁涡旋、磁动态斯格明子等，为未来磁电子学的研究和磁器件的研发提供了新的思路和工具。

（a）注入15 ps极化电流脉冲　（b）注入175 ps极化电流脉冲　（c）注入265 ps极化电流脉冲

图 6.29　两个纳米接触的自旋纳米振荡器面内磁矩分量

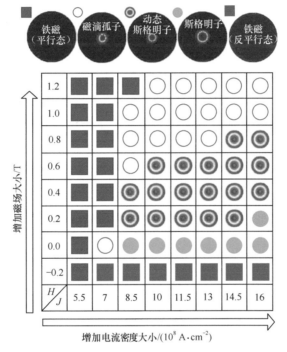

图 6.30　自旋纳米振荡器中产生磁滴孤子（Droplet）、斯格明子（Skyrmion）和
动态斯格明子（Dynamical Skyrmion）的微磁仿真结果[47]

6.4　自旋纳米振荡器存在的问题与解决方案

自旋纳米振荡器作为一种新型的纳米微波振荡器，能满足未来微波器件微型化、多功能化、集成化、功耗低、调频宽的要求，具有广泛的应用前景。然而在其通向实际应用的路上，还有一些关键问题尚待解决。

6.4.1　自旋纳米振荡器的性能瓶颈

表 6.2 比较了不同类型振荡器的主要性能参数，尽管自旋纳米振荡器可以输出高达几十吉赫兹的微波信号，但较高的频谱噪声和微弱的输出功率是自旋纳米振荡器面临的最大的问题。近些年来，科研人员也纷纷取得了一定的突破。

表 6.2　不同类型振荡器的参数比较

振荡器类型	频率可调范围	翻转速度	器件尺寸 /in³	输出功率	Q 因子
压控振荡器	约 100%	微秒级	0.001	> 1mW	∼ 10^4
调谐振荡器	约 1000%	毫秒级	1	> 1mW	∼ 10^4
介质振荡器	约 1%	—	0.5	> 1mW	∼ 10^4
自旋纳米振荡器	0.1 ∼ 100 GHz	纳秒级	1×10^{-16}	微瓦级	4000[20]

如前所述，纳米接触型自旋转移纳米振荡器的磁性自由层没有经过微纳加工，非常完整，磁矩进动模式统一，可以输出窄线宽的微波信号。然而，电流在平面内的横向扩散导致了极低的电流利用效率；Maehara 等[14]提出的混合结构型自旋转移纳米振荡器结构极大地提高了电流注入效率，易于制备出高性能的自旋转移纳米振荡器器件，成为当前的研究热点。

另外，虽然纳米柱磁隧道结具有较高的磁阻变化率，并且易于制备高输出功率的振荡器，但其线宽仍在百兆赫兹量级，无法投入实际应用。研究人员发现，通过优化磁性自由层结构，激发其产生磁涡旋或磁滴孤子，可以有效地降低输出信号的线宽。我们之前也提到 Tsunegi 等[21]制备的磁涡旋自旋转移纳米振荡器就能在输出功率高达 10 μW 的同时使线宽缩减至 116 kHz。

2014 年，Seki 等[48]制备了基于纳米接触型自旋阀结构的自旋转移纳米振荡器，以自旋极化率极高的赫斯勒合金 CoFeMnSi（CFMS）作为其中的磁性层，可以输出 -46 dBm 的微波信号，线宽低至 3 MHz，并且无需施加外磁场。

近年来，自旋霍尔纳米振荡器也受到了许多研究人员的关注。同自旋转移纳米振荡器相比，自旋霍尔纳米振荡器具有功耗低、制备工艺简单以及可通过磁光效应直接观察磁矩动力学模式等优点。但是，自旋霍尔纳米振荡器输出微波信号的功率与线宽仍与自旋转移纳米振荡器处在同一水平。

6.4.2　自旋纳米振荡器集成电路设计的复杂性

除了性能方面面临的瓶颈，自旋纳米振荡器同集成电路的融合是另一个亟需解决的问题，直接关系到器件、电路与系统整体的性能表现。这里，集成电路设计主要分为两个方面，首先我们要对自旋纳米振荡器器件建立有效、准确的模型，从而使包含有此类器件的电路和系统的电子设计自动化成为可能；同时也需要在实际的电路集成中，考虑自旋纳米振荡器不同于前面章节中磁随机存储器件的特殊性。

针对自旋纳米振荡器的建模主要基于 LLG 方程。微磁学仿真是目前最为常见的分析磁动力学的工具，主要涉及塞曼能、磁各向异性能、交换相互作用能以及静磁能的相关计算。然而，此类仿真的运算耗时较长，并不适用于实际应用中对相关器件和电路的设计。普通的电子元器件通常可以通过硬件描述语言（Hardware Description Language，HDL）建模并设计电路和系统，而由于自旋纳米振荡器的磁动力学行为非常复杂，我们目前还无法直接在自动化电子设计平台上实现此类器件与外围电子电路的协同仿真。

另一种求解 LLG 方程的手段是基于宏自旋近似。在宏自旋近似中，我们假设膜层内所有磁矩的进动都是统一的、均匀的，而且自旋流在磁自由层中也是均匀分布的。宏自旋近似简化了材料中磁矩进动的模式，同时仍可以提供较为精确的仿真结果。更重要的是，简化后的宏自旋模型可以通过硬件描述语言进行建模，进而使自旋纳米振荡器在电子设计自动化相关软件中的建模成为可能。近年来，一些学者使用了 Verilog-A 语言为自旋纳米振荡器建模并进行了相关的仿真计算，对自旋纳米振荡器相关的集成电路设计和优化有着重要的意义。不过，这些模型并不适用于变化的环境条件，在面临电流、外加磁场以及环境温度出现变化的场景时便会严重失效。因此，仍然需要探索开发更为全面的自旋纳米振荡器模型，以得到性能优良的集成方案。

另外，为了降低发生在外围电子电路的能量耗散以及避免驻波效应的产生，自旋纳米振荡器集成电路设计需要和当前的一些通用的微波器件系统架构相融合。例如，Choi 等 [49] 搭建了图 6.31 所示的基于传统非相干收发器电路架构的自旋转移纳米振荡器收发平台，成功实现了数字信息的传输和接收。

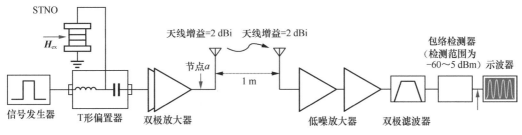

图 6.31　基于传统非相干收发器架构的自旋转移纳米振荡器收发平台

此外，由于自旋纳米振荡器的器件尺寸在百纳米量级，加工难度较大，器件间的一致性较差，所以在实际应用中往往需要引入可变增益放大器（Variable Gain Amplifier，VGA）和低噪声放大器（Low Noise Amplifier，LNA）等信号调节元件以消除前述的不利因素。这些结构也会大大增加自旋纳米振荡器集成电路设计的复杂性。

6.5　本章小结

综上所述，利用自旋转移矩或自旋霍尔效应开发的自旋纳米振荡器与传统的压控振荡器、调谐振荡器等传统的微波器件相比，具有尺寸小、功耗低以及微波输出信号宽频可调等显著的优点。更重要的是，自旋纳米振荡器相关微纳加工工艺同现代硅 CMOS 工艺相兼容，无需对生产线进行大规模调整，易于商用化。作为新型微波源，此类器件有望在通信、遥感以及雷达侦测等领域发挥重要的作用。

尽管近些年来人们在自旋纳米振荡器的理论以及实验研究上取得了重要进展，然而在一些关键指标上，自旋纳米振荡器和当前主流的微波器件还有不小的差距。首先是微波信号输出功率。单个自旋纳米振荡器通常只能输出纳瓦量级的微波信号；虽然多振荡器同步技术可以有效提升输出功率，但与实际应用仍有不小的距离。其次是微波信号线宽。如前所述，单个自旋纳米振荡器中也可能存在多种磁动力学模式，不一致的磁矩进动使微波输出信号具有较大的信号线宽，通常在兆赫兹量级范围。此外，在电路集成方面，自旋纳米振荡器需要同很多其他电子元器件协同作用，导致包含自旋纳米振荡器的集成电路设计较为复杂。虽然面临以上诸多挑战，但随着微纳加工技术日新月异的发展以及新材料的发现，自旋纳米振荡器仍然拥有巨大的应用潜力。

在本书的前 5 章中，我们详细介绍了自旋电子学的起源、发展及相关物理效应。细心的读者会发现，自旋矩的研究是其中的核心内容。在过去几十年中，利用自旋矩操控磁矩是自旋电子学的主要研究方向。从本章起，我们将详细介绍自旋电子学的相关应用，在第 7 章，我们介绍近期引起广泛关注的拓扑自旋结构，即斯格明子。

思考题

1. 自旋纳米振荡器的物理机理是什么？什么条件下可以发生稳定的磁矩进动？

2. 自旋纳米振荡器的结构主要有哪些？各有什么优缺点？

3. 自旋纳米振荡器的关键性能参数有哪些？

4. 如何同步多个自旋纳米振荡器？这会带来哪些方面的优势？

5. 自旋纳米振荡器有哪些主要应用？

6. 自旋纳米振荡器目前主要面临哪些问题？

7. 和传统的电子振荡器相比，自旋纳米振荡器在电路集成方面有什么不同？

参考文献

[1] SLONCZEWSKI J C. Current-driven excitation of magnetic multilayers[J]. Journal of Magnetism and Magnetic Materials, 1996, 159(1-2). DOI: 10.1016/0304-8853(96)00062-5.

[2] BERGER L. Emission of spin waves by a magnetic multilayer traversed by a current[J]. Physical Review B, 1996, 54. DOI: 10.1103/PhysRevB.54.9353.

[3] ZENG Z, FINOCCHIO G, JIANG H. Spin transfer nano-oscillators[J]. Nanoscale, 2013, 5(6): 2219-2231.

[4] TSOI M, JANSEN A G M, BASS J, et al. Generation and detection of phase-coherent current-driven magnons in magnetic multilayers[J]. Nature, 2000, 406(6791): 46-48.

[5]　TSOI M, JANSEN A G M, BASS J, et al. Excitation of a magnetic multilayer by an electric current[J]. Physical Review Letters, 1998, 80(19): 4281-4284.

[6]　YOGENDRA K, FAN D, SHIM Y, et al. Computing with coupled spin torque nano oscillators[C]//21st Asia and South Pacific Design Automation Conference (ASP-DAC). Piscataway, USA: IEEE, 2016: 312-317.

[7]　KISELEV S I, SANKEY J C, KRIVOROTOV I N, et al. Microwave oscillations of a nanomagnet driven by a spin-polarized current[J]. Nature, 2003, 425(6956): 380-383.

[8]　MANCOFF F B, RIZZO N D, ENGEL B N, et al. Phase-locking in double-point-contact spin-transfer devices[J]. Nature, 2005, 437: 393-395.

[9]　ZAHEDINEJAD M, AWAD A A, MURALIDHAR S, et al. Two-dimensional mutually synchronized spin Hall nano-oscillator arrays for neuromorphic computing[J]. Nature Nanotechnology, 2020, 15: 47-52.

[10]　BUTLER W H, MEWES T, MEWES C K A, et al. Switching distributions for perpendicular spin-torque devices within the macrospin approximation[J]. IEEE Transactions on Magnetics, 2012, 48(12): 4684-4700.

[11]　ZHENG X, ZHOU Y. Theory and applications of spin torque nano-oscillator: a brief review[J]. Solid State Phenomena, 2015, 232: 147-167.

[12]　CHEN T, DUMAS R K, EKLUND A, et al. Spin-torque and spin-Hall nano-oscillators[J]. Proceedings of the IEEE, 2016, 104(10): 1919-1945.

[13]　RIPPARD W H, PUFALL M R, Kaka S, et al. Direct-current induced dynamics in Co_{90} Fe_{10}/$Ni_{80}Fe_{20}$ point contacts[J]. Physical Review Letters, 2004, 92(2). DOI: 10.1103/PhysRevLett.92.027201.

[14]　MAEHARA H, KUBOTA H, SUZUKI Y, et al. Large emission power over 2 μW with high Q factor obtained from nanocontact magnetic-tunnel-junction-based spin torque oscillator[J]. Applied Physics Express, 2013, 6(11). DOI: 10.7567/APEX.6.113005.

[15]　HOUSSAMEDDINE D, EBELS U, DELAËT B, et al. Spin-torque oscillator using a perpendicular polarizer and a planar free layer[J]. Nature Materials, 2007, 6(6): 447-453.

[16]　LIU L, PAI C F, RALPH D C, et al. Magnetic oscillations driven by the spin Hall effect in 3-terminal magnetic tunnel junction devices[J]. Physical Review Letters, 2012, 109(18). DOI: 10.1103/PhysRevLett.109.186602.

[17] DEMIDOV V E, URAZHDIN S, ULRICHS H, et al. Magnetic nano-oscillator driven by pure spin current[J]. Nature Materials, 2012, 11(12): 1028-1031.

[18] DEMIDOV V E, URAZHDIN S, ZHOLUD A, et al. Nanoconstriction-based spin-Hall nano-oscillator[J]. Applied Physics Letters, 2014, 105(17). DOI: 10.1063/1.4901027.

[19] DUAN Z, SMITH A, YANG L, et al. Nanowire spin torque oscillator driven by spin orbit torques[J]. Nature Communications, 2014, 5. DOI: 10.1038/ncomms6616.

[20] PRIBIAG V S, KRIVOROTOV I N, FUCHS G D, et al. Magnetic vortex oscillator driven by dc spin-polarized current[J]. Nature Physics, 2007, 3(7): 498-503.

[21] TSUNEGI S, YAKUSHIJI K, FUKUSHIMA A, et al. Microwave emission power exceeding 10 μW in spin torque vortex oscillator[J]. Applied Physics Letters, 2016, 109(25). DOI: 10.1063/1.4972305.

[22] SLAVIN A, TIBERKEVICH V. Spin wave mode excited by spin-polarized current in a magnetic nanocontact is a standing self-localized wave bullet[J]. Physical Review Letters, 2005, 95(23). DOI: 10.1103/PhysRevLett.95.237201.

[23] CONSOLO G, AZZERBONI B, GERHART G, et al. Excitation of self-localized spin-wave bullets by spin-polarized current in in-plane magnetized magnetic nanocontacts: a micromagnetic study[J]. Physical Review B, 2007, 76(14). DOI: 10.1103/physrevb.76.144410.

[24] BONETTI S, TIBERKEVICH V, CONSOLO G, et al. Experimental evidence of self-localized and propagating spin wave modes in obliquely magnetized current-driven nanocontacts[J]. Physical Review Letters, 2010, 105(21). DOI: 10.1103/PhysRevLett.105.217204.

[25] PUFALL M R, RIPPARD W H, SCHNEIDER M L, et al. Low-field current-hysteretic oscillations in spin-transfer nanocontacts[J]. Physical Review B, 2007, 75(14). DOI: 10.1103/PhysRevB.75.140404.

[26] IVANOV B A, KOSEVICH A M. Bound states of a large number of magnons in a ferromagnet with a single-ion anisotropy[J]. Journal of Experimental and Theoretical Physics, 1977, 45: 1050.

[27] KOSEVICH A M, IVANOV B A, KOVALEV A S. Magnetic solitons[J]. Physics Reports, 1990, 194(3-4): 117-238.

[28] HOEFER M A, SILVA T J, KELLER M W. Theory for a dissipative droplet soliton excited by a spin torque nanocontact[J]. Physical Review B, 2010, 82(5). DOI:

10.1103/PhysRevB.82.054432.

[29] MOHSENI S M, SANI S R, PERSSON J, et al. Spin torque-generated magnetic droplet solitons[J]. Science, 2013, 339(6125): 1295-1298.

[30] MACIÀ F, BACKES D, KENT A D. Stable magnetic droplet solitons in spin-transfer nanocontacts[J]. Nature Nanotechnology, 2014, 9(12): 992-996.

[31] CHUNG S, LE Q T, AHLBERG M, et al. Direct observation of Zhang-Li torque expansion of magnetic droplet solitons[J]. Physical Review Letters, 2018, 120(21). DOI: 10.1103/PhysRevLett.120.217204.

[32] SPARKS M, LOUDON R, KITTEL C. Ferromagnetic relaxation. I. Theory of the relaxation of the uniform precession and the degenerate spectrum in insulators at low temperatures[J]. Physical Review, 1961, 122(3):791-803.

[33] MAYERGOYZ I D, BERTOTTI G, SERPICO C. Nonlinear magnetization dynamics in nanosystems[M]. Oxford, UK: Elsevier, 2009.

[34] HOEFER M A, ABLOWITZ M J, ILAN B, et al. Theory of magnetodynamics induced by spin torque in perpendicularly magnetized thin films[J]. Physical Review Letters, 2005, 95(26). DOI: 10.1103/PhysRevLett.95.267206.

[35] BONETTI S, MUDULI P, MANCOFF F, et al. Spin torque oscillator frequency versus magnetic field angle: the prospect of operation beyond 65 GHz[J]. Applied Physics Letters, 2009, 94(10). DOI: 10.1063/1.3097238.

[36] HASCH J, TOPAK E, SCHNABEL R, et al. Millimeter-wave technology for automotive radar sensors in the 77 GHz frequency band[J]. IEEE Transactions on Microwave Theory and Techniques, 2012, 60(3): 845-860.

[37] MUDULI P K, POGORYELOV Y, ZHOU Y, et al. Spin torque oscillators and RF currents—modulation, locking, and ringing[J]. Integrated Ferroelectrics, 2011, 125(1): 147-154.

[38] HOUSSAMEDDINE D, EBELS U, DIENY B, et al. Temporal coherence of MgO based magnetic tunnel junction spin torque oscillators[J]. Physical Review Letters, 2009, 102(25). DOI: 10.1103/PhysRevLett.102.257202.

[39] ZENG Z, AMIRI P K, KRIVOROTOV I N, et al. High-power coherent microwave emission from magnetic tunnel junction nano-oscillators with perpendicular anisotropy[J]. ACS Nano, 2012, 6(7): 6115-6121.

[40] TORREJON J, RIOU M, ARAUJO F A, et al. Neuromorphic computing with nanoscale spintronic oscillators[J]. Nature, 2017, 547(7664): 428-431.

[41] KRIVOROTOV I N, EMLEY N C, SANKEY J C, et al. Time-domain measurements of nanomagnet dynamics driven by spin-transfer torques[J]. Science, 2005, 307(5707): 228-231.

[42] KAKA S, PUFALL M R, RIPPARD W H, et al. Mutual phase-locking of microwave spin torque nano-oscillators[J]. Nature, 2005, 437(7057): 389-392.

[43] ROMERA M, TALATCHIAN P, TSUNEGI S, et al. Vowel recognition with four coupled spin-torque nano-oscillators[J]. Nature, 2018, 563(7730): 230-234.

[44] BRAGANCA P M, GURNEY B A, WILSON B A, et al. Nanoscale magnetic field detection using a spin torque oscillator[J]. Nanotechnology, 2010, 21(23). DOI: 10.1088/0957-4484/21/23/235202.

[45] MUDULI P K, HEINONEN O G, AKERMAN J. Decoherence and mode hopping in a magnetic tunnel junction based spin torque oscillator[J]. Physical Review Letters, 2012, 108(20). DOI: 10.1103/PhysRevLett.108.207203.

[46] MACIA F, KENT A D, HOPPENSTEADT F C, Spin-wave interference patterns created by spin-torque nano-oscillators for memory and computation[J]. Nanotechnology, 2011, 22(9). DOI: 10.1088/0957-4484/22/9/095301.

[47] ZHOU Y, IACOCCA E, AWAD A A, et al. Dynamically stabilized magnetic skyrmions[J]. Nature Communications, 2015, 6. DOI: 10.1038/ncomms9193.

[48] SEKI T, SAKURABA Y, ARAI H, et al. High power all-metal spin torque oscillator using full Heusler Co_2(Fe, Mn)Si[J]. Applied Physics Letters, 2014, 105(9). DOI: 10.1063/1.4895024.

[49] CHOI H S, KANG S Y, CHO S J, et al. Spin nano–oscillator–based wireless communication[J]. Scientific Reports, 2014, 4. DOI: 10.1038/srep05486.

第 7 章　斯格明子

近十几年来，自旋电子学的发展主要集中在两大研究方向上：一是通过控制自旋矩来调控磁矩，第 6 章介绍的自旋纳米振荡器就是这个方向的典型应用之一；二是利用拓扑自旋结构作为信息计算和存储的单元介质，即磁斯格明子（Magnetic Skyrmion），下面简称斯格明子。斯格明子由于有望成为下一代基于自旋电子学的超高密度信息载体，因而引起了从物理学界到电子产业领域的广泛关注，也是费尔教授团队的研究重点之一。由于其特殊的拓扑性质，斯格明子具备尺寸小、结构稳定、驱动阈值电流密度低等许多优点，与之相关的研究十分广泛。近年来，室温下斯格明子的产生、驱动及探测取得了许多实验上的进展，进一步验证了其广泛的应用潜力，由此也诞生了以研究斯格明子器件及应用为中心的斯格明子电子学。本章将从电子学的角度出发，介绍斯格明子的相关研究及其未来应用前景。

本章重点

知识要点	能力要求
斯格明子的研究历史	（1）了解斯格明子相比其他自旋器件的应用优势； （2）重点了解 DM 相互作用对斯格明子产生的作用
斯格明子的研究重点	（1）掌握斯格明子应用需满足的几大特性； （2）了解斯格明子的实验观测方法； （3）了解斯格明子微纳器件的应用方向

7.1　斯格明子概述

在物理学中，我们最先接触到的微观粒子就是电子、质子和中子等；到了凝聚态物理学和量子力学领域，我们还会碰到诸如磁振子、声子和费米子等准粒子，它们都有着一个共同的命名特点，即在英文中以 "-on" 结尾 [1]，并在中文中被称为某种 "子"。斯格明子除了作为准粒子可被用作信息比特外，还因为它的拓扑保护属性而具备很多特殊的动力学性质。斯格明子集合了凝聚态物理学中的电子自旋和拓扑自由度两大热点，与二者相关的研究和发现先后在 2007 年和 2016 年获得诺贝尔物理学奖，因而备受学界和业界的关注。

7.1.1　斯格明子的定义与拓扑稳定性

斯格明子的名称来源于英国物理学家托尼·斯科姆（Tony Skyrme）。他在 20 世纪 60 年代提出了用于描述介子间相互作用的非线性场西格玛模型，并预言存在一种具有拓扑保护性质的类粒子稳定场结构，即斯格明子 [2]。之后许多研究都表明这一结构在液晶材料[3]、玻色－爱因斯坦凝聚[4]、量子霍尔磁体[5]等不同体系中都会存在。我们可以用生活中的典型例子来类比（见图7.1），在碗、咖啡杯、甜甜圈三个物体中，虽然碗和咖啡杯看起来长得类似，但从拓扑性质的角度来说，甜甜圈和咖啡杯的拓扑数才是一样的——它们都有且只有一个孔洞，因此甜甜圈和咖啡杯是可以通过连续的形变互相转化的；而碗没有孔洞，如果把它的顶部拿起来，它就会变成一个球体，无论如何形变都无法形成孔洞，因此碗与咖啡杯、甜甜圈在拓扑上是不等价的[6]。

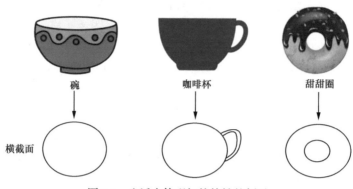

图7.1　生活中体现拓扑特性的例子

拓扑：从数学到物理学

俄罗斯加里宁格勒的市区横跨普列戈利亚河两岸，河的中心有两个顺流排列的小岛。城市分布在两小岛和两岸上的四个部分由七座桥连接，如图7.2（a）所示。有一个有趣的思考就是：在每座桥都只能走一遍的前提下，如何才能把七座桥都走遍？——这就是著名的"七桥问题"。

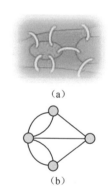

1735年，瑞士数学家和物理学家莱昂哈德·欧拉（Leonhard Euler）表明这一问题在本质上没有满足要求的解决方法，并在第二年发表论文证明确实不存在符合以上条件的走法。他创造性地提出将问题中城市的四个部分抽象为由7条线段连接的4个点[见图7.2（b）]。其中，如果经过一个点时，需要且只能利用连

图7.2　市区地图和欧拉对其作出的拓扑抽象[7]

接该点的每条线段一次，那么经过该点的线段数必须是偶数，这样的点称为偶顶点；连有奇数条线段的点则称为奇顶点。对于这样的连通图，要想一次遍历完所有的边而没有重复，那么只能允许存在有不超过两个奇顶点。欧拉在研究这一问题时开创了数学的一个新的分支——拓扑学（Topology）。他认为被研究对象的形状并不影响其拓扑学层面上的数学特性，只要研究对象的拓扑结构不改变，就可以在拓扑学的研究中任意改变这一对象的形状。

最早将拓扑学应用到物理研究当中的是彼得·泰特（Peter Tait）和威廉·汤姆逊（William Thomson），他们共同发展了结理论（Knot Theory）。

莫比乌斯带（见图 7.3）也是描述拓扑学概念时人们常会提到的一种富有艺术感的结构示例。如果用笔沿着环带子的中心沿带画线，我们会发现这条线将从纸带的一面延伸到另一面，最终形成闭环。

图 7.3　莫比乌斯带

人们在研究中越发肯定，拓扑学与材料性能在本质上有十分精密的联系。本章要介绍的拓扑自旋结构——斯格明子就是这一趋势的代表，它的产生是多种因素互相作用的结果，主要有以下几种机理。

（1）磁偶极相互作用：该相互作用与垂直磁各向异性构成竞争，从而产生周期性、迷宫般的磁畴状态，并在垂直外磁场的作用下，形变为阵列排布的斯格明子，尺寸一般较大，通常直径为 100 nm ～ 1 μm。

（2）DM 相互作用（Dzyaloshinskii-Moriya Interaction，DMI）[8-9]：该相互作用源于铁磁材料自身的晶格结构或相邻薄膜界面处的对称破缺。相邻磁矩在交换相互作用下更倾向于平行或反平行排列，而 DM 相互作用则使其倾向于垂直排列，DM 相互作用的能量与交换相互作用的能量符号相反，斯格明子的出现降低了整体能量，从而使其能够稳定存在，该类型的斯格明子的大小与 DM 相互作用数值正相关，通常直径为 5 ～ 100 nm。

（3）复杂的、多重相互作用形成的阻挫交换相互作用（Frustrated Exchange Interactions）[10]：该相互作用包含多种能量尺度相近的相互作用的磁体，如一些立方结构的螺旋磁体，其磁基态非常丰富，容易出现螺旋、共锥、斯格明子等非共线的自旋构型。

（4）四自旋交换相互作用（Four-Spin Exchange Interactions）[11]：该相互作用已不适合用海森堡交换模型去描述磁性属性。例如，在 3d 过渡金属中，巡游电子的特性导致交换相互作用是长程的，使不同原子处的磁矩之间相互作用需用更复杂的高阶项去计算。该作用极大地改变了均匀铁磁状态与斯格明子之间的能量势垒，使得在不存在 DM 相互作用时，斯格明子也可能稳定存在。

斯格明子的大小在阻挫交换相互作用和四自旋交换相互作用的情况下与晶格尺寸相当，可达 1 nm，但相应材料的制备较为困难；而在磁偶极相互作用和 DM 相互作用为主导的情况下，斯格明子尺寸则大于晶格尺寸，磁矩将发生连续变化，并且能量密度远小于交换能——此类斯格明子更容易产生及湮灭，并具有容易移动、不易受晶格缺陷钉扎影响的特点。此外，由于 DM 相互作用所产生的斯格明子相对磁偶极相互作用产生的斯格明子尺寸更小，更适合制备高密度的斯格明子电子器件，因而在理论研究和电子器件的设计时更多地着眼于研究 DM 相互作用产生的斯格明子。当然，在实际制成的器件中，磁偶极相互作用和 DM 相互作用都是无法忽视的，因此斯格明子在器件中的实际表现往往是多方面因素共同作用、多个性能指标权衡兼顾的结果。

如图 7.4 所示，相邻原子之间 DM 相互作用的哈密顿量 H_{DM} 可以表示为：

$$H_{DM} = \boldsymbol{D}_{12} \cdot \left(\boldsymbol{S}_1 \times \boldsymbol{S}_2 \right) \tag{7.1}$$

式中，$\boldsymbol{D}_{12}$ 为 DM 相互作用矢量，表征 DM 相互作用的强弱和手性方向，$\boldsymbol{S}_1$ 和 $\boldsymbol{S}_2$ 为原子的自旋。这一效应来源于强自旋轨道耦合效应[12]。

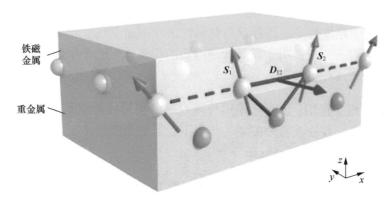

图 7.4　铁磁层与重金属层之间的 DM 相互作用[13]

由于界面 DM 相互作用和体 DM 相互作用的矢量方向不同，可以形成奈尔型（Néel-type）与布洛赫型（Bloch-type）斯格明子。如图 7.5 所示，斯格明子半径大小与交换相互作用系数 J 和 DM 相互作用系数 D 的比值 J/D 成正比[14]。体材料中的 DM 相互作用矢量垂直于原子界面，斯格明子大多属于布洛赫型，而薄膜材料中的 DM 相互作用矢量平行于薄膜平面，因此界面斯格明子容易呈奈尔型。

（a）奈尔型　　　　　　　　　　　　　　　（b）布洛赫型

图 7.5　斯格明子类型

斯格明子是空间有限区域中的离散自旋结构。理解这种结构的拓扑特性是十分重要的。在磁性系统中，依据结构维度和结构中磁矢量自旋指向的不同，能够稳定地存在有很多独特的拓扑自旋结构，包括磁畴壁、磁涡旋和磁单极子等，当然也包含两型斯格明子及其衍生出的其他单个或成体系出现的斯格明子结构，如图 7.6 所示，它们具备着不同的磁动力学和静力学性质。实际应用中多见的自旋电子纳米器件中，人们对于存在于磁性薄膜界面中的二维拓扑结构的研究更为充分和广泛——因为在薄膜厚度的方向上，这些二维结构的变化实际上往往都是可以忽略的。

这些拓扑结构可以用不同拓扑数 Q 来表示，Q 也被称为拓扑荷（Topological Charge），可通过下式计算。

（a）奈尔型斯格明子　　（b）布洛赫型斯格明子　（c）反斯格明子　（d）双涡旋斯格明子
　　　（Q=-1）　　　　　　　　（Q=-1）　　　　　　（Q=+1）　　　　（Q=-2）

（e）磁涡旋（Q=-0.5）（f）半子（Q=-0.5）（g）双半子（Q=-1）　（h）嵌套斯格明子（Q=0）

 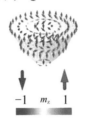

（i）斯格明子管　　　　　（j）浮子

图 7.6　一系列二维、三维的拓扑自旋结构 [15]

$$Q = \frac{1}{4\pi} \iint \mathrm{d}^2 r \cdot \boldsymbol{m}(r) \cdot \left(\partial_x \boldsymbol{m}(r) \times \partial_y \boldsymbol{m}(r) \right) \tag{7.2}$$

式中，r 为空间中的极坐标，拓扑数 Q 可以理解为二维平面单位局部磁矩（即自旋）
$\boldsymbol{m}(r)$ 随着坐标 (x, y) 跨越整个平面空间而缠绕多少次，即自旋在拓扑单位圆上环绕的
圈数。图 7.6（a）所示为奈尔型斯格明子，图 7.6（b）所示为布洛赫型斯格明子，这两
种是最常见的斯格明子类型，中心磁矩向下，拓扑数 Q 为 -1。斯格明子的中心磁矩
和周围磁矩指向面外，最外侧磁矩与中心磁矩反平行。图 7.6（c）所示为反斯格明子
（Antiskyrmion），它的中心磁矩也是向下的，但是它的拓扑数 Q 为 +1，该结构在手性
磁体中无法稳定，但是可以在偶极磁体中存在，具备许多新的拓扑性质。图 7.6（d）所
示为双涡旋斯格明子（Biskyrmion），它存在于某些手性块材料、磁阻挫材料中，两个
拓扑数 Q 为 -1 的斯格明子彼此靠近，这一特殊结构在具有宽域温度稳定性（100 ~ 340
K）的同时，可以更加容易地实现输运。图 7.6（e）所示为磁涡旋（Vortex），图 7.6（f）
所示为半子（Meron），它的拓扑数 Q 为 -0.5。图 7.6（g）所示为双半子（Bimeron），
其拓扑数为 -1，由拓扑数 Q 为 -0.5 的半子和反半子组成。图 7.6（h）所示为嵌套斯
格明子（Skyrmionium），它可以被看做是两个拓扑数 Q 为 +1 和 -1 的斯格明子嵌套
在一起，因而总体拓扑数为 0，具有拓扑稳定性。由于其特殊的拓扑性质，该结构在
自旋流作用下不会发生斯格明子霍尔效应（Skyrmion Hall Effect，SkHE），同时具有
更高的移动速率，在动力学特性方面具有独特的优势。图 7.6（i）所示为斯格明子管
（Skyrmion Tube），图 7.6（j）所示为浮子（Magnetic Bobber），它们存在于三维体材
料中，浮子被认为是"漂浮"在材料表面的一种新型局域磁结构，也可用作实现信息
比特 [15]。

7.1.2　斯格明子的发现过程

1989 年，Bogdanov 等[16]首次在理论上提出了基于 DM 相互作用的拓扑斯格明子模型。1993 年，Sondhi 等[17]预言了拓扑自旋结构的斯格明子存在于量子磁体中。2006 年，Roessler 等[18]首次在理论上证实了斯格明子基态在不需要外加磁场的情况下，可以自发地存在于具有手性相互作用的金属磁体中，如在缺乏空间反演对称性的薄膜表面或体材料当中。

直到 2009 年，Mühlbauer 等[19]才偶然通过小角度中子散射（Small Angle Neutron Scattering，SANS）手段在手性磁材料 MnSi 体系中首次实验观测到斯格明子。2010 年，Yu 等[20]首次利用洛伦兹透射电子显微镜（Lorentz Transmission Electron Microscope，LTEM）在 $Fe_{0.5}Co_{0.5}Si$ 薄膜材料中观测到了斯格明子结构。这些发现都在很大程度上激发了科研人员对这一新奇的准粒子开展实验研究的兴趣。

2011 年，Heinze 等[21]在 Fe/Ir 薄膜结构中观测到了原子级别大小的连续二维斯格明子晶格。2013 年，费尔教授团队[22]提出并实现了界面对称破缺体系中的奈尔型磁斯格明子，并从应用的层面上，研究了斯格明子在纳米磁条带中成核、受电流驱动以及达到稳定的条件，继而认为斯格明子是未来实现磁存储和计算的理想信息载体。随后，围绕斯格明子潜在的应用前景，人们对斯格明子的稳定性、可控产生、高效运动、电学探测、功能器件等相关课题做出了大量的研究工作，一些新型材料体系中的斯格明子结构和现象也开始被不断地发现和报道。伴随着学界对斯格明子物理机理的认识不断深入，以及产业界对于新型电子器件的迫切需求，一门新的学科——斯格明子电子学应运而生。

7.1.3　斯格明子的研究意义

介绍完斯格明子的概念和发现过程后，本节希望能用更加通俗的语言阐述为什么斯格明子的研究在"后摩尔时代"如此重要。

随着人工智能与大数据应用的兴起，人们对高密度、高性能数据存储的需求进一步提高。当前微电子领域面临两个主要挑战：一是器件尺寸微缩挑战，即量子效应显现时摩尔定律逐渐失效的趋势；二是冯·诺依曼计算架构的挑战，即"存储墙"越发成为功耗与性能提升的关键瓶颈。基于斯格明子的自旋电子器件，具备高密度、低功耗、高性能、非易失性等潜在优势，有望在存算一体、类脑计算等新型计算架构中广泛应用。

2017 年版的"国际器件与系统路线图"介绍了通过"管芯三维堆叠、层间致密互连、异质异构集成、器件低功率化"等方案延续芯片性能增长的总设想。为了满足这一需求，未来的新型磁存储器势必将朝着三维堆叠结构的方向发展。当前磁随机存储器器件主要利用磁隧道结自由层整体的磁矩方向存储信息；而如果能利用可运动、可调控的磁畴来完成信息的存储和计算，那么器件的设计也势必更加灵活，并且器件尺寸也会大大降低。

2008 年，IBM 科学家 Parkin 等[23]提出了一种超高密度的三维存储结构——赛道存储器（Racetrack Memory, RM）。赛道存储器利用电流推动磁畴壁移动来实现信息的写入，如图 7.7 所示。然而，驱动磁畴壁移动的临界电流密度高达 10^7 A/cm^2，导致器件功耗过高（即使运用更加高效的自旋轨道矩电流来驱动磁畴壁，电流密度仍然高达 10^6 A/cm^2），不利于实际应用。相比之下，斯格明子在单晶型体材料中的阈值驱动电流仅为 10^2 A/cm^2，因此使用斯格明子代替磁畴壁作为赛道存储器中的信息比特载体有望大大减小器件的功耗。

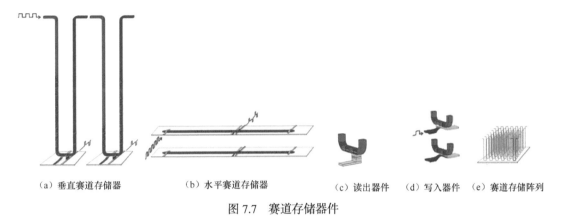

（a）垂直赛道存储器　　　（b）水平赛道存储器　　　（c）读出器件　　（d）写入器件　（e）赛道存储阵列

图 7.7　赛道存储器件

总而言之，将斯格明子作为基本的可操作单元，用于未来信息存储和计算的电子器件当中，有着以下几点不可比拟的优势。

（1）高密度。斯格明子被认为是目前自然界最小的信息载体，理论证明它的尺寸范围为 1 ～ 300 nm。

（2）超低功耗。如前所述，驱动斯格明子的阈值驱动电流非常低——使用自旋轨道矩驱动时的电流密度甚至能降至同等条件下磁畴壁器件的 10^{-5} 以下，大大降低了调控信息比特的能量消耗。

（3）拓扑保护性。虽然数学上的拓扑保护性与物理意义上的不完全相同，但处于稳定状态和亚稳定状态的斯格明子较其他自旋结构更不易因材料中的缺陷或是工作环境温度的变化等而产生畸变或者湮灭。

（4）器件丰富性与可调性。斯格明子具有丰富的静力学和动力学性质，且可以被高效地驱动和调控，同时又广泛地存在于不同的材料体系当中，因此人们可以更有针对性地根据斯格明子的特性设计出能够完成不同功能的新型高效率电子器件，如赛道存储器、逻辑计算、类脑计算等。

（5）与互补金属氧化物半导体工艺兼容。很多新型器件，如基于光子的量子器件等，目前大都还停留在实验室场景下单独工作的阶段，因为它们大都囿于结构固有的特性而难以与现有的互补金属氧化物半导体工艺兼容。斯格明子器件与本书前面章节中所讨论的自旋电子器件在制备工艺上并无太大差异，因而可同样使用已有的成熟工艺使之生长于硅衬底上，并采用现有的光刻技术等完成后续的加工。此外，用于研究斯格明子的铁磁材料也已被非常广泛地研究应用。这些都有利于大量制备基于斯格明子的芯片产品。

（6）非易失性。斯格明子不受器件供电与否的影响，因此有利于信息的稳定保存。对于很多电子产品来说，状态保持电路功耗（Standby Power）所占的比例很大，既不经济也不环保，相较之下，非易失性是自旋电子器件的一大优势。

7.2　斯格明子的研究方法

人们探究斯格明子诸多特性时使用最为广泛的研究方法主要包括理论微磁学仿真计算和实验观测。前者主要包括公式的推导、基于第一性原理的原子级别计算以及借助计算机完成的蒙特卡罗仿真计算等；而后者则以粒子的散射实验和多种显微成像方式为主。

7.2.1　斯格明子的微磁学仿真计算

OOMMF（Object Oriented MicroMagnetic Framework）[24] 和 **MuMax3**[25] 是学术界常用的微磁学仿真软件。如果要在传统微磁学仿真模型的基础上考虑斯格明子拓扑结构，就需要在仿真计算的偏微分方程组中引入 DM 相互作用的能量。由式（7.1）出发，我们可以推导出 DM 相互作用的能量密度 ε_{DM} 为：

$$\varepsilon_{DM} = D\left(m_z \frac{\partial m_x}{\partial x} - m_x \frac{\partial m_z}{\partial x} + m_z \frac{\partial m_y}{\partial y} - m_y \frac{\partial m_z}{\partial y} \right) \tag{7.3}$$

式中，m_x、m_y 和 m_z 分别表示 x、y、z 三个方向上的单位磁矩强度，在均匀的磁体介质中为不变量。DM 相互作用常数 D 可按下式计算。

$$D = \left| \sqrt{3} D_{12} \right| / (at) \tag{7.4}$$

式中，$|D_{12}|$ 为 DM 相互作用矢量的模长，a 为原子的晶格常数，通常在 1 nm 左右，t 为铁磁层的厚度。

磁矩的动力学过程可用 4.1.2 节中介绍过的 LLG 方程来计算，等效磁场通过能量项可以表示为：

$$H_{eff} = -\mu_0^{-1} \frac{\partial E}{\partial M} \tag{7.5}$$

式中，μ_0 为真空磁导率，E 为平均能量密度。该能量密度包含磁各向异性能、交换作用能、退磁能、塞曼能和 DM 相互作用能。除了这些能量项，在计算磁样品中加入电流驱动后，磁矩会受到相关自旋流的改变。自旋流加入的方式可以分类为面内型与垂直型。

面内型的自旋流直接注入铁磁层，产生自旋转移矩对斯格明子进行驱动，分为绝热项（Adiabatic Torque）τ_{adiab} 与非绝热项（Non-Adiabatic Torque）$\tau_{\text{non-adiab}}$，分别计算如下：

$$\tau_{\text{adiab}} = \frac{\gamma \hbar P j}{2 e M_{\text{s}}} \boldsymbol{m} \times \left(\frac{\partial \boldsymbol{m}}{\partial x} \times \boldsymbol{m} \right) \tag{7.6}$$

$$\tau_{\text{non-adiab}} = \beta \frac{\gamma \hbar P j}{2 e M_{\text{s}}} \left(\boldsymbol{m} \times \frac{\partial \boldsymbol{m}}{\partial x} \right) \tag{7.7}$$

式中，$\hbar$ 为约化普朗克常数，P 为自旋极化系数，e 为电子电荷，j 为电流密度，β 为非绝热因子。

当电荷流注入重金属层时，会通过自旋耦合效应产生垂直注入的自旋极化电流进入铁磁层，该作用分为面内项（In-Plane Torque）τ_{IP} 和垂直项（Out-Of-Plane Torque）τ_{OOP}，分别计算如下：

$$\tau_{\text{IP}} = \frac{\gamma \hbar P j}{2 t e M_{\text{s}}} \boldsymbol{m} \times \left(\boldsymbol{m}_{\text{p}} \times \boldsymbol{m} \right) \tag{7.8}$$

$$\tau_{\text{OOP}} = -\xi \frac{\gamma \hbar P j}{2 t e M_{\text{s}}} \left(\boldsymbol{m} \times \boldsymbol{m}_{\text{p}} \right) \tag{7.9}$$

式中，$\boldsymbol{m}_{\text{p}}$ 为电流自旋极化方向的单位矢量，t 为磁层厚度，ξ 为一个相对系数，表征面内与垂直项的大小比值。

如图 7.8 所示，微磁学仿真软件 OOMMF 可以计算单个或多个斯格明子，可视化的界面使仿真结果更加直观。

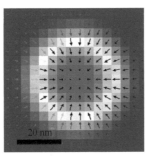 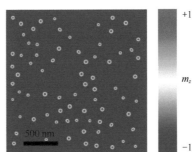

（a）单个斯格明子　　　　　　　（b）多个斯格明子
（箭头代表磁矩方向）　　　　（颜色代表了磁矩的方向和大小）

图 7.8　OOMMF 微磁学仿真计算结果

7.2.2　斯格明子表征的相关实验技术

在前面已提到，2009 年，Mühlbauer 等首次使用小角度中子散射技术在 MnSi 块材料中探测到了斯格明子的存在和分布。该技术原理可被简单理解为：具有强穿透能力且本身带磁矩的中子束入射样品表面后，可与材料的磁矩相互作用产生中子特有的磁散射，使中子散射成为表征磁序的有效手段。如图 7.9(a) ~（c）所示，中子束入射到样品表面后，会发生满足布拉格方程的散射，因此斯格明子会在倒空间垂直于入射方向的平面上呈现六重衍射点，在不同温度和磁场下呈现出不同结构的磁矩分布。通过这一技术手段，人们可以描绘出不同条件下的自旋排列相图。用以表征斯格明子磁矩分布的另一个技术手段是软 X 射线共振非弹性光散射。利用这一手段，人们也已成功在 Cu_2OSeO_3 材料中探测到了斯格明子现象，如图 7.9（d）～（f）所示。

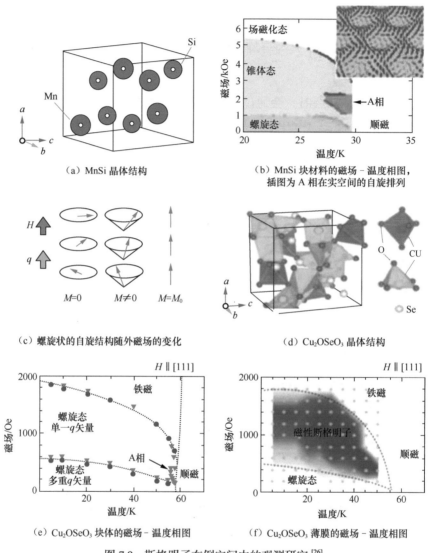

（a）MnSi 晶体结构

（b）MnSi 块材料的磁场－温度相图，
插图为 A 相在实空间的自旋排列

（c）螺旋状的自旋结构随外磁场的变化

（d）Cu_2OSeO_3 晶体结构

（e）Cu_2OSeO_3 块体的磁场－温度相图

（f）Cu_2OSeO_3 薄膜的磁场－温度相图

图 7.9　斯格明子在倒空间中的观测研究[26]

若想在实空间中清楚地看到斯格明子的磁矩分布，可以利用以下几种技术实现。

（1）洛伦兹透射电子显微镜：这一技术手段具有纳米级别的空间分辨率，不仅能清晰表征斯格明子的尺寸，还能表征斯格明子是奈尔型还是布洛赫型。它的工作原理是磁性材料内部的磁矩不同会导致电子束在穿过样品时发生不同方向的偏转，从而产生不同对比度的图像来表征样品自旋方向。如图 7.10 所示，不同模式（欠焦、过焦、正焦）下对 $Fe_{0.5}Co_{0.5}Si$ 薄膜样品内斯格明子阵列的成像不同。这种设备不仅可以观测非中心对称 B20 立方晶格结构材料体系中的斯格明子，而且也能观测磁性多层膜结构中的斯格明子。

（2）扫描透射 X 射线显微镜（Scanning Transmission X-ray Microscope，STXM）：X 射线也可以取得足够精确的时空分辨率。Moreau-Luchaire 等[27]在室温、580 Oe 小磁场的情况下在 Ir/Co/Pt 多层膜中通过此手段观测到了直径约为 100 nm 的斯格明子。

（3）X 射线磁圆二色 - 光发射电子显微镜（X-ray Magnetic Circular Dichroism Photoemission Electron Microscopy，XMCD-PEEM）：这种方法基于爱因斯坦光电效应，通过激发光源产生的电子来对样品进行磁结构成像。Li 等[28]在 Co/Ni/Cu 中观测到了斯格明子的存在。

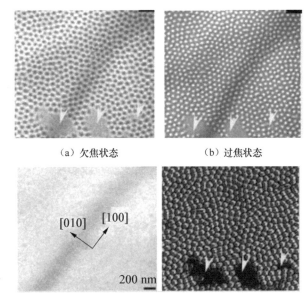

(a) 欠焦状态　　　　　　(b) 过焦状态

(c) 正焦状态　　　　　　(d) 样品面内磁场分布

图 7.10　$Fe_{0.5}Co_{0.5}Si$ 薄膜的洛伦兹透射电子显微镜图像[20]

（4）磁力显微镜（Magnetic Force Microscope, MFM）：此种成像手段的成像原理基于磁性样品与磁性探针的磁力相互作用，其横向分辨率取决于不同设备及样品间用以互动的电磁信号，通常为 10 nm 级别。如图 7.11 所示，北航团队通过磁力显微镜设备在 Pt/Co/MgO 薄膜体系中观测到了斯格明子的存在。这种方法的好处是测量较为简单，对基于斯格明子的器件磁矩表征比较方便，对于斯格明子尺寸在 10 ~ 100 nm 的样品可以较为直观地观测其磁畴变化以及斯格明子运动过程，但无法表征斯格明子的类型。

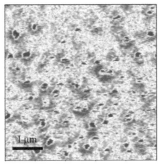 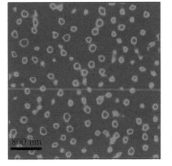

(a) Pt/Co/MgO 单层膜　　　　　　(b) Pt/Co/MgO 多层膜

图 7.11　Pt/Co/MgO 薄膜中斯格明子的磁力显微镜图像

（5）磁光克尔效应（Magneto-Optic Kerr Effect，MOKE）显微镜：这种设备最为常见，但受限于激光的波长，只能观测到直径为微米级别的磁泡型斯格明子。大家更多把它用于观测斯格明子在运动时产生的霍尔效应，以说明观测到的微米级别的磁泡型斯格明子具有拓扑保护性。

7.3　斯格明子的材料体系

本节将介绍斯格明子实验研究中的不同材料体系。斯格明子在不同体系中的大小、稳定性等性质都有所不同，因此在对斯格明子的实际应用中，人们也会选择丰富多样的材料体系，用以产生和操作不同性质的斯格明子。

7.3.1　手性磁体

最早发现斯格明子的材料 MnSi 是一类典型的 B20 类化合物材料。由于这种类型的晶格结构缺乏中心对称性，因此将势必存在天然自发的体 DM 相互作用，使材料中的斯格明子多呈布洛赫型，并且这些斯格明子的尺寸也与手性磁体的自旋周期长度有关，其直径通常取值为 $10 \sim 100$ nm[29]。同样属于 B20 类化合物材料的 MnGe 中具有强的 DM 相互作用，是目前观察到的具有最小自旋周期长度斯格明子的手性材料，其直径约为 3 nm。

但是，由于这类材料的结构参数和磁性参数都相对稳定，所以可调控的空间较小。此外，由于在无外磁场的情况下，这类材料中磁矩分布的基态为螺旋态（Spiral Spin Texture），因此需要通过外磁场来诱导斯格明子的产生，非常不利于在高密度微纳器件中应用。目前，用以避免此类材料中斯格明子对外加磁场的依赖性的手段主要有两种：一种是利用有限体系中的偶极相互作用和边界条件来提供零场下斯格明子的稳定性；另一种是通过外延生长得到高质量的手性磁体薄膜。

除了磁场的问题，相应器件的温度稳定性也是一大挑战，因为手性磁体的居里温度一般低于室温。Cu_2OSeO_3 具有多铁性和绝缘性，有潜力通过纯电场操控斯格明子的运动以避免焦耳热功耗，但是其居里温度约为 58 K，因此很难在室温下制备和使用由相应材料构成的器件。要解决这类问题，就得寻找更多居里温度高于室温的手性磁体，比如目前发现和报道的 β-Mn 型 Co-Zn-Mn 合金和磁性半导体材料 GaV_4S_8 等。

7.3.2　磁性薄膜

除了手性磁体中的自发体 DM 相互作用外，还可以通过人为构造磁性薄膜 / 重金属界面得到界面反演对称破缺，利用重金属中的强自旋轨道耦合来产生界面 DM 相互作用。这种方式诱导产生的斯格明子通常是奈尔型。单层 Fe/Ir (111) 材料的界面 DM 相互作用非常强，是最先发现斯格明子的薄膜体系，也是迄今为止观察到的最小斯格明子的体系，其直径为 1 nm。

近年来，另一个研究热点是通过磁控溅射工艺来生长斯格明子薄膜材料，该技术广泛应用于工业界，能够极大促进斯格明子的实际应用。因为斯格明子的产生与垂直磁各向异性和 DM 相互作用关系紧密，因此研究人员可以通过调节薄膜厚度、退火温度、材料组合结构等参数来优化斯格明子的稳定性和动力学性质。但需要注意的是，由于改变任何生长参数都会对薄膜的磁性参数产生不同程度的影响。因此，如何独立地调节薄膜的每个磁性参数是当前研究的热点。

（1）铁磁材料。该材料是目前研究最多的材料体系。一种结构是重金属 / 磁性薄膜 / 金属氧化物，如 Pt/Co/MgO、Pt/CoFeB/MgO、Ta/CoFeB/TaO$_x$ 等多层膜结构。这种结构中的 DM 相互作用效应不仅来源于重金属层与铁磁层间的界面，还来源于金属氧化物与铁磁层间的界面。另一种结构是重金属 / 磁性薄膜 / 重金属，如 Ir/Co/Pt 和 Pt/Co/Ta 等多层膜结构。就此二者而言，Co 会与两端的重金属产生不同方向的 DM 相互作用，并会随多层膜重复进一步增强。不过，由于斯格明子是具有手性的自旋结构，因而在马格努斯力（Magnus Force）的作用下，其移动过程将势必会产生垂直于驱动电流方向的速度分量，进而导致其移动轨迹的偏离，即所谓的斯格明子霍尔效应。研究表明，通过重金属 / 磁性薄膜 / 重金属结构的驱动电流密度越大，斯格明子的移动速度就越大，同时偏移量也越大；当电流密度超过某一临界值时，斯格明子受到的马格努斯力将大于边界的排斥作用，导致斯格明子湮灭，从而丢失所携带信息。因此，如何消除斯格明子霍尔效应成为在前述结构的基础上进一步开展相应研究的重点。

（2）反铁磁材料。实验上发现，反铁磁薄膜与铁磁薄膜的异质结构 IrMn/CoFeB 中也能产生斯格明子；一些理论工作还证明了在反铁磁薄膜中有望彻底消除斯格明子霍尔效应，因而该结构或可作为实现斯格明子的高速驱动的有效载体。

（3）亚铁磁材料。近年来，以 Pt/GdFeCo/MgO 多层膜为代表的亚铁磁材料体系备受关注，这是因为其具有更快的磁动力学过程，同时更容易在实验上观测到非零净磁矩。实验发现，在该亚铁磁材料的角动量补偿点处，斯格明子的霍尔角为零，因此有望获得较高的斯格明子运动速度。但这一体系的斯格明子器件在设计和制备中却面临着如何调节合金比例和膜层厚度等参数，以调控体系的角动量补偿点的问题。

（4）合成反铁磁材料。该体系为构造层间反铁磁 RKKY 耦合的斯格明子体系，通过上下两层反铁磁耦合而实现斯格明子沿驱动电流方向的移动来避免斯格明子霍尔效应。典型的结构为 Pt/Co/Ru，其中处于 Co/Ru/Co 中的 Ru 的厚度要控制在 0.7 ~ 0.9 nm 才能使 Co 层之间获得较强的反铁磁耦合效应。这种结构获得室温下稳定的斯格明子需要满足几个参数：较强的反铁磁耦合（Antiferromagnetic Coupling）效应、显著的 DM 相互作用、较小的垂直磁各向异性、偏置层拥有显著磁各向异性且与合成反铁磁层有电子耦合作用。主要的调控手段为优化各层材料的厚度、薄膜生长质量，但当采取其中一种手段时会同时改变以上几个条件，在实验中无法通过简单控制变量来优化斯格明子的稳定性，因此未来探寻单一调控磁性参数的方法体系至关重要。

7.3.3 二维范德瓦尔斯材料

自石墨烯发现以来，将二维材料用于制成斯格明子器件的构想也备受学界的关注——因为二维材料的厚度仅为原子层级别，相比于三维的体材料具有更多独特的性质。但是一直以来，根据梅尔曼 - 瓦格纳（Mermin-Wagner）理论预测，人们普遍认为在热扰动的作用之下，石墨烯等二维材料很难有效地产生长程的铁磁有序。近年来，有研究表明范德瓦尔斯材料晶体也可以在少数具有强磁各向异性的材料中体现出长程本征铁磁性，如由范德瓦尔斯作用维系形成的 $Cr_2Ge_2Te_3$ 和 CrI_3 等。

因此，二维范德瓦尔斯材料的发现为自旋电子学打开了一扇全新的大门，其独特的界面自旋轨道耦合效应、潜在的长程自旋输运及自旋控制方面的应用让相关研究备受关注。例如，由于 Fe_3GeTe 本身就具有的反演对称破缺晶格结构以及较大的自旋轨道耦合作用，有望通过 DM 相互作用来产生斯格明子。当然，如何大规模地制备、表征原子级别厚度的二维材料器件、如何提高居里温度以及探索更多能够产生斯格明子的二维材料体系等问题都还亟待解决。

7.4 斯格明子电子学的物理基础

基于其拓扑学结构，斯格明子在可控产生、电学输运以及检测等方面存在独特的物理性质。这一节将介绍斯格明子电子学的理论物理及相关动力学研究，希望读者对斯格明子的独特物理特性有深入的了解，探索其作为新型自旋电子器件的潜力。

7.4.1 斯格明子的产生

斯格明子的可控产生需要外加激励来克服一定的能量势垒。在理论和实验上，人们往往寻求通过多种单一或组合方式来实现。激发斯格明子的主流途径包括自旋极化电流、外加电场、热效应、激光、自旋波、外加磁场、结构诱导等。

如图 7.12 所示，通过外加垂直磁场产生斯格明子是目前最为普遍也最为可控的一种方法 [30-31]。尤其是对于 DM 相互作用较强、垂直磁各向异性较弱的多层膜结构体系来说，可通过测量样品的磁滞回线是否为腰封状来预测斯格明子是否有可能产生。一般来说，样品的磁矩会在无磁场状态下呈迷宫畴分布；逐步增加磁场后，磁畴会慢慢变小，然后缩小成圆形的斯格明子态；而当磁场继续增大到足以使所有磁矩达到饱和状态时，斯格明子便会湮灭。这一方法无需制备专门的器件，只靠外加磁场改变样品的能量分布即可产生斯格明子；当然，在 B20 体系等块体材料中，还是需要找到合适的磁场 - 温度区间（A 相），才能产生高密度、排列整齐的斯格明子晶格阵列。

除了外加磁场以外，通过自旋转移矩或自旋轨道矩自旋极化电流产生斯格明子也是一个重要手段。自旋转移矩电流可以通过自旋阀器件来产生，然后垂直注入样品内，如图 7.13（a）所示。2013 年，Romming 等 [32] 通过实验证明了扫描隧穿显微镜（Scanning

Tunneling Microscope，STM）可以将探针产生的隧穿自旋极化电流注入到 FePd 双层薄膜中，如图 7.13（b）所示，精准地实现了单个斯格明子的产生和湮灭。不过这两种方法对设备条件和器件结构都要求较高，难以大规模应用。

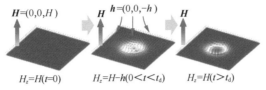

（a）通过磁场诱导斯格明子产生的过程

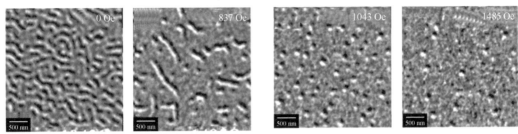

（b）不同外加磁场下的磁畴状态　　　　　　　　（c）增大磁场后产生斯格明子

图 7.12　磁场产生斯格明子

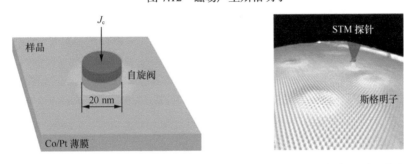

（a）通过自旋极化电流产生斯格明子的器件设计　　（b）通过 STM 探针在局部注入自旋电流

图 7.13　自旋极化电流产生斯格明子

斯格明子不光可以由自旋转移矩电流产生，也可以通过自旋轨道矩电流产生。但目前自旋轨道矩电流的极化方向均为面内方向，无法彻底将磁矩翻转，因此需要通过降低局部垂直磁各向异性或是利用结构缺陷等进行辅助。如图 7.14 所示，斯格明子在条带收缩处可以由单个自旋轨道矩电流脉冲产生，脉冲宽度越大，所需的电流密度也就越高[33]。此外，研究还发现在结构的边缘处，边界作用力及磁性参数的不均匀性，更利于诱导斯格明子的产生。

2014 年，Zhou 等[34] 预测斯格明子可以在条带宽度变化的器件结构中由磁畴壁（Domain Wall，DW）转化产生。在此种结构中，自旋电流将推动磁畴壁从窄通道到宽通道；在通道宽度变化处，边界作用力和自旋力矩将使磁畴壁收缩产生斯格明子，如图 7.15（a）所示。后来，Jiang 等[35] 在实验中利用这一器件构想实现了微米级别大小的磁畴壁—斯格明子转换，如图 7.15（b）所示。

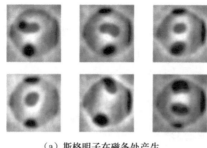
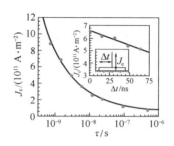

（a）斯格明子在磁条处产生　　　　（b）斯格明子产生的阈值电流密度
　　　　　　　　　　　　　　　　　　J_c 与脉冲宽度 τ 的关系

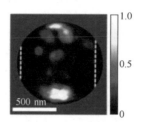

（c）单次脉冲电流后反向磁化的空间概率分布

图 7.14　斯格明子在缺陷处通过自旋轨道矩电流产生

2020 年，Wang 等[36] 通过在铁电材料 $0.7PbMg_{1/3}Nb_{2/3}O_3$-$0.3PbTiO_3$ (PMN-PT) 上生长磁性多层膜 $[Pt/Co/Ta]_n$ 成功实现用无磁场、加电场的方式产生斯格明子。该实验的原理为：在 PMN-PT 衬底上加入电场后，会产生一个沿界面方向的应力，该应力通过逆磁力效应传导到上层中的圆形纳米器件中改变其界面磁学性质，从而调控磁畴变化。如图 7.16 所示，进行扫描电场后，器件会受到拉力型或压力型的应力，从而实现磁条带、斯格明子和磁涡旋三种状态的互相转变，在撤掉电场后器件仍能保持相关磁畴状态不变。通过改变 Pt/Co/Ta 材料

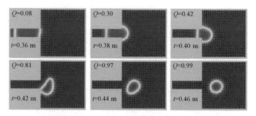

（a）理论证明可通过条带宽度变化来使磁畴壁转化产生斯格明子

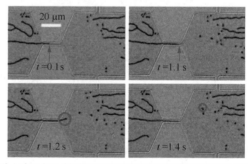

（b）实验上验证大尺寸斯格明子可以通过磁畴壁在器件结构改变而形成

图 7.15　通过磁畴壁产生斯格明子

的不同堆叠层数，器件中磁畴对于电场的响应也会受到改变。基于应力调控产生的斯格明子在低功耗、非易失性方面具有优势。

除了以上介绍的方法，还有通过激光热效应[37]、自旋波叠加[38]、人工纳米磁碟器件[39] 等手段对局部能量进行调控来产生斯格明子，虽然其中物理机理十分丰富，但不适用于斯格明子的电学应用，因此不在这里过多介绍，感兴趣的读者可以查阅相关文献。

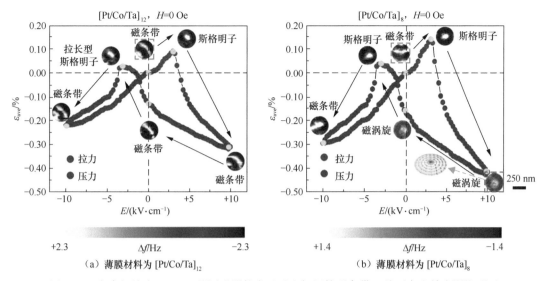

图 7.16 在直径约为 350 nm 的圆形器件中通过电场调控磁条带,从而产生单个斯格明子

7.4.2 斯格明子的输运

由于斯格明子特殊的拓扑保护性质,其作为准粒子能够更稳定地在磁性结构中输运,并且不丧失其表征的信息。Jonietz 等观察到,通过电流产生的自旋矩效应和热梯度效应会导致斯格明子的运动,且斯格明子在 MnSi 块材料中的阈值电流密度仅为 10^2 A/cm² 量级,器件的功耗极低;同时理论也表明,斯格明子的类粒子拓扑特性也使其面临样品中不可避免的缺陷时更具输运的灵活性和稳定性,较之磁畴壁更难发生畸变或被钉扎。

在纳米磁条带中,斯格明子同样可以被自旋转移矩和自旋轨道矩两种电流产生的自旋矩所驱动,并且可分为面内方式(铁磁层直接被注入自旋转移矩电流)和垂直方式(通过重金属层和铁磁层界面处的自旋霍尔效应来产生自旋轨道矩电流),如图 7.17 所示。

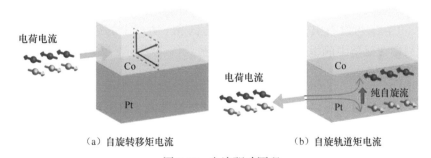

图 7.17 电流驱动原理

如果我们将斯格明子看作一个粒子,则从经典力学的角度出发,它的运动可以通过蒂勒(Thiele)方程[40]近似计算:

$$\boldsymbol{F} + \boldsymbol{G} \times \boldsymbol{v} + \alpha \boldsymbol{D} \boldsymbol{v} = 0 \tag{7.10}$$

式中,$\boldsymbol{F}$ 为斯格明子所受到的外力,包括边界作用力、斯格明子之间的相互作用力和电流产生的驱动力等;$\boldsymbol{v} = (v_x, v_y)$ 为斯格明子的速度,$\boldsymbol{G} = 4\pi Q \boldsymbol{e}_z$ 为陀螺向量(与拓扑数相关,

e_z 为垂直于铁磁薄界面的向量），α 是磁阻尼系数，$\boldsymbol{D} = \begin{pmatrix} D & 0 \\ 0 & D \end{pmatrix}$ 为耗散矩阵，D 为耗散系数。

当施加自旋转移矩电流时，斯格明子的运动情况则变为：

$$\boldsymbol{F} + \boldsymbol{G} \times (\boldsymbol{v} - \boldsymbol{u}) + \boldsymbol{D}(\alpha\boldsymbol{v} - \beta\boldsymbol{u}) = \boldsymbol{0} \tag{7.11}$$

式中，$\boldsymbol{u} = -\dfrac{pa^3}{2eM_s}\boldsymbol{j}$ 为传导电子速度。其中，p 为自旋极化系数，a 为薄膜晶格常数，M_s 为饱和磁化强度，$\boldsymbol{j}$ 为施加的电流密度，β 为非绝热自旋转移矩项。这样一来，斯格明子的速度就可以表示为：

$$\boldsymbol{v} = \frac{\beta}{\alpha}\boldsymbol{u} \tag{7.12}$$

同时，由于斯格明子霍尔效应［见图 7.18（a）］，式（7.10）左边的第二项反映的马格努斯力会使斯格明子偏离纳米磁条带的方向，产生一个垂直的偏移量。此外，斯格明子靠近边界时也会受到与运动方向相反的排斥力 $-ky\boldsymbol{e}_y$。式中，$\boldsymbol{e}_y$ 为垂直于纳米磁条的向量。因此，当斯格明子稳定地进行偏移运动时，运动的偏移量 y 可以表示为：

$$y = \frac{\boldsymbol{G}\boldsymbol{u}}{k\alpha}(\beta - \alpha) \tag{7.13}$$

式中，k 与边界作用力相关，$\boldsymbol{G}$ 为陀螺向量，α 与 β 的比例将决定斯格明子霍尔效应的大小。

而当施加自旋霍尔效应电流时，面内力矩 SOT 作用导致的斯格明子运动速度则满足

$$\begin{cases} v_x = \dfrac{\alpha DB}{1 + \alpha^2 D^2} J_{HM} \\ v_y = \dfrac{B}{1 + \alpha^2 D^2} J_{HM} \end{cases} \tag{7.14}$$

式中，B 为与重金属层中的自旋霍尔效应强度有关的参数，J_{HM} 为重金属层中的电流密度大小。从式（7.14）可以看出，斯格明子在 x 方向和 y 方向上的运动速度之比为常数，且两个速度均与重金属层中的电流密度 J_{HM} 成正比。

如图 7.18（b）所示，斯格明子的运动速度与电流密度大小成正比，在相同驱动电流密度的情况下，自旋轨道矩驱动的斯格明子运动速度显著大于自旋转移矩电流驱动的斯格明子运动速度 [41]。因此，无论在实验还是理论仿真中，人们都会更多地利用自旋轨道矩电流驱动斯格明子的运动；并且由于重金属的电阻率更低，因此人们也普遍认为自旋轨道矩驱动斯格明子器件的效率更高、功耗更低。

除了以上描述的电流驱动方式之外，不同的能量梯度和能量势阱也可以用于激发斯格明子的运动。例如，通过热梯度 [42]、垂直磁各向异性梯度 [43] 等驱使斯格明子倾向于稳定在更低能量的位置。另外，自旋波 [44]、电压调控各向异性 [45] 等方式也可以驱动斯格明子运动。从高密度、低功耗电子器件应用的角度来说，这些方式产生激励源在功耗和器件面积上的代价较大，还需要在未来找到更加适合的优化手段和利用方式。

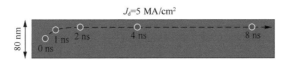

（a）SOT 电流驱动下的斯格明子会由于斯格明子霍尔效应偏移于纳米磁条带方向

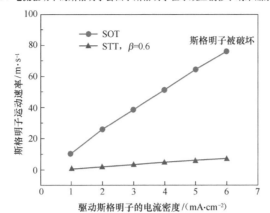

（b）自旋轨道矩电流与自旋转移矩电流驱动斯格明子运动速率的对比

图 7.18 电流驱动斯格明子

力学原理：马格努斯力与香蕉球

一个帮助大家理解斯格明子霍尔效应的例子是足球运动中的香蕉球，它与蒂勒方程中的马格努斯力 $G×v$ 这一项相关。当足球运动员从一侧"搓"球时，摩擦力使足球转动，带动周围的气流做圆周运动，如果旋转的方向与气流同向，则使足球该侧的气流速度增加，另一侧气流速度减小，如图 7.19 所示。

根据流体力学中的伯努利原理，流体速度增加将导致压强减小，流体速度减小将导致压强增加，这样就导致旋转物体在横向存在压力差，并形成横向力 F。同时由于横向力与物体运动方向相垂直，因此这个力主要改变飞行速度方向，即形成物体运动中的向心力，因而导致物体飞行方向的改变。因此"香蕉球"在气流中运动时，会受到横向的压力差，形成马格努斯力，使原本直线飞行的球逐渐移偏，形成弧线飞行。

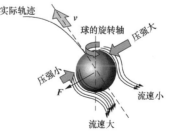

图 7.19 马格努斯力在生活中应用：足球运动中的香蕉球

7.4.3 斯格明子的检测

对独立的斯格明子进行电学探测是斯格明子电子学发展中的关键技术之一。众所周知，霍尔效应描述了导体中的电子在磁场洛伦兹力的作用下，其运动路径发生偏移的现象。通过测量样品的霍尔电阻（率）来表征其中的自旋磁矩排布是自旋电子学中的一种常用的观测手段。霍尔电阻率一般由正常霍尔电阻率 ρ_{xy}^{N}、反常霍尔电阻率 ρ_{xy}^{A} 和拓扑霍尔电阻率 ρ_{xy}^{T} 三部分构成，即满足：

$$\rho_{xy} = \rho_{xy}^{N} + \rho_{xy}^{A} + \rho_{xy}^{T} \tag{7.15}$$

正常霍尔电阻率 $\rho_{xy}^{N} = R_0 B$，其中 R_0 为霍尔系数，B 为有效磁场，与材料本身霍尔电导率相关；反常霍尔电阻率 $\rho_{xy}^{A} = S_A \rho_{xx}^{2} M$，与磁化强度 M 大小正相关，其中 S_A 为反常霍尔系数，能够反映测量区域的总体自旋方向；拓扑霍尔电阻率 $\rho_{xy}^{T} = P R_0 B_r$，其中 P 为自旋极化系数，B_r 是突发磁场，由拓扑自旋结构产生的磁通量导致，因此其正比于斯格明子的密度。在实际测量中，我们直接测到的是样品总体的霍尔电阻，需要人为将其分解为三个部分单独分析。

2009 年，Neubauer 等 [46] 在 B20 晶体 MnSi 块材料中发现了拓扑霍尔电阻信号，这是由斯格明子特殊的 A 相贡献的。2012 年，Schulz 等 [47] 在外延生长的 FeGe(111) 材料中也探测到了由斯格明子产生的拓扑霍尔电阻。后来，实验证实斯格明子相在薄膜中的相区范围相比在块材料中更大，具有更好的热稳定性。外延生长的 MnSi 薄膜比 MnSi 块材料的拓扑霍尔电阻率大了 2.2 倍 [48]。

同样的测量手段也可以用于磁控溅射生长的多层膜的斯格明子材料中，将电子输运与磁矩成像结合起来，更为直观地利用霍尔电阻表征和研究斯格明子的动态行为。2018 年，费尔教授团队利用磁力显微镜对 [Pt(1 nm)/Co(0.8 nm)/Ir(1 nm)]$_{20}$ 多层膜结构中的斯格明子成像并测量到了相应的霍尔电阻信号 [49]。如图 7.20 所示，首先施加特定磁场，再分别加入电流脉冲产生斯格明子，然后再继续增大外磁场使斯格明子湮灭，结合这一过程（1 → 2 → 3 → 4 → 5 → 6）中的磁力显微镜成像结果和测得的霍尔电阻率可知，斯格明子的数量与霍尔电阻成近似的线性关系，每个斯格明子贡献的霍尔电阻率约为 3.5 nΩ·cm。此条件下斯格明子尺寸约为 40 nm，不过他们认为霍尔电阻率来源于反常霍尔效应，而不是拓扑霍尔效应，因为计算得出的拓扑霍尔电阻率仅为 1.7 pΩ·cm，比测量数据小了三个数量级，可以忽略不计。

除了霍尔电阻以外，包括隧穿磁阻效应、隧穿各向异性磁阻、非共线磁阻等在内的丰富的磁阻效应也可以用作测量磁矩结构。2015 年，Hanneken 等 [50] 基于 NCMR 效应，借助扫描隧穿显微镜在 PdFe/Ir(111) 结构中观测到了展现为电导率突变的单个斯格明子的存在。低温下，半径 2 nm 的斯格明子可获得 100% 的非共线磁阻比率，明显高于磁层处于铁磁态时的情况。但随着斯格明子尺寸的增加，相邻自旋磁矩的夹角将会减小，磁阻率也将显著降低，所以该方法无法在室温下对尺寸相对较大的斯格明子进行探测。

2019 年，Penthorn 等 [51] 在隧道结中观测到了磁隧道结面外磁滞回线"中间态"的磁阻变化，并通过磁共振动力学测量结合微磁模拟分析，推测得出这种"中间态"有可能就是斯格明子态，如图 7.21 所示。但是斯格明子在磁隧道结中的观测还非常困难，若能解决这一问题，则通过磁隧道结实现全电学的斯格明子器件将会大大推动斯格明子的应用。

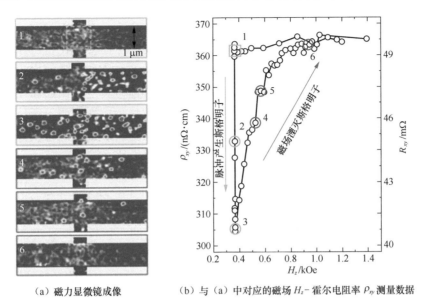

（a）磁力显微镜成像　　　　（b）与（a）中对应的磁场 H_z - 霍尔电阻率 ρ_{xy} 测量数据

图 7.20　斯格明子电学检测过程

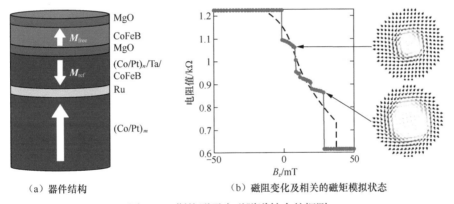

（a）器件结构　　　　　　（b）磁阻变化及相关的磁矩模拟状态

图 7.21　斯格明子在磁隧道结中的探测

7.5　斯格明子电子器件概念及应用

　　本章的前 4 节主要对斯格明子的物理机理和近期研究进展作了介绍，希望使读者对斯格明子的独特性质有些初步了解。我们可以看到，斯格明子作为拓扑的纳米级自旋结构，极具成为未来微纳器件中优良信息载体的潜力。如何利用其拓扑稳定性和超低功耗即可驱动的能力等优良特性，结合动力学物理性质进行器件设计是本节将介绍的主要内容。这里，我们将斯格明子电子器件的应用，分为存储、逻辑和类脑三大方向分别展开讨论。

7.5.1　基于斯格明子的传统器件

1. 斯格明子存储器件

前面提到的，基于磁畴壁的赛道存储器设计，为斯格明子存储器件提供了思路。设计原理基于目前二进制的信息框架：磁畴壁分隔的向上的磁畴代表信息比特"0"，向下的磁畴代表信息比特"1"。

由于加入电流之后，磁畴壁会在纳米结构中被驱动，从而信息比特可以在器件结构中移动，与当前固定的信息存储方式完全不同，因此纳米级别的磁畴壁也被认为非常有望成为未来的存储介质，用作高速缓存、图形处理寄存器、片外存储器和硬盘的替代产品。但是，也如前面所述，磁畴壁的阈值电流密度较大、稳定性较弱，所以目前还未出现成熟的赛道存储器工艺方案。然而，斯格明子作为拓扑自旋结构，可以弥补利用磁畴壁设计赛道存储器的劣势[52]。

如图 7.22 所示，基于斯格明子的赛道存储器的设计主要分为三个部分：写入头、纳米赛道和读取头。写入头可以被脉冲电流控制，用于产生特定数量、特定频率的斯格明子；纳米赛道可以被施加驱动自旋电流，来驱动斯格明子进行不同速度的运动，从而控制信息流的写入、读取速度；读取头则用于探测斯格明子的存在与否，从而得到"0"或者"1"的信息比特，不同间隔距离的斯格明子链可以表征多位信息比特。

图 7.22　基于斯格明子的赛道存储器[53]

从器件应用的角度，斯格明子的尺寸被预言最小可达到 1 nm 级别，因而可以获得更高的信息存储密度。同时，斯格明子比磁畴壁的阈值驱动电流密度低五个数量级，因而也可以大大降低信息读写操作的功耗；此外，相较于其他磁矩结构，斯格明子的拓扑保护性使其对磁料材料中的缺陷更具有灵活性，信息在传输过程中不易丢失——这对存储器产品的性能至关重要。

斯格明子赛道存储器的构想在实验上已经得到了一些初步的验证。不过实验观测到的斯格明子尺寸还较大，若要使其具有密度优势，还需要实验验证 10 nm 尺寸以下斯格明子赛道存储器的可行性。

除了在器件面积上还有待优化以外，人们还必须考虑斯格明子赛道存储器中的数据错位问题。由于斯格明子在实际运动时，势必受到材料不均匀性和温度等因素的影响，因此不同斯格明子的运动速度可能将无法保持一致，从而导致数据序列的错位。因此，我们需要确保在斯格明子链中，每一个单元的距离都是固定的。Kang 等[54]就这一问题提出了利用电压调控磁各向异性产生不同间隔的磁各向异性势垒，通过电压开关控制斯格明子是否通过或被钉扎的方案。这样一来，在不同位宽的存储器中，就可以用电压调控磁各向异性门实现数据比特间隔的准确性；若发生数据比特的错位，也可以利用电压调控磁各向异性门进行纠错，使整个斯格明子链能够可控地步进式传递信息，如图 7.23 所示。

2. 斯格明子逻辑器件

2015 年，Zhang 等[55]提出参考晶体管结构设计斯格明子器件的思路。如图 7.24（a）所示，在源极和漏极之间放置一个电压调控磁各向异性门来控制斯格明子晶体管的开闭。器件在工作时，位于源极的磁隧道结结构将激发产生斯格明子，后者则受到电流的驱动作用向漏极运动。当电压调控磁各向异

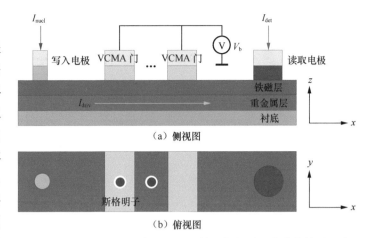

（a）侧视图

（b）俯视图

图 7.23　基于电压对磁各向异性调控的斯格明子赛道存储器设计

性门上的电压被打开时，磁各向异性会发生改变。若磁各向异性增加，阻挡斯格明子继续向漏极运动；若磁各向异性减小，则会相应地形成一个能量势阱，斯格明子会被钉扎陷入其中。驱动斯格明子的电流密度大小可以调控其是否能继续在纳米磁条上运动。因此，此器件存在下面两种控制模式。

（1）在源极、漏极间通过恒定电流，控制电压调控磁各向异性门，使斯格明子钉扎在源极，或使其到达漏极，实现晶体管的开关功能，如图 7.24（b）所示。

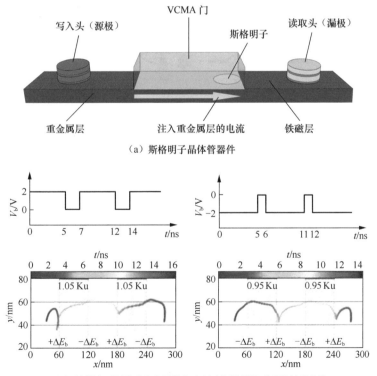

（a）斯格明子晶体管器件

（b）控制电压调控磁各向异性门电压来调控斯格明子的运动轨迹

图 7.24　通过电压调控磁各向异性来调控斯格明子

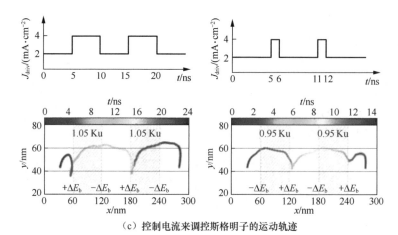

（c）控制电流来调控斯格明子的运动轨迹

图 7.24　通过电压调控磁各向异性来调控斯格明子（续）

（2）保持电压调控磁各向异性门中磁各向异性固定，在较小电流下，斯格明子会被钉扎住，只有增加电流密度，才能使斯格明子到达漏极，如图 7.24（c）所示。

除此之外，利用磁畴壁和斯格明子可以互相转化的行为模式，Zhang 等[56] 还提出了图 7.25 所示的磁畴壁—斯格明子逻辑门器件。输入端的斯格明子在向输出端的方向上移动时，会通过二者之间的一个狭长区域，并在该区域内转化为磁畴壁移动；巧妙地设计这一区域器件的宽度和形状，就能实现逻辑上的"或"功能和"与"功能。

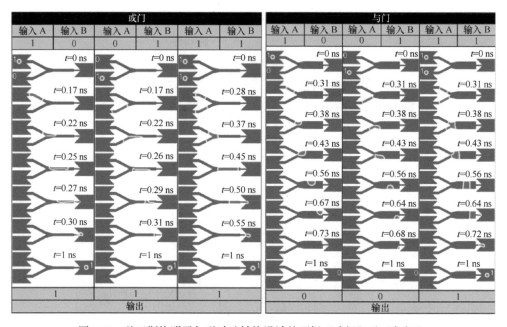

图 7.25　基于斯格明子与磁畴壁转换设计的逻辑"或门"及"与门"

7.5.2　基于斯格明子的新型计算器件

虽然基于斯格明子的传统器件在过去十年中已经取得了很多的研究进展，但其量产和应用仍然面临着许多的挑战。这是因为传统器件在理论上对写入/读取精度和可靠性的要求很高，而实际的试产和实验中，受材料杂质、缺陷以及温度等因素的影响，斯格明子很难被精确地产生、驱动和探测。因此，另外可取的思路是利用斯格明子的灵活性、不确定性以及动态行为来设计新型计算器件。

新型计算架构的定义十分广泛，但本质上是都为了解决现有的冯·诺依曼计算架构难以满足目前爆发式增长的计算和存储需求的问题而被探索和研究的。这需要我们打破传统数据处理思维的界限，也需要学术界和工业界在材料、器件和体系结构等方面做出大胆的探索和研究。例如，考虑相变存储器、忆阻存储器、铁电存储器等特殊器件的实现和应用。本节将简要介绍基于斯格明子的类脑器件、水池计算器件和随机计算器。

1. 斯格明子类脑器件

受启发于生物大脑的计算方式，类脑计算在进行数据处理时可以增加能量利用效率、减小计算功耗。生物系统在超低功耗级别方面拥有显著的计算能力，比如说，即使是只在人群中看过两三次某人的面部，人类就可以在几秒内快速识别出他的样子。目前几乎所有大型科技公司都在大量投资人工智能研究领域。经过近五年的商业迭代，在某些应用场景下，基于神经网络的深度学习已经能够非常有效地完成识别、分类和预测任务。

目前神经网络主要是在现有处理器的 CPU 和 GPU 架构以及神经网络加速器芯片上运行实现的，但在其应对复杂任务时，仍需要丰富的数据库来作为完成训练任务的原材料，并需要越来越强大的算力来完成任务中的推理运算，在智能程度、计算速度、缺陷容忍度、功耗等方面都无法与人脑相提并论。因此，充分模仿人脑计算特点的脉冲神经网络和类脑计算芯片被认为更具有潜力成为未来的计算范式和硬件载体。

生物突触和神经元作为人脑系统工作的最重要的两个基本单元，许多关于它们行为特点的深入研究都相继展开。近年来，学界和业界也陆续报道了许多模仿生物突触和神经元行为特点的器件设计及其应用案例——这些研究对于未来开发超低功耗类脑计算芯片具有十分重要的探索意义。

2017 年，北航研究团队[57]提出了基于斯格明子的人工突触器件。如图 7.26（a）所示，该器件的主要结构由具有垂直磁各向异性和 DM 相互作用的铁磁层/重金属层组成，分为突触后区域和前区域。突触后区域构成了一个能够检测斯格明子的磁隧道结结构，其检测到的斯格明子磁阻信号将作为突触在神经网络中的权重。在突触学习阶段，由自旋轨道矩产生的双向自旋电流将驱使斯格明子进入或离开突触后区域，以增加或减少所在突触的权重，从而模仿生物突触的增强或抑制过程。通过调整驱动斯格明子运动的临界电流密度和纳米轨道中的能量势垒，可以实现突触器件的时间相关可塑性，使器件能短期或长期地保持其权重不变。

接下来，Song 等[58]通过电流和磁场的共同作用来调控亚铁磁多层膜中斯格明子的产生、运动和湮灭等行为，并且检测斯格明子的霍尔电阻，在实验中证明了这种基于斯格明子的突触器件的功能，如图 7.26（b）所示。

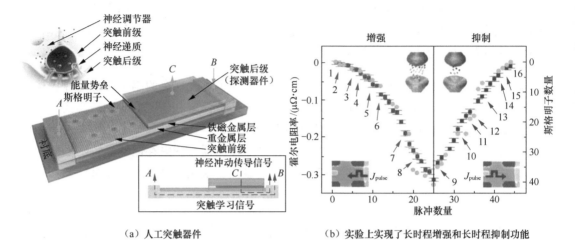

（a）人工突触器件　　　　　　　（b）实验上实现了长时程增强和长时程抑制功能

图 7.26　基于斯格明子的人工突触器件

　　将突触连接到神经元，就可以实现信息传递的动态学习过程。北航研究团队提出了一个基于斯格明子的人工神经元器件结构[59]。泄漏 - 收集 - 激发（Leaky-Integrate-Fire，LIF）模型是描述神经元工作原理的最为经典的模型。这种理论下，神经元接收一系列脉冲或激励信号"spike"输入后，将在细胞膜上呈现出电位累积，表征为一个电容和一个漏电阻的并联。因此，输出可表示为：

$$Y(t) = f\left(\sum w_i(t) I_i(t) + b_0\right) \tag{7.16}$$

　　该输出代表了一个神经元中与膜电位 $V_{mem}(t)$ 有关的时变"spike"活动，$w_i(t)$ 和 $I_i(t)$ 分别代表第 i 个突触权重和第 i 个突触，b_0 是一个可调的偏置常数，代表了该神经元膜电位的初始值，$f(x)$ 则代表该神经元的信号转化功能，如阶梯函数、饱和线性函数、逻辑 S 型（Logistic Sigmoid）函数、双曲正切函数等，说明该神经元的"spike"活动依赖于输入变量 x。当膜电位 $V_{mem}(t)$ 到达一个给定的阈值时，该神经元将会发生"fire"活动，输出一个"spike"信号，再被重置到初始值。

　　因而，神经元的"泄漏 - 收集"和"激发"行为也可以相似地通过纳米磁条上电流驱动的斯格明子运动来模拟，其中斯格明子的运动距离表示神经元的膜电位大小变化，相应器件如图 7.27（a）所示，主要有产生斯格明子部分、垂直磁各向异性梯度线性分布的纳米磁条和检测斯格明子部分组成。该设计利用了斯格明子自发地向低能量端运动的特点，使电流驱动力和垂直磁各向异性作用力在斯格明子的运动过程中互相竞争，从而导致斯格明子的动力学特征与所加电流的积分相关，如图 7.27（b）所示，与泄漏 - 收集 - 激发模型描述的行为特点高度一致。

　　随后，北航研究团队又提出了楔形纳米轨道的器件结构，设计了类似的斯格明子神经元器件原型[60]。这些创新性的设计对于基于斯格明子的类脑计算领域有着十分重要的意义，未来还需要更加深入的器件模型构建以及实验验证工作。

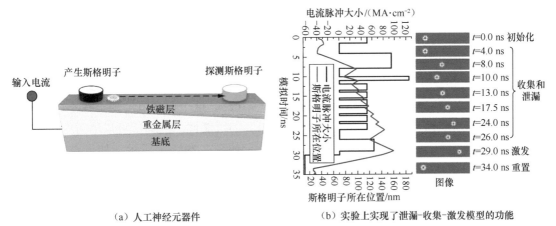

（a）人工神经元器件　　　　　　　　（b）实验上实现了泄漏-收集-激发模型的功能

图 7.27　基于斯格明子的人工神经元器件

2.　基于斯格明子的水池计算器件

水池计算（Reservoir Computing）的概念源于递归神经网络（Recurrent Neural Network）的特殊算法特征，主要起源于回声状态网络（Echo State Network）和液体状态机（Liquid State Machines）。迄今为止，水池计算已经超出了递归神经网络的概念限制，它可以充当数据预处理的临时"内核"，或者可以在某些具有时空变化特点的应用中用于减小训练量。水池计算最大的特殊之处在于其拥有一个"随机创建"的介质，该介质可以将输入数据转换为高维特征空间中的具有时空特征的数据，而无需训练水池层中的权重，如图 7.28（a）所示。

斯格明子由于其内部自由度、电流和磁振子的复杂相互作用，非常适合作为水池计算在水池层中的节点。Pychynenko 等[61]提出了基于斯格明子钉扎作用和非线性电压特性的二端非线性磁阻器件，如图 7.28（b）所示。根据两端电极的形状、类型、相对大小和位置，两个电极之间的电压将驱动斯格明子的运动或变形。值得注意的是，器件中随机的热波动也可以增强非线性信号——这样一来，温度对于赛道存储器和逻辑器件的劣势将被转换为水池计算器件中的优势。除了单一斯格明子外，更复杂的斯格明子多畴态也能产生这种非线性特征[62]，通过优化材料使水池计算器件具有更大的可调性。与水池计算的其他物理解决方案相比，斯格明子可以提供丰富的拓扑相关的静态、动态物理性质，如斯格明子之间的相互作用、热运动和呼吸运动等模式。

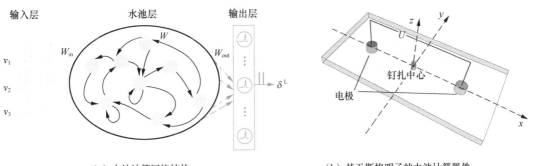

（a）水池计算网络结构　　　　　　　　（b）基于斯格明子的水池计算器件

图 7.28　水池计算

3. 基于斯格明子的随机计算器件

当前的逻辑计算以常规二进制格式编码，容错率较低。而随机计算（Stochastic Computing）可以连续处理随机位流（Bit Stream），通过简单的按位运算来降低计算复杂度，从而以低成本且具有高容错率的性能来代替复杂的二进制计算。例如，包含 25% 的"1"和 75% 的"0"的比特流表示概率值 $p = 0.25$，这个概率值反映了在不固定数据长度和结构的情况下在任意比特位置观察到"1"的可能性。例如，可以通过一个与门，计算两个输入比特流 p_A 和 p_B 的乘积并输出[63]，如图 7.29（a）所示。如果在较长的比特流中更改单个比特值，则输出的概率只会稍有变化，这说明此种运算的容错能力良好。不过需要注意的是，两个比特流需要具有适当的不相关性或是互相独立。一个极端的情况是，两个相同的比特流将导致错误的输出，与正确的概率值相距甚远，如图 7.29（b）所示。因此，随机计算的一个需求是需要在逻辑运算之前将输入信号重新处理为不相关的比特流。在常规的半导体电路中，可以用伪随机数发生器与移位寄存器结合产生此类信号，但这样无疑会导致电路的复杂度、硬件成本增高，同时在很大程度上降低运算的效率，徒增功耗。

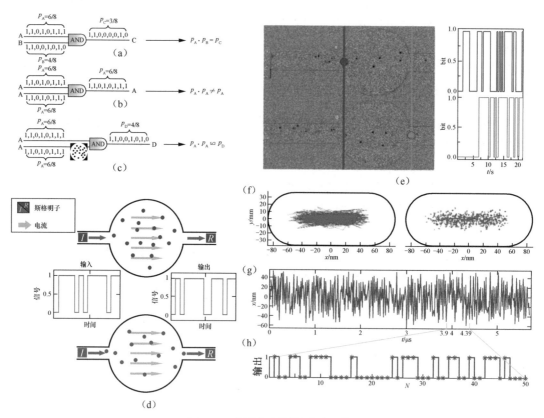

图 7.29 随机与门用作乘法运算

2018 年，Pinna 等[63]提出了基于斯格明子的随机计算信号处理器件，可以有效消除输入信号的相关性，如图 7.29（c）所示。该器件由两个圆形腔组成，连接输入、输出纳米磁条将斯格明子引入和引出。在器件中，斯格明子的运动是由输入信号的电流驱动的，该电流被分成上下两个脉冲，根据输入状态选择哪个腔室以恒定速率注入斯格明子，如图 7.29（d）所示。为了确保腔室输出的概率 p 值与输入信号的概率 p 值相同，每当从某一（上 / 下）腔室中读出斯格明子时，就会将输出信号切换到相应的（上 / 下）状态——这样一来，只要斯格明子的数量不变，输入、输出信号的 p 值就会保持相同。随后，Zázvorka 等 [64] 通过实验观察到了由温度引起的斯格明子热扩散运动，并基于这一效应构建了基于斯格明子的随机计算信号处理器件，如图 7.29（e）所示，成功从实验上验证了该器件的可行性。

如何有效地构建真正的随机数生成器（True Random Number Generator）是随机计算中的另一个重要问题。传统的基于互补金属氧化物半导体的解决方案，例如，采取振荡器采样或直接放大噪声的随机数生成器通常都难以摆脱较大的硬件面积和较高的功耗，从而抵消随机计算的主要优势。北航研究团队利用斯格明子的内在随机行为，设计了一种在有限的几何形状中利用斯格明子布朗运动的随机数生成器 [65]。这是一个具有两个半圆形区域的矩形区域，如图 7.29（f）所示。由于斯格明子动力学的布朗运动，器件中斯格明子的相对位置可以通过检测两个磁隧道结的差分电压产生输出信号。结果证明，读出序列是不可重复且不可预测的，如图 7.29（g）、（h）所示，该器件还能通过电压调控磁各向异性效应引入各向异性梯度来简单地获得比特流中期望的"0"和"1"的比率。

7.6　斯格明子电子学未来的发展与挑战

斯格明子电子学在过去十多年里取得了非常巨大的进步，原因在于其丰富的物理性质和广阔的应用前景。对于斯格明子的早期研究主要集中在德国、法国、美国、日本等国家的大学及研究所。但近年来，随着国内研究机构的实验条件大幅度提升，多个研究组也开始了从理论仿真到新材料的开发以及新器件的设计、试产和应用的多方面的综合研究 [66]。斯格明子作为未来微电子产业几乎最有潜力的信息介质具有十分重要的研究意义，只是在实际应用中，还有许多的挑战和实际的困难亟待解决。

1. 可实际应用的材料体系与器件的实验验证

目前的斯格明子材料主要包括 B20 型中心对称破缺材料、中心对称六角金属合金、磁性薄膜 / 多层膜体系，以及近期十分热门的范德瓦尔斯二维材料——MnSi、MnGe、FeCoSi、Cu_2OSeO_3 等 DM 相互作用来自体效应的材料体系，或者 Pt/Co、Ta/CoFeB、Fe/Ir、Pt/GdFeCo/MgO、Ta/CoFeB/MgO 等多层薄膜之间 DM 相互作用加强的薄膜体系。但是，大部分材料还未能在室温下实现稳定驱动小尺寸斯格明子的关键目标。目前针对斯格明子电子学的材料问题，主要有两大研究方向：一是通过调节薄膜的结构获得较强的 DM 相互作用和合适的磁各向异性，二是高速、低功耗地利用电场或电流驱动斯格明子的运动。总而言之，不论是通过调整材料还是通过设计新的薄膜结构，斯格明子器件的磁参数都还有待进一步地优化。此外，由于多层铁磁膜中的偶极相互作用会阻碍尺寸在 10 nm 量级的斯格明子的稳定性，因此在实际器件的制备中，如何权衡斯格明子的稳定性、尺寸、速度和功耗等也将是一个非常有挑战性的研究课题。

除铁磁材料以外，还有亚铁磁薄膜、反铁磁薄膜被用于斯格明子的研究。由于这些材料中的饱和磁化强度更低，因此可以更有效地利用自旋矩的作用，从而提高斯格明子的运动效率。此类材料的另一个优点是，其中的相反的磁矩排布使斯格明子拓扑数（拓扑荷）可以为 0，从而能有效地消除斯格明子霍尔效应。

Pt/Co/Ru 等合成反铁磁结构中的斯格明子同样具备以上优点。此外，二维材料因其独特的自旋轨道耦合效应也备受关注。Wu 等 [67] 在近期研究发现 WTe_2/FGT 异质结可以诱导出 DM 相互作用和奈尔型斯格明子。

不过，现有的材料体系都需要更成熟的磁控溅射技术来提高与互补金属氧化物半导体集成工艺的兼容性，如何利用斯格明子丰富的物理机理进行器件设计也仍有待相应领域人员的研究。材料和器件层面的探索将能为新型计算范式和信息介质探索广阔空间 [68]。

2. 器件 – 电路协同设计与混合仿真架构

当前斯格明子的器件设计仅限于器件级别，以实现初步功能为主。但是，器件层面与电路层面的功能实现之间还存在巨大差别。若想将斯格明子投入实际应用，则器件 – 电路的协同设计就变得非常必要，也只有这样才能进一步完成系统级的目标优化，满足对系统整体的性能要求。人们目前对斯格明子的研究主要集中在物理领域，因而对物理学和电子学交叉学科背景的突破性研究翘首以盼。与此同时，斯格明子的物理行为与特征也和传统互补金属氧化物半导体器件中的载流子大不相同，因此，对斯格明子电路设计工具的开发十分重要，关系到将来电路中的存储单元设计、版图和布线等最为基础和根本的问题。此外，用于激发、驱动、控制和检测斯格明子的外围电路设计也将在很大程度上决定最终芯片的时延和功耗。

因此，器件 – 电路的协同设计可以加速斯格明子的器件性能优化，拓展相应系统设计思路。此外，混合仿真框架也是必不可少的，这有利于系统架构师从性能、功耗和可靠性等方面分析和构想基于斯格明子的新型计算架构，并最终形成其系统芯片集成的完整有效的工具链。

7.7　本章小结

本章内容回顾和梳理了斯格明子的研究背景、发现过程、拓扑特性、器件设计等方面的研究进展，充分探讨了斯格明子器件的应用可能会面临的诸多挑战和研究人员对应用斯格明子的期望和尝试。站在"后摩尔时代"的转折点上，伴随人工智能和物联网技术的不断发展，我们都将见证未来计算范式和信息介质的更新迭代。斯格明子电子学集合了拓扑学、自旋电子学、类脑计算等诸多新兴热门方向，是一个十分有潜力的复杂交叉学科，相信未来伴随实验手段的不断成熟，会有更多的科学家投入到斯格明子的研究中来，加速推动其应用。

思考题

1. 调查生活中与拓扑性有关的现象与物体。

2. 简述斯格明子与磁涡旋有什么本质区别？斯格明子的拓扑性为它带来了哪些特点？

3. 简述斯格明子产生的几大机理。

4. 说明面内型与垂直型电流驱动斯格明子的区别。

5. 简述自旋霍尔效应与斯格明子霍尔效应的区别与联系。

6. 思考哪一种检测斯格明子的方法最适合大规模应用，并简述理由。

7. 请你大胆想象，在"后摩尔时代"，斯格明子器件在未来多少年后会有可能应用？它的应用会对芯片造成什么颠覆性影响呢？

参考文献

[1] 王凌飞. 用铁电把玩磁性斯格明子 [EB/OL]. (2019-03-18)[2021-07-10].

[2] SKYRME T H R. A unified field theory of mesons and baryons[J]. Nuclear Physics, 1962, 31: 556-569.

[3] WRIGHT D C, MERMIN N D. Crystalline liquids: the blue phases[J]. Reviews of Modern Physics, 1989, 61(2): 385-432.

[4] HO T L. Spinor Bose condensates in optical traps[J]. Physical Review Letters, 1998, 81(4): 742-745.

[5] SONDHI S L, KARLHEDE A, KIVELSON S A, et al. Skyrmions and the crossover from the integer to fractional quantum Hall effect at small Zeeman energies[J]. Physical Review B, 1993, 47(24): 16419-16426.

[6] 刘艺舟, 臧佳栋. 磁性斯格明子的研究现状和展望 [J]. 物理学报, 2018, 67(13). DOI: 10.7498/aps.67.20180619.

[7] 栗佳. 磁性斯格明子：拓扑磁性的展现 [J]. 物理, 2017, 46(5): 281-287.

[8] DZYALOSHINSKY I. A thermodynamic theory of "weak" ferromagnetism of antiferromagnetics[J]. Journal of Physics and Chemistry of Solids, 1958, 4(4): 241-255.

[9]　MORIYA T. Anisotropic superexchange interaction and weak ferromagnetism[J]. Physical Review, 1960, 120(1): 91-98.

[10]　OKUBO T, CHUNG S, KAWAMURA H. Multiple-q states and the skyrmion lattice of the triangular-lattice Heisenberg antiferromagnet under magnetic fields[J]. Physical Review Letters, 2012, 108(1). DOI: 10.1103/PhysRevLett.108.017206.

[11]　HEINZE S, VON BERGMANN K, MENZEL M, et al. Spontaneous atomic-scale magnetic skyrmion lattice in two dimensions[J]. Nature Physics, 2011, 7(9): 713-718.

[12]　FERT A R. Magnetic and transport properties of metallic multilayers[C]//Materials Science Forum. Stafa-Zuerich, Switzerland: Trans Tech Publications Ltd, 1990, 59: 439-480.

[13]　FERT A, CROS V, SAMPAIO J. Skyrmions on the track[J]. Nature Nanotechnology, 2013, 8(3): 152-156.

[14]　SHIBATA K, YU X Z, HARA T, et al. Towards control of the size and helicity of skyrmions in helimagnetic alloys by spin-orbit coupling[J]. Nature Nanotechnology, 2013, 8(10): 723-728.

[15]　ZHANG X, ZHOU Y, SONG K M, et al. Skyrmion-electronics: writing, deleting, reading and processing magnetic skyrmions toward spintronic applications[J]. Journal of Physics: Condensed Matter, 2020, 32(14). DOI: 10.1088/1361-648X/ab5488.

[16]　BOGDANOV A N, YABLONSKII D A. Contribution to the theory of inhomogeneous states of magnets in the region of magnetic-field-induced phase transitions. mixed state of antiferromagnets[J]. Journal of Expetrimental and Theoretical Physics, 1989, 69: 145.

[17]　SONDHI S L, KARLHEDE A, KIVELSON S A, et al. Skyrmions and the crossover from the integer to fractional quantum Hall effect at small Zeeman energies[J]. Physical Review B, 1993, 47(24). DOI: 10.1103/PhysRevB.47.16419.

[18]　ROESSLER U K, BOGDANOV A N, PFLEIDERER C. Spontaneous skyrmion ground states in magnetic metals[J]. Nature, 2006, 442(7104): 797-801.

[19]　MÜHLBAUER S, BINZ B, JONIETZ F, et al. Skyrmion lattice in a chiral magnet[J]. Science, 2009, 323(5916): 915-919.

[20]　YU X Z, ONOSE Y, KANAZAWA N, et al. Real-space observation of a two-dimensional skyrmion crystal[J]. Nature, 2010, 465(7300): 901-904.

[21] HEINZE S, VON BERGMANN K, MENZEL M, et al. Spontaneous atomic-scale magnetic skyrmion lattice in two dimensions[J]. Nature Physics, 2011, 7(9): 713-718.

[22] SAMPAIO J, CROS V, ROHART S, et al. Nucleation, stability and current-induced motion of isolated magnetic skyrmions in nanostructures[J]. Nature Nanotechnology, 2013, 8(11): 839-844.

[23] PARKIN S S P, HAYASHI M, THOMAS L. Magnetic domain-wall racetrack memory[J]. Science, 2008, 320(5873): 190-194.

[24] DONAHUE M J, PORTER D G. OOMMF user's guide, version 1.0[R]. Gaithersburg, MD: National Institute Of Standards and Technology, 1999.

[25] VANSTEENKISTE A, LELIAERT J, DVORNIK M, et al. The design and verification of MuMax3[J]. AIP Advances, 2014, 4(10). DOI: 10.1063/1.4899186.

[26] 丁贝, 王文洪. 磁性斯格明子的发现及研究现状 [J]. 物理, 2018, 47:16-23.

[27] MOREAU-LUCHAIRE C, MOUTAFIS C, REYREN N, et al. Additive interfacial chiral interaction in multilayers for stabilization of small individual skyrmions at room temperature[J]. Nature Nanotechnology, 2016, 11(5): 444-448.

[28] LI J, TAN A, MOON K W, et al. Tailoring the topology of an artificial magnetic skyrmion[J]. Nature Communications, 2014, 5(1). DOI: 10.1038/ncomms5704.

[29] DU H, DEGRAVE J P, XUE F, et al. Highly stable skyrmion state in helimagnetic MnSi nanowires[J]. Nano Letters, 2014, 14(4): 2026-2032.

[30] MOCHIZUKI M. Controlled creation of nanometric skyrmions using external magnetic fields[J]. Applied Physics Letters, 2017, 111(9). DOI: 10.1063/1.4993855.

[31] LIN T, LIU H, POELLATH S, et al. Observation of room-temperature magnetic skyrmions in Pt/Co/W structures with a large spin-orbit coupling[J]. Physical Review B, 2018, 98(17). DOI: 10.1103/PhysRevB.98.174425.

[32] ROMMING N, HANNEKEN C, MENZEL M, et al. Writing and deleting single magnetic skyrmions[J]. Science, 2013, 341(6146): 636-639.

[33] BÜTTNER F, LEMESH I, SCHNEIDER M, et al. Field-free deterministic ultrafast creation of magnetic skyrmions by spin-orbit torques[J]. Nature Nanotechnology, 2017, 12(11): 1040-1044.

[34] ZHOU Y, EZAWA M. A reversible conversion between a skyrmion and a domain-wall pair in a junction geometry[J]. Nature Communications, 2014, 5(1). DOI: 10.1038/

ncomms5652.

[35] JIANG W, UPADHYAYA P, ZHANG W, et al. Blowing magnetic skyrmion bubbles[J]. Science, 2015, 349(6245): 283-286.

[36] WANG Y, WANG L, XIA J, et al. Electric-field-driven non-volatile multi-state switching of individual skyrmions in a multiferroic heterostructure[J]. Nature Communications, 2020, 11(1). DOI: 10.1038/s41467-020-17354-7.

[37] FINAZZI M, SAVOINI M, KHORSAND A R, et al. Laser-induced magnetic nanostructures with tunable topological properties[J]. Physical Review Letters, 2013, 110(17). DOI: 10.1103/PhysRevLett.110.177205.

[38] LIU Y, YIN G, ZANG J, et al. Skyrmion creation and annihilation by spin waves[J]. Applied Physics Letters, 2015, 107(15). DOI: 10.1063/1.4933407.

[39] SUN L, CAO R X, MIAO B F, et al. Creating an artificial two-dimensional skyrmion crystal by nanopatterning[J]. Physical Review Letters, 2013, 110(16). DOI: 10.1103/PhysRevLett.110.167201.

[40] THIELE A A. Steady-state motion of magnetic domains[J]. Physical Review Letters, 1973, 30(6). DOI: 10.1103/PhysRevLett.30.230.

[41] KANG W, HUANG Y, ZHENG C, et al. Voltage controlled magnetic skyrmion motion for racetrack memory[J]. Scientific Reports, 2016, 6. DOI: 10.1038/srep23164.

[42] MOCHIZUKI M, YU X Z, SEKI S, et al. Thermally driven ratchet motion of a skyrmion microcrystal and topological magnon Hall effect[J]. Nature Materials, 2014, 13(3): 241-246.

[43] LI Z, ZHANG Y, HUANG Y, et al. Strain-controlled skyrmion creation and propagation in ferroelectric/ferromagnetic hybrid wires[J]. Journal of Magnetism and Magnetic Materials, 2018, 455: 19-24.

[44] LI S, XIA J, ZHANG X, et al. Dynamics of a magnetic skyrmionium driven by spin waves[J]. Applied Physics Letters, 2018, 112(14). DOI: 10.1063/1.5026632.

[45] XIA H, SONG C, JIN C, et al. Skyrmion motion driven by the gradient of voltage-controlled magnetic anisotropy[J]. Journal of Magnetism and Magnetic Materials, 2018, 458: 57-61.

[46] NEUBAUER A, PFLEIDERER C, BINZ B, et al. Topological Hall effect in the

a phase of MnSi[J]. Physical Review Letters, 2009, 102(18). DOI: 10.1103/PhysRevLett.102.186602.

[47] SCHULZ T, RITZ R, BAUER A, et al. Emergent electrodynamics of skyrmions in a chiral magnet[J]. Nature Physics, 2012, 8(4): 301-304.

[48] LI Y, KANAZAWA N, YU X Z, et al. Robust formation of skyrmions and topological Hall effect anomaly in epitaxial thin films of MnSi[J]. Physical Review Letters, 2013, 110(11). DOI: 10.1103/PhysRevLett.110.117202.

[49] MACCARIELLO D, LEGRAND W, REYREN N, et al. Electrical detection of single magnetic skyrmions in metallic multilayers at room temperature[J]. Nature Nanotechnology, 2018, 13(3): 233-237.

[50] HANNEKEN C, OTTE F, KUBETZKA A, et al. Electrical detection of magnetic skyrmions by tunnelling non-collinear magnetoresistance[J]. Nature Nanotechnology, 2015, 10(12): 1039-1042.

[51] PENTHORN N E, HAO X, WANG Z, et al. Experimental observation of single skyrmion signatures in a magnetic tunnel junction[J]. Physical Review Letters, 2019, 122(25). DOI: 10.1103/PhysRevLett.122.257201.

[52] KANG W, HUANG Y, ZHANG X, et al. Skyrmion-electronics: an overview and outlook[J]. Proceedings of the IEEE, 2016, 104(10): 2040-2061.

[53] ZHAO W, HUANG Y, ZHANG X, et al. Overview and advances in skyrmionics [J]. Acta Physica Sinica, 2018, 17(1): 261-268.

[54] KANG W, HUANG Y, ZHENG C, et al. Voltage controlled magnetic skyrmion motion for racetrack memory[J]. Scientific Reports, 2016, 6. DOI: 10.1038/srep23164.

[55] ZHANG X C, ZHANG X, ZHOU Y, et al. Magnetic skyrmion transistor: skyrmion motion in a voltage-gated nanotrack[J]. Scientific Reports, 2015, 5. DOI: 10.1038/srep11369.

[56] ZHANG X, EZAWA M, ZHOU Y. Magnetic skyrmion logic gates: conversion, duplication and merging of skyrmions[J]. Scientific Reports, 2015, 5(1). DOI: 10.1038/srep09400.

[57] HUANG Y, KANG W, ZHANG X et al. Magnetic skyrmion-based synaptic devices[J]. Nanotechnology, 2017, 28(8). DOI: 10.1088/1361-6528/aa5838.

[58] SONG K M, JEONG J-S, PAN B et al. Skyrmion-based artificial synapses for neuromorphic computing[J]. Nature Electronics 2020, 3:148-155.

[59] LI S, KANG W, HUANG Y et al. Magnetic skyrmion-based artificial neuron device[J]. Nanotechnology, 2017, 28(31). DOI: 10.1088/1361-6528/aa7af5.

[60] CHEN X, KANG W, ZHU D et al. A compact skyrmionic leaky-integrate-fire spiking neuron device[J]. Nanoscale, 2018, 10: 6139-6146.

[61] PRYCHYNENKO D, SITTE M, LITZIUS K, et al. Magnetic skyrmion as a nonlinear resistive element: a potential building block for reservoir computing[J]. Physical Review Applied, 2018, 9(1). DOI: 10.1103/PhysRevApplied.9.014034.

[62] BOURIANOFF G, PINNA D, SITTE M, et al. Potential implementation of reservoir computing models based on magnetic skyrmions[J]. AIP Advances, 2018, 8(5). DOI: 10.1063/1.5006918.

[63] PINNA D, ARAUJO F A, KIM J V, et al. Skyrmion gas manipulation for probabilistic computing[J]. Physical Review Applied, 2018, 9(6). DOI: 10.1103/PhysRevApplied.9.064018.

[64] ZÁZVORKA J, JAKOBS F, HEINZE D, et al. Thermal skyrmion diffusion used in a reshuffler device[J]. Nature Nanotechnology, 2019, 14(7): 658-661.

[65] YAO Y, CHEN X, KANG W, et al. Thermal brownian motion of skyrmion for true random number generation[J]. IEEE Transactions on Electron Devices, 2020, 67(6): 2553-2558.

[66] DONG B W, ZHANG J Y, PENG L C, et al. Multi-field control on magnetic skyrmions[J]. Acta Physica Sinica, 2018, 67(13). DOI: 10.7498/aps.67.20180931.

[67] WU Y, ZHANG S, ZHANG J, et al. Néel-type skyrmion in WTe_2/Fe_3GeTe_2 van der Waals heterostructure[J]. Nature Communications, 2020, 11(1). DOI: 10.1038/s41467-020-17566-x.

[68] LI S, KANG W, ZHANG X, et al. Magnetic skyrmions for unconventional computing[J]. Materials Horizons, 2021. 8(3): 854-868.

第8章 自旋芯片电路设计及仿真

如前几章所述，自旋电子器件因兼具功耗低、访问速度快、使用寿命长、可微缩性强及与传统 CMOS 工艺兼容性好等特性，在超大规模集成电路，尤其是在非易失存储领域具有广阔的应用前景。如图 8.1 所示，电路设计是将器件大规模集成走向实际应用的第一步，也是最关键的一步。构造一个能够准确反映器件物理特征的 EDA 仿真模型，是电路设计的基础。作为上承电路设计、下接集成电路芯片制造的中间桥梁，版图设计是将电路原理图中的虚拟器件转换成真实物理器件的必要环节，而一套完整的器件工艺设计包是进行版图设计的前提。本章将以 1 KB 磁存储器为例，讲述自旋芯片电路设计与仿真流程。首先，介绍自旋电子器件 EDA 仿真模型，用于磁存储器芯片电路设计与前仿真；然后，在此基础上介绍自旋电子器件工艺设计包，用于磁存储器芯片版图设计、验证与后仿真；最后，以 1 KB 磁存储器为例，介绍自旋芯片电路设计与仿真全流程。

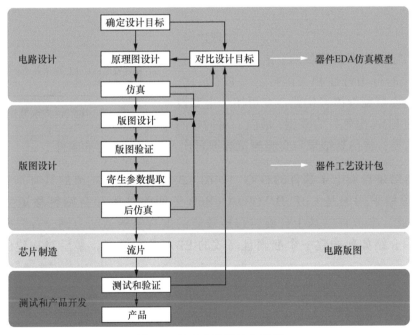

图 8.1 集成电路设计全流程

本章重点

知识要点	能力要求
自旋电子器件建模与验证	（1）了解自旋电子器件建模全流程； （2）重点掌握自旋电子器件物理模型； （3）了解 Verilog-A 编程语言

知识要点	能力要求
自旋电子器件 工艺设计包	（1）了解自旋电子器件工艺设计包； （2）了解自旋电子器件版图设计流程； （3）重点掌握自旋电子器件版图验证规则
1 KB 磁存储器电路的设计 与仿真验证	（1）了解自旋芯片设计与仿真全流程； （2）重点掌握自旋芯片外围读写电路设计； （3）了解自旋芯片逻辑控制电路设计

8.1　自旋电子器件建模与验证

　　构造一个可以准确反映真实器件物理特征的 EDA 仿真模型，如 SPICE 模型，是当代集成电路设计与仿真的基础和必要条件。一般来说，器件模型的精度越高，模型本身也就越复杂，所需要的模型参数也就越多，对仿真平台的资源要求也越高，仿真速度也就越慢。因此，在进行自旋芯片电路设计与仿真之前，需构建一个准确且高效的可用于 EDA 仿真的自旋电子器件模型。如图 8.2 所示，构建模型的具体流程是：首先，根据前几章介绍的自旋电子器件的相关实验现象与物理机制，对其进行物理建模；其次，在构建的物理模型基础上进一步抽象出自旋电子器件的行为特性和关键特征参数；再次，采用适当的模型编程语言构建一个可用于电路设计与仿真的 EDA 电气行为模型；最后，对构建的模型进行仿真，将仿真结果与实验测试数据对比，验证模型的准确性。

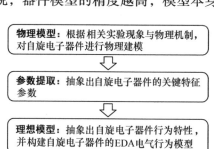

图 8.2　电气行为模型建模流程

　　磁隧道结是自旋电子器件的核心。如图 8.3 所示，当前主流的具有垂直磁各向异性的磁隧道结采用的是 CoFeB/MgO/CoFeB 三明治结构和自旋转移矩数据写入机制 [1-3]。因此，本节将以基于自旋转移矩效应的垂直磁隧道结为例，首先介绍其物理模型，然后介绍如何构建一个准确且高效的 EDA 仿真模型，最后对构建的模型进行仿真验证。

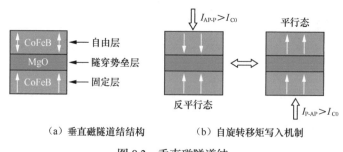

（a）垂直磁隧道结结构　　　（b）自旋转移矩写入机制

图 8.3　垂直磁隧道结

8.1.1　物理模型

本节将主要介绍基于自旋转移矩效应的垂直磁隧道结的物理模型，主要包括静态隧穿电阻模型、隧穿磁阻率模型、磁动力学模型、静态开关模型、动态开关模型与随机模型。

1.　静态隧穿电阻模型

1970 年，Brinkman 等[4] 提出了磁隧道结的隧穿电导模型。根据该模型，磁隧道结的电导值 G 取决于隧穿层的厚度 t_{ox}、隧穿层与铁磁层的界面效应强度以及施加在磁隧道结两端的偏置电压 V_{bias} 等，具体可表示为：

$$G(0) = 3.16 \times 10^{10} \times \overline{\varphi}^{1/2} \times \exp\left(\frac{-1.025 \times t_{ox} \times \overline{\varphi}^{1/2}}{t_{ox}}\right) \tag{8.1}$$

$$\frac{G(V_{bias})}{G(0)} = 1 - \left(\frac{A_0 \times \Delta\varphi}{16 \times \overline{\varphi}^{3/2}}\right) \times e \times V_{bias} + \left(\frac{9}{128} \times \frac{A_0^2}{\overline{\varphi}}\right) \times (e \times V_{bias})^2 \tag{8.2}$$

$$A_0 = \frac{4 \times (2 \times m)^{1/2} \times t_{ox}}{3 \times \hbar} \tag{8.3}$$

式中，$G(0)$ 和 $G(V_{bias})$ 分别为在磁隧道结两端施加偏置电压为零和 V_{bias} 时的电导值，$\overline{\varphi}$ 为隧穿层的势垒高度，m 为电子质量，$\hbar$ 为约化普朗克常数，$\Delta\varphi$ 为隧穿层两端的势垒差，e 为电子电荷。

根据式（8.1）~式（8.3），结合基于 CoFeB/MgO/CoFeB 结构的相关材料与结构参数，化简后可得垂直磁隧道结在平行态、偏置电压为零或 V_{bias} 时的隧穿磁阻[5] 分别为：

$$R_P(0) = \frac{t_{ox}}{F \times \overline{\varphi}^{1/2} \times A_{MTJ}} \times \exp\left(\frac{2 \times t_{ox} \times (2 \times m \times e \times \overline{\varphi})^{1/2}}{\hbar}\right) \tag{8.4}$$

$$R_P(V_{bias}) = \frac{R_P(0)}{1 + \dfrac{t_{ox}^2 \times e^2 \times m}{4 \times \hbar^2 \times \overline{\varphi}} \times V_{bias}^2} \tag{8.5}$$

式中，F 为根据垂直磁隧道结的电阻面积乘积计算得到的拟合参数，A_{MTJ} 为垂直磁隧道结的横截面积。目前学术界已有的大量实验数据表明，对于大多数隧穿势垒层采用 MgO 材料的磁隧道结，其平行态时的隧穿电阻与施加的偏置电压之间并没有非常明显的依赖关系。因此，为简单起见，这里认为磁隧道结处于平行态时的电阻值不受所施加的偏置电压影响，即 $R_P(V_{bias}) = R(0) = R_P$。

2.　隧穿磁阻率模型

隧穿磁阻率是垂直磁隧道结的一个关键参数，描述的是垂直磁各向异性磁隧道结处于平行态和反平行态时的电阻差异水平，决定了垂直磁隧道结读取电路的裕量和速度[6]。

$$TMR(0) = \frac{R_{AP} - R_P}{R_P} \times 100\% = \frac{2P^2}{1-P^2} \qquad (8.6)$$

式中，$TMR(0)$ 为不施加偏置电压时的隧穿磁阻率，R_{AP} 为垂直磁隧道结处于反平行态时的电阻值，P 为隧穿电流极化率。实验数据表明，垂直磁隧道结的隧穿磁阻率与施加在其两端的偏置电压有关，而非一个常数值，具体表示为[7]：

$$TMR(V_{bias}) = \frac{TMR(0)}{1 + V_{bias}^2 / V_h^2} \qquad (8.7)$$

式中，V_h 为满足 $TMR(V_{bias}) = 0.5 \times TMR(0)$ 时所施加的偏置电压。根据式（8.7），垂直磁隧道结处于反平行态时的电阻可表示为[7]：

$$R_{AP} = R_P \times [1 + TMR(V_{bias})] \qquad (8.8)$$

此外，垂直磁隧道结在数据写入阶段中的电阻值可表示为[7]：

$$R_{MTJ}(V_{bias}) = \frac{R_P \times [1 + (V_{MTJ}/V_h)^2 + TMR(0)]}{1 + (V_{MTJ}/V_h)^2 + TMR(0) \times [0.5 \times (1 + \cos\theta)]} \qquad (8.9)$$

式中，θ 为垂直磁隧道结的自由层与固定层磁化方向的夹角。

3. 磁动力学模型

当采用自旋转移矩效应进行数据写入时，垂直磁隧道结自由层磁化状态的动态变化过程可通过在经典的 LLG 方程中添加自旋转移矩项进行描述，具体细节可以参考本书第 4 章中的相应内容。其公式表示如下[7]：

$$\frac{\partial \boldsymbol{m}}{\partial t} = -\gamma \boldsymbol{m} \times \boldsymbol{H}_{eff} + \alpha \times \boldsymbol{m} \times \frac{\partial \boldsymbol{m}}{\partial t} + \boldsymbol{\Gamma}_{STT} \qquad (8.10)$$

式中，磁化单位矢量 $\boldsymbol{m} = m_x \boldsymbol{e}_x + m_y \boldsymbol{e}_y + m_z \boldsymbol{e}_z$ 表示垂直磁隧道结自由层磁化方向的单位向量，式中，$\boldsymbol{e}_x$、$\boldsymbol{e}_y$ 和 $\boldsymbol{e}_z$ 分别为笛卡儿坐标系中 x、y 和 z 三个方向的单位向量，γ 为旋磁比，α 为磁阻尼系数。

此外，$\boldsymbol{H}_{eff}$ 为有效磁场，主要由垂直磁各向异性场 $\boldsymbol{H}_{PMA}$、退磁场 $\boldsymbol{H}_{DEM}$ 和热噪声场 $\boldsymbol{H}_{TH}$ 构成：

$$\boldsymbol{H}_{eff} = \boldsymbol{H}_{PMA} + \boldsymbol{H}_{DEM} + \boldsymbol{H}_{TH} \qquad (8.11)$$

垂直磁各向异性场 $\boldsymbol{H}_{PMA}$ 可表示为：

$$\boldsymbol{H}_{PMA} = \frac{2K_i}{\mu_0 \times M_s \times t_f} \times m_z \boldsymbol{e}_z \qquad (8.12)$$

式中，K_i 为界面磁各向异性常数，M_s 为饱和磁化强度，t_f 为自由层的厚度。

退磁场 $\boldsymbol{H}_{\mathrm{DEM}}$ 与材料的形状有关，可表示为：

$$\boldsymbol{H}_{\mathrm{DEM}}=-M_s \times (\boldsymbol{m} \cdot \boldsymbol{N})=(H_{\mathrm{DEM}\text{-}x}, H_{\mathrm{DEM}\text{-}y}, H_{\mathrm{DEM}\text{-}z}) \tag{8.13}$$

$$\boldsymbol{N}=\begin{pmatrix} N_x & 0 & 0 \\ 0 & N_y & 0 \\ 0 & 0 & N_z \end{pmatrix} \tag{8.14}$$

$$\begin{cases} N_x=N_y=\pi \times t_f/(4 \times D) \\ N_z=1-2 \times N_x \end{cases} \tag{8.15}$$

式中，$\boldsymbol{N}$ 是退磁因子张量，D 为垂直磁隧道结自由层的直径。

由温度产生的热噪声场 $\boldsymbol{H}_{\mathrm{TH}}$ 可表示为：

$$\boldsymbol{H}_{\mathrm{TH}}=\boldsymbol{\sigma} \times \sqrt{\frac{2 \times k_{\mathrm{B}} \times T \times \alpha}{\mu_0 \times M_s \times \gamma \times V \times \Delta t}} \tag{8.16}$$

式中，$\boldsymbol{\sigma}$ 为单位系数向量，其分量为满足均值为 0，标准差为 1 的独立的高斯随机变量，k_{B} 为玻尔兹曼常数，T 为温度，V 为垂直磁隧道结自由层的体积，Δt 为垂直磁隧道结自由层磁化状态演化的步长。

式（8.10）的最后一项 $\boldsymbol{\Gamma}_{\mathrm{STT}}$ 为自旋转移矩，主要由类阻尼自旋力矩 $\boldsymbol{\Gamma}_{\mathrm{STT}}^{\mathrm{DL}}$ 和类场自旋力矩 $\boldsymbol{\Gamma}_{\mathrm{STT}}^{\mathrm{FL}}$ 组成，具体表达式如下：

$$\boldsymbol{\Gamma}_{\mathrm{STT}}=\boldsymbol{\Gamma}_{\mathrm{STT}}^{\mathrm{DL}}+\boldsymbol{\Gamma}_{\mathrm{STT}}^{\mathrm{FL}} \tag{8.17}$$

$$\boldsymbol{\Gamma}_{\mathrm{STT}}^{\mathrm{DL}}=\gamma \times H_{\mathrm{STT}}^{\mathrm{DL}} \times \boldsymbol{m} \times \boldsymbol{m}_{\mathrm{p}} \times \boldsymbol{m} \tag{8.18}$$

$$\boldsymbol{\Gamma}_{\mathrm{STT}}^{\mathrm{FL}}=\gamma \times H_{\mathrm{STT}}^{\mathrm{FL}} \times \boldsymbol{m} \times \boldsymbol{m}_{\mathrm{p}} \tag{8.19}$$

$$H_{\mathrm{STT}}^{\mathrm{DL}}=\frac{\hbar \times P \times J_{\mathrm{STT}}}{2 \times e \times \mu_0 \times M_s \times t_f} \tag{8.20}$$

$$\mathrm{Ratio}_{\mathrm{STT}}^{\mathrm{FL/DL}}=H_{\mathrm{STT}}^{\mathrm{FL}}/H_{\mathrm{STT}}^{\mathrm{DL}} \tag{8.21}$$

式中，$\boldsymbol{m}_{\mathrm{p}}$ 为垂直磁隧道结固定层磁化方向的单位向量，J_{STT} 为自旋极化电流密度，μ_0 为真空磁导率，$H_{\mathrm{STT}}^{\mathrm{DL}}$ 和 $H_{\mathrm{STT}}^{\mathrm{FL}}$ 分别为类阻尼自旋力矩和类场自旋力矩系数，$\mathrm{Ratio}_{\mathrm{STT}}^{\mathrm{FL/DL}}$ 是上述两个系数的比值。为了得到式（8.10）的微分解，可以将笛卡儿坐标系转换为极坐标系，即以极角 θ 和方位角 φ 来描述空间中的位置。在该坐标系中，垂直磁隧道结自由层的磁化方向的单位向量及有效磁场可分别表示为 [7]：

$$\boldsymbol{m}=\sin\theta\cos\varphi \times \boldsymbol{e}_x + \sin\theta\sin\varphi \times \boldsymbol{e}_y + \cos\theta \times \boldsymbol{e}_z \tag{8.22}$$

$$
\begin{cases}
H_{\text{eff-}x} = -N_x M_s \sin\theta\cos\varphi + \sigma_x \sqrt{\dfrac{2k_B T \alpha}{\mu_0 M_s \gamma V \Delta t}} \\[4mm]
H_{\text{eff-}y} = -N_y M_s \sin\theta\sin\varphi + \sigma_y \sqrt{\dfrac{2k_B T \alpha}{\mu_0 M_s \gamma V \Delta t}} \\[4mm]
H_{\text{eff-}z} = \left(\dfrac{2K_i}{\mu_0 M_s t_f} - N_z M_s\right)\cos\theta + \sigma_z \sqrt{\dfrac{2k_B T \alpha}{\mu_0 M_s \gamma V \Delta t}}
\end{cases}
\tag{8.23}
$$

这里假设 $m_p = e_z$，然后将式（8.22）和式（8.23）代入式（8.10）中，即可解的 θ 和 φ 关于时间的微分表达式 [7]：

$$
\begin{cases}
\dfrac{\partial \theta}{\partial t} = \dfrac{\gamma}{1+\alpha^2}[H_{\text{eff-}x}(\alpha\cos\theta\cos\varphi - \sin\varphi) + H_{\text{eff-}y}(\alpha\cos\theta\sin\varphi + \cos\varphi) \\[3mm]
\qquad\quad - \alpha H_{\text{eff-}z}\sin\theta] + \dfrac{\gamma\sin\theta}{1+\alpha^2}(\alpha H_{\text{STT}}^{\text{FL}} - H_{\text{STT}}^{\text{DL}}) \\[4mm]
\dfrac{\partial \varphi}{\partial t} = \dfrac{\gamma}{(1+\alpha^2)\sin\theta}[H_{\text{eff-}x}(-\alpha\sin\varphi - \cos\theta\cos\varphi) + H_{\text{eff-}y}(\alpha\cos\varphi - \cos\theta\sin\varphi) \\[3mm]
\qquad\quad + H_{\text{eff-}z}\sin\theta] - \dfrac{\gamma}{1+\alpha^2}(\alpha H_{\text{STT}}^{\text{DL}} + H_{\text{STT}}^{\text{FL}})
\end{cases}
\tag{8.24}
$$

至此，求解得到的式（8.24）即为后续构建的基于自旋转移矩效应的垂直磁隧道结的磁动力学模型中最为关键的部分，它精确地描述了垂直磁隧道结的自由层磁化方向在自旋转移矩作用下的运动轨迹。

4. 静态开关模型

根据 LLG 方程可知，垂直磁隧道结采用自旋转移矩效应进行数据写入时存在一个阈值电流 I_{C0}，该阈值电流反映了自旋转移矩驱动垂直磁隧道结自由层磁化状态翻转的静态开关特性，具体可表示为 [8-9]：

$$
I_{C0} = \alpha\frac{\gamma e}{\mu_B \rho}(\mu_0 M_s)H_{\text{PMA}}V = 2\alpha\frac{\gamma e}{\mu_B g}E_b
\tag{8.25}
$$

$$
E_b = \frac{(\mu_0 M_s)H_{\text{PMA}}V}{2}
\tag{8.26}
$$

式中，μ_B 为玻尔磁子，ρ 为自旋极化效率，E_b 为能量势垒。

需要注意的是，基于自旋转移矩效应的垂直磁隧道结从平行态翻转到反平行态所需的阈值电流 $I_{C0}(\text{P} \to \text{AP})$ 与从反平行态翻转到平行态所需的阈值电流 $I_{C0}(\text{AP} \to \text{P})$ 并不相等，这种现象被称为自旋转移矩效应的非对称性。从式（8.25）可以发现，产生自旋转移矩效应非对称性的原因与两种情况下的自旋极化效率 ρ 不一致，具体可表示为 [10]：

$$
\rho = \rho_{\text{SV}} + \rho_{\text{tunnel}}
\tag{8.27}
$$

$$\rho_{SV} = \left[-4 + \left(P^{-1/2} + P^{1/2} \right)^3 \frac{(3+\cos\theta)}{4} \right]^{-1} \tag{8.28}$$

$$\rho_{tunnel} = \frac{P}{2\left(1+P^2\cos\theta\right)} \tag{8.29}$$

式中，ρ_{SV} 与 ρ_{tunnel} 分别为自旋阀与垂直磁隧道结的自旋极化效率。随着工艺不断进步，自旋转移矩效应的非对称性在垂直磁隧道结中已越来越不明显。

5. 动态开关模型与随机模型

根据写入电流 I_{write} 与自旋转移矩阈值电流 I_{C0} 的相对大小，可以把垂直磁隧道结翻转的动态开关模型大致分为三个子区间，包括：（1）自旋激发翻转区间（Precessional Switching Region），该区间满足 $I_{write} > I_{C0}$，翻转时延较小；（2）热激发翻转区间（Thermal Activation Region），该区间满足 $I_{write} < 0.8 I_{C0}$，翻转时延较大；（3）动态翻转区间（Dynamic Reversal Region），该区间满足 $0.8 I_{C0} < I_{write} < I_{C0}$，翻转时延居中。

垂直磁隧道结自旋激发区间和热激发翻转区间的翻转时间与翻转时延都符合随机分布特性，可以用概率分布函数进行描述[11-13]；而当垂直磁隧道结工作于动态翻转区间时，自由层磁矩的翻转则将同时取决于自旋激发与热激发两种效应，动态过程非常复杂，所以目前还没有明确的数学公式可以用来描述该区间内的翻转概率与平均翻转时延[14-15]。因此，为简化起见，在我们构建的自旋转移矩垂直磁隧道结模型当中，把动态翻转区间当作热激发区间等效对待。

当 $I_{write} > I_{C0}$ 时，垂直磁隧道结的状态主要取决于自旋转移矩效应与垂直磁隧道结自由层的初始磁化分布，其翻转概率 $P_r(t_{pulse})$ 与平均翻转时延 τ_1 分别满足[15-16]：

$$P_r(t_{pulse}) = 1 - \exp\left(-\frac{t_{pulse}}{\tau_1} \right) \tag{8.30}$$

$$\frac{1}{\tau_1} = \left[\frac{2}{C + \ln(\pi^2 \Delta)} \right] \frac{\mu_B P}{e m_{FL}(1+P^2)} (I_{write} - I_{C0}) \tag{8.31}$$

式中，t_{pulse} 为写入电流脉冲宽度，$C \approx 0.577$ 为欧拉常数，$\Delta = E_b/(k_B T)$ 为热稳定性因子，m_{FL} 为磁隧道结自由层磁矩。

当 $I_{write} < 0.8 I_{C0}$ 时，由于热激发与自旋累积效应，垂直磁隧道结的翻转仍然可以完成。此时，垂直磁隧道结的翻转过程与初始磁化分布基本无关，而主要取决于热扰动，其翻转概率与平均时延 τ_2 满足[17-19]：

$$\frac{dP_r(t_{pulse})}{\left[1 - P_r(t_{pulse})\right] dt} = \frac{1}{\tau_2} \tag{8.32}$$

$$\tau_2 = \tau_0 \exp\left[\frac{E}{K_B T}\left(1 - \frac{I_{write}}{I_{C0}}\right)\right] \quad\quad (8.33)$$

式中，τ_0 为克服势垒翻转的尝试时间，与材料和自旋弛豫时间有关，通常设为 1 ns。

8.1.2　模型构架

根据 8.1.1 节提到的基于自旋转移矩效应的垂直磁隧道结的物理模型，本节将介绍如何构建基于自旋转移矩效应的垂直磁隧道结的 EDA 仿真模型架构。

1. 模型编程语言

构建模型时，编程语言的类型的选择十分关键，因为其对模型的简便性、有效性、准确性、速度以及与 CMOS 电路的兼容性等都构成了至关重要的影响。例如，C、C++、Fortran 以及 MATLAB 等适用于数据拟合与计算，但是与 CMOS 电路的兼容性不太好，缺乏统一的接口；VHDL-AMS 可搭建与 CMOS 电路良好的接口，但可扩展性较差，且适用的仿真器比较少。Verilog-A 编程语言是在综合对比了这几种常用编程语言之后做出的最合理选择，其不仅能够与 CMOS 良好兼容，而且几乎能够适用于所有的模拟电路仿真器，同时也被市面上的诸多半导体公司广泛采用。

下面以辐射电流模型为例，简要说明 Verilog-A 语法。图 8.4（a）所示的 module Irad（P，N）语句用于声明一个名为 Irad 的模型，该模型包含两个端口（P 和 N），endmodule 语句用于结束模型定义；output P,N 语句用于声明 P 和 N 的类型为输出端口；electrical P,N 语句用来声明 P 和 N 的电气类型；parameter 语句用来定义器件参数，参数初始值或参数的取值范围（作为模型的用户自定义接口），real 语句用于定义器件参数的类型；单独使用的 real 语句用于声明内部变量；蓝色框内的语句用于描述辐射电流模型的电气行为。这里使用的 if begin、else begin 与 C 语言中 if、else 语句用法类似，均用来声明条件语句。另外，"="作为赋值符号，用作数值赋值，等号左边通常是整数类型或实数类型。同样作为赋值符号的"<+"，则被用于对电气信号进行赋值，同时可以对数值进行累加，即对同一个变量使用"<+"赋值多次时，该变量的数值是多次赋值的总和。最后，将该模型添加至 Cadence 文件库中，进行建模仿真即可得到辐射电流模型瞬态仿真的结果，如图 8.4（b）所示。

2. 模型整体架构

如图 8.5 所示，基于自旋转移矩的垂直磁隧道结的 EDA 仿真模型主要包括 3 个模块：（1）输入模块，用于输入如基本物理常量、变量以及电气信号等参数；（2）物理模型，包括上一节构造的静态隧穿磁阻模型、隧穿磁阻率模型、磁动力学模型、静态开关模型、动态开关模型以及随机模型等；（3）输出模块，提供输出信号和与 CMOS 电路进行交互的电气信号。

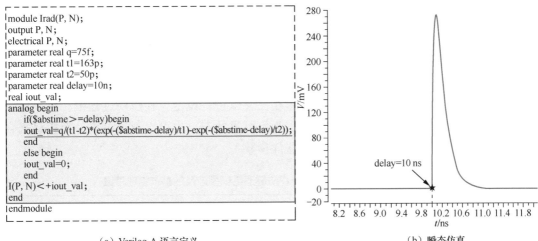

```
module Irad(P, N);
output P, N;
electrical P, N;
parameter real q=75f;
parameter real t1=163p;
parameter real t2=50p;
parameter real delay=10n;
real iout_val;
analog begin
    if($abstime>=delay)begin
    iout_val=q/(t1-t2)*(exp(-($abstime-delay)/t1)-exp(-($abstime-delay)/t2));
    end
    else begin
    iout_val=0;
    end
I(P, N)<+iout_val;
end
endmodule
```

（a）Verilog-A 语言定义 　　　　　　　　　　（b）瞬态仿真

图 8.4　辐射电流模型

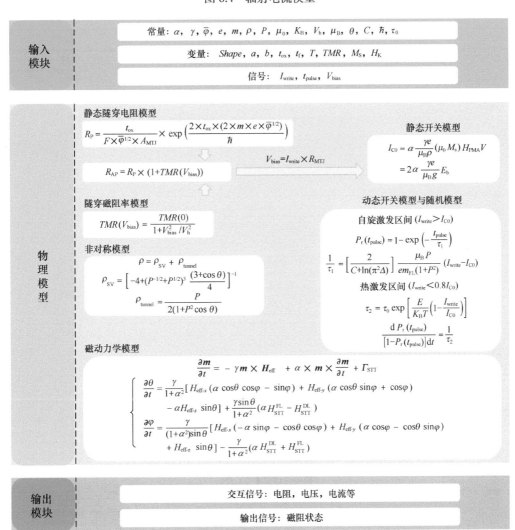

图 8.5　基于自旋转移矩的垂直磁隧道结 EDA 仿真模型整体架构

3. 模型参数与变量

基于自旋转移矩的垂直磁隧道结模型提供的各个参数与变量的输入端口主要包括三类，即基本物理常量、材料与工艺参数和器件参数，分别如表8.1～表8.3所示[20]。除物理常量恒定不变以外，表8.2和表8.3中模型所涉及的工艺参数以及器件参数均与实验中样品的制备过程有关，具体数值可参考相关文献进行设定。在建模过程中，可以设置某些参数与变量的值（如基本物理常量）为不可见状态，也可以通过设置外部接口来合理配置与修改某些参数与变量的值（如器件参数）。

表 8.1　基于自旋转移矩的垂直磁隧道结模型涉及的基本物理常量

参数名称	物理描述	单位	默认值
e	基本电荷	C	1.6×10^{-19}
m	电子质量	kg	9.1×10^{-31}
k_B	玻尔兹曼常数	J/K	1.38×10^{-23}
μ_B	玻尔磁子	J/Oe	9.27×10^{-28}
C	欧拉常数	—	0.577
$\hbar$	约化普朗克常数	—	1.054×10^{-34}
μ_0	真空磁导率	H/m	1.25663×10^{-6}

表 8.2　基于自旋转移矩的垂直磁隧道结模型涉及的材料工艺参数

参数与变量名称	物理描述	单位
T	温度	K
α	磁阻尼系数	—
γ	旋磁比	Hz/Oe
P	隧穿电流极化比率	—
H_{PMA}	垂直磁各向异性场	Oe
M_s	饱和磁化强度	Oe
φ	绝缘层势垒高度	eV
V_h	$0.5TMR(0)$ 的偏压	V
τ_0	尝试时间	ns
V_{DD}	供电电压	V
θ	自由层与固定层之间的初始磁化夹角	—

表 8.3　基于自旋转移矩的垂直磁隧道结模型涉及的器件参数

参数与变量名称	物理描述	单位
Shape	磁隧道结形状	—
a	磁隧道结长度（或长轴）	nm
b	磁隧道结宽度（或短轴）	nm
V	磁隧道结体积	nm^3
t_{ox}	绝缘层厚度	nm
t_f	自由层厚度	nm

续表

参数与变量名称	物理描述	单位
m_{FL}	自由层磁矩	—
$TMR(0)$	零偏压时的隧穿磁阻率	—
$R \cdot A$	电阻面积乘积	$\Omega \cdot \mu m^2$
Δ	热稳定性系数	—
I_{C0}	阈值电流	μA

4. 模型符号

图 8.6 所示为基于自旋转移矩的垂直磁隧道结 EDA 仿真模型符号。该模型主要通过三个端口与 CMOS 电路进行连接：T_1 端口为垂直磁隧道结顶端电极，下接垂直磁隧道结自由层；T_2 端口为垂直磁隧道结底端电极，上接垂直磁隧道结固定层；T_1 端口与 T_2 端口为输入输出双向端口，均可与 CMOS 电路相连接，从而可供双向电流流过，用于产生自旋转移矩效应；State 端口是虚拟端口，用于观测垂直磁隧道结的电阻状态。

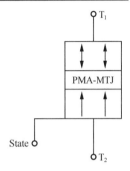

图 8.6　基于自旋转移矩的垂直磁隧道结 EDA 仿真模型符号

8.1.3　模型仿真验证

本节将采用直流静态分析、瞬时动态分析以及蒙特卡洛统计分析对所构建的基于自旋转移矩的垂直磁隧道结 EDA 仿真模型进行分析，并通过与实验结果对比，验证该模型的准确性。其中，直流静态分析可用于确定模型的静态工作点，从而评估模型的静态开关特性；瞬时动态分析可用于仿真模型的动态翻转过程，从而评估模型的动态开关特性；蒙特卡洛统计分析用于评估模型的随机翻转特性。

1. 直流静态分析

图 8.7 所示为基于自旋转移矩的垂直磁隧道结模型的直流静态分析仿真结果[15]。其中，黑线和红线为仿真结果，描述了垂直磁隧道结从平行态到反平行态以及从反平行态到平行态的翻转过程；而蓝色圆点为实验测试数据。可以看出，仿真结果与实验数据基本一致，同时还反映出基于自旋转移矩的垂直磁隧道结的隧穿电阻和隧穿磁阻率受到偏置电压的影响。另外，如图 8.7 所示，从平行态到反平行态翻转的静态工作点（M_1）与从反平行态到平行态翻转的静态工作点（M_0）是不对称的，这主要是由两种状态下不同的自旋极化效率 ρ 所造成的。图 8.8 所示进一步验证了该模型中自旋转移矩效应的非对称性，其中红色圆点与蓝色方点为实验测试结果，而蓝线与红线为仿真结果[8]。综上所述，通过采用直流静态分析，我们可以完成对基于自旋转移矩的垂直磁隧道结隧穿电阻模型、隧穿磁阻率模型、自旋转移矩效应的非对称性模型以及静态开关模型的正确性验证。

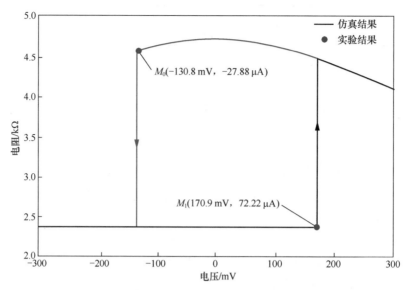

图 8.7　基于自旋转移矩的垂直磁隧道结直流静态分析

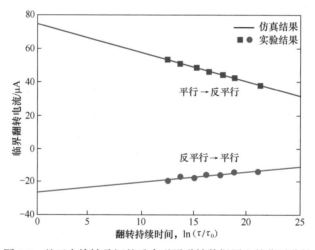

图 8.8　基于自旋转移矩的垂直磁隧道结数据写入的非对称性

2. 瞬时动态分析

图 8.9 所示为基于自旋转移矩的垂直磁隧道结的瞬时动态分析仿真结果，表示自由层翻转的动态过程。其中，电流下降处即为垂直磁隧道结从平行态翻转为反平行态的瞬间。此时，施加在垂直磁隧道结两端的偏置电压不变，但是垂直磁隧道结电阻将会增大，因此流过垂直磁隧道结的电流幅度减小。而对于垂直磁隧道结从反平行态翻转到平行态的情况，所施加的偏置电压方向相反。在翻转瞬间，垂直磁隧道结的电阻减小，流过垂直磁隧道结的电流幅度增加[15]。

通过施加不同强度的偏置电压（即写入电流），可以观测到垂直磁隧道结的翻转时延反比于写入电流的强度，这与理论分析结果一致。当写入电流大于垂直磁隧道结的阈值翻转电流时，模型工作在自旋激发区间，翻转时延较小；当写入电流小于垂直磁隧道

结的阈值翻转电流时，模型工作在动态翻转区间和热激发区间，翻转时延较大。图 8.10
所示为不同写入电流强度下，仿真中垂直磁隧道结的平均翻转时延与写入电流强度之间
的关系，以及相同参数条件下的实验数据。可以看出，仿真结果与实验测试数据基本一
致 [15]。综上所述，通过采用瞬时动态分析，我们验证了基于自旋转移矩的垂直磁隧道
结动态开关模型的正确性。

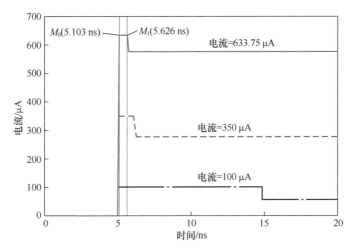

图 8.9　基于自旋转移矩的垂直磁隧道结的瞬时动态分析仿真结果

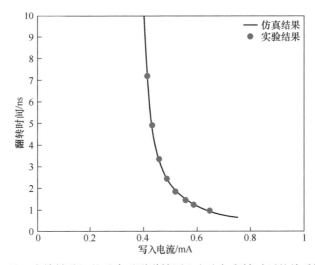

图 8.10　基于自旋转移矩的垂直磁隧道结写入电流与翻转时延的关系结果对比

3. 蒙特卡洛统计分析

蒙特卡洛统计分析可用于描述所构建的基于自旋转移矩的垂直磁隧道结 EDA 仿真
模型的随机翻转特性。在实际情况中，基于自旋转移矩的垂直磁隧道结的随机翻转特性
主要由三方面因素造成：一是自旋转移矩效应本身固有的随机性；二是制备工艺的不稳
定性导致的垂直磁隧道结器件之间的参数（如尺寸、厚度等）偏差；三是外界环境（如
温度等）的波动性所导致的同一个垂直磁隧道结器件在不同时刻的翻转行为的偏差。当

不考虑工艺参数偏差以及环境温度变化时，对基于自旋转移矩的垂直磁隧道结模型执行1000次写入操作的仿真结果如图8.11所示[3]。可以看出，在给定写入电流强度的情况下，垂直磁隧道结的翻转时延服从随机分布的特点，这说明此处建立的模型能够有效地反映自旋转移矩效应的随机性。

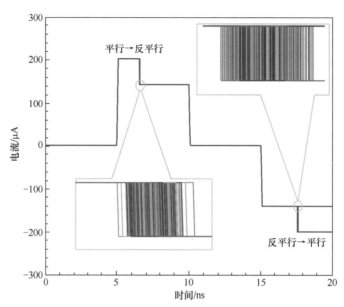

图8.11　不考虑工艺参数偏差与环境温度变化时，基于自旋转移矩的垂直磁隧道结的随机翻转特性仿真结果

　　更进一步，如果考虑工艺参数偏差以及外界环境（如温度等）的影响，即垂直磁隧道结存在尺寸、绝缘层厚度、初始磁化角等方面的偏差，那么垂直磁隧道结的隧穿电阻、阈值翻转电流与隧穿磁阻率等也将呈现概率分布的特点。图8.12所示为考虑工艺参数偏差以及环境温度时，对基于自旋转移矩的垂直磁隧道结模型执行100次写入操作的仿真结果[21]。在我们的模型中，垂直磁隧道结的参数偏差假定为1.0%，环境温度与供电电压偏差假定为10%。如图8.11和图8.12所示，当写入电流强度或者脉冲宽度小于垂直磁隧道结翻转所需的阈值翻转电流时，可能会发生写入错误。综上所示，通过蒙特卡洛统计分析，我们验证了基于自旋转移矩的垂直磁隧道结随机翻转模型的正确性。

　　本节主要介绍了采用自旋转移矩写入机制的磁隧道结建模与验证。此外，北航研究团队还开发了多个采用不同写入机制的磁隧道结EDA仿真模型，包括但不限于电压调控磁各向异性磁隧道结、自旋轨道矩磁隧道结、电压调控自旋轨道矩磁隧道结等。这些EDA仿真模型均可直接与CMOS器件进行混合电路设计、仿真验证和性能评估。目前，这些模型均以开源的方式发布在网站上，为相关领域研究人员提供了有力工具。特别地，这些自旋电子器件的EDA仿真模型已适配于我国EDA领域的领军企业——北京华大九天软件有限公司的ALPS仿真工具，并展现出了具备国际领先水平的仿真性能。

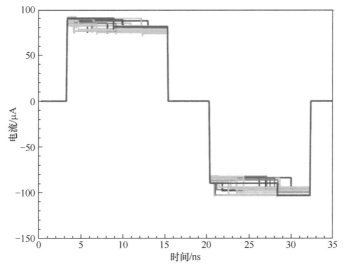

图 8.12　考虑工艺参数偏差与环境温度时，基于自旋转移矩的垂直磁
隧道结的随机翻转特性仿真结果

8.2　自旋电子器件工艺设计包

工艺设计包（Process Design Kit，PDK）是用 EDA 厂商的设计语言定义的一套反映工艺特点的技术文件，交由电路设计者使用。工艺设计包参与了集成电路设计与生产的各个步骤，是设计公司进行电路功能仿真与物理验证的必备工具，也是决定流片成败的关键性因素。用于自旋转移矩磁随机存储器（STT Magnetic Random-Access Memory，STT-MRAM）相关电路设计的工具称为自旋电子工艺设计包（Spintronic Process Design Kit，SPINPDK）。自旋电子工艺设计包主要由器件单元库、工艺文件、版图验证文件和标准单元库等部分组成，如图 8.13 所示，可辅助从业人员完成 STT-MRAM 的存储单元及相关外围电路设计、版图设计和版图验证等工作。

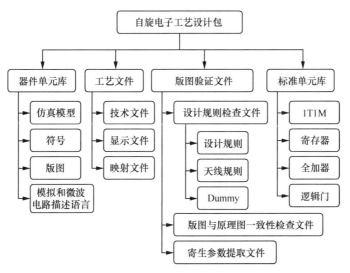

图 8.13　自旋电子工艺设计包

8.2.1 器件单元库

自旋电子工艺设计包的器件单元库目前主要包含应用最广泛的自旋电子器件——自旋转移矩磁隧道结的四个文件：仿真模型（veriloga）、符号（symbol）、版图（layout）以及模拟和微波电路描述语言（auCdl），如图8.14所示。

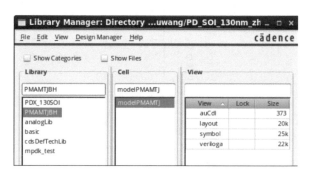

（1）仿真模型（veriloga）：文件用Verilog-A编程语言描述器件的电学行为特性，包含客观存在的固有偏差和随机翻转等现象，已在8.1节详细介绍，此处不再赘述。

图8.14 磁隧道结器件单元库的内容

（2）符号（symbol）：文件与仿真模型veriloga相互关联，以方便后续进行电路设计。symbol根据仿真模型veriloga的输入输出接口创建，将Verilog-A编程语言所描述的电学行为模型与symbol关联。

（3）版图（layout）：自旋转移矩磁隧道结的版图主要由金属底电极（Metal Bottom Electrode，MBE）、磁隧道结和金属顶电极（Metal Top Electrode，MTE）三层组成。其中，磁隧道结的版图严格按照工艺设计规则来完成，形状为椭圆形或圆形，尺寸可以根据具体情况进行调节。由于磁隧道结是一个两端口器件，所以需要通过添加金属底电极和金属顶电极作为磁隧道结器件的两个引脚。同时，通过参数化单元（Pcell）实现磁隧道结版图的参数化，即改变磁隧道结版图的尺寸设置，使版图的呈现尺寸会随之改变。

（4）模拟和微波电路描述语言（auCdl）：文件主要包含磁隧道结的元件描述格式（Component Description Format，CDF）参数，用于在进行版图与原理图一致性检查（Layout Versus Schematic，LVS）验证时生成电路网表。

磁隧道结的符号图、立体图和版图如图8.15所示。

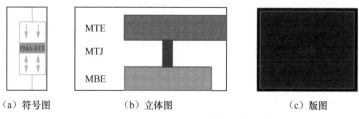

（a）符号图　　　　　　（b）立体图　　　　　　（c）版图

图8.15 自旋电子工艺设计包中磁隧道结

8.2.2 工艺文件

（1）技术文件（techfile.tf）：核心技术文件，包含磁隧道结和相对应的CMOS工艺库的所有变量。磁隧道结工艺所包含的新的自定义层，其层名（layer names）、层编号

（layer numbers）、层性质（purposes）、层功能（functions）和层规则（rules）等均在此文件中定义。

（2）显示文件（display.drf）：定义磁隧道结和 CMOS 版图中各层的显示格式，为各层定义版图颜色和填充形状等，以便在版图的视图中可以区分各个层次。Virtuoso 启动时会自动识别并调用此文件，工程设计中不能更改其命名。

（3）映射文件（layermap）：定义磁隧道结和 CMOS 各层的 GDSII（Graphic Data System II）编号。版图中的每层金属或通孔都具有独立而且唯一的 GDSII 编号，在进行设计规则检查（Design Rule Check，DRC）、版图与原理图一致性检查等时，相应的规则文件通过调用该 GDSII 编号来识别版图中所使用的对应层，达到提取版图信息、完成规则检查的目的。

这三种文件共同构建了磁隧道结电路的版图设计环境，也是版图验证的必要条件。

8.2.3　版图验证文件

版图设计完成后需要进行功能验证和性能评估，需要用到以下三种版图验证文件：设计规则检查文件，版图与原理图一致性检查文件和寄生参数提取（Parasitic Extraction，PEX）文件。这三种文件均用标准验证规则格式语言编写。

1．设计规则检查文件

由于磁隧道结的制造过程有别于传统的 CMOS 电路，所以这里需要首先介绍磁隧道结有关的设计规则。

如图 8.16 所示，自旋转移矩磁随机存储器制造工艺通过 Above-CMOS 方式实现，即其核心存储器件的磁隧道结是集成在传统 CMOS 电路的上部，通过金属互连线与其他 CMOS 功能模块实现交互通信，完成数据存取操作的。磁隧道结通常被嵌入在相邻两个金属层（比如金属顶电极和金属底电极）之间。其制造过程主要分为三个部分，分别是标准 CMOS 部分、磁隧道结部分和顶层金属部分。其中磁隧道结部分工艺同传统集成电路的后端互连工艺相互兼容，一般来说仅需要 1 层额外的掩模。

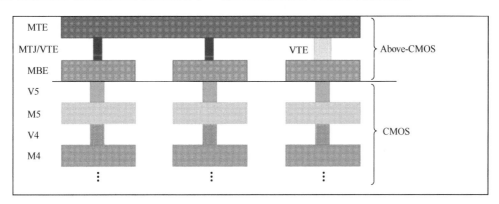

图 8.16　Above-CMOS 工艺及互连

为了保证芯片的性能和提升产品良率，芯片的版图设计需要严格遵守工艺厂商所提供的设计规则。一般来说，设计规则中会明确规定金属的最小线宽、金属线之间的最小间距、通孔的最小尺寸及通孔间的最小间距等。图 8.17 所示为磁隧道结与金属层和通孔之间的设计规则关系，其中 VTE（Via Top Electrode）为顶电极过孔，V5 为 CMOS 工艺中的第五层金属过孔。

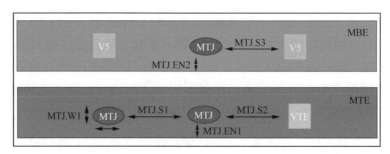

图 8.17　磁隧道结、V5、底电极金属和顶电极金属之间的设计规则：
箭头表示最小尺寸或最小间距

设计规则检查（DRC）文件提供磁隧道结和 CMOS 版图的几何规则验证，主要定义各层之间的几何位置关系，比如同层金属外边缘与外边缘之间的最小距离和最大距离、各层金属的最小宽度和最大宽度、不同层之间的重叠关系或者包含关系以及各层金属的密度和面积规则等。另外，为防止芯片在制造过程中由于曝光过度或不足而导致的蚀刻失败，以及避免光刻过程中光的反射与衍射影响到关键元器件的物理图，需要每层金属达到一定的密度。对于版图中不符合密度规则的金属层，则应适当地添加一些没有实际电学作用的 dummy 金属，以避免制造过程中各层金属分布不均匀导致的其他问题。天线规则提供了电路版图的天线效应检验，通过检查版图中各层金属的面积与所连栅氧层的面积比率，判断该层金属是否符合规则要求。

2. 版图与原理图一致性检查文件

版图与原理图一致性检查文件提供电路版图与原理图的一致性检验。文件包含运行设置、层次定义、层次运算和器件定义等几部分，主要定义了各层之间的连接关系，用于检查版图中的器件连接关系是否与电路原理图中的连接关系一致。版图与原理图一致性检查主要验证的是器件之间的电气连接关系。验证过设计规则检查并不代表版图就是正确的，极端的例子是版图中即使什么都没画，设计规则检查也不会报错，所以我们还需要将版图与原理图进行对比。版图与原理图一致性检查用到的电路提取软件将版图的几何定义文件扩展为各层的几何图形与其布局的描述，经过对此描述的遍历可找出所有晶体管和电路的连接。电路提取的结果是一个网表（网表是一组用来定义电路的元件和它们的连接的语句）。而电路原理图本质上也是网表，两种网表进行对比即可发现不同之处，反映到图形化界面所报出的错误上。版图与原理图一致性检查对电路版图与原理图不一致的部分进行报错和输出，为版图设计人员提供参考信息。图 8.18 所示为一个自旋转移矩磁随机存储器的电路架构和版图。

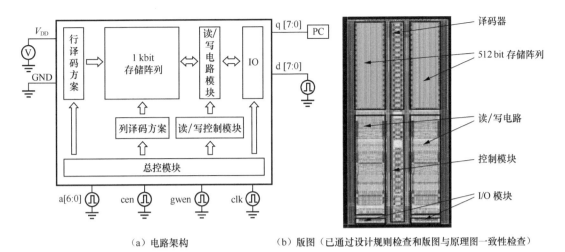

（a）电路架构　　　　　　　　（b）版图（已通过设计规则检查和版图与原理图一致性检查）

图 8.18　1 kbit 自旋转移矩磁随机存储器

3. 寄生参数提取文件

寄生参数提取文件用于提取电路版图中的磁隧道结与 CMOS 器件的寄生参数，定义了寄生参数提取的规则，为后仿真提供必要的寄生参数信息，用来模拟芯片的实际工作情况。寄生参数主要包含寄生电阻和寄生电容。这些寄生参数一般简化为一个或多个集总或分散的寄生电阻和寄生电容，插入电路结构中的相应节点处，一般都是与电压无关的线性无源器件。在该文件中，会根据工艺厂商制造过程中的工艺参数，定义各层次、各器件之间的寄生参数计算方式。进行寄生参数提取验证时，可自动提取寄生参数，生成 Calibre 文件，为后仿真做准备。

8.2.4　标准单元库

自旋电子工艺设计包中的标准单元库主要包含电路中经常使用的模块，如 1T1M 单元、寄存器、全加器、逻辑门等，可以帮助使用者更高效地进行集成电路设计。标准单元库提供了常用的电路，且每种单元都对应着多个不同器件尺寸和不同驱动能力的电路。种类丰富的单元库可以有效提高电路设计和版图设计的效率，也使设计者可以更加自由地在性能、面积、功耗和成本之间做出权衡并进行优化。为了实现版图设计阶段的自动布局布线，标准单元的版图都遵循以下特殊的设计规则。

（1）为防止非常规尺寸的器件或模块影响整体布局，所有标准单元的高度均统一设置为基本高度的整数倍。

（2）为避免整体布局布线时出现不匹配的问题从而导致设计规则检查错误，需使用统一模板进行所有版图的设计。

（3）经典布线器采用基于网格的方法，可以有效地简化布线工具的算法和减小计算机占用的内存资源。因此，为提高布线器的效率，所有单元的输入 / 输出端口的位置、大小、形状都需要尽量满足网格间距的要求。

（4）为方便系统层面的互连，尽量减小芯片的面积，所有标准单元的电源线和地线一般放置于上下边界。

图 8.19 所示为只包含一个磁隧道结和一个 CMOS 晶体管串联的 1T1M 标准单元的电路图、符号图和版图。考虑到构造阵列时的便利性，符号图使用完全对称结构，从而可以避免过于复杂的连线。类似于 1T1M 单元的其他常见结构也被包含到了自旋电子工艺设计包之中，方便电路和版图的设计工程师选用。

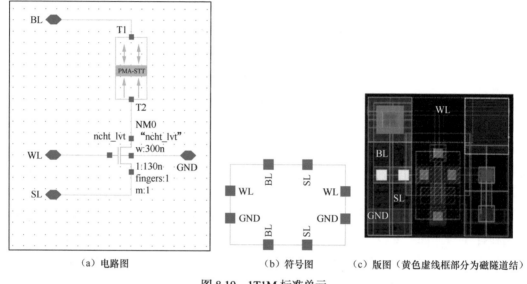

（a）电路图　　　　　　　　（b）符号图　　　　（c）版图（黄色虚线框部分为磁隧道结）

图 8.19　1T1M 标准单元

另外，自旋电子工艺设计包需要基于相应的 CMOS 工艺节点文件才能正常使用，具体情况由电路设计目标所定。设计完成并通过验证的版图可通过软件导出为 GDSII 文件，最终将该 GDSII 文件发给代工厂进行流片生产。

8.3　1 KB 磁存储器电路的设计与仿真验证

基于 28 nm 全耗尽型绝缘体上硅（Fully Depleted Silicon on Insulator，FD-SOI）的 CMOS 晶体管工艺，结合 8.1 节构造的基于自旋转移矩的垂直磁隧道结模型，本节设计了一个容量为 1 KB 的自旋转移矩磁随机存储器测试电路。

8.3.1　系统架构

图 8.20 所示为整个自旋转移矩磁随机存储器芯片系统架构，主要由外围电路和存储阵列构成。其中，外围电路主要由字 / 行线译码器、位 / 列线译码器、写入电路、读取电路、逻辑控制电路以及输入输出（I/O）接口构成。存储阵列由 256 条字线（Word Line，WL）与 32 条位线（Bit Line，BL）构成，通过行地址与列地址对某个存储单元进行访问。为了降低字线和位线的寄生电容与寄生电阻等参数对存储阵列读写访问性能

的影响，整个存储单元阵列采用层次化设计，如图 8.21 所示。

如图 8.22 所示，整个自旋转移矩磁随机存储器芯片通过输入/输出接口与逻辑控制电路以及用户数据进行交互。在整个自旋转移矩磁随机存储器芯片中，信号类型主要分为控制信号和数据信号两类。其中，控制信号主要包括片选信号 Eb、地址信号 A<0:12>（其中包括行地址信号与列地址信号）、写入使能信号 Wb、读取使能信号 Rb 和 I/O 接口使能信号 Gb 等。数据信号 D[0:31] 则包括输入数据信号 D_{in}[0:31] 与输出数据信号 D_{out}[0:31]。

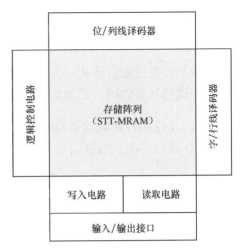

图 8.20　自旋转移矩磁随机存储器整体系统架构

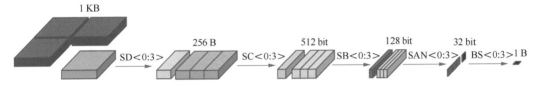

图 8.21　自旋转移矩磁随机存储器存储阵列层次结构

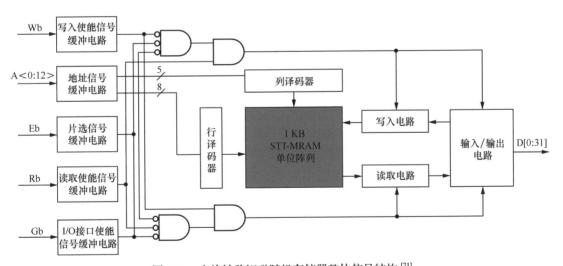

图 8.22　自旋转移矩磁随机存储器整体信号结构 [21]

（1）片选信号 Eb：用于控制自旋转移矩磁随机存储器是否可被访问，低电平有效，只有当该信号有效时，自旋转移矩磁随机存储器才可被访问。

（2）地址信号 A<0:12>：包括行（字线）地址信号 WL<0:7> 与列（位线）地址信号 BL<0:7>，用于确定自旋转移矩磁随机存储器中待访问的存储单元。在层次化设计中，WL<0:7> 通过行译码器又依次译为 SD<0:3>、SC<0:3>、SB<0:3> 和 SAN<0:3>，而 BL<0:7> 通过列译码器译为 BS<0:3> 乘以 1B，如图 8.21 所示。

（3）写入使能信号 Wb：用于控制自旋转移矩磁随机存储器的工作模式，低电平有效，只有当该信号有效时，自旋转移矩磁随机存储器才可执行数据写入操作。

（4）读取使能信号 Rb：用于控制自旋转移矩磁随机存储器的工作模式，低电平有效，只有当该信号有效时，自旋转移矩磁随机存储器方可执行数据读取操作。

（5）I/O 接口使能信号 Gb：用于控制 I/O 接口的状态，低电平有效，当该信号有效时，I/O 接口可用，当该信号无效时，I/O 接口为高阻态。

（6）数据信号 D[0:31]：包括输入数据信号 D_{in}[0:31] 与输出数据信号 D_{out}[0:31]，分别指用户待存储的数据信号以及从自旋转移矩磁随机存储器中读取后的数据信号。

在控制信号 Eb、Wb、Rb 以及 Gb 作用下，自旋转移矩磁随机存储器的工作模式如表 8.4 所示[20]。

表 8.4　自旋转移矩磁随机存储器工作模式

Eb	Wb	Rb	Gb	工作模式	D[0:31]
H	×	×	×	不可访问	高阻态
L	×	×	H	I/O 无效	高阻态
L	H	L	L	读取模式	数据输出
L	L	H	L	写入模式	数据写入

注：H 表示高电平，L 表示低电平，× 表示无效。

8.3.2　核心模块电路

1. 存储单元结构

如图 8.23 所示，根据应用需求的不同，自旋转移矩磁随机存储器存储单元可分为两类：第一类存储单元主要由一个选通晶体管（Transistor，一般用 NMOS 管）和一个磁隧道结（MTJ）构成，被称为 1T1MTJ 结构[19-22]，这种结构主要用于主存以及大规模数据存储等应用，其优点是存储密度较高，缺点是需要提供参考信号，读取速度较慢，读取裕量较小，并且可靠性较低；第二种存储单元主要由 1 个（或 2 个）晶体管和 2 个磁隧道结构成，被称为 1T2MTJ（或 2T2MTJ）结构[23-25]。其中，2 个磁隧道结（即 MTJ0 与 MTJ1）始终被配置成互补阻态（例如，MTJ0 处于平行态，而 MTJ1 处于反平行态，或者反之），用来存储 1 bit 的数据信息，这种结构主要用于非易失逻辑计算与高速缓存等应用，其优点是不再需要提供外部参考信号，读取速度快，读取裕量较大，可靠性较高，缺点则是存储密度较小。虽然 2T2MTJ 结构与 1T2MTJ 结构的存储方式以及访问方式都类似；但相比而言，2T2MTJ 结构需要 2 个晶体管分别对磁隧道结进行驱动，单元面积更大。因此，为折中考虑自旋转移矩磁随机存储器的存储可靠性与存储密度，本测试电路将采用 1T2MTJ 存储单元结构。

2. 外围读取 / 写入电路

图 8.24 为自旋转移矩磁随机存储器芯片的外围电路[20]，主要包括差分读取电路

（Pre-charge Sense Amplifier，PCSA）[26-27] 和数据写入电路。其中，MTJ0 与 MTJ1 始终
处于互补阻态，用于存储 1 bit 数据信息；写入电路通过控制写入电流的方向，对 MTJ0
与 MTJ1 同时进行数据写入；读取电路用于比较 MTJ0 与 MTJ1 的电阻大小，输出其存
储的数据信息。

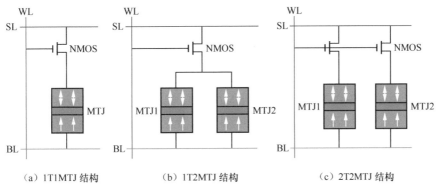

图 8.23　传统存储单元结构

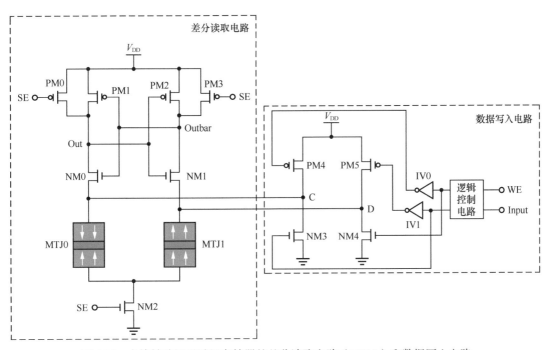

图 8.24　自旋转移矩磁随机存储器的差分读取电路（PCSA）和数据写入电路

当执行数据写入操作时，写入电路中的使能信号"WE"为高电平，且（MTJ0，
MTJ1）与读取电路断开时，写入电流的方向由写入控制逻辑（Control Logic）与输入
数据（Input）信号共同决定。例如，当 Input 为"0"时，PM4 和 NM4 导通，PM5 和
NM3 断开，此时数据写入电流从 V_{DD} 依次经由 PM4、节点"C"、MTJ0、MTJ1、节点
"D"与 NM4 流向地（GND），MTJ0 和 MTJ1 的阻态被分别写为平行态和反平行态；反之，
当 Input 为"1"时，则 PM4 和 NM4 断开，PM5 和 NM3 导通，此时电流从 V_{DD} 经由

PM5、节点"D"、MTJ1、MTJ0、节点"C"与 NM3 流向地（GND），MTJ0 和 MTJ1 的阻态被分别写为反平行态和平行态。

当执行数据读取操作时，（MTJ0，MTJ1）与写入电路断开，读取电路感知存储在（MTJ0，MTJ1）中的数据信息。读取过程为：首先，使能信号"SE"为低电平，NM2 断开，PM0 和 PM3 导通，V_{DD} 对节点"Out"与节点"Outbar"进行预充电（Pre-Charge），使其电压等于 V_{DD}；然后，使能信号"SE"变为高电平，NM2 导通，节点"Out"与节点"Outbar"开始放电（Dis-charge）——此时，因为 MTJ0 与 MTJ1 的电阻值不同，所以两条支路的放电速度也会不同，从而导致节点"Out"与节点"Outbar"出现电压差；当某个节点的电压低于由 PM1-PM2 与 NM0-NM1 组成的交叉耦合反相器结构的阈值电压时，另一个节点的电压将会被充电到 V_{DD}，而该节点则继续放电直到 GND。具体而言，当 MTJ0 和 MTJ1 分别为反平行态和平行态时，由于前者的电阻大于后者的电阻，因此节点"Out"的放电速度会比节点"Outbar"慢，从而导致节点"Outbar"率先降至足够低的电位，继而使得 NM0 断开、PM1 导通，将节点"Out"充电到 V_{DD}，最终使得节点"Outbar"稳定地输出低电平，而节点"Out"则稳定地输出高电平；反之亦然。

此外，针对不同的存储单元，需要设计相应的外围读写电路。例如，对于 1T1MTJ 结构而言，读电路可分为电流型读取电路[28-30]和电压型读取电路[31]；写入电路可分为具有自关断功能的写入电路[32]和具有自适应写验证功能的写入电路[33]等。

3. 最小组成单元

结合上述所选择的存储单元、读取电路与写入电路，可得到自旋转移矩磁随机存储器层次化设计中的最小组成单元。图 8.25 为自旋转移矩垂直磁隧道结测试电路中 4 bit 存储单元对应的版图[20]。

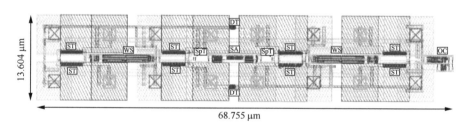

图 8.25　自旋转移矩垂直磁隧道结测试电路中 4 bit 存储单元对应的版图

4. 行 / 列译码器

如图 8.26 所示[20]，在存储阵列的层次化设计中，行译码器根据 WL<0:7> 依次产生 SAN<0:3>、SB<0:3>、SC<0:3> 与 SD<0:3>，其对应的版图如图 8.27 所示[20]。列译码器根据 BL<0:7> 产生 BS<0:3>，其基本结构跟行译码器类似，其对应的版图如图 8.28 所示[20]。最后，位线选择器对每一个字节中的每一个比特（即存储单元）进行读写访问控制，其对应的版图如图 8.29 所示[20]。对于任意一条字线，位线选择器能够对每一条位线上的存储单元实现随机读写访问操作。

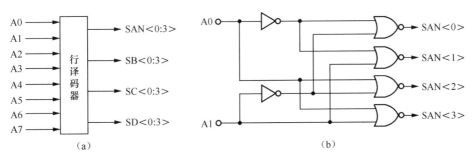

图 8.26 行译码器基本结构

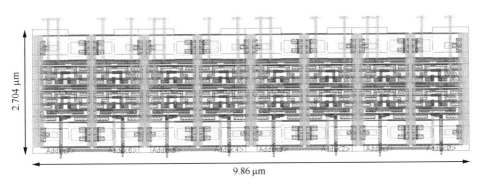

图 8.27 行译码器版图

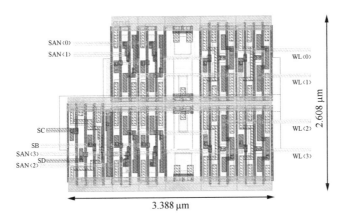

图 8.28 列译码器版图

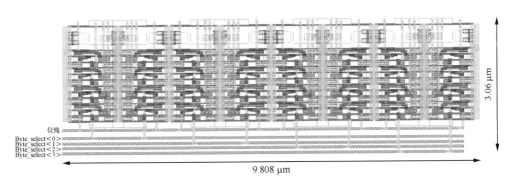

图 8.29 位线选择器版图

5. 输入输出接口

在本测试电路中，为了简化起见，输入/输出（I/O）接口用一个传输门（TG）级联一个反相器（INV）进行模拟，如图 8.30 所示。

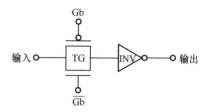

图 8.30　输入输出（I/O）接口电路

6. 逻辑控制电路

逻辑控制电路用于产生自旋转移矩磁随机存储器的时序控制信号，从而完成对存储单元的读写访问操作，主要包括存储单元写入时序控制与读取时序控制。

自旋转移矩磁随机存储器存储单元写入时序如图 8.31 所示[20]，对应的写入时序参数如表 8.5 所示[20]。在执行写入操作时，首先选择待写入存储单元的地址，然后使片选信号"Eb"变为有效而读取使能信号"Rb"保持无效，之后将写入使能信号"Wb"与 I/O 接口使能信号"Gb"相继或同时变为有效，将待写入数据信号 $D_{in}[0:31]$ 通过 I/O 接口导入，同时写入电路开始工作。需要注意的是，写入操作需在片选信号"Eb"与写入使能信号"Wb"同时有效的交叠期间内进行。为保证数据能够写入正确，控制信号"Eb"与"Wb"的有效宽度需足够大，即需要写入电流的脉冲宽度（t_{WLWH}）足够大。另外，本测试电路没有考虑自适应写入等写入方案，只能通过增大写入电流强度或脉冲宽度来保证最坏情况下的数据写入正确性。

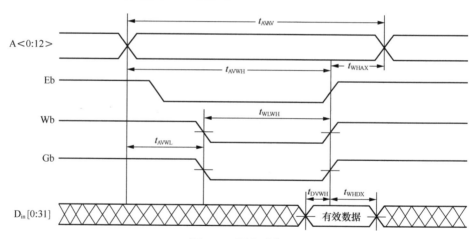

图 8.31　写入时序

表 8.5　写入时序相关参数

参数	参数说明	最小值	最大值	单位
t_{AVAV}	写入周期	35	—	ns
t_{AVWL}	地址预保持时间	0	—	ns
t_{AVWH}	Wb 无效前地址信号保持时间	0	—	ns
t_{WLWH}	写入电流脉冲宽度	15	—	ns
t_{DVWH}	Wb 无效前输入数据保持时间	10	—	ns
t_{WHDX}	Wb 无效后输入数据保持时间	—	—	ns
t_{WHAX}	Wb 无效后地址信号保持时间	—	—	ns

　　自旋转移矩磁随机存储器存储单元读取时序如图 8.32 所示 [20]，对应的读取时序参数如表 8.6 所示 [20]。与写入操作类似，在执行读取操作时，首先选择待读取存储单元的地址，然后控制信号"Eb"变为有效而"Wb"保持无效，之后控制信号"Rb"和"Gb"再相继或同时变为有效，读取电路开始工作，并通过 I/O 接口输出读取的数据信号 $D_{out}[0:31]$。读取操作同样需在控制信号"Eb"与"Rb"同时有效的交叠期间进行。为保证读取数据的正确性，在控制信号"Rb"有效后的一定间隔（t_{GLQX}）之后才能开始输出读取的数据信息，该间隔主要取决于读取电路的时延。

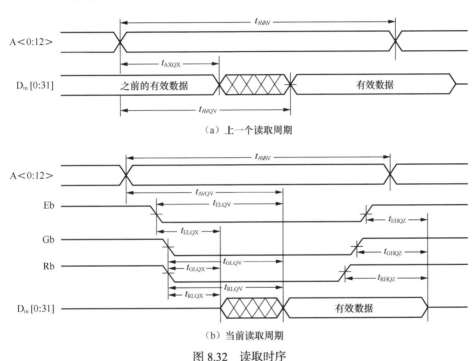

图 8.32　读取时序

表 8.6　读取时序相关参数

参数	参数说明	最小值	最大值	单位
t_{AVAV}	读取周期	35	—	ns
t_{AVQV}	地址有效到有效数据输出时间间隔	—	—	ns
t_{AXQX}	地址切换到有效数据保持时间间隔	—	—	ns
t_{ELQV}	Eb 有效到有效数据输出时间间隔	—	—	ns
t_{GLQV}	Gb 有效到有效数据输出时间间隔	—	15	ns
t_{RLQV}	Rb 有效到有效数据输出时间间隔	—	15	ns
t_{ELQX}	Eb 有效到输出开始时间间隔	—	—	ns
t_{GLQX}	Gb 有效到输出开始时间间隔	0	—	ns
t_{RLQX}	Rb 有效到输出开始时间间隔	0	—	ns
t_{EHQZ}	Eb 无效到输出保持时间间隔	0	—	ns
t_{GHQZ}	Gb 无效到输出保持时间间隔	0	—	ns
t_{RHQZ}	Rb 无效到输出保持时间间隔	0	10	ns

8.3.3   功能仿真验证

针对上述设计的 1 KB 自旋转移矩磁随机存储器测试电路，本节将采用 28 nm 全耗尽型绝缘体上硅工艺和基于自旋转移矩的垂直磁隧道结构建的 EDA 仿真模型对其功能进行仿真验证，包括单比特、单字节以及随机读写访问功能。

图 8.33 所示为自旋转移矩磁随机存储器执行单比特读写访问的瞬时仿真波形[20]。首先，位于 {WL[0]，BL[0]} 位置上的存储单元被写入数据信息 $D_{in}[0]=1$；然后对其执行读取操作，读取结果也为 $D_{out}[0]=1$，从而验证了自旋转移矩磁随机存储器单比特读写访问功能的正确性。

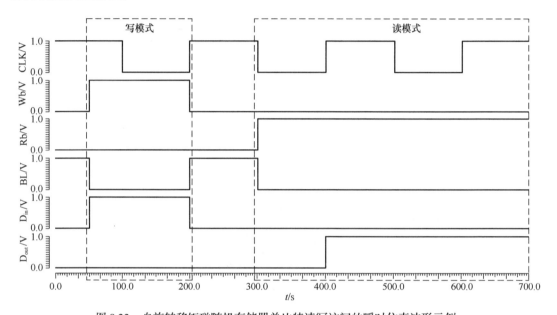

图 8.33   自旋转移矩磁随机存储器单比特读写访问的瞬时仿真波形示例

图 8.34 所示为自旋转移矩磁随机存储器执行单字节读写访问时的瞬时仿真波形[20]。首先，对位于第一个字节位置，即 {WL[0]，BL[00000]} 处的存储单元并行写入数据 $D_{in}[0:7]=10101010$；然后对其执行读取操作，读取结果也为 $D_{out}[0:7]=10101010$，即读取结果与写入的数据相一致，从而验证了自旋转移矩磁随机存储器单字节并行读写访问功能的正确性。

图 8.35 所示为自旋转移矩磁随机存储器执行随机读写访问时的瞬时仿真波形[20]。首先，数据比特"1"与"0"被分别写入到位于 {A[00000000]，BL[0]} 以及 {A[10000000]，BL[0]} 位置上的存储单元中；然后对其执行读取操作，读取结果与写入的数据相一致，从而验证了自旋转移矩磁随机存储器随机读写访问功能的正确性。

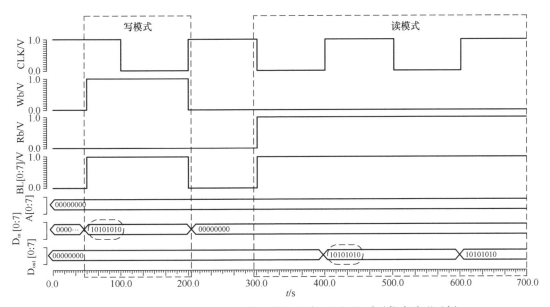

图 8.34 自旋转移矩磁随机存储器单字节读写访问的瞬时仿真波形示例

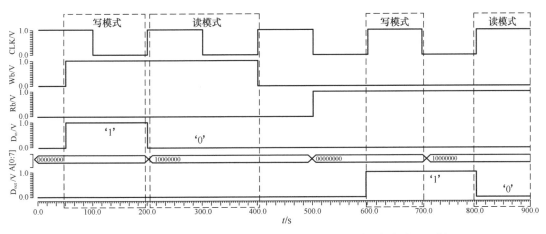

图 8.35 自旋转移矩磁随机存储器随机读写访问的瞬时仿真波形示例

8.4 本章小结

本章首先介绍了当前主流基于 CoFeB/MgO/CoFeB 结构的自旋转移矩垂直磁隧道结的 EDA 仿真模型，主要包括三个模块：（1）输入模块，用于输入如基本物理常量、变量以及电气信号等参数；（2）物理模型，包括隧穿磁阻模型、隧穿磁阻率模型、磁动力学模型、静态开关模型、动态开关模型与随机模型等；（3）输出模块，提供输出信号和与 CMOS 电路进行交互的电气信号。该模型可用于基于自旋转移矩的垂直磁隧道结的电子电路设计与前仿真。然后，介绍了基于自旋转移矩的垂直磁隧道结的工艺设计包，可用于基于该器件的电子电路后仿真。最后，以 1 KB 自旋转移矩磁随机存储器为例，介绍了芯片电路设计与仿真验证流程。

思考题

1. 简述自旋芯片电路设计与仿真全流程及所需要的基础工具。

2. 学习自旋电子器件建模与仿真验证全流程。

3. 根据开源的自旋电子器件模型，学习如何使用 Verilog-A 语言编写自旋电子器件 EDA 仿真模型。

4. 学习如何使用构建的自旋电子器件 EDA 仿真模型进行电路仿真与验证。

5. 详述自旋电子器件工艺包的内容及在电路与版图设计中的具体应用。

6. 简述磁随机存储器测试电路包括哪些模块。

7. 简述哪些因素会影响磁存储器外围读电路的可靠性，并尝试设计一种高可靠外围读电路。

8. 简述哪些因素会影响磁存储器外围写电路的可靠性，并尝试设计一种高可靠外围写电路。

参考文献

[1] DJAYAPRAWIRA D D, TSUNEKAWA K, NAGAI M, et al. 230% room-temperature magnetoresistance in CoFeB/MgO/CoFeB magnetic tunnel junctions[J]. Applied Physics Letters, 2005, 86(9). DOI: 10.1109/INTMAG.2005.1463662.

[2] IKEDA S, HAYAKAWA J, ASHIZAWA Y, et al. Tunnel magnetoresistance of 604% at 300K by suppression of Ta diffusion in CoFeB/MgO/CoFeB pseudo-spin-valves annealed at high temperature[J]. Applied Physics Letters, 2008, 93(8). DOI: 10.1063/1.2976435.

[3] WANG Y, ZHANG Y, DENG E Y, et al. Compact model of magnetic tunnel junction with stochastic spin transfer torque switching for reliability analyses[J]. Microelectronics Reliability, 2014, 54(9-10): 1774-1778.

[4] BRINKMAN W F, DYNES R C, ROWELL J M. Tunneling conductance of asymmetrical barriers[J]. Journal of Applied Physics, 1970, 41(5): 1915-1921.

[5] ZHAO W, DUVAL J, KLEIN J O, et al. A compact model for magnetic tunnel junction (MTJ) switched by thermally assisted spin transfer torque (TAS+ STT)[J]. Nanoscale Research Letters, 2011, 6(1). DOI: 10.1186/1556-276X-6-368.

[6] BERKOV D V, MILTAT J. Spin-torque driven magnetization dynamics: micromagnetic modeling[J]. Journal of Magnetism & Magnetic Materials, 2008, 320(7): 1238-1259.

[7] ZHANG K , ZHANG D , WANG C , et al. Compact modeling and analysis of voltage-gated spin-orbit torque magnetic tunnel junction[J]. IEEE Access, 2020, 8: 50792-50800.

[8] IKEDA S, MIURA K, YAMAOTO H, et al. A perpendicular-anisotropy CoFeB-MgO magnetic tunnel junction[J]. Nature Materials, 2010, 9(9):721-724.

[9] SLONCZEWSKI J C. Currents, torques, and polarization factors in magnetic tunnel junctions[J]. Physical Review B, 2005, 71(2). DOI: 10.1103/PhysRevB.71.024411.

[10] FUCHS G D, KRIVOROTOV I N, BRAGANCA P M, et al. Adjustable spin torque in magnetic tunnel junctions with two fixed layers[J]. Applied Physics Letters, 2005, 86(15).DOI: 10.1063/1.1899764.

[11] DEVOLDER T, HAYAKAWA J, ITO K, et al. Single-shot time-resolved measurements of nanosecond-scale spin-transfer induced switching: stochastic versus deterministic aspects[J]. Physical Review Letters, 2008, 100(5). DOI: 10.1103/PhysRevLett.100.057206.

[12] WANG C, CUI Y T, KATINE J A, et al. Time-resolved measurement of spin-transfer-driven ferromagnetic resonance and spin torque in magnetic tunnel junctions[J]. Nature Physics, 2011, 7(6): 496-501.

[13] WANG Z, ZHOU Y, ZHANG J, et al. Bit error rate investigation of spin-transfer-switched magnetic tunnel junctions[J]. Applied Physics Letters, 2012, 101(14). DOI: 10.1063/1.4756787.

[14] DIAO Z, APALKOV D, PAKALA M, et al. Spin transfer switching and spin polarization in magnetic tunnel junctions with MgO and AlOx barriers[J]. Applied Physics Letters, 2005, 87(23). DOI: 10.1063/1.2139849.

[15] ZHANG Y, ZHAO W. Compact modeling of perpendicular-anisotropy CoFeB/MgO magnetic tunnel junctions[J]. IEEE Transactions on Electron Devices, 2012, 59(3): 819-826.

[16] DIAO Z, APALKOV D, PAKALA M, et al. Spin transfer switching and spin polarization in magnetic tunnel junctions with MgO and AlOx barriers[J]. Applied Physics Letters, 2005, 87(23). DOI: 10.1063/1.2139849.

[17] ZHANG Y, ZHAO W. Compact modeling of perpendicular-anisotropy CoFeB/MgO

magnetic tunnel junctions[J]. IEEE Transactions on Electron Devices, 2012, 59(3): 819-826.

[18] DEVOLDER T, HAYAKAWA J, ITO K, et al. Single-shot time-resolved measurements of nanosecond-scale spin-transfer induced switching: stochastic versus deterministic aspects[J]. Physical Review Letters, 2008, 100(5). DOI: 10.1103/ PhysRevLett.100.057206.

[19] WANG C, CUI Y T, KATINE J A, et al. Time-resolved measurement of spin-transfer-driven ferromagnetic resonance and spin torque in magnetic tunnel junctions[J]. Nature Physics, 2011, 7(6): 496-501.

[20] 康旺. 自旋转移矩磁性随机存储器设计及其可靠性研究 [D]. 北京 : 北京航空航天大学 , 2014.

[21] KANG W, ZHANG L, ZHAO W, et al. Yield and reliability improvement techniques for emerging nonvolatile STT-MRAM[J]. IEEE Journal on Emerging and Selected Topics in Circuits and Systems, 2015, 1(1). DOI: 10.1109/JETCAS.2014.2374291.

[22] DORRANCE R, REN F, TORIYAMA Y, et al. Scalability and design-space analysis of a 1T-1MTJ memory cell for STT-RAMs[J]. IEEE Transactions on Electron Devices, 2012, 59(4): 878-887.

[23] DIENY B, SOUSA R C, HERAULT J, et al. Spin-transfer effect and its use in spintronic components[J]. International Journal of Nanotechnology, 2010, 7(4-8): 591-614.

[24] KOCH R H, KATINE J A, SUN J Z. Time-resolved reversal of spin-transfer switching in a nanomagnet[J]. Physical Review Letters, 2004, 92(8). DOI: 10.1103/ PhysRevLett.92.088302.

[25] ZHANG Y, ZHAO W S, KLEIN, J O, et al. Multi-level cell spin transfer torque MRAM based on stochastic switching[C]//13th IEEE International Conference on Nanotechnology (IEEE-NANO). Piscataway, USA: IEEE, 2013: 233-236.

[26] ZHAO W, TORRES L, GUILLEMENET Y, et al. Design of MRAM based logic circuits and its applications[C]//The 21st ACM Great Lakes Symposium on VLSI. New York: ACM, 2011: 431-436.

[27] ZHAO W, CHAPPERT C, JAVERLIAC V, et al. High speed, high stability and low power sensing amplifier for MTJ/CMOS hybrid logic circuits[J]. IEEE Transactions on Magnetics, 2009, 45(10): 3784-3787.

[28] RHO K, TSUCHIDA K, KIM D, et al. 23.5 A 4Gb LPDDR2 STT-MRAM with compact 9F2 1T1MTJ cell and hierarchical bitline architecture[C]//2017 IEEE International Solid-State Circuits Conference (ISSCC). Piscataway, USA: IEEE, 2017: 396-397.

[29] CHANG T C, CHIU Y , LEE C Y, et al. 13.4 a 22nm 1Mb 1024b-read and Near-Memory-Computing dual-mode STT-MRAM macro with 42.6 GB/s read bandwidth for security-aware mobile devices[C]//2020 IEEE International Solid-State Circuits Conference-(ISSCC). Piscataway, USA: IEEE, 2020: 224-226.

[30] WEI L, ALZATE J G, ARSLAN U, et al. 13.3 A 7Mb STT-MRAM in 22FFL FinFET technology with 4ns read sensing time at 0.9 V using write-verify-write scheme and offset-cancellation sensing technique[C]//2019 IEEE International Solid-State Circuits Conference-(ISSCC). Piscataway, USA: IEEE, 2019: 214-216.

[31] YANG T H, LI K X, CHIANG Y N, et al. A 28nm 32Kb embedded 2T2MTJ STT-MRAM macro with 1.3 ns read-access time for fast and reliable read applications[C]//2018 IEEE International Solid-State Circuits Conference-(ISSCC). Piscataway, USA: IEEE, 2018: 482-484.

[32] DONG Q, WANG Z, LIM J, et al. A 1Mb 28nm STT-MRAM with 2.8 ns read access time at 1.2 V VDD using single-cap offset-cancelled sense amplifier and in-situ self-write-termination[C]//2018 IEEE International Solid-State Circuits Conference-(ISSCC). Piscataway, USA: IEEE, 2018: 480-482.

[33] CHIH Y D, SHIH Y C, LEE C F, et al. 13.3 A 22nm 32Mb embedded STT-MRAM with 10ns read speed, 1M cycle write endurance, 10 years retention at 150° C and high immunity to magnetic field interference[C]//2020 IEEE International Solid-State Circuits Conference-(ISSCC). Piscataway, USA: IEEE, 2020: 222-224.

第9章 自旋芯片特种设备及工艺

在自旋电子学的发展历程中，各种自旋电子器件的不断涌现，推动了自旋电子学进一步的发展。但前面章节所述的各种自旋电子器件的加工也越来越困难，需要更为复杂的工艺和多种高精密的设备。本章将介绍制备自旋芯片所涉及的典型特种设备与工艺。首先介绍基于巨磁阻效应的芯片和基于隧穿磁阻效应的芯片的制备工艺流程。在此基础上引出本章要介绍的三类特种设备与工艺：薄膜堆栈结构（简称为膜堆）制备设备及工艺、图形转移设备及工艺和将自旋电子器件集成于芯片中的集成工艺。

本章重点

知识要点	能力要求
器件制备工艺概述	（1）了解典型自旋电子器件的构造； （2）掌握典型自旋电子器件的制备工艺流程
膜堆制备设备及工艺	（1）了解膜堆制备设备及工艺的发展概况； （2）掌握磁控溅射设备的原理及工艺上的应用； （3）掌握磁场退火设备的原理及工艺上的应用
图形转移设备及工艺	（1）了解膜堆图形转移设备组成及原理； （2）掌握膜堆图形转移工艺原理及流程
器件片上集成工艺	（1）了解自旋存储芯片器件的集成方法； （2）掌握集成前处理工艺和后处理工艺中的重点环节

9.1 器件制备工艺概述

如第 2 章所述，巨磁阻效应直接催生了自旋电子学这一学科，广泛应用于硬盘磁读头、磁传感器等领域。而基于隧穿磁阻效应的器件可以在提高磁阻率的同时降低器件的尺寸，因此得到了广泛的应用。如本书 2.2.1 节和 2.2.2 节所述，按照电流流过的方向与薄膜平面间的夹角可将自旋电子器件分为电流在平面内型器件和电流垂直于平面型器件。例如，基于各向异性磁阻、巨磁阻等效应的自旋电子器件需要横向穿过薄膜的电流，器件结构为电流在平面内型，图 9.1（a）所示为巨磁阻器件的电流在平面内型结构；而基于隧穿磁阻效应的磁隧道结属于电流垂直于平面型结构，如 9.1（b）所示，其检测电流以及自旋转移矩写操作电流必须纵向穿过非磁层。电流在平面内型器件制备相对简单，关键在于将由铁磁层 / 非磁层 / 铁磁层构成的磁性膜堆层的"左右"两端各接上电极；电流垂直于平面型器件制备相对复杂，关键在于将磁性膜堆层下方的底电极（Bottom Electrode，BE）和上方的顶电极（Top Electrode，TE）分别连接并形成电隔离。

此外，制备电流在平面内型器件和电流垂直于平面型器件均需要将磁性膜堆层制成特定的形状——电流在平面内型器件一般呈线条状（Line），电流垂直于平面型器件则一般为独立的岛状（Pillar），因此磁性膜堆的图形转移工艺在自旋电子器件的制备工序中显得尤为重要。接下来将以电流在平面内型的巨磁阻器件和电流垂直于平面型的磁隧道结器件的制备为例讨论自旋电子器件的制备工艺。

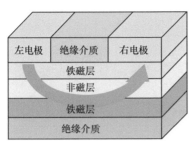 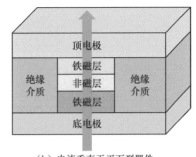

（a）电流在平面内型器件　　　　　　　　（b）电流垂直于平面型器件

图 9.1　自旋电子器件结构（图中箭头代表电流的方向）

9.1.1　巨磁阻器件的制备工艺

图 9.2 所示为一种典型的电流在平面内型巨磁阻器件的制备工艺流程，该器件核心结构由三个互相平行的矩形线条首尾相接组成，电流由左向右或由右向左依次通过三个矩形线条，如图 9.2（a）所示。巨磁阻器件要求流经磁性膜堆的电流必须沿同一轴向，故该结构可以在线条设计长度极长的情况下，极大地缩小器件的整体结构面积。该器件的制备工艺流程可以归纳为下面几步。

（1）巨磁阻膜堆制备：为了减小衬底漏电，可采用厚度为 0.3 ～ 1 μm 的热氧硅片（Thermal Oxide）衬底，也可以是粗糙度满足要求（＜ 0.2 nm）的任何集成电路相关衬底。利用磁控溅射设备制备巨磁阻膜堆，进行高真空磁场退火及膜堆性能检测，如图 9.2（b）所示，该部分内容将在 9.2 节详细介绍。

（2）巨磁阻矩形条图形制备：包括形成矩形条状光刻胶图形，如图 9.2（c）所示；通过刻蚀工艺去除多余的表面材料，将光刻胶图形传递到巨磁阻膜堆上，如图 9.2（d）所示；通过干法去胶或湿法清洗工艺去除残留的光刻胶及残留物，只留下巨磁阻矩形条图形，如图 9.2（e）所示，该部分将在 9.3 节详细介绍。

（3）介质填充：在巨磁阻矩形条图形化制备完成后，尽快沉积一层绝缘介质将整个结构包覆起来，用以保护巨磁阻矩形条免受空气中的水汽及氧气的破坏，如图 9.2（f）所示。

（4）通孔制备：包括旋涂光刻胶后进行第二步光刻，定义开孔位置的图形后进行刻蚀，暴露一部分巨磁阻膜堆顶层金属，为下一步互连做准备，如图 9.2（g）、（h）所示。

（5）电极制备：通过第三步光刻得到互连线条和电极图案，如图 9.2（i）所示。电极制备可采用剥离法或刻蚀法进行。典型的剥离法电极制备步骤：先光刻形成电极光刻胶图形，然后采用电子束蒸镀沉积金属薄膜（通常 Ti 做黏附层，Au 做电极层），最后用湿法清洗去除电极多余部分。典型的刻蚀法电极制备步骤：先用磁控溅射沉积金属薄膜，然后采用光刻形成电极光刻胶图形，最后采用反应离子刻蚀（Reactive Ion Etch，RIE）去除电极多余部分。

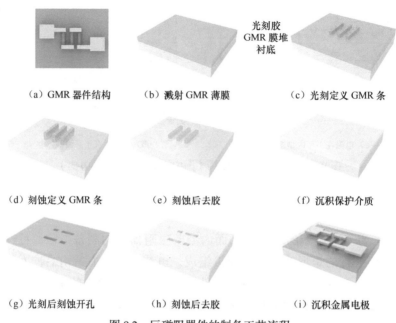

（a）GMR 器件结构　　　（b）溅射 GMR 薄膜　　　（c）光刻定义 GMR 条

（d）刻蚀定义 GMR 条　　　（e）刻蚀后去胶　　　（f）沉积保护介质

（g）光刻后刻蚀开孔　　　（h）刻蚀后去胶　　　（i）沉积金属电极

图 9.2　巨磁阻器件的制备工艺流程

电流在平面内型自旋电子器件的特征尺寸（结构中的最小尺寸或核心器件尺寸）通常较大。例如，典型的巨磁阻传感器的特征尺寸都在 500 nm 以上，在器件的制备过程中，巨磁阻矩形条侧面因暴露在刻蚀气体、湿法溶液中导致的性能衰减对器件整体影响不大。但随着自旋电子学的发展，某些电流在平面内型自旋电子学器件的特征尺寸也需要小于 100 nm，此时器件制备工艺损伤就不可忽略，电流在平面内型器件就需要借鉴更为复杂的电流垂直于平面型器件的制备方法。

9.1.2　磁隧道结器件的制备工艺

电流垂直于平面型自旋电子器件对制备要求非常高，已报道的自旋转移矩磁隧道结器件已经实现亚 10 纳米柱[1]。制备磁隧道结器件的难点在于如何采用适当的工艺步骤，并尽最大可能减少工艺过程对膜堆性能的损伤，因此按照隧穿磁阻膜堆和磁隧道柱体的制备顺序可将工艺流程分为底到顶工艺流程（Bottom-Up Process）和顶到底工艺流程（Top-Down Process），分别如图 9.3 所示[2-3]。在图 9.3 中，PMMA（Polymethyl Methacrylate，聚甲基丙烯酸甲酯）为光刻胶的一种型号。在图 9.3（a）所示的底到顶工艺流程中，首先在衬底（Substrate）上沉积底导电电极（Au），同时在底导电电极上方沉积厚介质叠层（SiO_2/Ge）；然后，借助光刻工艺在 Ge 层上制备通孔，并且在此基础上利用 Ge 与 SiO_2 的高腐蚀选择比，在孔下方制备出达到底导电电极的空腔结构；接着，科研人员会进行隧穿磁阻膜堆的沉积，使膜堆材料透过 Ge 层上的孔落入空腔结构并沉积在底导电电极上，且应通过控制空腔的高度以及隧穿磁阻膜堆的厚度使膜堆顶端伸出空腔；最后，只需去除通孔周围的光刻胶和其上的磁性薄膜，形成与空腔内磁隧道结柱体顶端的互连即可完成底到顶电流垂直于平面磁隧道结的制备。底到顶工艺的最大优势在于其避免了对隧穿磁阻膜堆的刻蚀工艺，减少了工艺对磁隧道结的潜在损伤。但在实际工艺过程中，空腔顶部的小孔很容易在沉积过程中发生堵塞，所以该工艺无法完成对极小尺寸磁隧道结器件的制备工作。尽管法国国家科学研究院的研究人员将该工艺改进为在上宽下窄型磁隧道结纳米柱阵列上沉积隧穿磁阻膜堆，并使多余的部分落入柱下方，成功将尺寸减小到亚 100 nm[4]，但是工艺复杂导致的性能衰减、良率下降等因素致使其始终未能成为主流工艺。

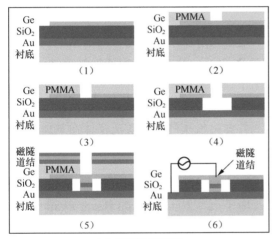

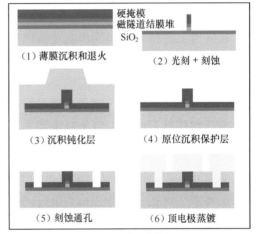

（a）底到顶工艺流程　　　　　　　　　　（b）顶到底工艺流程

图 9.3　两种不同的纳米结图案化流程

　　而在图 9.3（b）所示的顶到底工艺流程中，首先将底电极和完整的隧穿磁阻膜堆沉积在衬底上，此时衬底经过抛光具有极低粗糙度（将在 9.4 节中详细介绍），可保证制备出高质量的隧穿磁阻膜堆；由于亚 100 nm 光刻胶图形抗刻蚀性较差，同时光刻胶会加剧亚 100 nm 磁隧道结刻蚀损伤，故在磁隧道结器件图形转移工艺中多采用硬掩模技术，主要的工艺步骤包括：在隧穿磁阻膜堆上沉积硬掩模层（如 60 ～ 100 nm 的金属钽），光刻形成亚 100 nm 光刻胶图形，反应离子刻蚀将光刻胶图形传递到硬掩模层上，去除残留光刻胶，特殊刻蚀工艺将硬掩模图形传递到隧穿磁阻膜堆上，原位介质填充保护亚 100 nm 磁隧道结柱不受水汽和氧气破坏（该部分将在 9.3 节详细介绍）；然后通过光刻和刻蚀工艺定义出底电极图形，并填充介质做绝缘保护，通过抛光和刻蚀将纳米柱顶端、底电极特定部位的金属从绝缘介质中暴露出来（该部分将在 9.4 节详细介绍）；最后完成顶电极制备即得到最终的器件。由于此种工艺下的隧穿磁阻膜堆沉积是在未经处理（即拥有良好的均匀度）的衬底上的，所以能最大程度上保证薄膜的性能，但是也存在如下挑战：刻蚀工艺对薄膜的化学腐蚀和物理撞击等会造成薄膜性能在一定程度上下降，同时采取介质保护后再对磁隧道结纳米柱顶部开窗的工艺对相应图形化设备的要求较高。

　　由于膜堆性能直接决定了最终的器件性能，因此可以预见的是，顶到底工艺相比底到顶工艺制备的器件具有更优的性能和更高的良率。同时，考虑到此种工艺与量产型工艺设备的兼容性更好，因此产业界（如磁传感器、磁随机存储器等产业）更多地选择了顶到底工艺流程来制备器件。相比之下，底到顶工艺具有对工艺设备要求较低的特点，因此在学术界（如自旋阀器件、自旋振荡器、自旋波器件等领域）的应用更加广泛。本章将主要围绕顶到底工艺介绍自旋芯片图形转移工艺的特种设备及工艺。

9.2　膜堆制备设备及工艺

　　磁隧道结的核心结构为由两层铁磁层和一层绝缘势垒层组成的三明治结构，膜层的厚度均为纳米量级。膜堆的厚度、粗糙度和致密性等参数直接影响了磁隧道结的性能，因此这也对沉积高性能膜堆的设备和工艺提出了较高的要求。目前学术界和产业界主要使用物理气相沉积设备来制备磁隧道结膜堆。物理气相沉积是指在真空中通过物理方法将材料气化成气态原子、分子或电离为离子，并穿过低压气体或等离子体在基体表面进行沉积的技术 [5]。

　　如图 9.4 所示，物理气相沉积设备主要包括磁控溅射（Magnetron Sputtering）设备、分子束外延（Molecular Beam Epitaxy）设备、电子束蒸发（Electron Beam Evaporation）设备和脉冲激光沉积（Pulsed Laser Deposition，PLD）设备等 [6]。简而言之，磁控溅射是指利用电磁场束缚等离子体并通过轰击作用将靶材原子溅射出来的技术；分子束外延是指通过外延的方式在基片上定向生长薄膜的技术，外延是一个以衬底晶片作籽晶并依托衬底的晶体结构向外延伸为特征的薄膜生长工艺，它可以在气相中进行，也可以在液相中进行；电子束蒸发是指利用电子束流直接加热材料使其蒸发气化并在基片上凝结形成薄膜的技术；脉冲激光沉积是指利用激光轰击材料表面从而将靶材原子沉积到基片上的技术。其中，分子束外延设备具有薄膜质量高、组分可以调整等优点，但是薄膜生长的速度极慢，不能满足工业化生产的需求，因此分子束外延设备多用于科学研究；脉冲激光沉积设备虽然可以真实还原靶材的组分，但是难以实现大面积的沉积，并且膜堆在沉积过程容易受到污染，因此脉冲激光沉积设备也仅适用于科研场合；电子束蒸发设备可以蒸发气化高熔点材料，但是在加工时基片的温升较快，并且制备成的薄膜的致密性和粗糙度也较差；相比之下，磁控溅射设备作为一种高效的物理气相沉积设备，具有高速、低温和低损伤的优点。使用磁控溅射设备制成的薄膜致密性良好、均匀性优异，厚度可以精确到原子级，广泛应用于工业和科学研究领域 [5]。基于以上背景，本节将重点介绍磁控溅射的原理、设备组成及相应薄膜的制备工艺。此外，为了获得高性能的自旋芯片膜堆，通常还需要使用磁场退火设备对膜堆的磁学和材料学性能进行调控，本节也将对磁场退火的设备及工艺进行简要介绍。

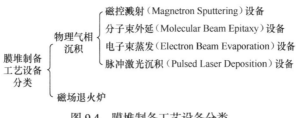

图 9.4 膜堆制备工艺设备分类

9.2.1 超高真空磁控溅射设备及工艺

1. 真空及薄膜生长

真空是指在给定的空间内低于一个大气压力的气体状态。真空度用来表征真空系统中气体的稀薄程度，真空度数值是表示系统压强实际数值低于大气压强的数值，真空度的单位主要有 Pa、mbar 等。真空中分子的密度比大气状态下更为稀薄，气体分子的平均自由程较长。气体分子的平均自由程是指气体分子之间从本次碰撞到下一次碰撞所飞行的距离。磁控溅射设备需要在高真空环境中进行，真空的主要作用是减少工艺气体与残余气体分子的碰撞，减弱两者之间的反应。磁控溅射设备的真空部分主要包括真空容器（真空腔体）、获得真空的设备（真空泵组）、测量真空度的工具（真空计）以及必要的阀门管路等。真空泵组按照抽气的机理可以分为输运式真空泵和捕获式真空泵。输运式真空泵的工作原理是将真空腔体内的气体压缩并传送到腔体外，典型的输运式真空泵包括罗茨泵和涡轮分子泵；捕获式真空泵的工作原理则是将真空腔体内的气体分子吸附并传输到腔体外，主要包括低温泵和吸附泵。真空计则按照测量范围分为热偶规、薄膜规、阴极规和离子规等类型。

薄膜按照其存在形式可以被分为可独立存在的薄膜体系和需要依附在其他衬底表面上的体系两种，本书中介绍的薄膜是指依附在衬底表面的二维材料体系，其厚度通常为纳米量级。

在磁控溅射工艺中，薄膜生长过程的第一步是靶材气化，将靶材通过物理方法气化成原子或分子（后面统一使用"原子"进行阐述）；第二步，气化的靶材原子在真空中运动，称为真空运动阶段；第三步，靶材原子在基片上沉积，称为薄膜生长。磁控溅射工艺中薄膜生长的方式主要为核生长型，如图 9.5 所示。当入射原子射向基片时，其中的一部分原子会被基片反弹，另一部分原子则将再蒸发返回等离子体空间，其余的原子沉积在基片表面；沉积在基片表面的原子与后续到达的原子吸附形成核，这一过程称为表面扩散（Surface Diffusion）；接着核再继续与后续到达的原子结合并生长形成岛；最后，多个岛再继续结合，形成断断续续的网状结构，后续到达的原子再不断地填充网状结构的空洞或与网状结构结合形成连续的薄膜——这就是所谓的核生长型模式。

2. 等离子体与气体放电

理解了薄膜的生长过程后，接下来就要重点介绍靶材的气化过程，也就是等离子体与气体放电的有关物理图景。

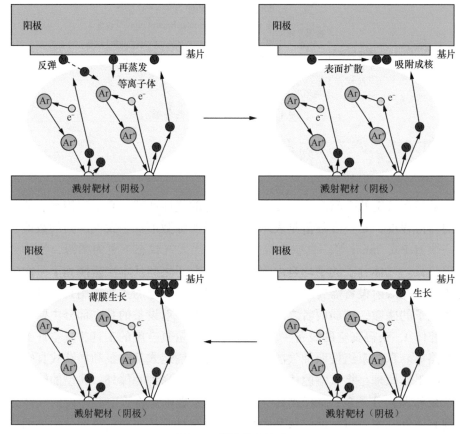

图 9.5　薄膜核生长型

　　等离子体（Plasma）是不同于液体、固体和气体的物质的第四态，指原子或原子团失去电子被电离之后产生的由正负离子组成的离子化气体状物质。在磁控溅射工艺中，通入磁控溅射设备的工艺气体在电磁场的作用下会发生电离，产生辉光放电现象，形成等离子体。等离子体中带正电的工艺气体离子在电磁场的作用下撞击靶材，同时电离产生的电子也在电磁场的束缚下运动，加深工艺气体的电离程度，最终实现了靶材的气化。下面将结合直流气体放电模型来阐述辉光放电的原理。

　　图 9.6（a）所示为直流气体放电模型。可见，真空腔体中相对设置了两个极板，基片固定在阳极板下方，直流电源将电压施加到阳极和阴极（也称为靶枪或靶）之间，靶材则安装在阴极的上方。膜堆沉积开始时，首先将工艺气体（如氩气或氦气）以一定流速通入真空腔体，并通过控制泵组的抽取速度从而保持真空腔体内的气压稳定，此时工艺气体原子中的绝大部分都处于中性的状态，只有极少量的电离粒子。然后，在阳极和阴极之间施加电压，电离粒子将在电压的作用下加速运动，从而使工艺气体原子的电离程度逐渐提高，两极板之间的电流将在此阶段随着电压的升高而不断升高。当电压达到一定的数值后，电流会达到相对的饱和值，随着电压继续提高，电离粒子之间的碰撞会使两极板之间的电流急剧增加，但是相比电流的变化而言电压却变化不大，这一阶段称为汤生放电。最后，气体会突然发生放电击穿的现象，这时腔体内的工艺气体已经具备

了一定的导电能力，这种具备一定导电能力的物质即为等离子体。等离子体中离子的碰撞非常剧烈，电离程度极高，并且会产生明显的辉光。这一现象称为正常辉光放电，如图 9.6（b）所示，粉红色为等离子体放电产生辉光的颜色，图中金属部分为阴极的烟囱配件。此时，如果电流继续增加，等离子体便会进入异常辉光放电阶段。异常辉光放电可以提供较大面积且分布均匀的等离子体，常用于薄膜沉积领域，有利于沉积面积大且分布均匀的薄膜。此后，随着电流继续增加，等离子体还会经历弧光放电等阶段，但不是磁控溅射工艺所使用的阶段，因此在此不再赘述。

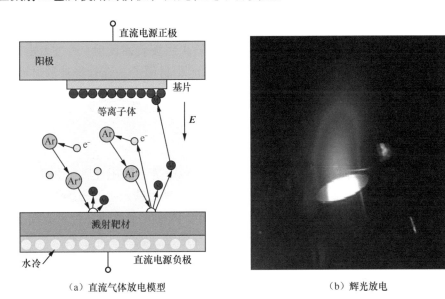

（a）直流气体放电模型   （b）辉光放电

图 9.6 直流气体放电模型与辉光实物

3. 溅射镀膜

溅射设备的发展主要经历了二极溅射、三极溅射、四极溅射和磁控溅射几个重要的阶段。这几者间的差异主要在于对溅射过程的控制不同。

（1）二极溅射是指将直流电压或射频电压施加到阳极和阴极两个极板之间实现溅射的过程，装置相对简单，但是需要足量的工艺气体参与才能实现溅射，并且薄膜的沉积速率较低，工艺过程中的基片温升较快。

（2）三极溅射则是在二极溅射的基础上增加了一个称为热阴极的辅助极板，该极板又称为热阴极，其电位比阴极更低，能够通过发射的热电子来提高工艺气体的电离程度从而降低溅射时的气压，可以有效避免高气压对薄膜产生的损伤，因此可以获得较高质量的薄膜。

（3）四极溅射则是在三极溅射的基础上又增加了一个辅助阳极用于吸引热电子，从而使大量的电子在真空中碰撞工艺气体原子，实现高效的电离。四极溅射的优点是靶电压和靶电流可以单独调节，因此避免了靶电压过高对薄膜产生的辐照损伤。但是，上述的几种溅射方式都无法限制等离子体在放电区域内的分布，因此电离的粒子势必会撞击到基片并使其温升较快从而损伤薄膜。

（4）磁控溅射则克服了上述溅射方式中基片温升快、溅射速度慢的缺点，可以有效提高溅射的薄膜质量。在磁控溅射工艺中，气体被电离成带有几十电子伏特以上动能的粒子或粒子束轰击靶材，借助入射粒子的动能激发靶材表面的部分原子逸出并进入真空中，继而运动至基片表面沉积。其中，溅射粒子主要是工艺气体电离后产生的正离子，溅射中使用的工艺气体主要为氩气和氦气等惰性气体，因此可以有效避免工艺气体与靶材之间的反应，提高薄膜的质量。溅射粒子射向靶材之后的主要工作过程为：粒子轰击靶材溅射出靶材原子；一次电子在运动的过程中不断碰撞原子因此电离出更多电子（二次电子）；粒子进入阴极表面，即粒子注入；粒子从阴极表面反射；通过轰击过程清理靶材表面的污染从而实现溅射清洗等。被溅射出的靶材原子一部分将被散射回到阴极，一部分被电离粒子碰撞电离，大部分原子则以中性的状态沉积到基片上最终实现薄膜的沉积。

4. 磁控溅射设备

磁控溅射设备按照其中阴极磁场的分布方式可以分为平衡磁控溅射和非平衡磁控溅射两种[7-9]。平衡磁控溅射也称为常规磁控溅射，其阴极磁铁产生的磁感线平行于靶材表面并且闭合，如图 9.7（a）所示。这一设计使等离子体被完全束缚在靶材表面 60 mm 的范围内，因而等离子体不会轰击到基片上，使基片的温升较慢。非平衡磁控溅射最早由 Window 等[10]提出，其阴极磁场按磁感线分布可以分为内聚性非平衡磁场和扩散性非平衡磁场两种，其共同点是阴极处的磁感线是不闭合的，如图 9.7（b）、（c）所示，扩散性非平衡磁控溅射设备阴极外围的磁场强度高于中心，部分外围的磁感线延伸到基片表面，使二次电子会沿着磁感线到达基片附近；而内聚性非平衡磁控溅射的磁感线则被引向器壁，基片附近的离子电流密度非常小，所以在实际场景中很少被使用。非平衡磁控溅射技术可以用于进行脉冲磁控溅射沉积，薄膜的沉积速度快、沉积质量高。但是，非平衡磁控溅射中磁场对二次电子的束缚较弱，导致工艺气体的电离程度减弱，并且存在大量电子轰击基片，使基片的温升较快。因此，在自旋芯片膜堆沉积领域，人们主要使用平衡磁控溅射设备完成相应的膜堆沉积工序，下面也将主要介绍这一类型的磁控溅射设备。

按照阴极和基片的相对位置，可以将磁控溅射设备分为向下溅射型和向上溅射型；根据阴极和基片所成的角度，又可以将磁控溅射设备分为倾斜溅射型和垂直溅射型两种。在向上倾斜溅射设备中，处于基片下方的不同阴极以特定角度朝向基片，如图 9.8（a）所示。这种设计的优点是可以实现多个靶材的共溅射，用于制备合金薄膜，缺点是基片需要不断旋转才能保证沉积的均匀性，并且向上溅射的方式会使材料碎屑不可避免地沉积在阴极表面，长此以往会造成金属靶材的短路。图 9.8（b）所示的则为向下垂直溅射的示意，其阴极垂直安装，基片可以旋转移动，需要溅射时直接将基片旋转到对应材料安装阴极的正下方即可。这种方式的好处是基片不需要旋转即可实现均匀性较高的薄膜沉积且装置不容易短路，缺点是不能实现共溅射，并且需要设计基片的旋转移动机构，机械结构略为复杂。

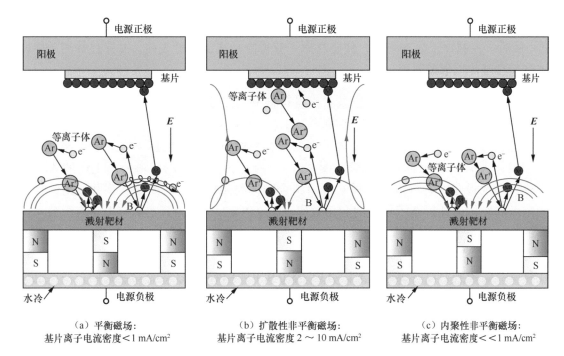

（a）平衡磁场：
基片离子电流密度＜1 mA/cm²

（b）扩散性非平衡磁场：
基片离子电流密度 2～10 mA/cm²

（c）内聚性非平衡磁场：
基片离子电流密度＜＜1 mA/cm²

图 9.7　不同类型磁控溅射设备的磁场分布

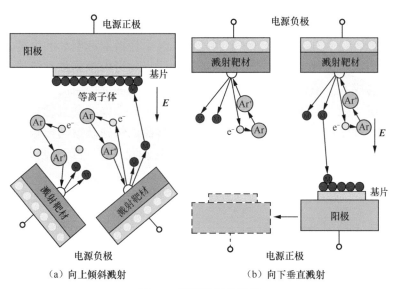

（a）向上倾斜溅射

（b）向下垂直溅射

图 9.8　不同种类的溅射

　　磁控溅射设备主要由真空腔体、各种泵、真空计、流量计、靶材、电源等组成，如图 9.9（a）所示。磁控溅射设备启动和运转的工艺流程可以简要概括为：首先开启泵组，将真空腔体内的气压降至工作气压；然后通过气体流量计以一个固定的流量向腔体内充入工艺气体，并调节腔体与泵组之间的阀门，使腔体内的气压保持稳定——这一气压调节方式称为下游压力控制方式；接着，在阳极和阴极之间施加电压使工艺气体中游离的少量电子运动，对气体进行电离，与此同时，磁控溅射阴极特殊的磁场设计会使电子被电磁场束缚因而在阴极表面做旋轮线运动，从而将工艺气体更为充分地电离成等离子体，发出明显的辉光，并通过电磁场将之束缚在阴极附近，这就避免了离子对基片的轰击；最后，控制离子轰击靶材，使靶材原子获得能量逸出靶材表面，并穿过等离子体区域沉积在基片上形成薄膜。

根据不同的应用场合，磁控溅射设备可被分为工业级磁控溅射设备和科研级磁控溅射设备。在工业级磁控溅射设备领域，日本东京电子、日本爱发科（ULVAC）、美国应用材料公司和德国 Singulus 公司生产的磁控溅射设备广泛应用于自旋电子器件的加工领域，占据了较大的市场份额。图 9.9（b）所示为美国应用材料公司生产的 Axcela 型磁控溅射设备，它可以根据需求自由组合腔体与阴极数量，能够实现共溅射，特殊的阴极和腔体设计提高了靶材的利用效率。图 9.9（c）所示为日本东京电子有限公司生产的 EXIM 系列磁控溅射设备，该系统具有优异的多层膜沉积性能，适用于制备 STT-MRAM 多层膜器件，可容纳 300 mm 的基片，搭配的多个阴极可实现自动的多层膜制备。在科研级磁控溅射设备领域，美国 AJA 公司和 PVD Products 等公司制造的设备广泛应用于高校和科研机构之中。

我国虽然在该领域起步较晚，技术相对薄弱，但是也在高端科研级磁控溅射领域取得了一定的突破。图 9.9（d）所示为一种磁控溅射设备，该设备由北航自行研制。设备单腔集成了 12 个阴极，每个阴极以不同的角度向上倾斜对准基片沉积位置，靶材与基片之间的距离可以根据需求实时调节；设备中共配备了 4 组电源进行溅射，每组电源包括一个射频电源、一个直流电源、一个匹配器、一个切换器和配套的电缆及控制器，连接 3 个独立的阴极。这种组合方式可以保证每个阴极均可以被施加直流或射频电源，大幅节约了系统的成本。该设备采用机械泵、涡轮分子泵和低温泵的三级配置来创造工艺所需的超高真空环境，腔体的极限真空度可达 7.98×10^{-9} Pa，并且配备了可由闸板阀断开或接入的快速进样室（Load Lock），用于实现样品的快速装载与传输。目前，这套设备已经可以实现 Pt/Co 和 CoFeB/MgO 等超薄多层膜的制备，可用于制备自旋器件膜堆，如磁隧道结、自旋阀等。

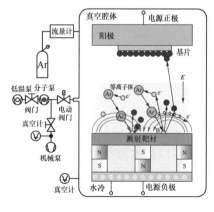

（a）磁控溅射原理

（b）美国应用材料公司生产的 Axcela 型磁控溅射设备

图 9.9　磁控溅射原理及实物

（c）东京电子 EXIM 系列磁控溅射设备

（d）科研级磁控溅射设备（自研）

图 9.9　磁控溅射原理及实物（续）

　　磁控溅射的低温、高速、低损伤等优点得益于电磁场对二次电子的有效控制。一方面，阴极上配备的磁铁产生的磁场和电源施加的电场使二次电子被束缚在阴极表面附近，从而避免了二次电子对基片的轰击，因此可以实现低温的溅射工艺，并且对膜层的损伤较小；另一方面，电磁场对二次电子的束缚作用也使这些电子一直处于等离子体所在的空间范围内运动，直至其能量耗尽，充分利用了二次电子的能量实现工艺气体的电离，从而也增加了用以轰击靶材的离子数目，使在极低气压下也能实现高效的薄膜沉积。

　　磁控溅射设备中的电场和阴极附近平行于阴极表面的环形磁场相互垂直。如图 9.10（a）所示，在电场强度为 E、磁感应强度为 B 的电磁场中，有一质量为 m、电荷量为 q、速度为 v 的运动粒子，其以加速度表示的运动方程可写为：

$$m\frac{\mathrm{d}v}{\mathrm{d}t} = q(E + v \times B) \tag{9.1}$$

由此可推导出电子的运动轨迹，并给出电子的回转半径为：

$$r_{\mathrm{L}} = \frac{mv_0}{qB} = \frac{mv_0}{\omega} \tag{9.2}$$

式中，v_0 为初始条件决定的常数，ω 为粒子回转的角频率。与此同时，粒子（电子）的漂移速度 v_{f} 则应满足[7]：

$$v_{\mathrm{f}} = \frac{E}{B} \tag{9.3}$$

　　在电磁场的束缚下，二次电子回转半径较小，二次电子沿着电子跑道做旋轮线运动[11]，如图 9.10（b）所示，电子跑道形状为长方形，电子跑道的形状主要取决于磁铁的分布形状。因此磁控溅射设备能够充分利用二次电子实现工艺气体的进一步电离，直到二次电子能量耗尽落在靶材表面。可以生动地将主要溅射区域称为电子跑道，电子跑道下方分布着磁铁，由于该区域内的电磁场较强，受到电离粒子的轰击也较强，所以处于这一区域的靶材经过一段时间的溅射之后就会明显变薄。

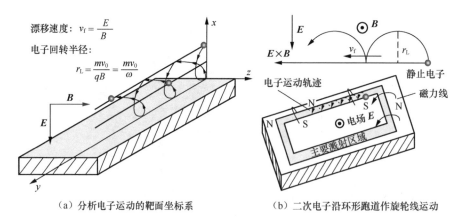

（a）分析电子运动的靶面坐标系　　　　（b）二次电子沿环形跑道作旋轮线运动

图 9.10　二次电子运动分析

在磁控溅射的相关工艺参数中，溅射产额这一指标在分析工艺参数、制备高性能薄膜方面具有重要的意义，可以说是磁控溅射最重要的几个参数之一[7]。溅射产额是指在溅射过程中，入射一个高能荷电粒子所溅射出的靶材原子个数，可以用溅射产额来分析沉积速度。（1）溅射产额与工艺气体的种类、靶材种类和致密性等因素有关，不同靶材有不同的溅射条件。（2）溅射产额与入射粒子的能量有着直接的关系，如图 9.11（a）所示，只有当粒子的能量高于一定值时溅射现象才会发生；随后，随着粒子能量的增加，溅射产额增加并存在一个阈值；在 150 eV 之前，溅射产额与粒子能量的平方成正比；在 150 eV ～ 1 keV 的区间，溅射产额与粒子能量成正比；在 1 ～ 10 keV 范围内，溅射产额基本不再变化；随着粒子能量的增加，溅射产额降低。（3）入射角度也对溅射产额有较大影响。如图 9.11（b）所示，随着入射的角度从 0° 开始增加到 60°，溅射产额单调增加；当入射角度为 70° ～ 80° 时溅射产额达到最大；随着入射角度的增加，溅射产额急剧减小；当入射角度为 90° 时溅射产额为 0。此外，溅射产额还与温度有关，一般来说当温度在一定范围内溅射产额基本不变，当温度增加到一定值时溅射产额会急剧增加，因此溅射过程中应避免一直轰击同一个靶材，以防止阴极温度过高而影响溅射产额。

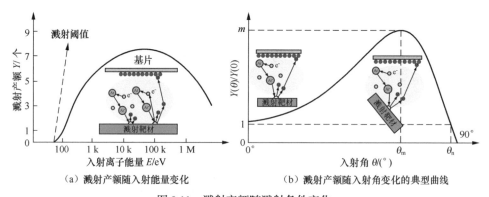

（a）溅射产额随入射能量变化　　　　（b）溅射产额随入射角变化的典型曲线

图 9.11　溅射产额随溅射条件变化

5. 磁控溅射在自旋领域的应用

众所周知，磁性膜堆的质量对自旋芯片和器件的性能有着决定性的影响，而磁控溅射设备则是现阶段制备高性能磁性膜堆最为有效的手段之一。近年来，国内外知名研究机构和大学纷纷利用磁控溅射设备制备出了性能优异的磁隧道结膜堆，也就是构成自旋芯片的核心器件单元。

2010 年，日本东京大学研究人员 Ikeda 等[12] 利用磁控溅射设备成功制备了隧穿磁阻率达 120% 的磁隧道结膜堆，极大地推进了磁随机存储器的发展。由第 3 章可知，隧穿磁阻率主要由 CoFeB/MgO 层的相关性能决定。Ikeda 等的实验和研究有力地证明了磁控溅射设备适用于沉积高性能的磁隧道结膜堆，这推动了磁控溅射设备制备磁随机存储器的工业化进程。

此后，研究人员利用磁控溅射设备围绕 CoFeB/MgO 体系进行了大量的研究，我国在自旋器件方面的研究也取得了重大进展。2018 年，北航研究团队[13] 采用磁控溅射设备制备了隧穿磁阻率为 249% 的 STT-MRAM 膜堆，基于该膜堆的器件实现了较低的翻转电流，其中隧穿磁阻率较 IBM、高通等国际领先机构当时公布的数据提高了 30%，达到世界领先水平，证明了可以通过优化磁控溅射设备的相关工艺条件来沉积具有更高性能的磁隧道结膜堆。

如第 3 章所述，磁隧道结的隧穿磁阻率等性能主要取决于 MgO 层的厚度与薄膜的质量，如结晶性能、表面粗糙度等，因此如何采用磁控溅射设备制备高性能和厚度精确的氧化镁膜层是推进自旋芯片工业化的关键性问题。2008 年，Se 等[14] 研究了不同磁控溅射沉积条件对氧化镁膜层性能的影响，如图 9.12 所示，作者系统地研究了溅射距离、溅射功率等多种条件对氧化镁膜层的影响，研究结果表明越短的溅射距离和越强的溅射功率越有助于得到较高性能的氧化镁薄膜。这一结果也证明了可以通过优化磁控溅射设备的制备条件来获得结晶性能较好的氧化镁膜堆。

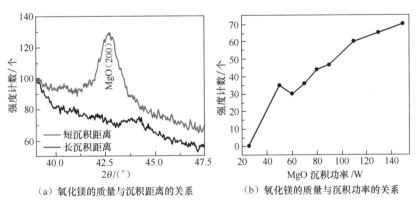

（a）氧化镁的质量与沉积距离的关系　　　　（b）氧化镁的质量与沉积功率的关系

图 9.12　氧化镁膜层沉积条件

在磁随机存储器方面，由于自旋转移矩磁随机存储器的写入与翻转需要在整个膜层通入电流，具有容易击穿薄膜的缺陷，而自旋轨道矩器件的电流则只局限于重金属层内部，从而避免了击穿膜堆的风险，成为下一代存储器的研究重点。

就此，2018 年北航研究团队[15] 采用磁控溅射设备沉积了高性能的磁随机存储器膜堆，实现了磁随机存储器的自旋轨道矩和自旋转移矩高效协同写入。在自旋轨道矩磁随机存储器中，重金属层的自旋霍尔角直接影响了磁随机存储器的性能，因此沉积具有高自旋霍尔角的材料具有重要的意义。研究人员发现，拓扑绝缘体具有较大的自旋霍尔角，能够实现自旋轨道矩磁随机存储器的自由层的高效翻转。如图 9.13 所示，磁控溅射设备也可以沉积这种高性能的 BiTe 膜堆[16]，用于实现自旋轨道矩和自旋转移矩协同写入磁随机存储器的制备。

（a）BiTe 膜堆的透射电子显微镜照片

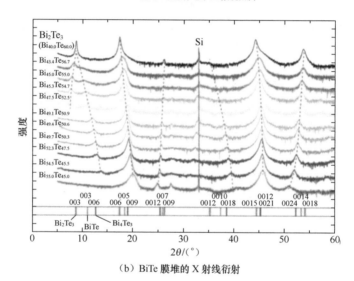

（b）BiTe 膜堆的 X 射线衍射

图 9.13　磁控溅射沉积的 BiTe 膜层表征

近年来，磁控溅射设备在反铁磁自旋器件、自旋阀器件和垂直磁各向异性自旋器件等膜堆沉积中也得到了广泛的应用。研究人员使用磁控溅射设备沉积了基于反铁磁材料 IrMn 的自旋电子器件膜堆，并且证实了基于该膜堆的器件可以通过电流翻转膜堆的交换偏置（Exchange Bias，EB），进而揭示了反铁磁/铁磁异质结中电学调控交换偏置的物理机理。通过将这一效应与隧穿磁阻效应结合，便有望实现全新的数据存储和写入方法，有望进一步提高数据存储密度、降低数据写入功耗[17]。

图 9.14 所示为垂直磁各向异性自旋电子器件的膜堆磁滞回线表征，膜堆采用北航自主研制的磁控溅射设备制备。从图 9.14 所示的磁滞回线可看出，Pt/Co 和 CoFeB/MgO 膜堆均具有较强的磁各向异性，并且设备的沉积精度可以达到 0.1 nm。

此外，通过磁控溅射设备沉积斯格明子自旋电子器件膜堆[18]、自旋阀器件膜堆[19] 以及巨磁阻传感器膜堆[20] 也得到了学术界和产业界的广泛关注，这些都证明了磁控溅射设备在自旋芯片加工领域的重要作用。

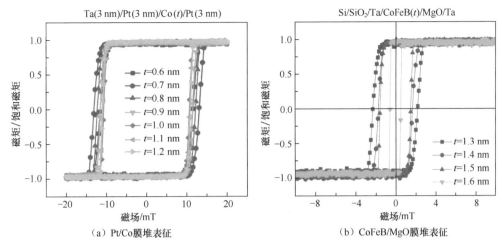

（a）Pt/Co 膜堆表征 （b）CoFeB/MgO 膜堆表征

图 9.14 采用磁控溅射设备沉积的垂直磁各向异性膜堆磁滞回线表征

9.2.2 磁场退火设备及工艺

1. 磁场退火的原理及设备

磁控溅射生长成薄膜后，通常还要对薄膜进行退火（Annealing）处理，以提高薄膜的质量，即优化其结晶性、粗糙度、致密性等。退火是指将材料缓慢加热到一定的温度，然后在该温度下保持足够长的时间，最后再以适宜的速度进行冷却的一种热处理工艺。经过高温退火，材料的结晶性能会发生较大变化，从而有助于提高薄膜的结晶质量。此外，对多层膜进行退火处理还会使元素的扩散加剧，从而可以实现对元素分布的调控。在退火工艺中，为了防止材料被氧化，一般采用真空系统退火，或者在密闭容器内充入惰性气体进行退火。在自旋芯片加工领域，一般采用真空磁场退火炉设备，通过在退火过程中施加磁场来调控磁性材料的磁矩指向。

按照施以退火工艺的时机和工艺所处的工序步骤可将退火分为原位退火（In-situ Annealing）和异位退火（Ex-situ Annealing）或称后退火（Post-deposition Annealing）[21]两种。原位退火是指在膜堆沉积的过程中直接通过基片的加热装置对基片进行加热，从而完成退火操作。在自旋存储器膜堆沉积中，一般使用该方法对氧化镁层进行退火，以提高膜堆的致密性，退火完成之后再继续沉积其余膜层。异位退火则是指在完成所有膜堆的沉积后再使用专用的退火炉对膜堆进行退火。原位退火虽然在一定程度上可以提高膜堆的性能，但是会明显影响到膜堆的沉积效率，因此产业界一般使用专用的退火炉完成芯片的退火工艺。

以真空退火炉为例，设备包括真空系统（真空泵组、真空计、真空腔体和必要的阀门管件等）、磁铁模块、电源、控温系统和控制系统等。图 9.15 所示为日本 Futek Furance 公司生产的 TL-S508RD 真空磁场退火炉，该设备可以实现任意角度的 ±5 T 磁场下的退火，温度范围可以控制在 200～500 ℃。设备的主要部件为：控制系统①、真空系统②、样品架③、退火腔体④和辅助支撑结构⑤。设备可以在真空高温强磁场下实现自旋电子薄膜和器件的晶化与钉扎——这二者是制备磁性薄膜不可或缺的一步。

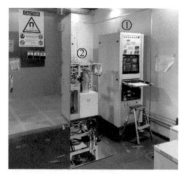

（a）设备全景　　　　　　　　　（b）局部放大图

图 9.15　日本 Futek Furance 公司生产的 TL-S508RD 真空磁场退火炉实物

2. 磁场退火工艺在自旋电子学中的应用

隧穿磁阻率的高低直接决定了磁随机存储器的读写性能，而膜堆的晶体结构又直接决定了磁隧道结结构的隧穿磁阻率。理论上预测表明，Fe(001)/MgO(001)/Fe(001) 的完美单晶结构中存在超过 1000% 的隧穿磁阻率 [22-23]；但是，实验中沉积的膜堆通常是无定形的非晶结构，因此就需要使用退火工艺获得结晶性较好的膜堆，以求在制成的器件中获得良好的测试参数。研究人员发现在 CoFe 中掺入一定比例的 B，然后在非晶状态的 CoFeB 膜层上生长出了结晶性较好的体心立方（Body Centered Cubic，bcc）结构的（001）晶相的 MgO 多晶薄膜，该膜堆经过退火处理后可以获得良好的性能 [24-25]。

此外，磁场退火还可以调节磁隧道结中钉扎层的方向。在面内磁各向异性的磁隧道结膜堆中，可以通过在退火过程中施加一个足够的外磁场（通常大于 1 T）来定义反铁磁层和参考层的磁化方向；而对于垂直磁各向异性的磁隧道结膜堆，则可以通过退火调节自由层的磁特性，如垂直磁各向异性常数、矫顽力和饱和磁化强度等相关参数。如图 9.16 所示，经过 350 ℃退火过后，膜堆的透射电子显微镜（Transmission Electron Microscope，TEM）成像显示的膜层结构清晰，测试结果表明其垂直磁各向异性常数 K_i 达到了 4.06 mJ/m^2，证明了退火工艺对膜堆磁性特征具有明显的调控作用 [26]。

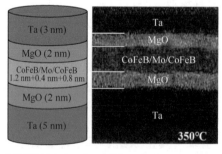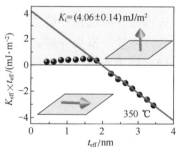

（a）磁隧道结的自由层膜堆结构和对应的透射电子显微镜照片　　　（b）磁学参数测试

图 9.16　磁隧道结自由层膜堆的性能表征 [26]

退火过程在一定程度上提高了氧化镁层和磁性层的性能，但是也会让膜堆中的原子扩散加剧，尤其是金属原子的扩散加剧。研究人员发现重金属元素如钽元素的扩散会使膜堆的垂直磁各向异性等性能减弱，从而难以应用于后道集成工艺之中 [27-28]。同时一些研究也证明，通过在重金属和磁性层之间插入轻金属（如钼）或者使用轻金属代替重金属元素，可以减弱层间扩散，从而提高薄膜的性能[29-32]。此外，研究人员也发现重金属钨具有较高的熔点且能够在退火过程中吸收 CoFeB 层中的 B 原子，使薄膜的晶格匹配情况得到改善，因此也可以提高膜堆的性能[33-34]。关于退火对磁隧道结性能的具体影响，读者可以参照本书 3.2.4 节和 3.3.2 节的介绍。

综上所述，在磁随机存储器加工工艺过程中，磁场退火设备起着举足轻重的作用，通过调控退火条件和优化膜堆参数可以获得良好的磁随机存储器膜堆，这推动了磁随机存储器的发展。类似地，离子辐照也是一种调控磁随机存储器膜堆性能的有效手段，离子辐照的原理是通过高能粒子轰击薄膜，改变超薄多层膜中各层之间原子的互混程度，从而有利于研究自旋相关的界面效应[35-36]。有兴趣的读者可以参考相应的参考文献，本节在此不再赘述。

9.3　图形转移设备及工艺

图形转移是将器件和电路设计从图纸转移到晶圆上的过程，根据前面介绍，只有形成特定图形结构的自旋电子器件才能表现出特定的物理特性。然而自旋芯片中引入大量铁磁金属、重金属、金属氧化物等会对半导体器件生产带来有害的较高等级金属沾污（Contamination）材料，自旋芯片磁性膜堆的图形转移设备必须与半导体器件工艺设备隔离，并针对自旋芯片材料及器件结构需求开发相应的特殊图形转移工艺。本节将针对自旋芯片涉及的特殊图形转移设备及工艺展开介绍。

9.3.1　光刻设备及工艺

光刻（Photolithography）是图形转移工艺中最重要的环节之一，也是所有工艺中最昂贵的环节。光刻的字面意思是用光做"刻刀"在晶圆表面的光刻胶薄层上"雕刻"极微细图形，是将图形从掩模版（Mask）或数字版图转移到光刻胶上的过程。在当前商业化的 STT-MRAM 芯片中，磁隧道结的最小尺寸在 20 ～ 130 nm 范围内，因此自旋芯片图形的制备已经采用了最先进的光刻设备及工艺。考虑到自旋芯片材料沾污问题，当前最常用于自旋芯片关键层微细图形加工的光刻技术是深紫外（Deep Ultraviolet，DUV）光学曝光和电子束曝光（Electron Beam Lithography，EBL）以及配合非关键层的紫外（Ultraviolet，UV）光学曝光。

1. 光学曝光

光学曝光是指利用特定波长的光进行照射，将掩模版上的图形转移到光刻胶上的过程。掩模版是光刻工艺中不可缺少的部件，掩模版上刻有设计图形，光线透过掩模版后会将图形透射在光刻胶上。掩模版的性能直接决定了光刻工艺的质量，普通光刻掩模版是由透光的衬底材料（如石英玻璃等）和不透光的金属吸收层（主要为金属铬）组成。掩模版一般由设计人员完成掩模版的设计后交由专业公司进行掩模版的加工。光刻胶是一种包含溶剂、树脂、感光剂、添加剂的胶状液体，经紫外线照射后发生光致化学反应，在显影溶液中的溶解度会发生明显变化，从而使被照射的部分被去除或被保留，实现图形从掩模版到光刻胶膜上的图形转移。光刻机是实现图形对准和曝光的关键设备，其曝光系统可实现的最小等间距线宽，即光刻机分辨率（Resolution）R 可按照下式计算：

$$R = \frac{k_1\lambda}{NA} \tag{9.4}$$

式中，λ 为光刻机所采用光的波长、k_1 为光刻机工艺因子，NA 为曝光系统的数值孔径。因此，在光刻机工艺因子 k_1 和曝光系统的数值孔径不变的情况下，光的波长越短，光刻机的分辨率越高。主流的光学曝光系统所采用的光波长演进过程为：采用汞灯的紫外光刻机，包括 436 nm（G 线）、405 nm（H 线）、365 nm（I 线），采用准分子激光器的深紫外光刻机，包括 248 nm（KrF）、193 nm（ArF）以及采用 13.5 nm 极紫外（Extreme Ultraviolet，EUV）的光刻机。

普通光学曝光系统按照曝光模式可分为：接触式、接近式和投影式。图 9.17(a) 所示为常见的紫外线为光源的光刻机，常用于微米级线宽的曝光。图 9.17(b) 所示为荷兰 ASML 公司生产的深紫外光刻机结构，它采用波长为 193 nm 的氟化氩（ArF）准分子激光器产生单色光源，通过一系列复杂的光学系统将掩模版上的图形投影到涂有光刻胶薄层的晶圆上，可实现亚 100 nm 的精细图形曝光工艺。 投影式光刻机一般采用步进扫描式曝光方法，图 9.18(a) 所示为深紫外步进扫描式光刻机的光路，汞灯光源发射激光经聚焦透镜聚焦后穿过掩模版，将掩模版图案投影至物镜，图像经物镜进一步聚焦和缩小后投影到晶圆上，图 9.18(b) 所示为曝光系统在晶圆表面步进和扫描运动的轨迹。

（a）SUSS MA6型微米级光刻机　　　（b）ASML公司的193 nm曝光设备

图 9.17　光刻机设备照片

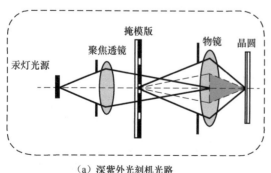 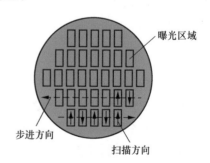

（a）深紫外光刻机光路　　　（b）曝光系统在晶圆表面步进和扫描运动的轨迹

图 9.18　步进扫描式光刻机

　　步进扫描式光刻机主要部分包括：曝光系统、空调系统和硅片载台。曝光系统是光刻机的核心部件，其研制涉及应用光学领域的所有基础技术，且技术要求达到了当前应用光学技术发展水平的极限。空调系统是保证激光状态的重要部分，其温度控制精度较高，可达 0.001 ℃，当空调温度不稳定时会影响光的聚焦，造成焦点跑偏影响曝光质量。另外硅片载台采用的是激光式位移台，所谓的步进即激光式位移台的步进来改变硅片的曝光位置。与普通的电机式位移台相比，激光式位移台有较高的位移精度，步进扫描式光刻机的载台步进精度小于 40 nm，这一参数也保证了在光刻工艺中较高的套刻精度，实现高质量的曝光。

　　光刻机的工作流程是当硅片表面涂过光刻胶并前烘以后，带胶硅片被自动传送到光刻机的承片台上；载台的上升或下降让硅片处于光刻机聚焦范围内，载台的平移使硅片与掩模版对准；完成聚焦和对准后，光波通过照明系统到掩模版，再通过投影透镜到硅片上，所有聚焦硅片对准和曝光操作都由步进光刻机来完成；当一个图形曝光完后，步进扫描式光刻机会步进到硅片的下一个位置并重复对准和曝光过程（这就解释了名字中的步进）。

2. 电子束曝光

　　电子束曝光技术由于具有较高的图形分辨率而被广泛应用于制备磁性纳米结构工艺中。电子束曝光系统使用聚焦电子束取代光束进行微纳图形曝光。电子束曝光工艺中所采用的电子束抗蚀剂（也称电子束胶，与光刻胶类似）对电子束比较敏感，受电子束辐照后其物理和化学性能会发生变化，在显影液中表现出良溶（正性电子束抗蚀剂）和非良溶（负性电子束抗蚀剂）的特性。目前常用的扫描电子束光刻不需要掩模版，可以直接在抗蚀剂上进行图形的曝光[37]。

　　电子束曝光的优点是具有较高的图形分辨率，电子束可以非常方便地实现扫描和开关切换。但是系统需要在高真空中运行，同时高分辨率的电子束曝光设备通常速度和生产效率较低，因此难以实现大规模生产。电子束曝光设备目前主要应用于制造光学光刻、深紫外线光刻等设备所需的掩模版，或者在无掩模版的情况下直接制备精细结构的场景，在科研领域常用于制备各种新型结构和器件[37]。

　　电子束光刻系统可以分为扫描电子束光刻系统和投影电子束光刻系统。扫描电子束光刻系统指电子束聚焦形成微束斑，投射到抗蚀胶表面，电子偏转系统使微束斑在抗蚀胶表面扫描形成微细图形。该方式不需要掩模版，但由于同一时间只有一个束斑在工作，所以生产效率较低。投影电子束光刻系统类似于光学光刻系统结构，该方式的优点是生产效率高且分辨率高，但是需要掩模版，系统设计复杂，仍有一些关键问题亟待解决。图 9.19 所示为典型的电子束光刻系统的结构，主要包括电子枪光源、光柱体电源、束阑、图形发生器、偏转放大器、记录设备、激光干涉样品控制器和计算机图形数据存储器等[38]。

　　图 9.20 所示为德国 RAITH 公司生产的 RAITH150 Two 型高分辨率电子束光刻机，该设备可以实现超高分辨率的电子束曝光，并且具有良好的高分辨成像能力。可在毫米级小样品至 8 in 硅片样品上，实现小于 8 nm 结构的加工。设备配备的热稳定性控制系

统可保证在稍差环境中也能得到所需曝光结果，设备主要应用于：纳米级光刻和高分辨成像及低电压电子束光刻等。此外英国 NBL 公司生产的 NanoBeam nB5 型电子束曝光机和日本 Nuflare 株式会社生产的 EBM-9500 型电子束曝光机也在半导体加工中应用广泛。我国在电子束曝光设备研发领域虽然起步较晚，但是也取得了长足的进步，其中中科院自主研发的小型电子束光刻系统性能稳定，在微纳米器件制作、新型半导体器件研究领域得到了广泛的应用。

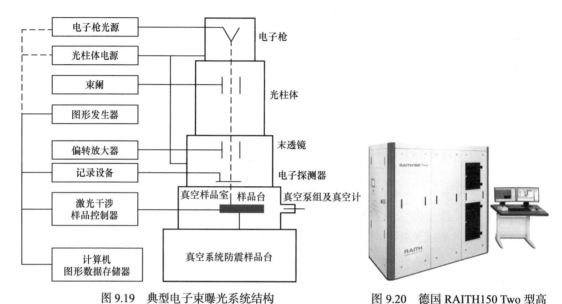

图 9.19　典型电子束曝光系统结构　　　图 9.20　德国 RAITH150 Two 型高分辨电子束光刻机

3. 典型光刻工艺步骤

除了昂贵且精密的光刻机设备，光刻工艺本身也是昂贵且耗时的集成电路制造关键环节之一。随着技术的发展，光刻工艺自动化程度已经非常高，全自动的光刻轨道系统可由机械手臂实现自动化材料传送，并由计算机精确控制。典型的光刻工艺流程如图 9.21 所示。

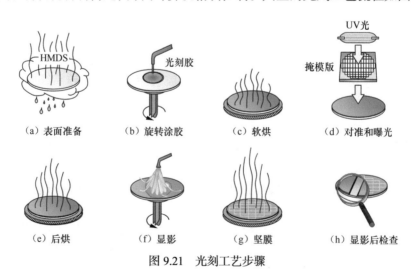

（a）表面准备　　（b）旋转涂胶　　（c）软烘　　（d）对准和曝光

（e）后烘　　（f）显影　　（g）坚膜　　（h）显影后检查

图 9.21　光刻工艺步骤

（1）表面准备：衬底表面的洁净度会影响衬底与光刻胶的黏附性，因此在涂胶前需彻底清洗衬底表面污渍，并烘干样品表面水分，若衬底与光刻胶的黏附性仍较差，可以采用 O_2 等离子体前处理或者预旋涂增黏剂，如六甲基二硅氮烷（Hexamethyldisilazane，HMDS）。

（2）旋转涂胶：在经过前处理的衬底上旋涂光刻胶，严格控制旋涂机的转速和旋涂时间得到预期厚度且均匀的光刻胶，保证下一步曝光的质量。

（3）软烘：适当的烘烤温度可以蒸发掉光刻胶中的有机溶剂，同时提高光刻胶的硬度、均匀性和黏附性。

（4）对准和曝光：将掩模版与衬底对准（多步光刻通常需要套刻，在第二次光刻时需要对准标记后曝光），选择合适的曝光光源波长和剂量，曝光光刻胶图案化。

（5）后烘：只有部分光刻胶可以后烘，目的是增强光刻胶的酸化反应，进而消除曝光时的驻波效应（驻波效应表现为光刻胶侧壁出现螺旋状条纹），改善图案边缘的形貌。

（6）显影：严格控制显影时间（显影时间不足导致光刻胶废弃区域不能完全去除影响后续工艺，过显又会导致光刻图形的缺失），溶解废弃区域，只留下想要的图案。

（7）坚膜：提高光刻胶的硬度，并提高其抗刻蚀的能力。

（8）显影后检查：检查图案是否完整，形貌是否合格，是否发生套刻未对准的情况。若不合格，可以去胶后重新曝光。

不同于紫外曝光，深紫外曝光使用的光刻胶都可采用化学放大（Chemical Amplification）的方式增强其敏感性。方法是采用一种称为光酸产生剂（Photo Acid Generator，PAG）的感光剂，在光刻胶被曝光区域由光酸产生剂产生酸性物质，且只有经过加热烘焙才能发生催化反应从而将光刻胶内的保护基团移走，使被曝光区域溶于显影液。因此在深紫外曝光需要额外的曝光后烘焙步骤，以加强光酸反应。此外，为了消除衬底材料的反射光线对曝光的影响，一般会在衬底上旋涂一层底部抗反射涂层（Bottom Anti-Reflection Coating，BARC），以吸收衬底的反射光，从而在一定程度上消除衬底材料对光刻工艺的影响。由于 BARC 不能被显影液去除，故需要额外的刻蚀步骤去除。

光刻工艺形成的光刻胶图形尺寸跟曝光剂量（单位为 mJ/cm^2）有关。图 9.22 所示为固定边长为 200 nm 正方形的光刻版图形在不同深紫外曝光剂量（Dose 14 ~ Dose 17）条件下的曝光后及刻蚀去除底部抗反射图层后的光刻胶形貌，刻蚀去除底部抗反射图层过程会导致图形直径变小。因此，光刻工艺需要结合光刻版光学临近效应修正整套光刻步骤进行系统优化。

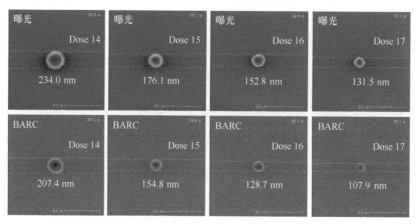

图 9.22　不同剂量下曝光和开底部抗反射图层的工艺图形形貌对比

9.3.2　刻蚀设备及工艺

刻蚀（Etching）是指通过物理、化学方法有选择地去除晶圆表面层材料的过程，是图形转移工艺中最关键的环节之一。"刻"主要表示去除的物理作用，可以理解为用高能粒子作"刀"去除材料，"蚀"主要表示去除的化学作用，可以理解为利用化学反应腐蚀材料。根据刻蚀过程中是否有溶液参与，可将刻蚀工艺分为干法刻蚀（Dry Etching）与湿法腐蚀（Wet Etching），由于湿法腐蚀对图形控制能力较差，在图形小于 3 μm 后就不再用于图形转移，本节将主要介绍自旋芯片核心层图形转移过程中涉及的干法刻蚀设备及工艺。

1. 刻蚀难点

自旋芯片的核心层包含铁磁金属［钴（Co）、铁（Fe）、镍（Ni）及钴铁（CoFe）、镍铁（NiFe）、钴铁硼（CoFeB）等铁磁合金］、金属氧化物［氧化镁（MgO）、氧化镍（NiO）等］、重金属［铱（Ir）、锰（Mn）、铂（Pt）、钌（Ru）等］，其中绝大多数元素与常用干法刻蚀气体［氯基气体（氯气（Cl_2）、三氯化硼（BCl_3）等）、氟基气体（四氟化碳（CF_4）、三氟甲烷（CHF_3）等）、溴基气体（溴化氢（HBr））］在等离子反应中产生的刻蚀副产物（见表 9.1）的熔点和沸点都远高于 9.2.2 节介绍的自旋芯片热预算，因此提升刻蚀反应的温度最高不能超过 350℃，否则会导致膜堆性能大幅下降[39]。

表 9.1　Co、Fe、Ni、Mg、Ir、Mn 刻蚀副产物的物理性质

刻蚀副产物	熔点 /℃	沸点 /℃
$CoCl_2$	740	1049
$CoBr_2$	678	—
CoF_2	1127	1400
$FeCl_2$	677	1023
$FeCl_3$	304	316
$FeBr_2$	691	已分解
FeF_2	1100	—
FeF_3	1000	—
$NiCl_2$	1001	

续表

刻蚀副产物	熔点 /℃	沸点 /℃
NiBr$_2$	965	—
NiF$_2$	>1000 分解	—
MgCl$_2$	721	1510
MgBr$_2$	711	1158
MgF$_2$	1150	2230
IrCl$_3$	>763 分解	—
IrF$_3$	>250 分解	—
MnBr$_2$	698	—
MnCl$_2$	650	1190
MnF$_2$	930	—
MnF$_3$	>600 分解	—

　　为了实现难挥发材料的刻蚀，最直接的办法是在反应气体中增加氩气及增加反应离子刻蚀卡盘电极偏置功率来提高溅射刻蚀的物理轰击作用。例如，使用 Cl$_2$/Ar、BCl$_3$/Ar、HBr/Ar 等混合气体 [40-41] 将难挥发的反应副产物轰击打散成极微小颗粒，再通过气流和真空系统排出。

　　磁隧道结核心为铁磁金属 / 绝缘介质 / 铁磁金属的三层结构，其中绝缘介质层厚度小于 1 nm，在磁隧道结核心层的刻蚀工艺中，由于磁隧道结关键膜堆中 MgO 上方及下方均为复杂金属叠层结构（包括存储层、参考层、综合反铁磁层等），并且刻蚀副产物难挥发，轰击作用产生的极微小金属颗粒不能完全被真空泵抽走，从而不可避免地导致刻蚀金属残留物二次沉积（Redeposition）在磁隧道结侧壁（Side Walls）上形成堆积沾污，如图 9.23 所示 [42]。刻蚀金属侧壁沾污的最直接表现即为磁隧道结绝缘介质层部分或完全短路，这将极大地降低刻蚀后自旋器件的电输运性能。

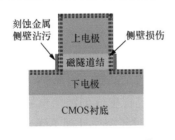

（a）磁隧道结侧壁沾污及材料损伤

（b）磁隧道结形貌透射电子显微镜图像

（c）磁隧道结边缘透射电子显微镜图像

（d）磁隧道结边缘高分辨率图像

图 9.23　纯氩刻蚀对磁隧道结侧壁的影响

由于磁隧道结性能与铁磁金属晶格结构的完整性息息相关，刻蚀过程中的化学腐蚀、物理轰击以及粒子注入均会导致部分侧壁暴露的铁磁金属晶格损伤，如图 9.23（c）、（d）所示，造成铁磁性退化。刻蚀侧壁损伤导致的磁隧道结性能退化可以理解为：经过刻蚀后，磁隧道结器件可以分为轻损伤区域和重损伤区域，其中重损伤区域主要包含由于晶格损伤、元素错位等造成的磁隧道结电阻、隧穿磁阻率和磁翻转特性严重退化的区域，由于磁隧道结整体性能由轻、重损伤区域共同决定，因此刻蚀侧壁损伤也会导致磁隧道结性能退化。

为了增强 Co、Fe、Ni 材料刻蚀副产物的可挥发性，研究发现在采用碳氧基刻蚀气体，如甲醇（$CH_3OH/Ar^{[43]}$）、乙醇（$C_2H_5OH/Ar^{[44]}$）、一氧化碳与氨气（$CO/NH_3^{[45]}$）、水与四氟化碳（$H_2O/CF_4/Ar^{[46]}$）等后，其反应副产物 $Co_2(CO)_8$、$Fe(CO)_5$、$Ni(CO)_4$ 的沸点分别为 52 ℃、103 ℃、43 ℃，且对材料腐蚀性较小，刻蚀形貌较好，缺点是刻蚀速率较慢，刻蚀机理不明确，受特定材料体系限制，故并未成为主流刻蚀技术。

目前学术界和产业界采用最多的刻蚀方案是纯氩轰击[47]，氩为稀有气体粒子，几乎不参与化学反应，因此该方法基本不会因腐蚀导致膜堆性能下降。但刻蚀的副产物仍为原子团，其中的一部分会不可避免地沉积在材料的表面或侧壁上，此外轰击还是会对侧壁材料的晶格造成损伤。为了解决金属残留物二次沉积和侧墙损伤，接下来将介绍几种特种刻蚀设备及工艺。

2. 特种刻蚀设备及工艺

目前应用于自旋芯片核心层纯氩刻蚀的设备主要有两种：电感耦合等离子体（Inductive Coupling Plasma，ICP）刻蚀和离子束刻蚀（Ion Beam Etching，IBE）。电感耦合等离子体刻蚀是反应离子刻蚀的一种改型，如图 9.24 所示，通过将等离子体产生区与刻蚀区分离开，样品卡盘独立输入射频电源，自偏压可独立控制，既可以产生很高的等离子体密度，又可以维持较低的离子轰击能量。只用纯氩气做电感耦合等离子体刻蚀的工艺又被称作氩溅射刻蚀（Ar Sputtering Etch），刻蚀机理可类比 9.2.1 节中讲到的溅射沉积，不同点在于溅射沉积被轰击的是靶材、溅射刻蚀被轰击的是晶圆。电感耦合等离子体刻蚀产生的氩等离子体密度高，刻蚀速度快，并且在刻蚀过程中或刻蚀结束后，通过原位的氢气处理做侧墙结构修复（Recovery）[48]晶格损伤或通过氧浴后处理（Oxygen Showering Post-Treatment，OSP）工艺进行侧墙金属氧化处理，会形成一层绝缘薄层[49]。

而图 9.25 所示的离子束刻蚀工艺的原理则是借助离子束源产生的氩等离子体，并通过多级加速栅网（Accelerated Grid）将 Ar^+ 离子"向前"加速，未指向"正前方"的 Ar^+ 离子未被完全加速并会被栅网阻挡，因此离开栅网的 Ar^+ 离子运动方向均指向"正前方"，形成一定范围内的高能 Ar^+ 离子束流，到达并轰击晶圆表面，从而去除晶圆表面材料。此外，为防止 Ar^+ 离子在行进中由于带有相同的电性而相互排斥，从而导致离子束流的密度不均匀，以及正电荷在晶圆表面积累形成内建电场导致更多的 Ar^+ 离子在靠近时发生反射，工艺通常会在 Ar^+ 离子束流完成加速后，通过中和器（Neutralizer）

向 Ar⁺ 离子束流中注入等量电子，使 Ar⁺ 离子束流中和为 Ar 粒子束流。离子束刻蚀的另外优势在于可以通过将相应设备中的样品台（Sample Stage）倾斜（Tilt）和旋转（Rotation）使晶圆表面与粒子束流成一定角度，继而控制工艺中的刻蚀速率和副产物的沉积等因素——样品台法线方向与离子流方向的夹角一般称为刻蚀角 θ。

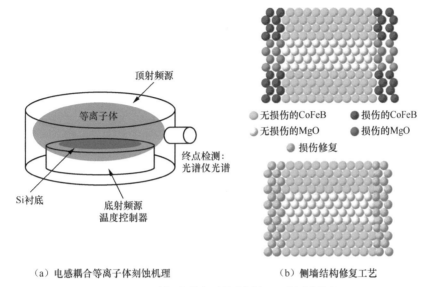

（a）电感耦合等离子体刻蚀机理　　　　　　　（b）侧墙结构修复工艺

图 9.24　电感耦合等离子体刻蚀机理及侧墙修复

　　离子束刻蚀是物理刻蚀方法，这种刻蚀方法简单高效，且无刻蚀选择性，不同薄膜材料和光刻胶都会被无差别刻蚀去除，因此在磁隧道结核心层纯氩刻蚀工艺中，需要将光刻胶的图形先转移到硬掩模（Hard Mask）层上，由于电流垂直于平面器件同时需要形成底电极与顶电极互连通路，因此在磁隧道结器件中需要至少 60 nm 厚的金属硬掩模层。一般的磁隧道结金属掩模可以使用金属钽或氮化钽（Ta/TaN）[50]、金属钛或氮化钛（Ti/TiN）[51] 等任何适合

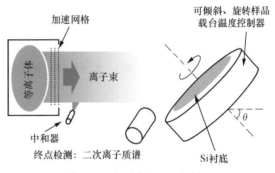

图 9.25　离子束刻蚀工艺原理

加工的金属材料制成，下面将以金属钽作为磁隧道结金属掩模的情形为例。特别要指出的是，金属掩模层是在膜堆完成测试表征后转移到常规物理气相沉积设备上完成的。Ta 金属掩模刻蚀，可以使用电感耦合等离子体刻蚀设备完成，由于亚百纳米尺寸的光刻胶抗刻蚀性相对较差，因此实际工艺中经常使用介质（如 SiO_2、Si_3N_4、SiNO、SiC、Si 等）、旋涂层［如旋涂玻璃（Spin on Glass）、旋涂碳（Spin on Carbon）］或多种材料的组合完成光刻胶到金属掩模的图形转移。

　　通常对磁隧道结核心层的刻蚀有两种方案：一种是刻蚀整个磁隧道结核心层，另一种是将刻蚀停止在 MgO 层。如图 9.26（a）所示，将刻蚀停止在 MgO 层可以大大避免

MgO 层下方金属层上的二次沉积，是学术界更倾向于采用的方案。同时，为去除刻蚀工艺中不可避免的二次沉积，通常还会采用两步刻蚀（Two-Step Etch）的方法，即第一步先完成对磁隧道结核心层的刻蚀（可以是电感耦合等离子体刻蚀或离子束刻蚀的纯氩轰击），再做第二步刻蚀，完成侧墙清理（Side-Wall Clean）。具体而言，如图 9.26（b）所示，当刻蚀角 θ 足够大（如大于等于 75°）且离子束的功率较小（如小于等于刻蚀束流的一半）时，工艺中的刻蚀面（Etching Face）将从底面移动到侧墙，从而实现对侧墙上二次沉积以及损伤的去除。

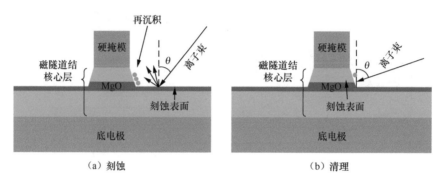

图 9.26　磁隧道结核心层

此外，为了精确控制刻蚀工艺的深度，需要使用终点检测（End Point Detection, EPD）技术实时监控刻蚀工艺中腔体内粒子成分的变化。一般电感耦合等离子体刻蚀工艺中都会为此配备光电发射光谱仪（Optical Emission Spectrometer, OES），而在离子束刻蚀工艺中则往往会配备二次离子质谱仪（Secondary Ion Mass Spectroscopy, SIMS）。图 9.27 所示为电感耦合等离子体纯氩刻蚀及离子束刻蚀工艺中磁隧道结核心层的光电发射光谱、二次离子质谱曲线，其中横轴为刻蚀时间（Etch Time），纵轴为谱线强度。图中曲线的"峰"代表该时刻气氛中含有的相应元素变多，即表示该元素所在的膜层正在经历刻蚀。

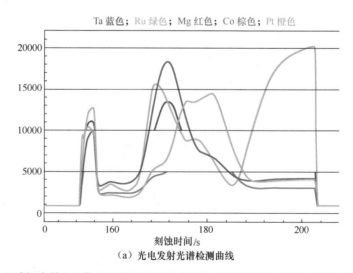

（a）光电发射光谱检测曲线

图 9.27　电感耦合等离子体纯氩刻蚀及离子束刻蚀磁隧道结核心层的两种终点检测方式

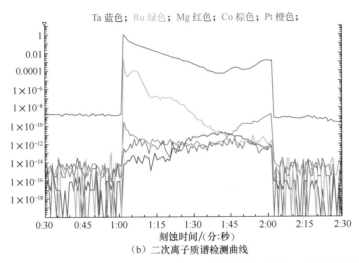

Ta 蓝色；Ru 绿色；Mg 红色；Co 棕色；Pt 橙色；

刻蚀时间/(分:秒)

（b）二次离子质谱检测曲线

图 9.27　电感耦合等离子体纯氩刻蚀及离子束刻蚀磁隧道结核心层的两种终点检测方式（续）

在经过光刻和刻蚀工艺定义器件的形貌后，为避免磁隧道结核心层和侧壁暴露在空气中受到氧气和水汽等因素的损伤，通常需要填充某些介质以提供必要的保护。常用的介质填充工艺包括化学气相沉积［如等离子体增强化学气相沉积（Plasma Enhanced CVD，PECVD）、原子层沉积（Atomic Layer Deposition，ALD）等］、物理气相沉积（磁控溅射、电子束蒸镀等）以及旋涂材料（Spin on Materials）。这里介绍一款针对磁隧道结刻蚀的设备——鲁汶仪器公司的 LMEC200 型刻蚀机，如图 9.28 所示，它包含三个工艺腔体：等离子增强化学气相沉积腔①、电感耦合等离子刻蚀腔②和离子束刻蚀腔③，三个工艺腔由同一个传样腔（Transfer Chamber）互连在一起，可实现电感耦合等离子体／离子束刻蚀混合刻蚀工艺及原位低于 300 ℃的氧化硅或氮化硅介质保护。

（a）刻蚀机设备　　　　　　　　　　（b）刻蚀机各腔室

图 9.28　江苏鲁汶仪器公司的 LMEC200 型刻蚀机

9.4　器件片上集成工艺

目前已产业化的电流在平面内型磁传感器仍然采用分别在两个硅片上制备电路和自旋电子器件，再通过封装将两者连通在同一芯片内，而磁随机存储器由于涉及的引脚多、对连通要求高，必须采用片上集成方式制备，对工艺要求极高，本节将针对磁随机存储器的片上集成工艺展开介绍。

磁随机存储器的基本存储单元为晶体管和磁隧道结（例如，单晶体管和单磁隧道结）的混合器件。由于隧穿磁阻膜堆可以制备在任何粗糙度满足要求的衬底上，在磁随机存储器中采用三维堆栈的片上集成方法，将磁隧道结器件直接制备在晶体管的正上方，并通过金属线（Metal Line，M）和通孔（Via，V）与晶体管引脚连通（见图 9.29），因此磁随机存储器是一种可以嵌入在逻辑核心内部的存储器技术，并且兼容现有的 CMOS 晶体管制程。此外，磁隧道结器件单元可以根据需要，制备在任意两层金属线（M_n、M_{n+1}）之间，结合 9.3 节的介绍，磁隧道结器件图形转移工艺会涉及大量 CMOS 无法忍受的金属沾污，因此第 n 层通孔（V_n）以下的工艺可采用标准 CMOS 工艺（Standard CMOS Process）完成，而 V_n 上方的工艺就必须采用制备磁器件的相关工艺与设备，一般被称为后 CMOS 工艺（Post-CMOS Process）。

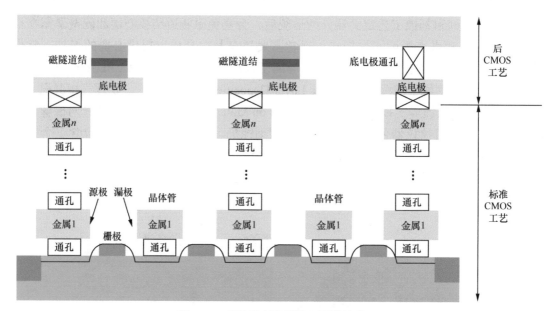

图 9.29　磁随机存储器核心器件的截面

这种片上集成方式，允许磁随机存储器采用标准 CMOS 工艺以及非标准磁器件工艺两种不同形式的工艺对逻辑控制单元和磁隧道结存储单元分开设计及验证。如图 9.30 所示，按照磁随机存储器分层设计思路，可以首先通过标准 CMOS 制造工艺设计包（Process Design Kit，PDK）的集成电路设计规则和步骤完成专用集成电路（Application Specific Integrated Circuit，ASIC）基片的设计及流片，然后再采用自旋电子工艺设计包（Spintronic Process Design Kit，SPINPDK）完成最终磁隧道结存储单元的设计及流片。此外，磁随机存储芯片的功能仿真则可通过第 8 章介绍的磁隧道结计算模型完成。

磁随机存储芯片设计包含阵列设计、读电路设计、写电路设计等多个功能部分，是一个系统而复杂的工作，同时需要工艺、测试等步骤中及时有效的数据反馈。本节将主要针对磁隧道结图形转移工艺之前的衬底处理工艺，即磁隧道结前处理工艺（Pre-MTJ Process），以及磁隧道结图形转移工艺之后的亚 100 纳米柱互连工艺，即磁隧道结后处理工艺（Post-MTJ Process）展开介绍。

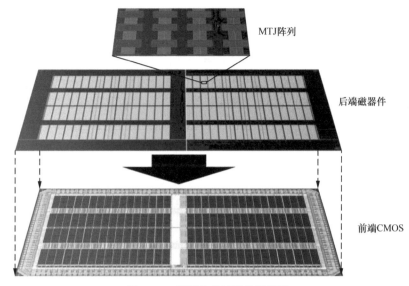

图 9.30　磁随机存储器分层设计

9.4.1　磁隧道结前处理工艺

磁隧道结前处理工艺又被称为衬底准备（Substrate Preparation）或 CMOS/ 磁隧道结界面准备（Interface Preparation）工艺，是指对衬底或标准 CMOS 工艺制备的专用集成电路基片表面的处理过程，目的是使其满足隧穿磁阻膜堆沉积的要求[52]。在图 9.31（a）所示的基于 180 nm CMOS 工艺的专用集成电路基片截面图中，磁隧道结底电极层与专用集成电路基片互连的过孔［被称为底电极接触（Bottom Electrode Contact，BEC）孔］位于最顶层，接触孔内为钨、钽、钛、铜等低电阻率的金属材料，接触孔外为氧化硅、氮氧化硅等绝缘的介质材料；单个底电极接触孔的扫描电子显微镜（Scanning Electron Microscope，SEM）图片如图 9.31（b）所示，可以清晰地看到金属高低不平的花纹；图 9.31（c）所示为同一区域的原子力显微镜（Atomic Force Microscope）的成像结果，可见底电极接触孔内最低点与填充 SiO_2 的平面的高度差为 9.8 nm，并且通孔内存在有金属的大晶粒，但是"远离"通孔的介质表面的平均粗糙度约为 $Ra \sim 0.101$ nm，如图 9.31（d）

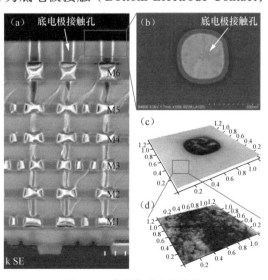

图 9.31　专用集成电路基片

所示，即标准 CMOS 工艺制备的底电极接触孔上方无法制备高质量隧穿磁阻膜堆。

隧穿磁阻膜堆的质量跟衬底的粗糙度有着很大关系，这是因为在隧穿磁阻膜堆中铁磁材料的厚度仅有 1 nm，因此不平整的薄膜会导致名为奈耳"橘子皮"耦合（Néel "Orange-peel" Coupling）效应[53]，导致铁磁层磁矩分布散乱，如图 9.32（a）所示，严重影响到隧穿磁阻膜堆的性能。考虑到底电极不同区域的粗糙程度，早期的磁随机存储芯片制造时往往会采用"远离通孔"（Off-Via）型磁隧道结器件结构，如图 9.32（b）所示[54]，避免过孔对磁隧道结器件性能的影响；然而，该结构显然不利于提升芯片的存储密度，因此"在通孔上"（On-Via）型磁隧道结器件结构开始被 STT-MRAM 工厂广泛采用，如图 9.32（c）所示[54]；而伴随着 SOT-MRAM 的兴起，"远离"通孔的磁隧道结器件结构又开始流行了起来。

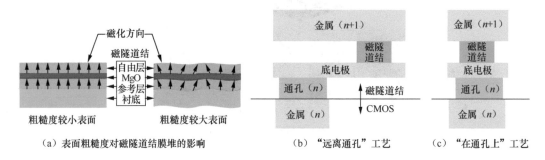

（a）表面粗糙度对磁隧道结膜堆的影响　　　（b）"远离通孔"工艺　　（c）"在通孔上"工艺

图 9.32　磁隧道结器件结构[38]

"在通孔上"型磁隧道结器件结构要求通孔（n）界面层必须经过特殊处理，使得过孔内的粗糙度满足隧穿磁阻膜堆沉积的要求。需要注意的是由于孔内、孔外材料不一致，抛光工艺很难将孔粗糙度降低至像薄膜一样。相关文献中提出一种方案是在标准工艺完成的通孔上第一次化学机械抛光（Chemical-Mechanical Polishing，CMP）后露出孔，再沉积平坦化金属牺牲层，最后通过化学机械抛光全局整平的方式降低过孔内的粗糙度，使后续隧穿磁阻膜堆沉积在更平整的通孔上，从而降低对隧穿磁阻性能的影响，如图 9.33 所示[55]。化学机械抛光工艺的原理是碱与衬底表面（硅或二氧化硅）发生化学反应，产生可溶性的硅酸盐（Na_2SiO_3），再通过 SiO_2 胶粒和抛光布垫的机械摩擦进行去除以达到整平表面的目的。化学机械抛光工艺结合了化学和机械抛光的双重优点，是目前主流的硅片抛光工艺，同时也是唯一一种大面积平整化的抛光工艺。由于自旋芯片制造中对化学机械抛光设备的需求与标准 CMOS 工艺中介质层或金属层抛光差异不大，此处不再对设备展开介绍。

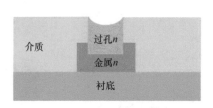
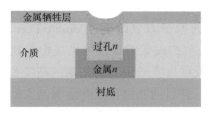

（a）通孔后第一次化学机械抛光　　　　（b）第一次化学机械抛光后蒸镀金属牺牲层

图 9.33　底电极化学机械抛光工艺前后接触孔对膜层影响

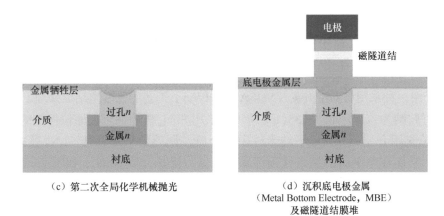

（c）第二次全局化学机械抛光　　　　（d）沉积底电极金属
　　　　　　　　　　　　　　　　　　（Metal Bottom Electrode，MBE）
　　　　　　　　　　　　　　　　　　及磁隧道结膜堆

图 9.33　底电极化学机械抛光工艺前后接触孔对膜层影响（续）

9.4.2　磁隧道结后处理工艺

磁隧道结为电流垂直于平面型器件结构，因此在纳米柱制备完成后，如何在纳米柱顶部的保护介质上开窗成为另一个工艺难点，这就需要后处理工艺来负责解决。如图 9.34 所示，典型的磁隧道结纳米柱开窗方法主要包括剥离（Lift-Off）、套刻（Alignment）和平坦（Flatten）等工艺。

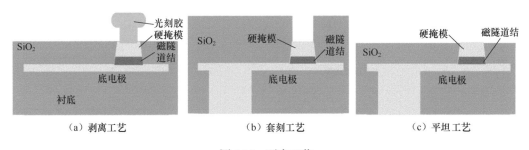

（a）剥离工艺　　　　　　　　（b）套刻工艺　　　　　　　　（c）平坦工艺

图 9.34　开窗工艺

剥离工艺是指在刻蚀后不立即去除残留的光刻胶，而是在介质保护层沉积后再将其去除，此时器件顶部由于受光刻胶的保护而不会被介质覆盖，从而在去胶后暴露出顶层金属，实现开窗的目的。但是，剥离工艺对光刻胶高宽比、介质层沉积工艺温度以及特征尺寸限制较大，因此一般仅用于学术研究领域。

套刻工艺是通过标准的过孔制备工艺，采用光刻及刻蚀的步骤来实现的。但是，光刻工艺固有的套刻偏差要求过孔尺寸要小于被套刻金属尺寸，在磁隧道结器件的特征尺寸进入亚 100 nm 后，由于纳米柱图形转移，纳米柱顶端会呈圆锥形，这极大地增加了套刻工艺难度，同时额外的掩模版以及极高的套刻精度要求也将极大得增加制造成本，从而降低产品的良率。

相比之下，平坦工艺则是现阶段最为经济且有效的开窗方法，其中最为主流的做法是通过化学机械抛光工艺去除介质保护层，通过精确控制厚度将磁隧道结顶部凸出部分金属暴露出来。注意，采用化学机械抛光整平的方案要求金属掩蔽层必须有一定的高度保证，并且掩模金属与待平坦的电介质之间必须有很高的去除选择比，但金属掩蔽层的高度太高又会在刻蚀过程中形成阴影效应，这会极大地限制刻蚀后侧壁清洗工艺的效果，同时平坦的去除选择比并不高。

这里介绍一种采用自对准开窗（Self-Aligned Via）工艺的磁隧道结后处理工艺步骤[56]。实施流程可归纳为：（1）如图9.35（a）所示，采用 Si_3N_4 作为纳米柱原位保护的介质材料，SiO_2 作为填充用介质；（2）整平纳米柱顶部介质，调整整平工艺使 Si_3N_4 被去除的速度慢于 SiO_2，从而在整平后的纳米柱顶部暴露出原位保护介质 Si_3N_4，如图9.35（b）所示；（3）去除暴露的 Si_3N_4 介质，调整去除工艺使 SiO_2 被去除的速度比 Si_3N_4 慢，暴露出纳米柱的顶部金属硬掩模，同时不消耗过多的 SiO_2 介质，如图9.35（c）所示；（4）做顶电极金属（Metal Top Electrode，MTE）沉积，使顶电极金属与纳米柱暴露的金属形成互连，如图9.35（d）所示。

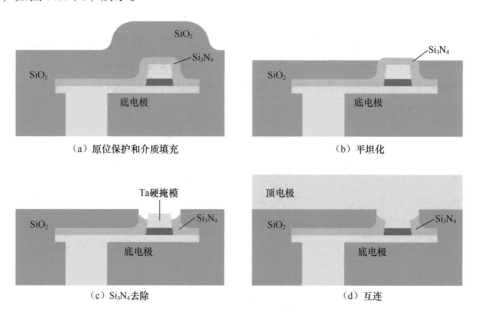

图 9.35　自对准开窗工艺流程

9.5　本章小结

本章主要围绕自旋电子器件为主线展开介绍了器件制备的具体工艺流程及相应的特种设备。9.1节中我们介绍了自旋电子器件的分类依据，并以巨磁阻器件和隧穿磁阻器件的制备流程为例详细介绍了各工艺步骤，为使读者易于理解工艺流程并给出了工艺示意图。随后的9.2～9.4围绕自旋电子器件制备工艺中的关键步骤，展开介绍了其原理、流程和相应的设备。其中，9.2节主要介绍了磁控溅射设备的优点及其在自旋芯片制造中的广泛应用；9.3节介绍了图形转移工艺，其中包括光学光刻、电子束光刻和刻蚀工艺的设备、原理和步骤，讨论了光刻及刻蚀工艺中的关键参数对工艺的影响；9.4节介绍了将单个自旋电子器件集成到自旋芯片中的相关工艺。目前，自旋芯片正在朝着更精密、更高性能的方向发展。掌握自旋芯片的加工工艺并且了解自旋芯片加工所需的相关设备对于更为深入地认识自旋电子乃至将来推动自旋电子学的发展具有重要的作用。

思考题

1. 自旋电子器件的分类依据是什么？试比较两种类型器件的优缺点。

2. 思考巨磁阻器件制备与隧穿磁阻器件制备的工艺区别。

3. 磁控溅射设备的磁场控制的具体含义是什么？磁控控制的主要目的是什么？磁铁位于设备的什么位置？

4. 请简述磁控溅射设备的原理，为什么说磁控溅射设备是低温、高速和低损伤的溅射？

5. 请思考磁控溅射不同的沉积条件对膜堆产生的影响。

6. 请简述磁场退火设备的原理以及对膜堆产生的影响。

7. 请思考磁场退火设备为何能够改善膜堆的性能。

8. 光刻设备的分辨率与哪些参数有关？试简述光刻机光源的发展与演变。

9. 如何解决光刻工艺中衬底对光的反射造成曝光质量的下降？

10. 制备的磁隧道纳米结会出现短路或短路情况，请解释可能出现问题的工艺环节及解决方法有哪些？

11. 在集成工艺中，化学机械抛光工艺是如何影响后续的镀膜质量甚至纳米结性能？

参考文献

[1] WATANABE K, JINNAI B, FUKAMI S, et al. Shape anisotropy revisited in single-digit nanometer magnetic tunnel junctions[J]. Nature Communications, 2018, 9(1). DOI: 10.1038/s41467-018-03003-7.

[2] KAO M Y, OU J Y, HORNG L, et al. A novel bottom-up fabrication process for controllable sub-100 nm magnetic multilayer devices[J]. IEEE Transactions on Magnetics, 2008, 44(11): 2734-2736.

[3] NGUYEN V D, SABON P, CHATTERJEE J, et al. Novel approach for nano-patterning magnetic tunnel junctions stacks at narrow pitch: a route towards high density STT-MRAM applications[C]//2017 IEEE International Electron Devices Meeting (IEDM).

Piscataway, USA: IEEE 2017. DOI: 10.1109/INTMAG.2018.8508643.

[4]　GALLAGHER W J, PARKIN S S P, LU Y, et al. Microstructured magnetic tunnel junctions (invited)[J]. Journal of Applied Physics, 1997, 81(8): 3741-3746.

[5]　方应翠 , 沈杰 , 解志强 . 真空镀膜原理与技术 [M]. 北京 : 科学出版社 , 2014.

[6]　MAHAN J E. Physical vapor deposition of thin films [M]. New Jersey: Wiley-VCH, 2000.

[7]　WINDOW B. Recent advances in sputter deposition[J]. Surface and Coatings Technology, 1995, 71(2): 93-97.

[8]　杨武保 . 磁控溅射镀膜技术最新进展及发展趋势预测 [J]. 石油机械 , 2005, 33(6): 73-76.

[9]　徐均琪 , 杭凌侠 , 蔡长龙 . 磁控溅射离子束流密度的研究 [J]. 真空科学与技术学报 , 2004, 24(1): 79-81.

[10]　WINDOW B, SAVVIDES N. Unbalanced dc magnetrons as sources of high ion fluxes[J]. Journal of Vacuum Science & Technology A: Vacuum, Surfaces, and Films, 1986, 4(3): 453-456.

[11]　田民波 , 李正操 . 薄膜技术与薄膜材料 [M]. 北京 : 清华大学出版社 , 2011.

[12]　IKEDA S, MIURA K, YAMAMOTO H, et al. A perpendicular-anisotropy CoFeB-MgO magnetic tunnel junction[J]. Nature Materials, 2010, 9(9): 721-724.

[13]　WANG M, CAI W, CAO K, et al. Current-induced magnetization switching in atom-thick tungsten engineered perpendicular magnetic tunnel junctions with large tunnel magnetoresistance[J]. Nature Communications, 2018, 9(1). DOI: 10.1038/s41467-018-03140-z.

[14]　SE Y O, LEE C G, SHAPIRO A J, et al. X-ray diffraction study of the optimization of MgO growth conditions for magnetic tunnel junctions[J]. Journal of Applied Physics, 2008, 103(7). DOI: 10.1063/1.2836405.

[15]　WANG M, CAI W, ZHU D, et al. Field-free switching of a perpendicular magnetic tunnel junction through the interplay of spin-orbit and spin-transfer torques[J]. Nature Electronics, 2018, 1(11): 582-588.

[16]　SAITO Y, FONS P, MAKINO K, et al. Compositional tuning in sputter-grown highly-oriented Bi–Te films and their optical and electronic structures[J]. Nanoscale, 2017, 9(39): 15115-15121.

[17] PENG S, ZHU D, LI W, et al. Exchange bias switching in an antiferromagnet/ ferromagnet bilayer driven by spin-orbit torque[J]. Nature Electronics, 2020, 3: 757-764.

[18] BOULLE O, VOGEL J, YANG H, et al. Room-temperature chiral magnetic skyrmions in ultrathin magnetic nanostructures[J]. Nature Nanotechnology, 2016, 11(5): 449. DOI: 10.1038/nnano.2015.315.

[19] JIANG Y, NOZAKI T, ABE S, et al. Substantial reduction of critical current for magnetization switching in an exchange-biased spin valve[J]. Nature Materials, 2004, 3(6): 361-364.

[20] CUBELLS-BELTRÁN M D, REIG C, MADRENAS J, et al. Integration of GMR sensors with different technologies[J]. Sensors, 2016, 16(6): 939. DOI: 10.3390/s16060939.

[21] ZHAO W, ZHAO X, WANG Y, et al. Failure analysis in magnetic tunnel junction nanopillar with interfacial perpendicular magnetic anisotropy[J]. Materials, 2016, 9(1). DOI: 10.3390/ma9010041.

[22] MATHON J, UMERSKI A. Theory of tunneling magnetoresistance of an epitaxial Fe/MgO/ Fe (001) junction[J]. Physical Review B, 2001, 63(22). DOI: 10.1103/PhysRevB.63.220403.

[23] BUTLER W H, ZHANG X G, SCHULTHESS T C, et al. Spin-dependent tunneling conductance of Fe|MgO|Fe sandwiches[J]. Physical Review B, 2001, 63(5). DOI: 10.1103/physrevb.63.054416.

[24] YUASA S, DJAYAPRAWIRA D D. Giant tunnel magnetoresistance in magnetic tunnel junctions with a crystalline MgO(001) barrier[J]. Journal of Physics D: Applied Physics, 2007, 40(21). DOI: 10.1088/0022-3727/40/21/R01.

[25] SINHA J, GRUBER M, KODZUKA M, et al. Influence of boron diffusion on the perpendicular magnetic anisotropy in Ta|CoFeB|MgO ultrathin films[J]. Journal of Applied Physics, 2015, 117(4). DOI: 10.1063/1.4906096.

[26] CHENG H, CHEN J, PENG S, et al. Giant perpendicular magnetic anisotropy in mo-based double-interface free layer structure for advanced magnetic tunnel junctions[J]. Advanced Electronic Materials, 2020, 6(8). DOI: 10.1002/aelm.202000271.

[27] SATO H, YAMANOUCHI M, MIURA K, et al. Junction size effect on switching current and thermal stability in CoFeB/MgO perpendicular magnetic tunnel junctions[J]. Applied Physics Letters, 2011, 99(4). DOI: 10.1063/1.3617429.

[28] YAMANOUCHI M, KOIZUMI R, IKEDA S, et al. Dependence of magnetic

anisotropy on MgO thickness and buffer layer in $Co_{20}Fe_{60}B_{20}$-MgO structure[J]. Journal of Applied Physics, 2011, 109(7). DOI: 10.1063/1.3554204.

[29] LIU T, ZHANG Y, CAI J W, et al. Thermally robust Mo/CoFeB/MgO trilayers with strong perpendicular magnetic anisotropy[J]. Scientific Reports, 2014, 4. DOI: 10.1038/srep05895.

[30] ALMASI H, HICKEY D R, NEWHOUSE-ILLIGE T, et al. Enhanced tunneling magnetoresistance and perpendicular magnetic anisotropy in Mo/CoFeB/MgO magnetic tunnel junctions[J]. Applied Physics Letters, 2015, 106(18). DOI: 10.1063/1.4919873.

[31] ALMASI H, XU M, XU Y, et al. Effect of Mo insertion layers on the magnetoresistance and perpendicular magnetic anisotropy in Ta/CoFeB/MgO junctions[J]. Applied Physics Letters, 2016, 109(3). DOI: 10.1063/1.4958732.

[32] CHUNG H C, LEE Y H, LEE S R. Effect of capping layer on the crystallization of amorphous CoFeB[J]. Physica Status Solidi(a), 2007, 204(12): 3995-3998.

[33] LEE S E, SHIM T H, PARK J G. Perpendicular magnetic tunnel junction (p-MTJ) spin-valves designed with a top Co2Fe6B2 free layer and a nanoscale-thick tungsten bridging and capping layer[J]. NPG Asia Materials, 2016, 8(11). DOI: 10.1038/am.2016.162.

[34] LEE S E, TAKEMURA Y, PARK J G. Effect of double MgO tunneling barrier on thermal stability and TMR ratio for perpendicular MTJ spin-valve with tungsten layers[J]. Applied Physics Letters, 2016, 109(18). DOI: 10.1063/1.4967172.

[35] ZHAO X, LIU Y, ZHU D, et al. Spin–orbit torque driven multi-level switching in He^+ irradiated W-CoFeB-MgO Hall bars with perpendicular anisotropy[J]. Applied Physics Letters, 2020, 116(24). DOI: 10.1063/5.0010679.

[36] ZHAO X, ZHANG B, VERNIER N, et al. Enhancing domain wall velocity through interface intermixing in W-CoFeB-MgO films with perpendicular anisotropy[J]. Applied Physics Letters, 2019, 115(12). DOI: 10.1063/1.5121357.

[37] BOULLART W, RADISIC D, PARASCHIV V, et al. STT MRAM patterning challenges[C]//Advanced Etch Technology for Nanopatterning II. International Society for Optics and Photonics, Bellingham, USA: SPIE, 2013, 8685. DOI: 10.1117/12.2013602.

[38] 吴克华. 电子束扫描曝光技术 [M]. 北京：宇航出版社，1985.

[39] LIDE D R. Handbook Of chemistry and physics[M]. 81st ed. Boca Raton: CRC Press, 2000.

[40] MIN S R, CHO H N, KIM K W, et al. Etch characteristics of magnetic tunnel junction stack with nanometer-sized patterns for magnetic random access memory[J]. Thin Solid Films, 2008, 516(11): 3507-3511.

[41] FABRIE C G C H M, KOHLHEPP J T, SWAGTEN H J M. Magnetization losses in submicrometer CoFeB dots etched in a high ion density Cl^2 based plasma[J]. Journal of Vacuum Science & Technology B: Microelectronics and Nanometer Structures, 2006, 24(6): 2627-2630.

[42] TAKAHASHI S, KAI T, SHIMOMURA N, et al. Ion-beam-etched profile control of MTJ cells for improving the switching characteristics of high-density MRAM[J]. IEEE Transactions on Magnetics, 2006, 42(10): 2745-2747.

[43] KIM E H, LEE T Y, WON C. Evolution of etch profile of magnetic tunnel junction stacks etched in a CH_3OH/Ar plasma[J]. Journal of the Electrochemical Society, 2012, 159(3): 230-234.

[44] CHOI J S, GARAY A A, HWANG S M, et al. Anisotropic etching of CoFeB magnetic thin films in C_2H_5OH/Ar plasma[J]. Thin Solid Films, Elsevier B.V., 2017, 637: 49-54.

[45] KUBOTA H, UEDA K, ANDO Y, et al. $CO+NH_3$ plasma etching for magnetic thin films[J]. Journal of Magnetism and Magnetic Materials, 2004, 272(276). DOI: 10.1016/j.jmmm.2003.12.724.

[46] LEE I H, LEE T Y, CHUNG C W. Etch characteristics of CoFeB magnetic thin films using high density plasma of a $H_2O/CH_4/Ar$ gas mixture[J]. Vacuum, 2013, 97: 49-54.

[47] KINOSHITA K, UTSUMI H, SUEMITSU K, et al. Etching magnetic tunnel junction with metal etchers[J]. Japanese Journal of Applied Physics, 2010, 49(8S1). DOI: 10.1143/JJAP.49.08JB02.

[48] KINOSHITA K, YAMAMOTO T, HONJO H, et al. Damage recovery by reductive chemistry after methanol-based plasma etch to fabricate magnetic tunnel junctions[J]. Japanese Journal of Applied Physics, 2012, 51(8S1). DOI: 10.1143/JJAP.51.08HA01.

[49] JEONG J H, ENDOH T. Novel oxygen showering process (OSP) for extreme damage suppression of sub-20nm high density p-MTJ array without IBE treatment[C]//2015 Symposium on VLSI Technology (VLSI Technology). Piscataway, USA: IEEE, 2015.

DOI: 10.1109/VLSIT.2015.7223660.

[50] NAGAHARA K, MUKAI T, HADA H, et al. Development of hard mask process on magnetic tunnel junction for a 4-Mbit magnetic random access memory[J]. Japanese Journal of Applied Physics, 2007, 46(7A): 4121-4124.

[51] MIN S R, CHO H N, KIM K W, et al. Etch characteristics of magnetic tunnel junction stack with nanometer-sized patterns for magnetic random access memory[J]. Thin Solid Films, 2008, 516(11): 3507-3511.

[52] MIURA S, HONJO H, KINOSHITA K, et al. Properties of perpendicular-anisotropy magnetic tunnel junctions fabricated over the bottom electrode contact[J]. Japanese Journal of Applied Physics, 2015, 54(4S). DOI: 10.7567/JJAP.54.04DM06.

[53] RICE W J G M, PARKIN S S P. Néel "orange-peel" coupling in magnetic tunneling junction devices[J]. Applied Physics Letters, 2000, 77(15): 2373-2375.

[54] KOIKE H, MIURA S, HONJO H, et al. Demonstration of yield improvement for on-via MTJ using a 2-Mbit 1T-1MTJ STT-MRAM test chip[C]//2016 IEEE 8th International Memory Workshop (IMW), Piscataway, USA: IEEE,2016: 6-9.

[55] MIURA S, HONJO H, KINOSHITA K, et al. Properties of perpendicular-anisotropy magnetic tunnel junctions fabricated over the bottom electrode contact[J]. Japanese Journal of Applied Physics, 2015, 54(4S). DOI: 10.7567/JJAP.54.04DM06.

[56] CAO K, CUI H, ZHANG Y, et al. Novel metallization processes for sub-100 nm magnetic tunnel junction devices[J]. Microelectronic Engineering, 2019, 209: 6-9.

第 10 章 自旋芯片测试与表征技术

在前面的章节中，我们介绍了自旋电子学的发展历程、物理效应与器件以及自旋芯片的电路设计与制备工艺。通过对第 9 章的学习，我们了解到自旋芯片由自旋电子器件通过集成工艺实现制备，而自旋电子器件则通过磁性多层膜的沉积工艺和图形化工艺完成加工。自旋芯片的测试与表征是研究相关物理效应、研发新型信息器件的重要一环。自旋芯片测试，就是从薄膜到器件再到芯片的制备过程中，对各个环节的性能参数进行测试，从而保证最终的产品具有良好的性能。本章将分别介绍磁性表征、自旋电子器件表征和自旋芯片表征的相关技术。

本章重点

知识要点	能力要求
薄膜基本磁性表征技术	（1）掌握磁强计和磁光克尔测量仪在磁性表征中的应用； （2）了解铁磁共振和时间分辨磁光克尔技术的原理； （3）掌握磁光克尔成像和布里渊光散射的用途； （4）了解 X 射线磁圆二色的基本原理
自旋电子器件表征技术	（1）了解自旋输运测试的基本效应； （2）掌握超快电学特性表征技术
自旋芯片表征技术	（1）了解晶圆级多维度磁场探针台的原理和应用场景； （2）掌握电流面内隧穿测试仪的测量方法

10.1 薄膜基本磁性表征技术

磁学特性（Magnetic Properties）是磁性薄膜的重要性能参数。为了确保磁性薄膜的质量，我们通常会对磁性薄膜进行磁学特性的表征。矫顽力 H_c、饱和磁化强度 M_s、各向异性场 H_k、磁阻尼系数 α 和易磁化轴方向等是描述磁化翻转过程的重要参数。下面我们将介绍用于磁性表征的测试技术。

10.1.1 磁强计

1. 振动样品磁强计

振动样品磁强计（Vibrating Sample Magnetometer，VSM）基于电磁感应来进行样品的磁性表征，是最常用的磁学特性测试方式之一。在振动样品磁强计的测试过程中，首先，将样品置于均匀磁场中进行磁化直至饱和；然后，通过压电材料让样品以固定频率和振幅做正弦高速振动，对于足够小的样品，它在探测线圈中振动所产生的感应电压与样品的磁矩、振幅和振动频率成正比。这样，在保证振幅、振动频率不变的基础上，用锁相放大器测量出电压后即可计算出待测样品的磁矩。振动样品磁强计的测量精度为

$10^{-6} \sim 10^{-5}$ emu。

振动样品磁强计由美国麻省理工学院林肯实验室的西蒙·弗纳（Simon Foner）于 1956 年发明，并于 1959 年对其进行了详细的介绍和测试[1-3]。振动样品磁强计的早期简化装置如图 10.1（a）所示，金属腔室⑨中的扬声器①使吸管③中的样品⑤产生振动，吸管③由粘在扬声器①上的圆锥纸杯②所固定。小型永磁体④固定在吸管③的上端，作为参考信号。参考线圈⑥和样品线圈⑦与振动的 z 方向平行，通过放大器和示波器来探测线圈感应的信号。其中的大型磁铁⑧用于产生磁场。

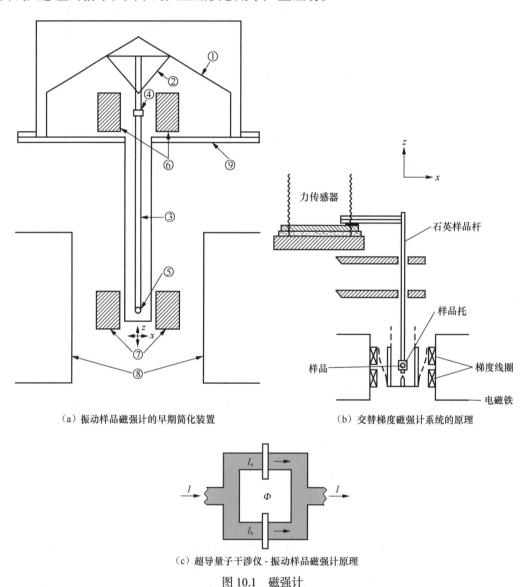

（a）振动样品磁强计的早期简化装置　　　　（b）交替梯度磁强计系统的原理

（c）超导量子干涉仪 - 振动样品磁强计原理

图 10.1　磁强计

2. 交替梯度磁强计

交替梯度磁强计（Alternating Gradient Magnetometer，AGM）通过测量磁性样品在非均匀交变磁场下受到的力来获得样品的磁矩。由于将样品的振动方式由振动样品磁强计的机械驱动改进为交变场驱动，简化了机械结构，从而具有高达 10^{-8} emu 的测量精度。交替梯度磁强计的原理如图 10.1（b）所示 [4-5]，对称放置在电磁铁两极上的梯度线圈产生交替的梯度场，使周期性交变的电磁力施加到样品上，该施加力与交替的梯度场和样品的磁矩成正比，并通过从石英样品杆传递到固定在杆上部的力传感器上，力信号可以转换成电压信号，从而获得样品在磁场下的磁滞回线，最终得到相应的磁矩。交替梯度磁强计具有灵敏度高、测量速度快和数据点丰富的特性，但在高温或低温环境下，力传感器受温度影响，交替梯度磁强计的测量精度将降低至 10^{-5} emu，并且由于交变磁场的存在（磁场强度为 $\pm 10 \sim 50$ Oe），当样品的矫顽力 H_c 与该交变磁场的强度接近时，样品信号会被淹没。

3. 超导量子干涉仪

超导量子干涉仪（Superconducting Quantum Interference Device，SQUID）是一种超高精度的磁学特性测试系统 [6]。典型产品如美国 Quantum Design 公司的 MPMS3 型超导量子干涉仪 - 振动样品磁强计，其所施加的磁场范围为 $-70 \sim 70$ kOe，低温恒温器支持 $1.5 \sim 400$ K 的温度测试环境。与振动样品磁强计的不同之处在于，超导量子干涉仪 - 振动样品磁强计的测量基于约瑟夫森量子隧穿效应，如图 10.1（c）所示，其关键部件是具有约瑟夫森结的超导线圈，用于检测磁通量 Φ 的变化；两块超导体被一个超薄隧穿势垒所隔开，形成约瑟夫森结。样品杆上的磁性薄膜在超导线圈中振动，产生的磁通变化正比于磁性薄膜的磁化强度，并使约瑟夫森结产生宏观量子干涉，进而引起超导线圈闭合环路中的电流变化；超导线圈将磁通量的变化转换为约瑟夫森结两端的电压信号，从而完成测量。超导量子干涉仪 - 振动样品磁强计的测量精度可以达到 10^{-8} emu，可以测量弱磁性样品的磁滞回线，具有高可靠性和可重复性。然而，超导量子干涉仪 - 振动样品磁强计的检测线圈需保持超导温度、装样步骤相对复杂，且测量速度较慢、维护成本较高。

4. 磁强计的磁性表征方法

通过旋转样品平面，垂直磁场和面内磁场均可作用于样品上。对于垂直磁化的样品，通过施加垂直磁场可以得到易磁化轴方向的磁滞回线，而施加面内磁场则获得难磁化轴方向的磁滞回线。当磁场沿易磁化轴或难磁化轴方向时，都可通过磁滞回线提取饱和磁化强度 M_s。其中，当磁场沿难磁化轴时，还可通过提取所测得磁矩接近饱和时所对应的磁场来得到各向异性场 H_k；当磁场沿易磁化轴时，则可通过磁滞回线与 x 轴相交所对应的磁场来获得矫顽力 H_c。有效磁各向异性能 K_{eff} 可以利用下式计算 [7]：

$$K_{eff} = \frac{1}{2} H_k M_s \tag{10.1}$$

值得注意的是，通过易磁化轴或难磁化轴方向测得的饱和磁化强度应当是一致的。但在实际测量中，无论是振动样品磁强计、超导量子干涉仪 - 振动样品磁强计还是交替梯度磁强计，由于样品形状的几何效应，两个磁场方向获得的饱和磁化强度值往往会出现一定程度的差异。解决该问题的方法是使用一个形状规范的标准样品进行校准，获得该仪器在测量薄膜样品时的几何因子，通过该几何因子，再换算即可得到样品的准确磁矩。

10.1.2 磁光克尔测量仪

由于磁强计中的样品需要一定频率和幅度的机械振动，对于样品的尺寸有一定的限制，一般要求样品大小不能超过 5 mm × 5 mm，因而无法对薄膜整片做无损检测；一旦分割，样品就无法继续进行后续图形化等操作，也无法实现原位的磁学特性测量。磁光克尔测量仪的使用，可以解决上述问题。

磁光效应主要有两种类型，分别是磁光法拉第效应（Magneto-Optic Faraday Effect）[8] 和磁光克尔效应（Magneto-Optic Kerr Effect，MOKE）[9]。

对于磁光法拉第效应，偏振光通过磁性薄膜时，透射光的偏振方向将发生改变，其转角取决于薄膜的磁化方向。入射光首先由偏振器进行线性偏振；然后，检偏器对出射光进行检测；最后，通过光电传感器、照相机等感光器件，可以对经过检偏器的光强度进行检测，从而得到薄膜的磁学参数。磁光法拉第效应主要用于研究透明的磁性薄膜。

磁光克尔效应是在 1877 年由苏格兰物理学家约翰·克尔（John Kerr）观测到的，如图 10.2 所示[10]。当线偏振光（振幅相同的左旋圆与右旋圆的偏振光叠加）从磁性材料中反射时，两个方向的偏振光会以不同的速度传播，从而导致左旋圆与右旋圆的偏振光之间发生相位偏移；同时，左旋圆与右旋圆的偏振光被吸收程度不同，即圆二色性（Circular Dichroism），使偏振振幅不同。以上两种效应导致的椭圆偏振光现象，被称为磁光克尔效应。该效应的内在物理机制源于入射光的振荡电场与磁性样品磁矩之间的相互作用[11]。

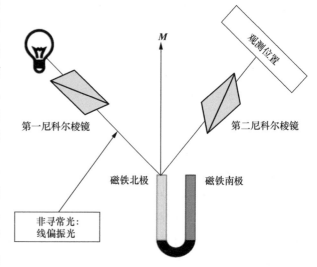

图 10.2　磁光克尔效应首次被发现时所用的实验装置

磁光克尔效应有极向、纵向和横向三种不同类型，如图 10.3 所示。其中，极向磁光克尔效应只对垂直于薄膜表面的磁化分量敏感；纵向磁光克尔效应对平行于薄膜表面并平行于入射平面的磁化分量敏感；横向磁光克尔效应对平行于薄膜表面并垂直于入射平面的磁化分量敏感。

根据测量的要求，我们可以选择所需的磁光克尔效应。第一，只有极向或纵向磁光克尔效应可以观测反射光偏振方向的变化，横向磁光克尔效应只能观测到反射率的变化。第二，当光的入射角接近于零度（垂直薄膜表面）时，纵向磁光克尔效应的信号消失，而极向磁光克尔效应的信号达到最大值。第三，当入射光垂直于薄膜表面时，入射光偏振方向不会影响磁光克尔旋转角和磁光克尔椭偏率等信号。

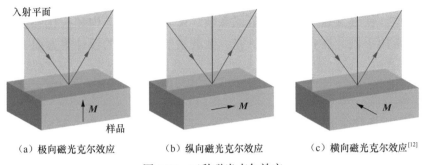

（a）极向磁光克尔效应 　　（b）纵向磁光克尔效应 　　（c）横向磁光克尔效应[12]

图 10.3 三种磁光克尔效应

1985 年，美国阿贡国家实验室的 Bader 等 [13] 通过磁光克尔效应表征了磁性超薄多层膜的磁学特性。磁光克尔测量仪利用偏振光检测局域磁性，可以用于磁性表征。其测量精度可以达到单个原子磁层，易于配置、测量速度快、对样品尺寸没有限制，其对极向 / 纵向磁光克尔效应十分灵敏，通过汞灯和偏振片产生线偏振光，可获得较高的灵敏度（10^{-12} emu）[14] 和小范围内的局部磁性（1 μm 左右），在自旋电子学领域得到了广泛的应用。磁光克尔测量仪由于只需控制入射光线和检测反射光线，因而无需破坏样品完整性即可进行薄膜的磁学特性表征，实现磁化强度变化趋势的快速检测，但是对饱和磁化强度 M_s 的测试容易受材料反射率、磁场变化率等因素的影响而测试不准。

图 10.4 所示为利用磁光克尔测量仪在室温下施加垂直磁场所测得的 Ta (2 nm)/Pt (3 nm)/Co (0.8 nm)/Ta (2 nm)/Pt (3 nm) 样品的磁滞回线，该样品具有垂直磁各向异性，即易磁化轴方向为垂直于多层膜平面，矫顽力 H_c 约为 200 Oe。

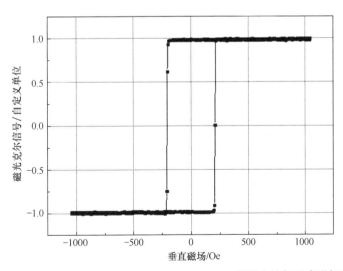

图 10.4 Ta (2 nm)/Pt (3 nm)/Co (0.8 nm)/Ta (2 nm)/Pt (3 nm) 样品在施加垂直磁场下的磁滞回线

10.1.3　铁磁共振表征技术

铁磁共振（Ferromagnetic Resonance，FMR）[15] 是一种研究物质宏观性能和微观结构的重要实验手段。它利用磁性物质从微波磁场中强烈吸收能量的现象，与核磁共振（Nuclear Magnetic Resonance，NMR）等实验手段一样在磁学和固体物理学研究中占有重要地位。铁磁共振是测量磁阻尼系数、张量磁化率、饱和磁化强度、居里点等重要参数的常用手段，在自旋电子研究、微波铁氧体器件的设计等方面有重要的应用价值[16]。

1. 铁磁共振及相关测试

当用恒定磁场和微波激励共同作用于某一磁性物质时，在微波频率和恒定磁场强度满足一定关系时，微波能量被铁磁物质剧烈地吸收，产生铁磁物质内部磁矩的共振，我们称之为铁磁共振现象。

从量子力学角度看，电子和质子等自旋不为零的粒子，具有自旋磁矩；将这些粒子置于稳恒的外磁场中，它们的磁矩就会和外磁场发生相互作用，使粒子的能级产生塞曼分裂，分裂后两能级间的能量差 $\Delta E = \gamma \hbar B$。其中，$\gamma$ 为旋磁比，$\hbar$ 为约化普朗克常数，B 为恒定外磁场。

如果此时再在恒定外磁场的垂直方向加上一个频率为 ν 的交变电磁场，由于这一交变电磁场的能量可写作：$E=h\nu$，所以当 $E=\Delta E$ 时，有 $2\pi\nu = \gamma B$。这表明低能级上的粒子会吸收电磁场的能量产生跃迁，即发生铁磁共振现象。

从经典物理角度解释，如不考虑阻尼作用，磁矩在外磁场中的运动方程[17]可写作：

$$\frac{\mathrm{d}\boldsymbol{M}}{\mathrm{d}t} = -\gamma \boldsymbol{M} \times \boldsymbol{H} \tag{10.2}$$

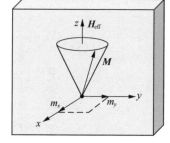

如图 10.5 所示，在磁场作用下，磁矩会围绕磁场方向发生进动[18]。当微波频率和进动频率相同时，即可发生铁磁共振现象。在理想的无阻尼条件下，即使无微波激励，磁矩也会一直进动下去，但实际上，阻尼的存在会使进动能量逐渐消耗，进动角减小直至磁矩方向和磁场方向平行为止。因此，考虑到阻尼作用，进动方程的完整表示为：

$$\frac{\mathrm{d}\boldsymbol{M}}{\mathrm{d}t} = -\gamma \boldsymbol{M} \times \boldsymbol{H} + \boldsymbol{T}_{\mathrm{d}} \tag{10.3}$$

图 10.5　磁场强度在无阻尼情况下的进动

式中，$\boldsymbol{T}_{\mathrm{d}}$ 为阻尼项，可以写成朗道 - 利夫希兹（Landau–Lifshitz）形式[19]：$-\boldsymbol{T}_{\mathrm{d}} = -\frac{\Lambda}{M^2}\cdot$ $\left[\boldsymbol{M} \times (\boldsymbol{M} \times \boldsymbol{H})\right]$；或者吉尔伯特形式：$\boldsymbol{T}_{\mathrm{d}} = \frac{\alpha}{M}\boldsymbol{M} \times \frac{\mathrm{d}\boldsymbol{M}}{\mathrm{d}t}$。式中，$\Lambda$、$\alpha$ 均可称为磁阻尼系数。

（1）用铁磁共振测量磁阻尼系数：用铁磁共振法[20]测量吉尔伯特形式的磁阻尼系数 α，则朗道 - 利夫希兹 - 吉尔伯特（Landau–Lifshitz–Gilbert，LLG）方程的表达式为：

$$\frac{\mathrm{d}\boldsymbol{M}}{\mathrm{d}t} = -\gamma \boldsymbol{M} \times \boldsymbol{H}_{\mathrm{eff}} + \frac{\alpha}{M}\boldsymbol{M} \times \frac{\mathrm{d}\boldsymbol{M}}{\mathrm{d}t} \tag{10.4}$$

式中，H_{eff} 为等效场。

局域磁矩受到的等效场 H_{eff} 的构成为：

$$H_{eff} = H + H_k + H_d + H_{ex} \tag{10.5}$$

式中，H 为外加磁场，H_k 为各向异性场，H_d 为退磁场，H_{ex} 为由交换作用引起的等效场。

接下来，在饱和磁化、各向同性、均匀、无限大的样品保持一致进动的情况下，即 $H_k=0$、$H_{ex}=0$、$H_d=0$、M 处处相同时，探讨磁矩的进动规律[21]。

第一种情况，无阻尼（$\alpha=0$）时的自由进动频率：只存在恒磁场（磁场方向为 z 轴方向）。在此情况下，LLG 方程可表示为：

$$\frac{dM}{dt} = -\gamma(M \times H) = -\gamma \begin{vmatrix} i & j & k \\ m_x & m_y & M_z \\ 0 & 0 & H_z \end{vmatrix} \tag{10.6}$$

由此可推导出关于 m_x、m_y 的简谐振动方程：$\dfrac{d^2 m_x}{dt^2} = -\gamma^2 H_z^2 m_x, \dfrac{d^2 m_y}{dt^2} = -\gamma^2 H_z^2 m_y$，其有解条件是其系数行列式为零，即：$\omega = \omega_0 = \gamma H_z$，$\omega_0$ 表示自由进动时的角频率。

因此在没有阻尼情况下，只有一个外加磁场作用在样品上，其进动频率满足：

$$f_0 = \frac{\omega_0}{2\pi} = \frac{\gamma}{2\pi} H_z \tag{10.7}$$

第二种情况，交变场和恒定磁场同时作用：磁化率变为张量，具有共振特性。设磁场 H 为 z 方向的恒定磁场和交变场产生的磁场组合，磁矩 M 为 z 方向的恒定量与交变量之和，则可表示为：

$$H = ih_x + jh_y + k(H_z + h_z) \tag{10.8}$$

$$M = im_x + jm_y + k(M_z + m_z) \tag{10.9}$$

由此得到，

$$\frac{dM}{dt} = -\gamma \begin{vmatrix} i & j & k \\ m_x & m_y & M_z + m_z \\ h_x & h_y & H_z + h_z \end{vmatrix} \tag{10.10}$$

在 $h \ll H$，$m \ll M$，布洛赫阻尼系数为 χ_0 的情况下，则忽略二次小量，旋磁方程写为：

$$\begin{cases} i\omega m_x + \omega_0 m_y = \chi_0 \omega_0 h_y \\ -\omega_0 m_x + i\omega m_y = -\chi_0 \omega_0 h_x \\ m_z = 0 \end{cases} \tag{10.11}$$

按二元一次方程求解，可以得到：

$$m_x = \frac{\chi_0 \omega_0^2}{\omega_0^2 - \omega^2} h_x + \mathrm{i} \frac{\chi_0 \omega \omega_0}{\omega_0^2 - \omega^2} h_y = \chi h_x - \mathrm{i} \chi_a h_y \tag{10.12}$$

$$m_y = -\mathrm{i} \frac{\chi_0 \omega \omega_0}{\omega_0^2 - \omega^2} h_x + \frac{\chi_0 \omega_0^2}{\omega_0^2 - \omega^2} h_y = \mathrm{i} \chi_a h_x + \chi h_y \tag{10.13}$$

由此可知，交变磁场和恒磁场同时作用下，磁化率变为张量。其张量元均为频率 ω 的函数，在 $\omega = \omega_0$ 时，产生共振现象，在无损耗情况下张量元达到无限大。

由于进动，某方向上的磁感应强度与同方向和垂直方向上的微波磁场强度均有关，这便是出现磁化率张量的意义 [22]。

第三种情况：有阻尼时（$\alpha \neq 0$），求解有阻尼项的旋磁方程为：

$$\frac{\mathrm{d}\boldsymbol{M}}{\mathrm{d}t} = -\gamma \boldsymbol{M} \times \boldsymbol{H}_{\mathrm{eff}} + \frac{\alpha}{M} \boldsymbol{M} \times \frac{\mathrm{d}\boldsymbol{M}}{\mathrm{d}t} \tag{10.14}$$

式中，等效磁场 $\boldsymbol{H}_{\mathrm{eff}}$ 由静态外磁场 $\boldsymbol{H}_0$（z 方向）和微波磁场 $\boldsymbol{h}(t)$ 组成：$\boldsymbol{H}_{\mathrm{eff}} = \boldsymbol{H}_0 + \boldsymbol{h}(t) = \boldsymbol{H}_0 + \boldsymbol{h}\mathrm{e}^{\mathrm{i}\omega t}$；磁矩 $\boldsymbol{M}$ 由与 $\boldsymbol{H}_0$ 平行的静态部分 $\boldsymbol{M}_0$ 和动态部分 $\boldsymbol{m}(t)$ 组成：$\boldsymbol{M} = \boldsymbol{M}_0 + \boldsymbol{m}(t) = \boldsymbol{M}_0 + \boldsymbol{m}\mathrm{e}^{\mathrm{i}\omega t}$。

对于 $\boldsymbol{m}$ 和 $\boldsymbol{h}$ 的关系，可以表示为

$$\boldsymbol{m} = \begin{pmatrix} \chi & -\mathrm{i}\chi_a & 0 \\ \mathrm{i}\chi_a & \chi & 0 \\ 0 & 0 & 0 \end{pmatrix} \boldsymbol{h} = \chi \boldsymbol{h} \tag{10.15}$$

式中，$\chi = \chi' - \mathrm{i}\chi''$，$\chi_a = \chi_a' - \mathrm{i}\chi_a''$。

对于 χ'、χ''、χ_a'、χ_a'' 有以下表达式：

$$\begin{cases} \chi' = \dfrac{1}{D} \omega_M \omega_H \left[\omega_H^2 - \left(1 - \alpha^2\right)\omega^2 \right] \\[2mm] \chi'' = \dfrac{1}{D} \alpha \omega_M \omega \left[\omega_H^2 + \left(1 + \alpha^2\right)\omega^2 \right] \\[2mm] \chi_a' = \dfrac{1}{D} \omega_M \omega \left[\omega_H^2 - \left(1 + \alpha^2\right)\omega^2 \right] \\[2mm] \chi_a'' = 2\alpha \omega_M \omega^2 \omega_H \end{cases} \tag{10.16}$$

式中，$D = \left[\omega_H^2 - \left(1 - \alpha^2\right)\omega^2 \right] + 4\alpha^2\omega^2\omega_H^2$，$\omega_M$ 为磁矩为 $\boldsymbol{M}$ 时的微波磁场角频率，ω_H 为磁场为 $\boldsymbol{H}$ 时的微波磁场角频率。

从磁化率张量 $\boldsymbol{\chi}$ 的表达式可以看出要达到铁磁共振的条件，需使 D 达到最小，即 $\omega = \dfrac{\omega_H}{\sqrt{1 - \alpha^2}}$ 时满足共振条件，且此时 ω 为有阻尼项时实现铁磁共振的微波磁场角频率。

由图 10.6 所示可以看出，张量分量的实部和虚部都是频率的函数，会发生频散和吸收，接近共振频率时，张量分量的实部变化剧烈并可能出现负值，其虚部出现最大值，即损耗达到极大[23]。

在用铁磁共振测量磁阻尼系数的实验中，通常测量的是张量分量的虚部的微分信号，其原因是：

由坡印廷定理以及简单的推导可知 $P_{abs} \propto \chi''$。因此，在共振频率处，磁化率张量 χ 的虚部到达极大值点，表明当微波磁场频率和磁矩进动频率相等时，磁矩进动从磁场中吸收的能量最多，并通过阻尼作用以热能的形式消耗掉。不同材料的阻尼情况不同，其损耗大小也不同。

实验测量时，我们常采用两种方法：固定微波频率，扫描磁场大小；固定磁场，扫描微波频率。通过以上两种方法绘制关于 χ'' 的曲线。图 10.7 所示有一特征点为共振线宽，即 χ'' 的半宽高为所对应的 $\Delta\omega$ 或 ΔH。$\Delta\omega$ 或 ΔH 与磁阻尼系数 α 的关系满足：
$\Delta\omega = 2\alpha\omega_{H}$，$\Delta H = \dfrac{2\alpha\omega}{\gamma}$。

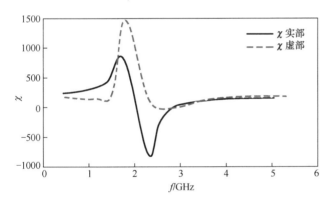

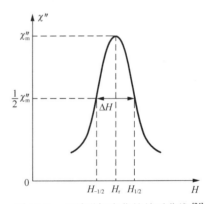

图 10.6　NiFe 膜张量分量的实部、虚部与稳恒磁场强度的关系　　图 10.7　χ'' 随磁场变化的关系曲线[24]

因此，测量共振线宽可以估算磁阻尼系数的数值。研究影响共振线宽的因素对于铁磁共振研究也尤为重要。

（2）其他磁共振现象：所有自旋系统在恒定磁场和交变磁场共同作用下，都会发生共振现象，磁共振是物质最普遍的性质之一。铁磁共振、反铁磁共振（Antiferromagnetic Resonance，AFMR）、自旋波共振（Spin Wave Resonance，SWR）、电子顺磁共振（Electron Paramagnetic Resonance，EPR）、电子自旋共振（Electron Spin Resonance，ESR）、核磁共振等都在生活中有着广泛地应用。其中，核磁共振成像技术已在医学[25]、有机化学和生物化学等领域中得到广泛应用。

（3）铁磁共振实验装置。图 10.8 所示为传统的铁磁共振实验装置。微波信号由微波源提供，外加的恒定磁场由电磁铁提供，其分为直流稳恒磁场和扫描磁场两部分。微波信号经隔离器、衰减器和波长表等装置进入谐振腔。样品放置在由装有耦合片的一段矩形波导组成的谐振腔内。发生铁磁共振现象时，样品因产生共振损耗，微波输出功率降低，就可测出谐振腔的输出功率和外加恒定磁场的关系，从而找到共振点。

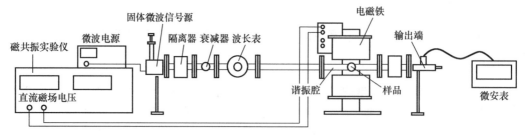

图 10.8　传统的铁磁共振实验装置[26]

　　这种传统的铁磁共振实验装置因谐振腔的频率不可调，实验时只能应用固定频率填写磁场的方法进行测量[27]。同时，谐振腔的敏感度较低，故无法测量薄膜材料，只适用于体状材料。通常，薄膜材料可选用共面波导（Coplanar Wave Guide，CPW）[28]实验装置测量，如图 10.9 所示。

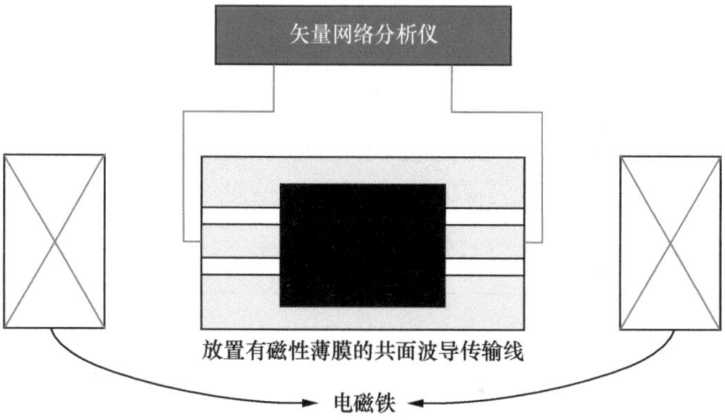

矢量网络分析仪

放置有磁性薄膜的共面波导传输线

电磁铁

图 10.9　共面波导实验装置[23]

2.　自旋波及相关测试

　　自旋波（Spin Wave，SW）是在 1930 年由瑞士物理学家费利克斯·布洛赫（Felix Bloch）基于海森堡模型首先提出的，目的在于探讨铁磁性自发磁矩 M 和温度 T 的关系[29]。

　　设由 N 个格点组成的自旋体系，每个格点的自旋为 $S_i(i=1,2,\cdots,N)$，假设相邻自旋间的交换作用均相同，且交换能积分常数 $A>0$，若只考虑最近邻格点交换作用，自旋体系的交换作用能 E_{ex} 可计算为：

$$E_{ex} = -2A\sum_{i=1}^{N-1} S_i \cdot S_{i+1} \tag{10.17}$$

　　如图 10.10（a）所示，在 $T=0$ 状态下，由于 $A>0$，由热力学第三定律可知，系统中每个格点的自旋都应呈完全平行状态，每个格点的自旋量子数达到最大值 S，则体系的总磁矩大小为：

$$M(0) = NSg_s\mu_B \tag{10.18}$$

式中，N 为自旋体系的格点数，g_s 为格点自旋量子数为 S 的重力加速度，μ_B 为玻尔磁子。此时系统处于基态，即总能量最低[30]。

　　如图 10.10（b）所示，当 $T>0$，热能使自旋体系中任意一个自旋发生翻转时，其相邻格点上的自旋由于交换作用也趋向翻转；同时，同样由于交换相互作用，近邻格点的自旋也会力图使翻转的自旋重新翻转回来。因此，如图 10.10（c）所示，自旋翻转不会停留在一个格点上，而是以波的形式向周围传播，直至弥散到整个系统，这种自旋翻转在系统中的传播称为自旋波[31]。

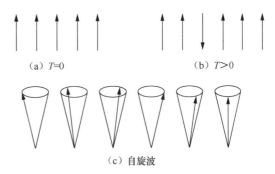

（a）T=0　　　　　　（b）T>0

（c）自旋波

图 10.10　简单磁体中近邻格点的自旋方向

（1）自旋波的分类

自旋波根据相邻格点间交换作用的来源可以分为：由海森堡交换作用引起的短程自旋波和由偶极交换作用引起的长程自旋波。短程自旋波是主要的，而长程的自旋波则基本可忽略。

自旋波根据样品磁化的相对方向[32]可以划分为以下几种。

① 磁化强度位于薄膜面内［见图 10.11（a）］，或者磁化强度垂直薄膜平面［见图 10.11（b）］时，波矢垂直于磁性金属薄膜平面的自旋驻波，称为垂直自旋驻波（Perpendicular Standing Spin Wave，PSSW）。

② 磁化强度位于面内时，波矢平行薄膜平面且与磁化强度平行的自旋驻波，称为后向体静磁模（Magnetostatics Backward Volume Modes，MSBVM）。

③ 磁化强度垂直薄膜平面时，波矢平行薄膜平面且与磁化强度垂直的自旋驻波，称为前向体静磁模（Magnetostatics Forward Volume Modes，MSFVM）。

④ 磁化强度位于面内时，波矢平行薄膜平面且与磁化强度垂直的自旋驻波，称为 Demon-Eshbach 模（Demon-Eshbach Modes，DEM）。

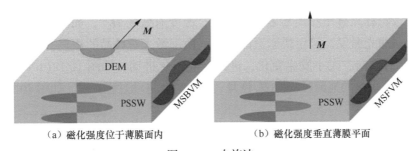

（a）磁化强度位于薄膜面内　　　　　　（b）磁化强度垂直薄膜平面

图 10.11　自旋波

（2）自旋波的探测方法

自旋波是一种激发态，其能量较低，由于可探测到的信号较小，因此实验观测较为困难。对于不同的自旋波，根据其自身特点可选用不同的探测方法，常用的方法有：微波天线直接探测、布里渊光散射（Brillouin Light Scattering，BLS）、铁磁共振吸收、自旋整流技术、逆自旋霍尔效应（Inverse Spin Hall Effect，ISHE）等。

微波天线直接探测法是激发和探测自旋波常用的手段。布里渊光散射法由于使用的多是激光，受光学衍射的限制，分辨率不高，因此一般用来测试长程自旋波[33-34]。铁磁共振吸收方法则要用微波激发，可测频率范围为 0.5 ~ 40 GHz，其优点是有很高的分辨率[35]。自旋整流技术常利用光电压效应与样品的微波电流的关系来测试自旋波。逆自旋霍尔效应则是将自旋波在界面处转化为电流，利用电极读出电压信号，从而实现自旋波探测。

10.1.4　时间分辨磁光克尔测量仪

磁阻尼系数是磁性薄膜的重要磁性参数[36]，能够决定其磁动力学属性，如磁化翻转速度[37]以及磁化翻转所需的电流密度[38]等。对于磁性超薄多层膜，铁磁共振测量方法很难对其磁动力学性能进行探测。随着超快光学的发展，泵浦-探测（Pump-Probe）技术被引入传统的磁光克尔测量[39]中。时间分辨磁光克尔效应（Time-Resolved MOKE，TR-MOKE）测量仪可以实现自旋动力学过程中的超快表征，利用飞秒超快激光对薄膜的磁衰减过程进行探测，是研究瞬态磁光响应的内在机制和磁化翻转极限速度的有效方法。飞秒泵浦激光器可以诱导磁性样品的退磁。当通过外磁场将样品的磁矩从易磁化轴拉开时，自旋将会在磁矩恢复的过程中围绕有效场的方向进动。进动频率与外磁场有关，在几十赫兹到几百吉赫兹的范围内[40]。由于样品磁阻尼的存在，自旋进动的幅度随时间衰减。自旋进动过程可以通过 LLG 方程来描述。通过改变外磁场的幅度，我们可以测量一系列的磁性参数，如饱和磁化强度 M_s、磁阻尼系数 α、各向异性场 H_k 等。与铁磁共振吸收方法相比，时间分辨磁光克尔测量技术具有更高的空间分辨率，适用于样品表面微米区域的原位磁特性测量，可探测的自旋进动频率延伸至太赫兹范围。

通过时间分辨磁光克尔测量仪测量磁阻尼系数[41-43]的激光波长和泵浦光（Pump Beam）强度通常为 800 nm 和 4 mJ/cm²，探测光（Probe Beam）强度远小于泵浦光，并垂直入射到样品表面。在飞秒超快激光对薄膜进行激发前，通过施加与样品垂直方向角度为 θ_H 的磁场 H，可以将样品磁矩拉离易磁化轴方向，改变有效场 H_k^{eff}，如图 10.12（a）所示；通过飞秒脉冲泵浦光激发，产生快速退磁过程，由于激光对样品的加热，磁化强度 M 和各向异性场 H_k 的方向、大小发生变化，进而产生磁化进动，如图 10.12（b）所示；当激光的热量散发后，缓慢的弛豫过程使 H_k 恢复，同时磁化进动过程持续，如图 10.12（c）所示。

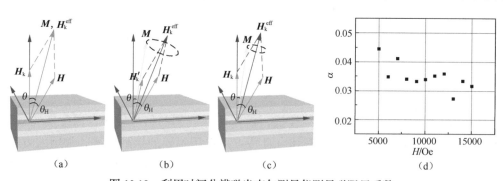

图 10.12　利用时间分辨磁光克尔测量仪测量磁阻尼系数

　　薄膜的磁衰减过程可以通过这一过程进行探测，即利用磁铁将样品磁矩拉离易磁化轴方向，通过飞秒脉冲泵浦光诱发样品自旋进动，以不同时间延迟的飞秒脉冲探测光进行极向磁光克尔测量，获得磁光克尔信号的时间曲线，进而得到超薄多层膜的磁学特性。时间分辨磁光克尔测量仪的光路如图 10.13 所示。基于极向磁光克尔构型，使用了泵浦 - 探测技术，泵浦（400 nm）光束和探测光束（800 nm）共轴垂直入射样品（样品置于磁场中，图中未画出），利用光桥探测器配合锁相测量技术分析反射光，获取低噪声的磁光克尔信号。通过时间延迟线控制探测光的时间延迟，实现超快自旋动力学过程的测量。

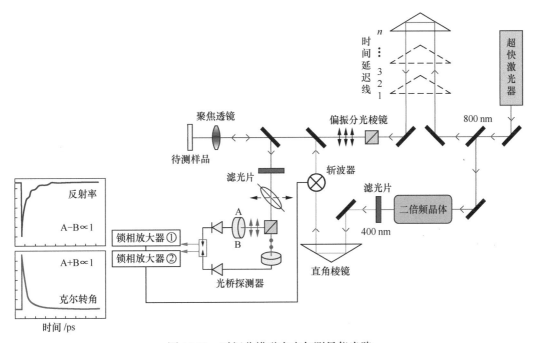

图 10.13　时间分辨磁光克尔测量仪光路

　　时间分辨磁光克尔测量仪的时域信号能够通过式（10.19）进行拟合[44]：

$$\theta_k = a + be^{-\frac{t}{t_0}} + c\sin(2\pi ft + \varphi)e^{-\frac{t}{\tau}} \tag{10.19}$$

式中，$a + be^{-\frac{t}{t_0}}$ 为指数递减的背底信号，c 和 f 分别为磁化进动的幅值和频率，φ 为磁化进动的初始相位，τ 为弛豫时间，$\alpha = 1/(2\pi f\tau)$ 为与磁场相关的磁阻尼系数。通过对不同磁场 H 的时域信号进行快速傅里叶变换（Fast Fourier Transform，FFT），我们可以得到磁化进动频率。Ta (2 nm)/Pt (3 nm)/Co (0.8 nm)/W (2 nm)/Pt (3 nm) 样品的磁阻尼系数 α 随施加磁场 H 的变化如图 10.12（d）所示。磁阻尼系数包括随磁场变化的外禀贡献和材料本征的内禀贡献。当磁场足够大的时候，随磁场变化的外禀贡献逐渐减弱，使得所测得的磁阻尼系数接近于材料本征的内禀贡献。

　　基于上述与磁场相关磁阻尼系数 α 的结果，有效磁阻尼系数 α_{eff} 可以通过式（10.20）

拟合得到 [45-46]：

$$\begin{cases} \tau^{-1} = |\gamma|\alpha_{\text{eff}}\dfrac{H_1 + H_2}{2} \\ H_1 = H\cos(\theta_H - \theta) + H_k^{\text{eff}}\cos 2\theta \\ H_2 = H\cos(\theta_H - \theta) + H_k^{\text{eff}}\cos^2\theta \end{cases} \qquad (10.20)$$

式中，$|\gamma|$ 为绝对旋磁比，θ 为磁化强度与样品垂直方向的夹角。通过拟合，我们可以得到该样品的 α_{eff} 为 0.054。

10.1.5　磁光克尔显微成像及磁畴动力学表征

1. 磁光克尔显微成像

磁光克尔效应是研究磁性材料和自旋电子器件的最常用光学手段。除了 10.1.2 节所述利用激光作为光源，通过光偏振调制和检偏对样品进行定点的磁性检测外，当把磁光克尔效应引入能够成像的高倍成像显微镜后，便可对样品或者器件表面的磁性状态进行高分辨率成像，即所谓的磁光克尔显微成像。

磁光克尔显微镜系统涉及的部件一般包括光源、起偏器、各种放大镜、样品托、磁场发生器（磁铁）、检偏器、图像采集器、相关配套仪表等，如图 10.14（a）所示 [47]。其工作原理：光源发出的光线通过透镜组起偏器被极化后，照射到磁性样品表面并被反射，如果样品不同部位存在磁化强度和方向的差别，则其反射光的偏振方向会发生与此差别相应的微小转动，反射光首先通过物镜（或高倍放大镜），然后通过检偏器，最终在相机中成像。由于偏振方向不同的光线通过检偏器后其光强度会出现差别，因此，克尔转角被转化为光强信号。最终，样品表面的磁化状态以亮暗反差的形式被清晰地反映在处理后的克尔图像上。

如前所述，磁光克尔效应分为极向磁光克尔效应、纵向磁光克尔效应和横向磁光克尔效应三种。相应地，磁光克尔显微成像可分为极向磁光克尔成像和纵向磁光克尔成像，而横向磁效应较少用于磁光成像。其中，极向磁光克尔成像适用于探测磁性材料中与反射面垂直的磁性分量的空间分布，纵向磁光克尔成像适用于探测平行于反射面的磁性分量。我国的致真精密仪器（青岛）有限公司开发的一款矢量磁光克尔显微镜，已经能够实时地对样品的磁化状态进行三维矢量成像，如图 10.14(b) 所示。

由于磁光克尔效应是表面效应，因此，对于薄膜材料的磁性状态特别敏感，适合研究磁性纳米薄膜材料。一般的磁光克尔显微镜在探测薄膜样品的磁性时最深只能够达到表面以下 10 ~ 20 nm 处，因此，当利用磁光克尔显微镜对磁性材料进行测试时，磁性层表面的覆盖层的厚度通常要在几纳米的量级，一般不超过 5 nm。

一般磁光克尔显微镜空间极限分辨率与普通光学显微镜相当，也受光的衍射作用限制，其极限分辨率可以由瑞利（Rayleigh）准则给出 [48-51]：

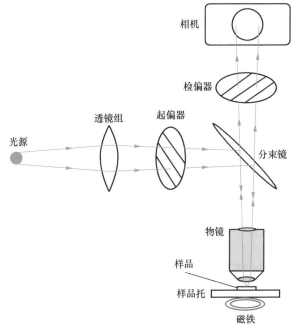

（a）极向磁光克尔显微镜光路

（b）矢量磁光克尔显微镜系统实物

图 10.14　磁光克尔显微镜

$$\delta_d \approx \frac{0.61\lambda}{NA} \qquad （10.21）$$

式中，δ_d 为分辨距离，即能被分辨开来的两个点的最小距离，λ 为光波的波长，NA 为透镜的数值孔径（Numerical Aperture）。通过对物镜的放大倍率进行调整，从而不仅可以观察样品局域的磁化信息，还可以观察样品的整体磁化信息。

磁光克尔显微镜由于其高分辨率、测量速度快、不破坏样品结构等优点，被广泛用于磁性薄膜材料的表面磁化状态、磁畴运动等方面的研究。

磁光克尔显微镜还能够与其他测试方法结合，具有良好的测试兼容性。例如，可以利用多功能探针台提供面内、垂直磁场及多对直流、高频探针，将磁光成像与自旋输运测试结合。

2. 利用磁畴动力学表征材料和器件性质

鉴于磁光克尔显微镜的空间分辨磁成像的能力，其特别适合磁性材料的磁畴研究，尤其是磁性薄膜材料和自旋电子器件中的磁畴。所谓磁畴（Magnetic Domain）是指磁性材料中磁化方向相同的一块区域。磁畴的分界面称为磁畴壁。图 10.15 所示为具有垂直磁各向异性的薄膜材料中磁畴壁的磁化排列。

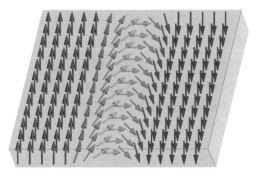

图 10.15　具有垂直磁各向异性的薄膜
材料中磁畴壁的磁化排列 [47]

　　对磁畴壁的研究能够让我们判断磁性材料及自旋电子器件的总体质量，同时还能对它们的缺陷进行定点定量表征；对磁畴壁的研究还能为我们对磁性材料的很多基础物理现象提供一个有力的探测手段。例如，对磁畴壁的平衡状态下的形貌的研究，可以推断出磁性材料内部的很多基本参数，如饱和磁化强度 M_s、海森堡交换作用刚度 A_{ex}、局部区域各向异性能 E_k 等。此外，对第 7 章中介绍的 DM 相互作用概念，可以通过测量不同面内磁场下磁畴壁在蠕行阶段（Creep Regime）的非对称运动速度来得到其强度。下面将以磁性薄膜材料和自旋电子器件为例对这些内容进行详细介绍。

　　（1）磁性薄膜总体质量判断。传统的表征磁性薄膜质量的方法是扫描其磁滞回线，通过矫顽力 H_c 的大小进行判断，缺点是只能定性表征，不能直接得知薄膜表面的均匀度等具体情况。通过磁光克尔显微镜可以直接观察磁性薄膜表面的磁化信息，从而对其质量进行判断，如图 10.16 所示。

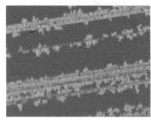 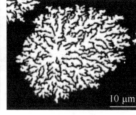 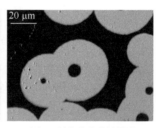

（a）磁性薄膜衬底晶格有缺陷　　　　（b）质量不好的磁性薄膜　　　　（c）质量优良的磁性薄膜

图 10.16　通过磁光克尔显微镜观察薄膜表面时的不同情况

　　（2）磁性薄膜缺陷的定点定量表征。通过磁光克尔显微成像可以直接定位磁性薄膜的钉扎点，这些钉扎点在薄膜中通常是随机出现的。磁性薄膜中任一性质在局域发生突变，包括各向异性能、交换作用刚度、薄膜厚度等，都可能造成局部磁性能量的改变。当磁畴壁运动到这些缺陷处时，会因为局部能量的起伏而发生钉扎作用，如图 10.17 所示。这些钉扎作用的强度和分布密度也是随机的，在此情况下，磁畴壁的运动速度 v 会遵循一个经典的蠕行方程，即 [52]：

$$\ln v = \ln v_0 - \left(\frac{U_c}{k_B T} \right) \left(\frac{H_{p\_intr}}{H_{ex}} \right)^{\mu} \tag{10.22}$$

式中，U_c 为材料缺陷或者材料属性的局部波动引起的能量势垒（Energy Barrier），k_B 为玻尔兹曼常数，T 为温度，v_0 为速度的一个系数，$\mu = 1/4$，H_{ex} 是外加磁场。所有二维材料中的磁畴壁运动，都符合这一规律，也就是说在蠕行阶段，畴壁的速度的对数与 $H_{ex}^{-1/4}$ 呈线性关系。磁场驱动的磁畴壁在蠕行阶段的运动如图 10.18 所示，实验样品为 Ta(5 nm)/CoFeB(1 nm)/MgO(2 nm)/Ta(5 nm) 多层膜，样品在 300 ℃下退火两小时，测试温度为 24 ℃ [47]。

　　当外加磁场的强度大于某一个阈值时，畴壁的运动将逐渐脱离钉扎作用的影响，于是，运动速度将不再遵从蠕行方程。这个阈值通常称为薄膜内禀钉扎磁场 H_{p_intr}。通常，质量越好，钉扎力越小的薄膜，内禀钉扎磁场越小。因此，这个内禀钉扎磁场可以作为薄膜质量均一性的定量判据。

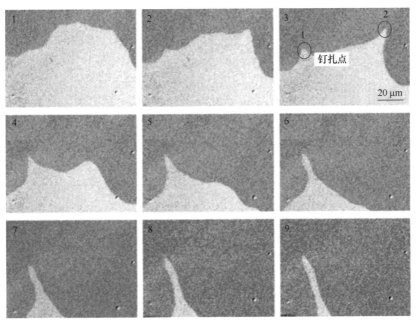

图 10.17　磁性薄膜钉扎点位置

（3）自旋电子器件缺陷的检测。研究表明，磁性器件的边缘会发生性质改变，尤其是可能由于刻蚀损伤造成垂直磁各向异性的降低或者缺失[53]。这些损伤通过普通电镜很难检测到，但可以采用磁光克尔显微成像直接通过磁性翻转对这些损伤进行检测，如图 10.19 所示。

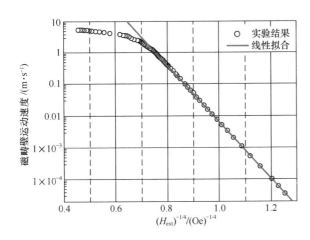

图 10.18　磁场驱动的磁畴壁在蠕行阶段的运动

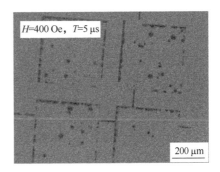

图 10.19　Ta/CoFeB/MgO 磁性方块边缘因为工艺损伤，弱磁场下发生翻转[54]

（4）饱和磁化强度 M_s 的表征。由于偶极作用，相互靠近的磁畴壁会发生相互排斥。通过磁光克尔显微成像测量同向磁畴间距离 d，如图 10.20 所示。将距离与所加磁场进行拟合，即可求得磁性材料的饱和磁化强度 M_s。同向磁畴距离 d 与外加磁场 H_{ex} 之间的关系满足[55]：

$$d^{-1} = \pi \frac{H_{\text{ex}} - H_{\text{p\_intr}}}{tM_{\text{s}}} \qquad （10.23）$$

（5）海森堡交换作用刚度 A_{ex}。将样品振荡退磁，再将得到的迷宫畴图片（见图 10.21）进行傅里叶变换，能够精确地得到磁畴宽度 D_{p}，再利用下列各式即可求得海森堡交换作用刚度 A_{ex}[56]：

$$D_{\text{p}} = 1.91 t_{\text{M}} e^{\pi D_0 / t_{\text{M}}} \qquad （10.24）$$

$$D_0 = \gamma_{\text{DW}} / \mu_0 M_{\text{s}}^2 \qquad （10.25）$$

$$\gamma_{\text{DW}} = 4\sqrt{A_{\text{ex}} K_{\text{eff}}} \qquad （10.26）$$

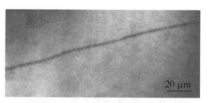

（a）零磁场下两个同向磁畴间距离约为 5 μm

（b）5.9 Oe 磁场挤压下磁畴间距离

图 10.20　通过磁光克尔显微成像测量同向磁畴间距离

式中，t_{M} 为铁磁层厚度，D_0 为材料的特征长度，γ_{DW} 为磁畴壁的界面能，K_{eff} 为等效各向异性能。

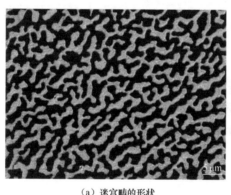

（a）迷宫畴的形状

（b）迷宫畴傅里叶变换

图 10.21　振荡退磁后迷宫畴

（6）局部区域各向异性能 E_{k}。基于对磁光克尔图片的亮度进行统计并结合扫描磁场进行分析，可以得到磁滞回线，进而提取被观测的样品的等效各向异性场强度和各向异性能 E_{k}。与基于激光探测的磁光克尔磁滞回线探测仪相比，磁光克尔显微镜在得到磁滞回线的同时，还能够调取相应状态下磁光克尔图片并进行比较分析。同时，利用磁光克尔显微镜的空间分辨能力，还可以有针对性地对样品局部区域进行磁滞回线扫描，故基于克尔显微镜的磁滞回线扫描适合进行自旋电子器件的局部区域磁性变化研究。

3. 界面 DM 相互作用的测量

第 7 章介绍了 DM 相互作用的概念。近年来，结构反演对称性缺失的材料中的 DM 相互作用受到强烈关注，尤其是界面 DM 相互作用。DM 相互作用倾向于使磁矩沿一定的手性非共线排列。与 DM 相互作用相关联的能量密度 e_{DM} 可表示为[57]，

$$e_{\text{DM}} = D\left[m_z \text{div} \boldsymbol{m} - (\boldsymbol{m} \cdot \boldsymbol{\nabla}) m_z \right] \qquad （10.27）$$

式中，D 为 DM 相互作用常量，表征 DM 相互作用的强弱和手性方向；m 为归一化磁化强度矢量，m_z 是该磁化强度在 z 方向上的分量。

DM 相互作用有多种测量方法，包括 10.1.6 节将介绍的布里渊光散射方法等，其中最简单易行的是，施加不同的面内磁场，测量磁畴壁在蠕行阶段的非对称扩张速度并寻找最低速度点。这种方法最早由 Je 等[58] 在 2013 年提出并在 Pt/Co/Pt 结构中得到实验验证[58]。图 10.22 所示为 Je 等用克尔显微镜拍摄到的，无面内磁场和有面内磁场两种情况的磁畴壁扩张的效果。其中，灰度不同的图像是时间间隔为 0.4 s 的 4 个连续图像叠加的结果，白色箭头和符号表示每个磁场的方向[58]。

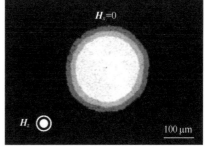

（a）无面内磁场

这种测量方法的基本原理：当材料中不存在 DM 相互作用或者没有面内磁场时，磁畴壁的中心磁化方向平行于磁畴壁平面，即磁畴壁的磁矩倾向于布洛赫排列，这种磁畴壁状态有利于减小磁畴壁的表面能，如图 10.22（a）所示。而在有较强 DM 相互作用的样品中，DM 相互作用的效果相当于一个垂直于

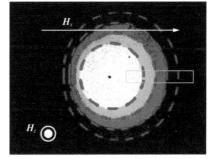

（b）有面内磁场 H_x（500 Oe）

图 10.22　面外磁场 H_z（30 Oe）驱动的圆形磁畴壁扩张

磁畴壁平面的等效场 H_{DM}，使磁畴壁的中心磁化方向垂直于磁畴壁平面，其指向由 DM 相互作用的手性决定，如图 10.22（b）所示，此时磁畴壁倾向于奈尔排列。具体来说，当把存在 DM 相互作用的样品置于面内磁场 H_x 中，其磁畴壁的表面能 γ_{DM} 可表示为：

$$\gamma_{DW} = \begin{cases} \gamma_{BW} - \dfrac{\pi^2 \Delta M_s^2}{8K_D}(H_x + H_{DM})^2, & \text{当} \left| H_x + H_{DM} \right| < \dfrac{4K_D}{\pi M_s} \text{时} \\ \gamma_{BW} + 2K_D - \pi \Delta M_s \left| H_x + H_{DM} \right|, & \text{其他情况时} \end{cases} \quad （10.28）$$

式中，γ_{BM} 为布洛赫壁的界面能，K_D 为磁畴壁的各向异性能密度。

在蠕行阶段，垂直磁场驱动的磁畴壁运动速度与磁畴壁的能量有关。由前面叙述可知，在同样的垂直磁场和温度下，钉扎作用弱的样品中的磁畴壁运动速度较高。而由式（10.28）可以看出，面内磁场 H_x 可以改变样品中磁畴壁的能量，进而改变磁畴壁的运动速度。而且，当面内磁场 H_x 与 DM 相互作用等效场 H_{DM} 等大反向时，磁畴壁会完全变成布洛赫壁，此时磁畴壁的能量最高。因此，在蠕行阶段，施加同样大小的垂直磁场改变面内磁场的大小，磁畴壁的运动速度会出现最小值。

由此可见，面内磁场虽然不能直接影响具有垂直磁各向异性的材料中磁畴壁的运动速度，但却会通过改变磁畴壁的磁化方向从而影响其运动速度，如图 10.23 所示。当垂直磁场和面内磁场共同作用时，通过检测在施加相同垂直磁场的条件下磁畴壁运动速度出现最小值时所对应的面内磁场，即可判断 DM 相互作用等效场 $\boldsymbol{H}_{DM}$ 的大小和方向。

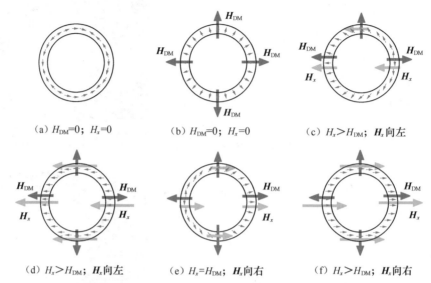

(a) $H_{DM}=0$；$H_x=0$　　　　(b) $H_{DM}=0$；$H_x=0$　　　　(c) $H_x>H_{DM}$；$\boldsymbol{H}_x$ 向左

(d) $H_x>H_{DM}$；$\boldsymbol{H}_x$ 向左　　　(e) $H_x=H_{DM}$；$\boldsymbol{H}_x$ 向右　　　(f) $H_x>H_{DM}$；$\boldsymbol{H}_x$ 向右

图 10.23　不同的 DM 相互作用强度和不同的面内磁场情况下，磁畴壁的磁化状态
图中蓝色箭头代表畴壁中心的磁化方向，红色箭头代表 H_{DM} 方向，绿色箭头代表面内场方向 [47]

通过磁光克尔显微成像，就可以直观地观测磁畴壁的运动，从而对 DM 相互作用进行测量。

图 10.24 所示为一组通过磁光克尔显微成像测量的磁畴壁运动情况，其中垂直磁场强度 $|H_z|=80\ \text{Oe}$，脉冲宽为 8 ms。其中，图 10.24（a）、（b）没有面内磁场，图 10.24（c）~（f）的面内磁场 $|H_x|=3270\ \text{Oe}^{[47]}$。

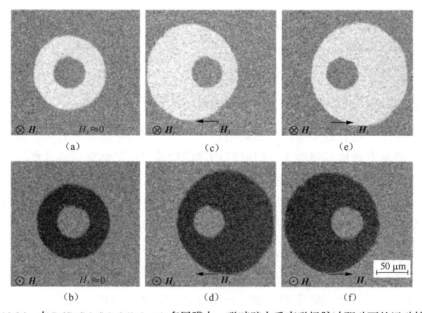

图 10.24　在 Pt/Co/Mg/MgO(0.6 nm) 多层膜中，磁畴壁在垂直磁场脉冲驱动下的运动情况

图 10.25 所示为一张按照此方法测量的一个样品的面内磁场与速度的关系曲线[59]。

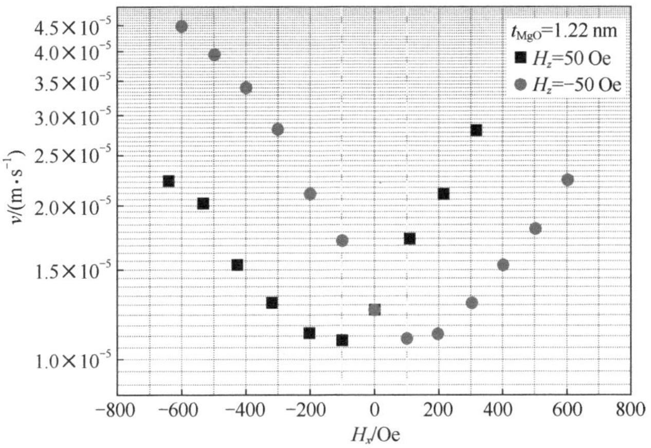

图 10.25　样品 Pt(4 nm)/Co(1 nm)/MgO(t nm)/Pt(4 nm) 的面内磁场 - 速度关系曲线

10.1.6　布里渊光散射装置

与其他自旋动力学测试设备相比，布里渊光散射装置具有显著的高灵敏度、允许在没有外部激励的系统中检测热激发的非相干自旋波、可以在较宽波矢量和光谱范围内进行探测等优点，被公认为表征自旋波的标准工具之一。

1. 布里渊光散射原理

1922 年，法国科学家莱昂·布里渊（Léon Brillouin）首次提出了理论化的布里渊光散射[60]。与拉曼散射相似，布里渊光散射也是光在介质材料中受到各种元激发的非弹性散射；与拉曼散射不同的是，布里渊光散射研究能量较小的元激发，通常为磁振子和声频支声子等。光子频率减少的散射过程称为斯托克斯（Stokes）散射，而光子频率增加的散射过程则被称为反斯托克斯（Anti-Stokes）散射。

在磁性材料中，主要关注的是光子和磁振子（自旋波激发的准粒子）的相互作用。由于布里渊光散射遵循动量守恒和能量守恒定律，入射光子的频率和波矢分别为 v_{in}、$\boldsymbol{k}_{in}$，在斯托克斯散射中（反斯托克斯散射中），光子损失（获得）能量对应产生（湮灭）一个频率和波矢分别为 v_M、$\boldsymbol{k}_M$ 的磁振子，散射光的频率 v_{out} 和波矢 $\boldsymbol{k}_{out}$ 携带与自旋波相关的信息：

$$hv_{out} = hv_{in} \pm hv_M \tag{10.29}$$

$$\hbar\boldsymbol{k}_{out} = \hbar\boldsymbol{k}_{in} \pm \hbar\boldsymbol{k}_M \tag{10.30}$$

式（10.29）和式（10.30）右侧的正号对应反斯托克斯过程，负号对应斯托克斯过程。散射过程如图 10.26 所示[61]。

布里渊光散射装置涉及的主要部件一般包括：新一代 TFP-2HC 型串联式法布里 - 珀罗干涉仪（Tandem Fabry-Pérot Interferometer，TFPI）、532 nm 波长单模固体激光器、外磁场、四维样品台以及外部光路和用于系统控制、采集数据的计算机等。外部光路设计如图 10.27（a）所示，其中，分光镜用以分离出一束参考光，物镜用来聚焦出微米尺度的入射光斑并收集微弱的来自样品表面的散射光信号，送入高对比度和高精度的频率分析工具——串联法布里-珀罗干涉仪[61]。由 Sandercock 开发的串联式法布里-珀罗干涉仪是现今检测布里渊光散射光谱的标准工具[62]，可以在图 10.27（b）中看到其内部结构——主要由两个高反射平行镜（FPI1 和 FPI2）组成。只有当反射镜间距是光波长的倍数时，光才能透射通过，否则透射将受到抑制。在测量过程中，可通过扫描干涉仪反射镜的距离检测透射光强度来分析光的波长（也即频率）。

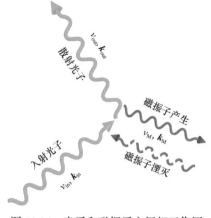

图 10.26　光子和磁振子之间相互作用的散射过程

　　典型的布里渊光散射干涉频谱如图 10.27（c）所示[61]。参考光束的位置标志着布里渊光散射光谱中的零位置，频率的绝对值是通过将样品散射光对应的反射镜间距与直接进入干涉仪的参考光束的位置来进行比较确定的。

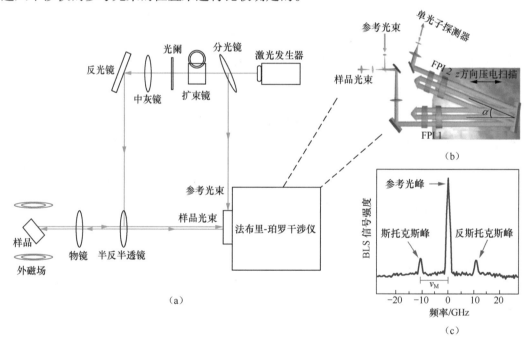

图 10.27　布里渊光散射装置

2. 利用自旋波表征磁性材料性质

　　基于自旋波的色散模型，具有波矢量分辨的布里渊光散射光谱学是测量磁性材料中与自旋波相关的磁性和界面参数，如界面 DM 相互作用、自旋混合电导率、旋磁比等的有力手段。

　　（1）界面 DM 相互作用的表征。如果材料体系中没有 DM 相互作用的存在，斯托克斯线和反斯托克斯线对应的频率是关于零点对称分布的。由于 DM 相互作用手性相互

作用的存在，对向传播的自旋波频率会存在差异[63]，也即斯托克斯峰 f_S 与反斯托克斯峰 f_{AS} 之间存在频移 Δf。自旋波手性由外加磁场 $\boldsymbol{H}$ 和自旋波波矢 $\boldsymbol{k}_M$ 确定：$\boldsymbol{k}_M \cdot (\boldsymbol{z} \times \boldsymbol{H})$，当外加磁场从内指向外时，图 10.28（a）所示向左传播的自旋波表现出逆时针手性，而图 10.28（b）所示向右传播的自旋波表现出顺时针手性。单个原子的磁矩 $\boldsymbol{m}$ 在外磁场 $\boldsymbol{H}$ 中以逆时针的方式进动，虚线箭头表示自旋波的空间手性，倾斜的红色箭头描绘了单个磁矩在时间快照中旋转的动态分量。紫色箭头表示了 DM 相互作用的手性。以 D 倾向于空间逆时针手性为例，图 10.28（c）所示左图和右图分别对应受 DM 相互作用影响的反斯托克斯过程和斯托克斯过程的频率偏移情况。其中，f_0 是没有 DM 相互作用存在时的自旋波频率，f_{DM} 代表着 DM 相互作用所引起的频率。当 $\boldsymbol{k}_M \| -\boldsymbol{x}$ 时，反对称性交换作用偏好的手性方向与自旋波的空间手性相同，这将导致自旋波传播的频率降低。相反地，当 $\boldsymbol{k}_M \| +\boldsymbol{x}$ 时，自旋波的空间手性和 DM 相互作用偏好的手性方向相反，自旋波传播频率增加。当磁场 $\boldsymbol{H}$ 的方向改变时，自旋波的手性以及频率的偏移会随之改变，如图 10.28（c）的中间图所示。

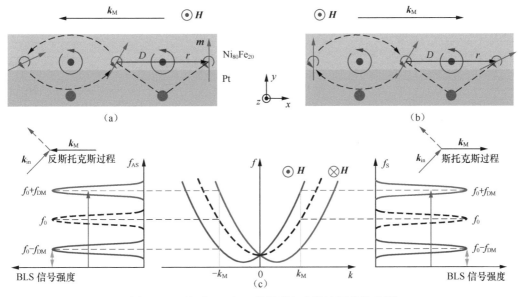

图 10.28　界面 DM 相互作用引起自旋波频率偏移[64]

　　由于 DM 相互作用所导致的不同手性自旋波频率的偏移值 Δf，可以通过布里渊光散射来探测，从而表征出 DM 相互作用能量的大小。如图 10.29（a）所示，根据频率偏移量 Δf 与自旋波波矢大小 k 的线性对应关系：

$$\Delta f = \frac{2\gamma D}{\pi M_s} k \qquad (10.31)$$

式中，γ 为旋磁比，M_s 为饱和磁化强度，波矢的大小 k 与入射光角度 θ 和激光波长 λ 相关，$k = 4\pi\sin(\theta)/\lambda$。通过旋转样品变换夹角 θ，即可测出 Δf-k 的散点图像，并从线性拟合斜率中求出 DM 相互作用能量 D 的大小。图 10.29 所示为基于北航研究团队利用自己搭建的布里渊光散射装置，表征 Pt/Co/MgO 多层膜样品界面 DM 相互作用的测试结果。

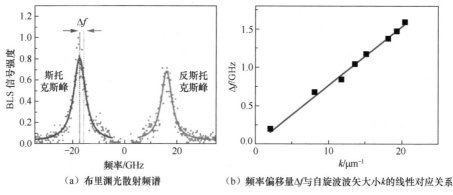

（a）布里渊光散射频谱　　　　　（b）频率偏移量Δf与自旋波波矢大小k的线性对应关系

图 10.29　Pt/Co/MgO 样品用布里渊光散射表征 DM 相互作用

（2）自旋混合电导率 $g_{\text{eff}}^{\uparrow\downarrow}$ 及磁阻尼系数 α。布里渊光散射频谱信号峰的半高宽 FWHM 与外加磁场 $\boldsymbol{H}$ 的大小有以下关系：

$$\text{FWHM} = \left(\frac{2\left(\alpha_0 + \alpha_{\text{sp}}\right)\gamma}{\pi} \right) H + \delta f_0 \tag{10.32}$$

$$g_{\text{eff}}^{\uparrow\downarrow} = \alpha_{\text{sp}} \left(4\pi M_s t_{\text{FM}} \right) / \gamma \hbar \tag{10.33}$$

$$\alpha = \alpha_0 + \alpha_{\text{sp}} \tag{10.34}$$

式中，δf_0 为与外加磁场 $\boldsymbol{H}$ 无关的外在线宽，γ 为旋磁比，M_{S} 为饱和磁化强度，t_{FM} 为铁磁层厚度，α_0 为铁磁材料的内禀磁阻尼系数，α_{sp} 为铁磁材料中由重金属材料诱导增强的磁阻尼系数。美国加州大学洛杉矶分校王康隆教授团队利用 Pt/CoFeB/MgO 样品的布里渊光散射信号峰半高宽与外加面内磁场强度的线性拟合斜率，计算得到自旋混合电导 $g_{\text{eff}}^{\uparrow\downarrow}$ 以及磁阻尼系数 α，拟合图像如图 10.30 所示[64]。

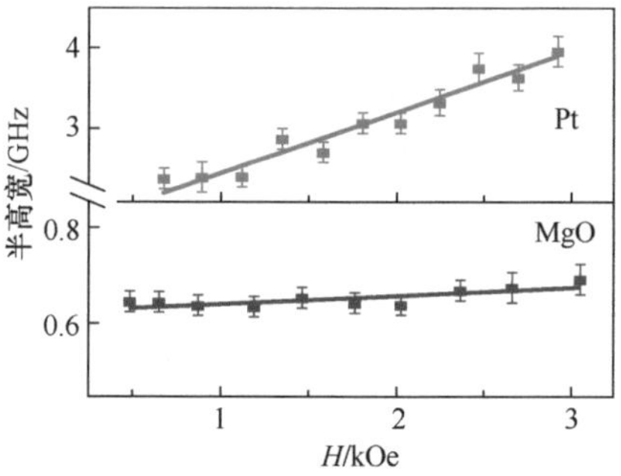

图 10.30　Pt/CoFeB/MgO 样品的布里渊光散射信号峰半高宽与外加面内磁场强度的线性拟合关系

10.1.7　X 射线磁圆二色

磁性多层膜每个磁层的磁性及磁层间相互作用的表征，对研究自旋相关效应、设计与调控界面特性和质量十分重要。通过同步辐射测量技术，利用 X 射线磁圆二色（X-ray Magnetic Circular Dichroism，XMCD）原理，我们可以实现高界面灵敏度和高空间分辨能力的磁性测量。X 射线磁圆二色描述了材料在磁场作用下，电子跃迁到不同的激发态时，从而对左旋（σ^-）和右旋（σ^+）圆偏振 X 射线的吸收光谱产生的差异，利用这一差异可以得到材料原子的自旋和轨道磁化信息。

1．X 射线偏振性控制

同步辐射技术通过调节光的偏振性进行探测，X 射线磁圆二色则采用圆偏振性，故对 X 射线偏振性的控制尤为重要[65]。弯曲磁铁是实现 X 射线圆偏振的最简单方式。如图 10.31（a）所示，我们在椭圆轨道中放置一系列磁铁，用于改变电子的运动方向。当电子脱离椭圆轨道时，其与轨道平面形成一个角度 ψ。圆偏振度 P_c 随着 ψ 的增加而增加，从而产生圆偏振的 X 射线；当电子在椭圆轨道平面内（即 $\psi=0$）时，则产生线偏振的 X 射线。弯曲磁铁可以通过调节 ψ 的大小来产生不同角度的椭圆偏振光，然而 X 射线的强度 I 会随着 ψ 的增加而下降，如图 10.31（b）所示，因而需要同时考虑圆偏振度 P_c 和 X 射线强度 I。

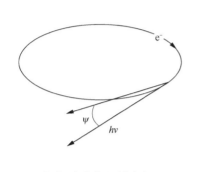
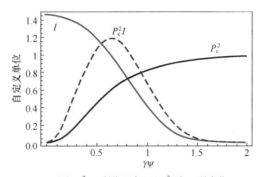

（a）电子与轨道平面的角度 ψ　　　（b）P_c^2、X 射线强度 I 及 P_c^2I 随 $\gamma\psi$ 的变化（γ 为电子能量和其质能之比）

图 10.31　弯曲磁铁

插入型设备通过将磁铁插入到电子轨道中来实现同步辐射[66]。椭圆偏振波荡器（Elliptical Undulator）由四组磁铁序列组成，其中两组在顶部、两组在底部，如图 10.32 所示；磁场方向不同的磁极通过周期性排列，可以组成磁铁序列；峰值能量的调整，主要通过调节磁铁序列的垂直间距；通过调节相邻磁铁矩阵的相对相位来改变偏振性，从而使电子轨道以螺旋线运动；电子在轨道的螺旋线运动可以产生左旋或右旋的圆偏振 X 射线，而电子在轨道平面内的运动则可以产生线偏振 X 射线。

螺旋偏振波荡器（Helical Undulators）也可以使电子轨道形成螺旋状态，通过调制同步辐射的强度和偏振度，可以实现圆偏振 X 射线，如图 10.33 所示。

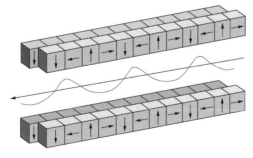
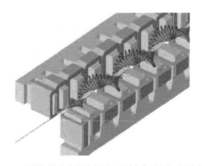

图 10.32　椭圆偏振波荡器的磁铁序列和电子轨道　　图 10.33　螺旋偏振波荡器的磁铁序列和电子轨道

2. X 射线磁圆二色的测试方法

X 射线吸收光谱（X-ray Absorption Spectroscopy，XAS）利用法拉第效应进行测量，即 X 射线垂直入射样品表面并平行于所施加的磁场。我们首先施加磁场 $\boldsymbol{B}$，使样品在垂直方向上完全磁化，然后调节 X 射线的偏振性，对左旋（σ^-）和右旋（σ^+）的 X 射线吸收光谱作差，从而获得 X 射线磁圆二色吸收光谱。在全电子产额（Total Electron Yield，TEY）探测模式下，发射的光子电流利用高灵敏度放大器进行放大，并通过测量透过磁性层的光子流量来获得吸收光谱，从而得到磁性层的自旋磁矩（m_{spin}）和轨道磁矩（$m_{orbital}$）数据，如图 10.34 所示。由于磁性材料的磁各向异性来源于自旋和轨道的耦合，m_{spin} 和 $m_{orbital}$ 的分别表征有助于材料的磁学特性研究。

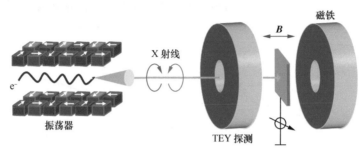

图 10.34　X 射线吸收光谱的实验装置 [67]

　　X 射线磁圆二色测试技术具有元素分辨能力。当 X 射线的光子能量达到一定值后，元素原子的内层电子跃迁，吸收系数会呈现阶梯式增长。这是因为光子能量与电子跃迁能量相等时会发生共振吸收，从而使电子电离为光电子，导致吸收强度增加。原子中不同主量子数的电子的吸收边相距较远，按照主量子数命名为 K、L 等吸收边。不同元素的 X 射线磁圆二色吸收边的共振峰不同，因而我们可以通过同步辐射光的能量调节，选择适当的 X 射线能量，来研究不同元素的磁性。与此同时，在施加连续变化的磁场来测试 X 射线磁圆二色吸收光谱时，通过固定入射 X 射线的能量为元素的吸收边，当磁矩随磁场发生翻转时，磁矩相对于 X 射线的入射方向也随之变化，从而使 X 射线磁圆二色吸收光谱随之变化，进而得到磁滞回线。对于磁性多层膜来说，基于 X 射线磁圆二色的元素分辨能力，我们可以分别得到不同磁性元素的磁矩。

　　Ta (2 nm)/Pt (3 nm)/Co (0.8 nm)/W (2 nm)/Pt (3 nm) 样品的 σ^- 和 σ^+ 的 X 射线吸收光谱和对应的 X 射线磁圆二色吸收光谱（σ^- 和 σ^+ 的 X 射线吸收光谱之差）如图 10.35 所示，在室温下向样品施加 10 kOe 垂直磁场，X 射线吸收光谱和 X 射线磁圆二色吸收光谱根据入射光的强度进行归一化。该样品 σ^- 和 σ^+ 的 X 射线吸收光谱在 L_2 和 L_3 吸收边的共振峰均没有明显的分裂，表明 Co 磁性层保护完好，没有被氧化；较强的磁圆二色性 X 吸收光谱表明 Co 的垂直磁化。

　　通过对 Co 的 L_2 和 L_3 吸收边的 X 射线吸收光谱之和 ($\sigma^- + \sigma^+$) 和 X 射线磁圆二色吸收光谱 ($\sigma^- - \sigma^+$) 进行积分，

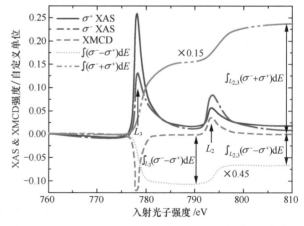

图 10.35　Pt (3 nm)/Co (0.8 nm)/W (2 nm) 样品的 X 射线吸收光谱和 X 射线磁圆二色吸收光谱

利用求和法则（Sum Rules）[68-70]，我们可以获得 Co 磁性层的 m_{spin} 和 m_{orbital} 分别为：

$$m_{\text{orbital}} = -\frac{4}{3}(10 - n_{\text{d}})\frac{\int_{L_{2,3}}(\sigma^- - \sigma^+)\mathrm{d}E}{\int_{L_{2,3}}(\sigma^- + \sigma^+)\mathrm{d}E}$$

$$m_{\text{spin}} + <T_z> = -(10 - n_{\text{d}})\frac{6\int_{L_3}(\sigma^- - \sigma^+)\mathrm{d}E - 4\int_{L_{2,3}}(\sigma^- - \sigma^+)\mathrm{d}E}{\int_{L_{2,3}}(\sigma^- + \sigma^+)\mathrm{d}E}$$

（10.35）

式中，n_{d} 是原子的 3d 电子占据数，Co 磁性层的 n_{d} 为 7.51[71]，$<T_z>$ 为磁偶极子项，E 为入射光子强度。

L_2 和 L_3 的 X 射线吸收光谱之和积分 $\int_{L_{2,3}}(\sigma^+ + \sigma^+)\mathrm{d}E$、$L_2$ 和 L_3 的 X 射线磁圆二色吸收光谱积分 $\int_{L_{2,3}}(\sigma^- - \sigma^+)\mathrm{d}E$、$L_3$ 的 X 射线磁圆二色吸收光谱积分 $\int_{L_3}(\sigma^- - \sigma^+)\mathrm{d}E$ 在图 10.36 中分别标出。在对 X 射线吸收光谱之和 $(\sigma^- + \sigma^+)$ 进行积分时，我们需要减去一个二步阶跃函数（Two-Step-Like Function），以便排除 L_2 和 L_3 的边沿跳跃[70]。该二步阶跃函数的阈值设在 L_2 和 L_3 吸收边的峰值位置，L_2 和 L_3 步长如图 10.36 所示。通过计算，我们可以得到 Co/W 界面的 m_{spin} 和 m_{orbital} 分别为 1.27 μ_{B}/ 原子和 0.313 μ_{B}/ 原子。

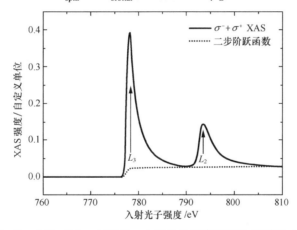

图 10.36 Pt (3 nm)/Co (0.8 nm)/W (2 nm) 样品的 X 射线吸收光谱和二步阶跃函数

10.2 自旋电子器件表征技术

本节将对自旋相关的输运测试、磁动态测试以及与磁畴成像相关的自旋电子器件测试进行介绍。

10.2.1 自旋输运测试

自旋输运测试主要研究自旋在载流子输运过程中所起到的作用，是自旋电子学的核心研究内容之一，也是表征材料体系性质的常用手段。输运现象主要是指载流子在外电场、磁场和温度梯度以及杂质、缺陷和晶格振动的散射作用下，其电荷和自旋在材料中的输运效应。输运现象所包含的内容非常广泛，本节仅对自旋电子学中常见的输运现象以及由此开发的各种测试技术进行介绍。在自旋电子学实验中，常涉及的与自旋相关的输运现象主要包括各类霍尔效应和磁阻效应等，在第 5 章中我们已经学习了自旋霍尔效应和逆自旋霍尔效应，下面我们先从霍尔效应开始介绍，接着对几种霍尔效应进行梳理与对比。

1. 霍尔效应

1879 年，美国物理学家埃德温·霍尔（Edwin Hall）发现在金属长条中通入电流并施加垂直磁场，那么在垂直于电流和磁场的方向上会产生一附加的电场，这就是霍尔效应（Hall Effect，HE）[71]，如图 10.37 所示。传统的霍尔效应实质上是运动电荷在磁场中受到洛伦兹力而获得的横向的加速度，当电荷积累形成的电场对电子的作用力与洛伦兹力平衡时，电荷积累达到饱和并最终形成稳定的霍尔电压。

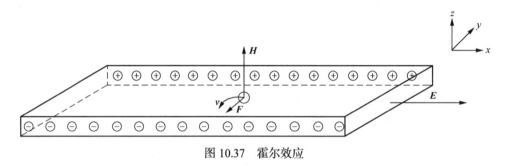

图 10.37　霍尔效应

以上提到的霍尔效应称为正常霍尔效应，后来人们又在此基础上相继发现了其他几种不同的霍尔效应。

2. 平面霍尔效应

平面霍尔效应（Planar Hall Effect，PHE）与各向异性磁阻效应[72]同源，均与自旋轨道耦合[73]密切相关，缘于磁性物质晶格的各向异性散射[74]。当在面内各向异性铁磁金属条中通入横向电流时，可以在纵向检测到电压，且该电压的大小依赖于面内磁矩方向。如图 10.38 所示，向样品中通入沿 x 方向的电流 I，将电流按照平行于磁化方向、垂直于磁化方向分别分解，即可得到电场 E 的分量与夹角 φ 的关系为：

$$\begin{cases} E_x = I\rho_\perp + I(\rho_\parallel - \rho_\perp)\cos^2\varphi \\ E_y = I(\rho_\parallel - \rho_\perp)\sin\varphi\cos\varphi \end{cases} \quad (10.36)$$

式中，$\rho_\parallel$ 为电流平行于磁化方向时的电阻率，$\rho_\perp$ 为电流垂直于磁化方向时的电阻率。

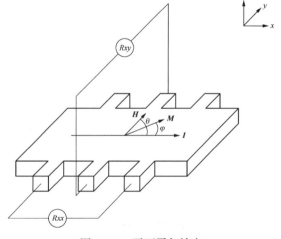

图 10.38　平面霍尔效应

3. 反常霍尔效应

1881 年，霍尔又发现即使在不施加磁场的情况下，在具有垂直各向异性的铁磁金属长条中通入横向电流同样可以检测到霍尔电压，并且这个值远大于正常霍尔效应所产生的霍尔电压，如图 10.39 所示，他将其称为反常霍尔效应（Anomalous Hall Effect，AHE）[75]。

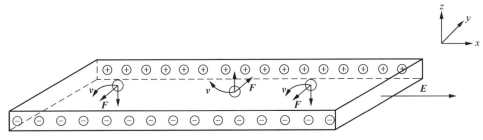

图 10.39　反常霍尔效应

通常，我们将霍尔电压与所通电流的比值定义为霍尔电阻率，表达式如下：

$$\rho_{xy} = R_0 H_z + R_s M_z \tag{10.37}$$

式中，H_z 与 M_z 分别表示 z 方向的磁场与磁化强度，R_0 表示正常霍尔效应产生的霍尔电阻，R_s 表示反常霍尔效应产生的霍尔电阻，通常 R_s 要大于 R_0 一个量级以上。

反常霍尔效应产生的原因很复杂，目前普遍认为反常霍尔效应是内禀机制、边跳机制、本征机制共同作用的结果[76]。从图 10.40 所示可以看到随着磁场的增大，霍尔电阻率 ρ_{xy} 以较大的速度线性增大，然后增长速度减小并趋于饱和，这是反常霍尔效应作用造成的结果[77]。

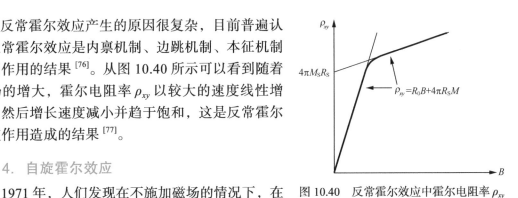

图 10.40　反常霍尔效应中霍尔电阻率 ρ_{xy} 与磁场 B 的关系曲线

4. 自旋霍尔效应

1971 年，人们发现在不施加磁场的情况下，在非磁性但具有自旋轨道耦合效应的材料中通入横向电流，在材料内部虽然没有电荷的积累但是却会有自旋的积累，且自旋极化的方向与电流方向相垂直，如图 10.41 所示，这就是自旋霍尔效应（Spin Hall Effect，SHE）。自旋霍尔效应产生的机理与反常霍尔效应一样，均是三个机制共同作用的结果。

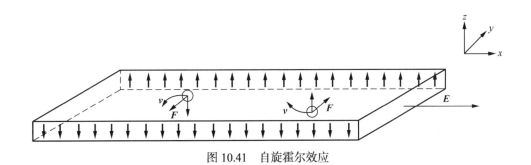

图 10.41　自旋霍尔效应

自旋霍尔效应通常产生在重金属中，且因不存在电荷的积累，难以观察。2004 年，Kato 等[78] 通过克尔旋转显微镜率先在砷化镓中观测到了自旋霍尔现象。近些年，人们发现自旋霍尔效应可以作为一种高效率产生自旋流的手段。在重金属 / 铁磁薄膜的体系中，通过将重金属中产生的自旋流注入到铁磁材料中，可以高效率地驱动磁性层的磁化翻转或者磁畴壁运动[79-80]。

5. 逆自旋霍尔效应

逆自旋霍尔效应是自旋霍尔效应的逆效应。前面描述的几种霍尔效应，均有一个共同特征，即向材料中输入横向电流或者磁场，可以在纵向检测到电荷或自旋的积累。而逆自旋霍尔效应则与之相反，在不施加磁场的条件下，向非磁但具有自旋轨道耦合效应的材料中通入横向自旋流，我们可以在纵向检测到电荷的积累，如图 10.42 所示，自旋相反的电子由于自旋轨道耦合，向垂直于自旋流 J_s 的方向偏转，这些电荷在薄膜一端积累，形成电场[81]。

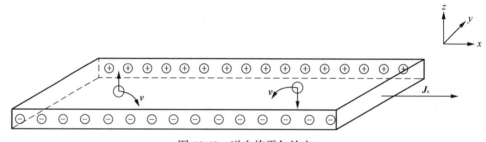

图 10.42　逆自旋霍尔效应

作为对比，我们在表 10.1 中对以上几种霍尔效应进行了比较。

表 10.1　几种霍尔效应的比较

霍尔效应	输入	输出	材料	外加磁场
正常霍尔效应	横向电流	电荷积累	存在载流的导体即可	需要外加磁场
平面霍尔效应	横向电流	电荷积累	面内各向异性的铁磁金属	不需要外加磁场
反常霍尔效应	横向电流	电荷积累	垂直各向异性的铁磁金属	不需要外加磁场
自旋霍尔效应	横向电流	自旋积累	非磁性但具有自旋轨道耦合的材料	不需要外加磁场
逆自旋霍尔效应	自旋流	电荷积累	非磁性但具有自旋轨道耦合的材料	不需要外加磁场

丰富多彩的自旋相关输运效应为人们研究物理、材料等科学提供了重要的手段。首先，自旋输运效应本身，包括其产生机理，调控方式，其与温度、磁场等变量的依赖关系等已成为物理学研究的重要内容，这些效应也为新型电子器件的开发提供了理论基础；其次，自旋相关的输运测试，为材料性质的表征提供了重要手段，这些性质包括自旋霍尔角、自旋极化率[82]、自旋扩散长度[83-84]、退相干时间[85] 等。

此外，自旋输运效应可以成为研究磁畴动力学的重要手段。例如，通过检测反常霍尔效应电压变化可精确测量磁畴壁的运动速度[86] 等，这些手段被广泛应用于磁畴壁运动的研究中。

值得一提的是，某些磁阻效应，如巨磁阻效应，也可用来进行磁畴动力学表征[87]。

6. 二次谐波测试

很多时候，几种自旋相关输运效应可并存于同一电输运过程中。充分利用这些效应，并经过科学的实验设计、测量和计算分析，将每种效应的作用分离并作出定量分析，进而确定材料体系的性质和相关物理机理，具有重要的意义。下面，以近几年发展起来的二次谐波测量技术为例子，介绍典型的自旋输运测试实验设计和分析方法。

自旋轨道矩引起的磁畴的翻转、磁畴壁的移动一直是自旋电子学中备受关注的问题。自旋轨道矩作用分为类阻尼作用项［写作 $\tau_{dl} = -a_j \gamma m \times (m \times p)$］和类场作用项（写作 $\tau_{fl} = -b_j \gamma m \times p$）。考虑到自旋轨道矩作用的 LLG 方程的表达式为：

$$\frac{\partial m}{\partial t} = -\gamma m \times \left(-\frac{\partial E}{\partial M} + a_j (m \times p) + b_j p \right) + \alpha m \times \frac{\partial m}{\partial t} \qquad (10.38)$$

式中，p 为自旋极化方向矢量，a_j 为类阻尼自旋轨道矩的系数，b_j 为类场自旋轨道矩的系数，m 为磁矩，$-\dfrac{\partial E}{\partial M}$ 为除自旋轨道矩作用以外其他效应的等效磁场。

自旋轨道矩相关测试的一个重要内容就是将其类阻尼项和类场项分离出来。二次谐波测量是定量分析自旋轨道矩的一种重要方法。下面以垂直磁各向异性材料中通过二次谐波测试分析为例，对其进行介绍。典型的二次谐波测试实验装置如图 10.43（a）所示。样品通常加工为十字形霍尔条，ΔH_t、ΔH_1 表示面内场。测试时，在 x 方向通入频率为 ω 的较小的交变电流（$I = \Delta I \sin \omega t$），同时，施加一适当的磁场 H 以调控磁化矢量面内分量的方向。在 y 方向，利用锁相放大器等设备，分别检测频率为 ω 与 2ω 的谐波信号。

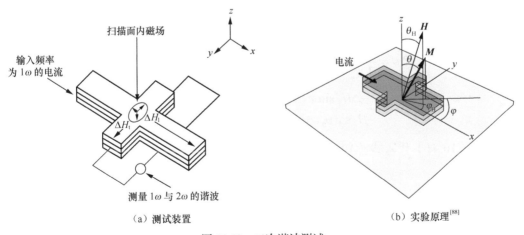

（a）测试装置　　　　　　　　　　　　（b）实验原理[88]

图 10.43　二次谐波测试

这里，我们将磁化矢量 M 和所施加的外磁场 H 分别写作球坐标的形式：$M = (\sin\theta \cos\varphi, \sin\theta \sin\varphi, \cos\theta)$，$H = H(\sin\theta_H \cos\varphi_H, \sin\theta_H \sin\varphi_H, \cos\theta_H)$，如图 10.43（b）所示。

当在 x 方向施加电流时，考虑到反常霍尔效应与平面霍尔效应的共同作用，霍尔电阻写作：

$$R_{xy} = \frac{1}{2}\Delta R_{\mathrm{a}}\cos\theta + \frac{1}{2}\Delta R_{\mathrm{p}}\sin^2\theta\sin2\varphi \qquad (10.39)$$

式中，ΔR_{a} 表示反常霍尔电阻的最大幅值，可以通过测量磁性层在 z 方向翻转前后的霍尔电阻变化得到；ΔR_{p} 为平面霍尔电阻的最大幅度，通过向样品施加较强面内磁场，旋转磁场方向后测量平面霍尔电阻 R_{p} 得到。

同时，由于施加电流产生的自旋轨道矩作用会使磁化矢量 $\boldsymbol{M}$ 从平衡位置产生偏离，写作：$\theta = \theta_0 + \Delta\theta$，$\varphi = \varphi_0 + \Delta\varphi$。式中，$\varphi_0$ 和 θ_0 指磁化矢量 $\boldsymbol{M}$ 在平衡状态时的方位角和天顶角。如果考虑施加电流幅度 ΔI 较小，自旋轨道矩作用为微扰时，则 $\Delta\theta\ll1$，$\Delta\varphi\ll1$。那么，自旋轨道矩的作用可以近似看成一对等效磁场，即 $\Delta\boldsymbol{H} = a_{\mathrm{j}}(\boldsymbol{M}\times\boldsymbol{p}) + b_{\mathrm{j}}\boldsymbol{p}$。多数情况下，重金属/铁磁薄膜体系中，沿 x 方向通入电流后，霍尔效应产生的自旋流在 y 方向，我们不妨取 $+y$ 方向，即 $\boldsymbol{p} = (0,1,0)$。

此外，因为面内磁各向异性场远小于外加磁场 $\boldsymbol{H}$，故 $\varphi_0 \approx \varphi_{\mathrm{H}}$，$\Delta\boldsymbol{H} = (\Delta H_x, \Delta H_y, \Delta H_z) \approx (-a_{\mathrm{j}}\cos\theta_0, b_{\mathrm{j}}, a_{\mathrm{j}}\sin\theta_0\cos\varphi_{\mathrm{H}})$。

由于自旋轨道矩引起的磁化方向偏移量 $\Delta\theta$、$\Delta\varphi$ 的一阶近似表示为：

$$\begin{cases} \Delta\theta = \dfrac{\partial\theta}{\partial H_x}\Delta H_x + \dfrac{\partial\theta}{\partial H_y}\Delta H_y + \dfrac{\partial\theta}{\partial H_z}\Delta H_z \\[3mm] \Delta\varphi = \dfrac{\partial\varphi}{\partial H_x}\Delta H_x + \dfrac{\partial\varphi}{\partial H_y}\Delta H_y + \dfrac{\partial\varphi}{\partial H_z}\Delta H_z \end{cases} \qquad (10.40)$$

考虑到包括等效垂直各向异性场 H_{k}、面内各向异性场 H_{a}、自旋轨道矩等效场在内的多种有效场共同作用下磁矩方向的平衡条件，$\Delta\theta$、$\Delta\varphi$ 可以进一步近似为：

$$\begin{cases} \Delta\theta = \dfrac{\cos\theta_0\left(\Delta H_x\cos\varphi_{\mathrm{H}} + \Delta H_y\sin\varphi_{\mathrm{H}}\right) - \sin\theta_0\Delta H_z}{\left(H_{\mathrm{k}} - H_{\mathrm{a}}\sin^2\varphi_{\mathrm{H}}\right)\cos2\theta_0 + H\cos\left(\theta_{\mathrm{H}} - \theta_0\right)} \\[4mm] \Delta\varphi = \dfrac{-\Delta H_x\sin\varphi_{\mathrm{H}} + \Delta H_y\cos\varphi_{\mathrm{H}}}{-H_{\mathrm{a}}\sin\theta_0\cos2\varphi_{\mathrm{H}} + H\sin\theta_{\mathrm{H}}} \end{cases} \qquad (10.41)$$

将式（10.41）代入式（10.39）并做一阶近似有：

$$\begin{aligned} R_{xy} &\approx \frac{1}{2}\Delta R_{\mathrm{a}}\left(\cos\theta_0 - \Delta\theta\sin\theta_0\right) + \frac{1}{2}\Delta R_{\mathrm{p}}\sin^2\theta_0 + \\ &\quad \Delta\theta\sin2\theta_0\left(\sin2\varphi_0 + 2\Delta\varphi\cos2\varphi_0\right) \end{aligned} \qquad (10.42)$$

至此，自旋轨道矩等效场 $\Delta\boldsymbol{H}$ 对 $\boldsymbol{M}$ 产生的扰动可以转变为对霍尔电阻的贡献，并可以通过测量得到。但实际上，还需要对自旋轨道矩的两种等效场进行分离，而且直接测量 R_{xy} 也很难做到精确，因此，需要对施加的电流信号进行调制。假设施加的电流为

$I = \Delta I \sin \omega t$，由欧姆定律$V_{xy} = R_{xy} I$，测得霍尔电压信号中可以分离出一次谐波与二次谐波的幅值[88]，其对应的幅值分别表示为：

$$V_{\omega} = A\Delta I \tag{10.43}$$

$$V_{2\omega} = -\frac{1}{2}\left(B_{\theta} + B_{\varphi}\right)\Delta I \tag{10.44}$$

式中，$A = \frac{1}{2}\Delta R_a \cos\theta_0 + \frac{1}{2}\Delta R_p \sin^2\theta_0 \sin 2\varphi_0$，$B_{\theta} = \frac{1}{2}\left(-\Delta R_a \sin\theta_0 + \Delta R_p \sin 2\theta_0 \sin 2\varphi_0\right)\Delta\theta$，

$B_{\varphi} = \Delta R_p \sin^2\theta_0 \cos 2\varphi_0 \Delta\varphi$。

我们对以上结果进行进一步分析。首先分析磁化矢量 $\boldsymbol{M}$ 的平衡位置与施加磁场 $\boldsymbol{H}$ 的关系。由于施加的磁场比垂直各向异性场弱，比面内各向异性场强，因此，$\varphi_0 \approx \varphi_H$，而 θ_0 取决于几种等效场共同作用的结果，可作近似得到：

$$\theta_0 = \frac{H \sin\theta_H}{\left(H_k - H_a \sin^2\varphi_H\right) \pm H \cos\theta_H} \tag{10.45}$$

则式（10.43）、式（10.44）变为：

$$V_{\omega} \approx \pm\frac{1}{2}\Delta R_a \left[1 - \frac{1}{2}\left(\frac{H \sin\theta_H}{H_k \pm H \cos\theta_H}\right)^2\right]\Delta I \tag{10.46}$$

$$\begin{aligned}
V_{2\omega} \approx -\frac{1}{4}\Big[&\mp\Delta R_a\left(\Delta H_x \cos\varphi_H + \Delta H_y \sin\varphi_H\right) + \\
&2\Delta R_p\left(-\Delta H_x \sin\varphi_H + \Delta H_y \cos\varphi_H\right)\cos 2\varphi_H\Big]\times \\
&\frac{H \sin\theta_H}{\left(H_k \pm H \cos\theta_H\right)^2}\Delta I
\end{aligned} \tag{10.47}$$

至此，我们可以发现，对于特定的交变电流幅度 ΔI，V_{ω} 和 $V_{2\omega}$ 对外加磁场 $\boldsymbol{H}$ 的强度和方向有着特定依赖关系。通过选取特定的磁场方向，例如，在 $\boldsymbol{H}$ 平行于 x 轴和平行于 y 轴时，分别测量 V_{ω} 和 $V_{2\omega}$ 与磁场强度的关系，可以获得如下结果。

$$B_x \equiv \left.\left(\frac{\partial V_{2\omega}}{\partial H} \middle/ \frac{\partial^2 V_{\omega}}{\partial H^2}\right)\right|_{\boldsymbol{H}\|x}$$

$$B_y \equiv \left.\left(\frac{\partial V_{2\omega}}{\partial H} \middle/ \frac{\partial^2 V_{\omega}}{\partial H^2}\right)\right|_{\boldsymbol{H}\|y}$$

作为示例，图 10.44 所示为一组实验测量得到的 V_{ω} 和 $V_{2\omega}$ 与不同方向磁场的磁场强度的依赖关系。其中，$H_k = 3162$ Oe，$H_a = -6$ Oe，$\alpha = 0.01$，$\gamma = 17.6$ MHz/Oe，$a_j = 3$ Oe，$b_j = 3$ Oe，$\boldsymbol{p} = (0,1,0)$，$\Delta R_a = 1\ \Omega$，$\Delta R_p = 0.1\ \Omega$，$\Delta I = 1$ A。进一步，可以提取：

$$\begin{cases} \Delta H_x = -2\dfrac{\left(B_x \pm 2\xi B_y\right)}{1-4\xi^2} \\[3mm] \Delta H_y = -2\dfrac{\left(B_y \pm 2\xi B_x\right)}{1-4\xi^2} \end{cases} \tag{10.48}$$

式中，$\xi = \dfrac{\Delta R_p}{\Delta R_a}$。由式（10.48）可知 $\Delta H_y = b_j$，当施加的磁场远小于垂直磁各向异性场时，$\theta_0 \approx 0$，$\Delta H_x \approx -a_j$。

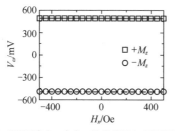 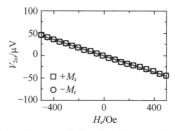

（a）磁场固定在 x 方向，改变磁场大小测得的 V_ω　　　（b）磁场固定在 x 方向，改变磁场大小测得的 $V_{2\omega}$

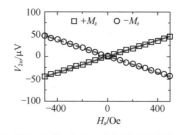

（c）磁场固定在 y 方向，改变磁场大小测得的 $V_{2\omega}$

图 10.44　改变磁场的大小和方向时，V_ω 和 $V_{2\omega}$ 的测试结果

10.2.2　磁动态超快电学特性表征技术

以纳米磁隧道结为代表的自旋电子器件具有纳秒或亚纳秒级的超快写入能力，在计算及存储领域具有广泛的应用，如何表征、分析及优化该器件的超快特性对进一步扩大应用领域、提高核心竞争力具有重要意义。在此背景下，磁动态超快电学特性表征技术应运而生，该技术利用超快脉冲的激发及探测，探究自旋器件在纳秒及亚纳秒时间尺度的磁动态特性，为器件在材料及结构设计上的进一步优化奠定基础。

1. 两端器件的超快特性表征

自旋转移矩磁随机存储器由于其高速、低功耗且非易失性等优点，在嵌入式存储器、末级缓存及存算一体智能芯片等领域扮演着重要角色。其存储单元为纳米磁隧道结，如图 3.2 所示。该结构是典型的两端器件结构，包含磁隧道结的顶端和底端两端口，信息的写入和读取都是通过在这两端口之间施加一定的电压实现。本节以纳米磁隧道结为例，对两端器件的超快特性表征展开介绍。

两端器件的超快特性表征通常包含脉冲的产生（脉冲产生器）、脉冲信号在器件的激励（器件）以及脉冲信号的检测（示波器）三部分，如图 10.45 所示。

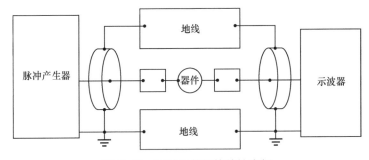

图 10.45　两端器件超快特性表征

第一部分为超快脉冲的产生，常见的脉冲产生器有脉冲信号发生器、任意波形发生器等，根据待测器件特性可选择特定采样率的脉冲产生器，由于这里待测器件是两端口的自旋转移矩纳米磁隧道结，其超快翻转时间在 10 ns 量级，因此使用了上升沿小于 200 ps、最小脉冲宽度可至 1 ns 的超快脉冲源作为脉冲信号产生器。

第二部分为脉冲信号在两端器件的传输与激励，由傅里叶变换可知，纳秒及亚纳秒级快沿窄脉冲不仅仅包含低频信号，更是包含高达吉赫兹量级的高频信号分量，为保证脉冲信号在传输过程中不失真，器件需要设计支持 DC～GHz 信号传输的电极版图，常见的电极类型有地线 - 信号（GS）型、地线 - 信号 - 地线（GSG）型共面波导、微带线等。通用的脉冲信号发生器以及传输线缆的特征阻抗为 50 Ω，为降低高频信号在接入器件时的阻抗失配引起的回波损耗，在设计器件电极时需按照 50 Ω 特征阻抗的标准开展。这里以 GSG 型共面波导为例，由于纳米磁隧道结的电极在微纳加工工艺过程中最后采用剥离工艺实现图形化，若电极金属过厚，剥离工艺存在失败风险，因此器件电极厚度通常固定为 100 nm 左右。在电极金属厚度固定的前提下，设计 S 线条的宽度以及 G 与 S 之间的间距，可调节电极的特征阻抗为 50 Ω，如图 10.46 所示。

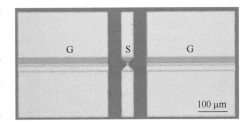

图 10.46　自旋转移矩磁隧道结器件显微镜俯视图

第三部分为脉冲信号检测装置，通常使用相应带宽的示波器，其内阻通常为 50 Ω，与待测器件呈串联关系。在一定幅度的激励脉冲下，纳米磁隧道结在自旋转移矩的作用下会发生磁矩翻转，由于隧穿磁阻效应，磁隧道结磁阻发生改变，示波器便可捕捉该变化过程。

由于器件隧穿磁阻率有限，且在较大电压下进一步缩小，故为更清晰地分析器件翻转过程，在表征磁矩翻转之前需要完成高阻态参考信号（V_{AP}）与低阻态参考信号（V_P）的捕捉。其中，采用外加磁场使磁隧道结始终保持在高阻态，施加与翻转测试相同的激励脉冲，读出此时示波器所示电压信号即为 V_{AP}；类似地，施加反向磁场使器件始终保持低阻态得到 V_P。随后撤去磁场，施加激励脉冲，示波器捕捉磁矩翻转过程中的电学

动态信号 V_{SW}，如图 10.47 所示。通过对翻转信号以及参考信号的分析，可以得到自旋转移矩翻转磁矩过程存在两个时间段：弛豫时间 τ_{inc} 及迁移时间 τ_{trans}，分别对应磁矩的起振阶段和磁畴壁移动阶段。

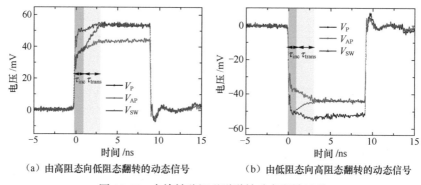

(a) 由高阻态向低阻态翻转的动态信号　　(b) 由低阻态向高阻态翻转的动态信号

图 10.47　自旋转移矩磁隧道结动态翻转过程

2. 三端器件的超快特性表征

三端器件的超快表征与两端器件相似，也由脉冲信号的产生（任意波形发生器产生两路电压脉冲 V_1 和 V_2）、器件的激励（磁隧道结与底电极）及信号的检测（示波器）三部分组成[89]，如图 10.48 所示。其主要区别为：三端器件的超快表征需要两路脉冲同时输出以实现二元效应的耦合，以基于自旋转移矩与自旋轨道矩协同作用的纳米磁隧道结超快测试为例，需要施加两路脉冲信号，以激励自旋转移矩电流 (I_{STT}) 和自旋轨道矩电流 (I_{SOT})。在开展测试时，首先表征器件磁隧道结电阻 R_{MTJ} 以及底电极两端电阻 R_1 和 R_2，再根据翻转所需

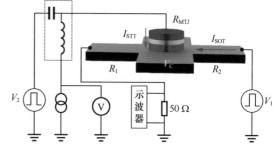

图 10.48　基于自旋转移矩与自旋轨道矩协同作用的磁隧道结器件超快测试

的 I_{STT} 及 I_{SOT} 确定分别施加在底电极和磁隧道结顶端的电压脉冲（V_1 和 V_2）大小。这两路超快脉冲可由任意波形发生器产生，在皮秒级精准控制两路脉冲的输出时延，以达到两路脉冲在器件上的同时激发，最终磁矩翻转所引起的电压信号变化可由示波器实时表征。

10.2.3　自旋电子器件中的磁畴动力学表征

大多数自旋电子器件中磁性的翻转，都是以磁畴壁的成核和运动的方式实现的。因此，通过观察磁畴运动过程，就可以直观地揭示某些自旋电子器件的工作原理，为自旋电子器件的设计和优化提供指导。例如，通过检测自旋阀或磁隧道结自由层中弹性磁畴壁的扩张，我们可以测量磁场的大小[90]。

很多自旋电子器件的性能可以通过利用磁光克尔显微成像观察磁畴壁运动过程来定量分析。例如，在具有垂直磁各向异性的 W/CoFeB/MgO 霍尔条中，自旋轨道矩诱导的

磁性翻转具有非常高的效率，翻转电流密度可以低至 1×10^6 A/cm^2 [80]。

通过磁光克尔显微镜观察器件中自旋轨道矩诱导的翻转过程可以发现，此类器件的翻转符合经典的宏观磁性翻转模型，即，先有局部的翻转成核，然后有自旋轨道矩诱导的磁畴壁的扩张带动整个器件的翻转，如图 10.49 所示。其中，图 10.49（a）～（h）所示为 100 Oe 面内磁场，通正向（从左到右）电流，图 10.49（i）～（p）所示的面内磁场保持不变，电流变为负向，磁性翻转过程。在每两张图片之间，电流持续 1 ms，W 层中的电流密度为 3.8×10^6 A/cm^2。进一步通过磁光克尔成像分析，此类尺寸较大的自旋电子器件的磁畴翻转成核点较容易出现，因此，磁畴壁的运动与否，成为决定器件能否翻转的关键因素。通过用磁畴成像测量此类薄膜中磁场诱导的磁畴壁移动速度可以发现，与多数的 CoFeB 材料一样，此材料内磁畴壁的内禀钉扎磁场低至 40 Oe。此外，通过二次谐波测试，发现此器件中 W 层的自旋霍尔角高达 0.16。因此，磁性层中低的磁畴壁内禀钉扎磁场和重金属层中较高的自旋霍尔角是此器件表现出的高效自旋轨道矩翻转的主要原因。

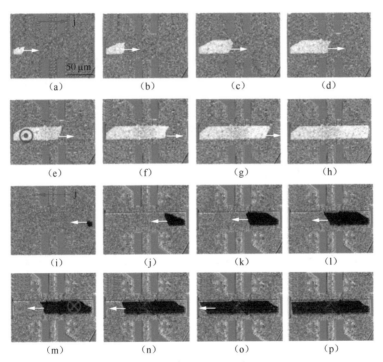

图 10.49　W/CoFeB/MgO 薄膜制成的 20 μm 宽霍尔条中，自旋轨道矩诱导的磁性翻转
过程的克尔图像（克尔图像为致真克尔显微镜摄制）

10.3　自旋芯片表征

在自旋芯片的研发和生产过程中，完成器件加工之后，需要在外磁场、变温、电压 / 电流等多种变量作用下对器件进行片上测试，以准确掌握器件的性质，为后续的集成、封装做好准备。本节将介绍自旋芯片表征所需的两种测试技术。

10.3.1　晶圆级多维度磁场探针台

对于自旋芯片工业化生产来说，器件性质表征经常需要关注的参数包括：器件在直流／高频电信号下的阻抗、隧穿磁阻率、击穿电压、器件寿命、读出或者写入错误率、存储的热稳定性、抗磁场干扰稳定性等。为满足上述测试需求，法国 Hprobe 公司研发并推出了多维度磁场探针台，成为自旋电子器件批量测试的设备。下面，结合 Hprobe 公司的 IBEX 系列设备，对晶圆级片上器件测试的技术、设备需求和实现方式进行介绍。

1.　高效率的晶圆级片上器件测试

该测试系统具有全自动或者半自动的特性，晶圆在样品托的带动下能够按照用户指定的测试程序快速平稳移动，待测器件精确移至探针下方，并通过晶圆的抬升或者探针组的下降，使探针与器件以适当力度接触；同时，为了保证测试的高效性，通过机械移动与磁场、源表、信号处理系统等的同步与协调，就可以快速完成单个器件的测试。

2.　磁场的产生

自旋电子器件测试时，根据待测器件性质和测试需求不同，需要施加不同方向和波形的磁场。例如，对于垂直磁各向异性磁随机存储器件的测试，需要施加垂直方向的磁场来测试器件的磁阻比例以及钉扎层的牢固程度等；对于磁传感芯片的测试，则需要沿某一固定方向施加变化的磁场或者施加角度连续变化的磁场，来测试器件的磁场响应。这些测试对磁场的要求主要体现在磁场的维度、最大强度、控制精度和监测精度以及响应速度等。此外，还需要考虑到磁场产生装置与测试设备的其他部件兼容。Hprobe 公司推出的晶圆级多维度磁场探针台，其磁铁采用图 10.50（a）所示的结构。这种典型的电磁铁设计具有以下特点和优势。

（1）体积小巧，将磁铁置于晶圆的单侧，便能够产生三维磁场，与精密的样品位移台及测试探针组兼容，如图 10.50（b）所示。

（2）磁场强度大，从其官方发布的数据来看[91]，其配置的三维磁场的探针台，垂直磁场能够达到 0.55 T，面内磁场能够达到 0.35 T，能够满足大部分磁随机存储芯片和磁传感芯片的磁场诱导自由层翻转测试。

（3）由于磁铁体积小，线圈匝数少，磁场的响应速度较快，在 0.1 s 内，能够以较好的正弦波形在 ±0.55 T 之间完成磁场的扫描，这种磁场反应速度对自旋电子器件的批量快速测试非常关键。

3.　多功能的电学测试模块

由于配置了高性能的电压源和电流源、高精度万用表、任意波形发生器、超快脉冲发生器（脉冲最短可达 200 ps）以及多种信号监测和处理模块，该探针台能够实现多种功能的测试，包括连续的电流 - 电压测试、器件的击穿电流测试、磁场 - 电阻曲线测试、磁性翻转相图测试、读写错误率测试以及器件寿命测试等。

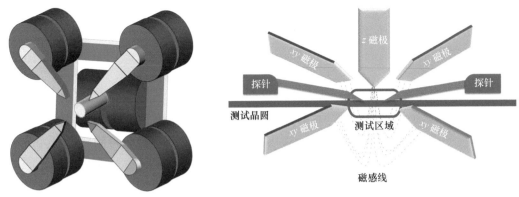

（a）典型电磁铁结构　　　　　　　　（b）施加垂直磁场时，磁铁周围磁场分布

图 10.50　Hprobe 公司 IBEX 系列磁场探针台

除了上述介绍的 Hprobe 公司的综合测试设备，国内的致真精密仪器（青岛）有限公司推出的晶圆级多维度磁场探针台，也可满足多维度、高磁场条件下的自旋电子器件片上测试要求。

10.3.2　电流面内隧穿测试仪

对于包括磁传感芯片和磁随机存储芯片在内的基于磁阻效应的实际应用而言，自旋芯片膜堆的磁阻相关电输运特性决定了其最终器件性能。由于常规的电学性能表征需要一定的器件结构，必须先完成器件的制备，然后才能通过电输运来准确测量。但是，器件制备往往需要耗费大量成本，因而需要一种可以快速测量整片自旋芯片膜堆的磁阻相关电输运特性方法及设备。

电流面内隧穿（Current-in-Plane Tunneling，CIPT）测试仪是一种可以直接获取整片自旋芯片膜堆的隧穿磁阻率和电阻面积乘积的工业级测试设备。其优点是不需要对薄膜图形化、测试速度快。电流面内隧穿测试仪最早由 IBM 公司开发，作为其硬盘隧穿磁阻读头生产的专用测试设备，其测试原理：如图 10.51（a）所示，当通过探针（点接触）向自旋芯片膜堆中注入电流时，若此时探针间距足够小，考虑薄膜中间存在的势垒层 MgO，注入电流将只通过势垒层上方金属薄膜，此时测试方块电阻等于顶层薄膜方块电阻（R_T）；如图 10.51（b）所示，若增大探针间距，则有部分电流隧穿通过势垒层，流经势垒层下方金属薄膜，最后穿过势垒层返回接收端。此时，接收端探针检测的方块电阻为势垒层上方的顶层薄膜方块电阻（R_T）、势垒层下方的底层薄膜方块电阻（R_B）以及向下和向上过势垒层的隧穿电阻（RA）的组合电阻，根据直列四探针测试原理，理论推导出此时的测试电阻 R 为[92]：

$$R = \frac{V}{I} = \frac{R_T R_B}{R_T + R_B} \frac{1}{2\pi} \left\{ \frac{R_T}{R_B} \left[K_0\left(\frac{a}{\lambda}\right) + K_0\left(\frac{d}{\lambda}\right) - K_0\left(\frac{b}{\lambda}\right) - K_0\left(\frac{c}{\lambda}\right) \right] + \ln\left[\left(\frac{bc}{ad}\right) \right] \right\} \quad （10.49）$$

式中，a 为直列四探针测试中的 I^+ 和 V^+ 之间的距离，b 为 V^+ 和 V^- 之间的距离，c 为 V^- 和 I^- 之间的距离，d 为 I^- 和 V^- 之间的距离，K_0 是第二类修正 Bessel 函数的零次方项，

λ 为长度标度：

$$\lambda = \sqrt{\frac{RA}{R_{\text{T}} + R_{\text{B}}}} \qquad (10.50)$$

一般为了方便测试与计算，规定四探针间距满足：$a=b/2=c/2=d=x$。其中，x 为相邻两根探针间距。为了获得较为准确的 R_{T}、R_{B} 和 RA 值，通常采用采集一系列在 λ 附近的不同探针间距下的测试电阻，由式（10.49）和式（10.50）拟合得到一个较为准确的 RA 值。图 10.51（c）所示为标准电流面内隧穿测试仪的核心组件：一系列间距不同的精细探针[93]。电流面内隧穿测试仪的测试过程类似于直列四探针面电阻测试，通过改变注入探针和检测探针编号，就能获得不同探针间距下的测量电阻值。此外，自旋芯片膜堆样品可以被电流面内隧穿测试仪的磁场分别翻转到平行、反平行状态（对应磁特性测试的各层磁化方向翻转曲线），分别对应自旋芯片的低电阻和高电阻，一般测试中会重复若干次以得到平均值，从而尽量消除测试误差，最后使用拟合得到的两个 RA 值（RA_{high} 和 RA_{low}）[94]，计算得到薄膜隧穿磁阻率为：

$$TMR = \frac{RA_{\text{high}} - RA_{\text{low}}}{RA_{\text{low}}} \times 100\% \qquad (10.51)$$

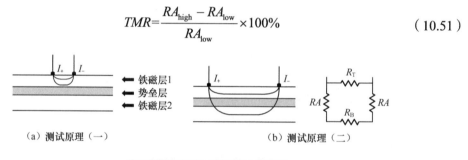

（a）测试原理（一）　　　　　　　　　　（b）测试原理（二）

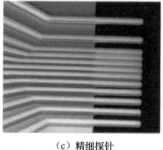

（c）精细探针

图 10.51　电流面内隧穿测试仪

典型设备如荷兰 SmartTip 公司生产的 300 mm 向下兼容的 SmartProber P1 型电流面内隧穿测试仪，其垂直磁场强度达到 5500 Oe，面内磁场强度达到 1500 Oe，探针最小间距为 1.5 μm。图 10.51（c）所示为该测试仪所用探针，下面以该设备为例介绍薄膜隧穿磁阻率和电阻面积乘积的测试。

根据测试需求，电流面内隧穿测试仪大致可分为方块电阻磁场回线（R_{S}-H 回线）测试及薄膜隧穿磁阻率和电阻面积乘积的单点测试两种，其中 R_{S}-H 回线测试步骤为：（1）保持磁场不变，采集不同探针间距的测试电阻值，获得 R_{T}、R_{B} 以及 λ 值；（2）根

据 λ 值选择最优探针间距，一般探针间距越接近，λ 值 RA 分量越大；（3）保持探针间距不变，采集不同磁场强度的测试方块电阻，绘制 R_S-H 回线。隧穿磁阻率和电阻面积乘积的单点测试步骤为：（1）保持磁场不变，采集不同探针间距的测试电阻值，获得 R_T、R_B 以及 λ 值，若已执行过 R_S-H 回线测试，该步骤可跳过；（2）根据 λ 值选择最优探针组合；（3）首先设定第一个磁场强度（例如 -250 Oe，保证自旋芯片膜堆处于低阻态），采集选定探针间距组合的测试电阻值，然后设定第二个磁场强度（例如，+250 Oe，保证自旋芯片膜堆处于高阻态），采集选定探针间距组合的测试电阻值，最后拟合得到 RA_{high} 和 RA_{low}，从而得到薄膜隧穿磁阻率。

10.4　本章小结

本章从磁性薄膜到自旋电子器件再到自旋芯片，分别介绍了薄膜磁性表征、自旋电子器件表征和自旋芯片表征涉及的测试设备、测试原理和分析方法。研究自旋芯片的测试与表征技术，对于开发基于自旋电子的新型信息器件和检测自旋芯片的性能参数具有重要意义。接下来的章节，我们将介绍自旋电子的四种典型应用场景——磁传感芯片、磁记录技术、磁随机存储芯片及自旋计算芯片。

思考题

1. 简述不同磁强计的原理与特点。

2. 简述铁磁共振的原理和测试设备的组成。

3. 说明磁光克尔效应的机理以及在磁性表征中的作用。

4. 什么是 X 射线磁圆二色？

5. 列举不同霍尔效应之间的区别与联系。

6. 简述二次谐波测试的原理。

7. 列举自旋芯片测试与表征领域所用到的测试设备。

8. 调研国内企业在自旋芯片测试与表征相关设备的产品研发和销售情况。

参考文献

[1]　FONER S. Vibrating sample magnetometer[J]. Review of Scientific Instruments, 1956, 27(7). DOI: 10.1063/1.1715636.

[2]　FONER S. Versatile and sensitive vibrating-sample magnetometer[J]. Review of

Scientific Instruments, 1959, 30(7): 548-557.

[3] FONER S. The vibrating sample magnetometer: Experiences of a volunteer[J]. Journal of Applied Physics, 1996, 79(8): 4740-4745.

[4] FLANDERS P J. An alternating-gradient magnetometer[J]. Journal of Applied Physics, 1988, 63(8): 3940-3945.

[5] FLANDERS P J. A vertical force alternating-gradient magnetometer[J]. Review of Scientific Instruments, 1990, 61(2): 839-847.

[6] FAGALY R L. Superconducting quantum interference device instruments and applications[J]. Review of Scientific Instruments, 2006, 77(10). DOI: 10.1063/1.2354545.

[7] ZHANG B, CAO A, QIAO J, et al. Influence of heavy metal materials on magnetic properties of Pt/Co/heavy metal tri-layered structures[J]. Applied Physics Letters, 2017, 110(1). DOI: 10.1063/1.4973477.

[8] SUWA M, TSUKAHARA S, WATARAI H. Faraday rotation imaging microscope with microsecond pulse magnet[J]. Journal of Magnetism and Magnetic Materials, 2015, 393: 562-568.

[9] QIU Z Q, BADER S D. Surface magneto-optic Kerr effect (SMOKE)[J]. Journal of Magnetism and Magnetic Materials, 1999, 200(1-3): 664-678.

[10] WEINBERGER P. John Kerr and his effects found in 1877 and 1878[J]. Philosophical Magazine Letters, 2008, 88(12): 897-907.

[11] ARGYRES P N. Theory of the Faraday and Kerr effects in ferromagnetics[J]. Physical Review, 1955, 97(2): 334-345.

[12] ZHAO X. Etude des effets d'interfaces sur le retournement de l'aimantation dans des structures à anisotropie magnétique perpendiculaire[D]. Paris: Université Paris-Saclay, 2019.

[13] MOOG E R, BADER S D. Smoke signals from ferromagnetic monolayers: p(1 × 1) Fe/Au(100)[J]. Superlattices and Microstructures, 1985, 1(6): 543-552.

[14] ALLWOOD D A, XIONG G, COOKE M D, et al. Magneto-optical Kerr effect analysis of magnetic nanostructures[J]. Journal of Physics D: Applied Physics, 2003, 36(18): 2175-2182.

[15] VAN VLECK J H. Ferromagnetic resonance[J]. Physica, 1951, 17(3-4): 234-252.

[16] AHARONI A. Applications of micromagnetics[J]. Critical Reviews in Solid State and Material Sciences, 1971, 2(2): 121-180.

[17] BORDOVITSYN V A, TORRES R. Spin flip effects in classical electrodynamics[J]. Soviet Physics Journal, 1986, 29(2): 117-119.

[18] 张艺超 . 铁磁薄膜中铁磁共振和自旋激发的自旋整流研究 [D]. 兰州 : 兰州大学 , 2016.

[19] ALEXEFF I, RADER M. Revised derivation of Landau damping[J]. International Journal of Electronics Theoretical and Experimental, 1990, 68(3): 385-390.

[20] WU J, HUGHES N D, MOORE J R, et al. Excitation and damping of spin excitations in ferromagnetic thin films[J]. Journal of Magnetism and Magnetic Materials, 2002, 241(1): 96-109.

[21] GLADKOV S, BOGDANOVA S. On computation of relaxation constant α in Landau–Lifshitz–Gilbert equation[J]. Journal of Magnetism and Magnetic Materials, 2014, 368: 324-327.

[22] RUDOI G Y. Tensor of the inhomogeneous dynamic susceptibility of an anisotropic Heisenberg ferromagnet and bogolyubov inequalities. I. single-particle matrix Green's function and transverse components of the susceptibility tensor[J]. Theoretical and Mathematical Physics, 1979, 38(1): 68-78.

[23] 骆俊百 . 共面波导测试磁性薄膜微波磁性能 [D]. 成都 : 电子科技大学 , 2014.

[24] 廖绍彬 , 周丽年 , 尹光俊 . 磁性测量讲座 第一讲 铁磁共振的实验方法及其在磁性测量中的应用 [J]. 物理 ,1983(8): 497-503.

[25] GHOLIZADEH N, PUNDAVELA J, NAGARAJAN R, et al. Nuclear magnetic resonance spectroscopy of human body fluids and in vivo magnetic resonance spectroscopy: Potential role in the diagnosis and management of prostate cancer[C]// Urologic Oncology: Seminars and Original Investigations, 2020, 38(4): 150-173.

[26] 邱正明 , 杨旭 , 梁燕 . 核磁共振实验和铁磁共振实验的搭建思想分析 [J]. 物理与工程 , 2014, 24(1): 42-45.

[27] CHEVALIER A, MATTEI J L, LE FLOC'H M. Ferromagnetic resonance of isotropic heterogeneous magnetic materials: theory and experiments[J]. Journal of Magnetism and Magnetic Materials, 2000, 215: 66-68.

[28] MONTOYA E, MCKINNON T, ZAMANI A, et al. Broadband ferromagnetic resonance system and methods for ultrathin magnetic films[J]. Journal of Magnetism and Magnetic Materials, 2014, 356: 12-20.

[29] GINTSBURG M A. The theory of spin waves[J]. Journal of Physics and Chemistry

of Solids, 1959, 11(3-4). 336-338.

[30] 邱庆伟. 磁性纳米颗粒电磁致热效应在医学中的应用研究 [D]. 北京：北京理工大学, 2015.

[31] ZITTARTZ J. On the spin wave problem in the Heisenberg model of ferromagnetism[J]. Zeitschrift für Physik, 1965, 184(5): 506-520.

[32] HIROTA E. Spin wave modes in ferromagnetic films[J]. Journal of the Physical Society of Japan, 1964, 19(1). DOI: 10.1103/PhysRevB.94.134408.

[33] 王鹏. YIG 薄膜的自旋泵浦效应与界面性质 [D]. 南京：南京大学, 2018.

[34] JUNG J, KIM J S, KIM J, et al. Enhancement of Brillouin light scattering signal with anti-reflection layers on magnetic thin films[J]. Journal of Magnetism and Magnetic Materials, 2020, 502. DOI: 10.1016/j.jmmm.2020.166565.

[35] 段秀丽, 王选章. 自旋波的各种模式及其实验探测方法 [J]. 哈尔滨师范大学自然科学学报, 2005(1): 28-30.

[36] SUHL H. Theory of the magnetic damping constant[J]. IEEE Transactions on Magnetics, 1998, 34(4): 1834-1838.

[37] BENAKLI M, TORABI A F, MALLARY M L, et al. Micromagnetic study of switching speed in perpendicular recording media[J]. IEEE Transactions on Magnetics, 2001, 37(4): 1564-1566.

[38] LACOUR D, KATINE J A, SMITH N, et al. Thermal effects on the magnetic-field dependence of spin-transfer-induced magnetization reversal[J]. Applied Physics Letters, 2004, 85(20): 4681-4683.

[39] KOOPMANS B, HAVERKORT J E M, DE JONGE W J M, et al. Time-resolved magnetization modulation spectroscopy: a new probe of ultrafast spin dynamics[J]. Journal of Applied Physics, 1999, 85(9): 6763-6769.

[40] BARMAN A, HALDAR A, STAMPS R L. Time-domain study of magnetization dynamics in magnetic thin films and micro-and nanostructures[J]. Solid State Physics, 2014, 65. DOI: 10.1016/B978-0-12-800175-2.00001-7.

[41] MIZUKAMI S, SAJITHA E P, WATANABE D, et al. Gilbert damping in perpendicularly magnetized Pt/Co/Pt films investigated by all-optical pump-probe technique[J]. Applied Physics Letters, 2010, 96(15). DOI: 10.1063/1.3396983.

[42] VAN KAMPEN M, JOZSA C, KOHLHEPP J T, et al. All-optical probe of coherent spin

waves[J]. Physical Review Letters, 2002, 88(22). DOI: 10.1103/PhysRevLett.88.227201.

[43]　GANGULY A, AZZAWI S, SAHA S, et al. Tunable magnetization dynamics in interfacially modified Ni81Fe19/Pt bilayer thin film microstructures[J]. Scientific Reports, 2015, 5. DOI: 10.1038/srep17596.

[44]　HE P, MA X, ZHANG J W, et al. Scaling of intrinsic Gilbert damping with spin-orbital coupling strength[J]. arXiv:1203.0607, 2012.

[45]　SONG H S, LEE K D, SOHN J W, et al. Relationship between Gilbert damping and magneto-crystalline anisotropy in a Ti-buffered Co/Ni multilayer system[J]. Applied Physics Letters, 2013, 103(2). DOI: 10.1063/1.4813542.

[46]　MIZUKAMI S. Fast magnetization precession and damping for magnetic films with high perpendicular magnetic anisotropy[J]. Journal of the Magnetics Society of Japan, 2015, 39(1). DOI: 10.3379/msjmag.1412R001.

[47]　张学莹. 多层磁性薄膜中的界面效应及应用 [D]. 北京 : 北京航空航天大学 , 2018.

[48]　RAM S, WARD E S, OBER R J. Beyond Rayleigh's criterion: A resolution measure with application to single-molecule microscopy[J]. Proceedings of the National Academy of Sciences, 2006, 103(12): 4457-4462.

[49]　WALKER J G. Optical imaging with resolution exceeding the Rayleigh criterion[J]. Optica Acta, 1983, 30(9): 1197-1202.

[50]　SCHMITT O, STEIL D, ALEBRAND S et al. Kerr and Faraday microscope for space- and time-resolved studies[J]. European Physical Journal B, 2014, 87(9). DOI: 10.1140/epjb/e2014-50257-3.

[51]　ZHU Y. Modern techniques for characterizing magnetic materials[M]. Berlin: Springer, 2005.

[52]　METAXAS P J. Creep and flow dynamics of magnetic domain walls: weak disorder, wall binding, and periodic pinning[J]. Solid State Physics, 2010, 62: 75-162.

[53]　ZHANG X, VERNIER N, ZHAO W, et al. Extrinsic pinning of magnetic domain walls in CoFeB-MgO nanowires with perpendicular anisotropy[J]. AIP Advances, 2018, 8(5). DOI: 10.1063/1.5006302.

[54]　ZHANG Y, ZHANG X, VERNIER N, et al. Domain-wall motion driven by Laplace pressure in Co-Fe-B/MgO nanodots with perpendicular anisotropy[J]. Physical Review Applied, 2018, 9(6). DOI: 10.1103/PhysRevApplied.9.064027.

[55] VERNIER N, ADAM J P, EIMER S et al. Measurement of magnetization using domain compressibility in CoFeB films with perpendicular anisotropy[J]. Applied Physics Letters, 2014, 104(12). DOI: 10.1063/1.4869482.

[56] YAMANOUCHI M, JANDER A, DHAGAT P, et al. Domain structure in CoFeB thin films with perpendicular magnetic anisotropy[J]. IEEE Magnetics Letters, 2011, 2(1). DOI: 10.1109/LMAG.2011.2159484.

[57] THIAVILLE A, ROHART S, JUÉ É et al. Dynamics of Dzyaloshinskii domain walls in ultrathin magnetic films[J]. Europhysics Letters, 2012, 100(5). DOI: 10.1209/0295-5075/100/57002.

[58] JE S-G, KIM D-H, YOO S-C, et al. Asymmetric magnetic domain-wall motion by the Dzyaloshinskii-Moriya interaction[J]. Physical Review B, 2013, 88(21). DOI: 10.1103/PhysRevB.88.214401.

[59] CAO A, ZHANG X, KOOPMANS B, et al. Tuning the Dzyaloshinskii-Moriya interaction in Pt/Co/MgO heterostructures through the MgO thickness[J]. Nanoscale, 2018, 10(25): 12062-12067.

[60] BRILLOUIN L. Diffusion de la lumière et des rayons X par un corps transparent homogène[J]. Annales de Physique, 1922, 9(17): 88-122.

[61] SEBASTIAN T, SCHULTHEISS K, OBRY B, et al. Micro-focused Brillouin light scattering: Imaging spin waves at the nanoscale[J]. Frontiers in Physics, 2015, 3. DOI: 10.3389/fphy.2015.00035.

[62] HILLEBRANDS B. Progress in multipass tandem Fabry-Perot interferometry: I. A fully automated, easy to use, self-aligning spectrometer with increased stability and flexibility[J]. Review of Scientific Instruments, 1999, 70(3): 1589-1598.

[63] NEMBACH H T, SHAW J M, WEILER M, et al. Linear relation between Heisenberg exchange and interfacial Dzyaloshinskii-Moriya interaction in metal films[J]. Nature Physics, 2015, 11(10): 825-829.

[64] MA X, YU G, TANG C. Interfacial Dzyaloshinskii-Moriya interaction: effect of 5d band filling and correlation with spin mixing conductance[J]. Physical Review Letters, 2018, 120(15). DOI: 10.1103/PhysRevLett.120.157204.

[65] FUNK T, DEB A, GEORGE S J, et al. X-ray magnetic circular dichroism—a high energy probe of magnetic properties[J]. Coordination Chemistry Reviews, 2005, 249(1-2): 3-30.

[66] FREELAND J W, LANG J C, SRAJER G, et al. A unique polarized x-ray facility at the

advanced photon source[J]. Review of Scientific Instruments, 2002, 73(3): 1408-1410.

[67] LIU W, ZHOU Q, CHEN Q, et al. Probing the buried magnetic interfaces[J]. ACS Applied Materials & Interfaces, 2016, 8(9): 5752-5757.

[68] THOLE B T, CARRA P, SETTE F, et al. X-ray circular dichroism as a probe of orbital magnetization[J]. Physical Review Letters, 1992, 68(12): 1943-1946.

[69] CARRA P, THOLE B T, ALTARELLI M, et al. X-ray circular dichroism and local magnetic fields[J]. Physical Review Letters, 1993, 70(5): 694-697.

[70] CHEN C T, IDZERDA Y U, LIN H J, et al. Experimental confirmation of the X-ray magnetic circular dichroism sum rules for iron and cobalt[J]. Physical Review Letters, 1995, 75(1): 152-155.

[71] 刘战存, 郑余梅. 霍尔效应的发现 [J]. 大学物理, 2007, 11: 51-55.

[72] HURD C M. Galvanomagnetic effects in anisotropic metals[J]. Advances in Physics, 1974, 23(2): 315-433.

[73] FLETCHER G C. Spin-orbit coupling effects in ferromagnetic metals[J]. Acta Metallurgica, 1953, 1(4): 467-468.

[74] 陈栖洲, 汪学锋, 张怀武, 等. 平面霍尔效应传感器的原理与研究进展 [J]. 磁性材料及器件, 2011, 42(3): 4-8.

[75] 梁拥成, 张英, 郭万林, 等. 反常霍尔效应理论的研究进展 [J]. 物理, 2007(5): 385-390.

[76] NAGAOSA N, SINOVA J, ONODA S, et al. Anomalous Hall effect[J]. Reviews of Modern Physics, 2010, 82(2): 1539-1592.

[77] 周卓作, 杨晓非, 李震, 等. 基于反常霍尔效应的薄膜磁滞回线测量系统的原理与设计 [J]. 磁性材料及器件, 2011, 42(2): 43-45.

[78] KATO Y K, MYERS R C, GOSSARD A C, et al. Observation of the spin Hall effect in semiconductors[J]. Science, 2004, 306(5703): 1910-1913.

[79] LIU L, PAI C-F, LI Y, et al. Spin-torque switching with the giant spin Hall effect of tantalum[J]. Science, 2012, 336(6081): 555-558.

[80] ZHAO X, ZHANG X, YANG H, et al. Ultra-efficient spin-orbit torque induced magnetic switching in W/CoFeB/MgO structures[J]. Nanotechnology, 2019, 30(33): 335707.

[81] 毛奇, 赵宏武. 金属薄膜中的逆自旋霍尔效应 [J]. 物理, 2013, 42(1): 49-54.

[82] 董海峰, 陈静铃, 刘晨, 等. 原子气室内自旋极化率的空间操控与测量 [J]. 导航与控制, 2020, 19(1): 85-96.

[83] KO K H, CHOI G M. Optical method of determining the spin diffusion length of ferromagnetic metals[J]. Journal of Magnetism and Magnetic Materials, 2020, 510. DOI: 10.1016/j.jmmm.2020.166945.

[84] DREW A J, HOPPLER J, SCHULZ L, et al. Direct measurement of the electronic spin diffusion length in a fully functional organic spin valve by low-energy muon spin rotation[J]. Nature Materials, 2009, 8(2): 109-114.

[85] 罗霄鸣, 陈丽, 宁波, 等. 延长 Rb 原子退相干时间镀膜材料的可行性研究 [J]. 物理学报, 2010, 59(4): 2207-2211.

[86] CAYSSOL F, RAVELOSONA D, CHAPPERT C, et al. Domain wall creep in magnetic wires[J]. Physical Review Letters, 2004, 92(10). DOI: 10.1103/physrevlett.92.107202.

[87] ONO T. Propagation of a magnetic domain wall in a submicrometer magnetic wire[J]. Science, 1999, 284(5413): 468-470.

[88] HAYASHI M, KIM J, YAMANOUCHI M, et al. Quantitative characterization of the spin-orbit torque using harmonic Hall voltage measurements[J]. Physical Review B, 2014, 89(14). DOI: 10.1103/physrevb.89.144425.

[89] CAI W, SHI K, ZHUO Y, et al. Sub-ns field-free switching in perpendicular magnetic tunnel junctions by the interplay of spin transfer and orbit torques[J]. IEEE Electron Device Letters, 2021, 42(5): 704-707.

[90] ZHANG X, VERNIER N, CAO Z, et al. Magnetoresistive sensors based on the elasticity of domain walls[J]. Nanotechnology, 2018, 29(36). DOI: 10.1088/1361-6528/aacd90.

[91] HPROBE. MRAM Test[EB/OL]. [2021-02-19].

[92] WORLEDGE D C, TROUILLOUD P L. Magnetoresistance measurement of unpatterned magnetic tunnel junction wafers by current-in-plane tunneling[J]. Applied Physics Letters, 2003, 84: 83-86.

[93] 曹凯华. 基于自旋转移矩磁隧道结的 "存算一体" 器件研究 [D]. 北京: 北京航空航天大学, 2019.

[94] ABRAHAM D W, TROUILLOUD P L, WORLEDGE D C. Rapid-turnaround characterization methods for MRAM development[J]. IBM Journal of Research and Development, 2006, 50(1): 55-67.

第 11 章 磁传感芯片及应用

通过前面几章的学习，相信大家对自旋电子学的基本理论、重要效应、器件结构和工艺方法等都有了进一步的理解。从本章开始，我们将走进自旋电子学的应用世界。作为一门新兴学科，自旋电子学对信息时代科学技术的发展起到了至关重要的作用，最具代表性的应用是传感器和非易失性存储器，本章主要介绍磁传感芯片的有关内容。

来到 21 世纪，物联网（Internet of Things，IoT）开始以惊人的速度改变着世界。根据中国经济信息社的报告，截至 2019 年年底，全球物联网设备连接数超过 110 亿台，在未来五年内，互连设备数将增长到 300 亿台。物联网系统通过收集这些设备上的相关信息并将之汇聚成大数据，进行集中管理控制和合理规划，就能显著减少浪费和消耗，丰富智能化生活和生产的可能性。基于物联网技术形成的应用已经遍布在我们生产生活的方方面面，如马路边的共享单车、家里的智能电视、自动驾驶汽车和工厂里的自动化生产线等。在利用信息的过程中，首先需要解决的就是如何准确获取可靠信息的问题。传感器正是获取自然和生产中各种信息的主要途径与手段，因此也是物联网技术的核心基础。磁传感器是传感器中的一大门类，是指对外磁场具有线性响应、能将探测到的磁场信号转化为电信号、并将电信号值和磁场值一一对应的器件。磁传感器的市场非常广阔，占据了物联网智能传感器大约 10% 的份额，其市场值从 2016 年起便一直保持约 7% 的年复合增长率，并且有望在 2026 年达到约 35 亿美元[1]。

本章将重点介绍磁阻式传感芯片的基础结构设计及制造方法，解析磁传感器中各种噪声的来源，介绍目前常用的信噪比提升方法，最后举例说明磁传感芯片的主要应用场景。

本章重点

知识要点	能力要求
磁传感技术发展历程	了解磁传感技术的基本原理
磁传感芯片的制造	（1）了解实现磁传感单元线性化输出的方法； （2）掌握惠斯通电桥结构的重要性； （3）了解磁传感器中的噪声来源
磁传感芯片的应用	了解磁传感芯片在不同领域的应用

11.1 磁传感芯片概述

如图 11.1 所示，磁传感器使用过的技术主要包括霍尔效应、各向异性磁阻效应、巨磁阻效应和隧穿磁阻效应四种。得益于低廉的制造成本，基于霍尔效应的磁传感器发展最为成熟，目前仍占据较大的市场份额。随着人们对传感器灵敏度、尺寸和功耗的要求逐渐提高，基于磁阻效应的传感器开始得到发展。从表 11.1 看出，巨磁阻传感器和隧穿磁阻传感器在各项性能中都具有较大的优势，因此有望成为未来的主流磁传感器。

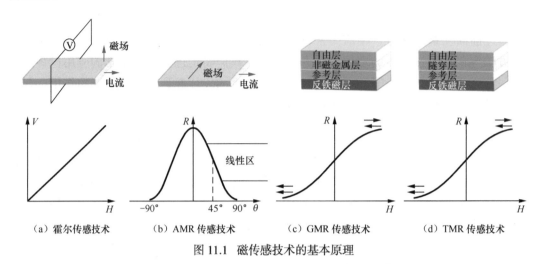

（a）霍尔传感技术　　　　（b）AMR 传感技术　　　　（c）GMR 传感技术　　　　（d）TMR 传感技术

图 11.1　磁传感技术的基本原理

表 11.1　各类磁传感器主要性能参数对比

性能参数	磁传感器类型			
	霍尔传感器	AMR 传感器	GMR 传感器	TMR 传感器
感应方向	垂直	面内	面内	面内 / 垂直
磁场灵敏度 /(mV·V⁻¹·Oe⁻¹)	约为 0.05	约为 1	约为 3	约为 100
功耗 /mW	5 ～ 10	1 ～ 10	1 ～ 10	0.001 ～ 0.01
芯片尺寸	较大	中等	中等	较小
温度范围 /℃	<150	<150	～ 300	约为 350
线性区 /Oe	>10 000	约为 10	约为 100	约为 1 000
分辨率 /(nT·Hz$^{\frac{1}{2}}$)	>100	约为 1	约为 10	约为 0.01

在前面的章节中，我们已经掌握了巨磁阻效应和隧穿磁阻效应的基本原理，那它们是如何应用在磁传感器上的呢？本节主要介绍目前常用的磁传感单元线性化方法和惠斯通电桥结构，为磁传感器的设计提供基本思路。

11.1.1　传感单元

在本书第 2 章和第 3 章中，我们学习了巨磁阻效应的基本单元自旋阀以及隧穿磁阻效应的基本单元磁隧道结。在磁阻式传感芯片中，这些器件的线性化输出是实现传感功能的基础 [2]。

图 11.2 所示为磁传感器基本单元的膜层结构和电阻随外磁场变化的基本规律。在巨磁阻传感器中，器件的非磁间隔层材料多采用 Cu、Ag 等重金属；在隧穿磁阻传感器

中，非磁层则是由 Al_2O_3 或 MgO 构成的绝缘隧穿层。磁传感器基本单元结构中的两个铁磁层分别称为自由层和参考层。其中，参考层的磁化方向被相邻反铁磁层钉扎住，自由层的磁化方向可随外磁场翻转。器件电阻会随自由层与参考层之间相对磁化方向夹角的改变而改变，即满足：

$$R(\theta)=R_{P}+(R_{AP}-R_{P})(1-\cos\theta)/2 \qquad (11.1)$$

式中，R_P 与 R_{AP} 分别表示两铁磁层的相对磁化方向为平行和反平行时的器件电阻，θ 为相对磁化方向的夹角。

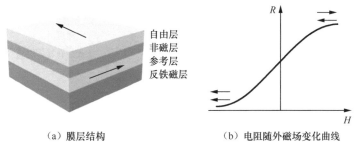

（a）膜层结构　　　　　　　　（b）电阻随外磁场变化曲线

图 11.2　磁传感器基本单元工作原理

在理想情况下，磁传感器的电阻将与外磁场呈线性关系，矫顽力为零；在零磁场时，器件自由层与参考层的磁化方向相互垂直，R_{AP} 和 R_P 的中值正好处于零磁场位置，输出没有偏置。

实现传感单元的线性化输出主要有下面四种方法。

（1）在器件周围集成以 CoCrPt 合金等材料构成的永磁体，从而产生垂直于参考层磁化方向的偏置场 [3-4]。如图 11.3（a）所示，直接在器件顶电极上方沉积永磁体层就能为器件提供相应的偏置场，并且这种结构的制备工序无需添加额外的光刻步骤。然而，为了保证外加偏置场的均一性，永磁体的覆盖面积至少需要超过传感器感应层面积，因此更合理的布局是将一对永磁体置于器件两侧，如图 11.3（b）所示。永磁体产生的偏置场取决于材料磁化强度、尺寸和间距 [3]。图 11.4 所示的对比实验结果表明，永磁体确实有助于减小磁传感单元输出曲线的磁滞，此外还能帮助稳定自由层的磁化状态，减少输出曲线中的跳点 [5]。但是，这种设计显然会增加器件制备的复杂性和成本，不利于器件小型化；同时由于磁传感器通常需要采用多个磁隧道结或自旋阀通过串并联形成的阵列结构，所以永磁体很难像前述设想中那样靠近磁传感单元，产生的偏置场也会因距离的增加而显著减弱，对磁滞的优化效果势必大打折扣。

（2）调节器件的长宽比（Aspect Ratio），利用形状各向异性（Shape Anisotropy）产生的退磁场（Demagnetizing Field）来改变自由层磁化方向。假设磁传感单元被加工成长为 w、宽为 h 的长方形器件，图 11.5 所示的仿真结果表明，当长宽比 w/h 足够大时，退磁能会使自由层磁化方向沿器件的长轴方向排列，与参考层磁化方向垂直，使输出曲线线性化 [2]。然而，在实际加工中，器件的长宽比并不能达到无限大，因为器件线宽过小对光刻工艺的要求极高，此时加工带来的边缘损伤对器件性能的影响不可忽略。因此，仅通过调节形状各向异性来达到无磁滞输出是很困难的。

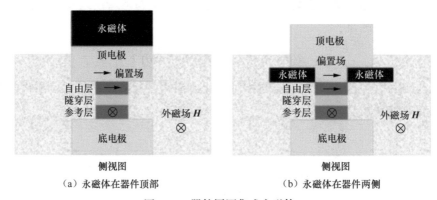

（a）永磁体在器件顶部　　　　（b）永磁体在器件两侧

图 11.3　器件周围集成永磁体

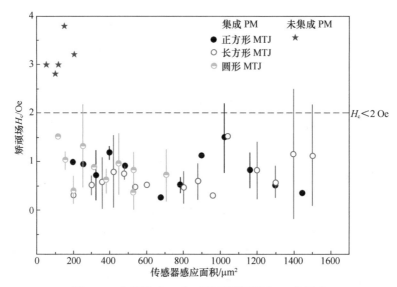

图 11.4　永磁体（PM）对传感器矫顽力 H_c 的影响

（3）采用超顺磁性材料制成磁传感单元的自由层。一些铁磁材料（如 CoFeB 合金等）在厚度很小时会形成颗粒膜体系，当铁磁性颗粒的尺寸小于单磁畴临界尺寸时，即使环境温度低于材料的居里温度，热运动带来的影响也足以改变磁矩的方向，使其表现出一种类似于超顺磁性的性质[6]。如图 11.6 所示，使用超薄 CoFeB 薄膜构成磁传感单元的自由层能够直接得到无磁滞的线性输出，不再需要额外施加偏置场，也不需要将器件加工成特定形状[7]。但是这样一来，传

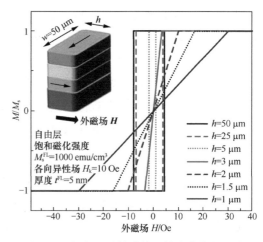

图 11.5　长宽比对传感单元输出曲线的影响

感器灵敏度势必就会因为自由层厚度的减小而大幅降低[8]。虽然此时传感器中的磁噪声也几乎消失，但是信噪比仍会降低，因此在采用这种结构实现磁传感单元线性化输出的同时，也需要对灵敏度进行补偿，比如在传感器周围再集成磁通聚集器（Magnetic Flux Concentrator，MFC），以达到放大待测磁场、降低磁噪声和提高灵敏度的目的。

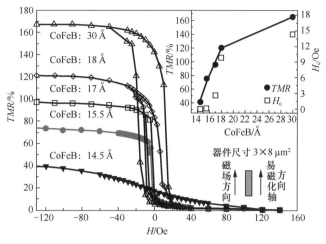

图 11.6　磁传感单元的磁阻率曲线随自由层厚度的变化

（4）设计双钉扎结构来实现磁传感单元的输出线性化。如图 11.7 所示，在自由层上方也添加一个反铁磁层，将自由层的磁化方向钉扎在与参考层垂直的方向，图中黑色箭头表示磁性层的磁化方向。只要对反铁磁层的材料和厚度做出合理选择，就既能产生合适的钉扎效应且不影响传感器的性能[9]。在这种双钉扎结构中，钉扎自由层和参考层的反铁磁层温度稳定性不同，一般来说，钉扎参考层的反铁磁层阻挡温度（Blocking Temperature）T_{b-RL} 应当大于自由层上方反铁磁层的阻挡温度 T_{b-FL}。在薄膜沉积完成后，对器件进行两次热退火处理，第一次退火温度 $T_{Annealing} > T_{b-RL}$，同时施加外磁场固定参考层的钉扎方向，图中用红色箭头表示退火时的磁场方向；第二次退火温度 $T_{Annealing}$ 介于 T_{b-RL} 和 T_{b-FL} 之间，此时施加与第一次退火方向垂直的外磁场，仅改变自由层的钉扎方向，参考层不受影响；最后得到易磁化轴相互垂直的自由层和参考层，使传感器实现线性输出。图 11.8 所示为双钉扎结构的器件经两次退火后的磁化曲线[10]，这种方法不需要额外添加偏置磁场，不需要考虑器件的形状设计，不会造成性能损失，而且适用于尺寸在微米以下的器件，能够实现探测微弱磁场的高灵敏度磁传感器。

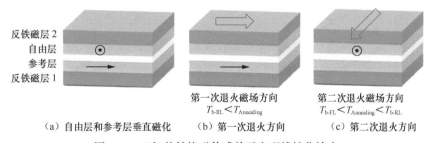

　　　　　　　　第一次退火磁场方向　　　第二次退火磁场方向
　　　　　　　　$T_{b-RL} < T_{Annealing}$　　　$T_{b-FL} < T_{Annealing} < T_{b-RL}$
（a）自由层和参考层垂直磁化　（b）第一次退火方向　（c）第二次退火方向

图 11.7　双钉扎结构磁传感单元实现线性化输出

　　上述方法多适用于感应面内磁场的磁传感器，对于感应垂直方向磁场的隧穿磁阻传感器，结合具有垂直磁各向异性的参考层和具有面内磁各向异性的自由层也能实现器件磁化曲线的线性化[11]。如图 11.9 所示，在此类器件中，自由层的磁化方向可以随外磁场由面内向面外翻转，参考层磁化方向被钉扎在垂直方向，实现了交叉易磁化轴的设计。

在实际应用中，可根据需求通过材料选择调节传感器的线性范围和灵敏度。例如，使用 [Co/Pd]$_n$ 多层膜构成合成反铁磁结构，可以产生高达 ±2.5 kOe 的线性区，从而满足宽量程电流测试需求[12]。最近，北航的研究人员提出，在具有双 MgO-CoFeB 界面的磁隧道结中，可以通过改变覆盖层 MgO 的厚度来调控自由层 CoFeB 的垂直磁各向异性，实现线性化输出[13]。

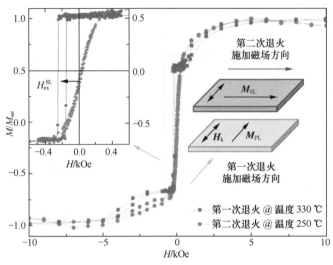

图 11.8　双钉扎结构的纳米级磁隧道结磁化曲线

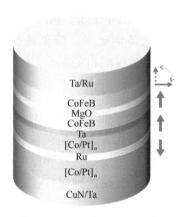

图 11.9　垂直磁隧道结传感器

11.1.2　惠斯通电桥结构

单独的自旋阀或磁隧道结并不能直接应用于传感器，因为这些器件的磁阻率会随着环境温度变化，如图 11.10 所示[14-15]。因此，为了抑制温度漂移、提高传感器在不同温度环境下的稳定性，人们通常将磁传感器基本单元连接成惠斯通电桥结构，从而保证四个桥臂的电阻值随温度一致变化时，电桥输出不受影响。

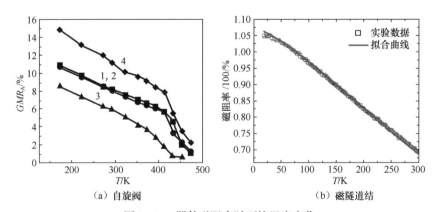

（a）自旋阀　　　　　　　　　　（b）磁隧道结

图 11.10　器件磁阻率随环境温度变化

如图 11.11 所示，惠斯通电桥结构根据活跃电阻的数目又可分为单桥（Unique Bridge）、半桥（Half Bridge）和全桥（Full Bridge）三种[16]；电桥中每个桥臂可由多个器件通过串并联构成。在单桥和半桥结构中，不活跃的桥臂电阻通常需要使用 NiFe 等软磁材料覆盖以屏蔽磁场对其的影响。对桥式传感器进行测试时，在电桥两端施加一定的偏压 V_b，另外两端的输出电压 V_o 则会随外磁场发生变化。从图 11.11 所示可看出，全桥式结构的灵敏度最高，而且其输出呈本质上的线性，因而最具应用价值。

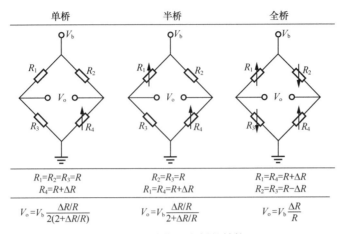

图 11.11　惠斯通电桥的结构

图 11.12 所示为惠斯通全桥式磁传感器典型的电压输出曲线，在外加磁场取值 $\pm H_{sat}$ 之间的动态范围（Dynamic Range）内，电桥输出的线性度良好。

需要注意的是，在全桥式传感器中测试的是四个桥臂的差分电压变化值，因此相邻两个桥臂上的磁阻随外磁场的变化是相反的，这意味着构成桥臂的自旋阀或磁隧道结应当具有相反的磁钉扎方向。但是，沉积在同一晶圆上的薄膜钉扎方向都是一致的，因此如何简单高效地制备全桥式传感器也是学界和工业界的研究热点之一。

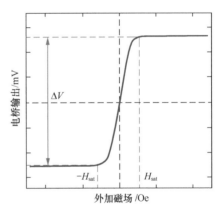

图 11.12　惠斯通全桥式电桥典型输出曲线

第一种方法也是最简单的方法是将制备完成的单个器件按照相反的磁钉扎方向排列后，通过外部绑线的方式连接成全桥式结构。由于器件尺寸在微米量级，故这种机械组装方法难免会引入对准误差，而且显然不适用于大规模生产。因此在同片晶圆上实现全桥式传感器结构的制备更为重要。

第二种方法是通过局部退火的方式改变电桥中两个桥臂上器件的钉扎方向，如图 11.13（a）所示，即先将整个晶圆加热至反铁磁层的阻挡温度附近，再利用脉冲电流或激光辐射将需要改变钉扎方向的桥臂局部加热至超过阻挡温度，同时施加与原退火方向相反的外磁场使局部磁钉扎方向改变，而未通脉冲电流或未照射激光的另外两个桥臂则不受影响[17-18]，因此相邻桥臂输出相反，如图 11.13（b）所示。此类局部退火方法的最大问题在于引入的脉冲电流或激光的功率都相对较大，操作时需要注意避免损坏器件。除此之外，可在已经制备好的桥式结构上放置一电流线圈，将传感器升温至阻挡温度之上，在线圈中通入电流产生磁场，由于相邻桥臂上电流线圈产生的磁场方向相反，所以可以将参考层的易磁化轴钉扎到不同的方向，如图 11.14 所示。然而，这种方法显然只适用于单个全桥传感器的制备，并且通入线圈的电流大小也需要精确的计算和控制，同时需要借助额外的印制电路板（Printed Circuit Board，PCB）来实现，因此效率相对低下。

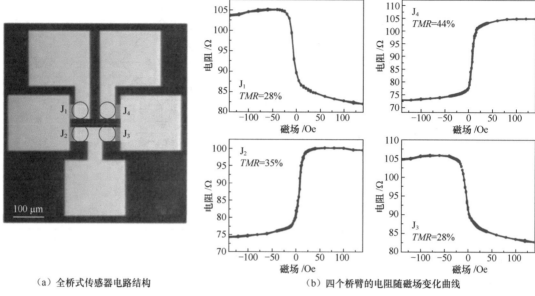

（a）全桥式传感器电路结构　　　　　　（b）四个桥臂的电阻随磁场变化曲线

图 11.13　局部退火制备的全桥式传感器

　　第三种方法是在同片晶圆上，先通过光刻定义出不同的区域，再分两次进行不同结构的薄膜沉积，如图 11.15 所示。例如，可以在常用的合成反铁磁结构 CoFe/Ru/CoFeB 中额外添加一个磁性层，形成 CoFe/Ru/CoFe/Ru/CoFeB 的结构，如图 11.16（a）、（b）所示。由于反铁磁耦合作用的存在，经过退火处理后，两个薄膜结构的参考层磁化方向便自然相反，之后便可在同一晶圆上按照既定区域直接加工成惠斯通全桥式器件[19]，如图 11.16（c）所示。这种方法虽然简化了器件加工工序，

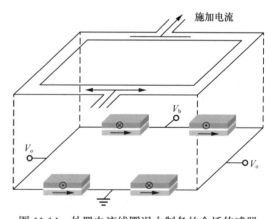

图 11.14　外置电流线圈退火制备的全桥传感器

但是却使薄膜沉积的过程变得极其复杂，光刻去胶的工艺步骤也会引入杂质，增大薄膜表面粗糙度，导致薄膜的性能降低。同时，两种磁隧道结的薄膜结构都需要精确设计，以保证其具有大致相同的磁阻率等性能参数，从而避免桥式传感器的输出偏置问题。

　　此外，巧妙利用形状各向异性和后退火工艺也能使桥臂中的磁传感单元获得不同的钉扎方向[20]。如图 11.17 所示，在薄膜沉积完成后，先不进行退火，而是直接加工成图 11.17（a）所示的桥式器件结构，使桥臂中的磁阻单元长轴沿着与 x 轴呈 45° 夹角的方向排列，并且相邻桥臂的磁阻单元长轴相互垂直。以上结构制备完成后，再对其进行后

退火处理，退火过程中施加沿 x 轴方向的外磁场。如图 11.17（b）所示，退火后，在器件形状各向异性产生的退磁场 $\boldsymbol{H}_{\text{d}}$、铁磁层的感生各向异性场 $\boldsymbol{H}_{\text{kp}}$ 和来自反铁磁结构中的交换偏置场 $\boldsymbol{H}_{\text{ex}}$ 等的相互作用下，参考层的易磁化轴将趋向于每个单元的短轴方向，而自由层的易磁化轴则受退磁场的影响停留在长轴方向。通过这样的方式，传感器对 y 轴方向的磁场实现了线性化电压输出，而对沿 x 轴方向的磁场的输出几乎始终为零，如图 11.17（c）所示。该方法已被证实适用于 6 in 晶圆上全桥传感器的大规模高效率生产[21]。虽然这里的实验是在巨磁阻传感器上进行的，但是原理上对面内隧穿磁阻传感器也同样适用。

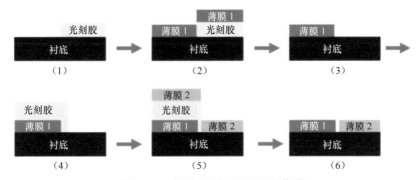

图 11.15　同片晶圆上沉积两种薄膜

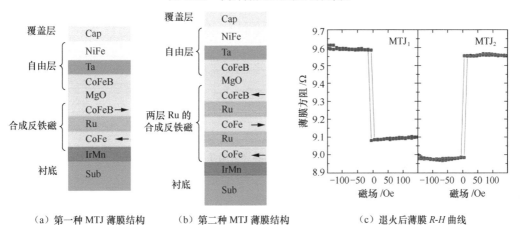

（a）第一种 MTJ 薄膜结构　（b）第二种 MTJ 薄膜结构　（c）退火后薄膜 R-H 曲线

图 11.16　同片晶圆上两种磁隧道结薄膜结构及 R-H 曲线

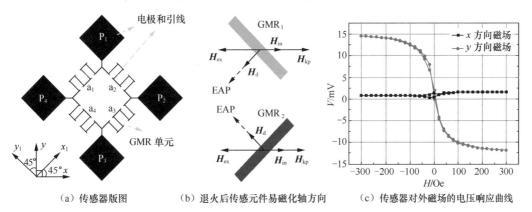

（a）传感器版图　（b）退火后传感元件易磁化轴方向　（c）传感器对外磁场的电压响应曲线

图 11.17　后退火工艺实现全桥传感器[20]

以上提及的制备惠斯通全桥结构的方法大多只适用于感应面内磁场的磁传感器，针对垂直磁场的全桥传感器，比机械组装更有效的制备方法仍有待进一步研究。

11.1.3 传感器电路

当感知到外界磁场变化时，磁传感器的磁阻率会发生相应变化。在实际应用中，为了更方便使用，需要根据不同器件结构设计相应的专用信号处理电路。以 TDK TAS 系列的隧穿磁阻角度传感器基本电路为例 [22]，如图 11.18 所示，由于传感器输出信号微弱并混有干扰噪声，有时为了匹配后端电路需要进行阻抗变换，需要对多个桥式传感器输出的模拟电信号进行滤波和放大处理，然后再经过模数转换器将信号转换为数字信号；数字信号处理器将主要完成信号的初始化、补偿和校正等操作，包括在芯片内部集成温度传感器、进行温度测量、做出温度补偿等；此外，还需要对传感器本身的输出偏差和环境干扰等因素带来的误差进行校正，最后实现多种接口输出。

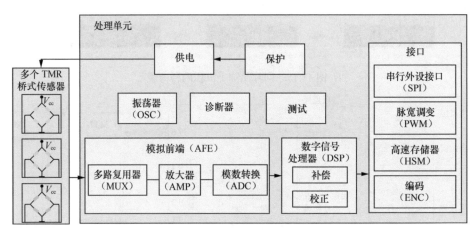

图 11.18　TDK TAS 系列的隧穿磁阻角度传感器基本电路

11.2　磁传感芯片中的噪声

传感器的检测力 D 可按下式计算：

$$D=\frac{1}{S}\left(\frac{S_v}{V^2}\right)^{1/2} \tag{11.2}$$

式中，S 为传感器的灵敏度，S_v 为噪声功率谱密度（Power Spectral Density，PSD），V 为测试噪声时施加在传感器上的电压。检测力 D 可以理解为在特定频率下传感器能检测到的最小磁场。从式（11.2）可以得出，想要得到高分辨率磁传感器，一方面要提高薄膜磁阻率、减小自由层各向异性场以获得高灵敏度，另一方面则要降低噪声水平。理解噪声的产生机理，才能有针对性地采取噪声抑制措施。随着对噪声的深入研究，人们发现磁阻薄膜中的噪声与其内部缺陷、磁畴分布等因素密切相关，研究噪声也可以帮助解释某些内在机制 [23]。

噪声信号指的是传感器输出电压的微小扰动，是一个随时间变化的物理量。通过快速傅里叶变换对噪声进行频谱分析有助于分离和理解噪声的来源。目前传感器噪声测试既可以基于频谱分析仪进行，也可以使用高精度数据采集卡或示波器替代[24]。图 11.19所示为典型的传感器噪声测试系统，为排除环境中噪声，特别是环境磁场等因素对测试结果的影响，需要将整个系统置于屏蔽筒中。另外，为了减少市电的 50 Hz 频率波及其谐波引入的噪声，也为了减小源表自身的噪声，一般还需要使用电池对传感器和放大器进行供电。传感器的输出信号经低噪放大器放大后，由高精度数据采集卡或示波器采集，并由与之连接的计算机进行控制及记录，同时采用实验室虚拟仪器工程平台（Laboratory Virtual Instrumentation Engineering Workbench，LabVIEW）对其进行频谱分析，就能得到传感器输出信号总噪声的功率谱密度。

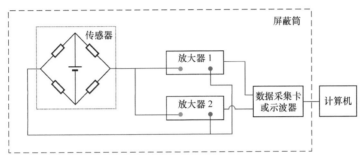

图 11.19　传感器噪声测试系统

巨磁阻传感器和隧穿磁阻传感器中的噪声有多种来源[25]。如图 11.20 所示，根据与频率的相关性，将其分为白噪声和频率相关噪声。白噪声指的是与频率无关的噪声，包括热噪声和散粒噪声。频率相关噪声则主要包括 1/f 噪声和随机电报噪声（Random Telegraph Noise，RTN）。根据不同的作用机制，传感器中的噪声也可以分为磁噪声和电噪声。电噪声存在于所有电学材料和器件中，而磁噪声则是磁性材料中特有的噪声，也是对磁传感器影响最大的噪声。除了传感器本身，外围电路中放大器等部件的外部噪声也会对探测灵敏度产生影响。磁传感器的噪声源在过去几十年中已经得到了深入研究，研究表明，这些噪声源互不相干，总噪声可以看作是各噪声分量的叠加。下面我们对这些噪声项进行逐项分析，并介绍一些目前常用的降噪方法。

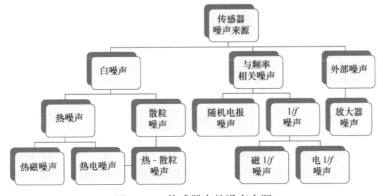

图 11.20　传感器中的噪声来源

11.2.1　噪声来源

1.　热噪声

在磁传感器中，热噪声分为热电噪声和热磁噪声两种。其中，热电噪声也称为约翰逊 - 奈奎斯特（Johnson-Nyquist）噪声，主要起源于载流子受温度影响在费米面附近的随机运动，其计算模型由约翰·约翰逊（John Johnson）和哈利·奈奎斯特（Harry Nyquist）于 1928 年提出[26-27]，可表示为：

$$S_V^{\text{therm}}=4k_BRT \tag{11.3}$$

式中，S_V^{therm} 为噪声的功率谱密度，k_B 为玻尔兹曼常数，R 为电阻值，T 为环境温度。由此可见，热电噪声仅与电阻值和环境温度相关。

热磁噪声的主要来源是磁场和热激发引起的磁矩运动，但也有研究认为热磁噪声来源于磁性薄膜中层间的畴壁跳跃[28]，且随着自由层体积的增大而减小[29]。基于涨落耗散定律（Fluctuation-Dissipation Theorem，FDT），Egelhoff 等[30] 给出了热磁噪声谱密度 $S_B^{\text{therm.mag}}$ 的计算式为：

$$S_B^{\text{therm.mag}}=\frac{4k_BT\mu_0\alpha}{\Omega\gamma M_s} \tag{11.4}$$

式中，μ_0 为真空磁导率，α 为材料的磁阻尼系数，Ω 为自由层体积，γ 为电子的旋磁比，M_s 为磁性层的饱和磁化强度。在磁传感器的工作过程中，热磁噪声通常是主要的噪声来源，其功率谱密度相较于热电噪声有量级上的差别[31]。从式（11.4）中可以看出，寻找低磁阻尼系数的自由层材料，或者增大自由层体积和磁性层饱和磁化强度等都是降低热磁噪声的可行思路。

涨落耗散定律一直是统计物理中非常重要和有趣的话题，通常我们讨论涨落耗散关系是基于非平衡态体系的，涨落和耗散可以理解为相互作用的两个方面，基于该定律，通过统计物理方法可以推导出系统中的能量变化。因此噪声功率谱密度的推导也都是基于此定律。

2.　散粒噪声

散粒噪声是沃尔特·肖特基（Walter Schottky）1918 年在真空管中发现的，这种噪声来源于载流子在传输过程中出现了非连续性，与电荷的离散性和电子发射的随机性有关。磁隧道结中的绝缘势垒层可以视为导电介质的不连续处[32]，因此会出现散粒噪声，而在膜层均为金属材料的巨磁阻传感器中则观测不到此类噪声。散粒噪声是白噪声的一种，但是只出现在非平衡系统中，与通过器件的电流相关。散粒噪声的功率谱密度 S_V^{shot} 可表示为：

$$S_V^{\text{shot}}=2eIR^2 \tag{11.5}$$

式中，e 为电子电荷，I 为通过磁隧道结的电流，R 为电阻。在磁隧道结中，散粒噪声和热电噪声通常是交织在一起的[33]，考虑到电流流过器件的热效应，可以给出热 - 散粒噪声的功率谱密度 $S_V^{\text{therm-shot}}$ 的通用表达式为：

$$S_V^{\text{therm-shot}} = 2eIR^2 \coth\left(\frac{eV}{2k_B T}\right) \tag{11.6}$$

此式与热噪声和散粒噪声的功率谱密度计算模型相吻合，当器件两端的电压 V 较低或者温度 T 较高，使 $eV \ll k_B T$ 成立时，热 - 散粒噪声将与式（11.3）给出的热电噪声等价；而当 $eV \gg k_B T$ 时，该表达式则与散粒噪声等价。

3. $1/f$ 噪声

与白噪声不同，$1/f$ 噪声的功率谱密度与频率呈倒数关系，随着频率 f 的增大而降低。在低频段，$1/f$ 噪声的量级远高于白噪声，是影响磁传感器的主要噪声。在磁性薄膜中，$1/f$ 噪声根据不同的作用机制可分为电 $1/f$ 噪声和磁 $1/f$ 噪声。研究表明，电 $1/f$ 噪声主要是由磁隧道结中隧穿势垒层的缺陷以及势垒层 - 铁磁层界面上的电荷捕获带来的[33]，其功率谱密度 $S_V^{\text{elec-}1/f}$ 表示为：

$$S_V^{\text{elec-}1/f} = \alpha_{\text{elec}} \frac{V^2}{Af} \tag{11.7}$$

式中，V 为施加在器件两端的电压，A 为隧穿磁阻传感器器件的总感应面积（在巨磁阻传感器中，则以载流子数量 N_c 计算），f 为频率，α_{elec} 为电胡格常数，与磁隧道结的电阻面积乘积值、磁阻率、磁化状态以及施加的电压等参数相关[34]。

磁 $1/f$ 噪声也是低频噪声的一种，这种磁噪声来源于磁畴在亚稳态间的跃动，也就是在自由层和钉扎层界面之间的磁矩转动，与外磁场对磁矩的作用无关[35]。Egelhoff 等[30]同样通过涨落耗散定律给出了磁 $1/f$ 噪声的谱密度 $S_B^{\text{mag-}1/f}$ 的计算式为：

$$S_B^{\text{mag-}1/f} = \frac{2B_{\text{sat}}\alpha_{\text{mag}}}{\Omega f} \tag{11.8}$$

式中，B_{sat} 表示自由层的饱和磁场大小，α_{mag} 是磁胡格常数。可见，降低饱和磁场的磁场强度可以相应降低磁 $1/f$ 噪声，从而提高传感器对微弱磁场的检测能力。

4. 随机电报噪声

随机电报噪声最初是由 Kandiah 等[36]在场效应晶体管的相关研究中发现并命名的。他们认为此种噪声是由器件缺陷中心充放电过程造成的，最终表现为信号在高电平和低电平两个状态之间的波动。对于磁传感器来说，随机电报噪声可以解释为随机单个电子被单个陷阱捕获又释放的重复过程，因此当器件尺寸较小，个别缺陷占主导时，随机电报噪声会成为主要的低频噪声来源。也有研究认为，自由层中的磁矩波动也是随机电报噪声的主要来源之一[37]。通过改善退火工艺，可减少膜层内的缺陷，从而有效抑制此噪声。随机电报噪声的功率谱密度 S_V^{RTN} 可以表示为：

$$S_V^{\text{RTN}} = \frac{S_0}{1 + (f/f_0)^2} \tag{11.9}$$

式中，S_0 表示功率谱密度中与频率无关的分量，$f_0 = 1/(2\pi\tau)$ 为特征衰减频率，其中的 τ 为洛伦兹涨落弛豫时间。在低频段内，随机电报噪声通常会被 $1/f$ 噪声遮盖，不过当施加在传感器两端的偏压逐渐增大时，这种噪声则会明显增大[38]。

此外，一些外部电磁噪声也会对信号产生影响。例如，在实验中如果使用市电对传感器和放大器进行供电，那么电源线中 50 Hz 及其谐波的噪声就会比较大，且与通入的电流大小有关，因而往往需要在进行数据处理时过滤掉这些频点的噪声。除此之外，环境中也会存在磁噪声，在实验室中这种噪声在 1 Hz 下的强度可达大约 100 nT，因此在对高灵敏度传感器进行噪声测试时，必须将系统置于磁屏蔽筒或屏蔽室中。

对于磁传感器来说，总噪声等于以上各种噪声叠加之和，即满足：

$$S_B = \left(\frac{\mathrm{d}B}{\mathrm{d}V}\right)^2 \left[S_V^{\text{therm-shot}} + S_V^{\text{elec-}1/f} + S_V^{\text{Amp}}\right] + S_B^{\text{therm.mag}} + S_B^{\text{mag-}1/f} \tag{11.10}$$

$$\frac{\mathrm{d}V}{\mathrm{d}B} = \frac{\Delta R}{R}\frac{V_{\text{b}}}{2B_{\text{sat}}} \tag{11.11}$$

式中，$\mathrm{d}V/\mathrm{d}B$ 为传感器的电压灵敏度，S_V^{Amp} 为传感器外部电路的噪声。

11.2.2 降噪方法

在理清噪声来源后，我们就可以有针对性地在传感器的设计中考虑一些降低噪声影响的方法。

1. 降低白噪声项

首先，从式（11.6）中可以看出，增加施加在器件两端的电压能相应地降低热 - 散粒噪声项[39]。然而需要注意的是，磁隧道结的磁阻率会随着施加电压的增加而减小[40]，因此必须在两种性能之间寻求折中。

2. 降低磁噪声项

热磁噪声和磁 $1/f$ 噪声都与器件的材料特性相关。从式（11.4）和式（11.9）可以看出，增大自由层厚度和面积都可以降低磁噪声[41]。同时，降低自由层饱和磁化强度也能达到降低磁 $1/f$ 噪声的目的。例如，减小自由层厚度使之成为超顺磁状态，同时集成磁通聚集器以补偿厚度降低带来的灵敏度损失[42]。此外，也可以选择通过优化自由层的材料和结构来降低磁噪声。例如，使用具有低磁阻尼系数的赫斯勒合金材料 Co_2FeAl，或对自由层进行钉扎，从而稳定器件的磁化状态等[43-44]。

3. 降低电 $1/f$ 噪声项

（1）串并联多个传感单元

在低频段内，传感器的噪声以 $1/f$ 噪声为主。根据式（11.7），增大自由层面积也可以有效地减小电 $1/f$ 噪声。这固然可以通过增加单个器件的面积来实现，但是单个器件面积的增大势必会改变器件的形状各向异性，从而影响传感器的线性化输出。因此，常用方法是对单个传感单元进行串并联来增大总感应面积，进而提高传感器的信噪比。如图 11.21 所示，将 N 个磁隧道结串联后再并联成 M 排，$1/f$ 噪声项在理论上能降低到原来的 $1/(MN)$；同时，可以通过调节 N/M 的值来改变总电阻，保持热噪声项稳定不变[45]。当然，磁隧道结器件的串并联个数也不是无限的，因为一方面要考虑大量器件串并联时工艺的良率能否达到要求，另一方面是串并联个数的增加对传感器的线性度也有不利影响。

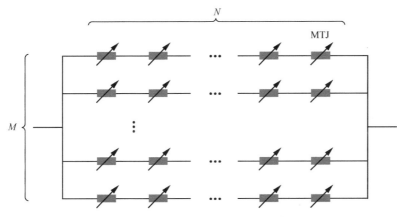

图 11.21　串并联连接的多个磁隧道结

（2）频率调制

$1/f$ 噪声随频率增大而减小，因此只需将待测信号从低频段调制到高频段，就可以大幅度减小 $1/f$ 噪声对传感器输出信号的影响。基于这一思路，Edelstein 等[46] 提出将磁通聚集器集成在微机电系统（Micro-Electro-Mechanical System，MEMS）中，如图 11.22 所示。其中，NiFe 等软磁性材料制成的聚集器沉积在由静电梳状驱动器（Electrostatic Comb Drive）驱动的微机电襟翼上，以大约 10 kHz 的频率振动；两个微机电襟翼由硅弹簧结构连接，以保证它们具有相同的模态频率。以上结构工作时，磁通聚集器将随襟翼振动，此时待测磁场频率被调制到高频段，就可抑制低频段较高的 $1/f$ 噪声。这种方法至少能将 $1/f$ 噪声的功率谱密度降低 $1 \sim 3$ 个量级。但是由于驱动器等结构的存在，传感器整体尺寸不会太小，同时高压驱动器工作也会产生更大的功耗。

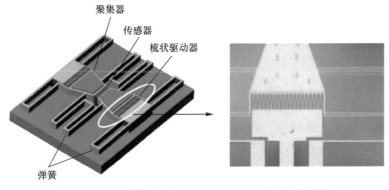

（a）集成磁通聚集器的微机电系统　　　　（b）静电梳状驱动器

图 11.22　磁通调制技术设计

11.3　磁传感芯片应用

如图 11.23 所示，目前磁传感器在汽车、消费类电子、工业、医疗等领域的应用已经非常普遍。人们通过磁传感器感应得到磁场强度来间接地测量电流、位置和角度等多种物理参数。其中，汽车领域里的应用几乎占据了磁传感器应用领域的"半壁江山"，主要包括六维力与力矩传感器（Force and Torque Sensor）、电流传感器、车轮转速传感器、转向盘转角传感器、导航定位、防抱死系统（Anti-lock Braking Systems, ABS）等。在消费类电子领域，磁传感器在笔记本计算机、智能手机和可穿戴设备中用于导航、电流检测、姿态检测等。此外，在空调、冰箱等家用电器中还可用作开关传感器。在工业生产中，灵敏度高、温度稳定性好、功耗低的磁传感器在无损检测（Non-Destructive Test，NDT）、齿轮转速检测等领域的应用也在持续增长。

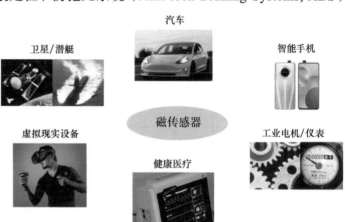

图 11.23　磁传感器的应用领域

根据电气电子工程师学会（IEEE）磁学分会[31]在 2019 年发布的磁传感器发展路线图，基于自旋电子学的磁传感器检测能力在 2025 年可达约 1 pT/Hz$^{1/2}$，其功耗可下降至约 1 nW，并且器件的机械柔韧性将会更高，能够更好地与柔性衬底结合，可应用于可穿戴设备中，同时其可靠性也会得到极大提升。技术发展带来的性能改善使未来巨磁阻或隧穿磁阻传感器将在磁传感器市场中备受欢迎。本节将举例介绍这些传感器在电子罗盘、转速检测、电流检测和生物医学检测中的应用。结合物联网技术，磁传感器无疑将会在智慧交通、智慧电网、智慧医疗等领域做出巨大贡献。

11.3.1　电子罗盘

人们对地球磁场的测量历史可以追溯到约 2000 年前司南的发明。地磁场源自于地球内部，根据发电机理论（Dynamo Theory），是由地核的外核中熔融铁对流产生的电流所致。地磁的南北方向和地理的南北方向之间存在一个微小夹角，称为地磁偏角。磁场在地表的强度约为 0.5 Oe，整体趋势分布从两极至赤道强度递减。空间中任意一点的地磁场都是一个三维矢量，可以用笛卡儿坐标系确定，也可以用角度确定，地磁场与正北方之间的夹角 D 称为偏角（Declination），与地平面之间的夹角 I 则称为倾角（Inclination）。

由于地磁偏角的存在，根据地球磁场极性制作的传统指南针所指示的南北方向与真正的南北方向不同，而电子罗盘（E-Compass）则就此问题给出了很好的修正，如图 11.24 所示。苹果公司在 iPhone 3GS 手机上首次使用了电子罗盘，这种具有直观转动效果的地图为智能手机导航设定了新标准，今天的智能手机、平板计算机、笔记本计算机等设备中几乎都带有电子罗盘的功能。电子罗盘对已有的全球定位系统（Global Positioning System，GPS）提供了不可或缺的补充，当用户和设备身处隧道中或是立交桥、高楼林立的街区内时，全球定位系统信号会由于遮挡物的存在而丢失，不能提供实时、有效的定位信息。此外，全球定位系统只能通过用户的移动轨迹判断用户在移动中的方向，而电子罗盘则可以通过感应地球磁场判断用户的静态方向，并结合陀螺仪和全球定位系统提供的信息，得出更精准的定位和朝向信息。

（a）指南针　　　　　　　　　　（b）电子罗盘

图 11.24　地磁场检测的主要应用

图 11.25 所示为不同磁力计能够探测的磁场强度范围[47]。早期的磁力计，如探测线圈磁强计、超导量子干涉仪、光泵磁力仪等都非常笨重，虽然其灵敏度和探测范围都足够高，但是体积庞大，因此主要用于军事和地理测绘。从 20 世纪 50 年代开始，磁力计随着行星探测器被发射到太空中，用于了解地球磁层的构成。随着微电子集成技术的不断发展，电子罗盘的传感器开始使用巨磁阻或隧穿磁阻技术，并且在经过多年的改进后，此类传感器的线性度、噪声水平、温度稳定性、检测力等也都有了巨大提升。这一类新型磁力计的最大优点在于单位面积灵敏度很高，可以在极小尺寸内达到较高的信号输出水平，因此能在硬盘磁读头上取得巨大成功，同时也有助于以高分辨率探测某一空间中的磁场分布。

与成本低廉的霍尔传感器相比，磁阻传感器与互补金属氧化物半导体技术的高兼容性使其在今天更具有量产和应用的优势。与磁通门传感器和线圈式传感器相比，磁阻传感器不仅能测量直流磁场，还能有效测量交变磁场，并且具有高频率带宽。磁阻传感器可分为各向异性磁阻传感器、巨磁阻传感器和隧穿磁阻传感器三种。其中，隧穿磁阻传感器灵敏度最高，在微弱磁场探测中极具优势；但是在低频范围内（低于 100 kHz），巨磁阻传感器的噪声水平更低，而且不易被静电击穿，稳定性高；较之前面两者，各向异性磁阻传感器的制备工艺最为简单，成本最低，但是由于其一般采用巴贝电极结构，以使器件的磁化方向与电流方向保持一定夹角，故需要在各向异性磁阻传感器的周围配备置位和复位电路，周期性地产生电流脉冲对器件的磁化方向进行设置恢复，这无疑将大大增加器件的整体尺寸和复杂度。目前在电子罗盘市场中，霍尔传感器仍占据着最大的市场份额，磁阻传感器作为后起之秀，其市场占比正在逐年增大。

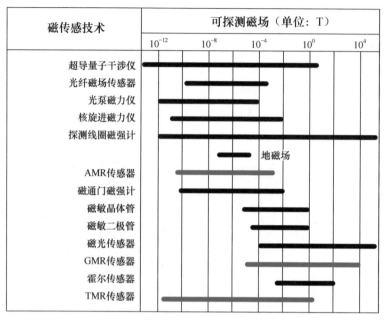

图 11.25　不同类型磁传感器的检测范围

电子罗盘产品一般分为二维罗盘和三维罗盘两种[48]。在使用二维电子罗盘时，其传感器平面应与 xy 平面（即地表所在的平面）平行。如图 11.26 所示，二维电子罗盘内部的主要结构是两个相互垂直放置的桥式传感器。当电子罗盘转动时，可以得到余弦式的电压输出信号。根据式（11.12），便能准确推算出罗盘指向。

$$\begin{cases} \alpha=0, & \text{当}\,H_x=0,\ H_y>0 \\ \alpha=\dfrac{\pi}{2}-\arctan\dfrac{H_y}{H_x}, & \text{当}\,H_x>0 \\ \alpha=\pi, & \text{当}\,H_x=0,\ H_y<0 \\ \alpha=\dfrac{3}{2}\pi-\arctan\dfrac{H_y}{H_x}, & \text{当}\,H_x<0 \end{cases} \quad (11.12)$$

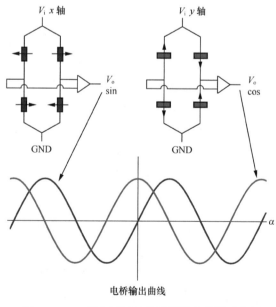

图 11.26　二维电子罗盘结构及输出曲线示意图

式中，α 为罗盘转动角度，H_x 与 H_y 为 x 方向和 y 方向的磁场大小，与传感器输出电压对应。

但是，二维电子罗盘需要时刻保持水平以确保测量准确性，因此通常会将其安装于额外的水平云台上，常用于轮船和飞机中。在手机等手持类设备中需要三维电子罗盘。但是，磁阻效应是平面薄膜效应，不能直接用于 z 方向磁场的检测。为了实现这一目的，第一种方案是将三个面内桥式传感器相互垂直地进行封装，或是制备在斜面基底上，利用其在 z 方向的分量对磁场进行测试[49]，如图 11.27 所示。第二种方案是使用面内的巨磁阻或隧穿磁阻传感器感应 xy 平面方向上两轴的磁场强度，同时采用霍尔传感器或垂直隧穿磁阻传感器感应 z 方向（垂直于地球表面的方向）的磁场。第三种方案则是使用磁通聚集器将 z 方向的磁感线弯曲到平面内再进行测试。遗憾的是，这些方法都不免将会引入机械误差或者需要复杂的制备及封装工艺。因此，如何在同片晶圆上实现三轴传感器仍是一个备受瞩目的研究方向。

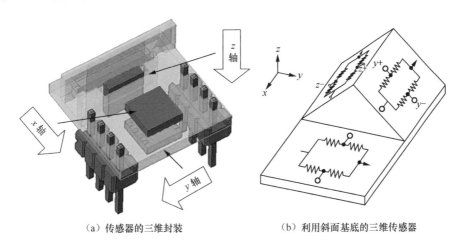

（a）传感器的三维封装　　　　　　　（b）利用斜面基底的三维传感器

图 11.27　三维封装方式

目前，三维电子罗盘通常和三轴加速度计、三轴陀螺仪共同组成九轴传感器。加速度计利用"重力块"在设备运动时自身惯性产生的压力，经压电材料转化为电信号，用以表征加速度的大小和方向；陀螺仪利用科里奥利力，通过连续振动的振子在旋转系统中的运动偏移改变电路状态，引起相关电参数的变化，从而反映出设备倾斜、摇摆等运动状态；电子罗盘通过测量地磁场判断设备的绝对指向。九轴传感器作为集成化传感器模块，大大节省了电路板和整体空间，广泛适用于轻巧便携的电子设备和可穿戴产品。

在地球表面的固定区域内，地磁场的大小和方向是十分均匀和稳定的，当主要由金属材料制成的汽车驶过时，会对局域地磁场产生扰动[1]，所以磁传感芯片也能有效地应用于智慧交通领域。例如，安装在道路及汽车上的巨磁阻或隧穿磁阻传感器通过无线传感网络连接，可以对车辆经过时地磁场的轻微变化进行感知，进而得到如车速、车辆位置、交通流量、道路占用率等动态交通信息，辅助建立大规模交通监控和管理系统，预防和减少碰撞事故，更好地服务于无人驾驶等应用场景。

11.3.2　转速检测

在机械工程各个领域中，经常需要测试转轴转速。常用的测试方法大致可以分为磁传感检测、光学检测和振动检测几种类型。磁传感检测法是通过检测外界磁场的周期变化计算出转速。这种无接触式测量不受温度、负载电阻和外界环境的影响，在复杂工况下的稳定性极高。基于这一特性，磁传感检测法是汽车转速检测的首选方案[50-51]。磁传感检测法中的磁传感器主要是霍尔传感器、感应线圈磁传感器和磁阻传感器。对比前两种传感器，磁阻传感器体积小、灵敏度高，可实现极低转速甚至零速检测。即使间距较宽时，也能实现转速的精准测量，对应用环境的要求低。同时，磁阻传感器的桥式电路结构温度稳定性良好，故可作为转速传感器应用于汽车中的发动机管理系统（凸轮轴、曲轴）、防抱死系统和变速器系统。

磁阻转速传感器的工作原理：齿轮转动使作用在磁阻传感器上的磁场发生周期性变化，进而令传感器的输出周期性改变。下面介绍两种主要实现方式：一种是采用铁磁材料制作齿轮，放在传感器后面的永磁体会将齿轮磁化。如图 11.28 所示，磁阻传感器的敏感轴沿齿轮运动方向，当齿轮的凸齿正对磁阻传感器时，永磁体作用在磁阻传感器上的磁场方向垂直于敏感轴，此时传感器感应的有效磁场为零；当由凸齿转向凹齿时，作用于磁阻传感器的磁场会沿着敏感轴形成一个向上分量；同理，当由凹齿转向凸齿时，会沿敏感轴形成一个向下的磁场分量。随着齿轮不断旋转，磁阻传感器

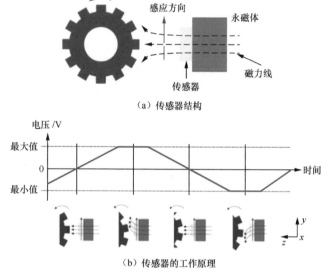

（a）传感器结构

（b）传感器的工作原理

图 11.28　后置永磁体式磁阻转速传感器

输出发生周期性变化，提取该变化周期就可以计算得到转速。另一种是使用非磁性材料制成齿轮，在齿轮外包裹一层周期性磁化的永磁体薄膜。如图 11.29 所示，随着齿轮转动，作用在磁阻传感器表面的磁场会发生周期性变化，从而引起磁阻传感器输出信号的改变。

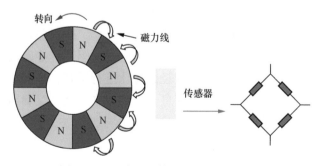

图 11.29　包裹永磁体式磁阻转速传感器

11.3.3　电流检测

磁传感器除了直接检测磁场，还能根据电生磁的原理间接地实现电流检测。

例如，在家庭住宅中，磁传感器可作为电流检测计，对各类电器的能耗进行实时监测[52]。相对于其他电流或电压传感器，磁传感器作为一种无接触式的传感器，安装非常简单且不需要打断电器工作状态。

磁传感器还可用于电网输电和配电线路中电流的实时监测。目前常用的监测设备是安装在变电站的电流互感器，该设备不仅测试范围和频率带宽都非常有限，价格也十分昂贵，同时体积较大，还需要专人定期维护。因此，小型化、低功耗的磁传感器开始逐步应用于电网中的电流监测[1]。

如图 11.30 所示，对于输电线路，磁传感器阵列既可以布置在地表附近，也可以布置在输电塔上。研究表明，架空输电线在地表处的磁场强度约为 10^{-5} T，在输电塔附近的磁场强度则约为 10^{-4} T，磁阻传感器的精度足以满足测试需求。对于配电线路，可在其地下电缆表面安装一组传感器用于测量电缆中三相导体产生的磁场，磁场量级在 mT 左右，更容易被磁阻传感器有效地测得。这样一来，根据测得的磁场信息，结合相应算法重构电网输电和配电线路中的电流，与实际结果的误差可以控制在很小范围内。

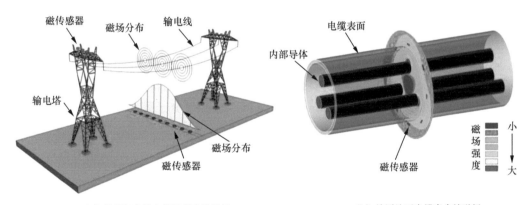

（a）检测架空输电线路产生的磁场　　　　　　　　（b）检测地下电缆产生的磁场

图 11.30　磁传感器非接触式电流检测应用

磁阻传感器成本低、体积小，能进行非接触式电流检测，并且不需要定期维护，因此可以大规模部署在电网中。同时，磁阻传感器也不会影响输配电线路的运行，测量范围和频率带宽也都比传统电流互感器大。使用磁阻传感器监控电网中输配电线路电流、功耗、电压、负载等参数，在出现异常的情况下进行快速评估和定位以采取必要行动，为构建智慧电网提供了莫大的帮助和支持。

在无损检测领域中，涡流检测（Eddy Current Testing，ECT）是发现各类金属材料表面或内部缺陷的常用手段。如图 11.31 所示，激励线圈中的交变电流首先在涡流探头附近产生一振荡磁场，当探头靠近待测金属件时，便会在金属内部产生涡流；与此同时，金属内部或表面的涡流又会产生新的磁场。当金属件表面或内部有缺陷时，涡流的振幅和模式及由此产生的磁场会被中断或改变，这样的变化会进一步影响拾波线圈的阻抗，因此可以通过分析线圈阻抗幅值和相位变化识别出待测金属件中的缺陷分布情况。

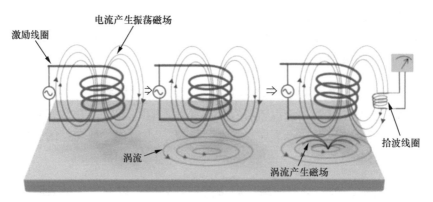

图 11.31　涡流检测原理

相较于传统涡流探头中使用的拾波线圈，巨磁阻或隧穿磁阻传感器的高灵敏度可以直接探测缺陷引起的磁场变化，并且随着尺寸微缩，还可以为无损检测提供更高的空间分辨率。同时，磁阻传感器的工作频率范围宽，支持从直流磁场到高达 10 MHz 的交变磁场检测，目前也已经被设计成了无损检测探头并且通过了功能性验证[53]。

11.3.4　生物医学检测

磁传感器在生物医学方面的应用主要分为两类：一类是直接检测人体心脏磁场和脑磁场大小，另一类则主要用于检测被纳米磁珠（Magnetic Nanoparticles，MNP）标记的细胞和脱氧核糖核酸（Deoxyribonucleic Acid，DNA）分子等。

人体心脏和脑部神经元活动都会产生电流，进而产生磁场。其中，心磁场大小约为 10^{-12} T 量级，脑磁场大小约为 10^{-15} T。目前，用于诊断心脏及脑部疾病的主要手段是心电图（Electrocardiogram，ECG）和脑电图（Electroencephalography，EEG），但是，二者仅能通过在人体体表安装电极贴片测得电信号进行分析，无法以空间形式记录心脏或脑部活动，并且心电信号和脑电信号都会受骨骼和结缔组织的阻抗影响。相比之下，心磁图（Magnetocardiogram，MCG）和脑磁图（Magnetoencephalogram，MEG）则属于无接触式测试，能在检测中精确地给出心磁场和脑磁场的空间分布，显示和记录心脏肌肉或是脑深层场源的详细活动状态，在辅助诊断上大有帮助。目前进行心磁图和脑磁图测试的设备主要是超导量子干涉仪[54]，如图 11.32 所示，我们在第 10 章介绍了该设备的原理。超导量子干涉仪体积巨大，工作时内部的超导材料铌需要使用液氦冷却至 −263℃ 的临界温度，每周消耗 70 ～ 100 L 液氦，故购置和维护费用极高。

目前，隧穿磁阻传感器已经能达到对心磁场的检测要求[55]。如图 11.33 所示，来自日本东北大学的研究人员制备了全桥式的隧穿磁阻传感器，检测力约为 14 pT/Hz$^{1/2}$@10 Hz。使用时，只需将传感器置于距离体表几毫米远的位置测试心脏磁场的水平分量，通过信号放大、模数转换及多次取平均的数据处理，就可得到类似于传统心电图检测的结果。不过，使用同样的传感器和方法得到的脑磁图检测效果不是很理想，信号只能做到依稀可辨[55]。相对于超导量子干涉仪，隧穿磁阻传感器在心磁图和脑磁图的测试上有着体积小、常温工作、系统成本低等极大优势。除了用于医疗诊断外，隧穿磁阻传感器同样也适用于穿戴式的健康护理设备[56]。

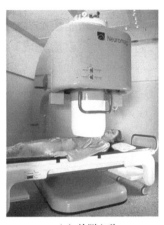

（a）检测心磁　　　　　　　　　　（b）检测脑磁

图 11.32　利用超导量子干涉仪对人体磁场进行检测

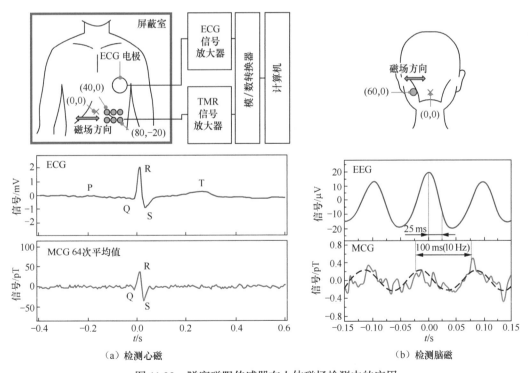

（a）检测心磁　　　　　　　　　　（b）检测脑磁

图 11.33　隧穿磁阻传感器在人体磁场检测中的应用

此外，磁传感器还可用于细胞、脱氧核糖核酸分子和病毒的检测。在使用时，首先用纳米磁珠对这类分子或细胞进行标记。如图 11.34 所示[57]，磁珠的内部是一个磁核，

一般是 Fe_3O_4，外部是一层包覆层，表面分布着许多活性基团，可以和细胞、蛋白质、核酸、酶等生化试剂发生偶联。图 11.35 所示为磁传感器检测生物分子实验的大致原理。在实验中，传感器表面会被预先"种上"相应的探针分子；被纳米磁珠标记的待测分子经过传感器表面时将被这些探针分子捕获，此时磁珠产生的杂散场会使相应位置传感器的电阻发生变化，因此可以通过分析输出信号得出被测物的存在与否以及其浓度分布[58]。目前基于巨磁阻效应的早期肺癌细胞检测计已经被斯坦福大学研究组推广为商业产品。随着隧穿磁阻传感器性能的进一步优化和成本降低，未来基于隧穿磁阻传感器的生物分子简单检测装置也有望得到大规模推广，使人们足不出户就能完成某些医学检测，提高社会的医疗效率。

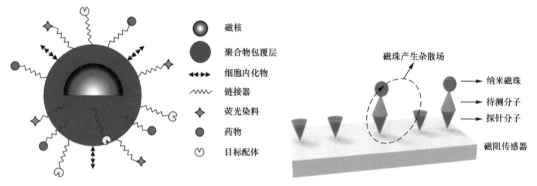

图 11.34　纳米磁珠结构　　　　　　图 11.35　磁传感器检测生物分子实验

　　综上所述，在智能医疗领域，巨磁阻或隧穿磁阻传感器的高性能使之可以应用于心脏磁场和脑磁场的直接检测。开发基于磁阻传感器的可穿戴设备，用于实时监测患有心脏病或脑部疾病病人的心脑活动，再借助物联网技术和云技术，就能及时将异常情况报告至相应服务器，帮助病人得到及时的医疗援助。此外，基于磁阻传感器的脱氧核糖核酸检测、细胞检测等功能还可集成于精准医疗设备中。利用这些分布在医院、家庭或户外区域的设备可以完成相应医疗诊断，记录、分析和评估这些医疗数据，为病人提供可靠的医疗服务。此外，在残疾人、老年人等人群的体表部署微小永磁体，还可以使用磁阻传感器对这些永磁体产生的磁场进行跟踪，监测其活动状态，并在异常情况下及时报警，为其提供协助。

11.4　本章小结

　　本章主要介绍了磁传感器的核心单元和基本结构，探索了磁传感器中的噪声来源，总结了提升传感器信噪比的常用方法，并举例说明了磁传感器在生产和生活中的应用。近年来，依靠巨大的性能优势，巨磁阻传感器以及隧穿磁阻传感器的发展迅猛。传感器领域的传统企业，如日本的 TDK、AKM、雅马哈（YAMAHA）、阿尔卑斯电气株式会社（ALPS），德国的英飞凌（Infineon）、博世（Bosch），美国的霍尼韦尔（Honeywell）等公司，几乎都在进行相关产品的研发和销售。无论是在民用还是军用领域，磁传感器都是大有可为的。在接下来的几章中，我们将继续介绍自旋电子学在信息存储等领域的应用。

思考题

1. 简述霍尔传感器、各向异性磁阻传感器、巨磁阻传感器、隧穿磁阻传感器的基本原理和发展历程。

2. 调研上述四类磁传感器近年来的应用领域、市场规模、市场占有率等，从中分析磁传感器的发展趋势。

3. 调研巨磁阻传感器和隧穿磁阻传感器基本单元中的磁性多层膜常用的材料。

4. 说明在巨磁阻 / 隧穿磁阻传感器中使用惠斯通电桥结构的必要性以及全桥式结构的主要特点。

5. 简述磁传感器中噪声的主要来源。

6. 有哪些途径可以进一步提升磁传感器的检测力以满足极微弱磁场的探测需求？通过文献调研，了解目前巨磁阻 / 隧穿磁阻传感器能达到的最优检测力。

7. 除了本章介绍的应用，你还知道磁传感器的哪些应用？请举例说明。

8. 调研目前从事磁传感器研发及销售的国内及国外企业，了解它们的产品性能及应用领域。同时思考：在磁传感器领域，我国与国际先进水平的差距在哪里？需要从哪些方面进行提升？

参考文献

[1] LIU X, LAM K H, ZHU K, et al. Advances in magnetics overview of spintronic sensors with internet of things for smart living[J]. IEEE Transactions on Magnetics, 2019, 55(11). DOI: 10.1109/TMAG.2019.2927457.

[2] SILVA A V, LEITAO D C, VALADEIRO J, et al. Linearization strategies for high sensitivity magnetoresistive sensors[J]. The European Physical Journal Applied Physics, 2015, 72(1). DOI: 10.1051/epjap/2015150214.

[3] CHAVES R C, CARDOSO S, FERREIRA R, et al. Low aspect ratio micron size tunnel magnetoresistance sensors with permanent magnet biasing integrated in the top lead[J]. Journal of Applied Physics, 2011, 109(7). DOI: 10.1063/1.3537926.

[4] KU W, SILVA F, BERNARDO J, et al. Integrated giant magnetoresistance bridge

sensors with transverse permanent magnet biasing[J]. Journal of Applied Physics, 2000, 87(9): 5353-5355.

[5] CARDOSO S, LEITAO D C, GAMEIRO L, et al. Magnetic tunnel junction sensors with pTesla sensitivity[J]. Microsystem Technologies, 2014, 20(4-5): 793-802.

[6] IKEDA S, MIURA K, YAMAMOTO H, et al. A perpendicular-anisotropy CoFeB-MgO magnetic tunnel junction[J]. Nature Materials, 2010, 9: 721-724.

[7] WIŚNIOWSKI P, ALMEIDA J M, CARDOSO S, et al. Effect of free layer thickness and shape anisotropy on the transfer curves of MgO magnetic tunnel junctions[J]. Journal of Applied Physics, 2008, 103. DOI: 10.1063/1.2838626.

[8] SHEN W, SCHRAG B D, GIRDHAR A, et al. Effects of superparamagnetism in MgO based magnetic tunnel junctions[J]. Physical Review B, 2009, 79(1). DOI: 10.1103/PhysRevB.79.014418.

[9] VAN DRIEL J, DE BOER F R, LENSSEN K M H, et al. Exchange biasing by $Ir_{19}Mn_{81}$: dependence on temperature, microstructure and antiferromagnetic layer thickness[J]. Journal of Applied Physics, 2000, 88(2): 975-982.

[10] LEITAO D C, SILVA A V, FERREIRA R, et al. Linear nanometric tunnel junction sensors with exchange pinned sensing layer[J]. Journal of Applied Physics, 2014, 115(17). DOI: 10.1063/1.4869163.

[11] WEI H X, QIN Q H, et al. Magnetic tunnel junction sensor with Co/Pt perpendicular anisotropy ferromagnetic layer[J]. Applied Physics Letters, 2009, 94(17). DOI: 10.1063/1.3126064.

[12] NAKANO T, OOGANE M, FURUICHI T, et al. Magnetic tunnel junctions using perpendicularly magnetized synthetic antiferromagnetic reference layer for wide-dynamic-range magnetic sensors[J]. Applied Physics Letters, 2017, 110. DOI: 10.1063/1.4973462.

[13] CAO Z, CHEN W, LU S, et al. Tuning the linear field range of tunnel magnetoresistive sensor with MgO capping in perpendicular pinned double-interface CoFeB/MgO structure[J]. Applied Physics Letters, 2021, 118(12). DOI: 10.1063/5.0041170.

[14] STOBIECKI F, SOTOBIECKI T, OCKER B, et al. Temperature dependence of magnetisation reversal and GMR in spin valve structures[J]. Acta Physica Polonica A, 2000, 97(3): 523-526.

[15] YUAN L, LIOU S H, WANG D. Temperature dependence of magnetoresistance in magnetic tunnel junctions with different free layer structures[J]. Physical Review B, 2006, 73(13). DOI: 10.1103/PhysRevB.73.134403.

[16] REIG C, CARDOSO S, MUKHOPADHYAY S C. Giant magnetoresistance (GMR) sensors: from basis to state-of-the-art applications[M]. Berlin Heidelberg: Springer-Verlag, 2013.

[17] CAO J, FREITAS P P. Wheatstone bridge sensor composed of linear MgO magnetic tunnel junctions[J]. Journal of Applied Physics, 2010, 107(9): 105-108.

[18] BERTHOLD I, MÜLLER M, KLÖTZER S, et al. Investigation of selective realignment of the preferred magnetic direction in spin-valve layer stacks using laser radiation[J]. Applied Surface Science, 2014, 302: 159-162.

[19] FREITAS P P, FERREIRA R, CARDOSO S. Spintronic sensors[J]. Proceedings of the IEEE, 2016, 104(10): 1894-1918.

[20] YAN S, CAO Z, GUO Z, et al. Design and fabrication of full wheatstone-bridge-based angular GMR sensors[J]. Sensors, 2018, 18(6). DOI: 10.3390/s18061832.

[21] CAO Z, WEI Y, CHEN W, et al. Tuning the pinning direction of giant magnetoresistive sensor by post annealing process[J]. Science China Information Sciences, 2020, 64(6). DOI: 10.1007/s11432-020-2959-6.

[22] TDK Product Catalog. High-precision TMR angle sensors with digital output[EB/OL]. (2020-6)[2021-7-10].

[23] 钟智勇. 磁电阻传感器 [M]. 北京 : 科学出版社, 2015.

[24] 曹江伟, 王锐, 王颖, 等. 隧穿磁电阻效应磁场传感器中低频噪声的测量与研究 [J]. 物理学报, 2016, 65(5). DOI: 10.7498/aps.65.057501.

[25] LEI Z Q, LI G J, EGELHOFF W F, et al. Review of noise sources in magnetic tunnel junction sensors[J]. IEEE Transactions on Magnetics, 2011, 47(3): 602-612.

[26] NYQUIST H. Thermal agitation of electric charge in conductors[J]. Physical Review, 1928, 32(1): 110-113.

[27] JOHNSON J B. Thermal agitation of electricity in conductors[J]. Physical Review, 1928, 32(1918): 97-109.

[28] INGVARSSON S, XIAO G. Low-frequency magnetic noise in micron-scale magnetic tunnel junctions[J]. Physics Review Letters, 2000, 85(15): 3289-3292.

[29] SMITH N, ARNETT P. White-noise magnetization fluctuations in magnetoresistive heads[J]. Applied Physics Letters, 2001, 78(10): 1448-1450.

[30] EGELHOFF W F, PONG P W T, UNGURIS J, et al. Critical challenges for pico-Tesla magnetic-tunnel-junction sensors[J]. Sensors and Actuators A: Physical, 2009, 155(2): 217-225.

[31] ZHENG C, ZHU K, DE FREITAS S C, et al. Magnetoresistive sensor development roadmap (non-recording applications)[J]. IEEE Transactions on Magnetics, 2019, 55(4): DOI: 10.1109/TMAG.2019.2896036.

[32] FREITAS P P, FERREIRA R, CARDOSO S, et al. Magnetoresistive sensors[J]. Journal of Physics: Condensed Matter, 2007, 19. DOI: 10.1088/0953-8984/19/16/165221.

[33] NOWAK E R, WEISSMAN M B, PARKIN S S P. Electrical noise in hysteretic ferromagnet-insulator-ferromagnet tunnel junctions[J]. Applied Physics Letters, 1999, 74(4): 600-602.

[34] ALMEIDA J M, WISNIOWSKI P, FREITAS P P. Low-frequency noise in MgO magnetic tunnel junctions: Hooge's parameter dependence on bias voltage[J]. IEEE Transactions on Magnetics, 2008, 44(11): 2569-2572.

[35] LIOU S H, ZHANG R, et al. Dependence of noise in magnetic tunnel junction sensors on annealing field and temperature[J]. Journal of Applied Physics, 2008, 103(7). DOI: 10.1063/1.2837659.

[36] KANDIAH K, WHITING F B. Low frequency noise in junction field effect transistors[J]. Solid State Electron, 1978, 21(8): 1079-1088.

[37] XI H, LOVEN J, NETZER R, et al. Thermal fluctuation of magnetization and random telegraph noise in magnetoresistive nanostructures[J]. Journal of Physics D: Applied Physics, 2006, 39(10): 2024-2029.

[38] POLOVY H, GUERRERO R, SCOLA J, et al. Noise of MgO-based magnetic tunnel junctions[J]. Journal of Magnetism and Magnetic Materials, 2010, 322(9-12): 1624-1627.

[39] GARZON S, CHEN Y, WEBB R A. Enhanced spin-dependent shot noise in magnetic tunnel barriers[J]. Physical E: Low-Dimensional System and Nanostructures, 2007, 40(1): 133-140.

[40] MOODERA J S, KINDER L R, WONG T M, et al. Large magnetoresistance at room temperature in ferromagnetic thin film tunnel junctions[J]. Physical Review Letters,

1995, 74(16): 3273-3276.

[41] VALADEIRO J P, AMARAL J, LEITAO D C, et al. Strategies for pTesla field detection using magnetoresistive sensors with a soft pinned sensing layer[J]. IEEE Transactions on Magnetics, 2015, 51(1). DOI: 10.1109/TMAG.2014.2352115.

[42] WISNIOWSKI P, ALMEIDA J M, FREITAS P P. 1/f magnetic noise dependence on free layer thickness in hysteresis free MgO magnetic tunnel junctions[J]. IEEE Transactions on Magnetics, 2008, 44(11): 2551-2553.

[43] ALMEIDA J M, FREITAS P P. Field detection in MgO magnetic tunnel junctions with superparamagnetic free layer and magnetic flux concentrators[J]. Journal of Applied Physics, 2009, 105(7). DOI: 10.1063/1.3077228.

[44] CUI Y, KHODADADI B, SCHÄFER S, et al. Interfacial perpendicular magnetic anisotropy and damping parameter in ultra thin Co_2FeAl films[J]. Applied Physics Letters, 2013, 102(16). DOI: 10.1063/1.4802952.

[45] GUERRERO R, PANNETIER-LECOEUR M, FERMON C, et al. Low frequency noise in arrays of magnetic tunnel junctions connected in series and parallel[J]. Journal of Applied Physics, 2009, 105(11). DOI: 10.1063/1.3139284.

[46] EDELSTEIN A S, FISCHER G A, PEDERSEN A, et al. Progress toward a thousand-fold reduction in 1/f noise in magnetic sensors using an ac microelectromechanical system flux concentrator (invited)[J]. Journal of Applied Physics, 2006, 99(8). DOI: 10.1063/1.2170067.

[47] CARUSO M J, BRATLAND T, SMITH C H, et al. A new perspective on magnetic field sensing[J]. Sensors (Peterborough, NH), 1998, 15: 34-47.

[48] CLAUDE F, VAN DE VOORDE M. Nanomagnetism: applications and perspectives[M]. Germany: Wiley-VCH, 2016.

[49] CAI Y, JIANG L, ZAVRACKY P, et al. Monolithic three-axis magnetic field sensor[P]. U.S: 9658298, 2017-5-23.

[50] ROHRMANN K, SANDNER M, MEIER P, et al. A novel magnetoresistive wheel speed sensor with low temperature drift and high stray field immunity[C]. 2018 IEEE International Instrumentation and Measurement Technology Conference. Piscatway, USA: IEEE, 2018. DOI: 10.1109/TMAG.2014.2352115.

[51] HAINZ S, DE LA TORRE E, GÜTTINGER J. Comparison of magnetic field sensor technologies for the use in wheel speed sensors[C]. 2019 IEEE International

Conference on Industrial Technology. Piscatway, USA: IEEE, 2019: 727-731.

[52] DONNAL J S, LEEB S B. Noncontact power meter[J]. IEEE Sensors Journal, 2015, 15(2): 1161-1169.

[53] ROSADO L S, CARDOSO F A, CARDOSO S, et al. Eddy currents testing probe with magneto-resistive sensors and differential measurement[J]. Sensors and Actuators A: Physical, 2014, 212: 58-67.

[54] LOUNASMAA OV, SEPPÄ H. SQUIDs in neuro- and cardiomagnetism[J]. Journal of Low Temperature Physics, 2004, 135(5/6): 295-335.

[55] FUJIWARA K, OOGANE M, KANNO A, et al. Magnetocardiography and magnetoencephalography measurements at room temperature using tunnel magneto-resistance sensors[J]. Applied Physics Express, 2018, 11(2). DOI: 10.7567/APEX.11.023001.

[56] BERMÚDEZ G S C, FUCHS H, BISCHOFF L. Electronic-skin compasses for geomagnetic field-driven artificial magnetoreception and interactive electronics[J]. Nature Electronics, 2018, 1(11): 589-595.

[57] HAJBA L, GUTTMAN A. The use of magnetic nanoparticles in cancer theranostics: Toward handheld diagnostic devices[J]. Biotechnology Advances, 2016, 34(4): 354-361.

[58] SU D, WU K, SAHA R, et al. Advances in magnetoresistive biosensors[J]. Micromachines, 2020, 11(34). DOI: 10.3390/mi11010034.

第 12 章　大容量磁记录技术

第 11 章详细介绍了磁传感芯片的工作原理及其发展前景。除此之外，自旋电子学还是大容量存储技术的主要推动力。随着大数据以及云计算时代的到来，人们对大容量存储的需求越来越迫切。根据互联网数据中心（Internet Data Center，IDC）发布的《数据时代 2025》报告[1]，全球每年产生的数据将从 2018 年的 33 ZB 增长到 2025 年的 175 ZB。如果将 175 ZB 的数据存储于蓝光光盘中，那么这些蓝光光盘堆起来的高度相当于地球与月球之间距离的 23 倍。另外，全球现有数据总量的 90% 都是最近两年产生的，这也从侧面反映了存储技术的飞速发展。硬盘驱动器（Hard Disk Drive，HDD）是当下最主要的数据承载体。2020 年，全球硬盘厂商交付了 2.59 亿个机械硬盘，平均容量接近 3.86 TB 。然而，出于对成本及应用角度的考虑，单纯增加硬盘出货量并不能满足大容量存储的需求。在这样的背景下，大容量存储技术也在近年来得到了前所未有的关注和巨大的提升。经过 60 多年的发展历程，目前硬盘的平均存储密度已达到 1 Tbit/in² 。那么，我们是否可以无限地提升硬盘的存储密度呢？为了回答这一问题，本章首先回顾了硬盘存储技术的发展历史，然后详细介绍了当前最为瞩目的两种新型硬盘存储技术。

本章重点

知识要点	能力要求
硬盘存储技术的发展	（1）了解硬盘的存储介质； （2）了解硬盘中的磁头结构
微波辅助磁记录	（1）掌握微波辅助磁记录的原理； （2）掌握微波辅助磁记录系统的结构； （3）了解微波辅助磁记录系统的优化方法
热辅助磁记录	（1）掌握热辅助磁记录的原理； （2）掌握热辅助磁记录系统的结构； （3）了解热辅助磁记录系统的优化方法

12.1　硬盘存储技术的发展

依据存储介质磁矩磁化状态的不同，硬盘的记录方式可以分为水平磁记录以及垂直磁记录。本节将简要介绍这种分类下硬盘存储技术的发展历程以及所面临的主要问题。

12.1.1　水平磁记录与垂直磁记录

1975 年，Iwasaki 等[2]就提出了垂直磁记录（Perpendicular Magnetic Recording，PMR）的概念，但直到 2000 年，基于垂直磁记录技术的硬盘才正式进入大规模商用。在此期间，水平磁记录（Longitudinal Magnetic Recording，LMR）仍是各大硬盘厂商采用的主流技术。对于水平磁记录设备来说，其存储单元的磁矩指向面内（白色箭头），如图 12.1（a）所示。随着数据记录密度的不断提高，存储单元的横向尺寸便需要持续地减小，其不同磁性状态间的能量势垒也会随之下降，这就意味着微小的外界能量，如室温下的热扰动等就可能对磁记录的稳定性产生较大的影响。当磁性颗粒的尺寸减小到一个极限后，磁记录位保存的数据就会被破坏，也就是所谓的"超顺磁效应"。受此影响，在 2000 年前后，硬盘面密度的年增长率迅速下降。

垂直磁记录技术被誉为"打开 Tbit 存储级别"的钥匙。对基于垂直磁记录技术的器件而言，其存储颗粒的磁化方向垂直于介质表面（白色箭头），如图 12.1（b）所示。存储单元横向尺寸的减小并不会影响磁矩的稳定性，因此应用垂直磁记录技术可以实现更高的存储密度，同时避免超顺磁效应带来的影响。从 1975 年 Iwasaki 等提出垂直磁记录的概念，到 2005 年垂直磁记录硬盘开始大规模生产，再到现在垂直磁记录硬盘完全取代了水平磁记录硬盘，这经历了 40 多年的时间。

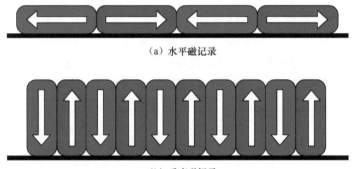

（a）水平磁记录

（b）垂直磁记录

图 12.1　硬盘的记录方式

12.1.2　硬盘磁头

除了存储介质的变化，硬盘的磁头也经过了长时间的发展。如图 12.2 所示，磁头是硬盘驱动器中极其微小的一个组件，用来执行数据的读写操作。最初，读操作和写操作都是由同一个电感式的磁头执行的。它的主要结构包含铁磁材料和其上缠绕着的电流线圈。执行写操作时，可通过改变线圈中通入电流的方向来改变铁磁材料两极产生的磁场方向，利用这一磁场改变磁盘介质上存储单元的磁化方向，实现数据写入；而当执行读操作时，磁盘将在主轴电机的带动下旋转，同时记录位发出的磁场将在磁头上产生随时间变化的磁通量。这样一来，根据法拉第效应，磁头上会产生相应的电压变化，用于区分存储在磁盘介质中的"0"和"1"的信息，实现数据读出。

这种读写一体的电感式磁头技术直到 20 世纪 90 年代初都一直占据着市场上的主流地位。然而，当需要进一步提高磁记录的密度时，每个比特单元的尺寸要相应缩小；同时为了降低噪声，磁记录介质剩余磁矩与厚度的乘积（$M_r \times \delta$）也应减小。这都意味着电感式磁头在读取磁盘介质上的信息时磁通量和回读信号的减小，也即磁盘读取灵敏度

受到了限制。为了解决这一问题，人们
将磁头的读写操作分开，设计了单独的
磁读头（Read Head）和感应式写入磁头。

1991 年，基于各向异性磁阻效应的
磁读头开始取代传统的电感式磁读头。尽
管当时器件的各向异性磁阻效应的磁阻率
只有不到 1%，但也有效地提升了硬盘的
面记录密度。而为了进一步提升面记录密
度，我们就需要具有更高灵敏度的、更薄
的磁读头。巨磁阻效应发现后的第八年，
基于该效应的磁头被 IBM 公司应用于商

图 12.2　硬盘驱动器及主要部件

业硬盘驱动器中 [3]，磁记录面密度达 2 Gbit/in²。此后基于巨磁阻效应的磁读头经历了一系
列技术迭代以及不断的改进和完善，使硬盘驱动器的面记录密度的年增长率一直保持在
60% ~ 100%。2005 年，希捷公司发布了首款基于隧穿磁阻效应的磁读头 [4]，由于隧穿磁
阻效应的磁阻率远高于巨磁阻效应，因此它们将硬盘的面记录密度提高到了 100 Gbit/in²
以上。之后，随着材料和加工技术的改进，目前硬盘的面记录密度已超过 1 Tbit/in²。

图 12.3 所示为硬盘驱动器中磁读头的大致工作原理 [5]。可见，磁读头与磁盘之间
按照空气动力学的原理保持着一定的距离。当磁盘在转动时，磁读头通过检测掠过的磁
记录介质产生的杂散场（Stray Field）并结合时钟顺序判断读出的信息。这个杂散场是
十分微弱的，如果磁读头的灵敏度不足，便无法准确有效地读出数据。因此，磁读头的
灵敏度和信噪比对提升硬盘的面记录密度至关重要。

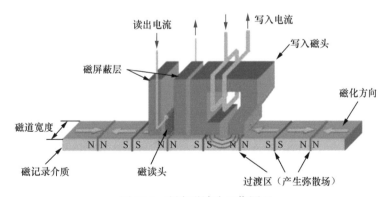

图 12.3　硬盘磁读头工作原理

图 12.4 所示为电流在平面内型巨磁阻磁读头的典型剖面 [6]。这一结构的底部屏蔽
层（Shield）一般是通过电镀方式沉积的，由 NiFe 等高磁导率的软磁性材料构成，它
的主要功能是避免相邻记录位的磁场对磁读头产生干扰。此后，一层绝缘材料制成的底
部间隔层（Bottom Gap）沉积在底部屏蔽层上，并应在保证均匀度的前提下尽可能薄
（5 ~ 8 nm），其作用是防止电流泄漏流过屏蔽层。自旋阀结构经过光刻、刻蚀等微加

工步骤沉积在间隔层之上，并且在自旋阀结构周围，通常会有一个硬偏置（Hard Bias）结构，由永磁体 CoPt 或 FePt 制成，产生偏置场使自旋阀中自由层的磁矩沿与参考层磁矩正交的方向排列，目的是改善线性度，同时让自由层保持单畴状态，减少磁畴壁运动在磁读头工作时产生的磁噪声。沉积偏置结构时底部有一种子层，是为了得到更好的晶格结构和性能。最后引出顶电极，沉积顶部间隔层和顶部屏蔽层。

学术界和工业界都对电流在平面内型的巨磁阻磁读头进行了深入的研究，在材料选择和器件加工方面做了许多改进，但仍存在许多局限性。例如，此类磁读头中必须有两个间隔层存在，这增加了屏蔽层间距，对高记录密度的实现是不利的。此外，由于这一结构的顶电极与自旋阀的接触区域面积较小，常因为过热而损坏，导致磁读头的平均使用寿命受到影响。因此基于电流垂直于平面型结构的巨磁阻磁读头和隧穿磁阻磁读头开始取代电流在平面内型的磁读头。

图 12.5 所示为电流垂直于平面型的巨磁阻磁读头典型剖面[6]。从该图中可以看出，此类磁读头不需要使用间隔层，电极和主结构的接触面积也远大于电流在平面内型磁读头，此外还能提供比电流在平面内型器件更大的隧穿磁阻率，使读取信息的灵敏度得到进一步提升。在电流垂直于平面型磁读头中，两个屏蔽层可以直接用作电极。器件的左右两侧设置绝缘层则是为了防止电流从自旋阀侧面的偏置结构中流过。但是此类磁读头的主要问题在于整体的电阻太小导致输出信号低、功耗大，因此在隧穿磁阻效应得到更为充分的发展之后，电流垂直于平面型的巨磁阻磁读头逐渐被隧穿磁阻磁读头所取代。当然，隧穿磁阻磁读头也有其不足之处，比如过高的电阻限制了读取操作的频率，以及隧穿层的材料容易被静电击穿等。对隧穿磁阻磁读头的主要改进集中在减小隧穿层的厚度以降低器件电阻。但是，隧穿层的厚度减小又势必会导致薄膜中针孔（Pinhole）的形成，从而影响器件的其他性能。相比于巨磁阻磁读头，隧穿磁阻磁读头的可靠性仍有待提高。

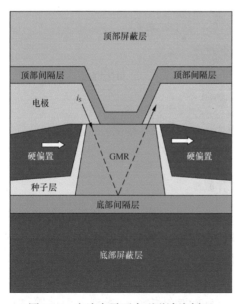

图 12.4　电流在平面内型磁读头剖面

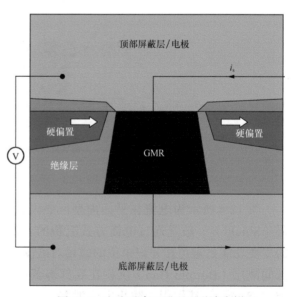

图 12.5　电流垂直于平面型磁读头剖面

12.1.3　大容量存储面临的挑战

随着硬盘磁记录密度达到 1 Tbit/in^2，垂直磁记录技术也面临着一些难以解决的困境。图 12.6（a）所示为磁记录介质的微观照片。可见，在硬盘中，一定数目的磁性颗粒记载一个比特位的信息。如果需要提升存储密度，那么每一个比特位所占有的面积就会缩小，进而所包含磁性颗粒也会减少。研究表明，硬盘信噪比（Signal-to-Noise Ratio，SNR）的大小同每比特位所拥有的介质颗粒数目成正比。因此，若要在提升硬盘存储密度的同时保持信噪比不变，介质颗粒的尺寸就必须缩小。另外，信息存储的稳定性也是硬盘重要的性能指标之一。图 12.6（b）所示为磁矩处于不同角度时磁记录颗粒归一化能量的大小。我们可以直观地看到，磁矩向上和磁矩向下两个状态之间存在着明显的能量势垒 E_b，其大小等于各向异性常数 K_u 和颗粒体积 V 的乘积。因此，介质颗粒体积的减小势必会使能量势垒 E_b 降低，于是当施加一定强度外磁场或热扰动时，磁矩的方向就会更容易发生改变，严重影响到存储数据的稳定性，除非选用具有更高 K_u 的介质。不幸的是，具有较高 K_u 的材料同时具有较大的矫顽力，这就意味着我们必须施加更大的磁场才能使磁性颗粒的磁矩翻转。受限于较小的物理尺寸，磁头可以施加的最大磁场在 2.5 T 左右[7-8]，如图 12.6（c）所示。

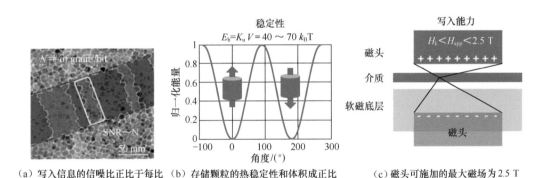

（a）写入信息的信噪比正比于每比　（b）存储颗粒的热稳定性和体积成正比　　（c）磁头可施加的最大磁场为 2.5 T
特介质内的存储颗粒数量 N

图 12.6　目前磁记录技术面临的瓶颈

综上所述，随着硬盘存储密度的提升，其各方面参数已经越来越接近理论极限。因此，各大厂商一直在寻求新的提升硬盘存储密度的方法，目前的提升方法主要包括点阵式磁记录（Bit-Patterned Magnetic Recording，BPMR）、磁道分离磁记录（Discrete Track Recording，DTR）以及能量辅助磁记录（Energy-Assisted Magnetic Recording，EAMR）。其中，能量辅助磁记录技术更是有望将硬盘存储密度提升一个数量级，因此受到广泛关注。顾名思义，能量辅助磁记录技术是向存储介质注入能量辅助磁场进行数据的写入。目前，两大硬盘生产巨头——西部数据公司和希捷公司，分别采用了施加微波磁场以及激光加热的方式注入能量。这两种方式又被称为微波辅助磁记录（Microwave-Assisted Magnetic Recording，MAMR）与热辅助磁记录（Heat-Assisted Magnetic Recording，HAMR），下面将做详细介绍。

12.2　微波辅助磁记录

在垂直磁记录技术中，写入磁场需要远高于介质颗粒的矫顽力才可以实现完整的磁翻转。然而，随着存储密度的不断提高和磁头尺寸的不断缩小，写入磁场的强度受到了严重的限制。针对当前磁记录技术发展遇到的瓶颈，研究人员提出了一个设想，即使用其他的辅助手段结合外磁场实现信息的写入，从而摆脱磁记录对强写入磁场的依赖。微波辅助磁记录就是有望解决这一问题的技术手段之一。

12.2.1　微波辅助磁翻转效应

微波辅助磁记录技术的核心是利用第 6 章介绍的自旋转移纳米振荡器所产生的极高频率的交变磁场（1 ～ 100 GHz）向存储单元注入能量。若磁场变化频率与存储介质本征共振频率相近，则存储介质可以吸收绝大部分交变磁场能。当存储单元的能量升高后，磁矩处于一个亚稳定态，较小的外加磁场即可完全翻转磁矩，如图 12.7 所示。这种现象称为微波辅助磁翻转效应（Microwave-Assisted Switching，MAS）。

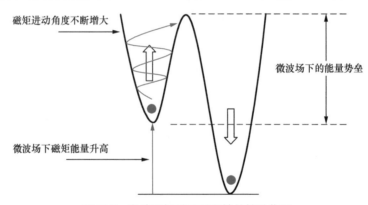

图 12.7　微波磁场对于磁翻转的辅助作用

早在 2000 年年初，微波辅助磁翻转效应就已成为热门的研究课题。微波辅助磁翻转效应首次在 Co 纳米颗粒上被发现 [9]。如图 12.8 所示，直径约 20 nm 的 Co 颗粒附着于铌薄膜制成的约瑟夫森微桥结（Josephson Junction Micro-bridge）上。约瑟夫森微桥结是超导量子干涉仪中的重要器件，用来探测磁性的微弱变化。如果在其两端施加高频交变电流 δI_{RF}，微桥结附近就会产生微波磁场 δH_{RF}。实验结果表明，微波磁场的存在极大地降低了 Co 颗粒的临界磁翻转场。

随着微波辅助磁翻转效应在实验上得到验证，第一台应用微波辅助磁翻转效应的磁记录样机于 2011 年问世 [10]。特殊的是，在该样机中，磁头与自旋转移纳米振荡器相融合，自旋转移纳米振荡器用于产生高频微波磁场。其整体结构如图 12.9 所示。

2017 年，西部数据公司宣布将微波辅助磁翻转效应应用于下一代大容量存储技术。此外，西部数据还首先提出在硬盘中填充氦气以降低内部的气体阻力，磁盘的转轴和磁头臂所受到的干扰也更少，有助于提升读写稳定性。通过不断的技术迭代，2019 年西

部数据公司正式推出了容量高达 18 TB 的商用硬盘产品 DC HC550[11]，如图 12.10 所示，
并预计于 2025 年将这一数字提升到 40 TB。

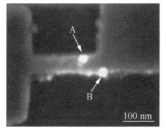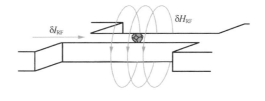

（a）Co 颗粒的显微图片　　　　　　　　　　（b）微波磁场

图 12.8　微波辅助磁翻转效应首次在 Co 颗粒上被发现

图 12.9　首台微波辅助磁记录样机　　　　　图 12.10　基于微波辅助磁记录
　　　　　　　　　　　　　　　　　　　　　　　硬盘产品 DC HC550

根据变化方式的不同，微波磁场可以分为线性微波磁场和圆微波磁场，其矢量变化
方式如图 12.11 所示。

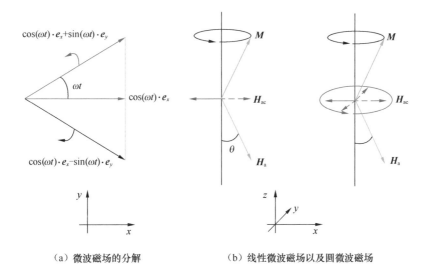

（a）微波磁场的分解　　　　　　（b）线性微波磁场以及圆微波磁场

图 12.11　微波磁场矢量

对于具有垂直磁各向异性的材料，面内的微波磁场更有助于干扰材料磁矩的稳定状
态，从而使其易于翻转，因此下面的讨论均针对面内微波磁场。假设坐标系统中的 z 轴
为垂直方向，则线性微波磁场的数学形式为：

$$\boldsymbol{H}_{ac}(\omega t) = A\cos(\omega t) \cdot \boldsymbol{e}_x \qquad (12.1)$$

式中，A 为微波磁场的幅度，$\boldsymbol{e}_x$ 为 x 轴方向的单位矢量，t 代表时间。另外，圆微波磁场可以表示为：

$$\boldsymbol{H}_{ac}(\omega t) = A\cos(\omega t) \cdot \boldsymbol{e}_x \pm A\sin(\omega t) \cdot \boldsymbol{e}_y \qquad (12.2)$$

式中，ω 为圆微波磁场的角频率，$\boldsymbol{e}_y$ 为 y 轴方向的单位矢量，圆微波磁场的两种旋性体现为式中 $A\sin(\omega t) \cdot \boldsymbol{e}_y$ 项的 "±" 符号上。可见，任意的线性微波磁场均可以被分解为两个相同频率不同旋性的圆微波磁场之和，如图 12.11（a）所示；图 12.11（b）直观地展示了线性微波磁场与圆微波磁场的不同，对于后者，其旋性的选择是非常重要的，不同的旋性对于磁翻转有着不同的作用效果。图 12.12 所示为 Bai 等 [10] 通过微磁学仿真计算得出的结果，其中横坐标表示的微波磁场频率的正负代表了圆微波磁场的不同旋性。对比正负频率对临界翻转场的影响可以发现，只有某一旋性可以显著降低临界翻转场的大小。另外，由于

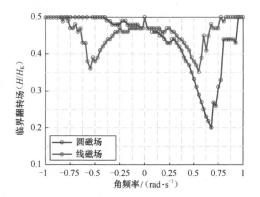

图 12.12　不同角频率、不同极性微波磁场对临界翻转场的影响

线极化微波场并没有旋性这一内禀特征，因此其对介质临界翻转场的影响和振荡方向无关。同时，如前所述，线性微波磁场可以被视作两个幅度相同（为线性微波磁场幅值的一半大小）、旋性相反的圆极化微波磁场的叠加，因而圆微波磁场比线性微波磁场具有更高的效率。基于这样的原因，微波辅助磁记录系统中并没有采用线性微波磁场。

　　另外，从磁动力学角度来解释，当处于较小的稳恒磁场时，磁矩在进动一段时间后由于阻尼的存在会回归于它的初始位置。而当一定大小的微波磁场存在时，磁矩的进动幅度会逐渐增大并最终翻转至另一方向。其翻转轨迹如图 12.13 所示 [12]。

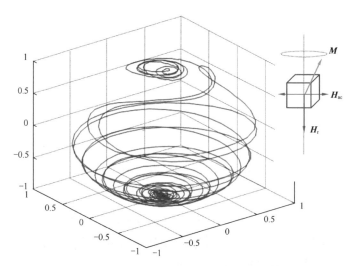

图 12.13　微波磁场存在时，磁矩的翻转轨迹

12.2.2　微波辅助磁记录系统的结构

目前，微波辅助磁记录系统多采用垂直型自旋转移纳米振荡器作为微波磁场的发生源。图 12.14 所示为嵌入自旋转移纳米振荡器的磁头结构[13]。其中，自旋转移纳米振荡器位于写入极及尾部屏蔽体（Trailing Shield）之间，包含垂直磁参考层、非磁间隔层、微波场发生层（Field Generation Layer，FGL）以及与微波场发生层相耦合的垂直磁层（Perpendicular Layer）。微波场发生层即传统自旋转移纳米振荡器中的磁自由层。

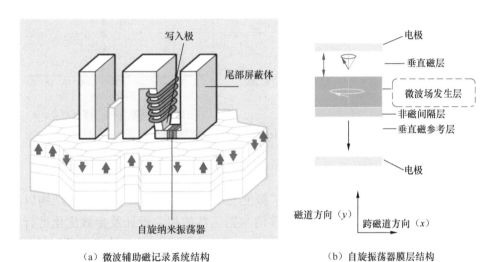

（a）微波辅助磁记录系统结构　　　　　（b）自旋振荡器膜层结构

图 12.14　微波辅助磁记录系统的结构

为了产生足够大的微波辅助磁场，自旋转移纳米振荡器的微波场发生层需要有足够的厚度，通常为 10 ～ 15 nm，并应具有较大的饱和磁化强度。此外，电流极化参考层和垂直磁层的矫顽力 H_c 需处于一定范围内，既要确保器件的稳定性，又必须可以被写入极的磁场所控制。

值得注意的是，图 12.14 所示的自旋转移纳米振荡器的膜层结构与第 6 章介绍的传统的垂直型自旋转移纳米振荡器并不完全相同。在微波场发生层的另一侧还有另外一个垂直磁层。这种设计的初衷是通过层间耦合效应增强微波场发生层内的总有效磁场，确保微波场发生层的磁矩可以获得较高的进动频率。另外，一些仿真工作的结果表明，第二垂直磁层的加入还有效地降低了微波磁场的频率噪声[10]。如图 12.15 所示，在同样大小的偏置磁场（3 kOe）和激励电流（8 mA）下，对于含第二垂直磁层结构的自旋转移纳米振荡器，微波场发生层在 12 GHz 附近产生了带宽极窄的电信号；而对于不包含第二垂直磁层的自旋转移纳米振荡器而言，微波信号广泛分布于 10 ～ 20 GHz 范围，且频谱噪声较为显著。

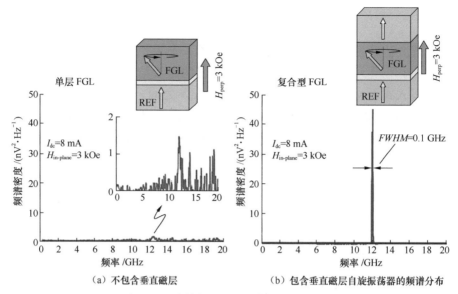

（a）不包含垂直磁层 　　　　　（b）包含垂直磁层自旋振荡器的频谱分布

图 12.15　自旋振荡器微波信号的频谱分布

12.2.3　微波辅助磁记录系统的设计及优化

通过前面的介绍，我们已经了解了微波辅助磁记录系统中磁写头的结构以及微波磁场的产生方式。本节将针对自旋转移纳米振荡器的相关设计及参数优化进行详细分析。主要围绕以下问题展开：（1）自旋转移纳米振荡器附近的微波磁场是怎样分布的？（2）自旋转移纳米振荡器的哪些参数会影响数据信息的写入？如何优化自旋转移纳米振荡器的结构以达到最优的写入效率？

1.　微波辅助磁记录系统中微波磁场的分布

如前所述，自旋转移纳米振荡器是微波辅助磁记录系统中微波磁场的发生源。图12.16 所示为自旋转移纳米振荡器产生微波磁场的空间分布[10]。可以看到，自旋转移纳米振荡器产生的圆微波磁场分布于器件的两侧。与此同时，主磁极（写入极）和尾部屏蔽体间还产生了一个从写入极指向尾部屏蔽体方向的闭合直流磁场。在实际工作过程中，磁写头写入信息的位置位于自旋转移纳米振荡器固定的一侧，即写入极的正下方。

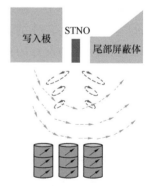

图 12.16　微波磁场的空间分布

12.2.1 节详细介绍了微波辅助磁翻转效应的原理，其中提到只有在微波磁场的旋性和磁介质颗粒中磁矩自旋进动的旋性一致时才能有效降低磁介质磁矩翻转所需的场强。那么如何实现这一点呢？图 12.17 所示为不同写入场方向下自旋转移纳米振荡器（STNO）产生微波磁场的空间分布[10]。在图 12.17（b）、（c）中，红色实线和绿色虚线分别代表不同旋性方向的圆微波磁场。当主磁极（写入极）改变极性时，直流磁场的方向必然反转，而由于自旋转移纳米振荡器微场发生层磁矩进动的方向取决于直流磁场的方向，因此圆微波磁场的旋性会同时改变，从而和磁介质中磁矩进动的旋性始终保持一致；而自旋转移纳米振荡器另一侧（尾部屏蔽体）的微波磁场具有不同的旋性，因此不会对写入位的磁矩产生影响。这也是自旋转移纳米振荡器被放置于写入极和尾部屏蔽体之间的原因。

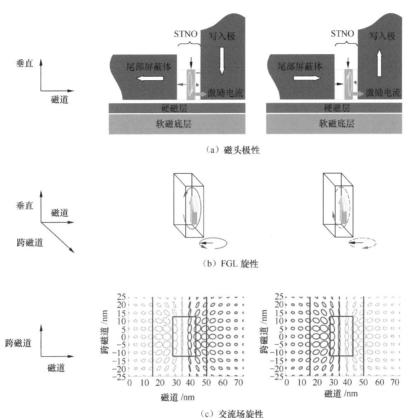

图 12.17　微波辅助磁记录的工作模式

　　此外，Bai 等 [10] 的研究工作还表明，如图 12.18 所示，微波磁场水平分量的空间分布具有极大的不均匀性，其峰值位置可以通过微磁仿真计算得出。这很大程度上指导了人们对于微波辅助磁记录系统性能的进一步优化。

2. 自旋转移纳米振荡器相关参数优化

　　在微波辅助磁记录系统中，自旋转移纳米振荡器作为微波磁场的发生器件，其各项物理参数都对微波磁场的分布有显著的影响。

（1）自旋转移纳米振荡器的尺寸

　　自旋转移纳米振荡器的膜层厚度会影响微波磁场的大小。图 12.19（a）所示为不同厚度的微

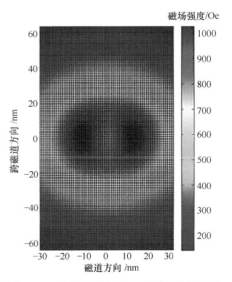

图 12.18　自旋转移纳米振荡器产生微波磁场的面内强度分布

波场发生层所产生微波磁场的峰值强度。可以看到，厚度 t 越大，微波磁场的强度就越大，更有利于辅助磁翻转。但是，微波场发生层的厚度受两个因素限制：首先，薄膜中的总有效磁场 H_{eff} 随着厚度的增加会显著减小，因此较厚的微波场发生层不利于产生高频的微波磁场；其次，写入极和尾部屏蔽体的间距狭窄，在现代硬盘结构中，这一距离为 28 ～ 35 nm，无法容纳较厚的器件。

自旋转移纳米振荡器的宽度则是另一个重要的设计参数。研究表明，微波磁场的幅值会随着微波场发生层宽度的增加而增加[10]。然而，自旋转移纳米振荡器的宽度将会直接影响到微波辅助磁记录系统中磁道的宽度，如图 12.19（b）所示。因此，增大自旋转移纳米振荡器的宽度会降低硬盘的轨道存储密度，背离了微波辅助磁记录系统的设计初衷。综上所述，在微波辅助磁记录系统的设计中，自旋转移纳米振荡器的尺寸参数应在各个方面予以权衡。

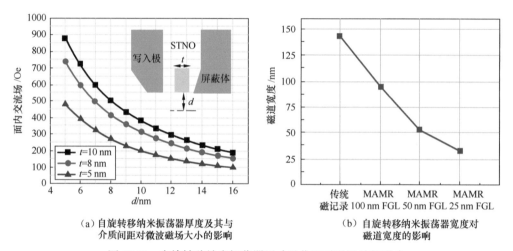

（a）自旋转移纳米振荡器厚度及其与
介质间距对微波磁场大小的影响

（b）自旋转移纳米振荡器宽度对
磁道宽度的影响

图 12.19　自旋转移纳米振荡器尺寸及位置对磁记录的影响

（2）自旋转移纳米振荡器的位置

图 12.19（a）所示同样表明，自旋转移纳米振荡器和存储介质之间的距离 d 也会影响到微波磁场的强度。从仿真结果来看，微波磁场在空气中会很快衰减，且半衰期位于 10 nm 以下。因此，在微波辅助磁记录系统中，自旋转移纳米振荡器和介质表面之间的距离非常小。

另外，自旋转移纳米振荡器相对于写入极的位置 Δy 会影响到微波辅助磁记录的写入信噪比[10]。如图 12.20 所示，当微波场发生层处于写入极和尾部屏蔽体间的不同位置时，微波辅助磁记录的信噪比将会呈现出显著的不同，并在中间的某一位置达到峰值。

综上所述，微波辅助磁记录系统仍然沿用了垂直磁记录系统的核心架构，自旋转移纳米振荡器被放置于写入极和尾部屏蔽体之间，因而无须对现有硬盘生产线进行大规模改造，大大降低了技术换代成本。另外，对微波辅助磁记录系统的研究本质上就是对自旋转移纳米振荡器微波性能的优化，研究自旋转移纳米振荡器相关参数对微波磁场分布和大小的影响，对微波辅助磁记录系统的设计有着重要意义。

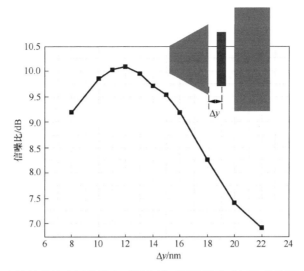

图 12.20　自旋转移纳米振荡器在不同位置下微波辅助磁记录系统的写入信噪比

12.3　热辅助磁记录

除了前面介绍的微波辅助磁记录技术，热辅助磁记录技术是继续提升硬盘磁记录密度的另一个热门方案。热辅助磁记录技术由磁光记录技术发展而来，复合地利用激光和磁场，能够有效提升垂直磁记录系统的记录密度。这一节将详细介绍热辅助磁记录基本原理、磁记录系统的结构以及磁记录系统的设计优化。

12.3.1　热辅助磁记录基本原理

热辅助磁记录技术在磁记录中引入了温度这一新的自由度，其技术原理是在数据写入时利用激光短暂加热待写入记录介质，当待写入区域被激光加热到接近居里温度时，其矫顽力会迅速下降，此时磁头只需施加较小的写入磁场就可以翻转记录介质的磁矩，实现信息的写入。与此同时，激光未照射区域的记录介质矫顽力仍较大，写入磁场不会对其造成影响。撤去激光照射后，磁头写入的区域迅速冷却，磁性颗粒回到了原来的高矫顽力状态，使信息得以稳定保存。热辅助磁记录的过程和概念如图 12.21 所示[14]。

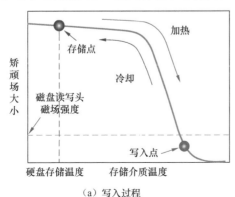

（a）写入过程　　　　　　　　　　　（b）热辅助磁记录系统概念

图 12.21　热辅助磁记录的工作原理

希捷公司最早于2001年年底开启了热辅助磁记录技术的研发，在经过艰苦的努力之后，热辅助磁记录技术获得了相当大的进展。日立公司于2010年2月宣布成功开发出基于热辅助磁记录技术的硬盘磁头，最高可支持2.5 Tbit/in²的存储密度。2019年，希捷公司宣布将在2020年为热辅助磁记录技术智库成员（含浪潮等37家企业）提供基于热辅助磁记录技术的测试产品，加速基于热辅助磁记录技术高密度硬盘产品的研发与部署（见图12.22）。

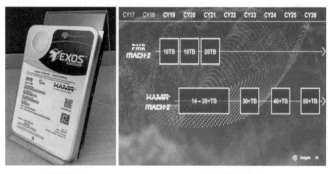

（a）硬盘概念　　　　　　　　　（b）发展规划

图12.22　希捷公司基于热辅助磁记录技术的高密度硬盘产品

要想利用热辅助磁记录技术提高记录密度，首先需要对介质颗粒进行优化。记录密度的提升意味着每个比特位内介质颗粒尺寸的减小，而介质颗粒尺寸的减小会带来超顺磁性现象，同时室温的热扰动还会造成数据丢失，从而带来热稳定性差的问题。磁记录介质可以理解为大量体积为V的介质颗粒平铺于磁盘表面，每个颗粒都具有足够高的磁各向异性能K_u。磁化弛豫时间τ[15]通常用来衡量磁畴的热稳定性，温度、体积与磁各向异性都对磁化弛豫时间有着指数级的影响。使用具有较高K_u的材料可以弥补缩小磁性颗粒的体积V所造成磁化弛豫时间τ的下降，即在保持磁性颗粒的热稳定性的同时提升硬盘的记录密度。图12.23所示为可用于热辅助磁记录磁盘的记录FePt颗粒的透射电子显微镜照片。

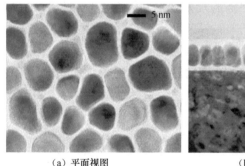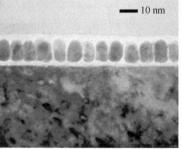

（a）平面视图　　　　　　　　　（b）截面视图

图12.23　可用于热辅助磁记录磁盘的记录FePt颗粒的透射电子显微镜照片

使用具有较高K_u的材料虽然可以解决磁性颗粒缩小带来的高密度数据记录稳定性问题，但是较高的K_u意味着写入磁头需要产生更强的磁场才能完全翻转磁矩。随着磁头越趋微型化，获得上述数据写入要求的磁场非常困难。激光加热辅助磁记录的方案则可大幅减小磁性颗粒翻转所需的磁场强度。热辅助磁记录的主要优势也可以从另一方面来理解，即磁头可以实现高的有效写入场梯度 $\dfrac{\mathrm{d}\boldsymbol{H}_{\mathrm{write}}}{\mathrm{d}x}$。这可以用简单的数学关系来理解，即：

$$\frac{\mathrm{d}\boldsymbol{H}_{\mathrm{write}}}{\mathrm{d}x} \sim \frac{\mathrm{d}\boldsymbol{H}_{\mathrm{k}}}{\mathrm{d}T}\frac{\mathrm{d}T}{\mathrm{d}x} \tag{12.3}$$

式中，右边第一项为各向异性磁场 $\boldsymbol{H}_{\mathrm{k}}$ 在低于居里温度时的温度梯度（类比图 12.21 所示写入点的斜率），这和记录介质的磁热性质相关；右边第二项是介质温度的空间梯度分布（参考图 12.24 所示的加热区的温度分布）。写入磁极附近的热梯度越大，写入场梯度 $\dfrac{\mathrm{d}\boldsymbol{H}_{\mathrm{write}}}{\mathrm{d}x}$ 越大，信息写入的效率越高[16]。

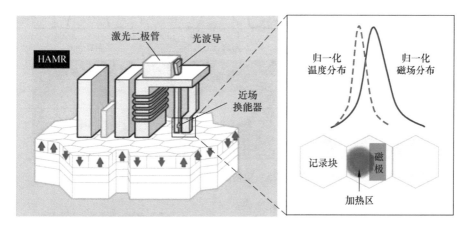

图 12.24　磁头结构和磁极附近磁场、温度分布 [13]

　　热辅助磁记录技术要求激光热量尽可能地集中在待写入的比特位上。当记录密度突破 1 Tbit/in^2 时，为了减小写入比特位时激光对周围比特位的影响，需要将热源（激光）有效地聚焦到直径 25 nm 的圆圈以内。传统光学技术由于衍射极限的原因，光斑尺寸无法无限制缩小，最小只能聚焦于直径约为半波长的尺寸范围内。

　　如图 12.25 所示，根据瑞利衍射极限，光斑尺寸 $d = \dfrac{0.61\lambda}{NA}$。其中，$NA$ 为聚焦透镜的数值孔径，定义为聚焦光锥半角正弦（$\sin\theta$）和聚焦介质折射率（n）的乘积，λ 为激光的波长。从光源上来讲，波长越小就可以获得越小的光斑尺寸，但目前激光二极管产生的激光波长最小只能达到 375 nm，理想情况下最小光斑直径约 160 nm。相比之下，要实现 1 Tbit/in^2 级别的记录密度，光斑的尺寸应保证不超过 25 nm，故普通光学聚焦无法满足上述要求。为了进一步缩小光斑尺寸，需要两种特殊的光学器件：一种是光聚集器（Light Condenser），另一种是近场换能器（Near Field Transducer，NFT）。这两个元件的原理与性能将在 12.3.3 节介绍。

　　考虑到数据写入时需要对每个待写入比特位进行加热，热辅助磁记录系统的设计要确保盘片整体温度低于记录介质的居里温度，而且介质材料（主要包括涂层材料和润滑剂）不能因高温而消耗或损伤。另外，当磁盘转速达到稳态（7200 r/min）时，3.5 in

磁盘外缘的线速度为 33 m/s，记录一个磁盘外缘比特位必须在 1 ns 内完成，也就是说在 1 ns 内要完成从加热到冷却的全过程。技术上要实现上述两个方面的需求具有挑战性，热辅助磁记录技术的实际应用需要统筹考虑整个系统的加热和散热问题。介质的有效加热和冷却取决于热源引入模式以及记录介质的热学设计这两个因素。在热源引入模式方面，需要使用与写入速率相匹配的脉冲热源［见图 12.26（a）］，而不是连续热源。在记录介质的热学设计方面，需要在记录层下方增加散热层辅助散热［见图 12.26（b）］。

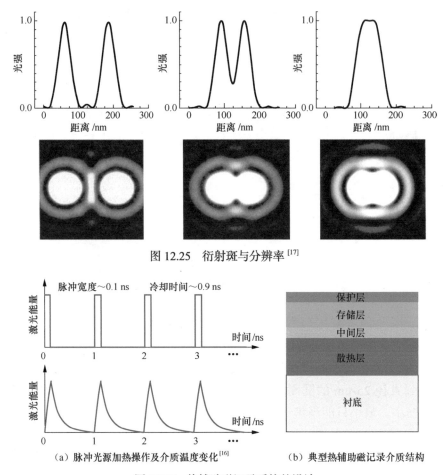

图 12.25　衍射斑与分辨率[17]

（a）脉冲光源加热操作及介质温度变化[16]　　　　（b）典型热辅助磁记录介质结构

图 12.26　热辅助磁记录系统的设计

12.3.2　热辅助磁记录系统的结构

如前所述，热辅助磁记录系统需要采用具有高磁各向异性的材料作为记录介质，并通过缩小每比特信息的记录体积来提高记录密度。激光加热记录介质极大地降低了磁颗粒的矫顽力，使得较小的外加磁场就可以翻转介质的磁矩，实现信息的写入。然而，引入这种新型的写入机制意味着硬盘生产厂商需要开发一些新的组件，如激光加热头、光传输系统、超衍射极限聚焦、热稳定性强的磁头以及能快速冷却的磁盘设计等。设计制造这些组件并将其集成于现有的硬盘记录系统中均困难重重，需要面临许多技术挑战。

热辅助磁记录系统的基本结构如图 12.27 所示[18]。热辅助磁记录系统除了激光束、光波导（光聚集器）和近场换能器以外，磁头结构如写入磁头、磁读头等单元与传统硬盘的相应结构基本一致。在系统工作时，通过光栅将激光束耦合到光波导中。光波导则制成了一个平面固体浸没镜（Planar Solid Immersion Mirror，PSIM），作为光聚集器可以初步缩小光斑。激光通过光波导后照射在光波导与近场换能器的界面，光子与电子耦合产生表面等离极化激元（Surface Plasmon Polariton, SPP）——一种金属表面区域的自由电子和光子相互作用形成的电磁振荡，表面等离极化激元进一步将激光能量聚焦于纳米范围内，并在待写入区移动至磁头之前，将一定范围内的记录介质快速加热。记录介质增加散热层有利于提升写入后介质的冷却速度。热辅助磁记录系统中由激光束到记录介质的光路结构和能量传递过程如图 12.28 所示[19]。

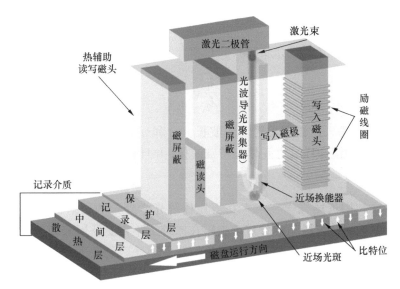

图 12.27　热辅助磁记录系统的基本结构

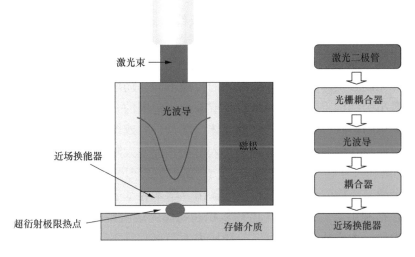

（a）热辅助磁记录磁头光路　　　　　（b）激光能量传递过程

图 12.28　热辅助磁记录系统结构

12.3.3　热辅助磁记录系统的设计及优化

12.3.2 节中提到，热辅助磁记录是一种新型的磁记录系统，需要引入一系列传统磁记录系统中没有的元件和材料，包括用于加热介质的激光器、聚焦能力极强的光波导、在高温下能保持稳定工作的磁头以及能够快速降温的记录介质等。因此，目前对热辅助磁记录的研究集中于光路设计、记录头设计以及记录介质研究。

1. 光路设计

前面提到，采用热辅助磁记录技术实现 1 Tbit/in² 以上的面密度磁记录，需要将激光束聚焦于几十纳米的范围内，但由于衍射极限存在，传统的光学传输难以达到此要求，因此需要在光路中增加光波导（光聚集器）和近场换能器。

光波导的原理在于光通过介质时其波长和介质折射率成反比关系。根据折射定律：

$$\frac{\lambda_1}{\lambda_2} = \frac{n_2}{n_1} \tag{12.4}$$

式中，λ_1 和 λ_2 分别为入射波和出射波的波长，n_1 和 n_2 分别为入射介质折射率和出射介质折射率。如果在物镜和样品之间填充特殊液体，并且合理设计配置出射液体的折射率，那么便能使波长有效地减小。

近场换能器利用近场光学技术来获得比传统光学理论的衍射极限小得多的光斑尺寸。与传统光学不同，近场光学分辨率极限在原理上不再受任何限制，因此可以用于提高显微成像与其他光学应用中的光学分辨率。尽管将光限制在远小于衍射极限的点相对简单，但在实际的热辅助磁记录系统中却很难将入射光功率的绝大部分都传递给样品，从而会产生大量的热损耗。金（Au）因其良好的化学稳定性、等离激化性能和高导热性而成为近场换能器材料的首选。

在实际应用中，近场换能器通常设计为天线形式[20]，并且多基于局域表面等离激元（Localized Surface Plasmon，LSP）的特性完成。表面等离激元（Surface Plasmon，SP）是一种电磁表面波，它在天线表面处的场强最大，在垂直于界面方向呈指数衰减，能够被电子和光波激发。与表面等离激元的传播不同，局域表面等离激元将振荡的表面电荷集中到微小的结构（如金属纳米粒子或被金属包围的介电粒子）上，通常这些微小结构是一些简单的形状，包括纳米级的球体、圆盘、孔或楔形尖端等。在激发光源与等离激元共振的波长和偏振匹配的情况下，入射功率能最大限度地耦合到近场换能器纳米结构，产生与结构尺寸相当的场增强点，并在相同的空间尺度上将能量施加到记录介质。为了提高单个纳米结构的传输效率或功率输出，学术界基于这些简单结构研究出了许多变体，其中包括利用避雷针效应（电荷累积在物体的最尖锐区域，以产生最强的电场）设计纳米级尖端、大头针和凹口等。与局域表面等离激元不同，避雷针效应是一种"非共振放大"现象，很容易与局域表面等离激元的共振相结合，进一步实现局域表面等离激元共振增强。在此基础上，只要适当地优化谐振器和尖锐特征的尺寸，就能实现最佳的能量耦合效率。表 12.1 所示为不同换能器结构下的能量分布以及耦合效率[20]。

表 12.1　不同近场换能器及其性能

结构类型	近场换能器结构	能量分布	耦合效率	特征尺寸
三角形			2.7%	28 nm × 40 nm
E 形			5.8%	32 nm × 36 nm
棒棒糖形			3.5%	52 nm × 62 nm
蝴蝶结形			3.2%	36 nm × 44 nm
C 形			2.6%	32 nm × 34 nm

希捷公司、西部数据公司等基于表面等离激元的光学天线，通过让激光依次通过光路系统中的光栅耦合器、光波导（平面固体浸没镜）、近场转换器等器件逐步聚焦以突破衍射极限。图 12.29 所示为希捷公司棒棒糖形近场转换器[21]。

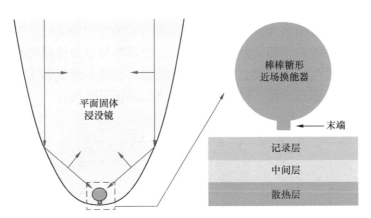

（a）平面固体浸没镜用于初步聚焦激光　　　（b）希捷公司棒棒糖形近场换能器

图 12.29　近场换能的过程

此外，该公司还设计了一种利用 Mach-Zehnder 干涉仪（Mach-Zehnder Interferometer，MZI）的光波导（平面固体浸没镜）并结合近场换能器的光学结构[22]，如图 12.30 所示。此设计确保了与记录介质更好的阻抗匹配，从而更好地实现了功率耦合。

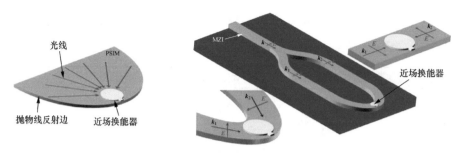

（a）平面固体浸没镜与近场换能器波导耦合聚焦原理　　　（b）MZI 平面波导耦合设计

图 12.30　波导的设计

2. 记录头设计

早在 20 世纪 90 年代，Terastor 公司和 Quinta 公司就通过将场传送和光传送的结合设计来推动磁光材料的商业化，从而取代硬盘。这类驱动器的磁头使用微线圈进行磁场传输，使用固体浸没透镜或更传统的光学透镜聚光。1999 年，Rottmayer 等 [23] 提出了一种完全集成的薄膜换能器读写头，其具有两个新特性：（1）在磁头写入磁极附近集成光波导和近场换能器，在磁头附近加热记录介质；（2）使用巨磁阻读写器来提高信噪比。这说明采用热辅助磁记录方式不仅可以解决高磁各向异性介质的可写入性问题，还可以提高有效写入场的梯度，进而提高器件中的信噪比。由于介质随温度变化而具有不同的磁各向异性磁场 H_k，因而其所需要的写入场的大小也会随温度变化而变化，加热记录介质相当于增加了有效写入场的梯度 [24]。

2012 年，Matsumoto 等 [25] 设计了一种以纳米喙天线（形似鸟喙）为基础的集成磁记录头，如图 12.31 所示。像传统的纳米喙一样，这里的三角形天线用于产生近场光学效应，并在天线顶部添加一种类似于机翼的薄膜金属结构 [见图 12.31（b）中黄色区域长 L=3000 nm、宽 W=1250 nm 的长方形结构，形似飞机机翼] 与旁边的光波导重叠实现光场耦合。薄膜金属结构具有矩形区域和三角形天线，后者则直接过渡至楔形体。工作时，来自激光二极管的激光束将耦合到纳米喙结构的旁边的光波导中。当光的偏振方向垂直于薄膜表面的方向（即 x 方向）时，沿着金属薄膜表面传播的逝波会激发表面等离激元。产生的表面等离激元便会向薄膜底部传播，经过三角形天线底部楔形尖端处激发局部等离激元产生强的光场并释放热量，最终加热记录介质。

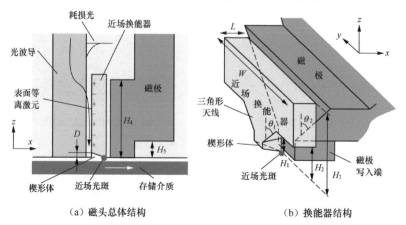

（a）磁头总体结构　　　　　　　　　（b）换能器结构

图 12.31　热辅助磁记录磁头结构

考虑集成密度提高导致的磁比特尺寸的减小以及温度梯度对相邻磁比特的影响，在实际的热辅助磁记录系统设计中，激光元件的光斑尺寸和功率效率也是务必关注的因素。从成本和功耗的角度出发，人们通常会选用小于 150 mW 的二极管激光器；而与此同时，若想要记录密度接近 1 Tbit/in^2，二极管激光器的波长必须相应地足够短小，如采用波长为 473 nm、445 nm 或 405 nm 的蓝色激光器等，不然，当记录面密度大于 1 Tbit/in^2 时，可见光的衍射会严重地影响光斑尺寸的进一步减小。除此以外，由于实际热辅助磁记录系统中激光器产生光点的大部分能量都将转化为读写头下方记录介质中的热量，因此光学元件、磁极和周围区域中各种材料反复热循环导致的损伤也是需要工程和研究人员考虑的问题。

3. 记录介质研究

典型热辅助磁记录的记录介质结构包括记录层、中间层和散热层等。其中，记录层用于记录数据。超高记录密度的介质一般需要满足以下几个要求：（1）高磁各向异性；（2）高剩磁；（3）方形磁滞回线；（4）形成孤立的均匀小颗粒。这样记录层的选择应当考虑 L10-FePt、L10-FePd、L10-CoPt、L10-MnAl 等传统磁性材料，SmCo$_5$、Fe$_{14}$Nd$_2$B 等稀土永磁材料，以及 Co/Pt、Co/Pd 多层膜等具有高磁各向异性的材料。表 12.2 所示为各种具有高磁各向异性材料的典型物理特性参数 [24]。

表 12.2　高磁各向异性材料

材料	K_u/ (10^7 erg·cm^{-3})	M_s/ (emu·cm^{-3})	H_k/ kOe	T_c/ K	δ_w/ Å	γ/ (erg·cm^{-3})	D_c/ μm	D_p/ nm
CoPtCr	0.20	298	13.7	—	222	5.7	0.89	10.4
Co	0.45	1400	6.4	1404	148	8.5	0.06	8.0
Co$_3$Pt	2.0	1100	36	—	70	18	0.21	4.8
FePd	1.8	1100	33	760	75	17	0.20	5.0
FePt	6.6 ～ 10	1140	116	750	39	32	0.34	2.8 ～ 3.3
CoPt	4.9	800	123	840	45	28	0.61	3.6
MnAl	1.7	560	69	650	77	16	0.71	5.1
Fe$_{14}$Nd$_2$B	4.6	1270	73	585	46	27	0.23	3.7
SmCo$_5$	11-20	910	240 ～ 400	1000	22 ～ 30	42 ～ 57	0.71 ～ 0.96	2.2 ～ 2.7

居里温度是热辅助磁记录介质设计中的一个重要参数，直接关系到器件所能接受的工作温度，而且也不同程度地影响了涂层和润滑剂材料的选取。相关仿真实验的结果表明，一般 SmCo$_5$ 和 CoPt 具有较高的居里温度（840 ～ 1000 K），而 L10-FePt 的居里温度则不高，大概在 750 K；在 Co/Pt 和 Co/Pd 多层膜系统中则可以利用 Co 和 Pt 或 Pd 的厚度比来调整居里温度。此外，记录层的居里温度也可以通过掺杂来调节，但这样会影响到铁磁材料的各向异性，故研究人员通常需要在居里温度和各向异性之间进行设计权衡。

薄膜面外热传导率是热辅助磁记录介质设计中另一个重要参数。由热辅助磁记录的原理可知，加热后磁记录介质的温度梯度越大，越有利于提高记录密度，这就需要磁记录层可以被快速加热和快速散热。与此同时，为了避免热传递过程对周边记录区块影响，希望散热方向尽可能沿垂直于膜面的方向向下导热，也就是更高的面外导热性能。因此，获取和调控磁性薄膜的导热系数非常重要。Giri 等 [26] 采用频域热反射率法分别测量了不同温度下 L10-FePt 和 A1-FePt 的面外导热系数，发现 L10-FePt 在常温下的面外导热系数比 A1-FePt 高 23%，但随着温度上升，两者面外导热系数逐渐接近。综合看来，L10-FePt 具有较高的磁各向异性、合适的居里温度、更好的面外导热系数的特性，成为目前热辅助磁记录技术主流的磁记录材料。

在前面的描述中，大部分对于热辅助磁记录系统的研究还都仅仅局限于采用线偏振的激光束，而对其他偏振形式的研究有限。但陆续地也已经出现了越来越多的关于圆偏振光对材料超快退磁、磁化翻转作用的研究。2007 年，荷兰奈梅亨大学的 Stanciu 等 [27] 揭示了全光翻转（All Optical Switching，AOS）现象，即左旋（σ^-）/ 右旋（σ^+）偏振的飞秒激光脉冲能使具有垂直磁各向异性的 GdFeCo 薄膜发生向下（M^-）/ 向上（M^+）的磁矩翻转，如图 12.32 所示。

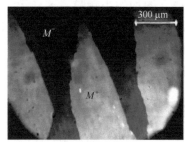
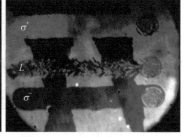

（a）激光照射前　　　　　　　　　　　（b）激光照射后

图 12.32　全光翻转过程

全光翻转效应随后在更多的材料中被发现，如 TbFeCo、Co/Pt 多层膜、Co/Ni 多层膜、CoTb 和 CoDy 等稀土－过渡金属合金、FePt 颗粒膜、人工反铁磁结构等多种材料体系。全光翻转效应具有翻转速度快、能量消耗低的优点，将来可能成为记录技术中主流的数据写入手段，并有望进一步拓宽热辅助磁记录技术的大规模应用。

12.4　本章小结

本章介绍了传统硬盘的结构及工作机理，并对当前最为瞩目的两类新型大容量磁记录方式进行了详细的介绍。随着全球数据量的飞速增长，微波辅助磁记录或热辅助磁记录取代传统硬盘成为必然的趋势，那么这两种记录方式哪一种更具有优势，更有望在这场竞争中胜出？事实上，这两类技术都有着显著的优缺点。如表 12.3 所示，我们从技术角度对微波辅助磁记录以及热辅助磁记录进行了比较。由于微波辅助磁记录技术不需要对现有硬盘生产线进行大规模改动，因此其成本较低。但是，如前所述，为了在缩小记录单元尺寸的同时保证其热稳定性，作为记录介质的材料具有越来越高的磁各向异性，意味着其本征进动频率越来越高，故自旋纳米振荡器产生的微波磁场也必须有足够高的频率，这又依赖于磁头产生强磁场。所以微波辅助磁记录技术仍然有很大的局限性，对于热辅助磁记录技术而言，激光脉冲可以大幅度降低写入信息所需的翻转场。因此，这种技术彻底摆脱了磁记录对强翻转磁场的依赖，理论记录密度可以达到 10 Tbit/in²。然而，激光光源的引入改变了传统磁头结构，而且激光脉冲需要和磁场脉冲保持高度同步。这些因素，都会大大增加整个系统设计的复杂程度，并大幅度增加生产成本。虽然微波辅助与热辅助磁记录技术存在诸多技术挑战，西部数据公司与希捷公司一直在相关技术领域不断探索和创新，在不久的将来，40 TB 的硬盘可期。

表 12.3　微波辅助与热辅助磁记录技术对比

比较项目	MAMR	HAMR
成本	低	高（激光源及玻璃基板）
复杂性	低	高（激光和磁场同频）
稳定性	高	低（温度较高）
存储密度	可达 4 Tbit/in²	可达 10 Tbit/in²

硬盘是大容量信息记录的主要媒介，而操作系统或其他程序产生的临时数据则通常记录在随机记录器中。和硬盘相比，随机记录器具有较快的读写速度。在接下来的一章我们将详细介绍自旋电子学在磁随机存储器中的应用。

思考题

1. 传统硬盘的结构是怎样的？为什么其存储密度已经接近极限？

2. 自旋纳米振荡器位于磁头结构中的什么位置？为什么？

3. 微波辅助磁记录技术中自旋纳米振荡器的膜层结构是什么？和第 6 章中介绍的自旋纳米振荡器是否相同？

4. 自旋纳米振荡器的哪些结构参数会对微波辅助磁记录产生影响？如何优化？

5. 简述在热辅助磁记录技术中，记录介质温度如何辅助磁翻转。

6. 热辅助磁记录技术磁头结构包括哪些传统磁盘磁头不具备的零件？它们的功能分别是什么？

7. 为了增大热辅助磁记录记录密度需要缩小光源的光斑尺寸，为实现该目的磁头中使用了哪些元件？分别阐述其实现原理。

8. 你认为还有哪些技术可以实现高密度存储？

参考文献

[1]　Seagate. DataAge 2025-The digitization of the world[EB/OL]. (2021-04-27)[2021-07-10].

[2]   IWASAKI S I, TAKEMURA K. An analysis for the circular mode of magnetization in short wavelength recording[J]. IEEE Transactions on Magnetics, 1975, 11(5): 1173-1175.

[3]   DIENY B, GURNEY B A. Magnetoresisitive sensor based on the spin valve effect: US5206590 [P]. 1993-4-27.

[4]   MAO S, CHEN Y, LIU F, et al. Commercial TMR heads for hard disk drives: characterization and extendibility at 300 Gbit/in^2[J]. IEEE Transactions on Magnetics, 2006, 42(2): 97-102.

[5]   ZHU J G. New heights for hard disk drives[J]. Materials Today, 2003, 6(7-8): 22-31.

[6]   PIRAMAGNAYAGAM S N, Chong T C. Developments in data storage: materials perspective [M]. Singapore: Wiley-IEEE Press, 2011.

[7]   DOBISZ E A, BANDIC Z Z, WU T W, et al. Patterned media: nanofabrication challenges of future disk drives[J]. Proceedings of the IEEE, 2008, 96(11):1836-1846.

[8]   LI H. Storage physics and noise mechanism in heat-assisted magnetic recording[D]. Pittsburgh: Carnegie Mellon University, 2016.

[9]   THIRION C, WERNSDORFER W, MAILLY D. Switching of magnetization by nonlinear resonance studied in single nanoparticles[J]. Nature Materials, 2003, 2(8): 524-527.

[10]   BAI X. Micromagnetic Modeling of thin film segmented medium for microwave-assisted magnetic recording[D]. Pittsburgh: Carnegie Mellon University, 2018.

[11]   ADRIAN W. Tech ARP news: WD introduces MAMR technology for 40TB &Beyond[EB/OL]. (2017-10-13)[2021-7-11].

[12]   ZHU J G, ZHU X, TANG Y. Microwave assisted magnetic recording[J]. IEEE Transactions on Magnetics, 2008, 44(1): 125-131.

[13]   NORDRUM A. The fight for the future of the disk drive[J]. IEEE Spectrum, 2018, 56(1): 44-47.

[14]   CHATRADHI S, SHARP L, HARLIN S. Next-generation technologies for a new decade of big data[DB/OL]. (2017-10-11)[2021-7-11].

[15]   RICHTER H J. Recent advances in the recording physics of thin-film media[J]. Journal of Physics D: Applied Physics, 1999, 32(21). DOI: 10.1088/0022-3727/32/21/201.

[16]　XU B X, WANG H T, CEN Z H, et al. 4–5 Tb/in^2 heat-assisted magnetic recording by short-pulse laser heating[J]. IEEE Transactions on Magnetics, 2014, 51(6). DOI: 10.1109/TMAG.2014.2383355.

[17]　WOLF D E. The optics of microscope image formation[J]. Methods in Cell Biology, 2007, 81: 11-42.

[18]　CHUBYKALO-FESENKO O, NOWAK U, CHANTRELL R W, et al. Dynamic approach for micromagnetics close to the curie temperature[J]. Physical Review B, 2006, 74(9). DOI: 10.1103/PhysRevB.74.09443.

[19]　ZHOU N, XU X, HAMMACK A T, et al. Plasmonic near-field transducer for heat-assisted magnetic recording[J]. Nanophotonics, 2014, 3(3): 141-155.

[20]　DATTA A, XU X. Optical and thermal designs of near field transducer for heat assisted magnetic recording[J]. Japanese Journal of Applied Physics, 2018, 57(9S2). DOI: 10.7567/jjap.57.09ta01.

[21]　CHALLENER W A, PENG C, ITAGI A V, et al. Heat-assisted magnetic recording by a near-field transducer with efficient optical energy transfer[J]. Nature Photonics 2009, 3(4): 220-224.

[22]　GOSCINIAK J, MOONEY M, GUBBINS M, et al. Novel droplet near-field transducer for heat-assisted magnetic recording[J]. Nanophotonics, 2015, 4(4): 503-510.

[23]　ROTTMAYER R E, CHENG C C K, SHI X, et al. Read/write head and method for magnetic reading and magneto-optical writing on a data storage medium: U.S. Patent 5,986,978[P]. 1999-11-16.

[24]　张梦伟. 能量辅助磁记录中材料和器件的微磁学模拟研究 [D]. 北京 : 清华大学 , 2015.

[25]　MATSUMOTO T, AKAGI F, MOCHIZUKI M, et al. Integrated head design using a nanobeak antenna for thermally assisted magnetic recording[J]. Optics Express, 2012, 20(17). DOI: 10.1364/OE.20.018946.

[26]　GIRI A, WEE S H, JAIN S, et al. Influence of chemical ordering on the thermal conductivity and electronic relaxation in FePt thin films in heat assisted magnetic recording applications[J]. Scientific Reports, 2016, 6. DOI: 10.1038/srep32077.

[27]　STANCIU C D, HANSTEEN F, KIMEL A V, et al. All-optical magnetic recording with circularly polarized light[J]. Physcal Review Letters 2007, 99. DOI: 10.1103/PhysRevLett.99.047601.

第 13 章　磁随机存储芯片及应用

第 12 章对未来大容量磁随机存储器技术进行了详细介绍，了解了微波辅助磁记录技术和热辅助磁记录技术在大容量存储领域具有一定应用前景。事实上，制造大容量机械硬盘的磁记录技术在 20 世纪就已经成功地实现了商业化，机械硬盘目前也仍占据大量市场份额。此外，存储结构中的主存和高速缓存对读写速度要求更高，这样磁随机存储器凭借其非易失性、读写速度快、耐久性高等优点有望成为最有潜力取代传统存储器的新型存储器之一[1-5]。在自旋电子学领域，基础物理的技术革新也在不断推进磁随机存储器的迭代发展。本章将介绍第一代磁场写入磁随机存储器（Toggle-MRAM）和第二代自旋转移矩磁随机存储器（Spin-Transfer Torque MRAM，STT-MRAM）的发展历程以及应用场景，并对第三代自旋轨道矩磁随机存储器（Spin-Orbit Torque MRAM，SOT-MRAM）的工艺挑战和潜在应用进行介绍并做出展望。

本章重点

知识要点	能力要求
磁随机存储器的发展	（1）了解磁随机存储器技术的发展历程； （2）掌握计算机存储器发展趋势和挑战； （3）了解磁随机存储器的优势
Toggle-MRAM 的发展历程	（1）掌握 MRAM 的挑战； （2）了解 Toggle-MRAM 的优势； （3）掌握 Toggle-MRAM 的发展瓶颈
STT-MRAM 性能的发展历程	了解各个企业制备的 STT-MRAM 的性能指标
STT-MRAM 的可应用场景	（1）了解 STT-MRAM 的可应用领域； （2）了解 STT-MRAM 的实际应用场景方案
SOT-MRAM 的研究进展	（1）了解 SOT-MRAM 的应用前景； （2）了解 SOT-MRAM 的工艺挑战

13.1　磁随机存储器的发展及现状

在第 4 章中我们了解到，奥斯特和法拉第分别发现电流产生磁场和电磁感应现象，揭示了电与磁互相转换的原理。基于该原理，使用磁性材料制备的第一代磁随机存储器——磁芯存储器于 1948 年被提出，随后于 1955 年被成功研制并应用[6]。但是磁芯存储器存在许多缺点，如存储密度较小、单器件价格昂贵等，很快就被半导体存储器取代。

磁阻效应的发现重新开启了一条兼容半导体制造工艺的磁随机存储器芯片制备技术途径[5]。在 1984 年，美国霍尼韦尔公司开发出通过磁场写入的磁随机存储器，其使用电流通过导线时产生的磁场来写入数据。1988 年，费尔和格林贝格在几纳米厚的铁磁性和非磁性金属的多层结构中发现巨磁阻效应[7-8]。在该结构中，两个铁磁层磁化的相对方向决定了多层膜的电阻率。该效应很快被应用在硬盘的读取方式上，并大幅度提升了硬盘的容量。1994 年，Miyazaki 和 Moodera 发现了非晶体 Al_2O_3 作为隧穿势垒时的室温隧穿磁阻效应[9-10]，由于 Al_2O_3 型磁隧道结具有较高的磁阻率和较大的隧穿势垒电阻，且磁阻率与晶体管电阻值相匹配。此外，磁隧道结器件对半导体制造工艺具有良好的兼容性，有助于将磁随机存储器的容量提高到千兆字节，使该存储器的集成化工艺和嵌入式应用成为可能，因此受到各界的广泛关注，并于 2006 年实现了商业应用。

Toggle-MRAM 作为磁场写入磁随机存储器中的代表（13.2 节详细介绍），综合了非易失性、优秀的抗辐射能力、接近无限的耐用性、高可靠性等优势，现在已经被用在多个特殊领域，如图 13.1 所示。例如，具有高可靠性的磁随机存储器被用于 ExoMars 气体探测轨道飞行器[11]；空客公司利用磁随机存储器的抗辐射优势，首次在 A350 飞机的控制系统中选用磁随机存储器来避免射线破坏保存的数据[12]；宝马公司在发动机控制模块中选用磁随机存储器来保证系统在断电情况下不丢失数据[13]。然而，若要扩展磁随机存储器的容量超过千兆字节，则写入过程的电流需求将面临巨大挑战。虽然磁随机存储器使用隧穿磁阻效应作为读取原理，但仍然依赖于传统的写入方式，即同磁芯存储器一样通过写入电流产生的磁场来完成信息写入。在实际应用中，为了产生写入所需的磁场，需要通过写线的写入电流约为毫安级，这要求写线的宽度不能太窄，因此还会将磁场写入磁随机存储器的存储容量限制在 256 Mbit[14] 以下。

1996 年，美国物理学家约翰·斯隆乔斯基（John Slonczewski）和卢克·伯格（Luc Berger）[15-16]通过理论分析预测了一种纯电流驱动磁隧道结磁化翻转的方法，称为自旋转移矩。1999 年，Myers 等[17] 第一次在巨磁阻效应器件上观察到了自旋转移矩效应导致的磁矩翻转。Huai 等[18] 在 2004 年基于非晶体 Al_2O_3、Kubota 等[19] 在 2005 年基于单晶 MgO 基片，分别通过实验实现了磁隧道结上的磁化翻转。在自旋过滤的协同效应帮助下，写入信息可以稳定、高效地被保存在磁隧道结中且完成与半导体的集成，磁随机存储器以非常可观的能耗效率（5 ～ 10 pJ/bit），通过自旋转移矩完成信息的写入，如图 13.2 所示。为了提高自旋转移矩的开关速度和效率，基于垂直磁各向异性的磁隧道结便成为研究重点（详见第 4 章）。2019 年，IBM 公司和三星公司证明采用自旋转移矩可稳定地实现延迟为 2 ns 的写入操作，有望应用于最后一级缓存（Last Level Cache，LLC）[20]。由于 STT-MRAM 的存储密度高、写入速度快，以英特尔[21]、三星[22] 和格罗方德[23] 为代表的许多半导体行业公司都瞄准物联网、通用微处理器（Microprocessor Unit，MPU）、车载芯片等低功耗应用领域。华为公司在 2019 年首次在智能手表 GT2 中选用嵌入式磁随机存储器（Embedded MRAM，eMRAM）实现了超低功耗的数据存储，并成功将手表的待机时间延长至两周。

2011 年，Miron 和 Liu 等[24-25]首次在重金属层 / 铁磁层 / 隧穿势垒层的三层膜结构上观察到了自旋轨道矩效应导致的磁矩翻转。2012 年，Liu 等[26] 在基于 MgO 的磁隧道结上实现了自旋轨道矩导致的磁化翻转，由于该写入电流不通过隧穿势垒层，很好地避免了自旋转移矩器件势垒层的老化问题。此外，在自旋转移矩和电压调控磁各向异性等协同效应的帮助下，还可以进一步提高写入能效至 10 ～ 100 fJ/bit（详见第 5 章），如图 13.2 所示[27]。在 2019 年，Honjo 等[28]证明了采用自旋轨道矩可以稳定地实现 0.35 ns 的写入操作，有望用于 L1 和 L2 级缓存。日本东北大学[28]、英特尔[29]、比利时微电子研究中心（Interuniversity Microelectronics Centre，IMEC）[30]等半导体行业公司与科研机构都已开展先导性研究，并推出了 SOT-MRAM 样片，预计在未来十年内应用于人工智能、大数据、物联网等新兴领域。

基于非易失性磁随机存储器，数据可以在断电后依然被保存，读写速度

（a）探测轨道飞行器　　　　　　　　（b）空客A350

（c）宝马超级摩托　　　　　　　　（d）华为GT2手表

图 13.1　磁随机存储器的实际应用案例

可以满足主存和缓存的需求，且能够很好地替换其中的动态随机存储器与静态随机存储器，并仅产生比动态随机存储器和静态随机存储器低几个数量级的漏电流损耗。为了进一步提升信息存储过程中的能效，磁电 - 自旋轨道（Magnetoelectric Spin-Orbit，MESO）逻辑器件被提出，由于其高效的自旋 - 电荷双向转化，该器件具有远超传统 CMOS 器件的能效，功耗理论极限可以达到 1 ～ 10 aJ/bit，如图 13.2 所示[27]。由于它极低的功耗，该器件不仅可以用于存储，还可以进行全逻辑计算，有望应用于未来的 CPU 中，实现更低功耗的计算（详见第 14 章）。

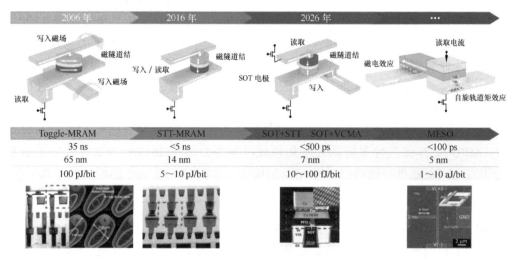

图 13.2　自旋电子器件的发展情况

13.2　Toggle-MRAM

Toggle-MRAM 存储阵列的典型结构是在磁隧道结单元上方和下方配置纵横交错的行列写入线，并由电流通过这些写入线时产生的磁场实现对特定磁隧道结单元的写入操作，如图 13.3(a) 所示。Toggle-MRAM 可以成功商业化，三个关键技术革命起到了重要作用，分别是：Toggle 写操作模式、隧穿势垒层和位图案保真度的改进以及写入线的包覆工艺的优化[31]。下面将重点介绍其写操作模式。

13.2.1　磁场写入方法及原理

早期的磁隧道结仅具有单个自由层，可能会存在"半选通问题"，即在通过电流翻转一行一列交叉点上的磁隧道结时，写入线上的电流对掠过的所有磁隧道结都会产生不同程度的磁场作用，造成不可忽视的错误翻转概率。

2003 年，美国飞思卡尔公司通过 Toggle 写操作模式解决了场驱动磁化翻转的"半选通问题"[32]。该模式在降低了写入错误率和对外场的敏感度的同时，还能使器件具有一个相对较大的写入电流工作区间，从而减少了对生产工艺的要求。这一切都依靠图 13.3(b) 所示的独特的合成反铁磁层结构才能成为现实。合成反铁磁层结构由一个非磁性的耦合间隔层将两个厚度近似相等的铁磁层分开而成，其靠近下方的磁层被磁隧道结的参考层通过反铁磁钉扎层（如 IrMn 或 PtMn）牢固地耦合，从而在写入操作期间为参考层提供了参考磁化方向。对于单一自由层而言，磁化方向会与外场方向保持一致，而合成反铁磁两自由层的磁化强度（M_1，M_2）只会旋转到与施加的磁场近似正交，而不是 180° 翻转位置，如图 13.3(c) 所示。

图 13.3(d) 所示为 Toggle 写操作模式的写入时间序列。(1) 从 t_0 到 t_1 的过程中，字线（Word Line）电流 I_W 产生的磁场 H_W 与磁隧道结易磁化轴成 45° 角，通过磁场作用转动 M_1 和 M_2 达到亚稳定状态；(2) 在 t_2 期间，位线（Bit Line）电流 I_B 加载在位线上产生磁场 H_B，同时字线上的电流及其产生的磁场 H_W 保持不变，两个磁场共同将 M_1 和 M_2 推向易磁化轴；(3) 在 t_3 阶段，I_W 被移除，仅存在位线电流产生的磁场 H_B，后者则继续推动 M_1 和 M_2 越过难磁化轴，然后自由层的磁化方向在形状各向异性的影响下趋近于稳定；(4) 到了 t_4 阶段，两个自由层的磁化方向 M_1 和 M_2 已经完全实现反向，从而实现了对数据的写入操作。

Toggle 写操作模式要求存储器电路在数据写入前先判断目标位状态，仅当该状态为"非需要"状态时，即新数据不同于已存数据时，才会执行图 13.3(d) 所示的 Toggle 脉冲写入时间序列，而如果预读操作判断目标位处于"需要"状态，即已经处于想要写入的新数据所对应状态，那么目标位不需要经 Toggle 脉冲完成写入操作。这种写入数据前需要额外读取操作的特点，增加了 Toggle 写操作模式的实际写循环时间，但是受益于总功耗降低和阵列效率的提升，该模式可以用更小的晶体管完成写入驱动的优势引起了工业界和学术界的极大兴趣。

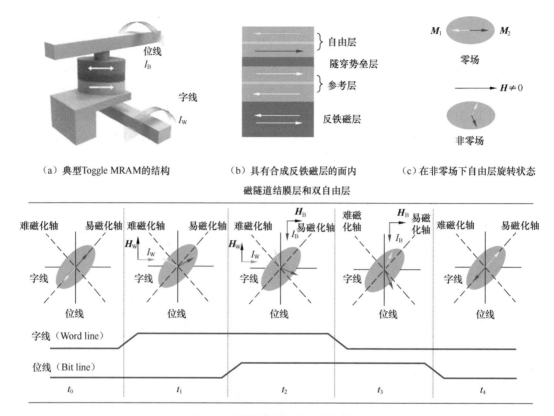

（a）典型Toggle MRAM的结构　　（b）具有合成反铁磁层的面内　　（c）在非零场下自由层旋转状态
　　　　　　　　　　　　　　　　磁隧道结膜层和双自由层

（d）Toggle写操作模式的写入时间序列

图13.3　Toggle-MRAM 的相关特性介绍

我们也可以简单地从能量势垒（即存储能）的角度理解 Toggle 写操作模式对"半选通问题"的解决方法。合成反铁磁层和单铁磁存储层的结构与工作原理完全不同，前者在仅有位线和字线中的一根通过电流时反而会提高其翻转所需要跨过的能量势垒，因此半选通位存储的数据足够稳定，可以保持在磁场脉冲作用下不发生翻转。

13.2.2 Toggle-MRAM 的主要应用场景

Toggle-MRAM 的自由层在磁化翻转过程中没有产生磨损，因此其具有近乎无限次读写的耐久性优势。在读操作过程中，磁隧道结的偏置电压虽然远低于该器件的击穿电压，但依然有可能导致电介质被击穿。为了提升产品的可靠性，需要就磁隧道结器件的两个失效模式加以控制：一个是时间相关电介质击穿；另一个是电阻漂移。时间相关电介质击穿是由隧道势垒的电阻突然下降或短路造成的；电阻漂移则是指结电阻随时间逐渐减小的现象，二者最终都会导致读取错误率的增加。

第一个商业化的磁随机存储器产品是由飞思卡尔半导体公司于 2006 年生产的 4 Mbit Toggle-MRAM[32]；该公司也是后来的 Everspin 公司的前身，后者又为 Toggle-MRAM 提供了与 SRAM 兼容的并行接口和串行外围接口的闪存组件，其制成的 16 位 32 Mbit 并行磁随机存储器具有 35 ns 的写入周期时间，工作温度范围为 −40 ℃～125 ℃，适用于工业应用^[33]。

　　霍尼韦尔（Honeywell）和科巴姆（Cobham，原 Aeroflex）等公司也推出了各自企业的磁随机存储器产品。霍尼韦尔采用抗辐射的 150 nm 绝缘体上硅（Silicon on Insulator，SOI）结构 CMOS 技术，有效地提升了磁随机存储器产品在卫星和其他太空应用中的可靠性和抗辐射性能^[34]；科巴姆公司也面向空间存储器市场，其芯片性能与 Everspin 公司基本相当，但是首先使用了多芯片模块（Multi-Chip Module，MCM）技术将 Toggle-MRAM 的存储容量扩展到 64 Mbit^[14]。

13.2.3　Toggle-MRAM 的发展现状与未来展望

　　与其他非易失性存储技术相比，Toggle-MRAM 具有更低的存储和写入功耗、近乎无限的耐用性、超强的抗辐射能力和较宽的工作温度范围^[35]。但是，Toggle-MRAM 存在两个严重的缺点^[36]：（1）Toggle 写操作模式只能使位单元翻转，而不能对位单元状态进行直接设定，因此需要预读操作来确定位单元的初始状态，增加了写操作延迟，降低了电路集成密度；（2）Toggle-MRAM 通常基于 180 nm 技术节点制造，而在更先进的工艺制程中，随着磁隧道结及其选择线尺寸的缩小，磁隧道结需要更大的翻转磁场，导致写入电流增加。总而言之，额外的预读电路和操作、随尺寸缩小而快速提升的功耗以及磁隧道结较差的尺寸微缩性能都限制了 Toggle-MRAM 的开发潜力。

13.3　STT-MRAM

　　面对 Toggle-MRAM 发展受到的限制，研究人员发现自旋转移矩效应可以成功用于磁隧道结的状态写入，并且写入电流可以随着磁隧道结尺寸的缩小而降低。尺寸缩小极限则取决于单器件的热稳定性因子和磁层材料的参数特征。随着对 STT-MRAM 的膜层结构的深入研究，研究人员通过优化热稳定性和减少阈值写入电流可以提升其性能指标，但需要平衡写入电流和保持时间的关系。此外，STT-MRAM 的耐久性和可靠性也会随着较大的写入电流对隧穿势垒层造成的老化而降低。相比传统存储器，STT-MRAM 具有低成本、低功耗性以及非易失性的综合优势，有望在消费电子、汽车、医疗、航天等领域发挥更大的作用。

13.3.1　STT-MRAM 的发展历程

　　与 Toggle-MRAM 相比，STT-MRAM 具有功耗低、速度快和容量密度高等特性，被视为可以挑战 DRAM 和 SRAM 的高性能存储器。表 13.1 所示对比了近年来不同机构 / 厂商在不同工艺节点下生产的 STT-MRAM 的性能指标。

表 13.1　STT-MRAM 性能指标（W 表示写入，R 表示读取）

年份	生产商	工艺节点	容量	时间	电压 / 电流 / 能耗
2005	索尼^[37]	180 nm	4 kbit	W: 2 ns	W: 200 μA
2008	MagIC-IBM^[38]	90 nm	64 Mbit	W: 100 ns	W: 0.3 V

年份	生产商	工艺节点	容量	时间	电压 / 电流 / 能耗
2009	NEC[39]	90 nm	32 Mbit	W/R: 12 ns	R: 57 mW，W: 70 mW
2010	多伦多大学 / 富士通[40]	130 nm	16 kbit	R: 9 ns，W: 9 ~ 10 ns	W: 0.4 ~ 0.87 mA
2010	东芝[41]	65 nm	64 Mbit	W/R: 30 ns	R: 10 μA
2010	海力士 /Grandis[42]	54 nm	64 Mbit	R: 20 ns	W: 140 μA
2010	日立 / 日本东北大学[43]	150 nm	32 Mbit	R: 32 ns，W: 40 ns	W: 300 μA
2010	IBM[44]	—	4 kbit	W: 50 ns	—
2011	高通[45]	45 nm	1 Mbit	R: 8 ns	R: 1.8 V
2012	Everspin[46]	90 nm	64 Mbit	W: 50 ns	1.5 V
2013	台积电[47]	40 nm	1 Mbit	R: 10 ns	W: 281 ~ 283 μA
2013	NEC/ 日本东北大学[48]	90 nm	1 Mbit	R: 1.5 ns，W: 2.1 ns	1.3 V
2013	IBM/TDK[49]	90 nm	8 Mbit	W: 1.5 ns	—
2013	东芝[50]	65 nm	512 kbit	W/R: 8 ns	R: 4 mW，W: 15 mW
2013	东芝[51]	65 nm	1 Mbit	W/R: 4 ns	R: 17.8 mW，W: 46.5 mW
2013	英飞凌 / 慕尼黑工业大学[52]	40 nm	8 Mbit	R: 23 ns	—
2014	TDK[53]	90 nm	8 Mbit	R: 4 ns，W: 4.5 ns	—
2015	高通 /TDK[54]	40 nm	1 Mbit	R: 20 ns，W: 20 ~ 100 ns	W:3.2 μW/(Mbit/s)
2015	IBM/TDK[55]	90 nm	8 Mbit	R/W<70 ns	R<100 mV，W: 600 mV
2015	东芝[56]	65 nm	1 Mbit	R: 3.3 ns，W: 3 ns	R: 71.2 μJ/MHz，W: 166.2 μJ/MHz
2016	东芝 / 东京大学[57]	65 nm	4 Mbit	R: 3.3 ns	R: 1.25 V
2016	Everspin/Global Foundries[58]	40 nm	256 Mbit	W: 50 ns	—
2017	三星[59]	28 nm	8 Mbit	R: 10 ns	—
2018	台积电[60]	28 nm	1 Mbit	R: 2.8 ns，W: 20 ns	R: 1.2 V
2019	Everspin[61]	28 nm	1 Gbit	—	—
2019	三星[62]	28 nm	1 Gbit	—	—
2019	英特尔[21]	55 nm	2 MB	R: 4 ns，W: 20 ns	—
2020	IBM[63]	40 nm	32 Mbit	W: 3 ns	—
2020	三星 /ARM[64]	28 nm	128 Mbit	R: 33 ns	R: 1.2 pJ/bit
2020	台积电[65]	22 nm	32 Mbit	R: 10 ns	W: 10 mA
2020	台积电[66]	16 nm	8 Mbit	R: 9 ns	—
2020	Ambiq[67]	—	2 MB	—	—

2005 年，索尼率先研发出基于 180 nm CMOS 工艺的 4 kbit STT-MRAM 测试芯片，证明了 STT-MRAM 具有高速、低功耗和高可扩展性等显著优势[37]。2008 年，MagIC-

IBM 磁随机存储器联盟通过纠错码（Error Correcting Code，ECC）和冗余设计，基于 90 nm CMOS 节点推出了 64 Mbit STT-MRAM[38]。该研究在改进电阻面积矢量积、软击穿和降低写入电流方面，为未来的磁随机存储器芯片增加容量和缩小尺寸提供了一个可行方向。2011 年，高通公司首次将 STT-MRAM 嵌入其他系统芯片内部，采用 45 nm CMOS 工艺，应用双电压行解码器和无读取干扰参考单元，研发出嵌入式 1 Mbit STT-MRAM[45]。2012 年，Everspin 公司宣布了其第一款商用的 64 Mbit STT-MRAM，该产品兼容 JEDEC（Joint Electron Device Engineering Council）固态技术协会的第三代双倍速率（Double Data Rate 3，DDR3）规格，拥有 3.2 Gbit/s 的带宽以及纳秒级延迟 [46]。随着 STT-MRAM 的存储密度不断增加，它被视为可应用在固态硬盘（Solid State Disk，SSD）架构中的缓冲存储区。传统固态硬盘架构需要定期将 DRAM 和控制器内部数据写入闪存颗粒中。同时为了预防 DRAM 内部数据因断电等问题导致的数据丢失，DRAM 控制器需要每隔 64 ms 给存储单元刷新电量以维持内部数据。而 STT-MRAM 的出现可以减少存储控制器设计的复杂性和存储设备功耗。随着 STT-MRAM 应用不断被开发，其耐久性同步成为关注热点。2013 年，台积电提出了一种具有线阻平衡方案的写入路径设计，该方案可以最大限度减少写缓冲区附近存储单元在写操作期间加载到磁隧道结两端的电压，该操作可以增强 STT-MRAM 的耐久性 [47]。2014 年，TDK 公司推出 8 Mbit STT-MRAM 芯片 [53]，该芯片允许脉冲长度低至 1.5 ns 完成可靠性数据写入。在高达 125℃的外界环境下可以保存数据 10 年。2015 年，高通联合 TDK 公司展示了以垂直磁隧道结为基本单元的 1 Mbit STT-MRAM[54]。2016 年，Everspin 同样采用垂直磁隧道结存储单元，基于 40 nm CMOS 工艺制造出 256 Mbit 的第三代独立式双倍速率 STT-MRAM[58]。2017 年，三星提出了基于单晶体管和单磁隧道结（1Transistor-1MTJ，1T-1MTJ）单元的 8 Mbit STT-MRAM。与相同工艺的 2T-2MTJ STT-MRAM 或具有相同内存位大小的 SRAM 相比，其芯片面积和功耗减少约 40%[59]。

2019 年，Everspin 进一步推出了 1 Gbit 容量的独立式 STT-MRAM 存储产品，其使用 8 bit 及 16 bit 的第四代双倍速率（Double Data Rate 4，DDR4）接口，并以标准球栅阵列（Ball Grid Array，BGA）结构进行封装 [61]。该芯片采用 28 nm CMOS 工艺制造，可提供更有效的 I/O 流管理。Everspin 将磁随机存储器扩展到现场可编程门阵列（Field Programmable Gate Array，FPGA）上，使其与 Xilinx 的 UltraScale FPGA 的存储控制器兼容。同年，三星研制出高密度 1 Gbit 嵌入式 STT-MRAM，其基于 28 nm 全耗尽型绝缘体上硅工艺，并且仅需额外的三层光罩。嵌入式 STT-MRAM 技术可以提供令人满意的读写性能和数据保存时间，同时芯片制造良率高达 90% 以上 [62]。此外，英特尔 2019 年推出了 2 MB 的嵌入式 STT-MRAM 来替换 SRAM 或 DRAM[21]，要求 STT-MRAM 需要具有 256 Gbit/s 带宽、大于 10 Mbit/mm^2 的阵列密度和高耐久性。2020 年，台积电展示了嵌入式 32 Mbit SOT-MRAM 的 22 nm 人工智能协同处理器[65]，其能效比（9.9 TOPS/W）略微高于采用 SRAM 设计的人工智能协同处理器，但存储器面积表现出较大优势（减少约 4.5 倍）。该芯片存储物理单元大小仅为 0.0456 μm^2，读取速度为 10 ns。在低功耗待机模式和外界温度为 25℃的环境下，漏电流小于 55 μA，相当于每比特漏电流仅为 1.7×10^{-12} A，该项研究为 STT-MRAM 发展带来一个突破性进展。

STT-MRAM 作为一种颠覆性产品，在消费电子、汽车、医疗、军事及航天等领域都具有广泛的应用潜力，并有不断扩展全新产品应用的可能性。但 STT-MRAM 还需要在读写速度、耐久性和数据保持时间这三个因素之间做出权衡和取舍，这代表着磁随机存储器优化与应用的挑战与机遇共存。

13.3.2　STT-MRAM 的主要应用场景

在众多非易失性存储器中，从存储器面积、读写速度、耐久性和抗强磁场辐射等综合因素比较，STT-MRAM 是最具应用前景的新型存储器之一。同时多家半导体制造公司已经将磁随机存储器列为下一代非易失存储介质的重点研发对象。目前国内外企业开展磁随机存储器的相关应用主要分成独立式存储和嵌入式存储两类。前者主要应用于工业自动化、运输、航天、医疗设备、存储加速器和服务器等场景中，如图 13.4（a）所示；后者则主要应用于微控制器（Microcontroller Unit，MCU）、物联网 / 智能穿戴、CMOS 图像传感器、显示驱动芯片、边缘人工智能加速器芯片和中央处理器（CPU）等，如图 13.4（b）所示。近年来，学术界和工业界都致力于挖掘 STT-MRAM 的物理特性。但现有系统架构无法充分发挥 STT-MRAM 的特性，因此还需要在硬件和软件领域共同对系统进行改进。

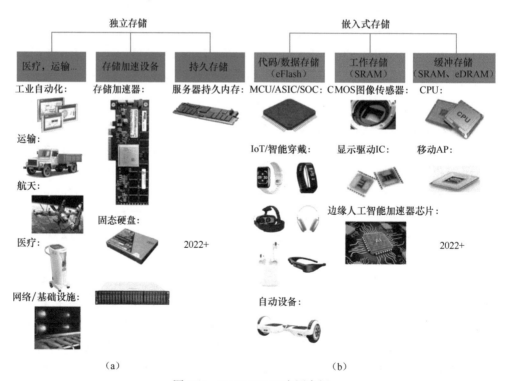

（a）　　　　　　　　　　　　　　　　（b）

图 13.4　STT-MRAM 应用介绍

2018 年，IBM 在新一代 FlashSystem 存储设备中应用 STT-MRAM 替代 DRAM 充当缓存，增加了 FlashSystem 存储设备的稳定性，如图 13.5 所示。原 FlashSystem 设备基于 FPGA 的控制器和足够大的电容式电池等方案来处理系统突然断电造成的数据丢失等问题，但电容式电池仅可以延缓系统丢失数据的过程。如果主电源长时间无法恢复，数据在电容放电结束后还是会永久丢失，同时还会带来系统开机慢等问题。因此，STT-MRAM 的非易失性可以简化系统结构并直观实现掉电保护作用。

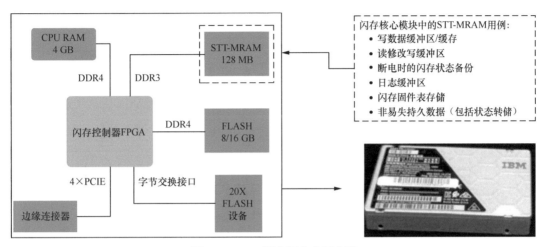

图 13.5　IBM 固态硬盘应用方案

2020 年，美国物联网芯片设计公司 Ambiq 推出新款 Apollo4 单片机。Apollo4 是一款超低功耗、高度集成的微控制器，专门为由电池供电的电子设备而设计，可开发成多项产品，如可穿戴电子设备、健身监测器、无线传感器等。如图 13.6（a）所示，该微控器芯片与 ARM Cortex-M4 处理器相结合，内部具有 64 KB STT-MRAM（高速缓冲存储器）和 34 KB SRAM［本地数据紧耦合内存（Tightly Coupled Memory，TCM）］。此外，微控制器还可以访问 1 MB SRAM（共享静态随机存储器缓存）、2 MB STT-MRAM（存储系统启动文件）和 480 KB SRAM（扩展静态随机存储器），并能够通过高性能总线（Advanced High-Performance Bus，AHB）或外围总线（Advanced Peripheral Bus，APB）与存储器（STT-MRAM、SRAM 和外部存储器）以及外设驱动设备进行数据通信。该芯片架构设计将不常访问的外设放置在外围总线上，对于经常访问的 STT-MRAM 则放置在高性能总线上。如图 13.6（b）所示，当系统启动工作时，微控制器从 STT-MRAM 内部获取存储的指令或数据；当 STT-MRAM 执行读写工作时，通过 STT-MRAM 存储控制器的仲裁模块判断读写工作的优先级。STT-MRAM 作为片上存储器，同 SRAM 共同承担微控制器内部的高速缓存工作。STT-MRAM 可以存储系统启动程序和其他系统方案应用的数据信息，并通过混合存储架构方式优化微控制器的功耗指标。例如，当微控制器内部没有任务请求时，其 STT-MRAM 可以断电并继续保存内部信息，从而降低 Apollo4 MCU 的静态功耗，该方式极大提升了以电池供电的电子设备整体续航能力。

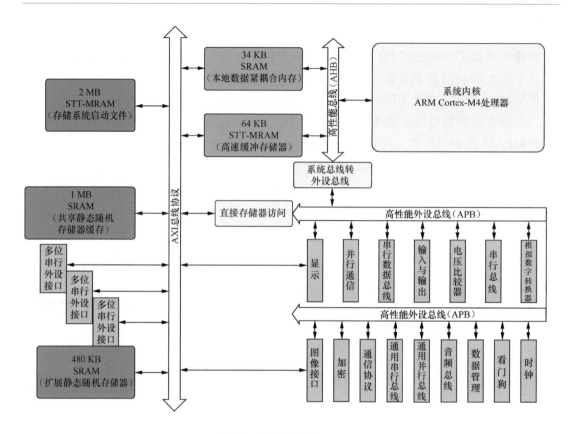

（a）Apollo4外设和总线

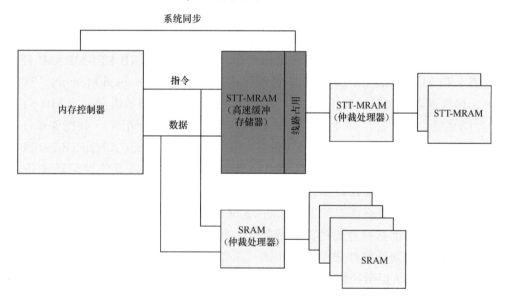

（b）Apollo4 STT-MRAM缓存的框架

图 13.6　Apollo4 应用方案

13.3.3　STT-MRAM 的发展现状与未来展望

目前，STT-MRAM 的最大容量虽然已经达到 1 Gbit，但也仅为 DRAM 存储容量的 1/8。优化 STT-MRAM 产品的存储密度可以通过两个思路进行：（1）目前 STT-MRAM 多采用垂直磁隧道结作为基本存储单元，所以提高 STT-MRAM 的存储密度就归结为缩小垂直磁隧道结的尺寸，并兼顾尺寸变化对数据保持时间、能效、耐久性等因素的影响；（2）为了保证存储设备内部数据的准确性，外围电路会增加检验位和计数器等占据芯片面积。因此，可以通过将外围电路放置在阵列单元下方提升存储密度。

随着工业物联网（Industrial Internet of Things，IIoT）、医疗设备、人工智能、智能汽车等应用需求的增加，程序存储和数据备份等越来越需要高速、低延迟、非易失性、低功耗和低成本存储设备，STT-MRAM 可以凭借诸多方面优势替代 SRAM、DRAM 和嵌入式闪存（Embedded Flash，eFlash）等。如表 13.2 所示，eMRAM 取代 eFlash 的挑战主要包含制程整合、整体组件设计和微缩化等方面。随着制程迈向 5 nm 甚至 3 nm，半导体工艺复杂性剧增，导致高密度 SRAM 在先进节点处的缩小受限。STT-MRAM 因此有望成为替代最后一级缓存的候选者之一。随着对存储芯片集成密度的增加，磁隧道结器件关键尺寸不断缩小，STT-MRAM 的高电流密度也会加速磁隧道结势垒层的老化，从而造成 eMRAM 的耐久性低于 SRAM。为了实现存储设备的高速读取，既需要不断改进 STT-MRAM 的制造工艺和外围电路设计，也需要推进相关物理基础研究。此外，自旋轨道耦合为磁翻转提供新机制，有望为下一代磁随机存储器技术的发展提供可能。自旋轨道矩基于自旋轨道耦合效应作为信息写入方式，利用电荷流诱导的自旋电流产生自旋轨道矩，进而能够调控磁性存储单元。与此同时，SOT-MRAM 的存储单元采用三端式磁隧道结结构分离写入/读取通道能够有效避免 STT-MRAM 磁隧道结老化问题，还能带来更高的写入速度和优秀功耗表现。这一部分内容，我们将在下一节详细介绍。

表 13.2　eMRAM 与 eFlash/SRAM 的性能指标比较

性能指标	eFlash	◄NVM▶ eMRAM 替代 eFlash	eMRAM 替代 SRAM	◄LLC▶ LLC
速度（读/写）/ns	10/20000	20/200	≈2/5	<2/2
读取能耗 /（pJ·bit^{-1}）	～6	<1	<0.5	<0.5
写电压 /V	>10	<0.5	<0.4	1.2
写能耗 /（pJ·bit^{-1}）	2000	100	10	1
耐久性	2×10^5	10^8	≈10^{12}	≈10^{16}
数据保持	15～20 年	15 年	1 个月	N/A
单元大小（节点的平方）	>60	60	100	>200
回流焊 260℃	是	是	N/A	N/A
温度 /℃	150～170℃	125℃	105℃	85～105℃

13.4　SOT-MRAM

与上一节介绍的 STT-MRAM 相比，SOT-MRAM 因具有以下三个显著的优点而备受业界青睐。

首先，根据第 5 章的介绍，SOT-MRAM 的数据写入电流是通过自旋轨道矩电极层而不是磁隧道结本身，即使在"自旋轨道矩 + 自旋转移矩协同"的方案中，流经磁隧道结的自旋转移矩电流也极其微小，因此器件的可靠性得以提升。

其次，SOT-MRAM 的读取操作与 STT-MRAM 相同，只需一个微小的读取电流通过磁隧道结来感知电阻的高低即可。但是，对 STT-MRAM 而言，读取和写入操作所需的电流均通过磁隧道结，存在读取干扰问题（Read Disturbance），即，若读取电流偏高，会有一定的概率发生误写入操作。为解决此问题，需将自旋转移矩写入电流的阈值提高，但这同时也会导致较高的写入功耗，读写性能难以折中。而在 SOT-MRAM 中，根据前面所述，读写电流分别通过磁隧道结和自旋轨道矩电极层，二者彼此分离，因此读写性能可以被分别独立优化，从而有效解决读取干扰和写入功耗之间的矛盾。

最后，根据第 5 章的介绍，在垂直磁隧道结中，自旋轨道矩力矩表达式中的极化向量 σ 与器件的磁矩向量 m 在初始时刻几乎正交，因此自旋轨道矩比自旋转移矩的力矩作用更强，可诱导更快的磁矩翻转。目前的实验测试结果已经证明自旋轨道矩能够导致亚纳秒级的磁矩翻转速度[28,68-69]。得益于此，SOT-MRAM 的数据写入速度可与 SRAM 相媲美。此外，与标准六晶体管 SRAM 的存储单元相比，SOT-MRAM 存储单元通常只需两个晶体管，面积开销更低，因此，SOT-MRAM 非常适合用于高速大容量缓存，如图 13.7 所示[70]。大容量缓存对于提高处理器性能至关重要，例如，苹果公司的自研芯片 M1 特性之一就是显著增大了缓存容量。

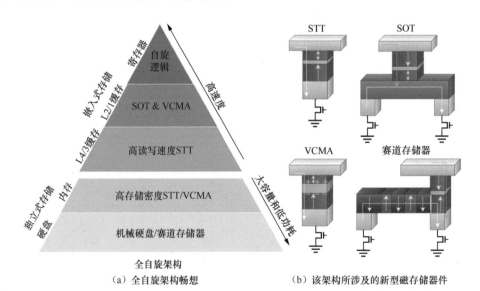

（a）全自旋架构畅想　　　（b）该架构所涉及的新型磁存储器件

图 13.7　未来自旋存储器件及应用

目前，Toggle-MRAM 和 STT-MRAM 均已经实现量产，但 SOT-MRAM 仍旧处于研发阶段，第一款 SOT-MRAM 测试芯片在 2020 年才被公开发布[71]。在本节，我们将从芯片的角度介绍 SOT-MRAM 的设计原理、工艺挑战、发展现状与未来展望。

13.4.1　SOT-MRAM 的写入机理

根据第 5 章的介绍，主流的自旋轨道矩器件主要分为 Z 型、Y 型以及 X 型三类结构[72]，目前的 SOT-MRAM 的研究工作也主要围绕这三类器件结构而开展。在本节，我们将介绍基于这三类器件结构的 SOT-MRAM 原型。

在 Z 型结构中，磁隧道结采用垂直易磁化轴，数据的写入操作在电流和外磁场的共同作用下完成。由于易磁化轴和自旋流的极化方向几乎垂直，故 Z 型结构具有低孵化延迟的优点，能够实现亚纳秒级的写入速度。同时，Z 型结构的磁隧道结能够被制作成规则的圆形或正方形，有利于器件尺寸的持续微缩和芯片容量的不断提升。但是，Z 型结构对外磁场的需求却极不利于芯片的工艺集成与制造，目前较为成熟的无磁场翻转解决方案包括比利时微电子研究中心的磁性硬掩模方案和北航的自旋协同矩（Toggle Spin Torques，TST）方案等。虽然现阶段尚未有 Z 型 SOT-MRAM 芯片面世，但比利时微电子研究中心于 2019 年成功实现了可与 12 in CMOS 工艺兼容的 Z 型 SOT-MRAM 器件制备工艺[73]，随后在 2020 年设计了 Z 型 SOT-MRAM 阵列[74]，如图 13.8 所示。其中，读写电路的结构根据 Z 型 SOT-MTJ 器件的具体工艺参数（写入电流值、重金属电阻、双向写入的非对称程度等）而设计，并考虑了位线寄生电阻的影响，体现了“设计与工艺协同优化”的思想。其评估结果表明，与 SRAM 相比，SOT-MRAM 具有集成密度高、面积占用小等优势。然而，较低的自旋霍尔角和较高的位线寄生电阻所引起的高功耗仍然是阻碍 SOT-MRAM 应用于高速缓存的关键问题。

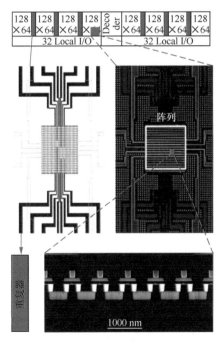

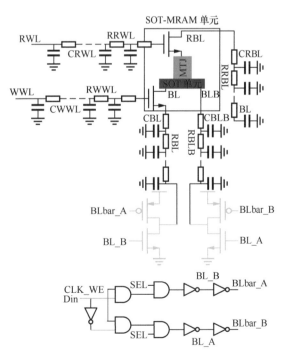

（a）所设计的阵列显微图像　　　（b）根据 Z 型 SOT-MTJ 器件工艺参数设计的读写电路

图 13.8　基于“设计与工艺协同优化”方法的 Z 型 SOT-MRAM 阵列设计

在 Y 型结构中，椭圆形自由层具有面内易磁化轴，电流引起的类阻尼矩可完成确定性的磁矩翻转，无需外磁场辅助。而且，易磁化轴主要来源于形状各向异性而非界面效应，工艺制造难度较低。但由于易磁化轴与自旋流极化方向共线，Y 型 SOT-MRAM 存在与 STT-MRAM 类似的孵化延迟问题，难以达到 Z 型 SOT-MRAM 的亚纳秒级写入速度。此外，Y 型结构的椭圆形状不利于器件尺寸的持续微缩，不适用于高密度集成和大容量存储。我国台湾工业技术研究院及其合作单位于 2020 年在 8 in 晶圆上集成了 Y 型自旋轨道矩器件[75]，并于 2021 年完成了一款 8 kbit 的 Y 型 SOT-MRAM 芯片[76]，如图 13.9 所示。

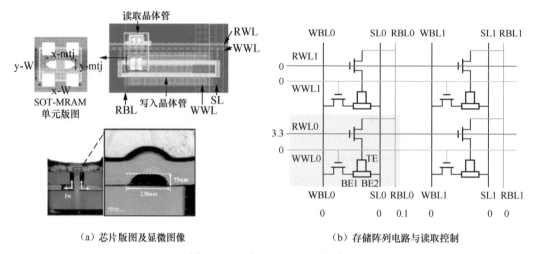

（a）芯片版图及显微图像　　　　　　　　（b）存储阵列电路与读取控制

图 13.9　Y 型 SOT-MRAM 芯片

在 X 型结构中，椭圆形自由层的易磁化轴与电流方向共线但与自旋流的极化方向正交，因此可以克服 Y 型结构中的孵化延迟问题，写入速度可以达到亚纳秒级，与 Z 型结构的写入速度相当。然而，X 型结构仍需在 Z 方向施加外磁场来辅助实现数据的确定性写入，不利于芯片制造。一种有效的解决方案是采用 5.3.1 节介绍的倾斜式 X 型结构，它能够在无磁场条件下实现亚纳秒级的超快磁矩翻转[77]。2020 年，日本东北大学完成了一款容量为 4 KB 的倾斜式 X 型 SOT-MRAM 芯片，如图 13.10 所示，芯片基于 55 nm CMOS 工艺，在 1.2 V 驱动电压下能够实现 60 MHz 的写入和 90 MHz 的读取[71]。芯片使用了双端口设置来配合三端自旋轨道矩器件，实现了适用于高速场景的高带宽性能。

在上述三类结构的基础上，研究人员从材料和膜层结构等方面对自旋轨道矩器件的性能进行了大量的优化工作。此外，研究人员还尝试将自旋轨道矩与其他磁矩翻转机理相协同，力求优势互补，如第 5 章所述的"自旋轨道矩与自旋转移矩协同"以及"自旋轨道矩与电压调控磁各向异性协同"两种方式。值得注意的是，这两种技术均已被集成电路的领军企业格罗方德公司纳入其下一代磁随机存储器技术发展路线图。

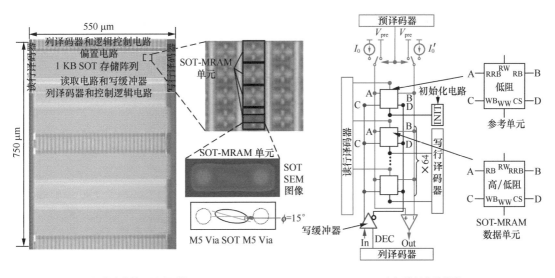

（a）芯片结构及显微图像   （b）读写电路设计

图 13.10 倾斜式 X 型 SOT-MRAM 芯片

13.4.2 SOT-MRAM 的设计难点

当自旋轨道矩器件与晶体管结合后，就形成了图 13.11 所示的 SOT-MRAM 基本存储单元，包括自旋轨道矩通道（即自旋轨道矩电极层）、磁隧道结以及 T_1 和 T_2 两个晶体管。与 STT-MRAM 类似，SOT-MRAM 也利用磁隧道结的高低电阻值来存储二进制信息。但是，与自旋转移矩器件的两端口结构不同，自旋轨道矩器件具有三个端口，因此 SOT-MRAM 的存储单元需要"读"和"写"两条字线，并配备源线和位线。工作时，逻辑电路通过读字线与写字线控制 T_1 和 T_2 晶体管的通断，从而实现对自旋轨道矩器件的读取和写入操作。

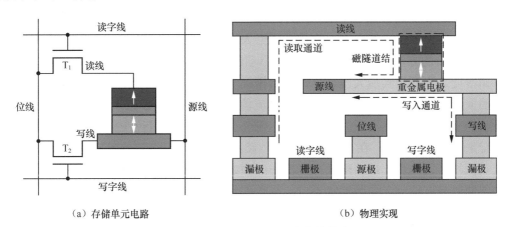

（a）存储单元电路   （b）物理实现

图 13.11 SOT-MRAM 基本存储单元

图 13.12 所示为一种典型的 SOT-MRAM 读写电路结构。其中，晶体管 T_3、T_4、T_5 和 T_6 构成写入电路；由晶体管 T_7、电流源和放大器构成读取电路。在进行写入操作时，写入选择端 W_s 和写入使能端同时激活，从而启用写入通道并关闭读取通道。此时，可

以通过控制位线和源线之间的电流方向来确定待写入的数据状态。例如，当需要写入"0"时，T_4 和 T_5 被打开，T_3 和 T_6 被关闭。此时，自旋轨道矩电流从源线流向位线，从而将磁隧道结设置为低阻态；写入"1"时则进行相反的操作即可。在进行数据的读取操作时，读取使能端被激活，W_s 端被设置成低电平，晶体管 T_6 和 T_7 被打开，此时读电流通过磁隧道结产生读电压，再经放大器处理完成对数据的读取。

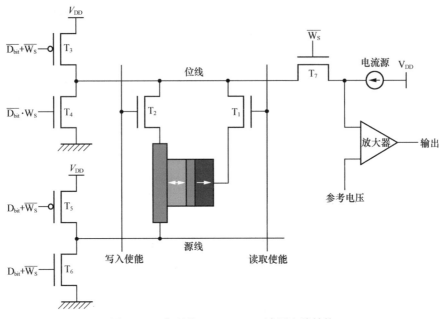

图 13.12　典型的 SOT-MRAM 读写电路结构

在写入操作方面，如前面所述，SOT-MRAM 的写入速度可以达到亚纳秒级。但由于受限于工艺水平，目前 SOT-MRAM 器件的写入操作仍旧需要较大的瞬时电流，1 kΩ 左右的自旋轨道矩电极层通常需要几百微安甚至毫安级的写入电流，对写入晶体管 T_2 的驱动能力提出了极高的要求。为此，研究人员通常采用增加晶体管沟道宽度或提高晶体管栅极电压的方法来提高晶体管 T_2 的驱动能力。但是，沟道宽度的增加会降低芯片的存储密度，不利于实现大容量存储。而栅极电压的提高会降低晶体管的可靠性，减少芯片的使用寿命。因此，如何降低写入电流值，仍旧是当前 SOT-MRAM 芯片设计工作所面临的主要挑战。在实际芯片设计中，研究人员还采用创新性的电路技术来缓解写入操作带来的难题。例如，在写入操作之前预读存储数据，若存储数据与待写入数据相同，则无需执行写入操作，从而降低写入操作的频率。常用的技术是自适应写入，在写入过程中定期监测存储单元的数据状态，一旦数据状态翻转，表明写入成功，提前关闭写入电流，从而降低功耗并延长芯片使用寿命。

在读取操作方面，SOT-MRAM 的读写支路相互分离，允许读写性能分别独立优化。例如，通过提高磁阻尼系数，可以提高磁隧道结的自旋转移矩阈值电流，减少在读取操作中发生误写入的概率。但由于膜层组分和界面结构的复杂性，目前自旋轨道矩器件的隧穿磁阻率普遍较低，而且阻值的误差控制难度较大，导致 SOT-MRAM 的高低阻值裕度较小，从而使读取错误率偏高。针对这一问题，常见的解决方案是采用自参考单元或互补参考单元结构。在自参考单元结构中，读取电路通过比较同一个器件的高低电阻值来确定存储数据，因此，在读取过程中需要进行写入操作，引起额外的延迟。在互补参考单元结构中，则采用一对状态互补的器件存储单比特数据，减小工艺偏差的影响，但会造成单元面积翻倍。因此，在实际中需要根据具体应用场景确定合理的方案。

在结构设计方面，SOT-MRAM 器件的三端口结构不仅会使读写路径分离，还会带来设计上的可拓展性。例如，可同时读写的双端 SOT-MRAM 等方案于近期被提出 [78]。但自旋轨道矩器件的三端口结构也会导致更大的芯片面积开销，成为制约 SOT-MRAM 存储容量的瓶颈。为解决此问题，业界提出了 5.3.5 节所述的类 NAND 型自旋轨道矩器件 [79] 方案，使多个磁隧道结共享同一个自旋轨道矩电极层，形成"准两端"器件结构。从芯片设计的角度考虑，这种类 NAND 型自旋轨道矩器件使每个磁隧道结对应的平均晶体管数目得以减少，降低了芯片面积开销，有助于提高存储容量。此外，类 NAND 型自旋轨道矩器件还能够结合自旋轨道矩、自旋转移矩和电压调控磁各向异性等的写入机理，对磁隧道结进行随机选通和数据写入。北航研究团队 [79] 于 2021 年制备了一款如图 13.13（a）所示的类 NAND 型器件，并通过实验验证了自旋转移矩电流（STT 脉冲）和自旋轨道矩电流（SOT 脉冲）之间的协同效应和位选特性，如图 13.13（b）所示。其中，纵轴为器件的翻转概率（P_{sw}），横轴为 SOT 脉冲相对于 STT 脉冲的延迟时间。由测试结果可见，只有当 STT 脉冲和 SOT 脉冲的重叠时间足够长时，器件的翻转概率才达到 100%；相反，当 STT 脉冲与 SOT 脉冲在时间上没有任何重叠时，器件的翻转概率为 0。换言之，单独的 STT 脉冲或 SOT 脉冲不会引起器件状态的误翻转。这两种翻转概率的对比表明，STT 脉冲和 SOT 脉冲的协同效应能够满足类 NAND 型器件的高可靠随机写入需求。例如，在图 13.13（a）中，STT 脉冲和 SOT 脉冲同时施加于第 3 个单元，且脉冲重叠时间足够长，则第 3 个单元的翻转概率为 100%，与此同时，其余单元仅被施加了单独的 SOT 脉冲，翻转概率为 0，由此实现了对第 3 个单元的高可靠随机写入。

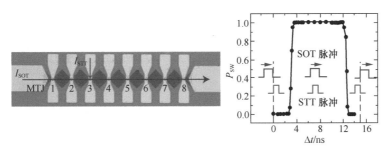

（a）器件的光学显微镜俯视图　　　（b）P_{sw} 随电流脉冲延迟时间 Δt 的变化测试结果

图 13.13　类 NAND 型自旋轨道矩器件

在版图设计方面，与 STT-MRAM 相比，SOT-MRAM 的版图具有独特的设计原则。STT-MRAM 仅有一条通路连接晶体管与磁隧道结底电极，同一列磁隧道结的顶电极可共用位线，仅在末端接回读写电路即可。而 SOT-MRAM 的读线和写线均需贯穿多层金属，尤其是读线需要从磁隧道结顶电极引出，避开了自旋轨道矩电极层、源线和位线，再连接至晶体管[80]，如图 13.14 所示。因此，SOT-MRAM 的版图设计仍具有较大的优化空间。例如，日本东北大学设计的 SOT-MRAM 芯片就在存储单元加入一个伪晶体管（Dummy Transistor），在充分利用版图空间的条件下提高了读取的可靠性[71]。

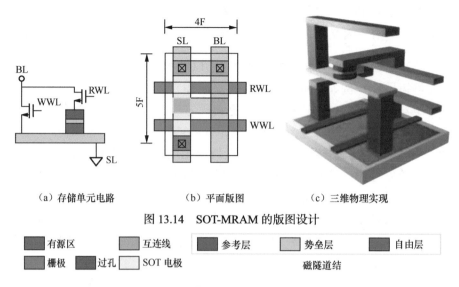

（a）存储单元电路　　　　　（b）平面版图　　　　　（c）三维物理实现

图 13.14　SOT-MRAM 的版图设计

有源区　　互连线　　参考层　　势垒层　　自由层
栅极　　过孔　　SOT 电极　　　　　磁隧道结

13.4.3　SOT-MRAM 的工艺挑战

上一节介绍了 SOT-MRAM 在设计层面的难点，而这些难点大多源于 SOT-MRAM 极为复杂的制造工艺。针对上述难点，在工艺层面的解决方案通常更为有效，但也更具挑战性。目前，业界普遍采用 9.4.2 节所介绍的后道 CMOS 工艺制造磁随机存储器芯片，即底部 CMOS 电路采用晶圆厂的标准工艺，而其核心存储器件（磁隧道结）则被集成在标准 CMOS 电路的上方，通过金属互连线实现各模块的交互通信。与 STT-MRAM 的制造工艺不同，SOT-MRAM 芯片需要制造额外的自旋轨道矩电极层，它是影响 SOT-MRAM 写入特性的关键因素。当前的自旋轨道矩电极层普遍采用 Ta 与 β-W 等性能相对稳定的材料，但为了进一步降低写入电流，就需要提高材料的自旋霍尔角，降低材料的电阻率。虽然第 5 章介绍了大量具有极高自旋霍尔角的自旋轨道矩电极材料，但目前它们在集成电路工艺中的稳定性还普遍较差，通常难以耐受工艺过程中的高温，尚无法实用于 SOT-MRAM 的制造。

制造工艺也是影响 SOT-MRAM 读取可靠性的重要因素。从原理图上对比，SOT-MRAM 器件似乎只比 STT-MRAM 器件增加了一层自旋轨道矩电极层，但二者的制造工艺差别较大。SOT-MRAM 器件的自由层在参考层的下方（称为 Top-Pinned 结构，或顶钉扎结构），这与 STT-MRAM 器件中的磁隧道结膜层顺序正好相反。典型的 SOT-MRAM 器件制备流程如图 13.15（a）所示，其中的刻蚀工艺的水平将直接影响器件的性能。若刻蚀过度，自旋轨道矩电极层的厚度过低，则会导致电极断路；而若刻蚀不足，自由层未被完全成型，则会导致自由层膜堆不规整，严重影响器件的磁阻效应。因此需要严格控制刻蚀终点和刻蚀条件。此外，在这种工艺条件下，二次沉积效应较为严重，如图 13.15（b）所示，刻蚀产生的颗粒会较多地附着在纳米柱侧面，使有效的隧穿磁阻率降低，从而严重影响 SOT-MRAM 的读取特性。

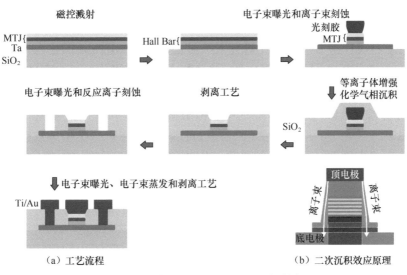

（a）工艺流程　　　　　　　　　　（b）二次沉积效应原理

图 13.15　典型的 SOT-MRAM 器件制备

在导线互连方面，与 STT-MRAM 相比，SOT-MRAM 的三端口结构要求额外设计一层金属作为源线，通常需要对晶圆厂的标准 CMOS 工艺流程进行部分的改写或定制处理。此外，图 13.16 所示为制造 SOT-MRAM 芯片的另一种思路[81]，采用自旋轨道矩电极层在上、磁隧道结在下的倒置结构，从而有效降低过孔和金属线的复杂度，但此类自旋轨道矩器件无法采用图 13.15 所示的成熟刻蚀工艺，因此制造难度极高，目前尚未被成功制备。

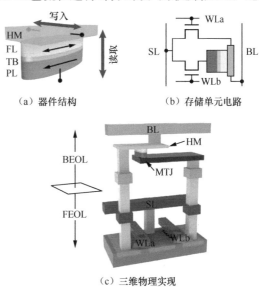

（a）器件结构　　　　（b）存储单元电路

（c）三维物理实现

图 13.16　倒置的 SOT-MRAM 方案

在工艺集成方面，SOT-MRAM 器件膜堆质量受衬底表面粗糙度的影响较大，不平整的薄膜会导致铁磁层磁矩分布散乱，影响膜堆的性能。考虑到"在通孔上"（On-Via）区域和"远离通孔"（Off-Via）区域的粗糙度不同，传统磁随机存储器采用了"远离通孔"型器件结构，避免过孔对磁隧道结器件性能的影响。然而，"远离通孔"的布局方式势必造成额外的面积牺牲，在一定程度上影响存储密度。因此，部分晶圆代工厂致力于优化工艺集成界面的表面粗糙度水平，从而可采用"在通孔上"型器件结构，以提高存储密度。

13.4.4　SOT-MRAM 的现状与展望

目前已公开发布的 SOT-MRAM 芯片和晶圆级器件阵列研究工作如表 13.3 所示，

这些工作也代表了目前可行性较高的几种技术路线。此外，SOT-MRAM 的应用不局限于存储领域，已逐渐扩展至存内计算等场景。近年来，随着存内计算架构和非易失性存储器技术的快速发展，计算单元和存储单元的结合也逐渐成为可能。SOT-MRAM 不仅拥有极快的读写速度，同时其典型三端口存储单元结构也带来了更可靠的读写操作和更灵活的逻辑设计潜力。因此，研究人员对基于 SOT-MRAM 的存内计算方案寄予厚望[82]。由于 SOT-MRAM 具有非易失性，并且基本的逻辑操作可以在存储单元内部实现，无需增加附加电路，因此将 SOT-MRAM 用于存内计算架构有望显著降低功耗和芯片面积[82-84]。在图 13.17（a）所示的 SOT-MRAM 存内计算架构中，特定读写通道上的存储单元通过图 13.17（b）所示的行列译码器进行控制[82]，可以根据所选数据地址同时进行单列（存储）或者双列（逻辑）的操作。图 13.17（c）所示为定制化的读取放大电路，能够实现 AND/NAND、OR/NOR 和 XOR/XNOR 的逻辑功能。

表 13.3　SOT-MRAM 芯片和晶圆级器件阵列研究工作

	中国台湾工业技术研究院	日本东北大学	比利时微电子研究中心	英特尔
器件类型	Y 型	倾斜式 X 型	Z 型	Z 型
器件尺寸 /nm	840×240	315×88	60×60	57×57
无磁场方案	天然	天然	磁性硬掩模	自旋协同力矩
隧穿磁阻率	85%	167%	110%	127%
自旋霍尔角	/	−0.37	−0.32	0.27
晶圆尺寸 /in	8	12	12	12
工艺节点	180 nm 流片	55 nm 流片	兼容 CMOS	兼容 CMOS
参考文献	[76]	[71]	[73]	[29]

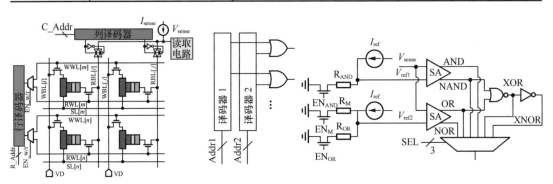

（a）存内计算电路结构　　　（b）定制化设计的行 / 列译码器　　　（c）定制化设计的读取电路

图 13.17　基于 SOT-MRAM 的存内计算

SOT-MRAM 还可替代静态随机存储器和 STT-MRAM 用作图形处理器（Graphics Processing Unit，GPU）寄存器，并且具有更高的能效[85]，如图 13.18 所示。与传统的静态随机存储器寄存器文件（Register File）相比，SOT-MRAM 可以在不影响性能的前提下节省 44.3% 的能耗。在基于 SOT-MRAM 的寄存器文件架构中，SOT-MRAM 替换了静态随机存储器并且实现了和静态随机存储器相同的读写延迟。此外，SOT-MRAM 还可以替代被嵌入在微控制器中的静态随机存储器，显著提高能效比。

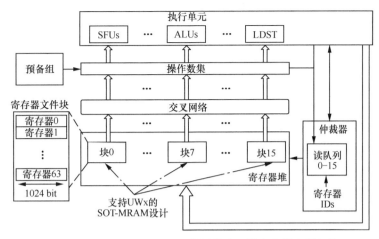

图 13.18 基于 SOT-MRAM 的图像处理器寄存器文件架构

总之，虽然 SOT-MRAM 仍旧面临诸多的设计难点与制造工艺挑战，但是其分离的读写路径所带来的高可靠性、自旋轨道矩效应本身的高速翻转性能、三端口结构提供的设计灵活性等优点都为 SOT-MRAM 作为下一代非易失存性储器奠定了基础。未来的 SOT-MRAM 不仅有望替代芯片中的高速缓存，而且也为各种存内计算架构带来了设计便利。SOT-MRAM 的应用将为非易失性存储器带来更进一步的性能提升和更广阔的发展空间。

13.5 本章小结

本章主要介绍了磁随机存储芯片的原理、研究现状和应用前景。按照数据写入方式划分，磁随机存储芯片发展至今已历经三代。在每一代磁随机存储芯片的发展过程中，科学理论和工程实践的结合贯穿始终，材料、工艺、器件、电路等领域的研究人员协同推进，理论研究组、工艺中试线、仿真实验室、晶圆代工厂等单位通力合作，共同推动了磁随机存储芯片逐渐走向实际应用，因此，磁随机存储芯片的成功，堪称学科交叉和成果转化的典范。

目前，第一代采用磁场写入的磁随机存储芯片 Toggle-MRAM 已广泛应用于航空航天等领域，第二代磁随机存储芯片 STT-MRAM 已于 2018 年左右由三星、英特尔、台积电、格罗方德等集成电路领军企业实现量产，并逐渐应用于物联网等领域。第三代磁随机存储芯片 SOT-MRAM 崭露头角，应用场景瞄准大容量高速缓存。在未来，磁随机存储芯片将为大数据、物联网、云计算等应用提供重要的技术支撑。除了作为非易失存储，自旋电子器件还可以用于数据处理，我们将在第 14 章中进行详细介绍。

思考题

1. 请简述当前计算机存储器及其架构的发展趋势和挑战。

2. 通过调研，请列出几种促进存储器发展或解决存储器发展瓶颈的方案和设计。

3. 请简述磁随机存储器技术的发展历程，对比不同技术的优缺点。

4. 请简述普通磁场写入磁随机存储器所存在的问题及其解决办法。

5. 请简述 Toggle-MRAM 所面临的挑战及其解决办法。

6. 请展开实际思考，STT-MRAM 在哪些领域中起到优化作用？

7. 请简述 STT-MRAM 当前的发展情况和未来技术走向？

8. 请总结国内外主要研发 STT-MRAM 的企业。

9. 请展开思考，设计具有 STT-MRAM 的低功耗系统方案应有哪些注意事项。

10. 请思考为什么存储在系统设计中具有重要作用？

11. 请思考 SOT-MRAM 为什么具有亚纳秒级的超快写入速度？并阐述 SOT-MRAM 超快写入速度的潜在应用。

12. 请调研 SOT-MRAM 芯片研究的发展历程及其所面临的挑战。

参考文献

[1] 赵巍胜，王昭昊，彭守仲，等. STT-MRAM 存储器的研究进展 [J]. 中国科学：物理学 力学 天文学, 2016(10): 63-83.

[2] CHAPPERT C, FERT A, VAN DAU F N. The emergence of spin electronics in data storage[J]. Nature Materials. 2007, 6: 813-823.

[3] ZHU J G. Magnetoresistive random access memory: the path to competitiveness and scalability[J]. Proceedings of the IEEE, 2008, 96(11): 1786-1798.

[4] KENT A D, WORLEDGE D C. A new spin on magnetic memories[J]. Nature Nanotechnology, 2015, 10(3): 187-191.

[5] Handbook of spintronics[M]. Heidelberg, Berlin: Springer, 2016.

[6] BROCK D, Software as hardware: Apollo's rope memory [EB/OL].(2017-09-29) [2021-7-20].

[7] BAIBICH M N, BROTO J M, FERT A, et al. Giant magnetoresistance of (001) Fe/ (001) Cr magnetic superlattices[J]. Physical Review Letters, 1988, 61(21): 2472-2475.

[8] BINASCH G, GRÜNBERG P, SAURENBACH F, et al. Enhanced magnetoresistance in layered magnetic structures with antiferromagnetic interlayer exchange[J]. Physical Review B, 1989, 39(7): 4828-4830.

[9] MIYAZAKI T, TEZUKA N. Giant magnetic tunneling effect in Fe/Al2O3/Fe junction[J]. Journal of Magnetism and Magnetic Materials, 1995, 139(3): L231-L234.

[10] MOODERA J S, KINDER L R, WONG T M, et al. Large magnetoresistance at room temperature in ferromagnetic thin film tunnel junctions[J]. Physical Review Letters, 1995, 74(16): 3273-3276.

[11] MERTENS R. Cobham's MRAM chips to reach Mars soon [EB/OL]. (2016-08-18) [2021-7-20].

[12] MERTENS R. Airbus to use Everspin's MRAM in flight control computer [EB/OL]. (2009-09-09) [2021-7-20].

[13] ARNOLD H. MRAM for cars [EB/OL]. (2011-03-01)[2021-7-20].

[14] COBHAM. UT8MR8M8 datasheet [DB/OL]. Non-Volatile Memories, 2019-09-25.

[15] SLONCZEWSKI J C. Current-driven excitation of magnetic multilayers[J]. Journal of Magnetism and Magnetic Materials, 1996, 159(1). DOI: 10.1016/0304-8853(96)00062-5.

[16] BERGER L. Emission of spin waves by a magnetic multilayer traversed by a current[J]. Physical Review B, 1996, 54(13): 9353-9358.

[17] MYERS E B, RALPH D C, KATINE J A, et al. Current-induced switching of domains in magnetic multilayer devices[J]. Science, 1999, 285(5429): 867-870.

[18] HUAI Y, ALBERT F, NGUYEN P, et al. Observation of spin-transfer switching in deep submicron-sized and low-resistance magnetic tunnel junctions[J]. Applied Physics Letters, 2004, 84(16): 3118-3120.

[19] KUBOTA H, FUKUSHIMA A, OOTANI Y, et al. Evaluation of spin-transfer switching in CoFeB/MgO/CoFeB magnetic tunnel junctions[J]. Japanese Journal of Applied Physics, 2005, 44(40). DOI: 10.1143/jjap.44.l1237.

[20] HU G, NOWAK J J, GOTTWALD M G, et al. Spin-transfer torque MRAM with reliable 2 ns writing for last level cache applications[C]//2019 IEEE International Electron Devices Meeting (IEDM). Piscataway, USA: IEEE, 2019. DOI: 10.1109/IEDM19573.2019.8993604.

[21] ALZATE J G, ARSLAN U, BAI P, et al. 2 MB array-level demonstration of STT-MRAM process and performance towards l4 cache applications[C]//2019 IEEE International Electron Devices Meeting (IEDM). Piscataway, USA: IEEE, 2019. DOI: 10.1109/IEDM19573.2019.8993614.

[22] PARK J H, LEE J, JEONG J, et al. A novel integration of STT-MRAM for on-chip hybrid memory by utilizing non-volatility modulation[C]//2019 IEEE International Electron Devices Meeting. Piscataway, USA: IEEE, 2019. DOI: 10.1109/IEDM19573.2019.8993614.

[23] NAIK V B, LEE K, YAMANE K, et al. Manufacturable 22nm FD-SOI Embedded MRAM Technology for Industrial-grade MCU and IOT Applications[C]//2019 IEEE International Electron Devices Meeting (IEDM) . Piscataway, USA: IEEE, 2019. DOI: 10.1109/IEDM19573.2019.8993454.

[24] MIRON I M, GARELLO K, GAUDIN G, et al. Perpendicular switching of a single ferromagnetic layer induced by in-plane current injection[J]. Nature, 2011, 476(7359): 189-193.

[25] LIU L, LEE O J, GUDMUNDSEN T J, et al. Current-induced switching of perpendicularly magnetized magnetic layers using spin torque from the spin Hall effect[J]. Physical Review Letters, 2012, 109(9). DOI: 10.1103/physrevlett.109.096602.

[26] LIU L, PAI C F, LI Y, et al. Spin-torque switching with the giant spin Hall effect of tantalum[J]. Science, 2012, 336(6081): 555-558.

[27] GUO Z, YIN J, BAI Y, et al. Spintronics for energy-efficient computing: an overview and outlook[J]. Proceedings of the IEEE, 2021, 109(8): 1398-1417.

[28] HONJO H, NGUYEN T V A, WATANABE T, et al. First demonstration of field-free SOT-MRAM with 0.35 ns write speed and 70 thermal stability under 400℃ thermal tolerance by canted SOT structure and its advanced patterning/SOT channel technology[C]//2019 IEEE International Electron Devices Meeting (IEDM). Piscataway, USA: IEEE, 2019. DOI: 10.1109/IEDM19573.2019.8993443.

[29] SATO N, ALLEN G A, BENSON W P, et al. CMOS compatible process integration of SOT-MRAM with heavy-metal bi-layer bottom electrode and 10ns field-free SOT switching with STT assist[C]//2020 IEEE Symposium on VLSI Technology. Piscataway, USA: IEEE, 2020. DOI: 10.1109/VLSITechnology18217.2020.9265028.

[30] DOEVENSPECK J, GARELLO K, VERHOEF B, et al. SOT-MRAM based analog in-

memory computing for DNN inference[C]//2020 IEEE Symposium on VLSI Technology. Piscataway, USA: IEEE, 2020. DOI: 10.1109/VLSITechnology 18217.2020.9265099.

[31] SAVTCHENKO L, ENGEL B N, RIZZO N D, et al. Method of writing to scalable magnetoresistance random access memory element: U.S. Patent 6,545,906[P]. 2003-4-8.

[32] ENGEL B N, AKERMAN J, BUTCHER B, et al. A 4-Mb toggle MRAM based on a novel bit and switching method[J]. IEEE Transactions on Magnetics, 2005, 41(1): 132-136.

[33] Everspin Technology. MR5A16A datasheet (Rev v1.0), 16-bit Parallel Interface MRAM (32Mb)[DB/OL], 2019-11-20.

[34] Honeywell Aerospace. 5962-13212 datasheet, Memories (SRAM, MRAM)[DB/OL], 2019-02-01.

[35] DURLAM M, CRAIGO B, DEHERRERA M, et al. Toggle MRAM: a highly-reliable non-volatile memory[C]//2007 International Symposium on VLSI Technology, Systems and Applications (VLSI-TSA). Piscataway, USA: IEEE, 2007. DOI: 10.1109/VTSA.2007.378942.

[36] CHUN K C, ZHAO H, HARMS J D, et al. A scaling roadmap and performance evaluation of in-plane and perpendicular MTJ based STT-MRAMs for high-density cache memory[J]. IEEE Journal of Solid-State Circuits, 2012, 48(2): 598-610.

[37] HOSOMI M, YAMAGISHI H, YAMAMOTO T, et al. A novel nonvolatile memory with spin torque transfer magnetization switching: spin-ram[C]//2005 IEEE International Electron Devices Meetingt. Piscataway, USA: IEEE, 2005: 459-462.

[38] BEACH R, MIN T, HORNG C, et al. A statistical study of magnetic tunnel junctions for high-density spin torque transfer-MRAM (STT-MRAM)[C]//2008 IEEE International Electron Devices Meeting. Piscataway, USA: IEEE, 2008. DOI: 10.1109/IEDM.2008.4796679.

[39] NEBASHI R, SAKIMURA N, HONJO H, et al. A 90nm 12ns 32Mb 2T1MTJ MRAM[C]//2009 IEEE International Solid-State Circuits Conference-Digest of Technical Papers. Piscataway, USA: IEEE, 2009: 462-463.

[40] HALUPKA D, HUDA S, SONG W, et al. Negative-resistance read and write schemes for STT-MRAM in 0.13 μm CMOS[C]//2010 IEEE International Solid State Circuits Conference. Piscataway, USA: IEEE, 2010: 256-257.

[41] TSUCHIDA K, INABA T, FUJITA K, et al. A 64 Mb MRAM with clamped-reference and adequate-reference schemes[C]//2010 IEEE International Solid State Circuits Conference. Piscataway, USA: IEEE, 2010: 258-259.

[42] CHUNG S, RHO K M, KIM S D, et al. Fully integrated 54 nm STT-RAM with the smallest bit cell dimension for high density memory application[C]//2010 IEEE International Electron Devices Meeting. Piscataway, USA: IEEE, 2010. DOI: 10.1109/IEDM.2010.5703351.

[43] TAKEMURA R, KAWAHARA T, MIURA K, et al. A 32Mb SPRAM With 2T1R Memory Cell, localized Bi-directional write driver and"1"/"0" dual-array equalized reference scheme[J]. IEEE Journal of Solid-State Circuits, 2010, 45: 869-879.

[44] WORLEDGE D C, HU G, TROUILLOUD P L, et al. Switching distributions and write reliability of perpendicular spin torque MRAM[C]//2010 IEEE International Electron Devices Meeting. Piscataway, USA: IEEE, 2010. DOI: 10.1109/IEDM.2010.5703349.

[45] KIM J P, KIM T, HAO W, et al. A 45nm 1 Mb embedded STT-MRAM with design techniques to minimize read-disturbance[C]//2011 Symposium on VLSI Circuits-Digest of Technical Papers. Piscataway, USA: IEEE, 2011: 296-297.

[46] SLAUGHTER J M, RIZZO N D, JANESKY J, et al. High density ST-MRAM technology (Invited)[C]//2012 International Electron Devices Meeting. Piscataway, USA: IEEE, 2012. DOI: 10.1109/IEDM.2012.6479128.

[47] YU H C, LIN K C, LIN K F, et al. Cycling endurance optimization scheme for 1 Mb STT-MRAM in 40 nm technology[C]//2013 IEEE International Solid State Circuits Conference. Piscataway, USA: IEEE, 2013: 224-225.

[48] OHSAWA T, MIURA S, KINOSHITA K, et al. A 1.5nsec/2.1nsec random read/write cycle 1 Mb STT-RAM using 6T2MTJ cell with background write for nonvolatile e-memories[C]//2013 Symposium on VLSI Circuits. Piscataway, USA: IEEE, 2013: C110-C111.

[49] LEE Y J, JAN G, WANG Y J, et al. Demonstration of chip level writability, endurance and data retention of an entire 8Mb STT-MRAM array[C]//2013 International Symposium on VLSI Technology, Systems and Application (VLSI-TSA). Piscataway, USA: IEEE, 2013. DOI: 10.1109/vlsi-tsa.2013.6545595.

[50] KAWASUMI A, KUSHIDA K, HARA H, et al. Circuit techniques in realizing voltage-generator-less STT MRAM suitable for normally-off-type non-volatile L2 cache memory[C]//2013 IEEE International Memory Workshop. Piscataway, USA:

IEEE, 2013: 76-79.

[51] NOGUCHI H, KUSHIDA K, IKEGAMI K, et al. A 250-MHz 256b-I/O 1-Mb STT-MRAM with advanced perpendicular MTJ based dual cell for nonvolatile magnetic caches to reduce active power of processors[C]// 2013 Symposium on VLSI Circuits. Piscataway, USA: IEEE, 2013: C108-C109.

[52] JEFREMOW M, KERN T, ALLERS W, et al. Time-differential sense amplifier for sub-80mV bitline voltage embedded STT-MRAM in 40nm CMOS[C]//2013 IEEE International Solid State Circuits Conference. Piscataway, USA: IEEE, 2013: 216-217.

[53] JAN G, THOMAS L, LE S, et al. Demonstration of fully functional 8Mb perpendicular STT-MRAM chips with sub-5ns writing for non-volatile embedded memories[C]//2014 Symposium on VLSI Technology (VLSI-Technology): Digest of Technical Papers. Piscataway, USA: IEEE,2014. DOI: 10.1109/VLSIT.2014.6894357.

[54] LU Y, ZHONG T, HSU W, et al. Fully functional perpendicular STT-MRAM macro embedded in 40 nm logic for energy-efficient IOT applications[C]//2015 IEEE International Electron Devices Meeting (IEDM). Piscataway, USA: IEEE, 2015. DOI: 10.1109/IEDM.2015.7409770.

[55] DEBROSSE J, MAFFITT T, NAKAMURA Y, et al. A fully-functional 90nm 8Mb STT MRAM demonstrator featuring trimmed, reference cell-based sensing[C]//2015 IEEE Custom Integrated Circuits Conference (CICC) . Piscataway, USA: IEEE, 2015. DOI: 10.1109/CICC.2015.7338359.

[56] NONGUCHI H, IKEGAMI K, KUSHIDA K, et al. A 3.3ns-Access-Time 71.2 μW/MHz 1Mb Embedded STT-MRAM Using Physically Eliminated Read-Disturb Scheme and Normally-Off Memory Architecture[C]// 2015 IEEE International Solid State Circuits Conference. Piscataway, USA: IEEE, 2015: 136-137.

[57] NOGUCHI H, IKEGAMI K, TAKAYA S, et al. 4Mb STT-MRAM-based cache with memory-access-aware power optimization and write-verify-write/read-modify-write scheme[C]//2016 IEEE International Solid-State Circuits Conference (ISSCC). Piscataway, USA: IEEE, 2016: 132-133.

[58] SLAUGHTER J M, NAGEL K, WHIG R, et al. Technology for reliable spin-torque MRAM products[C]//2016 IEEE International Electron Devices Meeting (IEDM). Piscataway, USA: IEEE, 2016. DOI: 10.1109/IEDM.2016.7838467.

[59] ANTOYAN A, PYO S, JUNG H, et al. 28-nm 1T-1MTJ 8Mb 64 I/O STT-MRAM with

symmetric 3-section reference structure and cross-coupled sensing amplifier[C]//2017 IEEE International Symposium on Circuits and Systems (ISCAS). Piscataway, USA: IEEE, 2017. DOI: 10.1109/ISCAS.2017.8050918.

[60] DONG Q, WANG Z H, LIM J, et al. A 1Mb 28nm STT-MRAM with 2.8ns read access time at 1.2V VDD using single-cap offset-cancelled sense amplifier and in-situ self-write-termination[C]//2018 IEEE International Solid-State Circuits Conference-(ISSCC). Piscataway, USA: IEEE, 2018: 480-482.

[61] AGGARWAL S, NAGEL K, SHIMON G, et al. Demonstration of a reliable 1 Gb standalone spin-transfer torque MRAM for industrial applications[C]//2019 IEEE International Electron Devices Meeting (IEDM). Piscataway, USA: IEEE, 2019. DOI: 10.1109/IEDM19573.2019.8993516.

[62] LEE K, BAK J H, KIM Y J, et al. 1Gbit high density embedded STT-MRAM in 28nm FDSOI technology[C]//2019 IEEE International Electron Devices Meeting (IEDM) . Piscataway, USA: IEEE, 2019. DOI: 10.1109/IEDM19573.2019.8993551.

[63] EDWARDS E R J, HU G, BROWN S L, et al. Demonstration of narrow switching distributions in STTMRAM arrays for LLC applications at 1x nm node[C]//2020 IEEE International Electron Devices Meeting (IEDM). Piscataway, USA: IEEE, 2020. DOI: 10.1109/IEDM13553.2020.9371985.

[64] BOUJAMAA E M, ALI S M, WANDJI S N, et al. A 14.7Mb/mm2 28nm FDSOI STT-MRAM with current starved read path, 52 ω /sigma offset voltage sense amplifier and fully trimmable CTAT reference[C]//2020 IEEE Symposium on VLSI Circuits. Piscataway, USA: IEEE, 2020. DOI: 10.1109/VLSICircuits18222.2020.9162803.

[65] CHIH Y, SHIH Y C, LEE C F, et al. 13.3 A 22nm 32Mb Embedded STT-MRAM with 10ns Read Speed, 1M Cycle Write Endurance, 10 Years Retention at 150℃ and High Immunity to Magnetic Field Interference[C]// 2020 IEEE International Solid-State Circuits Conference-(ISSCC). Piscataway, USA: IEEE, 2020: 222-224.

[66] SHIH Y C, LEE C F, CHANG Y A, et al. A reflow-capable, embedded 8Mb STT-MRAM macro with 9ns read access time in 16nm FinFET logic CMOS process[C]// 2020 IEEE International Electron Devices Meeting (IEDM). Piscataway, USA: IEEE, 2020. DOI: 10.1109/IEDM13553.2020.9372115.

[67] Ambiq. Apollo4-SoC-Product-Brief[EB/OL]. [2021-7-11].

[68] KRIZAKOVA V, GARELLO K, GRIMALDI E, et al. Field-free switching of magnetic tunnel junctions driven by spin-orbit torques at sub-ns timescales[J].

Applied Physics Letters, 2020, 116. DOI: 10.1063/5.0011433.

[69] CAI W, SHI K, ZHUO Y, et al. Sub-ns field-free switching in perpendicular magnetic tunnel junctions by the interplay of spin transfer and orbit torques[J]. IEEE Electron Device Letters, 2021, 42(5): 704-707.

[70] DIENY B, PREJBEANU L, GARELLO K, et al. Opportunities and challenges for spintronics in the microelectronic industry[J]. Nature Electronics, 2020, 3: 446-459.

[71] NATSUI M, TAMAKOSHI A, HONJO H, et al. Dual-port SOT-MRAM achieving 90-MHz read and 60-MHz write operations under field-assistance-free condition[J]. IEEE Journal of Solid-State Circuits, 2020, 56(4): 1116-1128.

[72] FUKAMI S, ANEKAWA T, ZHANG C, et al. A spin-orbit torque switching scheme with collinear magnetic easy axis and current configuration[J]. Nature Nanotechnology, 2016, 11(7): 621-625.

[73] GARELLO K, YASIN F, HODY H, et al. Manufacturable 300mm platform solution for field-free switching SOT-MRAM[C]//2019 Symposium on VLSI Circuits. Piscataway, USA: IEEE, 2019. DOI: 10.23919/VLSIT.2019.8776537.

[74] GUPTA M, PERUMKUNNIL M, GARELLO K, et al. High-density SOT-MRAM technology and design specifications for the embedded domain at 5nm node[C]//2020 IEEE International Electron Devices Meeting (IEDM). Piscataway, USA: IEEE, 2020. DOI: 10.1109/iedm13553.2020.9372068.

[75] RAHAMAN S Z, SU Y H, CHEN G L, et al. Size-dependent switching properties of spin-orbit torque MRAM with manufacturing-friendly 8-inch wafer-level uniformity[J]. IEEE Journal of the Electron Devices Society, 2020, 8: 163-169.

[76] CHEN G L, WANG I J, YEH P S, et al. An 8kb spin-orbit-torque magnetic random-access memory[C]//2021 International Symposium on VLSI Technology, Systems and Applications (VLSI-TSA). Piscataway, USA: IEEE, 2021. DOI: 10.1109/VLSI-TSA51926.2021.9440096.

[77] FUKAMI S, ANEKAWA T, OHKAWARA A, et al. A sub-ns three-terminal spin-orbit torque induced switching device[C]//2016 IEEE Symposium on VLSI Technology. Piscataway, USA: IEEE, 2016. DOI: 10.1109/VLSIT.2016.7573379.

[78] SEO Y, KWON K-W, FONG X, et al. High performance and energy-efficient on-chip cache using dual port (1R/1W) spin-orbit torque MRAM[J]. IEEE Journal on Emerging and Selected Topics in Circuits and Systems, 2016, 6(3): 293-304.

[79] SHI K, CAI W, ZHUO Y, et al. Experimental demonstration of NAND-like spin-torque memory unit[J]. IEEE Electron Device Letters, 42(4): 513-516.

[80] LIAO Y C, KUMAR P, MAHENDRA D C, et al. Spin-orbit-torque material exploration for maximum array-level read/write performance[C]//2020 IEEE International Electron Devices Meeting (IEDM). Piscataway, USA: IEEE, 2020. DOI: 10.1109/iedm13553.2020.9371979.

[81] KIM Y, FONG X, KWON K W, et al. Multilevel spin-orbit torque MRAMs[J]. IEEE Transactions on Electron Devices, 2015, 62(2): 561-568.

[82] HE Z, ANGIZI S, PARVEEN F, et al. High performance and energy-efficient in-memory computing architecture based on SOT-MRAM[C]//2017 IEEE/ACM International Symposium on Nanoscale Architectures (NANOARCH). Piscataway, USA: IEEE, 2017: 97-102.

[83] CHANG L, WANG Z, ZHANG Y, et al. Reconfigurable processing in memory architecture based on spin orbit torque[C]//2017 IEEE/ACM International Symposium on Nanoscale Architectures (NANOARCH). Piscataway, USA: IEEE, 2017: 95-96.

[84] FAN D, HE Z, ANGIZI S. Leveraging spintronic devices for ultra-low power in-memory computing: logic and neural network[C]//2017 IEEE 60th International Midwest Symposium on Circuits and Systems (MWSCAS). Piscataway, USA: IEEE, 2017: 1109-1112.

[85] MITTAL S, BISHNOI R, OBORIL F, et al. Architecting SOT-RAM based GPU register file[C]//2017 IEEE Computer Society Annual Symposium on VLSI (ISVLSI). Piscataway, USA: IEEE, 2017: 38-44.

第 14 章　自旋计算器件与芯片

除用作非易失性存储器外，自旋电子器件同时还具备数据处理功能，因此被广泛用来构建高能效计算系统。目前主要有三种构建技术路径：（1）基于单个自旋电子器件设计实现完整的布尔运算范式，扩展成自旋存算一体阵列，从而消除冯•诺依曼架构瓶颈，加速访存密集型应用；（2）采用类脑计算模式模仿人脑中的神经网络结构和信息处理方式，突破以人工神经网络为代表的传统人工智能技术的局限；（3）通过构建新型自旋电子器件实现多器件直接级联，减小 CMOS 电路面积开销，并避免器件与外围控制电路之间的信息频繁转换，从而提高信息处理能效。

本章重点

知识要点	能力要求
存算一体	（1）了解存算一体的技术方案及面临的挑战； （2）重点掌握自旋存算一体布尔运算范式的设计方法； （3）重点掌握自旋存算一体阵列的设计方法
自旋类脑器件及芯片	（1）了解自旋类脑器件的工作机制； （2）了解类脑计算模型； （3）了解类脑芯片的发展现状与趋势
磁旋逻辑器件	（1）了解磁旋逻辑器件的工作原理； （2）重点掌握磁旋逻辑器件的独特优势和应用前景

14.1　存算一体

随着半导体器件特征尺寸的不断微缩，由量子隧穿效应导致的漏电流（静态功耗）越来越大，而且已逐渐逼近其物理极限，摩尔定律在未来数年即将失效。许多新兴非易失纳米存储器，如自旋电子器件、相变及阻性器件等，受到了学术界和工业界的广泛重视。另外，在大数据应用的驱动下，经典的冯•诺依曼架构中的"存储墙"和"功耗墙"问题变得越来越严重。以数据为中心的新型计算架构，如存算一体、类脑计算等受到了研究人员的广泛认可。因兼具非易失性、快速读写、低功耗、近乎无限次擦写次数、高集成度与可扩展性强等特性，自旋电子器件应用于存算一体已被广泛研究。本节将首先介绍存算一体的技术背景，然后详细介绍存算一体的技术方案与挑战，最后介绍自旋存算一体的技术研究现状。

14.1.1　存算一体的技术简介

随着大数据、物联网、人工智能等的快速发展，数据开始以爆发式的速度增长。相关研究报告指出，从 2012 年开始，全世界每天产生的数据量约为 2.5×10^{18} B，且该体量仍然以每 40 个月翻倍的速度在持续增长[1]。海量数据的高效存储、迁移与处理已成为当前信息领域的重大挑战。受限于经典冯·诺依曼架构[2-3]，数据存储与处理是分离的，存储器与处理器之间通过数据总线进行数据传输，如图14.1（a）所示。在面向大数据分析等应用场景时，这种计算架构已成为高性能、低功耗计算系统的主要瓶颈之一。一方面，数据在存储器与处理器之间的频繁迁移会带来严重的传输功耗问题，称为功耗墙挑战。英伟达的研究报告指出，数据迁移所需的功耗甚至远大于实际数据处理的功耗。例如，在22 nm工艺节点下，浮点运算所需的数据传输功耗是数据处理功耗的约200倍[4]。另一方面，随着数据的增长与复杂算法的发展，对数据带宽的要求越来越高；同时，处理器与存储器（通常指内存）性能的不匹配，会严重制约计算效率，称为存储墙挑战。以谷歌张量处理器（Tensor Processing Unit，TPU）为例，第一代张量处理器的峰值吞吐量约为90万亿次运算/秒（Tera Operations Per Second，TOPS），但其采用传统的DDR3内存架构，数据带宽只有约30 Gbit/s，使张量处理器实际吞吐量仅约10 TOPS[5]。存储墙与功耗墙挑战并称为经典冯·诺依曼架构瓶颈。

因此，在大数据应用背景下，为了提高计算效率，以数据为中心的新型计算架构受到人们的广泛关注。一种简单直观的方法是从硬件上提高数据带宽，包括把片上内存容量做大，同时把内存和处理器之间的数据传输距离缩短。例如，采用三维堆叠技术[6-7]，把更多的内存集成在处理器周围，以减小处理器芯片内外的数据迁移，这在本质上称为"近存处理"（Near-Memory Processing，NMP）技术[8-9]，如图14.1（b）所示。目前国内外很多高校和企业都在研究这种技术。再以谷歌张量处理器为例，第二代张量处理器利用三维堆叠技术，在处理器芯片上集成了一个容量为64 GB的片上内存，可将数据带宽提升到600 Gbit/s、张量处理器平均吞吐量提升到约45 TOPS。但是，这种三维堆叠技术并没有改变经典冯·诺依曼架构，只能在一定程度上缓解却不能从根本上解决冯·诺依曼架构瓶颈。未来的计算架构需要从根本上改变这种结构，其中一个重要研究方向是"存算一体"（Computing-In-Memory，CIM）[10-13]。存算一体最早期的基本思想是通过在内存芯片内部或附近集成少量的计算单元，如图14.1（c）所示，来执行一些计算简单、延迟敏感但带宽密集的任务，从而减小数据迁移，缓解数据带宽与传输功耗，但其本质上和近存处理技术类似，仍有很大的局限性。当前的研究目标是构建一个存算一体化软硬件平台，内存本身既能存储数据，也能处理数据，如图14.1（d）所示。近年来，以数据为中心的存算一体受到了广泛研究，其前景也得到业界的广泛认可。

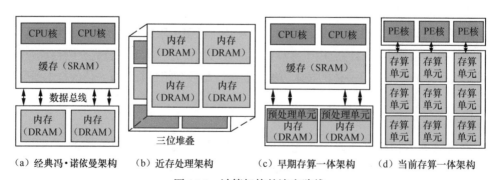

（a）经典冯·诺依曼架构　（b）近存处理架构　（c）早期存算一体架构　（d）当前存算一体架构

图14.1　计算架构的演变路线

14.1.2 存算一体的技术方案与挑战

近年来，存算一体发展十分迅速，目前已成为微电子与计算机领域最热门的研究方向之一。然而，存算一体并不是一个全新的技术，在 20 世纪 70 年代的研究中就出现过类似于近存计算的解决方案，但最终效果并不令人满意[14]，主要原因有三个：（1）当时数据量远没有达到现在的量级，存储墙问题可通过流水线、内存分级等方法进行优化；（2）存算一体本身的设计难度远高于传统处理器，且在当时的应用场景中很难获得较高的回报；（3）在同一个芯片上实现计算和存储对当时的制造工艺和封装技术来说是一个巨大的挑战。

本轮存算一体的研究热潮始于 2016 年前后，技术方案主要分为两种：数字式存算一体和模拟式存算一体。其中，数字式存算一体是指在实际运算过程中，存储单元内部或阵列周边的信号以数字方式进行操作；模拟式存算一体则是指存储单元内部或阵列周边的信号以模拟方式进行操作。例如，针对神经网络算法，基于存储阵列的模拟矩阵乘加运算，特点是需要数模与模数转换单元。相对于模拟式存算一体，数字式存算一体因其硬件实现简单，在早期的发展中较为迅速。但是，在经历一段时间的热度后，数字式存算一体因其在能效方面的局限性，研究热度有所下降。模拟式存算一体因在神经网络加速方面具有很好的应用前景，反而保持较高的发展趋势。接下来将详细介绍数字式存算一体与模拟式存算一体的技术方案及其面临的主要挑战。

1. 数字式存算一体

目前，数字式存算一体的计算模式主要基于布尔逻辑运算，可分为两个小类：读取式存算一体和写入式存算一体。

读取式存算一体出现时间较早，是最容易实现的一种方式。早期的读取式存算一体技术主要基于大数布尔运算[15-17]。图 14.2 所示为一个基于磁随机存储器实现大数布尔运算的例子。如图 14.2（a）所示，对同时选中的两个存储单元施加读取电压，两个选中的存储单元对外表现的阻值共有三种情况：两个全为高阻值，整体表现为高阻值；两个全为低阻值，整体表现为低阻值；其中一个为高阻值另一个为低阻值，整体对外表现为介于中间的一个阻值。当需要进行"与"运算时，如图 14.2（b）所示，可将参考信号设置为介于高阻值和中间阻值之间的值，这样，只有当两个存储单元都为"1"的时候，读取输出结果才为"1"；否则为"0"，从而实现"与"运算。类似地，当需要进行"或"运算时，如图 14.2（c）所示，可将参考信号设置为介于低阻值和中间阻值之间的值，这样只有当两个单元全部为低阻态的时候，读取的输出结果才为"0"，从而实现"或"操作。对于"异或"操作，如图 14.2（d）所示，实际上是对前两种操作的集合，相当于同时设置了之前的两个参考信号，只有当读取的信号介于这两个参考信号之间的时候才会输出逻辑"1"，这样就相当于实现"异或"操作。

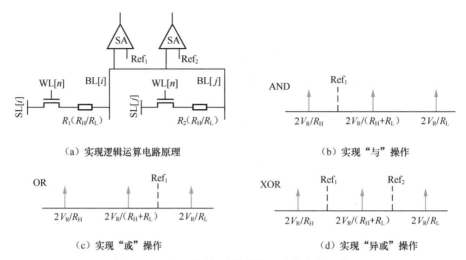

（a）实现逻辑运算电路原理   （b）实现"与"操作

（c）实现"或"操作   （d）实现"异或"操作

图 14.2   基于磁随机存储器实现大数布尔运算

第二种读取式存算一体技术主要面向神经网络[18-19]，核心思想是把两个操作数中的一个数据存储在单元当中，另一个操作数则从外部输入到读取电路中。在读取的过程中完成两个操作数的布尔运算。根据这个运算特点，其应用场景集中于二值神经网络（Binary Neural Network，BNN）领域。如图 14.3 所示，假设操作数分别为"A"和"B"，其中"B"由两个互补的单元进行存储，"A"则是作用在读取路径的外部输入数据。在读取的过程中，只有当"B"和"A"相同时，读取电路的输出数据为"1"，而当"B"和"A"不同时，输出为"0"，相当于"同或"逻辑。

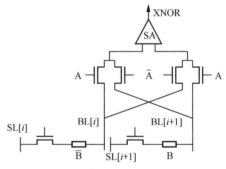

图 14.3   读取式存算一体运算原理及其阵列

虽然以上两种读取式存算一体均能完成部分布尔运算，但仍面临巨大的挑战。对于第一种读取式存算一体，由于器件本身存在工艺偏差，在只有两个读取状态时要面临读取可靠性问题，当读取状态上升到三个时，实际读取裕度将被压缩一半，这势必会降低布尔运算的可靠性。另外，对于一个存储阵列来说，能够被一个读取电路同时读取的存储单元一般位于同一个位线上，因此，为了完成布尔运算，需要将两个操作数搬移到相同的位线阵列中，相应地，在计算过程中需要非常复杂的数据配置和搬运过程，从而会增加额外的时延与功耗。第二种读取式存算一体的技术方案也具有一定局限性。首先，读取路径上额外添加的晶体管对读取可靠性会产生影响，因而一般采用两晶体管两电阻的结构，这样可减少存储密度。其次，该技术方案主要应用于 BNN 加速领域，对主流的卷积神经网络多比特精度的加速需求，其性能并不能与模拟式存算一体的技术方案相比，局限性较大。

写入式存算一体主要利用非易失性存储器的写入操作来实现布尔运算[20-40]。写入式存算一体的核心思想是通过改变写入操作中的某些默认参数来实现布尔运算操作。图14.4 所示为一种典型写入式存算一体布尔运算示例。图 14.4（a）所示为非易失存储单元结构，假设单元内部存储数据为 D，高阻值为"1"，低阻值为"0"。该单元上下两端电平值分别用 A、B 表示。高电平为"1"，低电平为"0"。当 A 为"1"、B 为"0"时，对单元写入"1"，当 A 为"0"、B 为"1"时，对单元写入"0"。由此可以得到图 14.4（b）所示的非易失存储单元状态转移，即只有当 A=1；B=0 和 B=1；A=0 时才会发生状态的改变。图 14.4（c）所

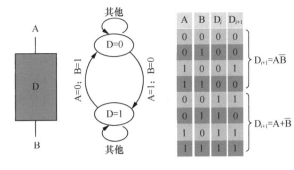

（a）非易失存储　（b）非易失存储　（c）非易失存储单元
　单元结构　　　　单元状态转移　　　的相应的真值表

图 14.4　写入式存算一体布尔运算示例

示为非易失存储单元的相应的真值表。可以看到，当存储单元内部存储数据为"0"时，单元内部的下一个状态为 A 和 $\overline{B}$ 的"与"运算结果；当存储单元内部存储数据为"1"时，单元内部的下一个状态为 A 和 $\overline{B}$ 的"或"运算结果。

然而，写入式存算一体的技术方案也面临着一些挑战。首先，对布尔运算的实现，在实施过程中需要先初始化单元内部数据，根据需要执行的布尔运算操作提前对单元写"0"或"1"。该过程不但会增加额外的写入开销，同时在进行布尔级联时还需要频繁地进行读取数据和搬移数据操作。此外，相较于读取式存算一体的技术方案，写入式存算一体的技术方案在神经网络等运算中没有性能上的优势，主要原因是非易失性存储器写入操作的功耗和延时一般都远大于其读取操作。

2. 模拟式存算一体

模拟式存算一体直接对存储单元施加模拟电压或电流信号实现模拟计算。模拟式存算一体的概念在很早之前已被提出，但因其在高精度计算领域存在很多问题，在当时并没有引起广泛关注。近年来，随着神经网络的快速发展，因其对计算准确度具有较大的容忍度，模拟式存算一体再次进入公众视野。对于卷积神经网络，约 90% 的计算量为矩阵乘加运算，与模拟式存算一体技术方案十分契合。目前，模拟式存算一体已取得长足进步，在电路与计算机领域国际顶级期刊与会议保持较高的热度[41-79]。图 14.5 所示为基于三种不同存储介质的模拟式存算一体[42-44]，存储介质包括忆阻式随机存储器（Resistive Random-Access Memory，RRAM），动态随机存储器和静态随机存储器等。此外，模拟存算一体技术领域的国内外创业公司也如雨后春笋般出现，如知存科技、九天睿芯、恒烁半导体、MYTHIC、SYNTIANT、MEMRY、ANAFLASH 等。国际半导体巨头也在积极布局，如台积电、中芯国际、英特尔、IBM 等。

典型模拟式存算一体核心电路的基本结构如图 14.6 所示，主要由输入单元、存储 / 计算阵列和输出单元构成，完成的主要运算为矩阵乘加运算，即外部输入数据和阵列内部数据逐行相乘并逐列相加并输出计算结果。输入单元一般为数模转换器（Digital to Analog Converter，DAC），主要作用是将外部数字输入信号转换为与之对应的模拟信号。存储 / 计算阵列则根据存储介质的不同而各有差异，主要作用是存储神经网络权重数据

并进行乘法运算。输出单元主要为模数转换器（Analog to Digital Converter，ADC），主要作用是将存储/计算阵列的模拟乘加结果转变为可输出的数字信号。主要工作过程如下所述：首先外部数字输入信号同时提供给所有的行，经过数模转换电路变换为相应的模拟量并输入到各行当中；然后，各行的存储单元在接收到模拟信号之后，根据输入幅值大小和阵列存储的数据进行运算，并把两者相乘的模拟运算结果（通常为电流大小或电荷量）在每列上相加汇总传输到底端的模数转换电路；最后，模数转换电路将接收到的模拟信号转换为数字信号，并对外输出。

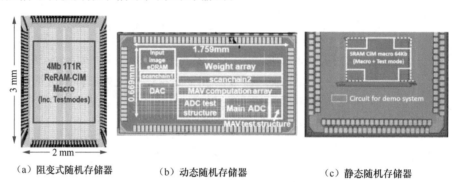

（a）阻变式随机存储器　　　（b）动态随机存储器　　　（c）静态随机存储器

图 14.5　基于三种不同存储介质的模拟式存算一体芯片

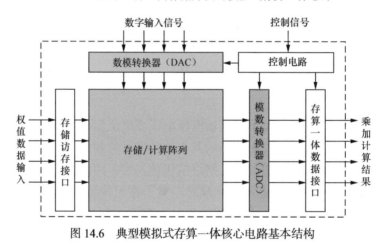

图 14.6　典型模拟式存算一体核心电路基本结构

近年来，模拟式存算一体发展迅速，但离实际产业化应用仍面临一些挑战，主要包括以下几个方面。

（1）模数转换电路仍然是目前模拟式存算一体的最大的制约因素。当计算精度需求上升时，模数转换电路的功耗和面积开销都呈指数性上升，在整体电路中占用了很大一部分功耗和面积开销，极大地限制了模拟式存算一体的性能。

（2）类似地，输入信号的数模转换电路在精度要求较高的情况下面临着相同问题。同时，传统输入脉冲宽度调制/幅值的输入方式也会受到非理想因素的影响，造成输入误差。

（3）根据存储介质的不同，存储/阵列的乘法操作并不是十分理想。以非易失性存储器为例，当前工艺发展并不十分成熟，在存储多比特数据时与理想数据会存在不可忽视的误差，且部分存储介质其乘法结果呈现非线性，对计算精度也会有很大影响。

（4）当前模拟式存算一体的应用场景主要为低精度运算领域，对于高比特精度运算仍然存在较大的挑战。

（5）基于易失性存储器介质（如静态随机存储器和动态随机存储器）实现模拟式存算一体的阵列规模难以持续增大，因此整个网络参数难以全部存储于阵列当中，而频繁的外部数据加载又会带来较大的时延与功耗开销。

14.1.3　自旋存算一体

目前，存算一体主要是基于成熟的静态随机存储器和动态随机存储器实现的。然而，它们均是易失性的，数据仍需要在其与外部非易失性存储器（如磁盘、固态硬盘等）之间频繁迁移，未能完全消除冯·诺依曼架构瓶颈。此外，静态随机存储器和动态随机存储器本身不具备计算能力，需额外集成逻辑计算单元或修改外围控制电路，从而导致较高的制造成本。近年来，新兴非易失性存储器，如忆阻器（Memristor）[80]、相变存储器[81]、铁电场效应晶体管[82]和磁随机存储器[83]的出现，为存算一体的高效实施带来了希望。它们被认为有望取代动态随机存储器或（与）静态随机存储器作为非易失性工作内存。而且，这些新型非易失性存储器的电阻式存储原理可以提供固有的计算能力，即可在同一个物理单元地址同时实现数据存储与处理功能。2010 年，惠普实验室便提出并实验验证了可利用忆阻器实现简单布尔逻辑功能[30]。随后，大量相关研究工作不断涌现[22,84-85]。2016 年，美国加利福尼亚大学圣巴巴拉分校提出了基于忆阻器存算一体架构的深度学习神经网络（简称 PRIME[86]），并于 2017 年进行了流片验证[87]。测试结果表明，相比基于经典冯·诺依曼架构的深度学习神经网络，PRIME 可将功耗降低为原功耗的约 1/20、速度提高约 50 倍。

存算一体需要对存储芯片进行频繁访问，因此，存储芯片的性能，如速度、功耗及耐久性等非常关键。在新兴非易失性存储器中，磁随机存储器相对来说是最适合用来实现存算一体的存储介质之一[88-90]，尤其在耐久性方面具有很大优势。目前，国际上各大半导体厂商，如三星、东芝、台积电、IBM、Global-Foundries 等，纷纷斥巨资进行研发。尤其在 2017 年下半年，三星、台积电等相继宣布了 2018 年嵌入式磁随机存储器的量产制程，标志着磁随机存储器的大规模产业化时代已经来临。目前，磁随机存储器已被国内外多个单位，如美国明尼苏达大学[20]、韩国汉阳大学[91-92]、清华大学[93-94]、中科院物理所[95-96]及北航[97-99]等用来实现自旋存算一体技术。

接下来将从计算范式、阵列及应用方面介绍自旋存算一体技术。

1.　自旋存算一体数字式布尔运算范式

近年来，自旋转移矩磁随机存储器已被用于设计数字式布尔运算范式[97]，主要特点是：在最佳情况下可以通过单次写入操作实现布尔运算，且运算过程和典型存储器的读取写入操作类似。如图 14.7（a）所示，磁随机存储器的 1T-1MTJ 存储单元由一个访问晶体管（Transistor）和一个磁隧道结（Magnetic Tunnel Junction，MTJ）构成，被用来执行布尔计算。在该方案中，共有"A""B""C"三个输入变量，其中"A"和"B"为操作数，"C"则用于决定执行哪种布尔运算，分别对应访存晶体管栅极电压、磁隧道结内原有的存储数据以及位线（Bite Line, BL）和源线（Source Line, SL）之间的写入电压（V_{BL-SL}）。具体而言，当访问晶体管的栅极电压为 0，即 V_{WL}=GND 时，代表操作数"A"的输入为"0"，访问晶体管关闭，磁隧道结不可访问。相反地，当 V_{WL}=V_{DD} 时，即操作数"A"的输入为"1"时，访问晶体管打开。假定磁隧道结内用以存储数据的低阻态和高阻态分别对应着数据操作数"B"等于"0"和"1"的情况，那么对于信号"C"，当 V_{BL-SL} 向磁隧道结写"0"（即 V_{BL}=V_{DD}，V_{SL}=GND）时，"C"="0"；当 V_{BL-SL} 向磁隧道结写"1"（V_{BL}=GND，V_{SL}=V_{DD}）时，"C"="1"。基于上述配置，1T-1MTJ 在"A""B""C"取不同组合的状态转移如图 14.7（b）所示。可以看出，该状态转移只有在两个状态下才会出现转移情况，即："B"="0"（"A"="1"，"C"="1"）→ "B"="1" 和 "B"="1"（"A"="1"，"C"="0"）→ "B"="0"，相应的真值表如图 14.7（c）所示。其中，B_i 为存储在磁隧道结中的初始数据，B_{i+1} 则为计算完成后存储在磁隧道结中的计算结果。根据上述真值表进行分析，三个变量之间的依赖关系可被描述为：$B_{i+1} = AC + \overline{A}B_i$，这正是该方案逻辑范式的核心。如图 14.7（d）所示，"C"被选择作为控制信号，用于决定执行布尔运算的类型，而其他两个信号则作为操作数。具体地，如果"C"="0"，则 $B_{i+1} = \overline{A}B_i$，可在 $\overline{A}$ 和 B_i 之间执行"与"操作；如果"C"="1"，则 B_{i+1}=A+B_i，可在 A 和 B_i 之间执行"或"操作；此外，如果 C=$\overline{B}_i$，则 $B_{i+1} = A\overline{B}_i + \overline{A}B_i = A \oplus B_i$，可在 A 和 B_i 之间执行"异或"操作。在上述操作的基础上，其他的布尔逻辑函数也可以采用类似的方式通过 1T-1MTJ 结构实现。因此，每个 1T-1MTJ 单元都可通过常规的存储器读写操作配置其工作模式。目前，基于 STT-MRAM 的数字式存算一体布尔运算范式已被北航实验成功验证[25]。

综上所示，不同的布尔函数可通过一个 1T-1MTJ 单元来实现。而且，上述提出的布尔运算范式不需要进行大范围数据搬运。具体来说，当数据已存储在存储阵列当中时，可以通过单个写入操作（"异或"操作需要一次额外的读取）在阵列当中实现布尔运算。值得注意的是，在计算过程中，磁隧道结中原有存储的数据会被覆盖。因此，在原有数据需要保留的应用场景当中，计算周期会退化回两次写入操作，即需要保存原始数据。

图 14.8 所示为基于电场调控自旋轨道距磁随机存储器（Voltage-Gated Spin-Orbit Torque MRAM，VGSOT-MRAM）的数字式存算一体布尔运算范式实现原理[98-99]，该类存储器采用压控磁各向异性和自旋轨道矩联合写入机制进行数据写入。如图 14.8（a）所示，在三端 VGSOT-MTJ 器件中，三个变量"A""B""C"分别对应磁隧道结上端偏压、磁隧道结内部存储的数据以及自旋轨道矩电流的方向。假定磁隧道结两端偏压为高电平时，如 V_b=600 mV 时，自旋轨道矩翻转阈值电流为 I_{C1}；假定磁隧道结两端偏压为低电平时，如 V_b=0 时，自旋轨道矩翻转阈值电流为 I_{C2}。当逻辑输入信号"A"="1"时，对磁隧道结施加高偏压，那么此时 $I_{SOT} > I_{C1}$，数据能够顺利写入；当输入"A"="0"时，对磁隧道结施加低偏压，则此时 $I_{SOT} < I_{C2}$，数据无法成功写入。这里，信号"B"的定义与 1T-1MTJ 结构相同，即磁隧道结的低阻态对应"B"="0"，高阻态对应"B"="1"。对于信号"C"而言，则往往将向磁隧道结内部写入数据"0"的自旋轨道矩电流方向定义为"C"="0"，并向

磁隧道结内部写入数据"1"的自旋轨道矩电流方向定义为"C"="1"。另外，由图 14.8（b）所示可见，较大的偏压 V_b 有利于减小翻转磁隧道结所需的自旋轨道矩电流阈值（I_C）；图 14.8（c）所示为 VGSOT-MRAM 实现"与""或"和"异或"三种布尔运算的方式。

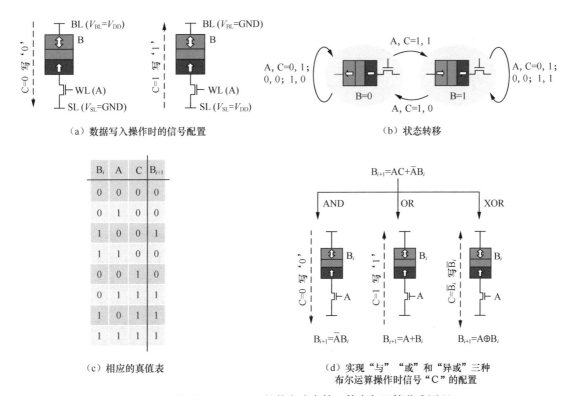

（a）数据写入操作时的信号配置　　　　　　　　　（b）状态转移

（c）相应的真值表　　　　　　　　　（d）实现"与""或"和"异或"三种布尔运算操作时信号"C"的配置

图 14.7　基于 STT-MRAM 的数字式存算一体布尔运算范式原理

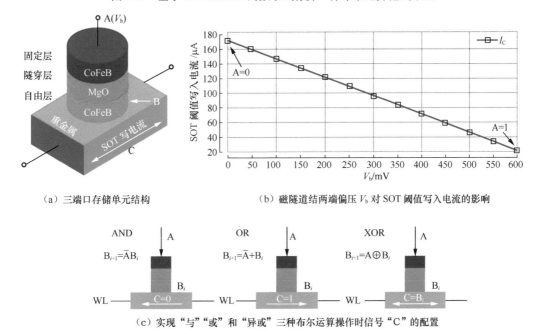

（a）三端口存储单元结构　　　　　　（b）磁隧道结两端偏压 V_b 对 SOT 阈值写入电流的影响

（c）实现"与""或"和"异或"三种布尔运算操作时信号"C"的配置

图 14.8　基于 VGSOT-MRAM 的数字式存算一体逻辑范式原理

　　类似地，采用自旋轨道矩与自旋转移矩联合写入机制的磁随机存储器也可实现上述布尔运算范式[100]，如图 14.9 所示，三个变量"A""B""C"分别对应两个访存晶体管的栅极电压、磁隧道结内部存储的数据以及自旋转移矩写入电流方向，其他都与前述的两种方案类似，这里不再赘述。

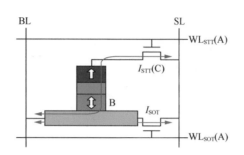

图 14.9　基于 SOT/STT-MRAM 的存储单元结构

2. 自旋存算一体阵列

　　接下来以 1T-1MTJ 为基本单元的 STT-MRAM 为例，介绍能够支撑上述数字式布尔运算范式的自旋存算一体阵列及其对应的外围电路，如图 14.10（a）所示[100]。其中，信号 $C_{0\sim63}$ 为将要写入阵列中的数据。自旋存算一体阵列规模为 66×128 个单元，其中两列为参考单元。外围电路包含 66 组写入驱动和读取放大器。读取电路采用传统 STT-MRAM 的预充电式读取放大器。与常规结构相比，为了支持存算一体功能，行译码器和写入驱动需要进行改动。图 14.10（b）所示为写入驱动的改进方案和相应的信号波形。可以看到，结构中增加了反相器和由信号"L"控制的对称传输门，其中当"L"="0"时，存储阵列工作在正常存储模式；当"L"="1"时，则工作在存算一体模式。当"L"="0"时，写入驱动向存储单元内部写入 C；当"L"="1"时，写入驱动向存储单元内部写入 $\overline{C}$。类似地，改动后的行译码器如图 14.10（c）所示，增加了反相器和多个控制晶体管。注意，只有当"L"="1"时，$\overline{A}$ 才会被传输到字线（Word Line，WL）上，作为输入；而当"L"="0"时，W 上正常传输访存控制信号。某一时刻磁隧道结存储的数据 B_{i+1} 最终将由 A、B_i、C 共同决定，同样可以写为 $B_{i+1}=AC+\overline{A}B_i$。

　　此外，如图 14.10（d）所示，通过使用多个 STT-MRAM 阵列，可以并行地执行多比特布尔运算操作。假如对于一个存储区块存在 X 个阵列，C[X] 是准备写入的数据向量，A[X] 为另一个操作数向量，那么由于这些阵列块彼此独立，所以由地址选择的 B[X] 向量可以根据 C[X] 同时在不同的单元中执行不同的布尔函数。另外，对于整个存储空间而言，由于存在若干个上述的存储区块，因此计算的并行度还可以进一步提升。综上所述，通过将这种磁随机存储器存算一体阵列中的每个单独区块视作单独处理单元的方法，可实现磁随机存储器并行的计算功能。

　　除了上述介绍的自旋存算一体架构，Zabihi 等[101] 也提出了一种可配置自旋存算一体架构，如图 14.11 所示。与采用 1T-1MTJ 存储单元的 STT-MRAM 相比，该可配置自旋存算一体架构采用的是 2T-1MTJ 存储单元。由于存储单元中多了一个额外晶体管，该可配置自旋存算一体架构具有两种工作模式：存储模式和布尔运算模式。当 WL 为高电平、LBL 为低电平时，该可配置自旋存算一体架构工作在存储模式，同一行的多个磁隧道结被连接到 LL。通过在 BSL 上施加适当的电压，便可实现多输入单输出的功能。

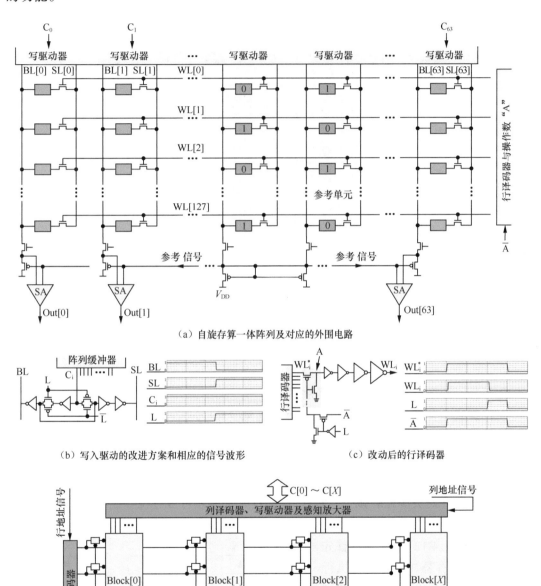

（a）自旋存算一体阵列及对应的外围电路

（b）写入驱动的改进方案和相应的信号波形　　　　（c）改动后的行译码器

（d）可并行执行多比特逻辑操作的存储区块

图 14.10　以 1T-1MTJ 为基本单元的 STT-MRAM

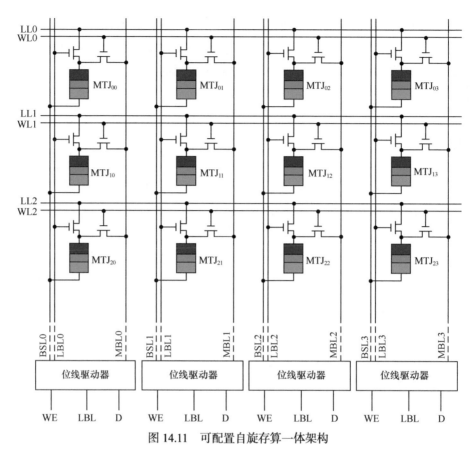

图 14.11 可配置自旋存算一体架构

3. 自旋存算一体应用

近年来，深度神经网络在处理各种智能任务，如图像分类、语音识别、自然语言处理等时已展现出非凡的性能。然而，片上实现深度神经网络仍面临着严峻的挑战，这是由于其需要消耗大量的存储与计算资源。机器学习领域的最新研究成果表明，利用二值神经网络在处理多个不同数据集（如 MNIST、ImageNet 和 CIFAR-10）时可获得满意的识别精度。在二值神经网络中，权值和神经元激活函数均被二值化为 +1 或 −1，从而导致所需要的存储资源显著减少。而且，高精度乘加操作可被逐位异或和计数操作替代，从而可大大减少计算资源。前面介绍的自旋存算一体阵列便可用来实现二值神经网络，

具体流程如图 14.12 所示[99]：首先，数据被加载到缓存器中；然后，执行一个传统写操作将数据写入到计算阵列的对应行之中；最后，保持"C"信号不变，将"L"信号置为"1"，再与输入数据"A"执行整行的异或操作。

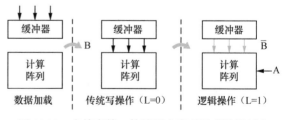

图 14.12 自旋存算一体阵列中实现异或计算任务

另外，卷积计算是二值神经网络中的主要任务，占据整个运算量的 90% 以上。该类计算可通过设计相应的数据映射方法，采用自旋存算一体阵列来实现。以 6×6 输入矩阵和 3×3 卷积核为例，如图 14.13 所示[100]，卷积特征值输出是输入中的一个 3×3

矩阵与卷积核之间的 9 个乘积之和。运算操作执行时，首先可根据卷积核中的 9 个值，生成 9 个 4×4 大小的新矩阵（如蓝色阴影所示，第一个矩阵是输入矩阵中将与卷积核中的第一个值 k_1 相乘的值），然后再将 9 个矩阵分成 9 行部署到存算一体阵列当中，并与卷积核 $k_1 \sim k_9$ 同时逐行执行"异或"逻辑运算，最后将存算一体阵列中每列的包含的 9 个"异或"计算的结果逐行读出，并通过计数器获得总和，最终得到待输出的卷积特征图。

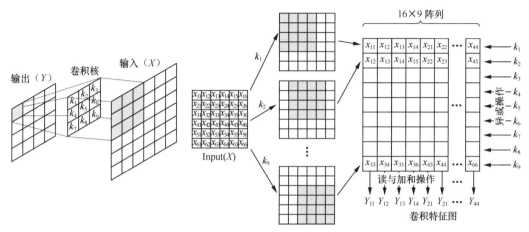

图 14.13　自旋存算一体阵列中实现卷积计算

除了卷积计算，全连接层结构也可以使用相似方法采用基于自旋存算一体阵列实现，如图 14.14 所示[100]。在全连接层中，每个单元的输出是该单元的输入和权重之间的异或计算结果的二值化总和。为了在数字式磁随机存储器存算一体阵列中实现此目标，首先可以将 L[i] ～ L[i+1] 两层之间的权重参数加载到存算一体阵列中，将每一行存储单元置为从第一个输入单元到下一层中所有单元的权重，并将另一位输入信号加载到行解码器当中；然后就可以在写入的同时逐行执行"异或"操作，并在最后逐行读取数据，通过计数器获得二值化的和作为输出。

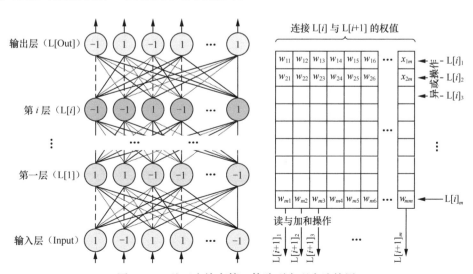

图 14.14　基于自旋存算一体阵列实现全连接层

图 14.15 所示为基于自旋存算一体阵列实现二值神经网络的普适性计算流程[100]。首先，输入数据再重组后加载到了几个子阵列中；然后，使用多个阵列执行卷积操作，并将卷积层的输出传输到下一层；最后，在基于二值神经网络结构完成卷积计算之后，计算结果就会传输到全连接层，以此类推，直到获得最终的结果。

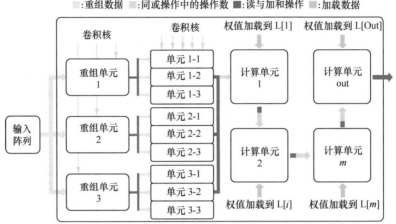

图 14.15　基于自旋存算一体阵列实现二值神经网络

为了有效地支持整个二值神经网络的实施，研究人员提出了一种可重新配置的架构，如图 14.16 所示，包含用于重新组织输入数据的映射控制单元、池化单元、全局缓存器、用于存储权重和卷积核的传统存储阵列、以及用于加法运算的计数单元等[100]。这些单元主要由数个带有写入缓存的存算一体阵列和两个分别用于加载数据和提供操作数"$\overline{A}$"的缓冲区组成。

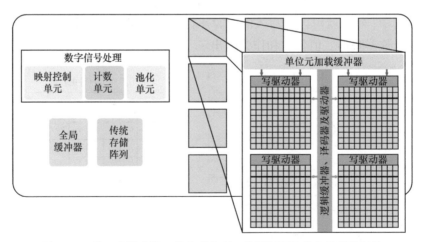

图 14.16　基于自旋存算一体阵列实现二值神经网络的电路整体结构

14.2　自旋类脑器件及芯片

人工智能及其应用已经彻底改变了人们的生活方式，但与此同时，执行更复杂和更大规模任务的需求也在日益增长。在 14.1 节中，我们介绍了自旋存算一体，它可以有效解决经典冯·诺依曼架构中数据搬运带来的功耗和性能瓶颈，大幅提升人工神经网络（Artificial Neural Network，ANN）的计算效率。然而，传统的人工智能方法虽然可以有效地完成简单的迭代操作，但却不擅长执行感知、决策等复杂任务，图灵奖得主 Geoffrey Hinton 认为，搭建"一个连接计算机科学和生物学的桥梁"是克服目前人工智能发展局限的关键。

众所周知，人脑是一个非常高效的智能平台，可以很容易地完成复杂的认知任务：人脑中 1000 亿个神经元和 1000 万亿个突触相连接，能够快速处理巨大的信息量（例如，同时识别多个目标、推理、控制和移动），但功耗只有瓦量级左右，相比之下，标准计算机仅识别 1000 种不同物体所需要的功耗就达数百瓦。这是由于基于脉冲处理信息使神经元只有在接收或发出尖峰信号时才处于活跃状态，因此它是事件驱动型的，可以节省能耗。类脑智能即通过学习并模仿大脑中的这种神经网络结构和信息处理方式，使机器朝着更智能的方向更快进化，实现在结构层次模仿脑、器件层次逼近脑，最终使机器实现人类具有的认知和协同能力。类脑智能是脑科学与计算机等诸多学科的交叉融合，是近年来的研究热点，同时也是美国、英国等国的重点研究领域[102]。本节将从自旋类脑器件、类脑计算模型和类脑计算芯片三个方面逐一进行介绍。

14.2.1　自旋类脑器件

人脑中的神经元具有接收、处理和传递信息的功能，它通过膜电位整合频繁输入的脉冲刺激，一旦膜电位达到一定的阈值就会"触发"，神经元之间由突触连接，起着学习和记忆的作用。如图 14.17 所示，前神经元通过突触接收和处理信息，然后传递到后神经元，基于脉冲的时间处理机制使稀疏而有效的信息在人脑中传递[103]。类脑计算采用类似的结构，神经形态器件（又称为类脑器件）模拟神经元和突触等单元的构造、功能与行为，构成了类脑计算的

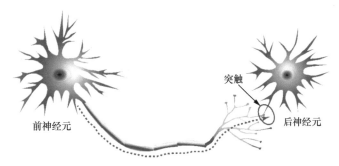

图 14.17　生物神经元网络

硬件基础。基于传统半导体的类脑器件工艺成熟，但是数据易失、静态功耗较高，且实现仿生学习法则比较困难[104]。因此，人们转向利用自旋磁存储器、忆阻式随机存储器、相变存储器等构建人工神经元和突触[105]。其中，自旋磁存储器具有集成密度高、耗电低、可擦写次数高等优点，是一种非常有潜力的类脑器件候选者。

自旋类脑器件利用其自旋属性表达信息，可以高效地实现超低功耗的信息操控，模拟神经突触的行为并进行突触的编译，实现信息的快速读写和长久保存。例如，在第 6 章的 6.3.1 节中，我们介绍了利用自旋转移纳米振荡器的非线性行为和频率锁定特性

设计类脑器件，实现了元音识别等多种智能应用场景。Vincent 等[106] 探索实现了基于磁隧道结的随机忆阻突触，使用解析物理方程对器件翻转的随机效应进行建模，证明了其平均翻转时间可以被调整，如图 14.18 所示，不同的电流密度（低电流区、中间电流区、高电流区）对应不同的平均翻转时间，契合了神经元突触的需求。同时，基于脉冲振幅和宽度进行突触的编译操作，实现了一个简易版的脉冲时序依赖可塑性（Spike Timing-Dependent Plasticity，STDP）

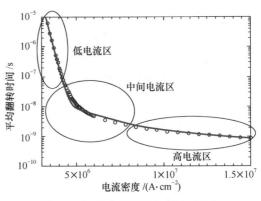

图 14.18　磁隧道结平均翻转时间与电流密度的关系

学习法则：当一个输出神经元触发时，与之连接的磁隧道结随机忆阻突触若在最近时间窗口中，且它的输入神经元是活跃的，则其有一个给定的可能性翻转为平行状态；若在最近时间窗口中，但它的输入神经元不是活跃的，则其有一个给定的可能性切换为非平行状态；未连接触发的输出神经元的磁隧道结随机忆阻突触，则可忽略其翻转可能性。

　　针对经典磁隧道结仅具有高、低二值阻态，无法在神经网络计算方面发挥优势的问题，北航科研团队[107] 设计了一种带有独特自由层结构的磁隧道结，即在自由层中插入单原子层的钨，然后利用退火技术让钨形成聚簇效应，在百纳米级的器件中实现了稳定的、近乎连续的多值阻态（见图 14.19），最终制备了百纳米尺寸、可全电学操控的自旋忆阻器。同时，团队还对这种新型器件的性质进行了全面的实验表征，验证了该器件阻态的脉冲时序依赖可塑性，证明了该器件构成的系统能够高效率、低功耗地实现手写数字识别等功能。

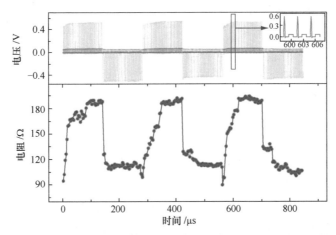

图 14.19　自旋忆阻器件通过电压脉冲序列激励诱导的阻态变化情况

　　此外，北航科研团队[108] 利用斯格明子"多值""可控"及"随机性"等特点，设计了基于斯格明子的神经突触器件，其结构如图 14.20 所示，实现了短时程的突触可塑性和长时程的突触增强功能，同时利用斯格明子在梯度磁各向异性分布的纳米线上自发地向低能量端运动的特点，设计了人工神经元器件，能够模拟生物神经元的泄漏 - 收集 - 激发（Leaky-Integrate-Fire）行为模型。北航科研团队[109-110]设计了一种基于堆叠磁隧道结的多态电阻结构，并基于此实现了神经突触的基本功能，他们搭建的交叉开关结构网络模型原型，具有器件集成度高、容错能力强、可控性好等优点。与此同时，北航科研团队[111]还采用自旋波作为信息处理的载体，将基于自旋力矩的纳米振荡器作为神经突触实现信息传输，并利用自旋多态器件实现神经元功能，设计出基于自旋电子的高可靠、超低功耗类脑计算系统。总之，自旋类脑器件结合了自旋电子与纳米技术两大颠覆性、先导性的学科的优点，并且本征地具有纳米尺寸优势，是有望实现高密度、高速度、低功耗类脑计算的前瞻性技术方案。

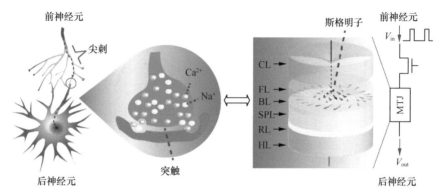

图 14.20　斯格明子类脑器件

14.2.2　类脑计算模型

与传统的人工神经网络相比，类脑计算模拟生物大脑所采用的脉冲神经网络（Spiking Neural Network，SNN），以异步的、事件驱动的方式工作，具有高度容错、高度并行性等优势[112]。下面将简要地介绍类脑计算模型，包括脉冲神经元模型、脉冲神经信息编码、脉冲神经网络学习与训练和神经形态计算架构。

1. 脉冲神经元模型

脉冲神经元模型有多种抽象层次，包括了从最精确的霍奇金 - 赫胥黎（Hodgkin-Huxley，HH）模型，到最简化的泄漏 - 收集 - 激发模型，以及多种介于二者之间的模型。目前使用较多的是泄漏 - 收集 - 激发模型，对于这类神经元模型，输入信号直接影响神经元的状态（膜电位），只有当膜电位上升到阈值电位时，才会产生输出脉冲信号，若无事件发生则保持闲置状态。根据神经科学理论，神经元在放电之后的短暂时间内存在不应期，即对输入信号不响应，为了在脉冲序列中模拟这个过程，在神经元放电之后的不应期内将瞬时放电频率置为 0，在不应期结束之后，瞬时放电频率在限定时间内逐渐回到原始值。如图 14.21（a）所示，上游神经尖峰 V_i 通过突触权重 w_i 调节，在给点时间内产生合成电流 $\Sigma V_i \times w_i$（相当于点积运算），产生的合成电流会影响下游神经元的膜电位[113]。图 14.21（b）所示为泄漏 - 收集 - 激发尖峰神经元的动力学显示，在没有脉冲的情况下，膜电位 V_{mem} 在时间常数 τ 中集成了传入脉冲和泄漏，当 V_{mem} 超过阈值 V_{thresh} 时，下游神经元输出脉冲，随之产生不应期，后神经元的 V_{mem} 不再受到影响[113]。

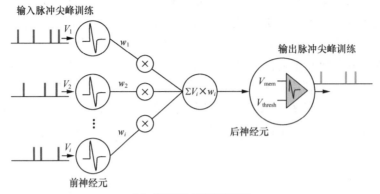

（a）前后神经元膜电位调节

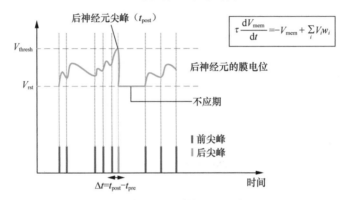

$$\tau\frac{\mathrm{d}V_{mem}}{\mathrm{d}t}=-V_{mem}+\sum_i V_i w_i$$

（b）泄漏 - 收集 - 激发尖峰神经元的动力学显示

图 14.21　脉冲神经网络的计算模型

　　值得注意的是，往往越精确的模型的运算复杂度也就越高，因此，脉冲神经元模型所选用的抽象层次与具体的应用目标密切相关。但是，这些模型的复杂程度都远远低于真实的生物神经网络的复杂度。

2. 脉冲神经信息编码

　　脉冲神经信息编码主要包含特征提取和脉冲序列生成两个过程。首先由感知神经系统将信息进行表达 / 采样，然后采用脉冲频率编码或时间编码等方式生成脉冲序列。其中，脉冲频率编码用脉冲的频率表达脉冲序列的信息，时间编码则考虑了精确定时的脉冲，可以更准确地描述神经元活动。因此，与传统人工神经网络相比，脉冲神经网络可对时变信息进行快速的提取和分析。

3. 脉冲神经网络学习与训练

　　神经元之间的可塑性是生物神经系统能够具备强大的学习和环境适应能力的关键，其中，突触权重定义了神经元之间连接的强弱。脉冲神经网络使用时间信息进行训练，因此在整体脉冲动力学中具备明显的稀疏性和高效率优势。如图 14.22 所示，突触的可塑性即突触权重的调节取决于突触前和突触后尖峰的相对时间。其中，a_+、a_-、τ_+ 和 τ_-

是控制权重变化 Δw 的学习率和时间常数，突触权重 w_i 根据上游神经元与下游神经元尖峰的时间差（$\Delta t = t_{post} - t_{pre}$）更新 [113]。

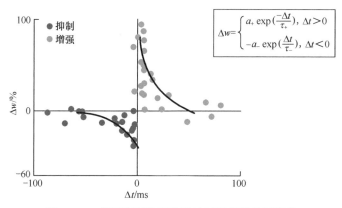

$$\Delta w = \begin{cases} a_+ \exp\left(\dfrac{-\Delta t}{\tau_+}\right), & \Delta t > 0 \\ -a_- \exp\left(\dfrac{\Delta t}{\tau_-}\right), & \Delta t < 0 \end{cases}$$

图 14.22　基于实验数据的脉冲时间依赖的可塑性

图 14.23 所示为一种简化的随机脉冲时序依赖可塑性学习规则的脉冲方案 [114]，如果一个前神经元出现尖峰，如前神经元 1，则它会向其突触前终端施加持续时间为 T（红色）的相对较长但较小的矩形电压脉冲，否则不施加电压脉冲。施加的电压脉冲可以通过复合磁阻突触进行调制，这些加权电流将被积分，直到一个后神经元激发，假设后神经元 j 被激发，然后，它通过侧向抑制阻止同一层中的其他后神经元被激发。同时，它应用一个短的两相脉冲，一个小的负脉冲，之后一个大的正脉冲，返回其突触后末端（蓝色）。复合磁阻突触的可塑性即可以由这些脉冲的联合效应引起。复合磁阻突触上的电压降为突触前电压减去突触后电压。连接被激发的后神经元和尖峰前神经元的每个复合磁阻突触以给定的概率增加权重，从而产生随机长期增强。所有其他连接被激发的后神经元的每个复合磁阻突触以给定的概率降低权重，产生随机长期抑制。随机长期增强和抑制的概率可以通过磁隧道结编程电压脉冲的持续时间和幅度进行调整。

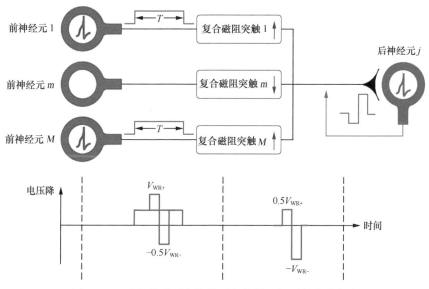

图 14.23　随机脉冲时序依赖可塑性学习规则的脉冲方案

4. 神经形态计算架构

神经网络计算内核被映射到脉冲磁隧道结神经元与突触阵列中进行硬件实现。如图 14.24 所示，水平线上的输入脉冲（V_i）产生与电导成比例的电流（即 $V_i \cdot W_i$、$V_i \cdot K_i$、$V_i \cdot J_i$ 等 ）[113]，与通过多个峰前神经元的电流沿着垂直线相加，实现具备突触功效的内存中点积运算。通常，只要神经元前尖峰和后尖峰分别在水平线和垂直线上，突触可塑性就可以通过适当地施加电压脉冲来原位实现，以平铺方式连接片上网络阵列可以实现高吞吐量的原位计算。文献 [115] 提出了一种基于磁隧道结的概率深度脉冲神经系统，通过将已经完全训练的深度神经网络（Deep Neural Network，DNN）转换为脉冲神经网络并进行前向推理，深度神经网络输入被编码为脉冲神经网络的泊松尖峰序列，并由突触权重进行调制，然后通过增加恒定偏置电流，使在零输入时有 50% 的概率翻转磁隧道结的状态，其概率分布类似于深度神经网络的 S 型函数。

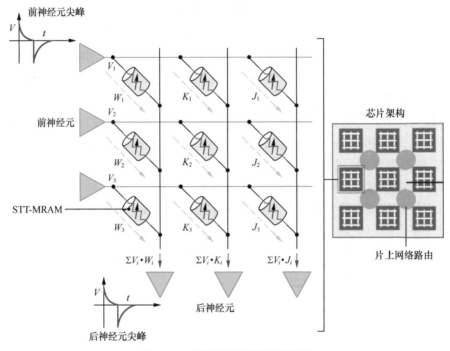

图 14.24　脉冲神经网络计算阵列

14.2.3　类脑计算芯片

芯片是实现基于脉冲神经网络的智能系统关键的一环，类脑芯片的研究有望推动机器人视听感知和自主学习、无人驾驶等前沿技术的突破 [102]。类脑芯片需要执行基于脉冲的运算，同时接收和处理时、空信息，完成受人类推理、判断、决策等思维过程启发的计算以及对复杂的时空序列进行分析，在处理动态信息方面具有很大的优势 [102]。

IBM 公司于 2014 年发布了"真北（ TrueNorth ）"芯片 [116]，该芯片具有 4096 个处理核，可模拟 100 万个神经元和 2.56 亿个突触，而功耗只有 65 mW，实现了超低功耗脉冲神经网络计算。此后于 2015 年，加州大学的研究人员首次基于忆阻器设计的类脑芯片实现了对 3 像素 ×3 像素黑白图像中的图案的识别[117]。此外，目前国际上知名的类脑计算系统还有英特尔的 Loihi[118]、德国海德堡大学的 BrainScales[119]、英国曼彻斯特大学的 SpiNNaker[120] 等，国内具有代表性的类脑芯片研究成果包括清华大学类脑计算研究中心的"天机芯"[121] 等。美国人工智能加速器初创公司 Gyrfalcon Technology Inc.（GTI）发布了基于磁随机存储器技术的人工智能加速芯片，如图 14.25 所示，结合其专利矩阵处理设计，形成了一个高效的磁随机存储器人工智能引擎。相比于静态随机存取存储器，将磁随机存储器用于存储神经网络学习权重等数据，能够在读写速率不变的情况下，使功耗降低 20% ～ 50%，并且具备瞬时启动的能力，实现超高能效的人工智能加速芯片（9.9 TOPS/W @ 12.5 MHz），但目前主要集中于人工卷积神经网络的加速。

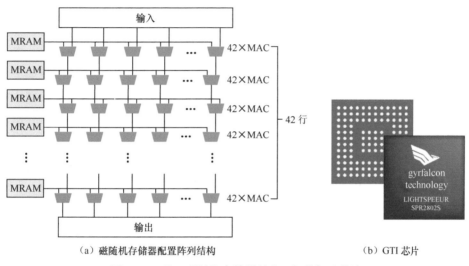

（a）磁随机存储器配置阵列结构　　　　　　　　（b）GTI 芯片

图 14.25　基于磁随机存储器的人工智能加速芯片

虽然近年来已取得重要进展，但目前的类脑芯片距离真正的类脑智能还比较遥远，人们对基于自旋磁存储器技术的自旋类脑芯片也寄予了厚望，想要实现真正的类脑性能还需诸多努力。然而，得益于人类对大脑机制更加清楚的理解、自旋电子等低功耗纳米器件技术的发展以及超级计算机为复杂的仿真运算提供的可能，可以预见的是，类脑智能将是未来人工智能领域重要的研究热点和前沿，具有非常广阔的应用前景。

14.3　磁旋逻辑器件

本章前两节介绍了基于新型自旋存储芯片的存算一体和类脑计算应用，展现出其低功耗、高速的信息处理潜力。然而，这一类应用通常是利用自旋转移矩和自旋轨道矩效应实现电子自旋自由度的操控，依然需要较高电荷电流，产生焦耳热，操作能耗 ≥0.01 pJ/bit，并且器件之间无法直接级联，需要 CMOS 晶体管辅助，面积开销大。2019 年，英特尔联合加利福利亚大学伯克利分校和劳伦斯伯克利国家实验室等单位提出了磁电 - 自旋轨道（Magnetoelectric Spin-orbit，MESO）逻辑器件的设想[122]，简称磁旋逻辑器件，如图 14.26 所示。该器件利用多物理效应协同实现自旋—电荷之间的高能效转换，进而完成数据的写入和读取，并且可以直接级联，展现出超低功耗和高密度集成的潜力，被认为是可以应用于 CPU 的自旋电子器件。

14.3.1　磁旋逻辑器件的基本结构

　　磁旋逻辑器件由基于磁电耦合效应的信息写入单元和基于逆自旋霍尔效应（Inverse Spin Hall effect，ISHE）的信息读取单元构成，如图 14.26 所示。信息写入单元由多铁材料和铁磁材料构成，当写入电压作用于多铁材料并大于其铁电翻转阈值时，多铁材料的铁电序和铁磁/反铁磁序会同步翻转，铁磁材料和多铁材料的铁磁/反铁磁序通过交换作用耦合在一起，因此铁磁材料的磁化方向也将一起翻转，实现电荷—自旋的转换，完成信息的写入。信息读取单元主要由强自旋轨道耦合材料与铁磁材料构成，在铁磁材料和强自旋轨道耦合材料之间施加电压，携带有铁磁磁化方向信息的自旋流被注入强自旋轨道耦合材料，逆自旋霍尔效应将自旋流转换成电荷电压，从而实现自旋—电荷的转换，完成信息的读取。上一级磁旋逻辑器件读取单元的转换输出电压直接驱动下一级磁旋逻辑器件写入单元，可以实现磁旋逻辑器件的直接级联。磁旋逻辑器件的输入电压与输出电压相反，因此单个磁旋逻辑器件可以作为一个反相器实现逻辑"非"。由多个磁旋逻辑器件组成的多数逻辑门（Majority Gate）可实现基本的布尔逻辑功能，进一步可实现更复杂的逻辑电路。与 CMOS 晶体管相比，磁旋逻辑器件有望通过材料、界面和结构的优化将操作电压降至 100 mV，单比特操作能耗降低至阿焦（1 aJ=10^{-18} J）量级，逻辑密度提高 5 倍。

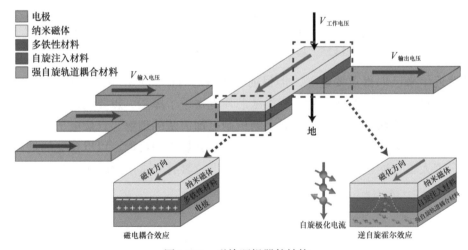

图 14.26　磁旋逻辑器件结构

14.3.2　基于磁电耦合效应的信息写入

1.　多铁材料中的磁电耦合效应

　　电场操控磁矩，俗称"电控磁"，是一种潜在的超低功耗信息写入方案，引起了学术界的广泛关注。经过几十年的发展，众多的调控手段被提出。例如，通过电场操控的界面电荷积累、离子迁移以及应变耦合等方式调控磁性材料的饱和磁化强度、矫顽力、磁各向异性常数、居里温度等参数[123-126]。然而，上述方案很难实现磁矩的直接翻转，不兼容现有的磁存储技术。利用多铁材料铁电序和铁磁 / 反铁磁序的内在磁电耦合可以实现电场驱动磁矩 180° 翻转，成为磁旋逻辑器件的信息写入方案。

1959 年，Dzyaloshinskii 等[127] 理论预言了 Cr_2O_3 中存在磁电耦合效应，并在几个月后被 Astrov 等[128] 在实验中证实。之后的几十年，科学家们一直在研究磁电耦合效应，但是收效甚微。一方面，相关材料非常稀少，且磁电耦合效应非常微弱，当时难以测量。另一方面，磁电理论的发展未结合以量子力学为基础的现代电子理论，对磁电耦合效应的认识仍停留在表象。随着 20 世纪 90 年代现代铁电性电子理论的建立，以及这一时期电子材料的广泛研究，磁电耦合效应研究重新焕发生机。1994 年，Schmid 等[129] 提出多铁材料的概念，这类材料同时具有铁电性、铁磁（反铁磁）性以及铁弹性中两种或者两种以上铁性的材料，并且这些性质相互耦合在一起。2003 年，Wang 等[130] 在 $SrTiO_3$ 衬底上生长了多铁材料 $BiFeO_3$ 薄膜，并在室温下测得了高达 60 $\mu C/cm^2$ 的电极化强度和 150 emu/cm^3 的磁化强度。同年，Kimura 等[131] 在低温下（低于 28 K）发现 $TbMnO_3$ 存在铁电极化，并且与磁场有很强的耦合，但是 $TbMnO_3$ 的铁电极化十分微弱，只有 $BiFeO_3$ 的千分之一。2004 年，斜方晶 $TbMn_2O_5$[132] 和立方晶 $HoMnO_3$[133] 两个多铁材料相继被发现，自此关于多铁的研究便如火如荼地展开，并取得一系列研究突破。

2. 基于磁电耦合效应的电场驱动磁矩翻转

$BiFeO_3$ 是目前已知唯一的室温多铁材料，它兼具铁电性（铁电居里温度 830℃）和反铁磁性（反铁磁奈尔温度 370℃），是实现"电控磁"的理想材料。$BiFeO_3$ 驱动铁磁磁矩翻转的机制如下[134]：$BiFeO_3$ 同时存在着铁电序 P、反铁磁序 L 以及倾斜磁矩 M_C，三者相互耦合。当铁电序在电场的作用下分两步发生 180° 翻转时，反铁磁序和倾斜磁矩也会随之翻转，如图 14.27（a）所示。在交换作用下，反铁磁序、倾斜磁矩会和相邻铁磁层的磁矩耦合，从而产生交换耦合场 $H_{eff}(L)$ 和交换偏置场 H_{eb}。当反铁磁序和倾斜磁矩发生翻转时，来源于 $H_{eff}(L)$ 和 H_{eb} 的反铁磁矩 τ_{AFM} 和交换偏置矩 τ_{Mc} 会驱动铁磁磁矩 180° 翻转，如图 14.27（b）所示。

2014 年，Heron 等[135] 首先在 $BiFeO_3/CoFe$ 和 $BiFeO_3/CoFe/Cu/CoFe$ 异质结中实现了室温下电场驱动铁磁磁矩翻转，器件结构如图 14.28（a）所示。其中，$SrRuO_3$ 可以导电，可作为电极施加门电压。在 $BiFeO_3/CoFe$ 磁电调控器件上施加 ±7V 电压后，CoFe 薄膜的各向异性磁阻相位移动了 90°，表明其磁矩在电场作用下发生了翻转，如图 14.28（b）所示。进一步，作者通过测量 $BiFeO_3/CoFe/Cu/CoFe$ 磁电调控器件。测试结果如图 14.28（c）、（d）所示，电压引起的阻值改变和磁场引起的阻值改变基本一致，表明电压实现了自旋阀中的磁矩平行和反平行排列，即驱动了 CoFe 磁矩的 180° 翻转。

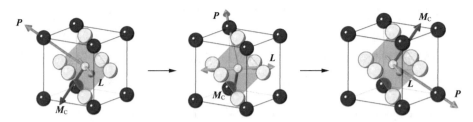

（a）BiFeO$_3$ 的电极化 P、倾斜磁矩 M_C 以及反铁磁序 L 在电场作用下分两步发生翻转

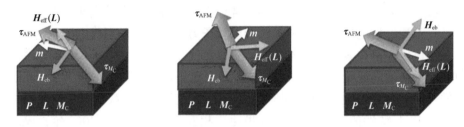

（b）对应的交换偏置矩和反铁磁矩驱动铁磁序发生翻转

图 14.27　磁电耦合效应驱动磁矩翻转机理

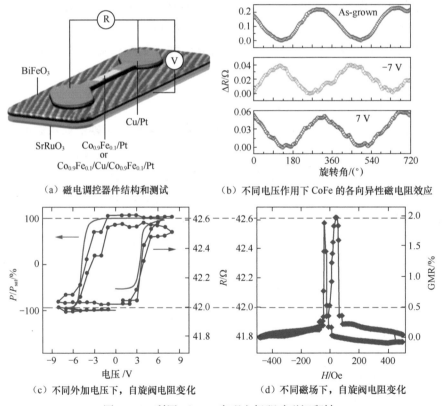

（a）磁电调控器件结构和测试　　　（b）不同电压作用下 CoFe 的各向异性磁电阻效应

（c）不同外加电压下，自旋阀电阻变化　　　（d）不同磁场下，自旋阀电阻变化

图 14.28　利用 BiFeO$_3$ 实现电场驱动磁矩翻转

　　虽然实验上成功利用 BiFeO$_3$ 的磁电耦合效应实现了电场驱动磁矩翻转，但是 BiFeO$_3$ 的强自发电极化（90 μC·cm^{-2}）带来的高矫顽电压（5V）使 BiFeO$_3$ 无法直接应用到需要低压操作的磁旋逻辑器件当中。另外，磁电电容的本征翻转能量公式为：

$E=2P_rV_{ME}$。式中，E 为磁电电容翻转所需的能量，P_r 为剩余铁电极化，V_{ME} 为磁电翻转阈值电压，高的剩余铁电极化和翻转阈值电压导致较高的能耗。理论和实验证明在 $BiFeO_3$ 中掺杂镧元素（La）元素可以有效较低 $BiFeO_3$ 的剩余极化强度和铁电翻转电压[136-137]。

经典的朗道模型表明菱形晶格结构（深蓝色线）铁电材料的能量势垒大于斜方晶系（黄色线）的顺电材料的能量势垒，如图 14.29（a）所示。在菱形晶格结构的 $BiFeO_3$ 中掺杂 La 元素，$BiFeO_3$ 的晶格结构会发生扭曲形变，当 Bi 元素完全被 La 元素取代时，$LaFeO_3$ 的晶格结构为斜方晶。图 14.29（b）所示表明在掺杂 La 元素后，$BiFeO_3$ 的晶格结构在发生扭曲形变的同时，电极化方向也从 $[111]_{pc}$ 方向旋转到 $[112]_{pc}$ 方向并且电极化强度受到了抑制。实验结果表明：当 $Bi_{1-x}La_xFeO_3$ 中的 La 元素比例从 0 增加到 20% 时，剩余极化强度从 65 $\mu C \cdot cm^{-2}$ 降低至 18 $\mu C \cdot cm^{-2}$，平均矫顽电场从 158 kV/cm 降低至 106 kV/cm，如图 14.29（c）所示。在 $BiFeO_3$ 中掺杂 La 元素后，铁电序、反铁磁序和 Dzyaloshinskii-Moriya 矢量之间的关系并不会发生改变，因此 $Bi_{1-x}La_xFeO_3$ 可以代替 $BiFeO_3$ 实现磁电调控。

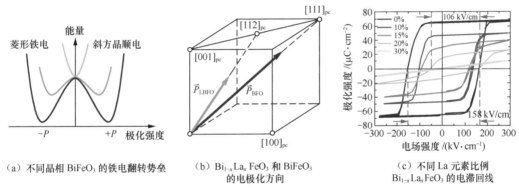

（a）不同晶相 $BiFeO_3$ 的铁电翻转势垒　　（b）$Bi_{1-x}La_xFeO_3$ 和 $BiFeO_3$ 的电极化方向　　（c）不同 La 元素比例 $Bi_{1-x}La_xFeO_3$ 的电滞回线

图 14.29　元素掺杂降低铁电极化强度和翻转阈值电压[136]

2020 年，Prasad 等[137] 进一步开展了基于 $Bi_{1-x}La_xFeO_3$ 薄膜的磁电调控研究，制备了 $Bi_{1-x}La_xFeO_3/CoFe/Cu/CoFe$ 异质结，如图 14.30（a）所示。图 14.30（b）所示为不同厚度 $Bi_{1-x}La_xFeO_3$ 薄膜上自旋阀的电阻随偏置电压的变化关系。结果表明，La 元素的掺杂有效地降低了 $BiFeO_3$ 薄膜的翻转阈值电压，并且随着 $Bi_{0.85}La_{0.15}FeO_3$ 的厚度越小，翻转阈值电压越低，当厚度降低到 20 nm 时，矫顽电压约为 0.5 V。进一步减小 $Bi_{0.85}La_{0.15}FeO_3$ 的厚度到 10 nm，并通过 X 射线磁圆二色光电子发射显微镜观测到在 0.2 V 电压下的磁矩翻转图像。

目前，围绕 $BiFeO_3$ 的磁电调控研究已经取得了一系列的进展，然而还存在如下问题：铁电翻转阈值电压还偏高，无法应用到磁旋逻辑器件中实现器件级联；多次翻转会出现铁电疲劳问题限制了其应用。同时，$BiFeO_3$ 的制备工艺主要依赖脉冲激光沉积、高温以及高氧等手段，难以进行大规模生产。因此，面向磁旋逻辑器件应用，需要从这几个方面开展相关研究，降低翻转阈值电压、提高材料耐久度、开发 CMOS 兼容的工艺。

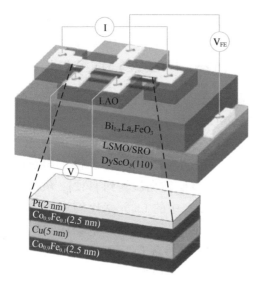

（a）磁电调控器件结构和测试

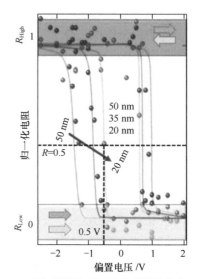

（b）不同 $Bi_{0.85}La_{0.15}FeO_3$ 薄膜厚度下，
自旋阈阻值随外加偏置电压的变化关系

图 14.30　不同厚度 $Bi_{1-x}La_xFeO_3$ 的电场驱动磁矩翻转测试

14.3.3　基于逆自旋霍尔效应的信息读取

1. 逆自旋霍尔效应及其自旋泵浦探测方法

磁旋逻辑器件信息读取的物理机理为逆自旋霍尔效应或逆 Rashba-Edelstein 效应（Inverse Rashba-Edelstein effect，IREE），两者均表现为：自旋极化电流注入强自旋轨道耦合的材料/界面后，发生偏转积累，转换成电荷流，电子自旋极化方向、电荷流方向以及自旋极化电流方向相互正交。本书第 5 章和第 10 章已经介绍了相关的知识，此处不再赘述。强自旋轨道耦合的材料主要包括重金属铂（Pt）、钽（Ta）、钨（W），拓扑绝缘体硒化铋（Bi_2Se_3）、碲化铋（Bi_2Te_3）等，氧化物界面二维电子气钛酸锶/铝酸镧（$SrTiO_3/LaAlO_3$）以及外尔半金属碲化钨（WTe_2）等 [138-140]。

2006 年，Saitoh 等 [141] 最先采用自旋泵浦（Spin Pumping，SP）的方法测量逆自旋霍尔效应，提出了一套被后来研究人员广泛采用的测试框架。如图 14.31（a）所示，在没有交变磁场时，铁磁性材料的磁矩取向沿着外加直流磁场（H_{dc}）的方向，此时外加一个与直流磁场垂直的交变磁场（H_{rf}），引起铁磁磁矩共振，产生垂直的纯自旋流 J_s 注入到强自旋轨道耦合材料中，由于逆自旋霍尔效应产生横向的纯电荷流 J_c，开路情况下可以在非磁性材料两端产生开路电压，进而被探测到。2010 年，Mosendz 等 [142] 利用自旋泵浦效应系统研究了重金属材料的自旋霍尔角（θ）。他们的铁磁材料采用的是坡莫合金（Py），非磁性材料分别选取了 Pt、Au、Mo 以及 Pd。图 14.31（b）所示为 Pt/Py 异质结的测量电压随外磁场的变化关系（黑色实线所示）。值得注意的是，各向异性磁阻的自旋整流（Spin Rectification，SR）效应也会对测试结果产生一定影响。排除由各向异性磁阻引起的非对称电压信号（绿色虚线所示），可以得到完全由逆自旋霍尔效应产生的对称信号（紫色虚线所示）。Mosendz 等利用这种方式测定了 Pt、Au、Mo、Pd

的自旋霍尔角，分别为 0.013 ± 0.002，0.0035 ± 0.0003，0.0005 ± 0.0001，0.0064 ± 0.001。2011 年，利用自旋泵浦效应，$Pt/Y_3Fe_4GaO_{12}$ 异质结中的逆自旋霍尔转换电压被成功探测到[143]。其中，$Y_3Fe_4GaO_{12}$ 是铁磁绝缘体，可以有效避免自旋整流效应。2015 年，Jamali 等[144] 在 $Bi_2Se_3/CoFeB$ 体系中测量了由自旋泵浦效应所产生的横向电压，得到 Bi_2Se_3 拓扑绝缘体的自旋霍尔角约为 0.43。2016 年，Lesne 等[145] 利用自旋泵浦技术研究了 $SrTiO_3/LaAlO_3$ 界面二维电子气系统的逆 Rashba-Edelstein 效应，并通过栅压调控转化效率，得到较大的输出电压信号，进而推导出转化效率 λ_{IREE}=6.4 nm。

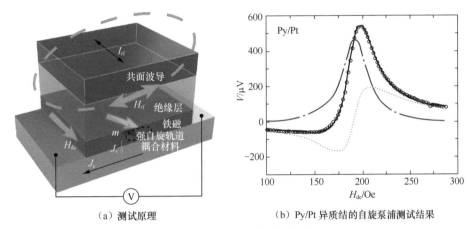

（a）测试原理　　　　　　　　　　（b）Py/Pt 异质结的自旋泵浦测试结果

图 14.31　自旋泵浦效应测试

2. 纯电学注入的逆自旋霍尔转换输出研究

自旋泵浦提供了一种高效表征材料自旋轨道耦合强度的方式，然而这种方式无法集成进入器件，完成信息读取。另一种自旋注入方式是在铁磁材料和强自旋轨道耦合材料上直接施加一个电压，电流流经铁磁材料被自旋极化，紧接着被注入到强自旋轨道耦合材料中转换成电荷电压。当铁磁材料磁化方向改变时，电流极化状态改变，输出信号也会发生改变，从而实现对不同磁化状态的读取。

2014 年，Liu 等[146] 在微米级的 Pt/MgO/CoFeB 逆自旋霍尔探测器中，通过注入工作电流的方式，观测到逆自旋霍尔效应的信号。该器件结构如图 14.32(a) 所示，在电极 1、电极 3 施加工作电流，测量电极 2、电极 4 的输出电压，结果用输出电压与工作电流的比值（R_{ISHE}）来表示。图 14.32(b) 所示为当磁场沿着不同方向时，输出电压随磁场的变化。可以看出当磁场沿 x 方向时，测得约 0.8 mΩ 的逆自旋霍尔信号，并且铁磁层方向改变时，信号发生反转。当磁场沿 y 方向时，没有观测到逆自旋霍尔信号。其中的原因是，磁场沿着 y 方向时，注入的电子极化方向沿着电极 2 和电极 4 的连线，电荷在两个电极之间不能积累，因此无法观测到相关信号。

然而，0.8 mΩ 的信号远远不满足实际应用需要。英特尔相关研究表明逆自旋霍尔电阻信号 ΔR_{ISHE}，即不同铁磁材料在不同磁化状态下 R_{ISHE} 的差值，可以近似表示为：

$$\Delta R_{ISHE} = \frac{\lambda_{eff}}{\left(\dfrac{t_{FM}}{\rho_{FM}} + \dfrac{t_{SOC}}{\rho_{SOC}} \right) w_{SOC}} \qquad (14.1)$$

式中，λ_{eff} 表示有效自旋扩散长度，与自旋极化率、强自旋轨道耦合材料自旋霍尔角和电阻率、铁磁材料的自旋扩散长度和电阻率等都有关，t_{FM} 和 t_{SOC} 分别表示铁磁层和强自旋轨道耦合材料的厚度，ρ_{FM} 和 ρ_{SOC} 分别表示铁磁层和强自旋轨道耦合材料的电阻率，w_{SOC} 表示强自旋轨道耦合材料的宽度。

有鉴于此，通过降低器件线宽可以有效提高转换输出信号。2019 年，在国际电子器件大会（IEDM）上，据英特尔等单位的研究人员[147]提出，在 70 nm 线宽下，Pt/CoFe 逆自旋霍尔探测器中观测到了 80 mΩ 的转换输出信号。2020 年，Van Tuong Pham 等[148]把尺寸微缩到 50 nm，并降低了薄膜厚度，提高了电阻率，使 Pt/CoFe 逆自旋霍尔探测器的室温输出信号提高到 300 mΩ，相关实验结果如图 14.32（c）、（d）所示。

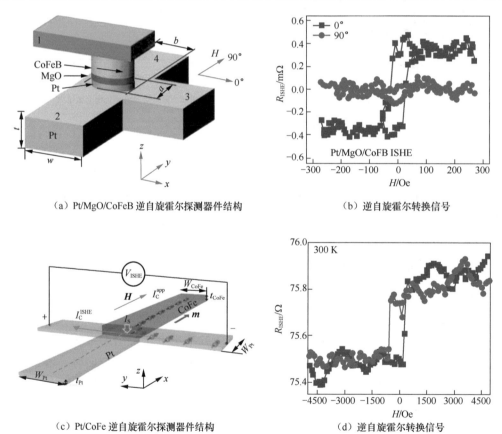

（a）Pt/MgO/CoFeB 逆自旋霍尔探测器件结构　　　　（b）逆自旋霍尔转换信号

（c）Pt/CoFe 逆自旋霍尔探测器件结构　　　　（d）逆自旋霍尔转换信号

图 14.32　逆自旋霍尔探测器

目前基于电学自旋注入的逆自旋霍尔转换信号探测研究大多聚焦于传统重金属材料，转换输出电压偏小，无法满足磁旋逻辑器件级联的要求。由式（14.1）可知，除了减小线宽，也可以从材料本身的性质着手，比如利用大电阻率、大 λ_{eff} 的材料来提高转换输出信号。

14.3.4　磁旋逻辑建模和仿真验证

1. 磁旋逻辑器件电学模型

2019 年，英特尔的研究人员提出了基于矢量自旋电路（Vector spin circuit）的磁旋逻辑器件 SPICE 模型结构[122, 149]。如图 14.33（a）所示，理解该模型的要点在于：利用磁电耦合进行数据写入的核心部分被等效为一个极性可以翻转的电容 C_{FE}，其电荷量和两端电压分别为 Q_{FE} 和 V_{FE}；利用逆自旋霍尔效应进行数据读出的核心部分被等效为一个电流控电流源 I_{ISOC}。用于读取的工作电流 I_c 通过一个晶体管连接到铁磁层上。R_{FM} 表示铁磁层电阻，R_T 表示晶体管等效电阻，$R_{ISOC,v}$ 表示强自旋轨道耦合材料与地之间等效电阻，$R_{ISOC,h}$ 表示强自旋轨道耦合材料的电阻，R_{IC} 表示磁旋逻辑器件互连线的电阻，I_{IN} 表示磁旋逻辑器件的输入电流，I_{OUT} 表示磁旋逻辑器件的输出电流[150]。图 14.33（b）所示为该模型中磁旋逻辑器件的基本操作模式[151]。利用该模型，研究人员模拟了磁旋逻辑器件的逆自旋霍尔读取单元的输出电流对下一级器件的磁电耦合写入单元的充电过程，并所示为对应输出电流 I_{ISOC} 和电荷量 Q_{FE} 随时间的变化关系，如图 14.33（c）所示[122]。在 1 ~ 1.4 ns 的时间段，其电荷量 Q_{FE} 由 0 上升至 10 fC，完成信息写入。

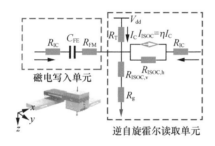

磁旋逻辑器件翻转操作

I_{IN}	+（正向）	-（反向）
V_{FE}	$V_{FE} > V_C$	$V_{FE} < -V_C$
Q_{FE}	$+Q_F$	$-Q_F$
FM σ	$-y$	$+y$
$Q_{FE\ NORM}$	"+1"	"-1"
I_{ISOC}	$-\eta I_C$	ηI_C
I_{OUT}	-（反向）	+（正向）

（a）磁旋逻辑器件等效电路模型　　　　（b）关键物理操作[151]

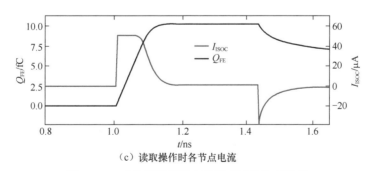

（c）读取操作时各节点电流

图 14.33　磁旋逻辑器件电学模型及其仿真结果

2. 磁旋逻辑门实现

由图 14.33（b）所示可知，对同一个磁旋逻辑器件，其输入电流与输出电流总是反向的，即，磁旋逻辑器件是一个天然的反相器（Inverter），可以基于单器件实现非逻辑（NOT Gate）。在 10 nm 的工艺节点下，仿真结果表明该反相器的操作延时大概为 28.4 ps，功耗约 30 aJ[152]。

　　进一步，如果将磁旋逻辑器件的输入通道增加为 3 个，并且每一个输入通道与上一级输出进行级联，那么就构成一个多数逻辑门[152]。其结构和电路模型如图 14.34（a）、（b）所示，在多数逻辑门中，输出状态总是由输入状态中较多的状态决定。例如，在图 14.34（a）中，输入 Input（A）和 Input（B）是相同的逻辑值即多数逻辑值，而输入 Input（C）是少数逻辑值，则输出 I_{OUT} 由多数逻辑值决定，与 Input（A）或 Input（B）保持相同状态[150]。在数字电路里，可以将非门和多数逻辑门视为基础逻辑，其他 14 种逻辑均可由这两种基础逻辑导出。得益于这种高效、简洁的基础逻辑实现方案，磁旋逻辑器件的逻辑集成密度可达传统 CMOS 晶体管的 5 倍。最后，需要强调的是，在磁旋逻辑电路里，操作数不再是电平的高低，而是电流的方向。

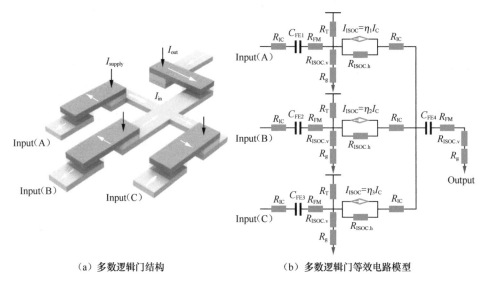

（a）多数逻辑门结构　　　　　　　　　（b）多数逻辑门等效电路模型

图 14.34　基于磁旋逻辑器件多数逻辑门

3. 基于磁旋逻辑器件的时序电路

　　在传统计算机体系中，寄存器是处理器中的核心单元，其基本结构单元是时钟控制的 D- 触发器（D Flip-Flop，DFF）。英特尔用磁旋逻辑器件模拟了移位寄存器的工作过程[151]。图 14.35（a）所示为由 3 个传统 D- 触发器构成的异步移位寄存器，三个时钟信号（$CLK_1 \sim CLK_3$）相位彼此相差 $2\pi/3$。图 14.35（b）所示为由多个磁旋逻辑器件（$MESO_1 \sim MESO_3$）构成的等效寄存器结构。仿真结果如图 14.35（c）所示。将磁旋逻辑器件的状态"-1"视为数据"0"，那么该结构初始状态存储的数据为"001"。在时序图上，约 0.5 ns 附近，当 CLK_1 和 CLK_2 重叠时（黄色阴影部分），$MESO_1$ 的输出电流作用于 $MESO_2$，改变了 $MESO_2$ 的输出状态，但此时 CLK_3 尚未到来，$MESO_3$ 没有输出信号（认为保持了原来的输出状态），$MESO_1$ 状态锁定，寄存器数据变为"011"；当 CLK_3 到来并与时 CLK_2 重叠时（约 1 ns 附近蓝色阴影部分），此时时钟信号 CLK_1 没有脉冲信号，$MESO_2$ 的输出电流作用于 $MESO_3$，改变了 $MESO_3$ 的输出状态，$MESO_1$ 没有输出信号，$MESO_2$ 状态锁定，寄存器数据变为"010"；当 CLK_1 到来并与 CLK_3 重叠时（约 1.4 ns，绿色阴影），此时 CLK_2 无信号，$MESO_3$ 的输出电流改变了 $MESO_1$ 的状态，

$MESO_2$ 无输出，$MESO_3$ 锁定，此时数据变为 "110"；再到下一次 CLK_1 与 CLK_2 重叠，无 CLK_3，约 1.8 ns 附近，数据变为 "100"。因此，大约每 0.9 ns，寄存器内数据就会左移一位，基于磁旋逻辑器件的移位寄存器就完成了。

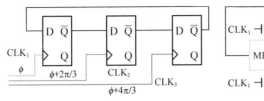
（a）传统 CMOS 电路中的移位寄存器结构

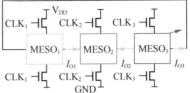
（b）基于磁旋逻辑器件的移位寄存器结构

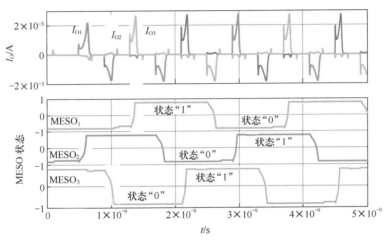
（c）磁旋逻辑器件输出电流及状态时序

图 14.35　基于磁旋逻辑器件的时序电路仿真

14.3.5　磁旋逻辑器件展望

磁旋逻辑器件的提供了一种利用高效自旋 - 电荷的多级转换实现信息存储和处理的自旋电子器件范式，引起了产业界和学术界的广泛关注。截至 2021 年，磁旋逻辑器件还处于在设想阶段，实验验证还未见报道，只有分立的读写单元功能验证。国际上相关研究刚刚起步，未能形成专利壁垒，关键机理还有待探索完善，材料性能尚需优化，兼容 CMOS 的级联制备工艺亟待开发。因此，布局磁旋逻辑器件的相关研究，突破信息处理能效瓶颈，研制出单比特操作能耗 1 fJ 以下的存算一体器件，有望促进我国核心器件研究在 "后摩尔时代" 实现换道超车。

14.4　本章小结

本章主要介绍了自旋电子器件在非易失逻辑、存算一体及类脑计算方面的研究现状，为突破半导体制造技术和计算机体系结构瓶颈提供了一种解决方案。对于自旋存算一体，首先介绍了存算一体的技术方案及发展趋势，随后从数字式布尔运算范式、存算一体阵列设计及存算一体应用三个层面详解了其实现方案。对于自旋类脑计算，从器件、计算模型和芯片三个方面简要介绍当前进展，分析了类脑智能的未来应用前景。最后，从基本结构、工作原理以及仿真应用三个方面介绍了磁旋逻辑器件的相关进展。

思考题

1. 存算一体面临的主要挑战有哪些？

2. 与其他新兴非易失存储介质相比，磁存储介质在实现存算一体时有哪些优势？

3. 自旋存算一体芯片面临的主要挑战有哪些？

4. 请简述类脑计算模型与传统计算模型的区别与联系。

5. 类脑芯片面临的关键挑战和机遇有哪些？

6. 简述磁旋逻辑器件的基本工作模式，并给出磁旋逻辑器件具备超低功耗信息处理的内在机制。

7. 简述提高磁电耦合强度和逆自旋霍尔转换电压的方式。

8. 调研一种其他基于电子自旋操控的存算一体器件，如基于自旋注入/输运的全自旋逻辑器件、基于磁畴壁移动的逻辑器件等，对比不同的自旋逻辑方案，给出磁旋逻辑器件的独特优势。

参考文献

[1] CHEN C L P, ZHANG C Y. Data-intensive applications, challenges, techniques and technologies: A survey on Big Data[J]. Information Sciences, 2014, 275: 314-347.

[2] 郭昕婕, 王绍迪. 端侧智能存算一体芯片概述 [J]. 微纳电子与智能制造, 2019, 1(2): 72-82.

[3] ZIDAN M A, STRACHAN J P, LU W D. The future of electronics based on memristive systems[J]. Nature Electronics, 2018, 1(1): 22-29.

[4] ALSHAHRANI R. The path to exascale computing[C]//International Conference on Parallel and Distributed Processing Techniques and Applications (PDPTA). The Steering Committee of The World Congress in Computer Science, Computer Engineering and Applied Computing (WorldComp), 2015: 123-126.

[5] JOUPPI N P, YOUNG C, PATIL N, et al. In-datacenter performance analysis of a tensor

processing unit[C]//2017 ACM/IEEE 44th Annual International Symposium on Computer Architecture (ISCA). Piscataway, USA: IEEE, 2017. DOI: 10.1145/3079856.3080246.

[6]　NAIR R, ANTAO S F, BERTOLLI C, et al. Active memory cube: a processing-in-memory architecture for exascale systems[J]. IBM Journal of Research and Development, 2015, 59(2/3). DOI: 10.1147/JRD.2015.2409732.

[7]　AKIN B, FRANCHETTI F, HOE J C. Data reorganization in memory using 3D-stacked DRAM[J]. ACM SIGARCH Computer Architecture News, 2015, 43(3S): 131-143.

[8]　FARMAHINI-FARAHANI A, AHN J H, MORROW K, et al. NDA: Near-DRAM acceleration architecture leveraging commodity DRAM devices and standard memory modules[C]//2015 IEEE 21st International Symposium on High Performance Computer Architecture (HPCA). Piscataway, USA: IEEE, 2015: 283-295.

[9]　GAO M, AYERS G, KOZYRAKIS C. Practical near-data processing for in-memory analytics frameworks[C]//2015 International Conference on Parallel Architecture and Compilation (PACT). Piscataway, USA: IEEE, 2015: 113-124.

[10]　KAUTZ W H. Cellular logic-in-memory arrays[J]. IEEE Transactions on Computers, 1969, 100(8): 719-727.

[11]　STONE H S. A logic-in-memory computer[J]. IEEE Transactions on Computers, 1970, 100(1): 73-78.

[12]　AHN J, YOO S, MUTLU O, et al. PIM-enabled instructions: a low-overhead, locality-aware processing-in-memory architecture[C]//2015 ACM/IEEE 42nd Annual International Symposium on Computer Architecture (ISCA) . Piscataway, USA: IEEE, 2015: 336-348.

[13]　ELLIOTT D G, STUMM M, SNELGROVE W M, et al. Computational RAM: Implementing processors in memory[J]. IEEE Design & Test of Computers, 1999, 16(1): 32-41.

[14]　LI S, XU C, ZOU Q, et al. Pinatubo: a processing-in-memory architecture for bulk bitwise operations in emerging non-volatile memories[C]//2016 53nd ACM/EDAC/IEEE Design Automation Conference (DAC). Piscataway, USA: IEEE, 2016. DOI: 10.1145/2897937.2898064.

[15]　CHIH Y D, LEE P H, FUJIWARA H, et al. An 89TOPS/W and 16.3 TOPS/mm 2 all-digital SRAM-based full-precision compute-in memory macro in 22nm for machine-learning

edge applications[C]//2021 IEEE International Solid-State Circuits Conference (ISSCC). Piscataway, USA: IEEE, 2021, 64: 252-254.

[16] HE Z, ANGIZI S, FAN D. Exploring STT-MRAM based in-memory computing paradigm with application of image edge extraction[C]//2017 IEEE International Conference on Computer Design (ICCD). Piscataway, USA: IEEE, 2017: 439-446.

[17] HAMDIOUI S, DU NGUYEN H A, TAOUIL M, et al. applications of computation-in-memory architectures based on memristive devices[C]//2019 Design, Automation & Test in Europe Conference & Exhibition (DATE). Piscataway, USA: IEEE, 2019: 486-491.

[18] BOCQUET M, HIRZTLIN T, KLEIN J O, et al. In-memory and error-immune differential RRAM implementation of binarized deep neural networks[C]//2018 IEEE International Electron Devices Meeting (IEDM). Piscataway, USA: IEEE, 2018. DOI: 10.1109/IEDM.2018.8614639.

[19] CHANG L, MA X, WANG Z, et al. PXNOR-BNN: In/With spin-orbit torque MRAM preset-XNOR operation-based binary neural networks[J]. IEEE Transactions on Very Large Scale Integration (VLSI) Systems, 2019, 27(11): 2668-2679.

[20] CHOWDHURY Z, HARMS J D, KHATAMIFARD S K, et al. Efficient in-memory processing using spintronics[J]. IEEE Computer Architecture Letters, 2017, 17(1): 42-46.

[21] WANG Z R, SU Y T, LI Y, et al. Functionally complete Boolean logic in 1T1R resistive random access memory[J]. IEEE Electron Device Letters, 2016, 38(2): 179-182.

[22] HUANG P, KANG J, ZHAO Y, et al. Reconfigurable nonvolatile logic operations in resistance switching crossbar array for large-scale circuits[J]. Advanced Materials, 2016, 28(44): 9758-9764.

[23] LI H, GAO B, CHEN Z, et al. A learnable parallel processing architecture towards unity of memory and computing[J]. Scientific Reports, 2015, 5(1). DOI:10.1038/srep13330.

[24] DU NGUYEN H A, XIE L, TAOUIL M, et al. On the implementation of computation-in-memory parallel adder[J]. IEEE Transactions on Very Large Scale Integration (VLSI) Systems, 2017, 25(8): 2206-2219.

[25] CAO K, CAI W, LIU Y, et al. In-memory direct processing based on nanoscale

perpendicular magnetic tunnel junctions[J]. Nanoscale, 2018, 10(45): 21225-21230.

[26] SOEKEN M, GAILLARDON P E, SHIRINZADEH S, et al. A PLiM computer for the internet of things[J]. Computer, 2017, 50(6): 35-40.

[27] LINN E, ROSEZIN R, TAPPERTZHOFEN S, et al. Beyond von Neumann-logic operations in passive crossbar arrays alongside memory operations[J]. Nanotechnology, 2012, 23(30). DOI: 10.1088/0957-4484/23/30/305205.

[28] MENG H, WANG J, WANG J P. A spintronics full adder for magnetic CPU[J]. IEEE Electron Device Letters, 2005, 26(6): 360-362.

[29] GAILLARDON P E, AMARÚ L, SIEMON A, et al. The programmable logic-in-memory (PLiM) computer[C]//2016 Design, Automation & Test in Europe Conference & Exhibition (DATE). Piscataway, USA: IEEE, 2016: 427-432.

[30] BORGHETTI J, SNIDER G S, KUEKES P J, et al. 'Memristive' switches enable 'stateful' logic operations via material implication[J]. Nature, 2010, 464(7290): 873-876.

[31] JAIN S, RANJAN A, ROY K, et al. Computing in memory with spin-transfer torque magnetic RAM[J]. IEEE Transactions on Very Large Scale Integration (VLSI) Systems, 2017, 26(3): 470-483.

[32] PAMPUCH C, NEY A, KOCH R. Programmable magnetologic full adder[J]. Applied Physics A, 2004, 79(3): 415-416.

[33] SHIRINZADEH S, SOEKEN M, GAILLARDON P E, et al. Logic synthesis for RRAM-based in-memory computing[J]. IEEE Transactions on Computer-Aided Design of Integrated Circuits and Systems, 2017, 37(7): 1422-1435.

[34] HAMDIOUI S, KVATINSKY S, CAUWENBERGHS G, et al. Memristor for computing: Myth or reality?[C]//Design, Automation & Test in Europe Conference & Exhibition (DATE). Piscataway, USA: IEEE, 2017: 722-731.

[35] KVATINSKY S, SATAT G, WALD N, et al. Memristor-based material implication (IMPLY) logic: Design principles and methodologies[J]. IEEE Transactions on Very Large Scale Integration (VLSI) Systems, 2013, 22(10): 2054-2066.

[36] HANYU T, SUZUKI D, ONIZAWA N, et al. Spintronics-based nonvolatile logic-in-memory architecture towards an ultra-low-power and highly reliable VLSI computing paradigm[C]//2015 Design, Automation & Test in Europe Conference & Exhibition (DATE). Piscataway, USA: IEEE, 2015: 1006-1011.

[37] CAI H, WANG Y, NAVINER L A D B, et al. Robust ultra-low power non-volatile logic-in-memory circuits in FD-SOI technology[J]. IEEE Transactions on Circuits and Systems I: Regular Papers, 2016, 64(4): 847-857.

[38] YU H, NI L, WANG Y. Non-volatile in-memory computing by spintronics[M]. San Rafael, CA, USA: Morgan & Claypool Publishers, 2016.

[39] JAISWAL A, AGRAWAL A, ROY K. In-situ, in-memory stateful vector logic operations based on voltage controlled magnetic anisotropy[J]. Scientific Reports, 2018, 8(1). DOI: 10.1038/s41598-018-23886-2.

[40] FAN D, SHARAD M, SENGUPTA A, et al. Hierarchical temporal memory based on spin-neurons and resistive memory for energy-efficient brain-inspired computing[J]. IEEE Transactions on Neural Networks and Learning Systems, 2015, 27(9): 1907-1919.

[41] BISWAS A, CHANDRAKASAN A P. Conv-RAM: an energy-efficient SRAM with embedded convolution computation for low-power CNN-based machine learning applications[C]//2018 IEEE International Solid-State Circuits Conference-(ISSCC). Piscataway, USA: IEEE, 2018: 488-490.

[42] XUE C X, HUNG J M, KAO H Y, et al. A 22nm 4Mb 8b-Precision ReRAM Computing-in-Memory Macro with 11.91 to 195.7 TOPS/W for Tiny AI Edge Devices[C]//2021 IEEE International Solid-State Circuits Conference (ISSCC. Piscataway, USA: IEEE, 2021, 64: 245-247.

[43] XIE S, NI C, SAYAL A, et al. 16.2 eDRAM-CIM: compute-in-memory design with reconfigurable embedded-dynamic-memory array realizing adaptive data converters and charge-domain computing[C]//2021 IEEE International Solid-State Circuits Conference (ISSCC). Piscataway, USA: IEEE, 2021, 64: 248-250.

[44] SU J W, SI X, CHOU Y C, et al. 15.2 a 28nm 64Kb inference-training two-way transpose multibit 6T SRAM Compute-in-Memory macro for AI edge chips[C]//2020 IEEE International Solid-State Circuits Conference-(ISSCC). Piscataway, USA: IEEE, 2020: 240-242.

[45] GONUGONDLA S K, KANG M, SHANBHAG N. A 42pJ/decision 3.12 TOPS/W robust in-memory machine learning classifier with on-chip training[C]//2018 IEEE International Solid-State Circuits Conference-(ISSCC). Piscataway, USA: IEEE, 2018: 490-492.

[46] CHEN W H, LI K X, LIN W Y, et al. A 65nm 1Mb nonvolatile computing-in-memory

ReRAM macro with sub-16ns multiply-and-accumulate for binary DNN AI edge processors[C]//2018 IEEE International Solid-State Circuits Conference-(ISSCC). Piscataway, USA: IEEE, 2018: 494-496.

[47] KHWA W S, CHEN J J, LI J F, et al. A 65nm 4Kb algorithm-dependent computing-in-memory SRAM unit-macro with 2.3 ns and 55.8 TOPS/W fully parallel product-sum operation for binary DNN edge processors[C]//2018 IEEE International Solid-State Circuits Conference-(ISSCC). Piscataway, USA: IEEE, 2018: 496-498.

[48] XUE C X, CHEN W H, LIU J S, et al. 24.1 a 1Mb multibit ReRAM computing-in-memory macro with 14.6 ns parallel MAC computing time for CNN based AI edge processors[C]//2019 IEEE International Solid-State Circuits Conference-(ISSCC). Piscataway, USA: IEEE, 2019: 388-390.

[49] YANG J, KONG Y, WANG Z, et al. 24.4 sandwich-RAM: an energy-efficient in-memory BWN architecture with pulse-width modulation[C]//2019 IEEE International Solid-State Circuits Conference-(ISSCC). Piscataway, USA: IEEE, 2019: 394-396.

[50] SI X, CHEN J J, TU Y N, et al. 24.5 A twin-8T SRAM computation-in-memory macro for multiple-bit CNN-based machine learning[C]//2019 IEEE International Solid-State Circuits Conference-(ISSCC). Piscataway, USA: IEEE, 2019: 396-398.

[51] DONG Q, SINANGIL M E, ERBAGCI B, et al. 15.3 a 351TOPS/W and 372.4 GOPS compute-in-memory SRAM macro in 7nm FinFET CMOS for machine-learning applications[C]//2020 IEEE International Solid-State Circuits Conference-(ISSCC). Piscataway, USA: IEEE, 2020: 242-244.

[52] XUE C X, HUNAG T Y, LIU J S, et al. 15.4 a 22nm 2Mb ReRAM compute-in-memory macro with 121-28TOPS/W for multibit MAC computing for tiny AI edge devices[C]//2020 IEEE International Solid-State Circuits Conference-(ISSCC). Piscataway, USA: IEEE, 2020: 244-246.

[53] SI X, TU Y N, HUANG W H, et al. 15.5 a 28nm 64kb 6t sram computing-in-memory macro with 8b mac operation for ai edge chips[C]//2020 IEEE International Solid-State Circuits Conference-(ISSCC). Piscataway, USA: IEEE, 2020: 246-248.

[54] SU J W, CHOU Y C, LIU R, et al. 16.3 A 28nm 384kb 6T-SRAM Computation-in-memory macro with 8b precision for AI edge chips[C]//2021 IEEE International Solid-State Circuits Conference (ISSCC). Piscataway, USA: IEEE, 2021, 64: 250-252.

[55] GUO R, LIU Y, ZHENG S, et al. A 5.1 pJ/neuron 127.3 us/inference RNN-based

speech recognition processor using 16 computing-in-memory SRAM macros in 65nm CMOS[C]//2019 Symposium on VLSI Circuits. Piscataway, USA: IEEE, 2019: C120-C121.

[56] OKUMURA S, YABUUCHI M, HIJIOKA K, et al. A ternary based bit scalable, 8.80 TOPS/W CNN accelerator with many-core processing-in-memory architecture with 896K synapses/mm 2[C]//2019 Symposium on VLSI Circuits. Piscataway, USA: IEEE, 2019: C248-C249.

[57] KIM J H, LEE J, LEE J, et al. Z-PIM: An energy-efficient sparsity aware processing-in-memory architecture with fully-variable weight precision[C]//2020 IEEE Symposium on VLSI Circuits. Piscataway, USA: IEEE, 2020. DOI: 10.1109/VLSICircuits18222.2020.9163015.

[58] VALAVI H, RAMADGE P J, NESTLER E, et al. A 64-tile 2.4-mb in-memory-computing CNN accelerator employing charge-domain compute[J]. IEEE Journal of Solid-State Circuits, 2019, 54(6): 1789-1799.

[59] EVERSON L R, LIU M, PANDE N, et al. An energy-efficient one-shot time-based neural network accelerator employing dynamic threshold error correction in 65 nm[J]. IEEE Journal of Solid-State Circuits, 2019, 54(10): 2777-2785.

[60] WANG J, WANG X, ECKERT C, et al. A 28-nm compute SRAM with bit-serial logic/arithmetic operations for programmable in-memory vector computing[J]. IEEE Journal of Solid-State Circuits, 2019, 55(1): 76-86.

[61] SI X, CHEN J J, TU Y N, et al. A twin-8T SRAM computation-in-memory unit-macro for multibit CNN-based AI edge processors[J]. IEEE Journal of Solid-State Circuits, 2019, 55(1): 189-202.

[62] YIN S, JIANG Z, SEO J S, et al. XNOR-SRAM: In-memory computing SRAM macro for binary/ternary deep neural networks[J]. IEEE Journal of Solid-State Circuits, 2020, 55(6): 1733-1743.

[63] JIANG Z, YIN S, SEO J S, et al. C3SRAM: an in-memory-computing SRAM macro based on robust capacitive coupling computing mechanism[J]. IEEE Journal of Solid-State Circuits, 2020, 55(7): 1888-1897.

[64] CHIU Y C, ZHANG Z, CHEN J J, et al. A 4-Kb 1-to-8-bit configurable 6T SRAM-based computation-in-memory unit-macro for CNN-based AI edge processors[J]. IEEE Journal of Solid-State Circuits, 2020, 55(10): 2790-2801.

[65] SINANGIL M E, ERBAGCI B, NAOUS R, et al. A 7-nm compute-in-memory SRAM

macro supporting multi-bit input, weight and output and achieving 351 TOPS/W and 372.4 GOPS[J]. IEEE Journal of Solid-State Circuits, 2020, 56(1): 188-198.

[66] BISWAS A, CHANDRAKASAN A P. CONV-SRAM: an energy-efficient SRAM with in-memory dot-product computation for low-power convolutional neural networks[J]. IEEE Journal of Solid-State Circuits, 2018, 54(1): 217-230.

[67] LIU T, AMIRSOLEIMANI A, ALIBART F, et al. AIDX: adaptive inference scheme to mitigate state-drift in memristive VMM accelerators[J]. IEEE Transactions on Circuits and Systems II: Express Briefs, 2020, 68(4): 1128-1132.

[68] KNAG P C, CHEN G K, SUMBUL H E, et al. A 617-TOPS/W all-digital binary neural network accelerator in 10-nm FinFET CMOS[J]. IEEE Journal of Solid-State Circuits, 2020, 56(4): 1082-1092.

[69] LI Z, WANG Z, XU L, et al. RRAM-DNN: an RRAM and model-compression empowered all-weights-on-chip DNN accelerator[J]. IEEE Journal of Solid-State Circuits, 2020, 56(4): 1105-1115.

[70] KIM J H, LEE J, LEE J, et al. Z-PIM: a sparsity-aware processing-in-memory architecture with fully variable weight bit-precision for energy-efficient deep neural networks[J]. IEEE Journal of Solid-State Circuits, 2021, 56(4): 1093-1104.

[71] AGRAWAL A, KOSTA A, KODGE S, et al. Cash-ram: enabling in-memory computations for edge inference using charge accumulation and sharing in standard 8t-sram arrays[J]. IEEE Journal on Emerging and Selected Topics in Circuits and Systems, 2020, 10(3): 295-305.

[72] LI B, GU P, SHAN Y, et al. RRAM-based analog approximate computing[J]. IEEE Transactions on Computer-Aided Design of Integrated Circuits and Systems, 2015, 34(12): 1905-1917.

[73] JIANG H, YAMADA K, REN Z, et al. Pulse-width modulation based dot-product engine for neuromorphic computing system using memristor crossbar array[C]//2018 IEEE International Symposium on Circuits and Systems (ISCAS). Piscataway, USA: IEEE, 2018. DOI: 10.1109/ISCAS.2018.8351276.

[74] SI X, KHWA W S, CHEN J J, et al. A dual-split 6T SRAM-based computing-in-memory unit-macro with fully parallel product-sum operation for binarized DNN edge processors[J]. IEEE Transactions on Circuits and Systems I: Regular Papers, 2019, 66(11): 4172-4185.

[75] GONUGONDLA S K, KANG M, SHANBHAG N R. A variation-tolerant in-memory machine learning classifier via on-chip training[J]. IEEE Journal of Solid-State Circuits, 2018, 53(11): 3163-3173.

[76] KANG M, GONUGONDLA S K, PATIL A, et al. A multi-functional in-memory inference processor using a standard 6T SRAM array[J]. IEEE Journal of Solid-State Circuits, 2018, 53(2): 642-655.

[77] KANG M, LIM S, GONUGONDLA S, et al. An in-memory VLSI architecture for convolutional neural networks[J]. IEEE Journal on Emerging and Selected Topics in Circuits and Systems, 2018, 8(3): 494-505.

[78] LIU C, YAN B, YANG C, et al. A spiking neuromorphic design with resistive crossbar[C]//2015 52nd ACM/EDAC/IEEE Design Automation Conference (DAC). Piscataway, USA: IEEE, 2015. DOI: 10.1145/2744769.2744783.

[79] ZHANG J, WANG Z, VERMA N. A machine-learning classifier implemented in a standard 6T SRAM array[C]//2016 IEEE Symposium on VLSI Circuits (VLSI-Circuits) . Piscataway, USA: IEEE, 2016. DOI: 10.1109/VLSIC.2016.7573556.

[80] JAIN P, ARSLAN U, SEKHAR M, et al. 13.2 A 3.6 Mb 10.1 Mb/mm 2 embedded non-volatile ReRAM macro in 22nm FinFET technology with adaptive forming/set/reset schemes yielding down to 0.5V with sensing time of 5ns at 0.7V[C]//2019 IEEE International Solid-State Circuits Conference-(ISSCC). Piscataway, USA: IEEE, 2019: 212-214.

[81] WU J Y, CHEN Y S, KHWA W S, et al. A 40nm low-power logic compatible phase change memory technology[C]//2018 IEEE International Electron Devices Meeting (IEDM). Piscataway, USA: IEEE, 2018. DOI: 10.1109/IEDM.2018.8614513.

[82] DÜNKEL S, TRENTZSCH M, RICHTER R, et al. A FeFET based super-low-power ultra-fast embedded NVM technology for 22nm FDSOI and beyond[C]//2017 IEEE International Electron Devices Meeting (IEDM). Piscataway, USA: IEEE, 2017. DOI: 10.1109/IEDM.2017.8268425.

[83] WANG M, CAI W, ZHU D, et al. Field-free switching of a perpendicular magnetic tunnel junction through the interplay of spin-orbit and spin-transfer torques[J]. Nature Electronics, 2018, 1(11): 582-588.

[84] YANG J J, STRUKOV D B, STEWART D R. Memristive devices for computing[J]. Nature Nanotechnology, 2013, 8(1): 13-24.

[85] LI Y, ZHOU Y X, XU L, et al. Realization of functional complete stateful Boolean logic in memristive crossbar[J]. ACS Applied Materials & Interfaces, 2016, 8(50): 34559-34567.

[86] CHI P, LI S, XU C, et al. Prime: a novel processing-in-memory architecture for neural network computation in reram-based main memory[J]. ACM SIGARCH Computer Architecture News, 2016, 44(3): 27-39.

[87] SU F, CHEN W H, XIA L, et al. A 462GOPs/J RRAM-based nonvolatile intelligent processor for energy harvesting IoE system featuring nonvolatile logics and processing-in-memory[C]//2017 Symposium on VLSI Technology. Piscataway, USA: IEEE, 2017: T260-T261.

[88] FONG X, KIM Y, VENKATESAN R, et al. Spin-transfer torque memories: Devices, circuits, and systems[J]. Proceedings of the IEEE, 2016, 104(7): 1449-1488.

[89] FONG X, KIM Y, YOGENDRA K, et al. Spin-transfer torque devices for logic and memory: Prospects and perspectives[J]. IEEE Transactions on Computer-Aided Design of Integrated Circuits and Systems, 2015, 35(1). DOI: 10.1109/TCAD.2015.2481793.

[90] KIM J, PAUL A, CROWELL P A, et al. Spin-based computing: Device concepts, current status, and a case study on a high-performance microprocessor[J]. Proceedings of the IEEE, 2014, 103(1): 106-130.

[91] SUH D I, KIL J P, KIM K W, et al. A single magnetic tunnel junction representing the basic logic functions—NAND, NOR, and IMP[J]. IEEE Electron Device Letters, 2015, 36(4): 402-404.

[92] LEE J, SUH D I, PARK W. The universal magnetic tunnel junction logic gates representing 16 binary Boolean logic operations[J]. Journal of Applied Physics, 2015, 117(17). DOI: 10.1063/1.4916806.

[93] GAO S, YANG G, CUI B, et al. Realisation of all 16 Boolean logic functions in a single magnetoresistance memory cell[J]. Nanoscale, 2016, 8(25): 12819-12825.

[94] LUO Z, LU Z, XIONG C, et al. Reconfigurable magnetic logic combined with nonvolatile memory writing[J]. Advanced Materials, 2017, 29(4). DOI: 10.1002/adma.201605027.

[95] ZHANG X, WAN C H, YUAN Z H, et al. Experimental demonstration of programmable multi-functional spin logic cell based on spin Hall effect[J]. Journal of Magnetism and Magnetic Materials, 2017, 428: 401-405.

[96] WAN C, ZHANG X, YUAN Z, et al. Programmable spin logic based on spin Hall effect in a single device[J]. Advanced Electronic Materials, 2017, 3(3). DOI: 10.1002/aelm.201600282.

[97] ZHANG H, KANG W, CAO K, et al. Spintronic processing unit in spin transfer torque magnetic random access memory[J]. IEEE Transactions on Electron Devices, 2019, 66(4): 2017-2022.

[98] ZHANG H, KANG W, WANG L, et al. Stateful reconfigurable logic via a single-voltage-gated spin Hall-effect driven magnetic tunnel junction in a spintronic memory[J]. IEEE Transactions on Electron Devices, 2017, 64(10): 4295-4301.

[99] ZHANG H, KANG W, WU B, et al. Spintronic processing unit within voltage-gated spin Hall effect MRAMs[J]. IEEE Transactions on Nanotechnology, 2019, 18: 473-483.

[100] LUO L, ZHANG H, BAI J, et al. SpinLiM: Spin Orbit Torque Memory for Ternary Neural Networks Based on the Logic-in-Memory Architecture[C]//2021 Design, Automation & Test in Europe Conference & Exhibition (DATE). Piscataway, USA: IEEE, 2021: 1865-1870.

[101] ZABIHI M, CHOWDHURY Z I, ZHAO Z, et al. In-memory processing on the spintronic CRAM: from hardware design to application mapping[J]. IEEE Transactions on Computers, 2018, 68(8): 1159-1173.

[102] 黄铁军, 施路平, 唐华锦, 等. 多媒体技术研究: 2015——类脑计算的研究进展与发展趋势 [J]. 中国图象图形学报, 2016, 21(11): 1411-1424.

[103] MEI-CHIN C, ABHRONIL S, KAUSHIK R. Magnetic skyrmion as a spintronic deep learning spiking neuron processor[J]. IEEE Transactions on Magnetics, 2018, 54(8). DOI: 10.1109/TMAG.2018.2845890.

[104] HUANG T. Brain-like computing[J/OL]. Computing Now, 2016, 9(5)[2016-5].

[105] YU S. Neuro-inspired computing with emerging nonvolatile memorys[J]. Proceedings of the IEEE, 2018, 106(2): 260-285.

[106] VINCENT A F, LARROQUE J, LOCATELLI N, et al. Spin-transfer torque magnetic memory as a stochastic memristive synapse for neuromorphic systems[J]. IEEE Transactions on Biomedical Circuits and Systems, 2015, 9(2): 166-174.

[107] ZHANG X, CAI W, WANG M, et al. Spin-torque memristors based on perpendicular magnetic tunnel junctions for neuromorphic computing[J]. Advanced Science. 2021,

8(10). DOI: 10.1002/advs.202004645.

[108]PAN B, ZHANG D, ZHANG X, et al. Skyrmion-induced memristive magnetic tunnel junction for ternary neural network[J]. IEEE Journal of the Electron Devices Society, 2019, 7: 529-533.

[109]ZHANG D, ZENG L, QU Y, et al. Energy-efficient neuromorphic computation based on compound spin synapse with stochastic learning[C]//2015 IEEE International Symposium on Circuits & Systems (ISCAS). Piscataway, USA: IEEE, 2015: 1538-1541.

[110]ZHANG D, ZENG L, CAO K, et al. All spin artificial neural networks based on compound spintronic synapse and neuron[J]. IEEE Transactions on Biomedical Circuits & Systems, 2016, 10(4): 828-836.

[111]ZENG L, ZHANG D, ZHANG Y, et al. Spin wave based synapse and neuron for ultra low power neuromorphic computation system[C]//2016 International Symposium on Circuits and Systems (ISCAS). Piscataway, USA: IEEE, 2016: 918-921.

[112]DEHORTER N, CICERI G, BARTOLINI G, et al. Tuning of fast-spiking interneuron properties by an activity-dependent transcriptional switch[J]. Science, 2015, 349(6253): 1216-1220.

[113]ROY K, JAISWAL A, PANDA P. Towards spike-based machine intelligence with neuromorphic computing[J]. Nature, 2019, 575(7784): 607-617.

[114]ZHANG D, ZENG L, ZHANG Y, et al. Stochastic spintronic device based synapses and spiking neurons for neuromorphic computation[C]//2016 ACM/IEEE International Symposium on Nanoscale Architectures (NANOARCH). Piscataway, USA: IEEE, 2016: 173-178.

[115]SENGUPTA A, PARSA M, HAN B, et al. Probabilistic deep spiking neural systems enabled by magnetic tunnel junction[J]. IEEE Transactions on Electron Devices, 2016, 63(7): 2963-2970.

[116]MEROLLA P A, ARTHUR J V, ALVAREZ-ICAZA R, et al. A million spiking-neuron integrated circuit with a scalable communication network and interface[J]. Science, 2014, 345(6197): 668-673.

[117]PREZIOSO M, MERRIKH-BAYAT F, HOSKINS B D, et al. Training and operation of an integrated neuromorphic network based on metal-oxide memristors[J]. Nature, 2015, 521(7550): 61-64.

[118] DAVIES M, SRINIVASA N, LIN TH, et al. Loihi: a neuromorphic manycore processor with on-chip learning[J]. IEEE MICRO, 2018, 38(1): 82-99.

[119] SCHMITT S, KLÄHN J, BELLEC G, et al. Neuromorphic hardware in the loop: training a deep spiking network on the brainscales wafer-scale system[C]//IEEE International Joint Conference on Neural Networks (IJCNN). Piscataway, USA: IEEE, 2017:2227-2234.

[120] FURBER S B, GALLUPPI F, TEMPLE S, et al. The Spinnaker Project[J]. Proceedings of the IEEE. 2014, 102(5): 652-665.

[121] ZHANG Y, QU P, JI Y, et al. A system hierarchy for brain-inspired computing[J]. Nature. 2020, 586(7829): 378-384.

[122] MANIPATRUNI S, NIKONOV D E, LIN C C, et al. Scalable energy-efficient magnetoelectric spin-orbit logic[J]. Nature, 2019, 565(7737): 35-42.

[123] DUAN C G, VELEV J P, SABIRIANOV R F, et al. Surface magnetoelectric effect in ferromagnetic metal films[J]. Physical review letters, 2008, 101(13): 137201.

[124] BAUER U, YAO L, TAN A J, et al. Magneto-ionic control of interfacial magnetism[J]. Nature Materials, 2015, 14(2): 174-181.

[125] HU J M, NAN C W. Electric-field-induced magnetic easy-axis reorientation in ferromagnetic/ferroelectric layered heterostructures[J]. Physical Review B, 2009, 80(22). DOI:10.1103/PhysRevB.80.224416.

[126] STOLICHNOV I, RIESTER S W E, TRODAHL H J, et al. Non-volatile ferroelectric control of ferromagnetism in (Ga, Mn) As[J]. Nature Materials, 2008, 7(6): 464-467.

[127] DZYALOSHINSKII I E. On the magneto-electrical effects in antiferromagnets[J]. Soviet Physics JETP, 1960, 10: 628-629.

[128] ASTROV D N. Magnetoelectric effect in chromium oxide[J]. Soviet Physics. JETP, 1961, 13(4): 729-733.

[129] SCHMID H. Multi-ferroic magnetoelectrics[J]. Ferroelectrics, 1994, 162(1): 317-338.

[130] WANG J, NEATON J B, ZHENG H, et al. Epitaxial $BiFeO_3$ multiferroic thin film heterostructures[J]. Science, 2003, 299(5613): 1719-1722.

[131] KIMURA T, GOTO T, SHINTANI H, et al. Magnetic control of ferroelectric polarization[J]. Nature, 2003, 426(6962): 55-58.

[132] HUR N, PARK S, SHARMA P A, et al. Electric polarization reversal and memory in a multiferroic material induced by magnetic fields[J]. Nature, 2004, 429(6990): 392-395.

[133] LOTTERMOSER T, LONKAI T, AMANN U, et al. Magnetic phase control by an electric field[J]. Nature, 2004, 430(6999): 541-544.

[134] MANIPATRUNI S, NIKONOV D E, LIN C C, et al. Voltage control of unidirectional anisotropy in ferromagnet-multiferroic system[J]. Science Advances, 2018, 4(11). DOI:10.1126/sciadv.aat4229.

[135] HERON J T, BOSSE J L, HE Q, et al. Deterministic switching of ferromagnetism at room temperature using an electric field[J]. Nature, 2014, 516(7531): 370-373.

[136] HUANG Y L, NIKONOV D, ADDIEGO C, et al. Manipulating magnetoelectric energy landscape in multiferroics[J]. Nature Communications, 2020, 11(1). DOI: 10.1038/s41467-020-16727-2.

[137] PRASAD B, HUANG Y L, CHOPDEKAR R V, et al. Ultralow voltage manipulation of ferromagnetism[J]. Advanced Materials, 2020, 32(28). DOI: 10.1002/adma.202001943.

[138] HIRSCH J E. Spin Hall effect[J]. Physical Review Letters, 1999, 83(9): 1834-1837.

[139] SINOVA J, VALENZUELA S O, WUNDERLICH J, et al. Spin Hall effects[J]. Reviews of Modern Physics, 2015, 87(4): 1213-1260.

[140] JANA M K, SINGH A, LATE D J, et al. A combined experimental and theoretical study of the structural, electronic and vibrational properties of bulk and few-layer Td-WTe2[J]. Journal of Physics: Condensed Matter, 2015, 27(28). DOI: 10.1088/0953-8984/27/28/285401.

[141] SAITOH E, UEDA M, MIYAJIMA H, et al. Conversion of spin current into charge current at room temperature: inverse spin-Hall effect[J]. Applied Physics Letters, 2006, 88(18). DOI: 10.1063/1.2199473.

[142] MOSENDZ O, VLAMINCK V, PEARSON J E, et al. Detection and quantification of inverse spin Hall effect from spin pumping in permalloy/normal metal bilayers[J]. Physical Review B, 2010, 82(21). DOI: 10.1103/PhysRevB.82.214403.

[143] ANDO K, TAKAHASHI S, IEDA J, et al. Inverse spin-Hall effect induced by spin pumping in metallic system[J]. Journal of applied physics, 2011, 109(10). DOI: 10.1063/1.3587173.

[144]JAMALI M, LEE J S, JEONG J S, et al. Giant spin pumping and inverse spin Hall effect in the presence of surface and bulk spin-orbit coupling of topological insulator Bi2Se3[J]. Nano Letters, 2015, 15(10): 7126-7132.

[145]LESNE E, FU Y, OYARZUN S, et al. Highly efficient and tunable spin-to-charge conversion through Rashba coupling at oxide interfaces[J]. Nature Materials, 2016, 15(12): 1261-1266.

[146]LIU L, CHEN C T, SUN J Z. Spin Hall effect tunnelling spectroscopy[J]. Nature Physics, 2014, 10(8): 561-566.

[147]LIN C C, GOSAVI T, NIKONOV D, et al. Experimental demonstration of integrated magneto-electric and spin-orbit building blocks implementing energy-efficient logic[C]//2019 IEEE International Electron Devices Meeting (IEDM). Piscataway, USA: IEEE, 2019. DOI: 10.1109/IEDM19573.2019.8993620.

[148]GROEN I, MANIPATRUNI S, CHOI W Y, et al. Spin-orbit magnetic state readout in scaled ferromagnetic/heavy metal nanostructures[J]. Nature Electronics, 2020, 3(6): 309-315.

[149]MANIPATRUNI S, NIKONOV D E, YOUNG I A. Modeling and design of spintronic integrated circuits[J]. IEEE Transactions on Circuits and Systems I: Regular Papers, 2012, 59(12): 2801-2814.

[150]GUO Z, YIN J, BAI Y, et al. Spintronics for energy-efficient computing: an overview and outlook[J]. Proceedings of the IEEE, 2021. DOI: 10.1109/JPROC.2021.3084997.

[151]LIU H, MANIPATRUNI S, MORRIS D H, et al. Synchronous circuit design with beyond-CMOS magnetoelectric spin–orbit devices toward 100mV logic[J]. IEEE Journal on Exploratory Solid-State Computational Devices and Circuits, 2019, 5(1): 1-9.

[152]LIANG Z, MANKALALE M G, HU J, et al. Performance characterization and majority gate design for MESO-based circuits[J]. IEEE Journal on Exploratory Solid-State Computational Devices and Circuits, 2018, 4(2): 51-59.

中英文术语对照表

英文简称	英文全称	中文
1T-1MTJ	1 Transistor-1 MTJ	单晶体管和单磁隧道结
ABS	Anti-lock Braking Systems	防抱死系统
ADC	Analog to Digital Converter	模数转换电路
AFC	Antiferromagnetically-Coupled	反铁磁耦合
AFM	Antiferromagnet	反铁磁体
AFMR	Antiferromagnetic Resonance	反铁磁共振
AGC	Apollo Guidance Computer	阿波罗导航计算机
AGM	Alternating Gradient Magnetometer	交替梯度磁强计
AHB	Advanced High-Performance Bus	高性能总线
AHE	Anomalous Hall Effect	反常霍尔效应
ALD	Atomic Layer Deposition	原子层沉积
AMR	Anisotropic Magnetoresistance	各向异性磁阻
ANN	Artificial Neural Network	人工神经网络
AOS	All Optical Switching	全光翻转
APB	Advanced Peripheral Bus	外围总线
ASIC	Application Specific Integrated Circuit	专用集成电路
ASK	Amplitude Shift Keying	幅度移位键控
BARC	Bottom Anti-Reflection Coating	底部抗反射图层
bcc	Body Centered Cubic	体心立方
BEC	Bottom Electrode Contact	底电极接触
BGA	Ball Grid Array	球栅阵列
BL	Bit Line	位线
BLS	Brillouin Light Scattering	布里渊光散射
BNN	Binary Neural Networks	二值神经网络
BPMR	Bit-Patterned Magnetic Recording	点阵式磁记录
CDF	Component Description Format	元件描述格式
CGR	Compound Growth Rate	复合增长率
CIM	Computing-In-Memory	存算一体
CIP	Current-in-Plane	电流在平面内
CIPT	Current-in-Plane Tunneling	电流面内隧穿
CMOS	Complementary Metal Oxide Semiconductor	互补金属氧化物半导体
CMP	Chemical-Mechanical Polishing	化学机械抛光
CPP	Current-Perpendicular-to-Plane	电流垂直于平面
CPW	Coplanar Wave Guide	共面波导

续表

英文简称	英文全称	中文
CVD	Chemical Vapor Deposition	化学气相沉积
DAC	Digital to Analog Converter	数模转换电路
DARPA	Defense Advanced Research Projects Agency	美国国防高级研究计划局
DDR3	Double Data Rate 3	第三代双倍速率
DDR4	Double Data Rate 4	第四代双倍速率
DEM	Demon-Eshbach Modes	Demon-Eshbach 模式
DFF	D Flip-flop	D- 触发器
DMI	Dzyaloshinskii-Moriya Interaction	DM 相互作用
DNA	Deoxyribonucleic Acid	脱氧核糖核酸
DNN	Deep Neural Network	深度神经网络
DOS	Density of States	态密度
DRAM	Dynamic Random-Access Memory	动态随机存储器
DRC	Design Rule Check	设计规则检查
DTR	Discrete Track Recording	磁道分离磁记录
DUV	Deep Ultraviolet	深紫外
DW	Domain Wall	畴壁
EAMR	Energy-Assisted Magnetic Recording	能量辅助磁记录
EB	Exchange Bias	交换偏置
EBL	Electron Beam Lithography	电子束曝光
ECC	Error Correcting Code	纠错码
ECG	Electrocardiogram	心电图
ECT	Eddy Current Testing	涡流检测
EDA	Electronic Design Automation	电子设计自动化
EDS	Energy Dispersive Spectroscopy	能量色散谱
EEG	Electroencephalography	脑电图
EELS	Electron Energy Loss Spectroscopy	电子能量损失谱
eFlash	Embedded Flash	嵌入式闪存
eMRAM	Embedded MRAM	嵌入式磁随机存储器
EPD	End Point Detection	终点检测
EPR	Electron Paramagnetic Resonance	电子顺磁共振
ESR	Electron Spin Resonance	电子自旋共振
EUV	Extreme Ultraviolet	极紫外
fcc	Face Centered Cubic	面心立方
FD-SOI	Fully Depleted Silicon on Insulator	全耗尽型绝缘体上硅
FDT	Fluctuation-Dissipation Theorem	涨落耗散定律
FFT	Fast Fourier Transform	快速傅里叶变换
FGL	Field Generation Layer	微波场发生层
FIMS	Field-Induced Magnetic Switching	磁场驱动磁化翻转
FM	Ferromagnet	铁磁体

英文简称	英文全称	中文
FMR	Ferromagnetic Resonance	铁磁共振
FPGA	Field Programmable Gate Array	现场可编程门阵列
GMR	Giant Magnetoresistance	巨磁阻
GPS	Global Positioning System	全球定位系统
GPU	Graphics Processing Unit	图形处理器
HAMR	Heat-Assisted Magnetic Recording	热辅助磁记录
HDD	Hard Disk Drive	硬盘驱动器
HDL	Hardware Description Language	硬件描述语言
HE	Hall Effect	霍尔效应
HH	Hodgkin-Huxley	霍奇金 - 赫胥黎
HM	Heavy Metal	重金属
HMDS	Hexamethyldisilazane	六甲基二硅氮烷
IBE	Ion Beam Etching	离子束刻蚀
ICP	Inductive Coupling Plasma	电感耦合等离子体刻蚀
IDC	Internet Data Center	互联网数据中心
IEC	Interlayer Exchange Coupling	层间交换耦合
IIoT	Industrial Internet of Things	工业物联网
IMA	In-Plane Magnetic Anisotropy	面内磁各向异性
IMEC	Interuniversity Microelectronics Centre	微电子研究中心
IoT	Internet of Things	物联网
IREE	Inverse Rashba-Edelstein Effect	逆 Rashba-Edelstein 效应
ISHE	Inverse Spin Hall Effect	逆自旋霍尔效应
LabVIEW	Laboratory Virtual Instrumentation Engineering Workbench	实验室虚拟仪器工程平台
LIF	Leaky-Integrate-Fire	泄漏 - 收集 - 激发
LL	Landau-Lifshitz	朗道 - 利夫希兹
LLC	Last Level Cache	最后一级缓存
LLG	Landau–Lifshitz–Gilbert	朗道 - 利夫希兹 - 吉尔伯特
LMR	Longitudinal Magnetic Recording	水平磁记录
LNA	Low Noise Amplifier	低噪声放大器
LSP	Local Surface Plasmon	局部表面等离激元
LTEM	Lorentz Transmission Electron Microscope	洛伦兹透射电子显微镜
LVS	Layout Versus Schematic	版图与原理图一致性检查
MAE	Magnetic Anisotropy Energy	磁各向异性能
MAMR	Microwave-Assisted Magnetic Recording	微波辅助磁记录
MAS	Microwave-Assisted Switching	微波辅助磁翻转效应
MBE	Metal Bottom Electrode	底电极金属
MCG	Magnetocardiogram	心磁图
MCM	Multi-Chip Module	多芯片模块
MCU	Microcontroller Unit	微控制器

英文简称	英文全称	中文
MEG	Magnetoencephalogram	脑磁图
MEMS	Micro-Electro-Mechanical System	微机电系统
MES	Magnon-Electron Scattering	磁振子 - 电子散射
MESO	Magnetoelectric Spin-Orbit	磁电 - 自旋轨道
MFC	Magnetic Flux Concentrator	磁通聚集器
MFM	Magnetic Force Microscope	磁力显微镜
MNP	Magnetic Nanoparticles	纳米磁珠
MOKE	Magneto-Optic Kerr Effect	磁光克尔效应
MRAM	Magnetic Random-Access Memory	磁随机存储器
MSBVM	Magnetostatic Backward Volume Modes	后向体静磁模
MSFVM	Magnetostatic Forward Volume Modes	前向体静磁模
MTE	Metal Top Electrode	顶电极金属
MTJ	Magnetic Tunnel Junction	磁隧道结
MZI	Mach-Zehnder Interferometer	Mach-Zehnder 干涉仪
NA	Numerical Aperture	数值孔径
NDT	Non-Destructive Testing	无损检测
NFT	Near Field Transducer	近场换能器
NIST	National Institute of Standards and Technology	美国国家标准与技术研究院
NMP	Near-Memory Processing	近存处理
NMR	Nuclear Magnetic Resonance	核磁共振
OES	Optical Emission Spectrometer	光电发射光谱仪
OSP	Oxygen Showering Post-Treatment	氧浴后处理
PAG	Photo Acid Generator	光酸产生剂
PCB	Printed Circuit Board	印刷电路板
PCSA	Pre-Charge Sense Amplifier	差分读取电路
PDK	Process Design Kit	工艺设计包
PECVD	Plasma Enhanced CVD	等离子体增强化学气相沉积
PEX	Parasitic Extraction	寄生参数提取
PHE	Planar Hall Effect	平面霍尔效应
PLD	Pulsed Laser Deposition	脉冲激光沉积
PM	Permanent Magnet	永磁体
PMA	Perpendicular Magnetic Anisotropy	垂直磁各向异性
PMMA	Polymethyl Methacrylate	聚甲基丙烯酸甲酯
PMR	Perpendicular Magnetic Recording	垂直磁记录
pMTJ	Perpendicular MTJ	垂直磁隧道结
PPMA	Partial Perpendicular Magnetic Anisotropy	部分垂直磁各向异性
PSD	Power Spectral Density	功率谱密度
PSIM	Planar Solid Immersion Mirror	平面固体浸没镜
PSSW	Perpendicular Standing Spin Wave	垂直自旋驻波

英文简称	英文全称	中文
PVD	Physical Vapor Deposition	物理气相沉积
Py	Permalloy	坡莫合金
RA	Resistance-Area Product	电阻面积乘积
RAM	Random-Access Memory	随机存储器
RAMAC	Random Access Method of Accounting and Control	统计控制随机存取法
RIE	Reactive Ion Etching	反应离子刻蚀
RM	Racetrack Memory	赛道存储器
RRAM	Resistive Random-Access Memory	忆阻式随机存储器
RTN	Random Telegraph Noise	随机电报噪声
SAF	Synthetic Antiferromagnetic	合成反铁磁
SANS	Small Angle Neutron Scattering	小角度中子散射
SDL	Spin Diffusion Length	自旋扩散长度
SEM	Scanning Electron Microscope	扫描电子显微镜
SHE	Spin Hall Effect	自旋霍尔效应
SHNO	Spin Hall Nano-Oscillator	自旋霍尔纳米振荡器
SIMS	Secondary Ion Mass Spectroscopy	二次离子质谱仪
SkHE	Skyrmion Hall Effect	斯格明子霍尔效应
SL	Source Line	源线
SNN	Spiking Neural Network	脉冲神经网络
SNR	Signal-to-Noise Ratio	信噪比
SOC	Spin-Orbit Coupling	自旋轨道耦合
SOI	Silicon on Insulator	绝缘体上硅
SOT	Spin-Orbit Torque	自旋轨道矩
SOT-MRAM	Spin-Orbit Torque MRAM	自旋轨道矩磁随机存储器
SP	Surface Plasmon	表面等离激元
SPINPDK	Spintronic Process Design Kit	自旋电子工艺设计包
SPP	Surface Plasmon Polariton	表面等离极化激元
SQUID	Superconducting Quantum Interference Device	超导量子干涉仪
SR	Spin Rectification	自旋整流
SRAM	Static Random-Access Memory	静态随机存储器
SSD	Solid State Disk	固态硬盘
STDP	Spike Timing-Dependent Plasticity	脉冲时序依赖可塑性
ST-FMR	Spin Torque Ferromagnetic Resonance	自旋矩铁磁共振
STM	Scanning Tunneling Microscope	扫描隧穿显微镜
STNO	Spin-Transfer Nano-Oscillator	自旋转移纳米振荡器
STT	Spin-Transfer Torque	自旋转移矩
STT-MRAM	Spin-Transfer Torque MRAM	自旋转移矩磁随机存储器
SV	Spin Valve	自旋阀
SW	Spin Wave	自旋波

英文简称	英文全称	中文
SWR	Spin Wave Resonance	自旋波共振
STXM	Scanning Transmission X-ray Microscope	扫描透射 X 射线显微镜
TCM	Tightly Coupled Memory	紧耦合内存
TDOS	Tunneling Density of States	隧穿态密度
TEM	Transmission Electron Microscope	透射电子显微镜
TEY	Total Electron Yield	全电子产额
TFPI	Tandem Fabry-Pérot Interferometer	串联式法布里 - 珀罗干涉仪
TI	Topological Insulator	拓扑绝缘体
TMR	Tunnel Magnetoresistance	隧穿磁阻
TR-MOKE	Time-Resolved MOKE	时间分辨磁光克尔效应
TST	Toggle Spin Torque	自旋协同矩
UV	Ultraviolet	紫外
VCMA	Voltage-Controlled Magnetic Anisotropy	电压调控磁各向异性
VCMA-MRAM	Voltage-Controlled Magnetic Anisotropy MRAM	电压调控磁各向异性磁随机存储器
VGA	Variable Gain Amplifier	可变增益放大器
VGSOT-MRAM	Voltage Gated Spin-Orbit Torque MRAM	电压调控自旋轨道矩磁随机存储器
VSM	Vibrating Sample Magnetometer	振动样品磁强计
VTE	Via Top Electrode	顶电极过孔
WL	Word Line	字线
XAS	X-ray Absorption Spectroscopy	X 射线吸收光谱
XMCD	X-ray Magnetic Circular Dichroism	X 射线磁圆二色
XMCD-PEEM	X-ray Magnetic Circular Dichroism Photoemission Electron Microscopy	X 射线磁圆二色 - 光发射电子显微镜